AF745060

TERRES
DE
CASTANIDE

DU MÊME AUTEUR

Nouakchott, capitale de la Mauritanie, Paris, Publications du département de géographie de l'université Paris-Sorbonne, 5, 1977.

La Mauritanie, Paris, PUF, coll. « Que sais-je ? », 1977 (en collaboration avec Charles Toupet).

Histoire du paysage français, Paris, Tallandier, 1983 ; rééd., 2002. Traduit en japonais. Ouvrage couronné par l'Académie française et par la Société de géographie, prix Jean Sainteny de la Fondation française pour la nature et l'environnement.

Les Restaurants dans le monde et à travers les âges, Grenoble, Glénat, 1990 (co-direction, avec Alain Huetz de Lemps).

Gastronomie française. Histoire et géographie d'une passion, Paris, Fayard, 1991. Traduit en japonais, en portugais, en anglais.

Le Japon, Paris, Sirey, 1991, 150 p. ; 2e éd., 1993.

Paris, Histoire d'une ville (dir.), Paris, Hachette, coll. « Atlas Hachette », 1993. Traduit en japonais.

La France, Paris, Nathan, 1997 ; 2e éd., 2001.

Géographie des odeurs, Paris, L'Harmattan, 1998 (co-direction avec Robert Dulau).

Philippe Lamour. 1903-1992. Père de l'aménagement du territoire en France, Paris, Fayard, 2002.

Le Vin et le divin, Paris, Fayard, 2004.

Jeunes, on vous ment !, Paris, Fayard, 2006.

Jean-Robert Pitte

TERRES DE CASTANIDE

Hommes et paysages du châtaignier de l'Antiquité à nos jours

Fayard

© Librairie Arthème Fayard, 1986 ; édition augmentée, 2008.

Le présent ouvrage est dérivé d'une thèse présentée
devant l'université de Paris-Sorbonne
en vue de l'obtention du doctorat ès Lettres.

ISBN : 978-2-213-01723-5

AMENDE HONORABLE

Avant-propos à la réimpression de 2008

Plus de deux décennies se sont écoulées depuis l'achèvement et la première publication de ce livre. Je dois confesser humblement auprès de tous les amoureux du châtaignier que j'ai fait preuve alors d'un pessimisme exagéré dans sa conclusion. Je relis ces phrases écrites au terme de dix années de fréquentation des châtaigneraies de toute l'Europe et du Japon, dix années passées également à traquer leur histoire dans de très nombreux dépôts d'archives. J'étais heureux, comme on peut l'être à la fin d'une longue recherche, d'être parvenu à quelques conclusions. J'avais montré que les grandes châtaigneraies étaient nées beaucoup plus tardivement qu'on ne le pensait habituellement, entre la fin du Moyen Âge et le XVIIe siècle, stimulées par la croissance démographique et la nécessité d'augmenter les subsistances dans les moyennes montagnes siliceuses et fraîches. J'avais également montré que tous les Européens préfèrent au fond, quand ils le peuvent, manger du pain que des châtaignes et que la révolution agricole et l'exode montagnard ôtaient toute nécessité aux châtaigneraies, les maladies non soignées accélérant le processus. J'écrivais : « Le déclin des usages du châtaignier et l'effondrement démographique des montagnes signent l'arrêt de mort d'un paysage. L'arbre à pain est devenu inutile, voire importun. Les paysages comme les civilisations sont mortels. » Je maintiens ces propos dans cette réédition, mais à titre archéologique !

Je voyais bien poindre un début de nostalgie patrimoniale, fort sympathique, mais que je croyais appelée à demeurer folklorique. Je pensais que l'on ne pouvait sauver des paysages alors en grand péril que par des subventions spéciales, à juste titre très impopulaires auprès des contribuables et que les pouvoirs publics n'accordent parcimonieusement qu'en cas de grave menace sur l'emploi. Et puis le processus de déclin s'inversa. Depuis la fin des années 1980 et les années 1990 s'amplifie la renaissance identitaire des régions et des terroirs d'Europe. Le phénomène n'est pas nouveau : au XIXe siècle, les cultures provençale ou bretonne avaient connu un renouveau à la fois savant et populaire, mais celui-ci n'avait pas enrayé le déclin des économies et des paysages ruraux traditionnels. En cette fin du XXe siècle, au contraire, les Français et les visiteurs étrangers de la France se prennent de passion pour tous les témoignages menacés d'un monde presque éteint. Les maisons paysannes à demi ruinées atteignent des prix stratosphériques, les fêtes religieuses ou profanes attirent de nouveau les foules, les produits du terroir font l'objet d'une recherche passionnée et permettent de nouveau d'en vivre.

J'ai le souvenir d'un congrès des castanéïculteurs français auquel j'avais été invité à m'adresser au milieu des années 1990 et qui se tenait aux Vans, en Ardèche. J'avais été ébranlé dans mes convictions par le nombre des participants, qui dépassait 500, par leur jeunesse et leur enthousiasme. Une imposante exposition présentait un échantillonnage de produits artisanaux issus de la châtaigne et du marron. Depuis, le mouvement n'a cessé de prendre de l'ampleur et l'on replante partout des châtaigniers dont les productions constituent des compléments de ressources pour les montagnards, souvent néo-ruraux, du sud de l'Europe. Il en est de même pour la production d'oignons doux des Cévennes qui permet la remise en état des murettes et des terrasses, pour celle des porcs noirs du Pays basque et d'autres montagnes d'Europe, celle des fromages de montagne qui avaient failli disparaître, celle des vins de piémont, voire d'altitude, etc. La vie renaît progressivement dans ces campagnes délabrées, preuve s'il en est que si les paysages sont mortels, ils savent aussi ressusciter. Saint Martial et saint Galbert, les bons patrons du châtaignier, doivent bien s'en réjouir au paradis.

J.-R. P., juin 2008

Avertissement

L'idée d'une étude européenne sur la géographie du châtaignier n'est ni mienne, ni récente. Dès 1934, Jean Brunhes [1] écrivait : « Un arbre nourricier de nos latitudes, le châtaignier, aurait droit à une monographie géographique exhaustive. » En 1973, cinq des communications prononcées à Pérouse, lors de la réunion de la Conférence européenne permanente pour l'Étude du Paysage rural, évoquaient le châtaignier [2]. A l'issue de l'une de ces interventions [3] Roger Livet posait une question : « Il s'est développé dans ces régions une véritable civilisation du châtaignier en très nette régression aujourd'hui. Que sait-on de ces problèmes ? » Pierre Flatrès renchérissait alors [4] : « Le problème de la diffusion du châtaignier mériterait une étude à l'échelle européenne. » Et Xavier de Planhol ajoutait : « Je signale l'absence à peu près totale de châtaigneraies dans le monde musulman... »

C'est en décembre 1973, alors que je travaillais en Mauritanie, que M. de Planhol me proposa de diriger mes recherches vers le châtaignier, ce que je fis à partir de 1975. Je le remercie très vivement de cette suggestion. Tout au long de cette décennie, il m'a encouragé avec une exigeante discrétion tout à fait stimulante, et a éveillé en moi un goût définitif pour la géographie historique et culturelle. Il a également bien voulu relire attentivement le manuscrit du présent travail. Un très grand nombre de personnes m'ont fourni des informations précieuses ; leurs apports sont consignés au fil des notes ; que les oublis me soient pardonnés. J'aimerais, cependant, nommer ici M. Pierre Flatrès qui, outre ses suggestions, m'a fourni à plusieurs reprises une aide matérielle, dans le cadre de la RCP 355 du C.N.R.S. (« Civilisations agraires de l'Ancien Monde : paysages et sociétés »). M. Michel Chevalier m'a procuré de nombreuses références et m'a permis de bénéficier à plusieurs reprises des crédits scientifiques de l'U.E.R. de géographie de l'Université de Paris-Sorbonne. M. Paul Claval m'a beaucoup appris au cours de ces années passées dans son équipe pédagogique ; il m'a, en outre, fait largement profiter de l'aide financière de son laboratoire « Espace et Culture ».

Je remercie également M. Théodore Monod qui m'a fait bénéficier de son universelle érudition. Sur le terrain, j'ai reçu l'aide efficace de M. Élisée Dumas, président du Comité national interprofessionnel de la Châtaigne et du Marron, de Mlle Claudine Emon, en Croatie, de M. Pierre Lamotte, archiviste départemental à Ajaccio, de M. Riccardo Morandini, directeur de la Stazione Sperimentale di Selvicoltura *de Florence, de M. Raymond Pietton, conseiller culturel à l'Ambassade de France à Belgrade, qui m'a permis de parcourir la Yougoslavie, de M. Jacky Reyne, conseiller à la Chambre d'agriculture de Privas, de Mlle Paola Sereno, professeur à l'Université de Turin. Mlle Véronique Boquet a réalisé avec beaucoup de rigueur et de talent la cartographie de ce livre.*

Je tiens enfin à exprimer ma gratitude à M. André Fel et à M. Pierre Toubert, qui ont bien voulu accepter de faire partie du jury de cette thèse aux côtés de M. Michel Chevalier, de M. Pierre Flatrès et de M. Xavier de Planhol.

Deux thèses sur le châtaignier ont précédé le présent ouvrage : celle d'Aimée Camus en 1929 et celle d'Ariane Bruneton-Governatori, en 1984. La première constitue une approche essentiellement botanique qui présente l'originalité de recenser et de décrire tous les Castanea *et les* Castanopsis. *La seconde est une étude dite d'ethnohistoire qui m'a posé un délicat problème. Ariane Bruneton avait en effet déposé en 1975 un sujet de thèse de IIIe cycle sur « Châtaignes et châtaigniers en Béarn, aspects de l'évolution d'une culture ». Passionnée par son sujet, elle a étendu son champ d'étude à toute la France, en traitant principalement des* XVIIIe *et* XIXe *siècles, riches en documentation, empiétant sur la partie centrale de mon thème de recherche. Pour éviter les redites, j'ai donc volontairement limité certains aspects techniques de mon sujet et insisté sur les phénomènes de répartition dont l'étude m'apparaît, sinon spécifique de la géographie, tout au moins privilégiée par cette discipline. Sans doute consciente des problèmes que son travail me poserait, Ariane Bruneton me réservait dans son introduction [5] le travail de terrain et l'étude des rapports avec le « cadre géographique », c'est-à-dire, dans son esprit, le milieu naturel. Il est très fréquent que les historiens, les ethnologues, les sociologues et d'autres représentants des sciences humaines confinent les géographes dans le cadre des relations homme-milieu naturel. Or, s'ils ne sauraient négliger cet aspect, leur vision spatiale est cependant plus large. Comme le répète fréquemment M. X. de Planhol, la géographie cherche à expliquer pourquoi telle chose se trouve ici plutôt qu'ailleurs. C'est dans cet esprit qu'est envisagé ici le châtaignier européen. On pourra s'étonner que dans un travail biogéographique, les éléments dits naturels que sont le sol et le climat tiennent aussi peu de place. C'est que bien des régions susceptibles de porter des châtaigneraies n'en possèdent pas et que les facteurs humains sont largement prépondérants. A tel point qu'il m'apparaît aujourd'hui totalement illusoire de vouloir rattacher la biogéographie à la géographie physique, surtout lorsqu'elle a pour objet l'Europe.*

La nature même des problèmes que pose le châtaignier exigeait une méthode privilégiant le dépouillement d'archives et d'ouvrages. Malheureusement, rares sont les dossiers d'archives exclusivement consacrés à cet arbre et à sa culture et l'information est extrêmement dispersée. L'ampleur géographique et chronologique du thème m'a contraint à opérer par sondages. La synthèse ici proposée est donc nécessairement provisoire et pourra être complétée ou amendée à l'occasion de recherches ultérieures. Voici la liste des principales missions de collecte d'informations effectuées, missions au cours desquelles ont été prises les photographies illustrant ce travail : 1975, Toscane ; 1976, Ardèche, Drôme, Isère ; 1977, Pyrénées, nord-ouest de l'Espagne, Tràs-os-Montes ; 1978, Piémont ; 1979, Corrèze, Corse, Alsace ; 1980, Japon ; 1981, Cantal ; 1983, Dordogne ; 1984, Yougoslavie, Grèce, Ardèche ; 1985, Campanie. Dans un certain nombre de régions visitées, une commune-test située dans le secteur le plus castanéicole a été retenue : Chiusa di Pesio (Piémont), Porri (Corse), Vesseaux (Ardèche), Espagnac (Corrèze), Leynhac (Cantal), Riquewihr (Haut-Rhin). Certaines régions déjà bien étudiées par d'autres auteurs ont été plus rapidement visitées : la Ligurie, étudiée par D. Moreno et M. Quaini, les Cévennes, par E. Le Roy Ladurie, le Rouergue, par A. Meynier et H. Enjalbert, la Galice, par A. Bouhier.

Enfin, je ne voudrais pas achever ce préambule sans dire toute la joie que j'ai eue à parcourir quelques-unes des plus belles régions d'Europe et à éprouver le sentiment d'une unité historique et paysagère beaucoup plus forte que ne l'imaginent en général ses habitants.

J.-R. P.

INTRODUCTION

Écologie et répartition du châtaignier

NOM ET CARACTÉRISTIQUES BOTANIQUES

Ce n'est que tard dans l'Antiquité que le châtaignier est appelé d'un nom commun — c'est-à-dire universel — et définitif. Le même problème se reproduit, bien des siècles plus tard, au moment de l'établissement des nomenclatures botaniques. En 1694, Tournefort le nomme *Fagus silvestris quae peculiariter castanea* [1], Linné, en 1753, *Fagus Castanea*, Miller, en 1768, *Castanea sativa*, Lamarck, en 1783, *Castanea vulgaris*, Gaertner, en 1788, *Castanea vesca* et Karsten, en 1882, *Castanea castanea*, soit cinq noms principaux dont aucun ne supplante les autres avant le début du XXe siècle. L'accord est aujourd'hui à peu près réalisé sur *Castanea sativa* Miller [2].

Théodore Monod explique ces hésitations [3] : « Linné avait écrit *Fagus Castanea* et, [...] quand on a créé un genre *Castanea*, on n'a pas pu écrire *Castanea castanea* (L.) et il a fallu créer une nouvelle épithète spécifique. D'où le *sativa* de Miller, le *vulgaris* de Lamarck, etc. » C'est, en effet, Miller qui a créé à la fois le genre *(Castanea)* et l'espèce *(sativa)* et Théodore Monod rappelle [4] qu'il ne faut donc pas placer Miller entre parenthèses, car cela signifierait qu'il a placé une espèce déjà existante dans un genre nouveau. « Si Linné, ajoute-t-il, avait appelé le châtaignier *Fagus sativa*, Miller n'aurait créé que le nom de genre, donc *Castanea sativa* (Linné), mais Linné écrivait *Fagus Castanea*, hélas : or le code de nomenclature botanique interdit les tautonymies et on n'a pas le droit d'écrire *Castanea castanea*... Les zoologistes les admettent et notre pie s'appelle *Pica pica* et, même, avec la sous-espèce, *Pica pica pica*. Donc *Castanea sativa* Miller. » En réalité, plusieurs auteurs n'ont pas hésité à choisir *Castanea castanea* [5].

Voici donc la fiche d'identité courante du châtaignier européen :

Classe : Dicotylédones.

Famille : Fagacées.

Photo 1 : *En vieillissant, l'arbre devient de plus en plus creux, comme ici à Chaves (Trás-os-Montes, Portugal).*

Photo 2 : *Le châtaignier des* « Centi Cavalli », *sur l'Etna au* XIXe *siècle. Gravure d'A. Faguet* in *H. Baillon, 1876.*

Genre : *Castanea.*
Espèce : *Castanea sativa* Miller.
Cultivars (ou variétés) : comballe, gentile, bouche-rouge, marron, par exemple.

Dans le genre *Castanea* se placent d'autres espèces, outre le *Castanea sativa* Miller : le *Castanea dentata* Borkh, surtout présent à l'est des États-Unis, décimé par la maladie de l'*Endothia parasitica*, le *Castanea crenata* Siebold et Zuccarini, répandu essentiellement au Japon, le *Castanea mollissima* Blume, de Chine et neuf autres plus rares et moins utiles : *Castanea Seguinii* Dode, *Castanea Davidii* Dode, *Castanea pumila* Miller, *Castanea Ashei* Sudworth, *Castanea floridana* Ashe, *Castanea ozarkensis* Ashe, *Castanea alnifolia* Nutt, *Castanea paucispina* Ashe, *Castanea Henryi* Rehder et Wilson, plus un certain nombre d'hybrides [6]. A l'exception du *sativa*, les autres *Castanea* sont américains ou asiatiques, car sur ces continents, les espèces végétales sont plus nombreuses qu'en Europe, du fait de l'existence de refuges pendant les glaciations.

Le marronnier d'Inde n'a, évidemment, rien de commun avec le *Castanea sativa*, à l'exception de l'aspect extérieur de ses fruits. L'*Aesculus hippocastanum* L. semble avoir été importé de Constantinople en Europe vers 1615 et a été cultivé exclusivement pour l'agrément, du fait de la beauté de son port et de son feuillage [7]. Le Nôtre fut l'un de ses propagateurs en France, mais c'est Vienne qui passe pour avoir été le lieu de son introduction en Europe [8]. Mais le marronnier d'Inde est loin d'être le seul homonyme du châtaignier. Aimée Camus [9] donne une liste de 21 noms de végétaux portant le nom du châtaignier suivi d'un qualificatif quelconque. Parmi les exemples les plus connus, le châtaignier de Para ou du Brésil *(Bertholletia excelsa)*, le châtaignier de la Guyane *(Pachira princeps)*, la châtaigne d'eau ou de la Martinique (fruit du *Sloanea dentata*). Ces exemples montrent à quel point le châtaignier était répandu en Europe à l'époque des grandes découvertes : Espagnols, Portugais, Français l'utilisaient pour baptiser les végétaux inconnus qu'ils rencontraient.

On trouvera dans l'ouvrage d'Aimée Camus [10] une étude botanique complète du *Castanea sativa*. Depuis 1929, les travaux les plus approfondis ont concerné les maladies, mais les travaux des Japonais, des Américains ou des Européens [11] consacrés à l'approfondissement de la biologie de l'arbre ont été également nombreux [12]. Voici, très brièvement, ce qu'on ne peut ignorer avant d'aborder une étude géographique et historique de la culture du châtaignier.

Sa période végétative s'étend d'avril à novembre mais varie en fonction de la latitude et de l'altitude. C'est une espèce monoïque : chaque arbre porte à la fois des fleurs mâles et des fleurs femelles. Les fleurs mâles s'épanouissent de la mi-juin à la mi-juillet — c'est la plus tardive des floraisons d'arbres fruitiers dans nos contrées — en longs rameaux à étamines, à partir du sommet des chatons androgynes. Les fleurs femelles, très petites et peu nombreuses, s'ouvrent une dizaine de jours après les fleurs mâles. Le pollen est surtout transporté par les insectes, les abeilles en particulier, plutôt que par le vent. Il ne peut féconder que les fleurs femelles d'un autre cultivar, car le châtaignier est autostérile. Dans un verger, il est donc essentiel de mêler les variétés, même si les arbres pollinisateurs sont peu nombreux par rapport à ceux dont on espère récolter les fruits. F. Bergougnoux *et al.* [13] résument clairement la question : « On ne saurait trop insister sur l'intérêt primordial d'une bonne pollinisation dont dépend pour une part majeure l'importance de la production. La fécondation croisée est une nécessité absolue chez le châtaignier, d'où l'introduction indispensable d'une ou plusieurs variétés pollinisatrices qui doivent répondre à deux conditions : intercompatibilité génétique, simultanéité des périodes de floraison. »

Lorsque l'arbre est jeune, son écorce est lisse et brune avec des reflets argentés. En vieillissant, elle se strie de fentes de plus en plus profondes et présente presque toujours une torsion dans un sens ou dans un autre. Au-delà d'un certain âge — difficile à préciser, car cela dépend du sol et du climat —, l'arbre devient de plus en plus creux. Il est assez fréquent, dans la littérature touchant au châtaignier, de voir mentionner des cabanes de bûcheron, des séchoirs à châtaignes ou des guinguettes aménagés au cœur de très vieux arbres. Un sujet adulte peut atteindre 30 mètres de hauteur et, compte tenu de son évidement central, plusieurs dizaines de mètres de circonférence. Le célèbre châtaignier des *Centi Cavalli* sur l'Etna [14] passait au XIXe siècle pour être vieux de 3 000 ans et mesurait, en 1872, 56 mètres de tour [15].

L'EXIGENCE DE L'ACIDITÉ DU SOL

Il faut attendre le XXe siècle pour voir le caractère calcifuge du châtaignier faire l'unanimité. Au Moyen Age et à l'époque moderne, les sols indiqués comme favorables au châtaignier sont plus confusément décrits que dans l'Antiquité. Pline l'Ancien [16] est beaucoup plus précis que l'agronome Pierre de Crescens qui pourtant s'inspire de lui au début du XIVe siècle. Ainsi, ce dernier ne mentionne pas le refus du châtaignier de croître dans le sol dit *cretam*, c'est-à-dire crayeux [17] : « Ils aiment un sol meuble, mais pas de sable fin ; ils prospèrent en revanche dans le sable grossier s'il est humide ; la terre noire très fine et profonde leur est favorable ; ils poussent difficilement dans la terre rouge. Ils ne peuvent venir dans l'argile et le gravier. » Les agronomes de la Renaissance Estienne et Liebault résument encore un peu plus [18] : « Le châtaignier aime mieux [...] la terre molle que celle qui est dure et massive, la terre légère, non toutefois la sablonneuse et argilleuse. »

Dans la *Grande Encyclopédie*, Daubenton ne fait preuve d'aucune originalité et ne dit rien à propos du calcaire [19] : « Il se plaît dans les terres douces et noirâtres, dans celles qui, quoique fines et légères, ont un fond de glaise ; et mieux encore dans les terrains dont le limon est mêlé de sable ou de pierrailles ; il se contente aussi des terrains sablonneux, pourvu qu'ils soient humides, ou tout au moins qu'ils aient de la profondeur ; mais il craint les terres rouges, celles qui sont trop dures, et les marécages ; enfin, il se refuse à la glaise et à l'argile et il ne peut souffrir les terres salées. »

Quant à l'abbé Rozier [20], agronome du XVIIIe siècle, il n'hésite pas à faire part à ses lecteurs des doutes qui l'effleurent : « Il n'est pas aisé de décider si les rochers calcaires leur sont plus avantageux que les autres, puisque j'en ai vu de prodigieux par le tronc et par l'étendue des branches, sur des montagnes dont la nature de la pierre était diamétralement opposée. Dans la vallée de Baigorri, le sol est ferrugineux, semé de pierres et de rochers. »

Pour A. Bruneton-Governatori [21], c'est Ibn Al-Awam (XIIe-XIIIe siècles) qui, le premier, a remarqué le peu de goût du châtaignier pour les terres blanches, mais il faut attendre, en 1775, Buffon pour trouver une affirmation claire et surtout exacte [22] : « Il ne croît point ou vient mal dans toutes les terres dont le fond est de matière calcaire, il y a donc de très grands cantons et des provinces entières où l'on ne voit pas de châtaigniers dans les bois. » Un siècle plus tard, en 1863, l'agronome Gasparin [23] n'en est toujours pas absolument convaincu : « Le châtaignier ne réussit bien que sur les terrains meubles et profonds ; la présence de la fougère et de la bruyère annonce la véritable terre à châtaignier, quand d'ailleurs un sous-sol imperméable n'est pas trop près de la surface. On trouve les plus beaux de ces arbres dans des *diluviums* ou des alluvions épaisses composées de matières siliceuses, dans des amas de débris, de cailloux et de pierrailles mélangés de terre. On a dit qu'il ne croissait pas si le terrain contenait l'élément calcaire ; nous en avons vu de très beaux dans des sables provenant de molasses assez abondants en calcaire, mais ils languissent si le terrain devient compact. »

Gasparin ne sait pas distinguer le carbonate de calcium actif de l'inactif. D'autres auteurs non plus. C'est ce qui explique les nombreuses prétendues exceptions au caractère calcifuge du châtaignier relevées par des auteurs du XXe siècle qui s'étonnent de leurs propres observations. C'est le cas, par exemple, d'Henry Elwes et Augustine Henry [24] : « En Hongrie et en Istrie, le châtaignier se rencontre parfois sur du calcaire pur. » Biéler-Chatelan évoque les nombreuses châtaigneraies de la province de Rome qui poussent sur le calcaire crétacé : à San Paolo dei Cavalieri, Vivaro, Segni [25]. Diego Moreno, très récemment, conclut de même à propos des châtaigneraies médiévales de la Ligurie du Levant [26] : elles étaient si indispensables qu'on n'hésita pas à les implanter de manière aberrante !

En réalité, on sait maintenant de manière certaine que le châtaignier vit bien avec 1 % de carbonate de calcium actif dans le sol et qu'il languit au-delà de 6 %. Le meilleur pH se situe dans la fourchette 4,8-5,5. C'est ce qui ressort des travaux récents d'Antonio Gonzalez Rodriguez, botaniste à l'Université de Santiago [27]. Les expériences d'A. Vasquez et E. Vieitez, de la même université, donnent des résultats légèrement différents, le pH idéal se situant autour de 6,3, mais celui-ci s'applique à une culture d'embryons *in vitro* [28].

Tous les châtaigniers passant pour croître sur un sol calcaire poussent donc, en réalité, sur un sol acide reposant sur une roche-mère carbonatée. Ce sol peut être une *terra rossa* comme à Birkadem, près d'Alger [29], ou dans la forêt colchidienne du Caucase [30]. La terre remplissant les étroites diaclases (fissures) du calcaire peut suffire. La présence surprenante du châtaignier sur certains sols peut aussi correspondre à un dépôt superficiel acide, comme les altérites décalcifiées de la terrasse mindelienne de la vallée du Lez, à Moulis dans l'Ariège, qui reposent sur un calcaire très proche, puisqu'il affleure ici ou là au pied des châtaigniers [31]. Le mystère d'une flore calcicole, en particulier de mousses, dans les châtaigneraies de Saint-Projet et de Vieillevie (Cantal) s'estompe lui aussi à l'analyse : il s'explique à la fois par des poussières éoliennes calcaires enlevées aux alluvions des crues torrentielles du Lot et par des inclusions de calcite dans les schistes séricíteux de la région.

Au XIXe siècle, certains botanistes ont tenté de pallier cette exigence d'acidité en greffant des châtaigniers sur des chênes. Simon en fit l'expérience au Jardin botanique de Metz en 1834, Jaumard à Bordeaux en 1838. Un essai fut également mené au Jardin botanique de Dijon [32]. La plupart de ces greffes se sont décollées ou ont dégénéré ; les arbres ont végété avant de mourir. Toutes se sont révélées stériles.

Beaucoup d'auteurs ont développé, avec plus ou moins de lyrisme, l'idée selon laquelle le châtaignier pousserait mieux sur un substrat pauvre que sur un riche. Pour Estienne et Liebault [33], « le châtaignier est trop meilleur, plus net, et portant meilleur fruit qu'autres arbres de sa nature ; et ne lui faut point si bonne terre, ni si grasse comme au chêne ». Pour Arthur Young, parcourant le Vivarais en 1789 [34], « des châtaigniers paraissent de tous les côtés, et couvrent d'une verdure abondante des rochers en apparence si nus que la terre y semble étrangère ». A Michelet revient la palme du pathétique [35] : « Le châtaignier, sans terre, se tient en serrant le pur caillou de ses racines, sobre et courageux végétal, il semble vivre de l'air et, comme son maître, produire tout en jeûnant. » Enfin, Ardouin-Dumazet voit dans la Castagniccia corse [36] de « beaux rochers enveloppés d'arbres » et Jean Lorrain en un style plus fleuri [37] un pays où « le châtaignier ne demande aucune culture. Pendant qu'il prolonge à fleur de sol l'enchevêtrement de ses racines, pareilles à des accouplements monstrueux, et, telle une énorme araignée végétale, étreint de tentacules ligneux le granite du talus et la pierraille de la sente, les luisantes châtaignes pleuvent des branches hautes et, couché dans l'ombre, le Corse indolent regarde tomber les fruits. » Au thème de la sobriété de « l'arbre à pain » vient s'en ajouter un qui a fait couler des flots d'encre : celui de la paresse incorrigible du castanéiculteur qui, au mépris de toute morale, récolte sans effort !

Photo 3 : *Plantation remarquable par sa tenue et par la qualité de sa production, reposant sur un profond sol noir, d'origine volcanique, au pied du Montevergine, près d'Avellino (Campanie).*

La réalité est que le châtaignier se contente de sols médiocres pour d'autres cultures, en particulier de sols légers, acides, bien égouttés, sans être toutefois trop secs. Mais il croît et fructifie sans nul doute beaucoup mieux dans des sols riches et profonds, ce qui n'exclut pas légèreté et friabilité. Les meilleurs marrons proviennent des terroirs les plus favorisés par le sol. Deux exemples parmi beaucoup : la renommée du marron bouche-rouge de Vesseaux (Ardèche) est intimement liée au sol de « mortin » développé sur des grès triasiques [38] ; qui s'est enfoncé dans les profondes et légères cendres volcaniques noires du flanc septentrional du Vésuve (Castagnetto del Principe, voir fig. n° 3) peut comprendre l'excellence des marrons de Naples. La sagesse populaire reconnaît d'ailleurs le fait mieux que les voyageurs et les poètes. Un proverbe a cours à Saint-Pierreville (Ardèche) [39] : « Le comballou [40] doit être placé dans un bon fond pour être vertueux. » Et, toujours en Ardèche, les habitants de Dompnac avaient jadis compris l'intérêt des bons sols profonds, en particulier en cas de sécheresse. Leur Cahier de doléances des États généraux de 1789 [41] évoque les « chaleurs de l'été qui, quoique de peu de durée, ont bientôt déchéché *(sic)* leur petit fonds, se trouvant trop près du roc ».

En ce qui concerne la pente du sol sur lequel poussent les châtaigniers, elle est en soi indifférente, l'avantage d'un bon drainage étant compensé par les risques d'érosion qu'il faut combattre, à partir d'une certaine inclinaison, par des murettes. Il faut toutefois remarquer que l'on cultive plus facilement des arbres que des céréales sur des pentes très fortes. C'est l'une des raisons — non la seule — pour lesquelles le châtaignier a eu jadis plus d'importance à l'est et au sud du Massif Central qu'à l'ouest, dans l'Apennin et en Corse qu'en Galice.

PRÉFÉRENCES CLIMATIQUES

En matière climatique, le châtaignier se révèle certainement d'une plus grande souplesse écologique qu'en matière pédologi-

CYCLE VÉGÉTATIF DU CHÂTAIGNIER

AU REGARD DES TEMPÉRATURES IDÉALES MOYENNES

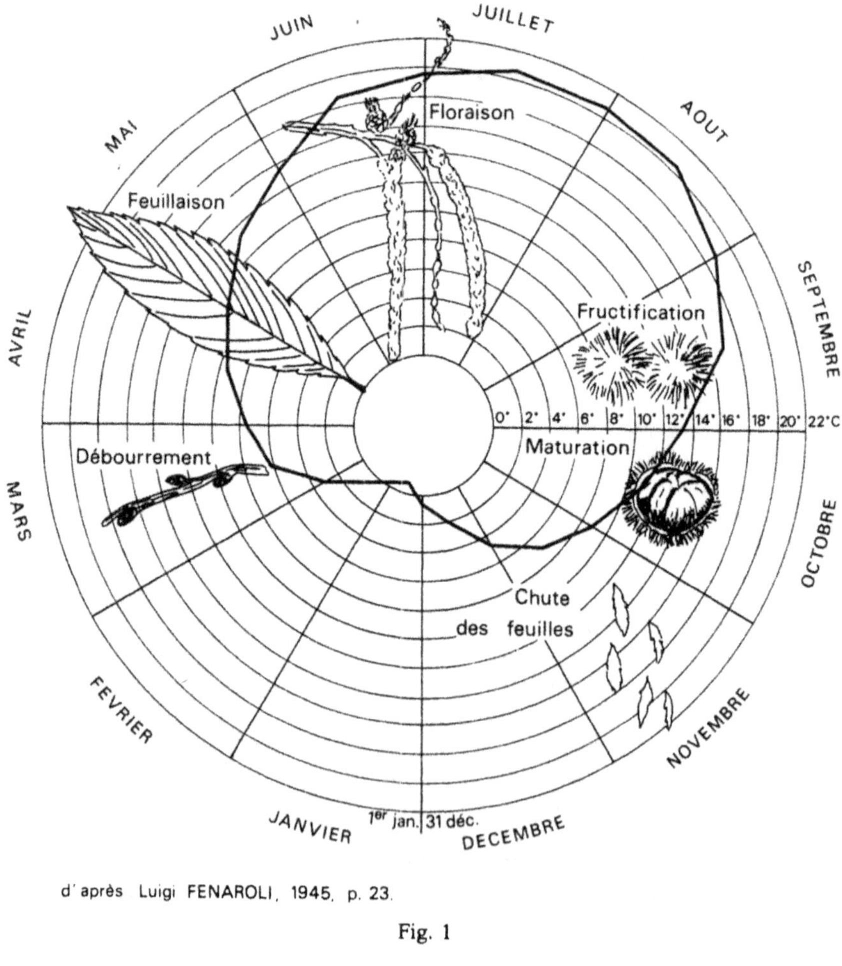

d'après Luigi FENAROLI, 1945, p. 23.

Fig. 1

que. Les conditions idéales de sa croissance s'inscrivent dans une large fourchette, et c'est le choix des variétés qui permet une adaptation fine [42].

Aimée Camus [43] résume ainsi les conditions climatiques nécessaires à une bonne fructification : 2 000 à 2 300 ° sans gelée [44], à partir du moment de la floraison, et 1 000 à 1 500 mm de précipitations, avec une sécheresse estivale réduite. Il semble que le seuil de 1 000 mm soit un peu haut placé et que 600 mm soit plus proche de la réalité. L'exposition qui convient le mieux au châtaignier varie donc beaucoup en fonction de la latitude et de l'altitude. Elle est pratiquement indifférente pour la culture des taillis. Ainsi, en Région parisienne, ceux-ci prospèrent-ils aussi bien sur les plateaux que sur les versants de la forêt de Montmorency, mais les fruits non greffés que l'on peut y ramasser sont beaucoup plus gros

L'EXPOSITION DES CHÂTAIGNERAIES A CHAMBOULIVE (CORREZE)

d'après Henri BOUDRIE, 1969, pp. 112-113

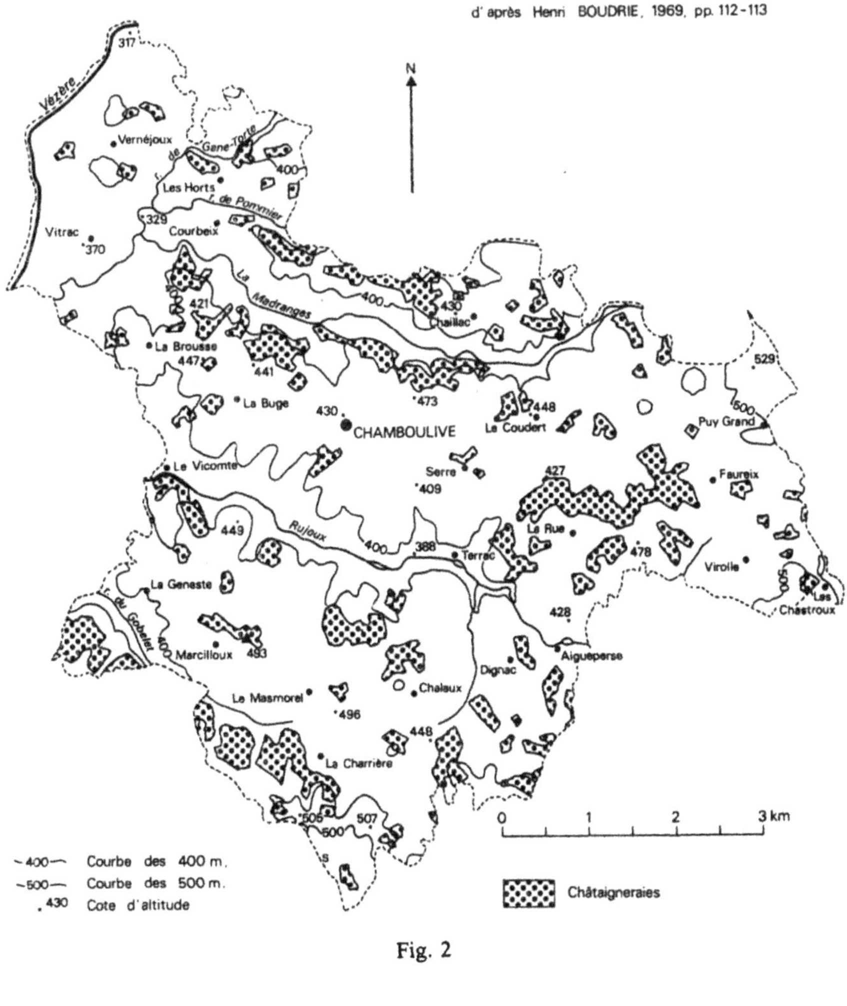

Fig. 2

sur les versants exposés au sud, par exemple sur la route forestière des Parquets (commune de Saint-Prix, Val-d'Oise).

Dans le Midi, on trouve généralement les plantations fruitières sur les ubacs, car elles craignent les trop fortes sécheresses des adrets. Les exemples de Chamboulive (fig. n° 2), du Vésuve (fig. n° 3) et de la Sierra de Caurel en Galice (fig. n° 4) le démontrent clairement. Dans le Ségala du Rouergue, elles occupent les ubacs entre 300 et 500 m d'altitude et les adrets de 500 à 750 [45]. En Thessalie, elles descendent jusqu'à 20 ou 30 mètres au-dessus du niveau de la mer sur le versant nord-est de l'Ossa, à Stomion [46]. Cette exception s'explique par le fait que Stomion est le seul village littoral de la région, et Michel Sivignon note très justement : « On a l'impression que la position des châtaigniers est déterminée dans toute cette zone par la position même du village tout autant que par de strictes considérations climatiques. »

LE PAYSAGE RURAL DU VÉSUVE

d'après la *Carta della utilizzazione del suolo d'Italia* au 1/200 000e, Touring Club Italiano Milan, 1960. Feuille n° 16

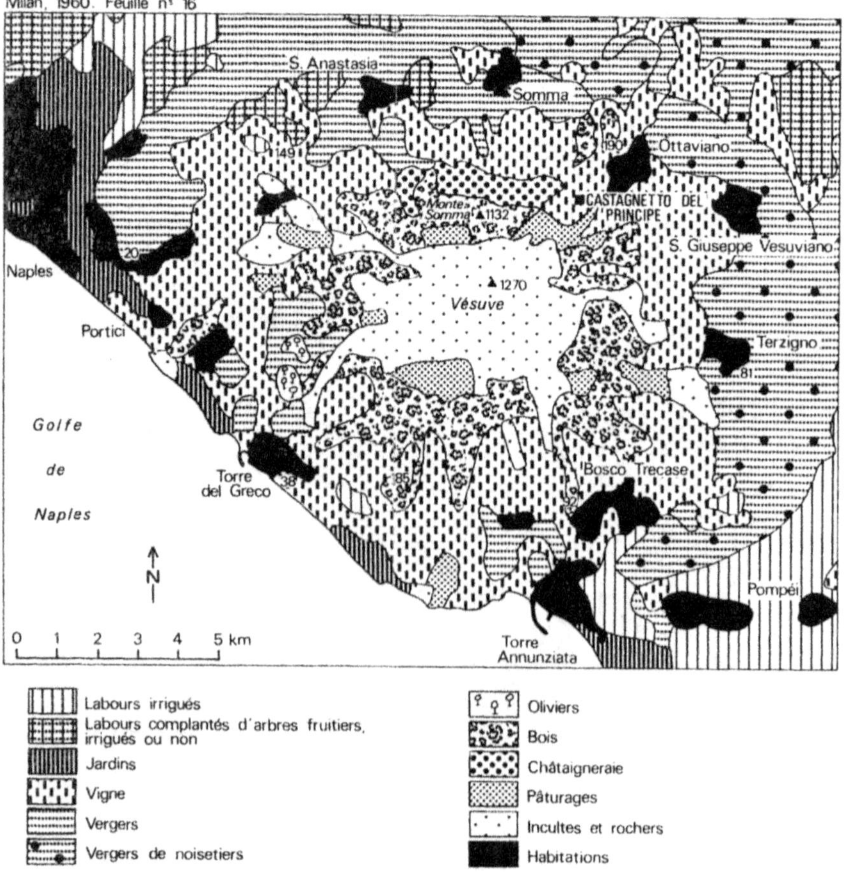

Fig. 3

LE PAYSAGE DE LA SIERRA DE CAUREL (SUD-EST DE LA GALICE) VERS 1970

d'après A. BOUHIER, 1979 (plans simplifiés)

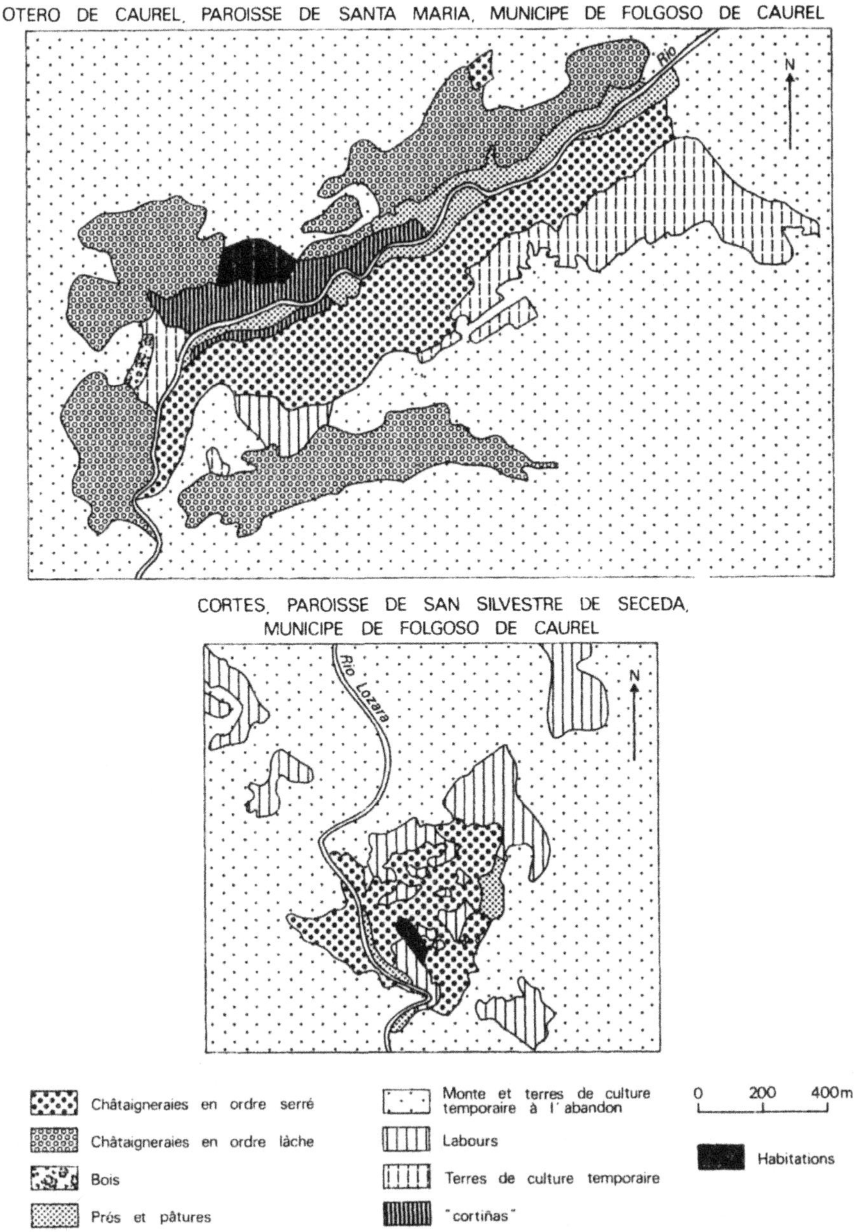

Fig. 4

Pierre de Crescens remarque déjà l'intérêt des implantations sur les ubacs [47] : « Ils aiment le froid et s'accommodent de la tiédeur ; si l'humidité est suffisante, ils sont attirés par les régions ombragées, et principalement par les versants exposés au nord... » C'est une formulation très semblable, adaptée à la France, que l'on trouve chez Estienne et Liebault [48] : « Cet arbre se plaît en terroir regardant plutôt le septentrion, vers la bise ou tramontane, et étant humide, que sec, et ayant regard au Midi : d'autant qu'il aime mieux l'ombre que le soleil, les vallons que les montagnes. »

Cependant, en période de nécessité, on a planté n'importe où, y compris dans des conditions médiocres. Ainsi en Corse, le recensement des plantations effectuées sur les communaux de Pastricciola [49] en avril 1826 révèle-t-il que 31 propriétaires ont planté des arbres sur l'*ombriccia* (ubac), contre 44 sur la *solana* (adret).

Comme tous les arbres fruitiers, le châtaignier craint les gels tardifs qui font avorter ses bourgeons et compromettent floraison et fructification. « Le seul ennemi dans notre région est le froid au moment de la floraison », lit-on dans la réponse du canton de Laroquebrou dans le Cantal [50] à l'enquête ministérielle de 1902. Quant aux gels à pierre fendre de l'hiver, ils peuvent naturellement le faire périr. Beaucoup de témoignages évoquent la fatale année 1709. Un exemple entre cent : le témoignage du curé de Vatilieu, en Dauphiné [51] : « Le lendemain des " Rois " il fit un froid si grand dans tout le Dauphiné que nos châtaigniers aussi bien que nos noyers qui étaient d'une grosseur si extraordinaire que trois ou quatre hommes auraient eu peine d'embrasser en moururent. » Les conséquences d'un tel hiver devaient se faire sentir pendant très longtemps, comme le note encore en 1733 Aubert de Tourny en Limousin [52] : « La plupart sont de vieux troncs qui, ayant été frappés de l'hiver de 1709 sans être totalement gelés, ont été coupés à la naissance des branches, et en ont poussé de nouvelles, lesquelles se sentant de l'altération de la tige, et y tenant beaucoup moins que si elles étaient de première pousse, éclatent et se brisent pour peu qu'un vent violent les agite... »

D'autres hivers laissent de mauvais souvenirs : celui de 1685 pendant lequel les Cévenols sont contraints de manger des glands et de l'herbe [53] ; celui de 1766 en Vivarais [54] et en Limousin qui inspire à Turgot, alors intendant de cette dernière province, ce constat désolé [55] : « La rigueur de l'hiver a détruit environ le huitième des châtaigniers les plus vigoureux ; ce qui en reste est languissant ; les arbres sont dépouillés de leurs feuilles et l'on ne compte presque plus sur cette ressource dans l'élection de Limoges. » Au XIXe siècle, les hivers 1871 et 1880 se signalent par leur rigueur [56] et, au XXe siècle, celui de 1956 qui provoqua, par exemple, la mort de beaucoup d'arbres à Saint-Julien-du-Gua en Ardèche.

Les étés et surtout les automnes chauds et un peu humides favorisent les récoltes. Ainsi, les taillis de la forêt de Montmorency donnèrent en 1983 des fruits pouvant être qualifiés de marrons : amandes non cloisonnées, taille exceptionnelle jusqu'à 40 mm de diamètre. Juin et juillet avaient été chauds et orageux, août très chaud et sec, septembre chaud et entrecoupé de quelques pluies. Les premiers fruits étaient mûrs dès le 15 septembre. La sécheresse, en revanche, a des effets graves, comme en Italie en 1890, année au cours de laquelle furent récoltées 273 330 tonnes de châtaignes contre 389 970 en moyenne de 1879 à 1883. Cette année-là, le consul général de France à Naples, Marcellin Pellet, note [57] : « La récolte de 1890, à cause de la sécheresse de l'été dernier, présente une diminution de plus de 116 millions de kilogrammes sur la moyenne des années précédentes, soit un déficit de 30 %, dont on se ressentira cet hiver. » La sécheresse de l'été 1731 en Cantal a des effets catastrophiques comme en témoignent les chevauchées faites par les officiers de l'élection d'Aurillac [58].

Les pluies modérées d'une chaude fin d'été ou du début de l'automne profitent à la qualité des fruits. Les proverbes cantaliens en sont le reflet [59] : « *Quand pleu entre nostra-Dames, Es tout bi et tout costonhos* » (Quand il pleut entre les Notre-dames [15 août-15 septembre], c'est tout vin et tout châtaignes) ; « *Sent-Michau sans plejo, Lei escurous trazoun los costonhos* », (Saint-Michel [30 septembre] sans pluie, les écureuils jettent les châtaignes). Et encore ce proverbe aveyronnais : « *Ol mes d'ost lo costognou diéu èsse dins un four, ol mes de setémbre dins un pous* » (Au mois d'août le châtaignier doit être dans un four, au mois de septembre dans un puits) [60]. Mais si les pluies d'automne sont trop abondantes, c'est la catastrophe comme en 1769 en Limousin. L'année qui suivit fut une année de disette [61]. Les ultimes craintes viennent des rosées automnales qui font chuter précocement les feuilles et rendent la récolte difficile — les fruits disparaissant sous le matelas des feuilles mortes —, mais elles viennent aussi des gelées d'octobre, comme celles de 1974 dans les hautes Cévennes. Les châtaignes se fendent alors dans leur bogue et cessent de mûrir. Le phénomène se produit en 1773 en Limousin, au grand désespoir de Turgot [62]. Il faut ajouter les brouillards trop denses et fréquents, qui font tomber les fruits avant maturité complète, comme en 1770 en Limousin. Turgot note que « plus de la moitié des arbres ont été dépouillés avant la maturité par les brouillards et les vents du Midi ». La description du déroulement de l'été et de l'automne 1813, année de mauvaise récolte, par le sous-préfet de Largentière, en Ardèche, est significative [63] : « *Mai :* les châtaigniers ne sont pas encore en fleurs, mais ils ont une végétation très belle.[...] *Juin :* la floraison s'est faite en juin de la manière la plus avantageuse.[...] *Juillet :* ils sont bien garnis et présentent une belle apparence. Jusqu'ici le temps leur a été favorable. [...] *Août :* la végétation a été passable, la saison n'a pas été néanmoins assez chaude. Belle apparence de la récolte prochaine.[...] *Septembre :* cette récolte qui avait la plus belle apparence a trompé l'attente du cultivateur par le manque de chaleur pendant août.[...] *Octobre :* on a fait le ramassis des trois quarts des châtaignes, la récolte en est mauvaise... »

La production de châtaignes obéit donc à la règle commune, particulièrement en économie préindustrielle, à tous les fruits de la terre, et varie considérablement d'une année à l'autre. De 5 283 hectolitres en 1866 dans la province sarde de Cagliari, elle passe à 20 468 pendant l'exceptionnelle année 1870 [64]. La récolte ardéchoise atteint 114 027 hl en 1815 pour chuter à 30 555 l'année suivante [65]. La figure n° 5 montre la grande irrégularité de la pro-

VARIATIONS INTERANNUELLES DE LA PRODUCTION DES CHATAIGNES EN PIEMONT DANS LA DEUXIEME MOITIE DU XVIIIe SIECLE

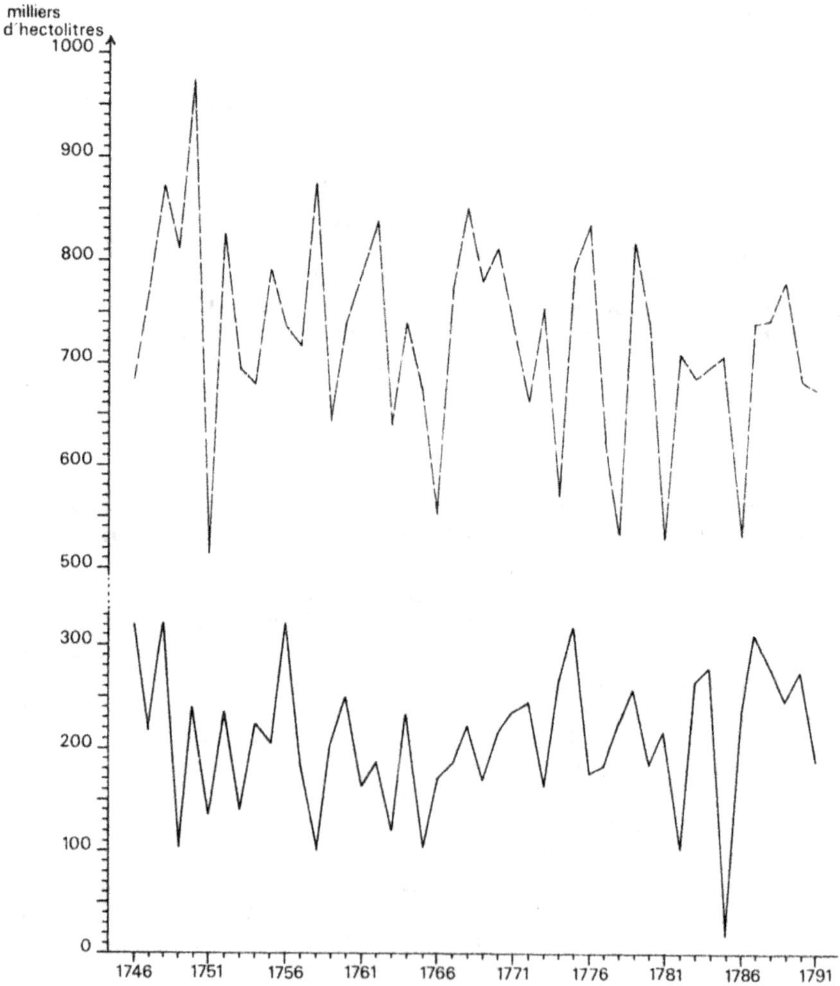

Châtaigne

Seigle (à titre de comparaison)

Source : BULFERETTI, Luigi, 1963, pp. 119-120

Fig. 5

duction piémontaise pendant la deuxième moitié du XVIIIe siècle. La comparaison de la courbe des châtaignes et de celle du seigle fournit une utile information. A de rares exceptions près, elles ne présentent pas de différences sensibles dans les variations interannuelles. Aussi, le recours au châtaignier en remplacement des céréales, dans les régions montagneuses, ne s'explique-t-il pas par une plus grande régularité des récoltes, mais bien, comme on le verra, par des rendements moyens sensiblement supérieurs.

INTÉRÊT ET LIMITES DE LA NOTION DE ZONE DU CASTANETUM

Voici déjà deux siècles que les naturalistes utilisent la notion d'étage de végétation et attribuent l'un de ces étages au châtaignier. Giraud-Soulavie, en 1784, publie une « coupe verticale des montagnes vivaroises » avec les « limites respectives des climats des plantes » [66]. On y voit un « climat du châtaignier » intercalé entre un « climat des vignes » et un « climat alpin ». Le fait que cet étage succède à celui des vignes montre bien que l'auteur ne se fait aucune illusion quant au caractère naturel des châtaigneraies.

En 1863, l'agronome Gasparin [67] se livre à une analyse plus subtile, puisqu'il admet l'idée que le châtaignier se place à cheval sur plusieurs étages : « En continuant à placer, dans notre cadre, les arbres d'après leurs convenances climatologiques, nous voici parvenu au châtaignier, dont la culture s'étend de la région des oliviers sur celle de la vigne tout entière et jusqu'à celle des pâturages, sans pénétrer dans celle des céréales... » Ce point de vue présente, toutefois, l'inconvénient de séparer fondamentalement le châtaignier des céréales, ce qui correspond au paysage de la France et de l'Italie au XIXe siècle — et encore faudrait-il excepter le Limousin —, mais revient à ignorer que dans bien des régions l'arbre à pain a supplanté les céréales panifiables traditionnelles et qu'il existe à cette époque comme encore aujourd'hui des champs complantés de céréales et de châtaigniers, dans le Trás-os-Montes portugais par exemple.

Reprenant la classification de Mayr, les forestiers italiens Aldo Pavari [68] et Alessandro de Philippis [69] admettent une division de l'Italie en cinq zones phytoclimatiques : *Lauretum, Castanetum, Fagetum, Picetum* et *Alpinetum* ou *Polaretum*. Ces auteurs admettent que ces divisions valent surtout pour les limites froides de chaque étage. Pour les zones du *Lauretum, Castanetum* et *Fagetum*, il n'existe pas de limite chaude, à condition que l'humidité soit suffisante. L'expression d'étage du *Castanetum* ne signifie évidemment pas qu'on ne trouve que des châtaigniers dans ce secteur qui est, selon la définition d'Aldo Pavari [70], « l'étage des feuillus à feuilles caduques, partie plus chaude ». Les limites froides de la zone du *Castanetum* sont les suivantes : température moyenne annuelle : 10 à 15 °C, température du mois le plus froid : -1 °C ; moyenne des minima absolus : -15 °C. Or, ces limites correspondent précisé-

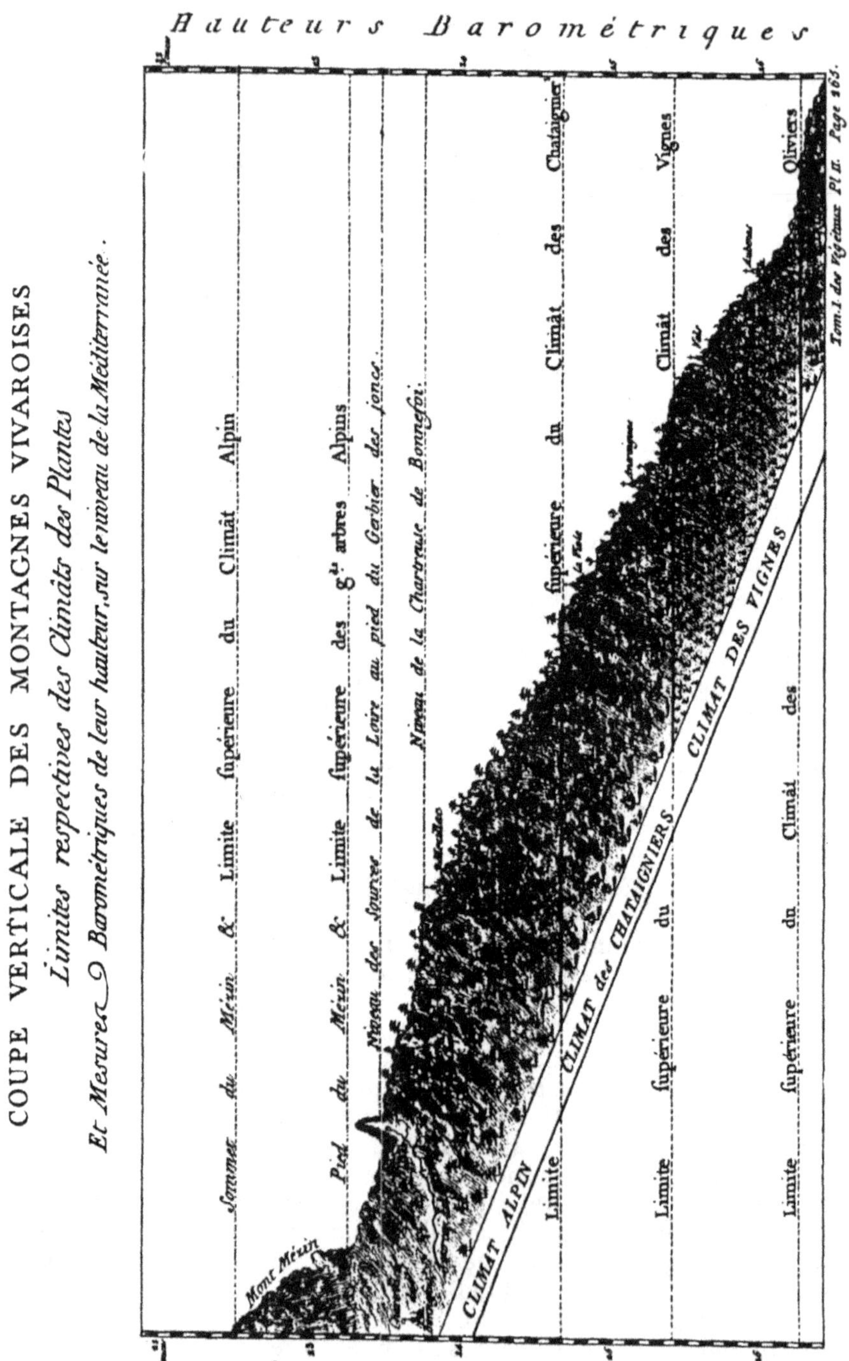
COUPE VERTICALE DES MONTAGNES VIVAROISES
Limites respectives des Climats des Plantes
Et Mesures Barométriques de leur hauteur, sur le niveau de la Méditerranée.
Hauteurs Barométriques
Sommet du Mézin & Limite supérieure du Climat Alpin
Pied du Mézin & Limite supérieure des g.ds arbres Alpins
Niveau des Sources de la Loire au pied du Gerbier des joncs
Niveau de la Chartreuse de Bonnefoi.
Limite supérieure du Climat des Chataigniers
Limite supérieure du Climat des Vignes
Limite supérieure du Climat des Oliviers
Mont Mézin
CLIMAT ALPIN
CLIMAT des CHATAIGNIERS
CLIMAT DES VIGNES
Tom. 1 des Végétaux Pl. II. Page 163.
Hauteurs Barométriques

ment à celles du châtaignier en Italie. Les pénétrations du châtaignier dans la zone du *Fagetum* sont rarissimes.

En revanche, les débordements du châtaignier dans la zone du *Lauretum* sont nombreuses et significatives. Elles s'expliquent toujours par un climat suffisamment humide et par des sols de très bonne qualité pour le châtaignier, en particulier riches en potasse [71]. L'arbre peut même descendre jusqu'au niveau de la mer. Il s'agit presque toujours de régions à fortes pentes, celles-ci incitant les paysans à recourir au châtaignier pour subsister : Ligurie orientale, Monti Cimini (Viterbe), Colli Laziali Velletri (Rome), Campanie intérieure (Avellino, Salerne), golfe de Salerne, côte et contreforts de l'Apennin calabrais, est de l'Etna.

La comparaison, pour la province de Lucques, de l'aire du *Castanetum,* comprise approximativement entre 350 et 800 mètres d'altitude, et de la répartition réelle du châtaignier (fig. n° 6) montre que quelques châtaigneraies ont été plantées dans la zone du *Fagetum* et beaucoup dans la zone du *Lauretum.* Cela ne veut pas dire que les agriculteurs méconnaissaient les exigences climatiques du châtaignier, mais au contraire que son introduction dans le *Fagetum* et le *Lauretum* fut le résultat d'essais, probablement hésitants, et que le paysage actuel ne montre que les réussites. En effet, ces exceptions s'expliquent bien par le climat [72]. Grâce à une exposition sud, les plantations du *Fagetum* n'ont pas à souffrir, pendant le mois le plus froid, d'une température moyenne inférieure à -1 °C, tandis que la forte pluviométrie et l'exposition nord — surtout dans la vallée du Serchio — permettent aux plantations de la zone du *Lauretum* de prospérer.

Des observations précises comparables ont été réalisées par Massimo Quaini [73] en Ligurie, en particulier sur le promontoire de Portofino où le châtaignier voisine avec l'olivier. En Corse, dans le bassin de Corte, le même phénomène est encore visible malgré le recul des plantations. P. Simi remarque [74] que « le châtaignier est devenu insignifiant alors que jadis il occupait des surfaces respectables du seul fait de ses propriétés alimentaires. Il s'efface devant la disparition de ce facteur qui justifiait sa présence dans des stations climatiques qui ne lui convenaient que médiocrement ».

A l'inverse, comme le montre la comparaison de la carte de la zone du *Castanetum* et des châtaigneraies pour l'ensemble de l'Italie, le châtaignier est très loin d'occuper l'ensemble de son aire climatique de prédilection. Il va de soi que les conditions pédologiques ne sont pas partout propices, mais, surtout, le recours à l'arbre à pain ne fut une nécessité qu'en montagne, dans les régions de pente forte où les cultures céréalières rendaient moins de calories à l'hectare.

Ce que l'on peut dire des conditions climatiques de croissance du châtaignier est donc assez comparable à ce que l'on a dit de la vigne et même de la plupart des plantes cultivées. La souplesse de l'espèce et la diversité variétale permettent d'en planter dans des régions extrêmement contrastées. Dans la mesure où la châtaigne a surtout constitué une production autoconsommée, il ne s'est pas

LE CHATAIGNIER DANS LA PROVINCE DE LUCQUES (TOSCANE)

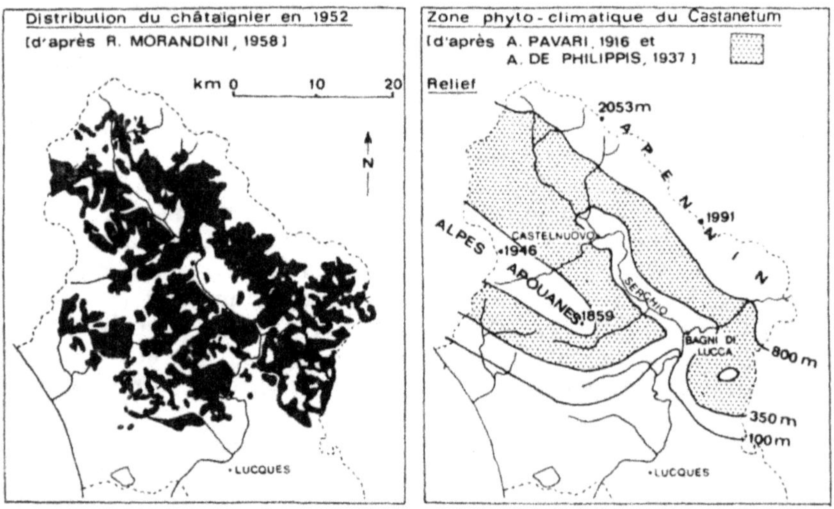

L'homme a notablement développé la châtaigneraie ...

... au-dessus et surtout au-dessous de l'aire optimale du Castanetum ...

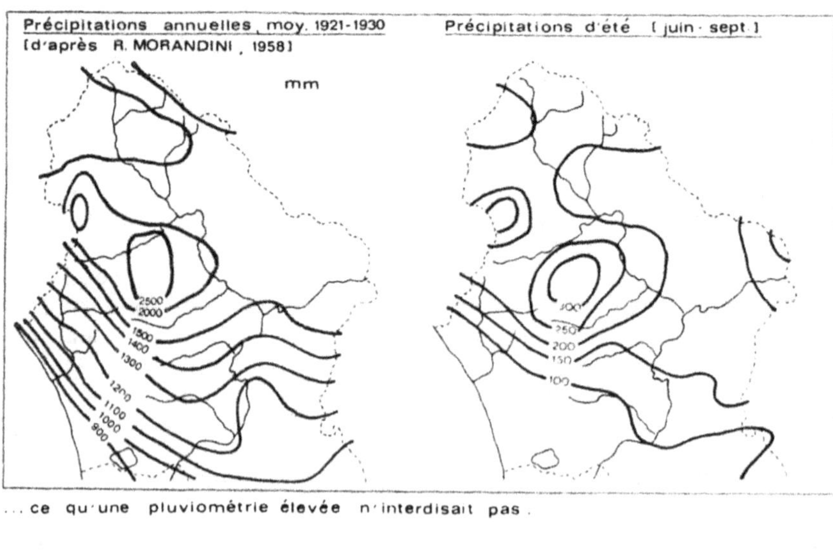

... ce qu'une pluviométrie élevée n'interdisait pas.

Fig. 6

COMPARAISON DE LA ZONE DU *CASTANETUM* ET DES CHÂTAIGNERAIES RÉELLES EN ITALIE

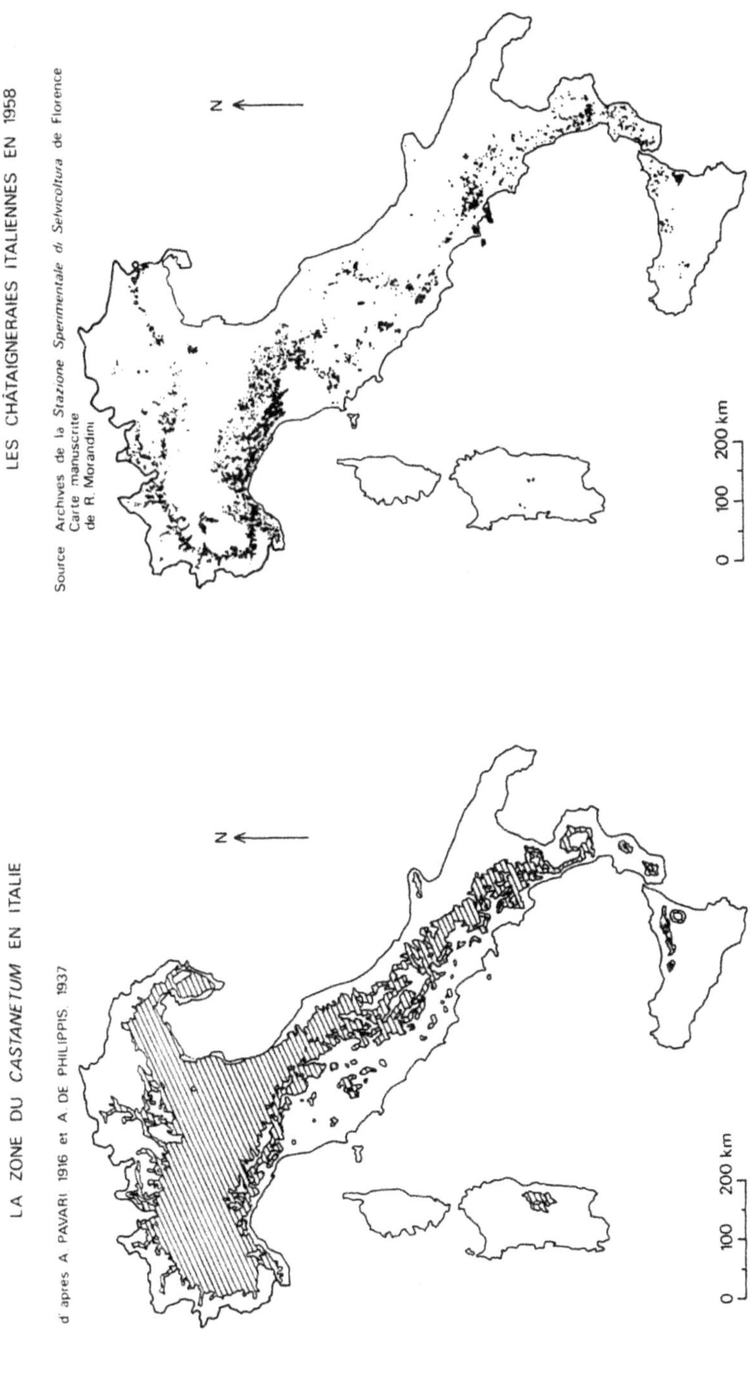

Fig. 7

établi de hiérarchie des qualités gustatives comparable à celle des vins. Le meilleur fruit est, en général, celui de chez soi. On peut toutefois penser que si la châtaigne avait fait l'objet de courants commerciaux majeurs, une telle classification se serait dégagée. Les différences de terroirs et de « climats », comme on dit en Bourgogne, auraient alors pris une grande importance. Celle-ci est très difficile à apprécier aujourd'hui, car le chauvinisme l'emporte. Ainsi, les producteurs français méprisent-ils le plus souvent les marrons de Naples et, à plus forte raison, ceux du Japon. Un concours de dégustation à l'aveugle, comparable à ceux qui se déroulent dans le cadre du Salon de l'Agriculture, chaque année, pour divers produits, serait des plus utiles et instructifs à cet égard.

Quelques auteurs ont abordé le problème des relations climat-qualité de la production, mais trop rapidement hélas, faute de moyens sérieux de comparaison. En 1783, l'abbé Rozier [75] écrit, par exemple : « J'ai observé que ces arbres étaient plantés à une certaine hauteur, et dans des endroits froids. En effet, ceux des climats plus tempérés produisent des fruits moins savoureux. » Gustave Heuzé esquisse la même observation à propos de la Toscane [76] : « La châtaigne des montagnes du Lucquois contient moins de matière ligneuse, et davantage d'azote que les fruits récoltés dans les plaines de Lucques. » Mais le trop est l'ennemi du bien, et si l'altitude est trop élevée, la qualité en pâtit également. C'est ce que remarque Deribier du Châtelet à propos de la région de la Châtaigneraie, dans le Cantal [77] : « Plus on s'éloigne des montagnes du Cantal, plus la qualité de la châtaigne s'améliore et plus le produit de l'arbre est certain. Aussi, est-ce dans la commune de Maurs, limitrophe du département du Lot, qu'on trouve les meilleures châtaignes. On y récolte aussi des marrons qui, quoique plus petits que la châtaigne, ont la pâte bien fine et plus savoureuse. Dans la partie nord de la *Castagnal*, les arbres deviennent en général plus beaux ; mais le fruit y est moins bon et le froid l'emporte quelquefois. »

DÉCRIRE LA RÉPARTITION DES CHÂTAIGNERAIES : UNE GAGEURE

Étudier la répartition des châtaigneraies supposerait d'abord de définir clairement ce qu'est une châtaigneraie. Or, rien n'est moins simple. Pour le Larousse [78], c'est un « lieu planté de châtaigniers ». Pour Paul Fénelon [79], c'est « un verger de châtaigniers ». Il y a plus qu'une nuance. C'est un réel problème de terminologie, car, à vrai dire, on ne sait jamais si l'on a affaire à des forêts ou des vergers et, par conséquent, si leur recensement relève de l'administration de l'Agriculture ou de celle des Forêts. Le problème se complique lorsque le paysage à décrire est une forêt en cours de transformation en verger comme cela arrivait souvent jadis, ou un verger en train de devenir forêt comme c'est très généralement le cas aujourd'hui.

Sous le vocable de châtaigneraie, peuvent donc se glisser : des taillis à révolution plus ou moins longue, des futaies non greffées, des taillis sous futaie, ces trois premières catégories en peuplements plus ou moins purs, des vergers — constitués donc d'arbres greffés — entretenus, des vergers à l'abandon et envahis par divers arbres ou arbustes [80]. En cette fin du XXe siècle, quels sont donc les moyens dont on dispose pour appréhender la répartition des châtaigneraies de toutes les catégories énumérées, en dehors, naturellement, de l'enquête sur le terrain qui, à l'échelle européenne, demanderait plusieurs vies bénédictines ?

Les cadastres et les statistiques agricoles ou forestières sont peu fiables. La rapidité de l'abandon des châtaigneraies fruitières confère au cadastre plusieurs années ou décennies de retard. Une châtaigneraie fruitière depuis longtemps à l'abandon et envahie de hêtres ou de résineux ou un verger irrigué de cerisiers ayant depuis trente ans remplacé une médiocre plantation de châtaigniers sont toujours mentionnés comme « châtaigneraie » au cadastre de telle commune de l'Ardèche. Le premier cas explique le second. S'il y a aussi peu d'empressement à modifier la matrice, c'est que la châtaigneraie ne paie guère plus d'impôt que la broussaille [81] !

En France, le Recensement général agricole a totalement ignoré le châtaignier, tant en 1970-1971 qu'en 1979-1980. Seuls six arbres fruitiers sont prévus à la rubrique « verger » (l'abricotier, le cerisier, le pêcher, le prunier, le pommier et le poirier). La statistique agricole n'est guère plus informative en Espagne, au Portugal ou en Italie. Il faut se rendre à la cruelle évidence à laquelle Riccardo Morandini s'était déjà heurté en 1958 [82] : on ne sait combien d'hectares sont occupés par le châtaignier en Europe. La statistique est à l'image de l'intérêt que les hommes portent aux objets à recenser...

Les photographies aériennes, quant à elles, sont très difficiles à interpréter, à l'exception de celles prises au moment de la floraison des arbres, car ceux-ci sont alors reconnaissables à leur couleur très claire. Seuls les forestiers suisses ont fait réaliser une couverture de la région du Tessin à cette période afin d'en tirer quelques prodigieuses cartes au 1/25 000e [83]. Le reste de l'année, vu de loin, rien ne ressemble plus à un châtaignier qu'un chêne ou un hêtre. Les risques d'erreurs [84] sont très grands, sauf dans le cas de vergers réguliers dont les arbres sont assez espacés les uns des autres. Les rapides progrès de la télédétection pourraient, d'ici quelques années, permettre des repérages plus rigoureux [85], mais rien n'est encore très probant [86].

Les cartes à grande échelle sont, elles aussi, assez décevantes. Ainsi, en France, l'Institut géographique national représente uniformément, sur ses cartes au 1/50 000e et au 1/25 000e, les châtaigneraies par les plages vertes qui désignent la forêt — la précision s'étend jusqu'à la mention des feuillus sur les plus récentes — et jamais par le figuré en pointillés des vergers. Cela s'explique fort bien par les difficultés d'interprétation des photos aériennes évoquées plus haut, mais le résultat est parfois curieux : certains villa-

L' AIRE DU CHÂTAIGNIER EN EUROPE
D'APRÈS Luigi FENAROLI (1945, p. 22)

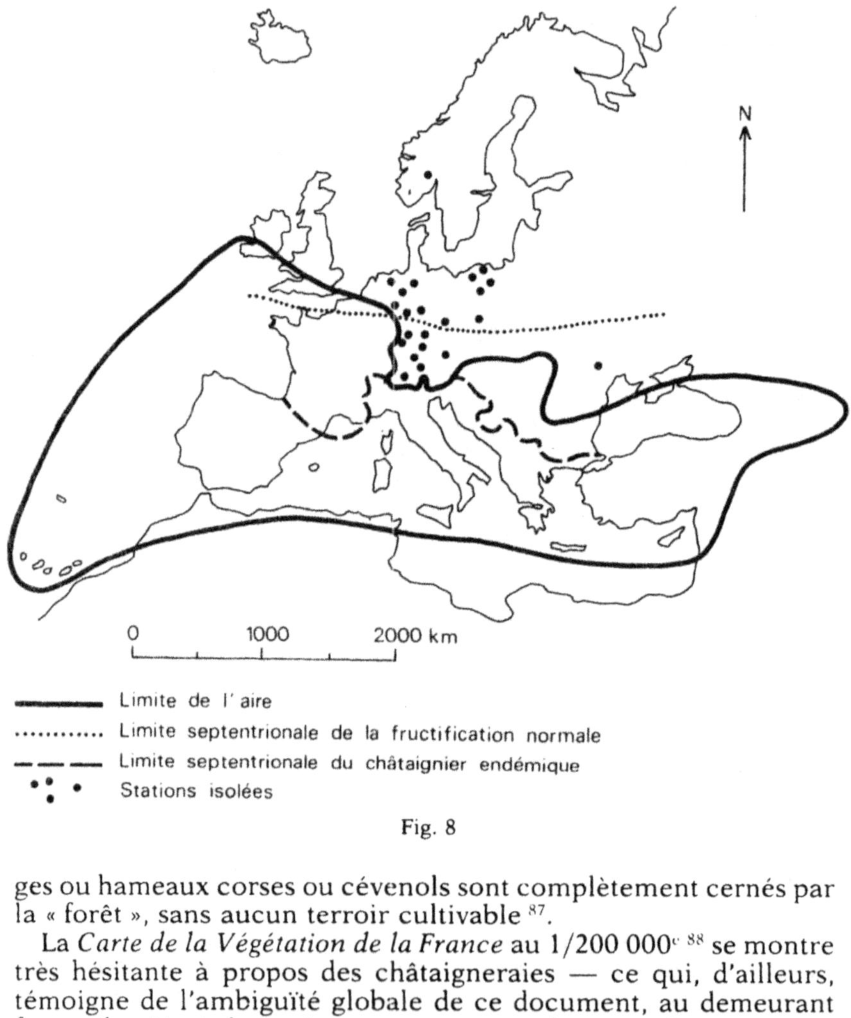

Fig. 8

ges ou hameaux corses ou cévenols sont complètement cernés par la « forêt », sans aucun terroir cultivable [87].

La *Carte de la Végétation de la France* au 1/200 000e [88] se montre très hésitante à propos des châtaigneraies — ce qui, d'ailleurs, témoigne de l'ambiguïté globale de ce document, au demeurant fort utile. Ainsi, la notice accompagnant la carte de Corse précise [89] : « La carte donne un tableau de ce qui est. » Fort bien ! Sur la carte, les châtaigneraies sont représentées en vert avec des pointillés : « Faciès du châtaignier de l'étage méditerranéen supérieur. » « Cet arbre, explique la notice [90], qui a joué autrefois un rôle considérable dans l'alimentation de la population et du bétail, a été planté, semble-t-il, partout où il pouvait réussir, c'est-à-dire là où il trouvait une fraîcheur suffisante, la nature du sol lui étant pratiquement partout favorable : dans la plupart des cas il a dû être

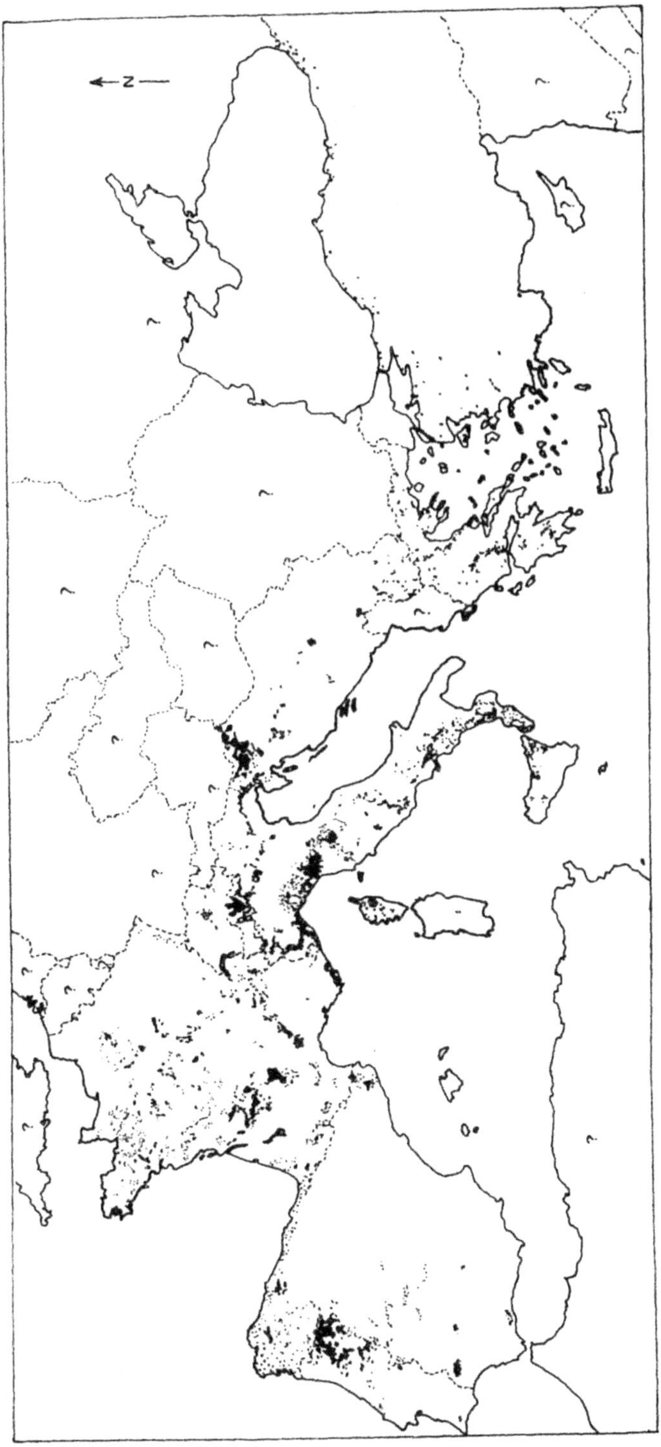
REPARTITION DES CHATAIGNERAIES EN EUROPE (+ TURQUIE)
d'après R. MORANDINI , 1959
N
km 0
500
1000
? : pays n'ayant pas été enquêtés par la FAO en 1958

Fig. 9

REPARTITION DES CHÂTAIGNERAIES FRUITIERES EN ITALIE EN 1958

Source Archives de la *Stazione Sperimentale di Selvicoltura* de Florence.
Carte manuscrite de R. Morandini.

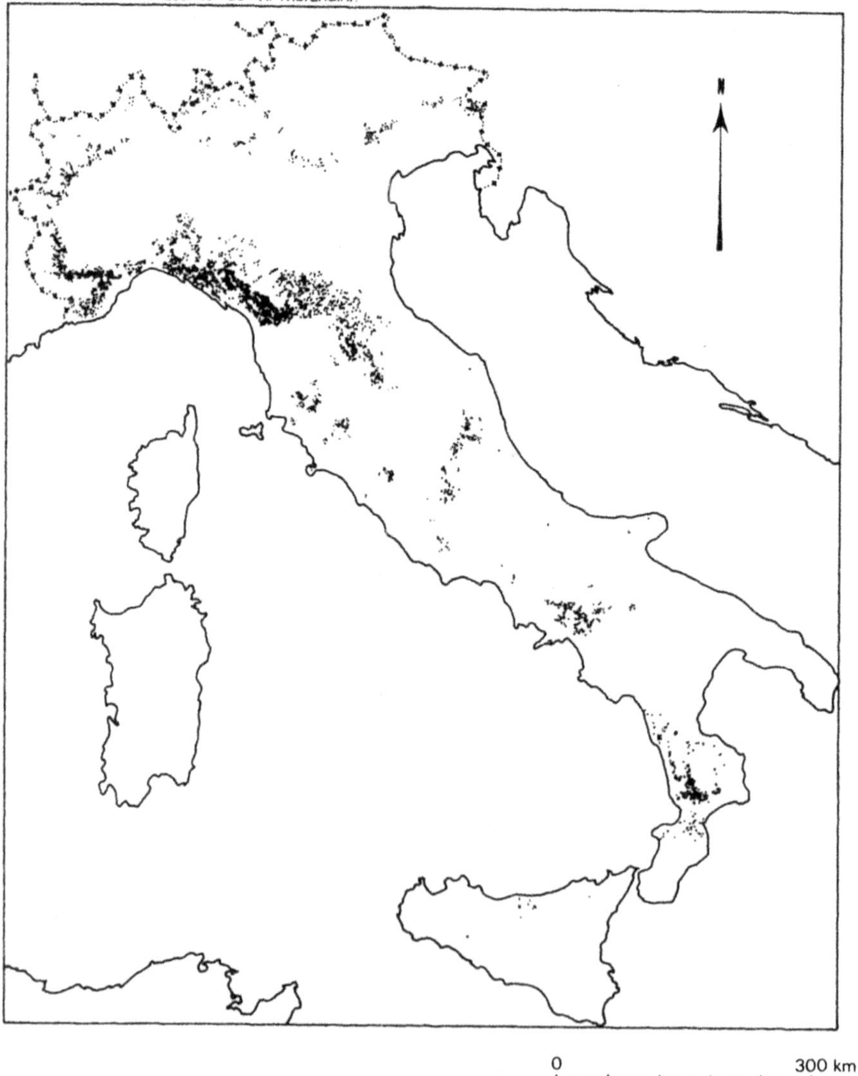

Fig. 10

REPARTITION DES TAILLIS DE CHÂTAIGNIERS EN ITALIE
EN 1958

Source: Archives de la *Stazione Sperimentale di Selvicoltura* de Florence.
Carte manuscrite de R. Morandini.

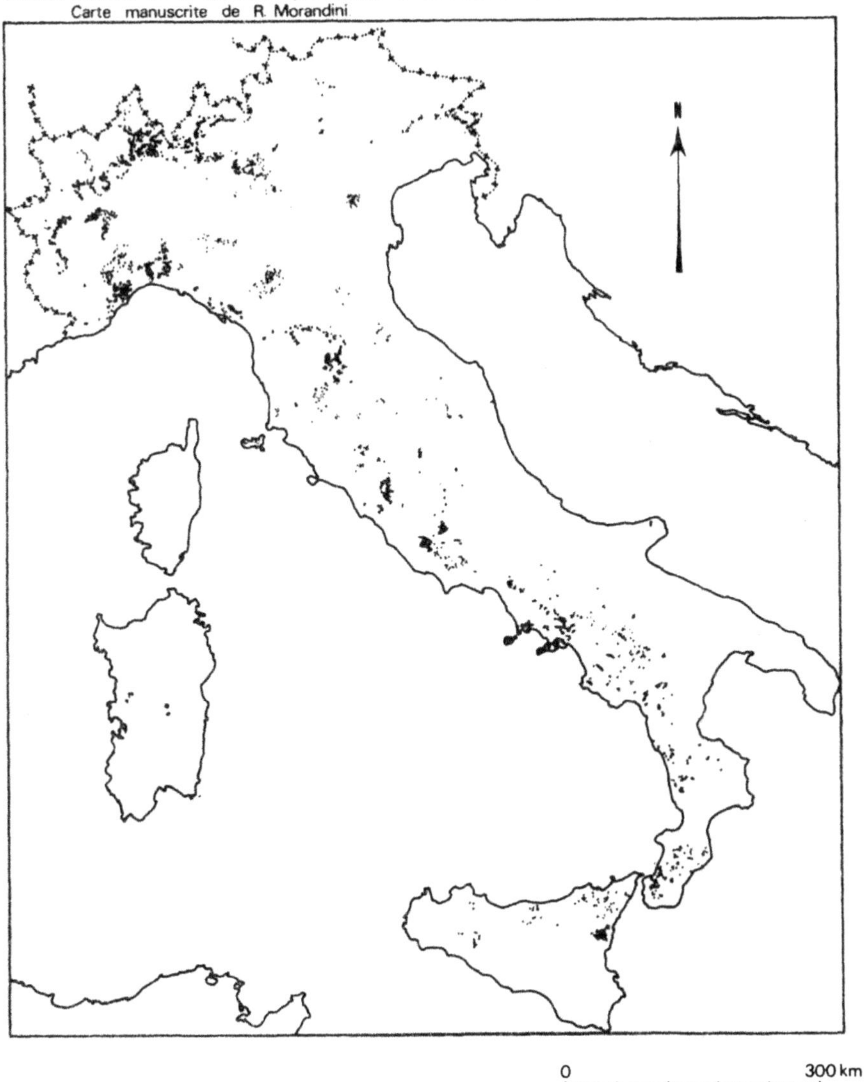

Fig. 11

DES CHÂTAIGNERAIES FRUITIERES AUX ECHALASSIERES
SUR LA RIVE DROITE DU VAL D'AGNO (TESSIN) EN 1959

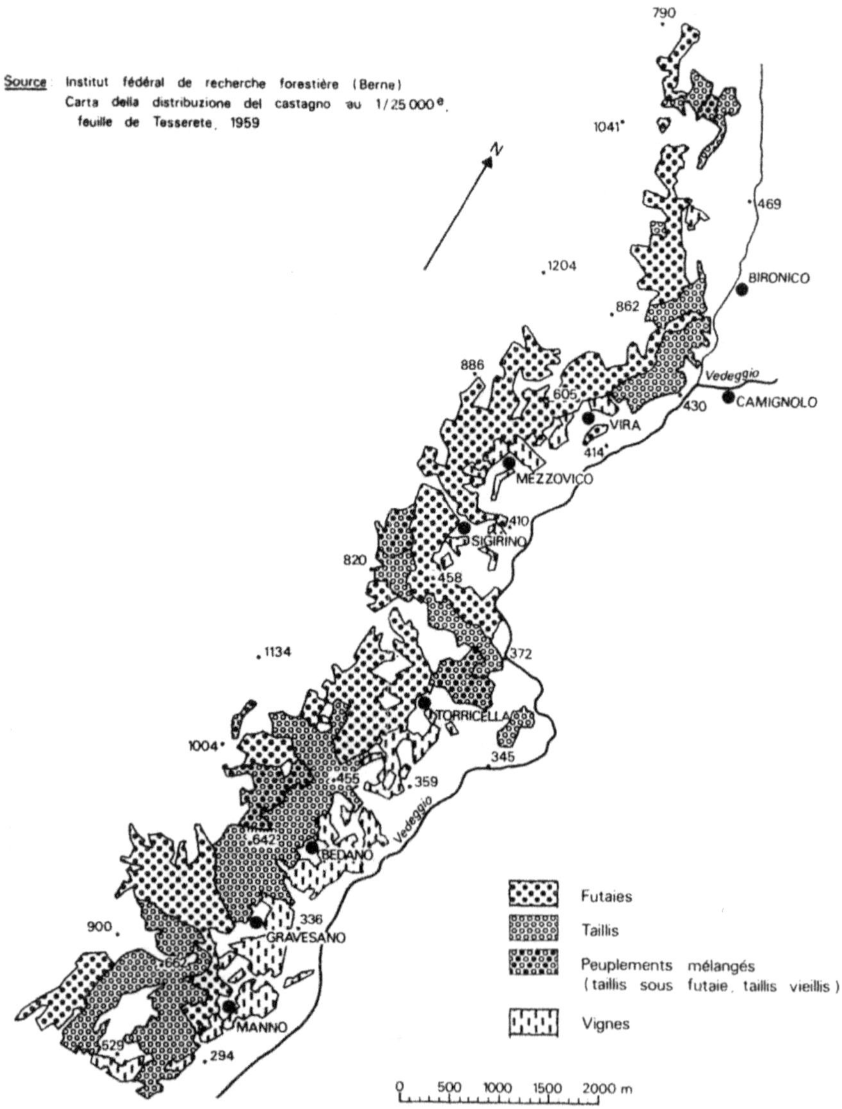

Fig. 12

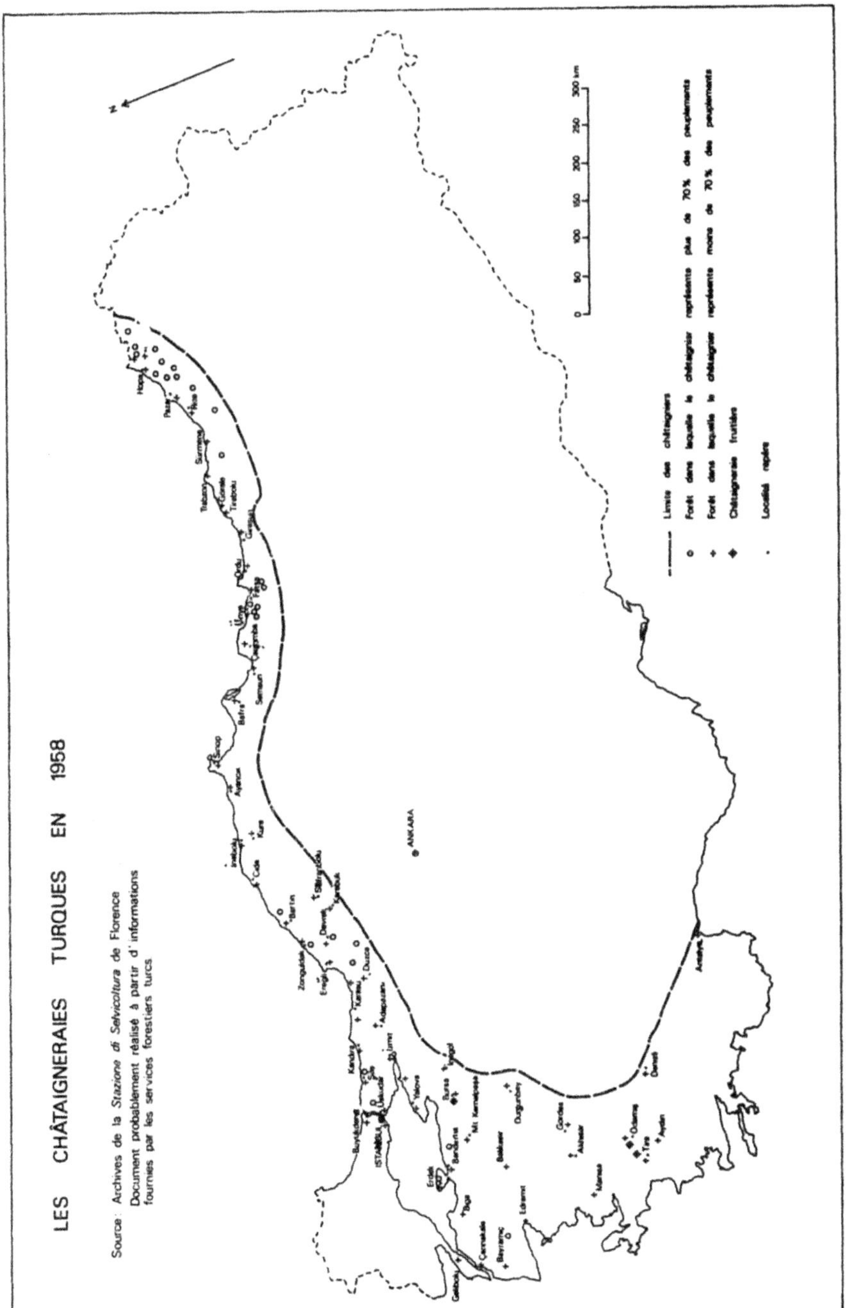
LES CHÂTAIGNERAIES TURQUES EN 1958
Source : Archives de la *Stazione di Selvicoltura* de Florence
Document probablement réalisé à partir d'informations fournies par les services forestiers turcs
N
0 50 100 150 200 250 300 km
Limite des châtaigniers
Forêt dans laquelle le châtaignier représente plus de 70 % des peuplements
Forêt dans laquelle le châtaignier représente moins de 70 % des peuplements
Châtaigneraie fruitière
Localité repère
ANKARA
ISTANBUL
Trabzon
Samsun
Sinop
Bursa

Fig. 13

PART DES CHÂTAIGNERAIES (CASTAÑARES, SOTOS) DANS LA SURFACE AGRICOLE DES MUNICIPES DE GALICE VERS 1956-1967

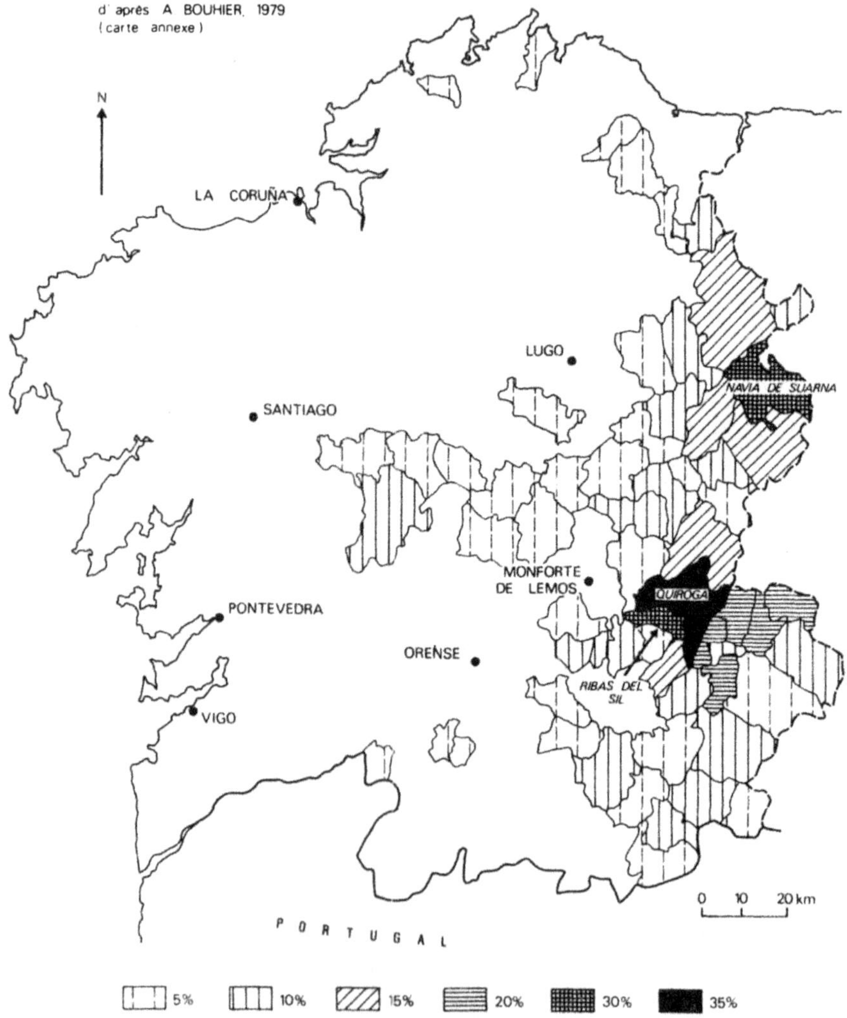

Fig. 14

substitué au chêne pubescent, parfois aussi au chêne vert. » Ce texte est bien clair, mais tout devient compliqué à l'analyse des cartons qui entourent la carte principale. Le carton C (« utilisation du sol, fruitiers ») ne mentionne pas le châtaignier ! La Castagniccia y correspond à la rubrique « forêts non soumises au régime forestier ». Le carton D (« carton agricole ») laisse encore plus perplexe, puisque l'essentiel de l'île y est figuré en grisé, c'est-à-dire en « forêts et landes », que les vergers ne couvrent que quelques mm^2 et qu'une note précise : « Verger = oliveraies, châtaigneraies et fruitiers divers. » Enfin, dans la rubrique *Végétation introduite ou transformée*, il n'est aucunement question du châtaignier. Ainsi, la carte, sa légende et ses cartons laissent penser que le châtaignier correspond à un faciès naturel et seule une phrase de la notice permet d'approcher la réalité. Très précise, en revanche, au sujet des châtaigneraies fruitières, est la *Carta della utilizzazione del suolo d'Italia* au 1/200 000ᵉ, publiée dans les années 1960 [91]. J'ai pu vérifier sur le terrain, en particulier en Toscane et en Campanie, sa précision minutieuse et l'exactitude des localisations. Mais il est évident qu'en un quart de siècle, les abandons de châtaigneraies ont été nombreux et qu'une nouvelle édition s'imposerait.

L'analyse de ces diverses sources de documentation montre qu'il n'est guère possible de réaliser aujourd'hui une cartographie exhaustive et homogène des châtaigneraies européennes. Plusieurs ouvrages proposent une carte à très petite échelle de l'aire du châtaignier [92]. Son intérêt est évidemment très limité, surtout en ce qui concerne la « limite du châtaignier endémique » qui laisse croire que l'on sait clairement dans quelles régions le châtaignier poussait à l'état naturel avant sa culture et sa propagation par l'homme et dans quelles autres il a été introduit. Les recherches palynologiques, les seules qui puissent éclairer ce problème, sont encore trop fragmentaires pour permettre, si peu que ce soit, de tracer une telle ligne.

L'unique document utilisable, malgré ses imperfections, date de 1958 et a été réalisé dans le cadre de la F.A.O., grâce aux moyens et à l'autorité de cet organisme international, par le professeur Riccardo Morandini [93]. Cette carte du nord du Bassin méditerranéen au 1/7 500 000ᵉ (voir la fig. nº 9, qui présente une réduction) a été dessinée sur la base des documents assez disparates élaborés par les services forestiers des différents pays concernés entre 1951 et 1958 [94]. C'est, en effet, en octobre 1951 que se réunit pour la première fois, en Italie et en Suisse, le Groupe des experts du châtaignier, qui deviendra un peu plus tard la Commission internationale du Châtaignier financée par la F.A.O. Ce groupe recommande l'établissement dans chaque pays d'une carte au 1/1 000 000ᵉ indiquant [95] les « forêts à châtaignier pur ou dominant (plus de 70 %), en distinguant les châtaigneraies orientées vers la production de fruits et celles orientées vers la production de bois (taillis), et les forêts où le châtaignier (futaie) ne se présente pas à l'état pur (moins de 70 %) ». En 1955, malgré les grandes inégalités entre les documents de base, Riccardo Morandini tente un premier essai de synthèse au 1/3 000 000e concernant le Portugal, la Suisse, l'Italie, la Grèce et la Turquie. En 1958, il réalise un document plus complet comprenant — en outre — la France, l'Espagne et la Yougoslavie. Aucune autre synthèse ne sera jamais plus tentée. Elle serait, d'ailleurs, beaucoup plus imparfaite encore aujourd'hui qu'en 1958.

Les documents de base — élaborés par des forestiers, il faut le rappeler — n'ont guère permis de dépasser le stade de la délimitation des « aires de distribution ». L'on se rend clairement compte sur la carte de synthèse que seule l'Italie a effectué un travail précis, ce qui se comprend aisément, puisque la source était la carte forestière au 1/100 000e [96]. En revanche, les énormes taches qui recouvrent le Trás-os-Montes, les Landes de Gascogne, le Rouergue, les Maures, la Slovénie et la Croatie ne correspondent évidemment pas à des étendues réelles occupées par des châtaigniers ! Le document au 1/1 000 000e réalisé pour l'Italie par Riccardo Morandini [97] est avec celui de la Suisse le seul à distinguer les futaies — c'est-à-dire surtout les vergers — des taillis. En 1959, la Suisse publie même cinq remarquables cartes au 1/25 000e de distribution du châtaignier dans le Tessin [98], séparant les taillis des futaies, des taillis sous futaie ou taillis vieillis et, pour chacune de ces trois catégories, quatre densités : + de 80%, 50-80%, 20-50%, - de 20%. Le résultat est d'une précision toute helvétique. La figure n° 12, extrait simplifié et réduit de la carte de Tesserete, montre le passage des futaies (vergers) aux taillis à mesure que l'on descend vers l'aval du Val d'Agno (vallée du Vedeggio) et l'étroite relation entre les taillis et les vignobles à partir de Torricella.

Le document grec établit une distinction entre les taillis purs, les taillis où dominent le châtaignier et les châtaigneraies fruitières. Celui de Turquie également, mais l'étendue des peuplements n'est pas précisée ; en revanche, tous les noms des localités sont indiqués. Le document livré par la France est de petite taille, très confus et flou. Il explique les approximations de la carte de synthèse. Il n'offre, en réalité, aucune nouveauté par rapport à la carte publiée en 1951 à Nancy à l'occasion de la Semaine internationale du Châtaignier [99].

Sur les marges du domaine principal de culture du *Castanea sativa*, la carte de Riccardo Morandini ne donne aucun renseignement. Voici donc quelles sont les châtaigneraies existant dans les autres pays.

En Grande-Bretagne, le châtaignier est présent sous forme de taillis, mais aussi dans les haies et, comme arbre ornemental, dans les parcs ou au bord des routes, dans le Kent, le Surrey, le Sussex et le Hampshire surtout, mais on le trouve également dans d'autres comtés méridionaux, ainsi qu'au pays de Galles et en Irlande [100]. L'arbre est présent en Belgique, en Allemagne (surtout dans les régions rhénanes), au Danemark et au sud de la Suède et de la Norvège. Aimée Camus [101] évoque ainsi un châtaignier situé à Bergen, près de Kristiansund, mûrissant ses fruits les années chaudes. En Tchécoslovaquie, en Autriche, en Hongrie, en Albanie, en Roumanie, en Bulgarie, il est aussi présent, quoique rare pour des raisons climatiques et pédologiques [102].

En U.R.S.S., on le trouve sur le versant méridional du Grand Caucase occidental, ainsi que sur la chaîne de l'Adjari Imereti, sur le versant nord du Petit Caucase. Le châtaignier est généralement associé au charme du Caucase *(Carpinus caucasica)*, au hêtre d'Orient *(Fagus orientalis)* et au chêne de Georgie *(Quercus iberica)* ; il est principalement utilisé pour son bois : construction des maisons, échalas des vignes, palissades. Les forêts dans lesquelles il est présent représentaient environ 70 000 ha à la fin des années 1950 [103]. En Arménie, les arbres sont cultivés en vue de la production de fruits de qualité [104]. Au début du XIXe siècle, des châtaigneraies fruitières existaient, côté Turquie, dans la région montagneuse de Bitlis [105]. A en croire la carte livrée par les services forestiers turcs à la F.A.O. vers 1955, ces châtaigneraies ont disparu, mais une certaine réserve s'impose.

Plus au sud, quelques rares châtaigneraies non greffées pousseraient au Liban, mais une confusion paraît exister dans ce pays entre la châtaigne et le gland que l'on mangeait, il y a peu encore, cuit. Les châtaignes vendues en ville sont importées de Turquie [106]. Il est possible aussi que quelques arbres existent en Syrie et, en Iran, le châtaignier est présent dans le Guilan jusque vers 750 mètres d'altitude. Selon M.H. Djazirei [107], les quatre vallées où il est le mieux représenté sont celles de Vissroud, de Siah-Mezgui, de Ghalah-Roudkhan et de Chafa-Roud. Il porte en persan le nom de *Sâh Balût* qui veut dire, littéralement, chêne royal [108]. Plus à l'est, les châtaigniers du versant méridional de l'Himalaya (Cachemire, Bhoutan, Sikkim) appartiennent à l'espèce *Castanea mollissima* Blume [109].

En Afrique du Nord, de rares châtaigniers poussaient, semble-t-il, à l'état spontané, avant l'arrivée des colonisateurs et les essais de culture tentés au XIXe et au début du XXe siècle dont il sera question plus loin : en Tunisie, en Algérie, dans les ravins de la Bouzarea, près d'Alger, à Daoud-Aïn en Kabylie, à Aïn-Drahm en Khroumirie, dans le massif d'Edough [110], au Maroc, dans le Rif occidental [111]. L'arbre est, enfin, très présent aux Canaries et à Madère. A titre de curiosité, il faut aussi mentionner les quelques plantations tropicales — pays Bamiléké au Cameroun, Mexique, Philippines — dues à des Européens nostalgiques [112] et celles des États-Unis effectuées par les colons, tel Irénée du Pont dans le Delaware en 1803 [113].

Dans les cinq pays les plus castanéicoles d'Europe (Portugal, Espagne, France, Italie, Suisse), les peuplements, tels qu'ils apparaissent sur la carte de répartition de 1958, ne sont que la peau de chagrin de ce qu'ils furent il y a deux siècles. L'objet de l'étude qui suit est d'expliquer comment et pourquoi le châtaignier a connu un tel succès dans ces cinq pays — ce qui n'exclut pas de souligner tel ou tel point de comparaison avec les autres pays situés plus à l'est —, suivi d'un déclin qui paraît irrémédiable.

Comme on l'a vu, il convient de ne pas exagérer le rôle des

conditions naturelles dans l'explication de cette répartition présente et passée. Le châtaignier n'occupe, en effet, qu'une infime partie des régions qui lui sont potentiellement favorables. Ce sont donc les conditions techniques, économiques, démographiques et culturelles des siècles passés qu'il faut invoquer.

PREMIÈRE PARTIE

Le flux

CHAPITRE PREMIER

Origines de la castanéiculture

UN ARBRE AUTOCHTONE À L'EUROPE OCCIDENTALE

Le problème de l'indigénat du châtaignier a fait couler des flots d'encre. Beaucoup d'auteurs, et non des moindres, même parmi les plus récents, le considèrent comme allochtone. Claude-Charles Mathon [1], auteur du dernier paru en langue française des manuels sur l'histoire des plantes cultivées, affirme qu'il a été « introduit en France il y a 2 500 ans par les Grecs ». Il ne fait là que reprendre textuellement ce que dit Norman Willison Simmonds [2]. Il est surprenant que ces deux auteurs confondent le problème de l'indigénat et celui de la culture, alors que des arguments paléontologiques sont avancés depuis plus d'un siècle pour conforter la thèse de l'indigénat et que de nombreux travaux palynologiques récents prouvent indubitablement la présence du châtaignier depuis fort longtemps en Europe de l'Ouest. Mathon et Simmonds, qui ne fournissent aucune preuve de leur affirmation, se placent dans la lignée d'auteurs antérieurs : Antonio Targioni-Tozzetti, pour la Toscane [3], Adolfo Di Béranger [4], Henri Gaussen [5], pour les Pyrénées, M. Fondard et M. Ginet [6] pour l'ensemble de la France et Albert Fron [7] qui est le seul à tenter d'argumenter : « Le châtaignier n'est pas spontané en France ; quand on peut le conduire à un âge avancé, il se carie au cœur, et ne donne que des produits médiocres en raison du déchet. »

C'est Aimée Camus [8], écrivant pourtant avant le grand développement des études palynologiques, qui énonce la proposition la plus acceptable au regard des connaissances actuelles : « La culture a beaucoup étendu l'aire de notre *Castanea sativa*, à tel point qu'il est bien difficile de savoir, dans le Bassin méditerranéen, les endroits où il est vraiment spontané. » A propos de la France, en revanche, elle a été démentie lorsqu'elle affirme [9] : « Malgré l'opinion de certains auteurs, le châtaignier ne paraît pas spontané en France. » Cela ne justifie pas pour autant l'argumentation d'Aimé Perpillou [10] pour qui l'indigénat du châtaignier est prouvé par sa remarquable vitalité en Limousin, par exemple dans la forêt de Pompadour où les forestiers luttaient, dans les années 1930, contre l'envahissement des peuplements de chêne par le châtaignier. Pour séduisant qu'il soit, l'argument n'a aucune valeur historique : le fait qu'un végétal progresse au détriment des autres ne prouve pas qu'il soit indigène. Les conquêtes récentes de la *Spartina townsendi* dans les milieux littoraux sont là pour démontrer le contraire.

En réalité, aucun peuplement exclusif de châtaigniers n'a jamais existé, semble-t-il, en Europe occidentale, sans l'intervention de l'homme. Toutes les châtaigneraies, qu'elles soient fruitières ou destinées à la production de bois, résultent d'une intervention humaine menée selon des techniques venues du Proche-Orient via la Grèce, puis l'Italie. Dans certaines régions, il n'y a eu qu'à multiplier et à améliorer des arbres déjà en place ; ailleurs, il a fallu en introduire. Dans l'état actuel des connaissances paléontologiques et palynologiques, la répartition de ces aires est impossible à tenter.

Les ancêtres tertiaires

Rares sont les fossiles de châtaignier, feuilles ou bois, antérieurs au Tertiaire. Le plus ancien serait un fragment de bois contenu dans les grès du Trias de Saulières à Donzenac dans la Corrèze [11] ; mais ce témoignage étant le seul qui concerne le début du Secondaire et il faut le considérer avec circonspection. De même en est-il de l'énorme bloc de bois silicifié découvert en 1976 par Louis Boutin, aux « Graves Blanches » de Juillac (Corrèze), trouvaille relatée par la presse locale et par Antoinette Cougnoux [12]. Selon L. Boutin [13], cet échantillon daterait de la fin du Secondaire ou du début du Tertiaire, mais il n'a subi aucun examen microscopique en laboratoire, et il est fort possible que ce fossile ne soit que celui d'une espèce voisine du châtaignier, car il est extrêmement facile de confondre le bois de chêne de celui du châtaignier, comme en témoigne le mythe des charpentes gothiques * — à plus forte raison lorsqu'il s'agit d'un fossile analysé à l'œil nu. On voit d'après cet exemple qu'il existe à côté des partisans de l'introduction du châtaignier dans nos régions de farouches défenseurs de l'indigénat. C'est une curieuse tendance chez les amoureux d'un paysage que celle de le faire remonter à la plus haute antiquité possible. Roupnel l'avait illustrée à propos de l'*openfield*, et bien des auteurs à propos du bocage. Néanmoins, le fossile de Juillac pourrait être sans invraisemblance celui d'un « châtaignier », puisque la famille des Fagacées est connue depuis le Crétacé, ainsi qu'en témoigne la flore d'Aix-la-Chapelle qui contient le genre *Drophyllum*, ancêtre commun des *Castanea*, *Castanopsis* et *Quercus* [14]. Par ailleurs, les grès grossiers de Belleu, près de Soissons, qui datent de l'Éocène inférieur, ont livré les fossiles de plusieurs ancêtres du châtai-

* Voir plus loin, p. 263 sq.

gnier : *Castanea sezannensis, Saportae* Watelet, *Dryophyllum curticelense* Watelet, *Dryophyllum paleocastanea* Saporta et surtout *Dryophyllum Dewalquei* Saporta et Marion, ce dernier étant l'aïeul le plus proche du châtaignier, à la différence près que ses feuilles sont persistantes [15].

Très nombreux sont les fossiles tertiaires des ancêtres du châtaignier. On en trouve dans toutes les régions d'Europe, même les plus septentrionales [16] comme la Silésie ou le Groënland — dont l'ambre du Samland a livré de très belles fleurs —, mais aussi la Hesse, la Hongrie, la Croatie, la Styrie, l'Apennin (Piémont, Émilie, Toscane), le Cantal, l'Aubrac, la Cerdagne, le Vivarais, les Cévennes, etc. [17] Les amateurs sont nombreux à rechercher des fossiles — entre autres des feuilles de châtaigniers — dans la diatomite volcano-lacustre intercalée entre les coulées basaltiques mio-pliocènes du Coiron, en Ardèche : au Mont-Charay, à Pourchères, à Rochessauve [18]. Ces extraordinaires fossiles suggèrent la permanence du milieu, puisqu'on les trouve à proximité immédiate de châtaigniers bien vivants. En réalité, les 15 ou 20 millions d'années qui séparent les deux végétations ont vu refluer les arbres à chaque glaciation.

Il est important de signaler que le châtaignier est loin d'être majoritaire dans ces dépôts. De même, dans les lignites de La Reza, près de Bourg-en-Bresse, qui datent du Protovillafranchien, c'est-à-dire de l'orée du Quaternaire, les pollens du châtaignier ne représentent que 2% d'un ensemble de 750 grains analysés [19].

Le châtaignier au Quaternaire

Au Quaternaire, le *Castanea sativa* est fixé dans ses caractères botaniques actuels. A chaque glaciation, il déserte les régions septentrionales de son habitat pour se replier vers les contrées plus chaudes et plus abritées. En France, le Périgord passe pour avoir constitué l'un de ces refuges. C'est tout au moins ce qu'avait affirmé P. Fliche en 1907 dans un court article, très cité depuis. Celui-ci avait cru reconnaître un fragment de châtaignier dans un échantillon de racine carbonisée de 13 mm × 8, découvert dans un abri sous roche à Teyjat dans la Dordogne. On peut évidemment émettre quelques doutes sur cette identification réalisée avec les moyens du début de ce siècle d'après un charbon de racine aussi petit.

Pour ce qui est de la Corse, en revanche, aucun doute n'est possible. La présence du châtaignier y est attestée pendant la glaciation würmienne comme le subodorait, en 1928, R. de La Litardière [20]. Maurice Reille en a apporté la preuve décisive [21] grâce à des analyses palynologiques réalisées dans la tourbière du lac Creno. Les pollens de châtaignier y sont très minoritaires, mais cette tourbière est située à 1 200 mètres d'altitude. Les analyses de M. Reille ont montré que le châtaignier progresse au Subatlantique, en même temps que le noyer, mais sa présence ne devient réellement dominante qu'au XIVe siècle de notre ère, ce que les documents d'archives expliquent parfaitement [22].

Pendant les périodes interglaciaires et surtout dès le réchauffement post-würmien amorcé, le châtaignier se répand à nouveau dans beaucoup de régions [23]. Mais il est probable que toutes les régions siliceuses d'Europe, potentiellement propices au châtaignier, ne sont pas encore gagnées par l'espèce au moment de la conquête romaine, ne serait-ce que parce que la châtaigne est une graine très lourde et que sa propagation se réalise très lentement en l'absence d'intervention humaine [24]. Dans tous les spectres palynologiques où le châtaignier est présent à cette période, il est toujours très minoritaire : à peine 2% à Saint-Étienne-de-Dévoluy, par exemple [25], à peu près autant dans les sédiments de l'embouchure de la Leça, près de Porto [26]. Mais la littérature palynologique est dispersée et, désormais, très abondante — la constitution d'une banque internationale de données serait d'une grande utilité pour la biogéographie et la géographie historique. Tout montre qu'avant l'intervention humaine le châtaignier a reconquis les rives septentrionales de la Méditerranée, mais il n'a sans doute pas franchi la Loire.

Pendant le Paléolithique, comme pendant le Néolithique, les châtaignes — rares et petites comme le sont celles que produisent les arbres non greffés — ont dû être ramassées et consommées, voire cuisinées comme tendrait à le prouver ce récipient de terre cuite et percé de trous retrouvé en Ligurie, datant pourtant d'une période assez récente (âge du Fer) [27]. Les habitants de la Gaule chevelue ne paraissent pas s'être beaucoup nourris de châtaignes. S'ils ont entouré le chêne d'une grande vénération, c'est sans doute en partie parce que celui-ci leur fournissait les glands dont se nourrissaient leurs porcs. Si le châtaignier avait été très présent, il n'aurait pas manqué de faire l'objet d'un culte aussi attentif.

Ce n'est pas par hasard que le chêne a conservé son nom gaulois *(cassanus)* alors que l'on ignore celui que cette langue donnait au châtaignier. Sans accorder à ce cas particulier une valeur universelle, un argument biogéographique [28] va tout à fait dans ce sens. A Beg-Meil (Fouesnant, Finistère), un bois qui a poussé spontanément en une cinquantaine d'années comporte aujourd'hui 80 à 85% de chênes pour 10 à 15% de châtaigniers. Climaciquement (si ce mot possède un sens [29]), le châtaignier est donc, en zone tempérée ou méditerranéenne humide, minoritaire par rapport à tous les membres de la famille des chênes. On verra plus loin que rarissimes sont les châtaigneraies fruitières abandonnées qui résistent à l'envahissement d'autres espèces.

Le problème de l'origine de la culture du châtaignier se présente tout différemment. Il ne fait aucun doute qu'elle a été imaginée au Proche-Orient, comme celle de beaucoup d'arbres fruitiers, et qu'elle a été ensuite transmise aux Grecs, puis aux Romains qui l'ont diffusée partout où cela était possible en Europe occidentale. On peut avancer pour étayer cette histoire antique des arguments botaniques, linguistiques, textuels et palynologiques.

La Transcaucasie, foyer d'origine de la culture

Arguments botaniques

On sait que la méthode d'Alphonse de Candolle [30] pour découvrir l'origine d'une espèce cultivée est désormais totalement périmée. Cet auteur pensait qu'« un des moyens les plus directs [...] est de chercher dans quel pays elle croît spontanément, c'est-à-dire à l'état sauvage, sans le secours de l'homme ». Or, dans bien des régions il est impossible de savoir si le châtaignier existait ou non avant l'arrivée de Rome alors que l'arbre y a prospéré par la suite. Quant aux autres régions, le châtaignier y poussait spontanément depuis des millions d'années. Traitant du châtaignier, Candolle reconnaît d'ailleurs implicitement l'insuccès de son procédé [31] : « On l'a semé ou planté dans plusieurs localités de l'Europe méridionale et occidentale, et maintenant il est difficile de savoir s'il y est spontané ou cultivé. »

Dans les années 1920 et 1930 les travaux de Vavilov ont permis de franchir un pas vers une meilleure connaissance de ces problèmes. L'aire — ou les aires — de primodomestication sont pour lui celles où l'on rencontre la plus grande variété de taxons cultivés, c'est-à-dire de variétés ou, comme on dit aujourd'hui, de cultivars [32]. Cette position est également abandonnée aujourd'hui, car on a admis que l'aire de diversification peut être fort éloignée de l'aire de primodomestication. C'est néanmoins N. Vavilov qui, le premier, a désigné l'Asie Mineure (Turquie, Arménie, Transcaucasie, Perse, Turkménistan) comme foyer d'origine de la castanéiculture, ce que d'autres observations confirment. Son argumentation n'est pas dénuée de fondement, même sur le plan botanique [33] : « C'est également dans cette région qu'est née l'arboriculture. [...] En Georgie et en Arménie, on note toutes les phases de l'évolution de l'arboriculture depuis le début de la culture ; on trouve encore des forêts sauvages d'arbres fruitiers ; on greffe sur les formes sauvages les meilleures variétés contemporaines. » Seul, cet argument serait insuffisant puisque en Vivarais, par exemple, sur les terrains les plus difficiles, il était traditionnellement admis que, pour réussir une greffe, il fallait opérer sur un arbuste venu spontanément. Depuis, à la suite des travaux de T.D. Lyssenko, J.R. Harlan et J. Barrau, on distingue les centres et aires d'origine des centres et aires de domestication et de diversification, les premiers désignant les lieux où les plantes sont entrées au service de l'homme et les seconds ceux où l'homme a subordonné la plante et l'a transformée pour en améliorer la production. Tous les auteurs ayant récemment travaillé sur ces questions s'accordent à désigner la Transcaucasie comme aire d'origine du châtaignier et de la plupart des arbres fruitiers. Pourtant, pris isolément, l'argument botanique de la diversité des variétés sauvages laisse toujours un certain doute planer [34].

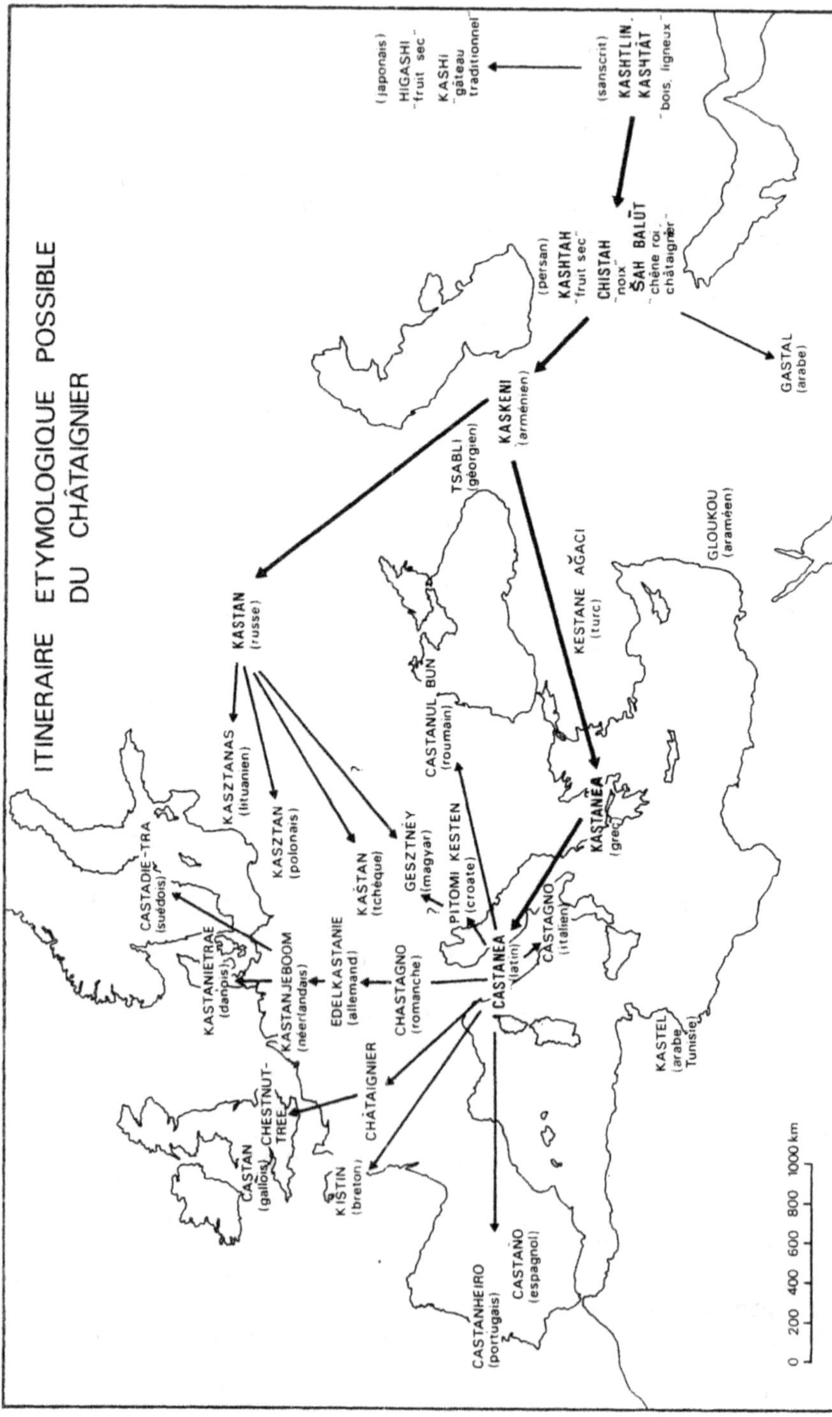
ITINERAIRE ETYMOLOGIQUE POSSIBLE
DU CHÂTAIGNIER
(japonais) HIGASHI "fruit sec" KASHI "gâteau traditionnel"
(sanscrit) KASHTLIN, KASHTÂT "bois, ligneux"
(persan) KASHTAH "fruit sec" CHISTAH "noix" ŠAH BALŪT "chêne roi, châtaignier"
GASTAL (arabe)
KASKENI (arménien)
TSABLI (géorgien)
GLOUKOU (araméen)
KESTANE AĞACI (turc)
KASTAN (russe)
KASZTANAS (lituanien)
KASZTAN (polonais)
KAŠTAN (tchèque)
? GESZTNÉY (magyar)
CASTANUL BUN (roumain)
? PITOMI KESTEN (croate)
KASTANEA (grec)
CASTAGNO (italien)
CASTANEA (latin)
CASTADIE-TRA (suédois)
KASTANIETRAE (danois)
KASTANJEBOOM (néerlandais)
EDELKASTANIE (allemand)
CHASTAGNO (romanche)
CHÂTAIGNIER
CHESTNUT-TREE
CASTAN (gallois)
KISTIN (breton)
CASTANHEIRO (portugais)
CASTAÑO (espagnol)
KASTEL (arabe Tunisie)
0 200 400 600 800 1000 km

Arguments étymologiques

Les origines étymologiques du mot « châtaignier » sont clairement indo-européennes et la filiation s'est effectuée d'est en ouest. Tous les termes le désignant en Europe occidentale dérivent du latin *castanea*, lui-même issu du grec *καστανaικόν*, adjectif associé par Théophraste (IVe-IIIe siècles av. J.-C.) à *κάρυον* (noix), et tardivement devenu *καστανέα* pour Galien (IIe siècle ap. J.-C.) [35].

Le relais entre les sources indo-européennes du mot et le grec semble se situer en Arménie. C'est ce que suggèrent V. Hehn [36] et surtout le fait que le mot russe — et slave en général — *kastan* soit tiré de l'arménien *kaskeni* [37], c'est-à-dire qu'il soit donc frère et non fils du mot grec. Plus à l'est, en persan, *kashtah* signifie fruit sec [38] et *chistah* noix. Dans cette langue, il n'existe pas de vocable particulier pour le châtaignier qui se nomme *Šāh Balūt*. Aussi n'est-il pas étonnant qu'un terme général ait ensuite été appliqué à un objet particulier ; mais si *kashtah* (fruit sec) est devenu *kaskeni* (châtaignier) en arménien, c'est peut-être que la châtaigne était considérée dans cette dernière région comme le fruit sec par excellence. Quant au sanscrit *kashtât* d'où dérive le mot persan, il désigne le bois ou tout ce qui est ligneux, c'est-à-dire une notion encore plus générale [39]. C'est, d'ailleurs, peut-être ce terme qui, à l'autre extrémité de la Route de la Soie, a donné en japonais le mot *kashi* qui désigne d'anciens gâteaux faits de fruits secs et *higashi*, fruit sec. Mais en japonais, le glissement de fruit sec à châtaigne n'a pu se produire, car la « civilisation du châtaignier » y est autochtone et repose sur le *Castanea crenata* qui se nomme *kuri* [40] et non sur la transmission d'une culture venue de l'ouest, comme c'est, par exemple, le cas de la vigne qui se nomme *budo*, du persan *budawa* [41].

Le relais grec et ses incertitudes

Avant l'Empire romain, le mot *castanea* n'est employé nulle part dans le Bassin méditerranéen pour désigner le châtaignier. Les Grecs comme les Romains de l'époque républicaine confondent tous les fruits à amande sous les termes génériques de *κάρυον* et *nux* (noix) ou bien de *βάλανος* et *glans* (gland), précédés ou suivis d'une épithète tenant à l'aspect des fruits (forme, couleur, consistance), à leur provenance ou au port duquel on les importe, ou bien encore à quelque divinité.

Κάρυα πλατέα (noix plates) est le premier nom sous lequel la châtaigne passe pour être apparue au Ve siècle av. J.-C. chez Hippocrate [42] qui écrit ceci : « Les amandes sont fort échauffantes et nourrissantes pour leur chair. Les noix rondes sont analogues ; les noix plates, mûres, sont nourrissantes ; pelées, elles sont laxatives et causent de la flatulence ; les peaux sont resserrantes. Les fruits

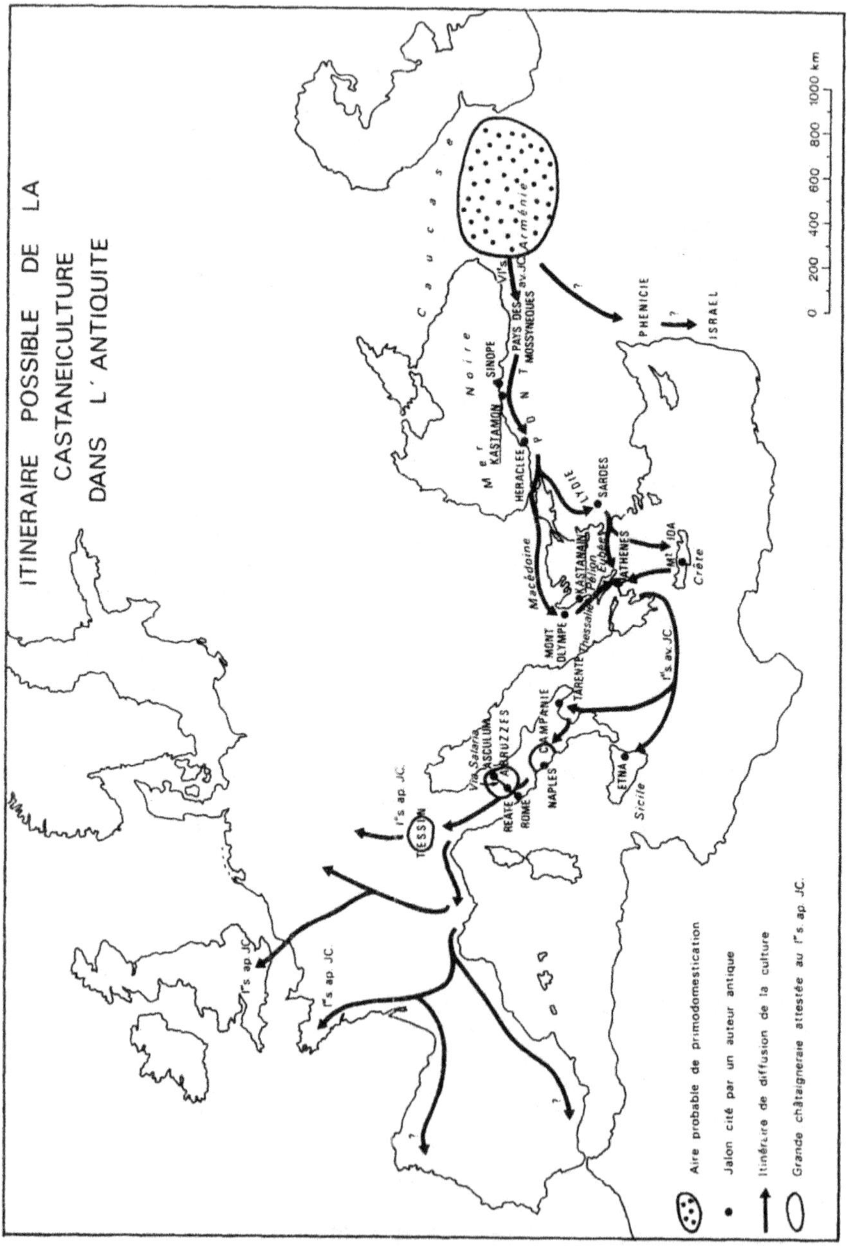

ITINERAIRE POSSIBLE DE LA CASTANEICULTURE DANS L'ANTIQUITE
Caucase
Arménie
VIes av. JC
PAYS DES MOSSYNEQUES
SINOPE
KASTAMON
HERACLEE
Mer Noire
PONT
LYDIE
SARDES
PHENICIE
ISRAEL
Macédoine
KASTANAIA
Pélion
Eubée
ATHENES
Mt IDA
Crète
MONT OLYMPE
Thessalie
Ier s. av. JC
TARENTE
CAMPANIE
NAPLES
ABRUZZES
ASCULUM
Via Salaria
REATE
ROME
ETNA
Sicile
TESSIN
Ier s. ap. JC
0 200 400 600 800 1000 km
Aire probable de primodomestication
Jalon cité par un auteur antique
Itinéraire de diffusion de la culture
Grande châtaigneraie attestée au Ier s. ap. JC

Fig. 16

de l'ilex, les glands, et ceux du chêne esculus sont resserrants, crus ou grillés ; bouillis, ils le sont moins. » On le constate, la prudence du traducteur, Robert Joly, l'engage à traduire littéralement. A chacun de placer un nom sur les noix rondes et les noix plates. Xavier de Planhol [43] comme le traducteur britannique Jones [44] pensent que les noix plates sont les châtaignes, le premier écrivant : « A ce tableau diétético-physiologique, on reconnaîtra volontiers les châtaignes. » Cette interprétation est possible, mais pas absolument évidente, les châtaignes pelées n'étant pas spécialement laxatives. Il pourrait tout aussi bien s'agir de noisettes, tout comme dans un passage de l'*Anabase* de Xénophon qui a longtemps été considéré, par la presque totalité des traducteurs et commentateurs, comme l'un des tout premiers évoquant la châtaigne [45]. Xavier de Planhol [46] s'est attaché à démontrer que cette interprétation n'est pas fondée et suit en cela les rares voix discordantes que sont celles des Britanniques Liddell-Scott et Jones, de l'Allemand F. Vollbrecht, du Turc Kemal Peker [47], mais aussi de V. Hehn, l'historien allemand des plantes cultivées et des animaux domestiques [48]. Xavier de Planhol s'appuie sur une argumentation beaucoup moins intuitive que celle de ces auteurs.

Xénophon relate dans l'*Anabase* la fameuse retraite des Dix Mille à laquelle il a participé en 401 av. J.-C. et décrit le pays des Mossynèques où il a séjourné. Il s'agit de la partie orientale de la côte de la mer Noire, dans la région turque d'Ordu et Giresun. Il évoque, en particulier, l'alimentation de ces populations [49] : « Dans les greniers, il y avait aussi en grande quantité des noix plates sans aucune fente ; ils s'en servaient souvent comme nourriture, les faisant bouillir ou cuire au four comme des pains. » Et plus loin [50] : « Lorsque les Grecs, tout en marchant, furent arrivés chez leurs alliés, ceux-ci leur montrèrent des enfants de gens opulents, alimentés, nourris avec des noix bouillies ; ces enfants étaient grassouillets, extrêmement blancs, presque aussi larges que longs, avec sur le dos et tout le devant du corps des tatouages de fleurs. » La plupart des commentateurs depuis Julius Pollux (IIe siècle après J.-C.) et des traducteurs ont donc rendu *κάρυα πλατέα* par châtaignes « pour lesquelles, écrit Paul Masqueray, Xénophon n'a pas encore de nom particulier ».

Xavier de Planhol note tout d'abord le grand flou qui règne dans le vocabulaire grec concernant les fruits et le caractère hasardeux de tout rapprochement entre le texte de Xénophon et ceux d'Hippocrate [51] et de Dioclès [52], qui évoquent aussi les noix plates. D'autre part, au cours d'une mission effectuée en 1961 dans cette partie de la Turquie, il n'a rencontré aucun châtaignier [53], alors qu'il a constaté l'omniprésence du noisetier. De plus, il remarque qu'il existe aujourd'hui en Turquie, sur cette Côte des Noisettes, des variétés plates de noisettes (*sivri* et *badem*) très différentes par leur morphologie des variétés les plus connues et les plus cultivées (*tombul* et *yagh*), de forme conique. Enfin, il remarque que les tours des maisons et les greniers sur pilotis dans lesquels on fait sécher les noisettes pourraient confirmer la permanence des « tours de bois » qui donnèrent dans l'Antiquité leur nom aux Mossynèques [54]. Ajoutant que la couche toponymique pré-turque demeure très vivace, il conclut [55] : « Dans un pays resté à ce point identique à lui-même, tout invite à ne pas chercher d'exception dans le paysage agraire et à déceler, dans les plantations, la même continuité. »

Ce faisceau de preuves force l'adhésion, malgré l'ombre que constitue l'alimentation à base de noisettes. Si les noix plates étaient vraiment des noisettes, on conçoit aisément que les enfants des riches Mossynèques aient été grassouillets ! Xénophon ne dit rien de l'aspect des adultes qui, affirme-t-il, « s'en servaient souvent comme nourriture », mais les Mossynèques devaient constituer, alors, un peuple d'obèses au teint bilieux. Pline l'Ancien [56] décrit d'ailleurs ainsi les effets médicaux et anatomiques de la consommation de noisettes *(Nuces abellanae)* : « Les avelines causent des maux de tête et des gonflements d'estomac ; elles engraissent au-delà de toute vraisemblance. » D'autre part, on conçoit aisément que l'on puisse manger des noisettes grillées [57], mais plus difficilement bouillies. Quant à la rareté des châtaigniers aujourd'hui dans la région, elle n'implique pas leur absence il y a vingt-cinq siècles, ni même à l'époque contemporaine. Le voyageur John Macdonald Kinneir [58] en signale au début du XIXe siècle, et la carte des châtaigneraies de Turquie transmise à Riccardo Morandini en 1953 [59] par les services forestiers de ce pays signale plusieurs châtaigneraies non fruitières dans les vallées situées au sud de Giresun, Ordu, Fatsa et Ünye. Une autre remarque peut être formulée en faveur des châtaignes dans le texte de Xénophon : les greniers en hauteur qui, semble-t-il, n'ont guère changé de l'Antiquité à nos jours, peuvent fort bien avoir été des séchoirs à châtaignes, un feu de bois vert étant entretenu à l'automne entre les pilotis. Enfin, les arbres évoqués par Strabon [60] poussant en Sinopitis et produisant des « noix de montagne » (*ὀποκάρυον*), dont le bois servait à confectionner des tables, ne peuvent être des noisetiers. Les branches d'un noisetier peuvent tout au plus servir à tailler des baguettes de sourcier.

Les arguments plaidant en faveur de la noisette chez les Mossynèques sont, certes, plus convaincants que ceux du camp de la châtaigne, mais il n'y a guère que la palynologie, sollicitée à l'occasion de fouilles archéologiques, par exemple, qui pourrait mettre un terme à ce débat déjà vieux de dix-huit siècles.

Chronologiquement, vient ensuite une série de textes ambigus qui s'échelonnent du IVe au IIe siècle av. J.-C., d'Aristote à Caton. Dans les *Problèmes* [61], Aristote écrit : « Pourquoi les marrons (*κάρυα*) qu'on fait griller deviennent-ils plus mauvais, après qu'ils sont refroidis, ainsi que le pain, le gland (*βάλανος*) et autres substances analogues, tandis qu'en les échauffant de nouveau elles redeviennent meilleures ? N'est-ce pas parce qu'en se refroidissant le suc de ces substances s'est coagulé, et qu'en réchauffant la matière, le suc, s'y répand de nouveau ? Or, c'est le suc qui nous procure le plaisir que nous ressentons. » Et le traducteur, J. Barthélemy-Saint-Hilaire, précise : « J'ai cru devoir adopter ce sens, bien que le mot du texte signifie ordinairement les noix ; mais on ne grille pas les noix. » H. Rackham, le traducteur de l'édition anglaise [62], préfère, pour sa part, *nuts* pour *κάρυα* et *acorns* pour *βάλανος*. On pourrait tout aussi bien traduire par noisettes, encore que les noisettes grillées et refroidies ne soient pas particulièrement détestables, alors que les châtaignes deviennent lourdes et dures.

L'*Histoire des Plantes* de Théophraste (IVe siècle av. J.-C.) est le premier texte dans lequel se trouve l'expression [63] « *κάσταναικῷ καρύῳ* », c'est-à-dire noix castanéique, appliquée sans conteste à la châtaigne, puisqu'il s'agit d'une comparaison avec la couleur de la peau de la racine de lotus, qui est effectivement brun foncé. Mais un doute plane sur ce texte. V. Hehn [64] trouve la comparaison de Théophraste en contradiction avec le mode ordinaire d'expression de cet auteur et estime qu'elle a toute l'apparence d'une glose postérieure... On aimerait quelques précisions sur le raisonnement qui lui permet de formuler ce jugement, de même que sur l'affirmation [65] selon laquelle à l'époque de Théophraste les châtaignes étaient transportées d'Asie Mineure vers Athènes, via la Thrace, la Macédoine, la Thessalie, Eubée et que de cette dernière île elles tiraient leur nom de noix eubéique (« *κάρυον εὐβοικόν* »). L'analyse du texte de Théophraste, il est vrai, est particulièrement difficile, car les châtaignes y paraissent désignées par trois noms différents : « *κασταναικῷ* καρυῷ », « noix castanéïque », *κάρυον εὐβοικόν* », « noix eubéique » [66], « *Διός βάλανον* », « gland de Zeus ». Cette complexité, voire cette confusion, est un phénomène classique de l'histoire des plantes, au début de leur culture dans une région. Dans la France du XVIIe siècle, par exemple, la pomme de terre porte son nom actuel, mais aussi celui de cartoufle, de tartuffe, de truffe [67].

Dans le *Calceolo* (« Le petit soulier »), l'une de ses pièces perdues citées par Macrobe [68], Plaute (254-184 av. J.-C.) évoque un fruit qui pourrait être la châtaigne. « Les noix tendres *(molluscam nucem)* dont il dit qu'elles pendent au-dessus des toits. » Cela laisse entendre qu'un arbre donnant des noix tendres était couramment planté en Italie, à la fin du IIIe siècle ou au début du IIe, devant les maisons pour les ombrager. De fait, le châtaignier est encore très souvent présent à proximité immédiate des maisons d'habitation dans les régions où il pousse bien et même dans des régions plus limites. Par ailleurs, comme le remarque V. Hehn [69], on ne peut manquer de rapprocher ces *« molluscam nucem » des « castaneae molles »* de Virgile [70]. Cette tendreté attribuée à des châtaignes peut tenir à une cuisson bien menée de fruits bien mûrs et frais, ou bien à la souplesse de leur écorce qui contraste avec la dureté de la coque des noix, des noisettes et des amandes. Mais cela s'applique tout aussi bien au gland doux et surtout à la pêche. Et cette dernière interprétation est d'ailleurs celle de Macrobe lui-même, qui ajoute [71] : « C'est la même que celle qu'on appelle vulgairement Persique. » Il faut simplement se rappeler que Macrobe écrit au Ve siècle après J.-C., soit sept siècles après Plaute, et que, pour précieuse qu'elle soit, son opinion peut être parfaitement mise en doute.

Dans ses *Alexipharmaka*, Nicandre, au IIe siècle av. J.-C., donne la première information d'ordre géographique [72] : *«Δυσλεπέος καρούιο, τὸ Κασταvις ἔτρεφεν αἶα.»* « La terre de Castanide produit la noix qui s'épluche mal. » Il est très vraisemblable que Nicandre désigne ainsi la châtaigne ; mais où se trouve la « terre de Castanide » ? Une scolie à Nicandre, sans doute assez tardive [73], affirme que cette noix tire son nom d'une ville de Thessalie nommée Kastania (*Καστάνια*). De fait, Hérodote (ve siècle av. J.-C.) mentionne déjà une localité de Magnésie située près du cap Sépias, et qui s'appelle *ΚασΘαναίης* [74], et Théophraste signale que le châtaignier est commun à Eubée et en Magnésie [75]. Aujourd'hui encore, la péninsule du Pélion porte l'une des plus vastes châtaigneraies de Grèce [76]. Mais le scoliaste de Nicandre suggère aussi une autre interprétation à laquelle se rallient V. Hehn [77] et Jacques André [78] : la terre de Castanide tirerait son nom de Kastanis (*Καστανίς*), ville du Pont dans la région de laquelle abonde le châtaignier. Malheureusement, aucun autre texte antique ne mentionne une telle localité. Il faut attendre l'époque byzantine finale pour qu'apparaisse Kastamuni (*Κασταμών*), cité épiscopale située en Paphlagonie, à la frontière du Pont et de la Cappadoce, au sud-ouest de Sinope [79]. Naturellement, l'absence de texte plus ancien ne signifie pas que la localité n'existait pas auparavant. Il n'y a guère de moyen de trancher entre les deux hypothèses. Il a même vraisemblablement existé d'autres localités antiques du nom de Kastana, Kastanis, Kastamon, etc., d'autres terres de Castanide, surtout si les deux localités de la scolie à Nicandre tirent leur nom de la présence du châtaignier et non l'inverse [80], hypothèse la plus séduisante, compte tenu de ce que l'on sait de l'origine étymologique du mot *castanea*.

Par ailleurs, le scoliaste de Nicandre indique quatre variétés de châtaignes [81] : la sardiane [82], la lopime [83], la malaque [84] et la gimnolope [85], preuve qu'à l'époque où il écrit, le châtaignier est déjà assez répandu pour être diversifié.

Caton l'Ancien (au début du IIe siècle av. J.-C.) a peut-être parlé de la châtaigne, mais, une fois encore, on n'en a pas la certitude [86] : « Près de la ville, vous aurez des jardins dans tous les styles, toutes sortes d'arbres d'ornements... des noix nues, des avelines de Préneste et de Grèce. » Les avelines de Préneste (Latium) désignent les noisettes [87], les noix grecques, sans aucun doute, les amandes [88] et les noix nues (ou chauves, ou lisses), les châtaignes ou les noix. En effet, l'un comme l'autre de ces deux fruits est exempt de pilosité avant épluchage, mais la coque de la noix ôtée, celle-ci présente un tan lisse, tandis que la châtaigne présente un tan recouvert de duvet. Au lecteur de choisir, donc, encore que l'analogie avec la châtaigne gimnolope du scoliaste de Nicandre fasse légèrement pencher la balance du côté de la châtaigne.

Avec Varron (Ier siècle av. J.-C.), une étape importante est franchie. La châtaigne sort de l'anonymat ou plutôt de la pluralité de noms plus ou moins flous. Elle reçoit à Rome un nom grec définitif : *castanea*, nom que les Grecs eux-mêmes n'adopteront que beaucoup plus tard. Varron la mentionne à propos de l'élevage des loirs [89] : « L'enceinte où l'on élève des loirs ne ressemble en rien à celle qui est réservée aux escargots, puisque au lieu d'eau, ce sont des murailles qui l'environnent. [...] On plantera dans cette enceinte de jeunes chênes qui portent du gland ; et quand il ne s'en trouve point sur les arbres, il faudra en jeter aux loirs, ainsi que des châtaignes pour leur servir de nourriture. » Il est remarquable que les châtaignes n'apparaissent qu'en tant que complément alimentaire et que la base de l'engraissement des loirs soit le gland. Varron recommande de planter des chênes. Pourquoi pas des châtaigniers ? Sans doute parce qu'à cette époque l'arbre est encore trop exotique et mal connu. Il est d'ailleurs peu répandu à l'état naturel [90] et l'auteur en fait si peu de cas qu'il n'en parle pas du tout à propos de l'alimentation des porcs [91] : « Les porcs se nourrissent surtout de glands, mais aussi de fèves, d'orge et de toute autre espèce de grain. »

DE SARDES À NAPLES : L'ADOPTION PAR ROME

Désormais connu de Rome, le châtaignier gagne petit à petit du terrain en Méditerranée occidentale à partir du Ier siècle avant J.-C. Virgile apprécie la saveur rustique de ses fruits, et prête à Tityre cette déclaration gourmande [92] : « A nous les pommes mûres, les tendres châtaignes et le fromage en abondance. » Un menu de berger méditerranéen puissamment évocateur pour le Corse qu'est Paul Arrighi [93] : « Nous connaissons tous ces douceurs modestes et rustiques de notre prime enfance. Ce " lait pressé ", n'est-ce pas le *broccio* inimitable de nos bergeries ? Les " châtaignes molles ", ce ne sont certainement pas, ô érudits anotateurs, des " châtaignes bouillies ", comme vous l'indiquez dans vos notes pour les lycéens parisiens aussi ignorants que vous de la vie rustique ; ce sont ces châtaignes sèches qui, par un privilège spécial, ont conservé leur chair tendre : ce sont ces *mulloni* que nous recherchions, enfants, dans le vieux coffre plein de fruits secs, et que la mère corse choisit avec soin pour régaler le bambin. » De fait, le terme corse de *mulloni* est bien proche du *molles* virgilien, mais il faudrait pour que Paul Arrighi ait raison que les Anciens aient connu la technique du séchage, ce dont il n'est question clairement dans aucun texte. Sa relecture de Virgile est donc à placer, sur ce point, au compte de la nostalgie et de la poésie castanéiphile. Cela dit, il ne fait aucun doute que pour les bergers du temps de Virgile, le fromage et la châtaigne constituaient des aliments très courants [94].

Un peu plus loin dans les *Bucoliques*, Virgile évoque encore les nourritures simples du berger, en un passage célèbre, maintes fois reproduit [95] : « *Ipse ego cana legam tenera lanugine mala, Castaneasque nuces, mea quas Amaryllis amabat.* » « Moi-même je cueillerai les pommes blanchâtres au tendre duvet, et des fruits de châtaignier que mon Amaryllis aimait. » Ces deux vers laissent entendre que le châtaignier croît sur les hauteurs, à proximité des terrains de parcours [96], et qu'il pousse à l'état sauvage, les bergers n'étant généralement pas arboriculteurs. A moins que cette récolte de fruits par un berger ne résulte d'un accord entre gens de la houe et gens de la houlette. A moins encore qu'il ne s'agisse tout simplement d'une clause de style, d'une fantaisie de poète...

Quelques années plus tard, grâce à Ovide (43 av. J.-C. -17-18 ap. J.-C.), on a la preuve que des châtaignes sont vendues sur le marché aux fruits de la *Via Sacra* à Rome. Il conseille de faire des cadeaux rustiques à la femme aimée [97] : « Tu pourras dire que tu les as reçus de ta campagne, eussent-ils été achetés sur la Voie Sacrée ; qu'il apporte [le jeune esclave] des raisins ou des châtaignes qu'aimait Amaryllis ; mais aujourd'hui elle ne les aime plus. » H. Bornecque commente : « Ces présents sont devenus trop modestes à ses yeux. » Ainsi, à la différence du raisin, autre fruit de l'automne, la châtaigne est considérée à Rome comme vraiment très rustique. On retrouvera, bien des siècles plus tard, cette même attitude dédaigneuse des citadins vis-à-vis des châtaignes et de ceux qui s'en nourrissent. Mais le châtaignier est tout de même cultivé non loin de la ville éternelle, puisque Ovide parle de *Rure suburbano*, c'est-à-dire des campagnes suburbaines, des *villae urbanae* entourées de leurs domaines telles qu'elles abondent autour de Rome ou de Naples. Ce texte est d'ailleurs à rapprocher de celui de Caton [98].

Alors que les Romains ont fait leur la culture du châtaignier apprise des Grecs, ceux-ci en sont toujours à hésiter sur le nom à donner à l'arbre et à son fruit. Dioscoride, médecin né à Anazarbe en Cilicie (env. 40-90 après J.-C.), dont Pline s'inspire peu après, écrit [99] : « Les glands sardianes, que certains nomment lopimes, ou châtaignes, ou mota, ou gland de Zeus... » Cinq noms pour un seul fruit ! Dioscoride ne fournit aucune explication sur leur origine mais le terme de lopime se retrouve dans la scolie à Nicandre [100] et l'expression gland de Zeus dans Théophraste [101]. Avec cette dernière appellation, le problème est que tous les auteurs latins, à partir de Varron, l'utilisent pour désigner la noix (*juglans nux*, noix de Jupiter ; *Jovis glans*, gland de Jupiter) dont l'arbre qui la porte a conservé ce nom botanique : *Juglans regia* L. [102]. L'expression de gland mote est apparemment exclusive à Dioscoride. Quant à l'expression gland sardiane, c'est-à-dire de Sardes, qui apparaît dans ce texte pour la première fois, elle appelle une explication.

Sardes est la capitale de la Lydie [103], en Asie Mineure, en amont de la vallée de l'Hermos [104] qui débouche dans le golfe de Smyrne. La Lydie a connu son apogée sous la dynastie des Mermnades (685-546 av. J.-C.), marquée par le règne de son dernier souverain, Crésus, vaincu par Cyrus en 548. A cette époque, les Grecs sont nombreux à Sardes. A propos de la Lydie, Georges Radet [105] parle d'« une sorte de coin enfoncé dans la charpente de l'Asie Mineure comme pour y faire pénétrer tout ce qui vient de l'archipel de Grèce ». Nul doute que l'inverse soit également vrai et que l'Orient passe en Grèce par des régions telles que la Lydie et, tout spécialement, de brillantes capitales comme Sardes. La culture des arbres fruitiers étant originaire de Transcaucasie, il est tout à fait vraisemblable que les techniques aient transité par la Lydie, trait d'union culturel, et même ethnique, entre l'Orient et la Grèce, au même titre d'ailleurs que la Bithynie, la Paphlagonie ou le Pont, sur les rives de la mer Noire. Ce sont les Lydiens, par exemple, qui ont appris aux Grecs l'astrologie et la géographie des Babyloniens [106].

Deux textes anciens rendent plausible l'idée selon laquelle la castanéiculture serait venue de Sardes ou aurait transité par cette ville. Xénophon [107] décrit le jardin perse ou « paradis » de Cyrus à Sardes. Il était formé de « grandes futaies dont les arbres étaient soigneusement alignés ; à leur ombre s'étendait une pelouse comme une prairie naturelle, entretenue par une irrigation abondante. En certains endroits s'ouvraient des clairières où étaient groupés des arbres fruitiers [108] ». Il n'est nulle part question de châtaignier, mais d'une très savante arboriculture ; rien ne s'oppose à ce que certains des arbres des futaies ou des plantations fruitières aient été des châtaigniers. Voici, en tout cas, une preuve du rôle de la Lydie dans la transmission aux Grecs du savoir-faire de l'Orient en matière d'arboriculture. La description de Xénophon émerveillera des générations de Grecs et de Romains, de Socrate à Cicéron [109]. Par ailleurs, Philostrate rapporte dans la *Vie d'Apollonius de Tyane* [110] : « On débitait à Sardes qu'autrefois le Pactole avait chargé pour Crésus du sable d'or ; et que les arbres sont plus anciens que la terre. » Il est encore une fois question d'arbres à Sardes. Un argument géographique actuel milite également en faveur de Sardes : la Lydie est l'une des seules régions de Turquie où l'on rencontre aujourd'hui des châtaigneraies fruitières, près de Tire et Ödemiş [111].

Mais s'il se faisait que l'attribution de l'origine de la castanéiculture grecque à Sardes soit une pure invention, il y aurait aussi une explication. A. Laronde écrit [112] : « Cyrus ne lui laissa pas le temps de se ressaisir et vint le faire prisonnier dans Sardes (546 av. J.-C.) : Crésus eut la vie sauve et termina ses jours dans une prison dorée, à la Cour de son vainqueur. L'imagination grecque se plut néanmoins à embellir la figure du dernier des Mermnades, reconnaissant ainsi la dette de l'hellénisme vis-à-vis de l'Asie et de l'Orient. » Il est donc possible que l'appellation gland sardiane procède de la même attitude.

A ce moment de l'histoire antique du châtaignier, celui de la transmission des techniques de sa culture à la Méditerranée occidentale, un premier bilan peut être proposé. Quel que soit le caractère hasardeux des déductions, malgré l'obscurité des textes dont certains ne concernent probablement pas le châtaignier et la châtaigne, il n'en demeure pas moins que toutes les régions ou localités dont il a été question forment deux itinéraires qui mènent du Caucase à Athènes, empruntant d'abord tous deux la rive méridionale de la mer Noire, puis bifurquant, l'un par Sardes, puis la mer, l'autre par la Thessalie et Eubée. Il s'agit, d'ailleurs, de deux routes commerciales très fréquentées [113].

Une variante dans l'itinéraire sud est peut-être fournie, au IIe siècle après J.-C., par Galien, médecin grec né à Pergame, qui écrit [114] : « Mes concitoyens (comme par conséquent tous les autres Asiatiques) l'appellent Sardiane ou Leuquène, ces noms provenant des lieux où l'on en récolte beaucoup. L'un de ces noms montre clairement d'où elle provient. Quant à la Leuquène, elle tient son nom d'un certain lieudit du mont Ida. » Le mont Ida est le point culminant de la Crète (2 456 m), et cette information pourrait désigner la Crète comme étape entre l'Asie Mineure et Athènes. Théophraste, cinq siècles auparavant, avait déjà mentionné le mont Ida [115] pour dire qu'on y pratiquait la culture de certains arbres fruitiers, parmi lesquels l'arbre produisant le gland de Zeus ; il peut donc s'agir d'une simple référence littéraire au texte d'un prédécesseur illustre. Mais Leuquène (*Λευκήνας*) peut aussi représenter une forme ancienne de Lefka, nom d'une montagne crétoise située à une centaine de kilomètres du mont Ida et où se trouve, d'après la carte de R. Morandini [116], la seule châtaigneraie crétoise actuelle, châtaigneraie qui produit, d'ailleurs, d'excellents marrons très prisés des Athéniens qui les achètent grillés, dans la rue, en automne et en hiver.

Mais avant Galien, au Ier siècle, Pline l'Ancien donne sur le châtaignier et la châtaigne une foule d'informations. Il écrit d'abord [117] : « Nous donnons aussi le nom de noix aux châtaignes qui sont pourtant plus proches des glands. » Les Romains ont donc fait le choix, non seulement d'un nom, depuis Varron, mais aussi d'une place dans la classification botanique. Certes, le choix manque de netteté, puisque la châtaigne est apparentée à la noisette, à l'amande et à la noix proprement dite — malgré son absence de caractère huileux — sans doute grâce à la saveur sucrée de ses variétés améliorées, mais Pline estime qu'elle serait mieux à sa place en compagnie des glands et il a parfaitement raison, puisque le châtaignier appartient à la même famille que le chêne, c'est-à-dire celle des fagacées ou cupulifères. Pline poursuit [118] : « Elles sont originaires de Sardes, aussi les Grecs les nomment-ils " glands de Sardes ", *(Sardianos balanos)*, car le nom de " gland de Zeus " (*Δίος βαλάνον*) ne fut donné que plus tard à l'espèce améliorée par la culture. » Il reprend donc deux des noms donnés par Dioscoride et fournit une information nouvelle : la multiplicité des noms peut correspondre chez les Grecs de cette époque, non pas à une hésitation vis-à-vis d'un fruit encore peu connu, mais au souci de nommer les diverses variétés obtenues par la sélection et la culture.

Vient ensuite l'énumération des variétés connues, au nombre de sept. Cette diversification est assez récente [119] : « Il en existe *maintenant* plusieurs variétés. La Tarentine est facile à défaire et légère à digérer, de forme aplatie. » L'origine du nom est claire : il s'agit de Tarente dont il est encore question plus clairement quelques lignes plus loin, information surprenante au regard des conditions naturelles des Pouilles. Il n'y a, d'ailleurs, aucune châtaigneraie dans les Pouilles de nos jours. Il faut alors peut-être penser que Tarente, principale cité de la Grande Grèce, fut le port d'introduction, d'abord des fruits récoltés en Grèce et en Orient, puis des techniques d'arboriculture qui se répandirent ensuite de là vers les régions propices. « La *balanitis* [120] est plus ronde, s'épluche très bien et sort nette toute seule. » Le mot *balanitis* évoque, lui aussi, une filiation grecque, puisque dérivé de βάλανον. A la description du fruit, on aura reconnu le marron dont la caractéristique est de ne pas comporter de cloisons intérieures à l'amande et dans lesquelles pénètre le tan. Il s'agit d'une variété améliorée de châtaigne. « La Salariane aussi est plate, la Tarentine moins maniable. » Jacques André [121] interprète le nom de *salariana* comme étant celui de châtaigniers plantés dans la région des Abruzzes traversée par la *via Salaria* qui mène de Rome à l'Adriatique par Rieti et Ascoli. La présence actuelle de châtaigneraies dans cette région rend une telle déduction très plausible. « La Corelliane, plus estimée, ainsi que la Téréiane, qui en est obtenue par un procédé dont nous parlerons à propos des greffes et que son écorce rouge fait préférer aux châtaignes triangulaires et aux châtaignes noires communes, dites à bouillir. » L'origine de la variété Corelliane est donnée ailleurs par Pline lui-même [122]. Elle est due au talent d'arboriculteur du chevalier romain Corellius, originaire d'Ateste en Vénétie, qui a obtenu ce résultat dans la région de Naples par greffe sur pied franc. On apprend donc ici que la Campanie, berceau de l'agriculture romaine savante, est déjà renommée pour la qualité de ses châtaignes, comme c'est encore le cas aujourd'hui. Quant à la Téréiane, elle doit son nom à Tereus, affranchi de Corellius [123], qui l'a obtenue par greffe de la Corelliane sur un pied franc. De telles greffes successives sur pied franc sont très fréquentes. Les châtaignes triangulaires et les châtaignes noires perpétuent la vieille tradition de dénomination des fruits en fonction de leur aspect. Il s'agit manifestement des moins prisées, juste bonnes à bouillir pour ce qui est des noires.

On est tenté de penser que l'énumération de Pline n'est pas exhaustive, car attribuer deux variétés sur sept à Corellius et à Tereus, c'est beaucoup, et il y a de fortes chances que de nombreux personnages semblables, amateurs éclairés d'arboriculture, habitant la Campanie aient créé leurs propres variétés. On apprend en effet, ensuite que cette région est le cœur de la castanéiculture. Rien de surprenant à cela, puisqu'il s'agit d'une région très marquée par les contacts avec la Grèce. « Tarente et Naples, en Campanie, sont la patrie des plus estimées. Toutes les autres espèces [124] servent à la nourriture des porcs, parce que leur peau rêche [125] forme des replis à l'intérieur du fruit. » Ce qui signifie que les sept variétés précitées sont des marrons ou des châtaignes très peu cloisonnées. Les autres informations données par Pline ont trait aux techniques de culture du châtaignier et aux usages de ses fruits ou de son bois. Il en sera question plus loin.

Peu après Pline, le poète Martial confirme l'excellence des marrons de Naples [126] : « Et des châtaignes récoltées dans les champs de Naples la savante et rôties à petit feu. »

La conquête de l'Europe occidentale

Une fois connue des Romains, qui la découvrent en Grande Grèce où elle est prospère, la culture du châtaignier va connaître une exceptionnelle diffusion dans toute la partie centrale et occidentale de l'Empire. Elle se développe d'abord dans les Abruzzes, comme le montrent les spectres polliniques réalisés dans la région par V. Marchesoni [127], ce qui confirme l'interprétation que donne Jacques André de la variété de châtaigne *Salariana* signalée par Pline. Ce rapprochement est d'autant plus intéressant qu'il est fort probable que J. André n'a pas eu connaissance des travaux du palynologue Marchesoni.

Plusieurs auteurs pensent que le châtaignier n'est pas autochtone en Piémont [128]. Il apparaît, puis gagne rapidement du terrain au détriment du hêtre, à partir du Iᵉʳ siècle après J.-C. Mario Abrate [129] écrit : « Cette culture arborée, à côté des pâturages extensifs, constitue alors dorénavant l'activité dominante de l'habitat supérieur des Alpes, tandis que dans la zone basse ou sous-montagneuse se développent d'autres cultures : vignes, prés irrigués, champs. » Les habitants des montagnes sont donc de ceux qui vivent de ces mets virgiliens : tendres châtaignes et fromage frais. Mario Abrate [130] montre également les transformations de la plaine piémontaise et la substitution des « cultures arborées particulièrement utiles comme l'olivier et le châtaignier, à la végétation spontanée préexistante ».

ÉVOLUTION DE LA CHÂTAIGNERAIE TESSINOISE DEPUIS L'ANTIQUITÉ D'APRÈS LES TRAVAUX PALYNOLOGIQUES DE H. ZOLLER (1960)

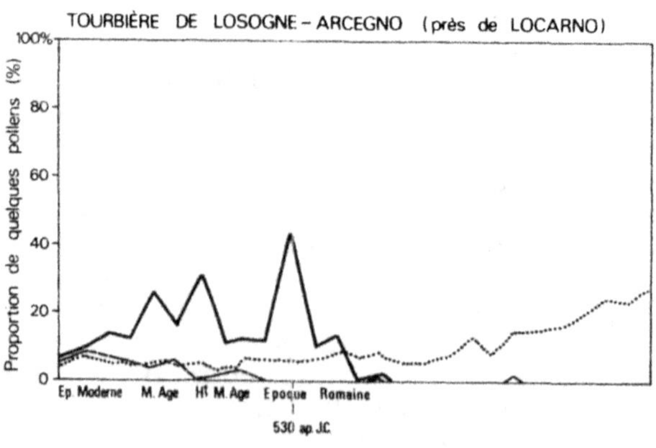

Fig. 17a

Certains archéologues [131] pensent que le châtaignier serait présent dans les bois des palafittes de la région des lacs italiens et tessinois, mais les remarquables recherches palynologiques de H. Zoller [132] prouvent que l'arbre a été introduit tardivement en Tessin et qu'il a connu une très forte expansion au Ier siècle après J.-C., dans le sud de la région, au détriment des céréales et de la vigne, importants depuis l'âge du Fer. Il est très probable que la châtaigne a représenté à cette époque la base de l'alimentation. On a donc, avec ce témoignage, la trace de la première châtaigneraie réellement vivrière, les plantations de la Campanie et des Abruzzes étant plutôt commerciales.

Que penser de cette transformation radicale du paysage et de l'économie ? Outre le fait que la culture du châtaignier est maintenant connue fort loin de son point de départ, son adoption dans la région du Tessin avec une telle ampleur dénote peut-être un processus démographique comparable à celui, bien connu dans d'autres régions au Moyen Age et à l'époque moderne, qui entraîne l'abandon des céréales aux rendements trop faibles. L'évolution ultérieure, mise en évidence par Zoller corrobore cette hypothèse. Aux VIe et VIIe siècles, la place occupée par le châtaignier diminue sensiblement au profit des céréales. Les troubles des Invasions ne sont guère propices à l'arboriculture et, en outre, la chute démographique ne rend plus les châtaignes aussi indispensables. Au XIe siècle, l'arbre à pain revient en force, pour accuser au XVIIIe siècle, au moment de l'introduction du maïs, un nouveau déclin qui ne cessera plus. Le problème non résolu que pose cette châtaigneraie antique est celui de la conservation des fruits d'une récolte à l'autre. Le séchage est probable, sans que la technique utilisée puisse être précisée.

En Gaule chevelue, comme on l'a vu, le châtaignier pousse à l'état spontané dans beaucoup de régions, mais il ne bénéficie pas de soins culturaux. Les Grecs peuvent, éventuellement, en avoir introduit la pratique sur les rivages de la Méditerranée, mais seuls les massifs des Maures et de l'Estérel possèdent les conditions naturelles requises et l'on ne dispose actuellement d'aucun témoignage allant dans ce sens. Le fait que le mot bogue, désignant l'enveloppe de la châtaigne, soit d'origine celtique ne signifie évidemment pas grand-chose. En effet, bogue est issu du breton *bolc'h* qui veut dire sac [133], et ce mot vient lui-même de *bolgh* ou *bulga*, mot latin signalé par Festus comme étant d'origine gauloise. En irlandais, *bolg* = sac et en italien *bolgia* = besace. Il est plus que probable que l'usage en Bretagne de *bolc'h* pour désigner l'enveloppe de la châtaigne date du Moyen Age et non pas de l'Antiquité. C'est pourtant en Armorique que l'on a la preuve certaine sur ce point de l'action romaine en Gaule puisque, semble-t-il, le châtaignier y est absent auparavant [134]. Évidemment, le témoignage palynologique peut toujours être mis en doute quant à sa généralisation à une région, mais pas intrinsèquement ; même si la région sur laquelle renseigne le spectre est limitée, les faits sont incontestables. Une autre preuve de l'introduction du châtaignier — aux côtés du noyer — en Gaule concerne Baude, en Limagne, où il apparaît sur l'emplacement d'un habitat [135]. G. Lemée [136] fait le même constat en Lévezou : « La période gallo-romaine ancienne voit un déboisement relatif avec une augmentation du pollen des céréales et l'apparition du châtaignier et du noyer. » La situation est très différente de celle qui règne en Tessin, puisqu'en Gaule les progrès du châtaignier accompagnent ceux des céréales sans leur nuire.

A côté de la palynologie, on dispose d'un texte tardif qui concerne le Poitou. Il s'agit d'un passage de Fortunat [137]. A la fin du VIe siècle, l'évêque de Poitiers envoie à sa mère et à ses sœurs un présent de châtaignes qu'il qualifie de « *castaneas molles quas dedit arbor agris* ». X. de Planhol traduit ainsi ce passage [138] : « les tendres châtaignes qu'a donné l'arbre des champs », ce qui fait penser à un complantage de châtaigniers au milieu des champs cultivés et donc à un paysage analogue à celui des préchâtaigneraies [139], ou de l'*openfield* à noyers du sud-est du Bassin parisien [140] ou bien encore des pommeraies normandes. Une autre interprétation est aussi possible : *arbor agris* désignerait l'arbre de l'*ager*, par opposition à l'arbre du *saltus*, c'est-à-dire le châtaignier cultivé qui donne de meilleures châtaignes que le châtaignier sauvage ou forestier. Quoiqu'il en soit, ce texte témoigne de la présence en Poitou, à cette époque, de châtaigniers cultivés et selon toute vraisemblance, greffés, mais pas de véritables châtaigneraies. Quant à *castaneas molles*, il s'agit là d'un emprunt poétique à Virgile qui, dans les *Bucoliques*, on l'a vu, chante la douceur des tendres châtaignes accompagnées de fromage frais. On sait à quel point Fortunat est imprégné de Virgile [141].

Deux autres témoignages tardifs ont été utilisés par divers auteurs : ils sont toponymiques. Z. Toumieux [142] signale la mention d'un lieudit Castaneolus dans une charte de La Chapelle-Aude, datée de 626. Ce lieu-dit paraît se situer dans le bocage marchois, entre Royère et Saint-Pierre-le-Bost (Creuse). Le toponyme alsacien de Châtenois (Bas-Rhin) apparaît, quant à lui, pour la première fois dans la chronique d'Ebersheim [143] qui signale que sainte Odile (660-720) a donné à l'abbé Erhard un domaine sis à Castineto. Ces deux apparitions fugitives du châtaignier doivent être ramenées à de modestes proportions. Elles peuvent signaler la présence d'un seul châtaignier, éventuellement sauvage. On sait que les toponymes désignent fréquemment l'exception paysagère et non la généralité. C'est, par exemple, ce que Georges Chabot [144] avait jadis montré à propos de la vigne en Bourgogne.

A côté de ces informations très ténues, beaucoup d'opinions fantaisistes ont été émises sur le châtaignier en Gaule. Pour L. Clerc [145], les châtaigneraies du XIXe siècle ne sont que de pauvres vestiges des immenses plantations qui recouvraient la Gaule et « où les druides faisaient entendre leurs hymnes sacrés. L'égoïsme et la cupidité, plutôt que les changements de température, ont fait disparaître depuis longtemps ces sources de la fécondité. » Curieux point de vue dont ne s'éloigne guère aujourd'hui Paul Maureille [146],

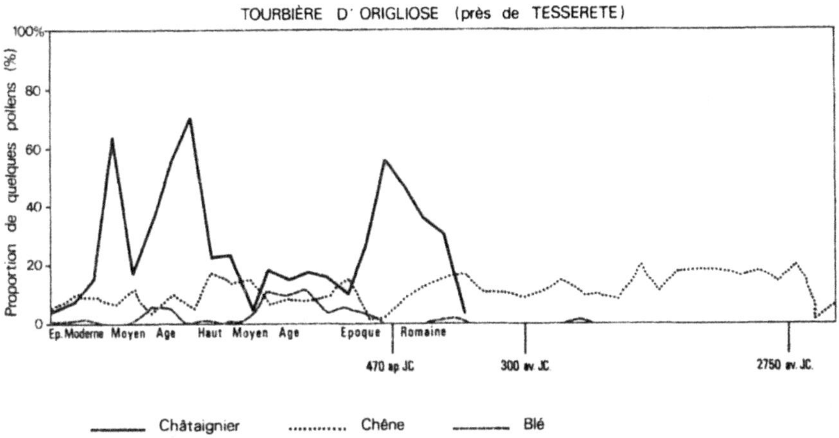

Fig. 17 b

lorsqu'il s'étonne de ce que le châtaignier, arbre si caractéristique, n'ait pas gardé un nom celtique, voire préceltique, et qu'il attribue ce fait à la très grande importance du châtaignier à l'époque préromaine : « A cause même de son importance alimentaire, la châtaigne a dû rentrer dans le circuit commercial et le commerce parlant latin. Nous avons observé que sous d'autres toponymes, on rencontrait habituellement (en Limousin) des châtaigneraies : couderc, sireygeolles, brunie. Il est possible que sireygeolles, " les petites cerises ", aient pu souvent désigner des châtaignes brunes et sucrées, il est possible que comme l'orange, à la fois fruit et couleur, la châtaigne ait été pour les Celtes une " brune " (nous rappelons que les adjectifs français brun et châtain se rapportant à une couleur sont totalement ignorés en latin). » Hypothèse certes séduisante pour qui cherche à prouver à tout prix l'antiquité des grandes châtaigneraies françaises, mais que la palynologie ne semble pas corroborer. Ariane Bruneton-Governatori choisit également cette voie [147] en reculant très haut dans le Moyen Age la création des châtaigneraies vivrières, sous le prétexte que « ce qui touche au plus banal, au plus quotidien et ordinaire laisse peu de marques ». Comment s'expliquerait alors la prodigieuse mythologie du pain, du vin, du lait et du fromage dans le Bassin méditerranéen et sa mouvance culturelle ?

En réalité, le châtaignier n'a pas dépassé en Gaule le stade d'arbre fruitier apportant un complément d'alimentation de type friandise. Les densités de population n'exigèrent pas le recours à lui comme arbre nourricier. De plus, les moyennes montagnes siliceuses qui lui conviennent étaient particulièrement peu peuplées dans l'Antiquité. Enfin, la vocation économique de la Gaule était de produire du blé, partout où cela était possible, et ce n'est guère qu'en Tessin que le châtaignier semble avoir fait reculer la culture imposée à toutes les régions périphériques de l'Empire.

La totalité des auteurs s'accorde à considérer que le châtaignier a réellement été introduit comme culture mais aussi comme espèce en Grande-Bretagne par les Romains [148]. Il ne semble pas qu'il y ait de preuve palynologique du contraire, mais la prudence s'impose malgré tout. John Loudon [149] est à l'origine d'une tradition selon laquelle deux châtaigniers géants du sud de l'Angleterre sont présumés avoir été plantés à l'époque romaine : celui de Tortworth et celui de Cobham (Kent). Mais l'âge de ces vénérables arbres creux est bien difficile à établir, et ils pourraient fort bien avoir été plantés à l'époque médiévale.

En Espagne et au Portugal, Ernesto Vieitez [150], spécialiste de la biologie du châtaignier, pense que cet arbre existait dès l'âge du Bronze à l'état spontané, et que les Romains introduisirent, comme en Gaule, sa culture [151].

En Corse, enfin, future grande châtaigneraie, on imagine mal les habitants de l'Antiquité cultivant le châtaignier. Diodore de Sicile les présente comme totalement ignorants de la propriété des fruits de la terre [152] et ne pratiquant sur le règne végétal que la cueillette. Aucun texte latin ayant trait à l'île ne mentionne la présence du futur moyen de subsistance [153].

LE FAIBLE APPORT DES AUTEURS TARDIFS

Plusieurs textes tardifs témoignent de la bonne connaissance, désormais acquise, des différences entre tous les fruits de la famille des *nuces*, mais accentuent encore la confusion quant aux noms donnés par les Grecs, jadis comme au Bas Empire. Au ve siècle, Macrobe [154] fournit une nomenclature très complète distinguant sept espèces différentes.

— La *nux juglans* (noix). *Juglans* est un mot composé de *Jovis* (Jupiter) et *glans* (gland), qui s'apparente donc, on l'a dit, au grec *Διὸς βάλανος* (gland de Zeus) ; mais pour désigner la noix, les Grecs utilisent aussi le mot *basilicam*, c'est-à-dire la royale. Le problème qui se pose ici est celui de la contradiction entre Macrobe et ses prédécesseurs Dioscoride et Pline pour qui *Διὸς βάλανος* désigne la châtaigne ; un problème insoluble puisque, dans le passé, les Grecs ont probablement appelé *Διὸς βάλανος* indifféremment la noix et la châtaigne. Macrobe offre une porte de sortie en signalant l'interprétation de *juglans* donnée par l'étymologiste Gavius Bassus — interprétation à laquelle il ne se rallie pas — *jovis glans*, soit gland agréable, ce qui éloigne donc totalement *juglans* de Zeus et de Jupiter.

— La *nux Avellana* ou *Praenestina* (noisette) qui est produite par l'arbre appelé *Corylos*. Les Grecs l'appellent noix pontique. Aucune confusion n'est ici possible avec la châtaigne, encore que le Pont ait sans aucun doute joué un rôle dans la diffusion de la castanéiculture.

— La *nux castanea* ou *nux Heracleotica* (châtaigne). Selon Macrobe, le deuxième nom a été donné à la châtaigne par le savant Oppius Cares dans son traité des arbres forestiers [155] et provient d'Héraclée, colonie grecque de la Bithynie sur la côte de la mer

Noire. Ceci renforcerait l'hypothèse de l'itinéraire pontique de transmission de la castanéiculture. Malheureusement, l'adjectif héracléotique est attribué à la noisette et non à la châtaigne par Théophraste, Dioclès, Mnésithée, Rufus d'Éphèse [156] et aussi, comme on va le voir, par l'inscription de Boèce.

— La *nux Graeca* ou *amygdala* ou *nux Thasia* (amande). Ici encore, aucune confusion n'est possible avec la châtaigne.

— La *nux molluscam* ou *nux persicam* (pêche). La première de ces dénominations pose problème, car elle rend aléatoire l'interprétation classique du texte de Plaute que donne, par exemple, V. Hehn [157].

— La *nux Terentina* dont il est difficile de savoir quel fruit elle désigne. Macrobe affirme que « son enveloppe est si tendre, qu'elle se brise presque au toucher ». Peut-être s'agit-il de la prune ou de l'abricot. Malgré la similitude des noms, la description de Macrobe rend impossible la confusion avec la variété de châtaigne *Tarentina* [158] citée par Pline.

— La *nux pinea* (pignon), appellation qui ne prête à aucune confusion.

Boèce (480-524) cite une inscription grecque ancienne [159] qui exclut la confusion possible entre la châtaigne et la noix héracléotique : « [Noix] Persiques sèches et amandes et noix héracléotiques et pignons et châtaignes. » On ne sait de quand date cette inscription. V. Hehn pense qu'elle ne peut être d'une époque bien antérieure à l'époque romaine, bien que Boèce, lui-même, n'y trouve aucune trace de romanité. Il faut tout de même rappeler que l'on trouve déjà chez Théophraste l'appellation de noix castanéique. Encore une fois la traduction classique de noix persique par pêche est rendue difficile par le fait que des pêches sèches représentent bien peu de chose en volume, ces fruits contenant environ 90 % d'eau.

Dans les *Géoponiques*, texte datant du xe siècle et inspiré de divers auteurs anciens, il est fait une brève allusion aux techniques de culture du châtaignier qui est aussi appelé gland de Jupiter [160], conformément à Pline, mais contrairement à Macrobe, ce qui embrouille un peu plus la signification de l'appellation la plus noble pour un fruit.

Il y aurait à placer ici toute une anthologie de propos fantaisistes tenus à l'époque contemporaine sur l'histoire ancienne du châtaignier. En voici quelques éléments. Une tradition affirme qu'une armée romaine put soutenir un long siège grâce à une réserve de marrons [161]. Une autre, ne reposant, elle non plus, sur aucun texte ancien, et pourtant reprise par plusieurs auteurs [162], affirme que les Osques, prédécesseurs des Grecs et des Romains, récoltaient déjà des châtaignes en Campanie. Innombrables sont les auteurs qui pensent que le châtaignier n'est pas autochtone dans telle ou telle région d'Italie, de France, de Suisse, d'Allemagne ou d'ailleurs et qui attribuent l'introduction de l'arbre aux Romains, alors qu'il s'agit souvent de sa culture. L. Clerc [163] a affirmé que la ville sicilienne de Catane était à l'origine du nom du châtaignier, idée qu'a reprise A. Di Bérenger [164], auteur pourtant plus digne de foi, bien que, par ailleurs, il n'ait pas hésité à affirmer que le châtaignier a été cultivé pour la première fois par les Cyclopes de l'Etna. Toujours sans citer leurs sources, deux auteurs ont affirmé que les Phéniciens savaient déjà cultiver le châtaignier. Il est d'ailleurs probable, comme le laisse entendre la tournure des phrases, que le second [165] s'est inspiré du premier [166], ce qui n'exclut pas l'existence d'un inspirateur commun. Antonio Targioni-Tozzetti [167] affirme que les Hébreux connaissaient le châtaignier [168] et s'appuie sur un passage du prophète Isaïe dans lequel l'arbre serait nommé *tidar*. La traduction française de la *Bible de Jérusalem* [169] indique à cet endroit : « Dans le désert, je mettrai du cèdre et de l'acacia, du myrte et de l'olivier. Dans la steppe, je planterai du genévrier, du platane et du cyprès côte à côte. » Point question de châtaignier qu'on voit difficilement, d'ailleurs, pousser en Palestine. Il faut encore évoquer Link [170] qui prétend que la châtaigne a joué un rôle essentiel dans l'alimentation des peuples de la Haute Antiquité. A juste titre, V. Hehn remarque que, si cela était, comment expliquerait-on que les Grecs et les Romains aient mis tant de temps à nommer ce fruit et l'arbre qui le porte ?

Au total, même si l'itinéraire précis du châtaignier et des techniques de sa culture reste assez obscur en Asie Mineure, il est certain qu'entre le ve siècle av. J.-C. et le Ier siècle après J.-C. il y a eu transmission depuis les confins caucasiens jusqu'à l'Angleterre et l'Allemagne, en vertu d'un phénomène de diffusion imitative auquel, ici ou là, est venu se greffer un apprentissage savant résultant d'une volonté délibérée. L'arbre est resté relativement peu répandu, à l'exception de la Campanie, des Abruzzes et du Tessin. Partout ailleurs, il est resté un arbre fruitier parmi d'autres, fournissant d'agréables fruits d'automne. Outre les textes évoqués, on dispose également d'une preuve *a contrario* essentielle : l'absence du châtaignier et de la châtaigne dans la décoration sculptée ou peinte antique, alors que le chêne, l'olivier, le laurier, l'oranger et d'autres encore sont omniprésents. On peut ajouter, dans cet ordre d'idées, que les couleurs « châtain » et « marron » n'existent ni en grec, ni en latin [171]. Les Romains ont utilisé le terme de *fuscus* pour désigner, par exemple, la couleur de la peau des Méditerranéens, ou *coloratus*. Le brun était considéré comme un noir ou un rouge. Ce n'est qu'au Moyen Age que le châtain apparaît dans le nuancier des couleurs.

TECHNIQUES DE CULTURE DANS L'ANTIQUITÉ

Il ne sera ici question que des techniques romaines car aucun texte grec n'y fait allusion [172]. Elles résultent du savoir oriental, puis grec, perfectionné par les agriculteurs et les agronomes latins, mais il est évidemment impossible de savoir ce qui revient à chacun. Ce qui est certain, c'est que, dès l'époque de Virgile, la biologie du châtaignier, ses exigences écologiques, les conditions optimales de sa culture fruitière ou en vue de la production de bois sont connues et qu'un peu plus tard Columelle et Pline donnent sur tous ces sujets des foules d'informations que ne viendront guère renouveler Palladius et les *Géoponiques.* Il faudra attendre le XVIe siècle pour que la castanéiculture évolue et se perfectionne lentement.

On lit dans Pline que le châtaignier est l'arbre des hauteurs [173]. « Le sapin, le rouvre, le châtaignier, le tilleul, l'yeuse, le cornouiller aiment les montagnes et les vallées. » Et l'on apprend, un peu plus loin [174], que, « aux environs de Rome même, le châtaignier et le cerisier viennent mal ». On sait que les châtaigneraies les plus proches de Rome sont celles de la *via Salaria,* dans les Abruzzes, et de la Campanie. Des précisions sont données quant à l'exposition et au climat convenables [175]. On plantera le châtaignier « dans un lieu aussi ombragé qu'on voudra, exposé au nord et très froid ou même en pente ». Palladius reprend cette idée [176] : « Il aime les pays froids, mais il ne refuse pas les climats tempérés quand ils sont humides. Il se plaît sur les coteaux, de même que dans les cantons ombragés, principalement sur ceux qui sont exposés au nord. » Un résumé parfait des conditions climatiques de croissance du châtaignier s'est ainsi trouvé formulé voici seize siècles. Il sera bien souvent copié au Moyen Age et à l'époque moderne, en France par exemple, alors qu'il concerne exclusivement les régions méditerranéennes. En dehors de ce domaine, le châtaignier peut pousser en plaine. C'est le cas en Bretagne.

Si l'on ajoute l'affirmation de Pline [177] selon laquelle « il se refuse à croître dans des terrains fertiles », le tableau est dressé. Le châtaignier apparaît déjà comme l'arbre des situations désespérées, des milieux naturels où rien ne pousse. C'est évidemment une interprétation très italienne de la réalité, puisque en effet, les plaines céréalières de la péninsule conviennent généralement mal au châtaignier, de par leur climat et leurs sols.

Le caractère silicicole du châtaignier est parfaitement bien cerné par Pline : « Il demande un sol meuble sans être sablonneux, et surtout le gros sable humide ou le " charbon " ou même le tuf pulvérulent... Il se refuse à croître dans le gravier, la terre rouge, la craie et, en général, les terrains fertiles. » Le meilleur sol convenant au châtaignier est donc le *sabulum,* sable grossier qui résulte de la décomposition du granite, c'est-à-dire l'arène, au sens actuel du terme, qui s'oppose à l'*harena,* le sable fin. Qu'il se refuse à croître dans les graviers est juste. C'est encore plus vrai de la craie, et l'on apprend ici le caractère manifestement calcifuge de l'arbre. En revanche, l'exclusion de la terre rouge est discutable, car tout dépend de la teneur en carbonate de calcium actif de cette *terra rossa.* On retrouve presque mot pour mot ces informations chez Columelle [178], chez Palladius [179] et chez les *Géoponiques* [180]. Toujours à propos du sol, Pline précise que le châtaignier — qui aime les ubacs humides — refuse l'excès d'humidité dans le sol [181] : « Le cyprès, le noyer, le châtaignier, l'aubour détestent l'eau. »

Pour obtenir de beaux châtaigniers, tous les auteurs latins

s'accordent à recommander le semis plutôt que le marcottage. Virgile est le premier à l'affirmer [182] : « D'autres [arbres] lèvent d'une semence tombée à terre, tels les hauts châtaigniers, le chêne, géant des forêts. » Accessoirement, on a confirmation qu'il y a déjà de très vieux châtaigniers à l'époque de Virgile, qui les juge remarquables par leur hauteur. Le marcottage est très facile à réaliser mais les drageons détachés et transplantés éprouvent des difficultés à reprendre. On ne peut être sûr du résultat avant deux ans.

Les prescriptions sont moins claires quant à l'époque du semis. Columelle et Pline déclarent que tout l'hiver, de novembre à février, est propice [183] et ailleurs qu'il vaut mieux choisir le mois de mars [184]. Pour Palladius [185], c'est en novembre et décembre ou en février. Dans ce dernier cas, il faut conserver les châtaignes jusque-là de la manière suivante : on les fait sécher à l'ombre, puis on les conserve au sec, en tas, en les recouvrant de sable de rivière et chaque mois, soit trois fois, on les plonge dans l'eau pour éliminer celles qui flottent et qui ne sont donc plus bonnes. On peut aussi les conserver dans de petits vases *(vasculis)*, mais toujours dans le sable. Les *Géoponiques* [186] recommandent de planter en décembre ou à l'équinoxe de printemps.

On sème plusieurs châtaignes dans le même trou, de manière à ce qu'au moins l'une d'entre elles germe. Columelle explique [187] qu'avant sa germination, la châtaigne peut, en effet, se dessécher, pourrir, ou être dévorée par les mulots ou par les taupes. Pour Pline, il en faut cinq grosses [188] et pour Palladius [189], de trois à cinq très grosses. Avant de semer, la pépinière doit être labourée au *pastinum* (houe) sur 1,5 à 2 pieds (45 à 60 cm) de profondeur [190] ou, tout au moins, doit-on tracer des sillons de 9 pouces (16,7 cm) de profondeur [191]. Les trous du semis doivent être éloignés, pour Columelle, d'un demi-pied (15 cm) et les sillons de 5 pieds (75 cm), tandis que pour Pline [192], l'intervalle entre les trous est porté à un pied (30 cm) et pour Palladius [193] à 4 pieds (1,20 m) dans tous les sens. Ce dernier recommande de planter un piquet [194] auprès de chaque tas pour reconnaître l'endroit, ainsi que de creuser des rigoles de drainage pour éviter la pourriture du germe. Pour les *Géoponiques*, enfin, la partie pointue des châtaignes doit être placée vers le haut au moment du semis [195].

Au terme de deux années, on peut soit transplanter directement les jeunes pieds à leur emplacement définitif [196], soit les placer pour une nouvelle période de deux ans dans une autre pépinière, avec, cette fois-ci, un intervalle de 2 pieds (60 cm) [197]. A partir de ce moment, il faut bêcher assidument les jeunes arbustes et les tailler en mars et septembre [198].

La technique de la greffe, destinée à l'amélioration de la taille et de la qualité des fruits, est bien connue, mais plusieurs textes rendent perplexe lorsqu'ils recommandent les greffes hétérogènes. Ainsi, Virgile [199] écrit : « Le hêtre blanchit sous la floraison du châtaignier, l'orme sous celle du poirier, et les porcs broient le gland sous les ormes. » Pour Raymond Billiard [200], de telles greffes sont purement imaginaires, mais d'où provient alors le crédit accordé par Virgile à de telles fantaisies ? D'autant qu'il ne s'agit pas d'une vision de poète, car il n'est pas le seul à les prôner. Columelle [201] expose de tels procédés, tout comme Palladius qui prétend [202] que le poirier se greffe très facilement sur un arbre différent, en particulier sur le châtaignier, ce qui donne les résultats suivants : « Il dépouille les fruits du châtaignier de l'écorce piquante qui les enveloppe et change le poids dont ils sont chargés en un fardeau plus doux. » Faut-il croire que les Romains réussissaient les greffes hétérogènes les plus insolites ou admettre avec Raymond Billiard que tout cela est pure fantaisie littéraire ? La réponse est, pour l'heure, bien difficile à donner [203].

Quoi qu'il en soit, la greffe du châtaignier sur lui-même est couramment pratiquée. On a évoqué plus haut l'obtention des marrons *Corelliana* et *Tereiana* par le chevalier Corellius et son affranchi Tereus [204] qui ont utilisé un châtaignier franc comme porte-greffe.

L'UTILISATION DES CHÂTAIGNES

Les Romains préfèrent consommer les châtaignes grillées. Seules, selon Pline [205], les triangulaires et les noires, dites communes ou du peuple *(popularibus)*, ne sont bonnes qu'à bouillir. Toutes les autres méritent d'être rôties [206] : « Rôties, elles sont plus agréables à manger. » C'est également le sentiment de Martial qui les recommande au sein d'un savoureux dessert [207] : « Si tu veux un second service, on t'offrira des raisins secs, des poires de Syrie, et des châtaignes récoltées dans les champs de Naples la savante et rôties à petit feu. » La précision du petit feu est utile : autrement, la châtaigne brûle à l'extérieur et reste crue ou très dure à l'intérieur. Cette technique est rendue nécessaire par la faible quantité d'eau de végétation contenue dans ce fruit. Et Martial ajoute : « C'est en buvant du vin que tu le rendras bon [ce second service]. » De fait, rien de meilleur que des châtaignes grillées et du vin. Rien de plus rustique, non plus, bien loin du *lenticulam de castaneis* d'Apicius (voir annexe n° 1) dont la recette date du début de notre ère. C'est une gastronomie très dépouillée conforme aux goûts de la majorité des Romains, très virgilienne en un mot, qui est ici chantée. La manière élaborée d'Apicius, au contraire, relève de la gastronomie orgiaque qui est toujours restée le fait d'un petit nombre [208].

Le *lenticulam de castaneis* d'Apicius (25 av. J.-C. - vers 37 ap. J.-C.) est le type même du plat compliqué dans lequel la saveur des châtaignes doit être noyée sous les épices. C'est une purée de châtaignes fortement relevée. L'un des mystères de cette recette [209], comme des deux autres recettes de *lenticulam* données par Apicius [210], est qu'il ne comporte pas de lentilles ! Le début de la recette a pu se perdre et, dans ce cas, cela expliquerait l'emploi d'un *caccabum nouum*, c'est-à-dire d'une casserole n'ayant pas encore servi, et donc autre que celle qui a permis de cuire les lentilles [211]. Mais alors, si lentilles il y a, le *lenticulam* est une purée mélangée de lentilles et de châtaignes. Il est aussi possible que *lenticulam* soit devenu un terme générique désignant toute purée de farineux. Pas plus qu'il n'y a de haricots dans le haricot de mouton de la cuisine française [212], il n'y aurait donc de lentilles dans un *lenticulam*. On peut s'étonner, dans le cas où il comporterait des lentilles, de voir mélanger deux farineux, ce qui n'est guère conforme aux canons gustatifs du XXe siècle. Mais après tout, l'une des manières favorites de consommer la châtaigne au Japon est de l'enrober d'une purée sucrée de haricots jaunes ou rouges...

Les châtaignes peuvent être conservées pendant tout l'hiver selon divers procédés que décrit Palladius [213]. On peut les disposer sur des claies *(cratibus)*, mais l'auteur ne dit rien sur celles-ci : les installe-t-on dans la maison ? dans un bâtiment séparé ? avec ou sans feu pratiqué en dessous à l'automne pour les dessécher ? Une autre méthode consiste à enfoncer les châtaignes dans du sable en évitant qu'elles se touchent. On peut aussi les enfermer dans de petits vases neufs de poterie que l'on enfouit ensuite dans la terre, les enfermer dans des coffres faits de baguettes de hêtre et enduits de lut, les couvrir de paille d'orge, ou, enfin, les placer dans des tissus serrés constitués d'herbes des marais.

On fait également des châtaignes un usage médicinal. Si les noix plates d'Hippocrate [214] sont des châtaignes, on peut penser que les Grecs les utilisaient pour régulariser leur intestin : les peaux pour resserrer et les châtaignes épluchées comme laxatif. Pline est beaucoup plus précis [215] : « Les châtaignes arrêtent puissamment les flux d'estomac et du ventre ; elles relâchent le ventre, sont utiles dans les hémoptysies et donnent de l'embonpoint. » Dioscoride [216] les recommande aussi contre les flux de ventre, en particulier en utilisant le tan. On trouve les mêmes remarques chez Gargilius Martialis [217] : les peaux guérissent des flux, les châtaignes engraissent. Si les châtaignes ont la réputation de tant engraisser, c'est qu'elles ne représentent pas encore la nourriture de base des montagnes pauvres, mais un fruit estimé de gourmands déjà repus [218]. Plus tard, les Corses, les Cévenols, les montagnards ligures ou piémontais ne connaîtront jamais l'obésité !

Le pain de châtaigne qui nourrira les Italiens et les Corses bien des siècles plus tard n'est pas inconnu des Romains, mais son usage est très restreint. C'est Pline qui le révèle en quelques mots [219] : « On les moud également et elles donnent un semblant de pain pour le jeûne des femmes. » Plutôt que d'un pain — car la pâte de farine de châtaignes lève difficilement — il s'agit probablement de galettes assez consistantes. Henri Le Bonniec [220] pense que ce jeûne des femmes était le « *castus Ceresis* », période d'abstinence respectée par les adoratrices de Cérès pendant les neuf jours précédant le « *sacrum anniversarium Ceresis* ». Elles devaient demeurer chastes et ne consommer ni pain ni vin. Mais une telle pratique peut tout aussi bien se rapporter au culte de Cybèle ou à celui d'Isis qui comportaient tous deux des jeûnes et abstinences analogues.

Les petites châtaignes sauvages, très cloisonnées, ne sont pas consommées par les Anciens. Elles servent à la nourriture des porcs [221] qui les consomment sans doute tombées à terre, à l'époque de la glandée.

Il reste à évoquer un curieux passage du chapitre de Pline traitant des huiles [222] : « Les Indiens, dit-on, tirent de l'huile des châtaignes, du sésame et du riz. » Jacques André note à ce propos : « On doute que le *castanea* en question soit vraiment notre châtaignier, dont le fruit contient, en effet, 2 à 3 % d'huile. » Ce ne peut être non plus le marron d'Inde, ajoute-t-il, qui n'en contient guère plus. Quant au riz, il ne contient que 1,5 % d'huile. On voit donc mal comment les Indiens auraient pu exprimer ces huiles et ce passage est à mettre sur le compte des affabulations sur les terres lointaines que crée l'imagination en proportion de la distance.

Utilisations du bois

On a peu de traces d'utilisation du bois de châtaignier par les Grecs, à l'exception de l'obscur texte de Strabon [223] sur les tables de la Sinopitis et d'une mention de Théophraste [224] sur son imputrescibilité mise sur le même plan que celle du cyprès, du cèdre, de l'ébène, du micocoulier, du buis, de l'olivier, du pin à bois gras et du chêne.

Mais dès le Haut Empire, ce bois est reconnu pour ses qualités de longévité et de facilité de fendage. Beaucoup d'arbres sont utilisés pour la fabrication des échalas viticoles : saule, chêne farnetto, frêne, laurier, pêcher, noisetier, pommier, sureau, etc. [225] Mais selon Pline le châtaignier est supérieur à tous [226] : « Le châtaignier est préféré à tous les arbres pour les échalas parce qu'il est facile à travailler et dure longtemps ; en taillis, ses repousses sont même plus abondantes que celles du saule. » Columelle, d'ailleurs, ne parle que du châtaignier dans son chapitre détaillé sur les annexes préalables et obligées de tout vignoble [227]. Outre de l'osier et des roseaux, il écrit qu'il faut posséder « des taillis de bois commun ou des plantations de châtaigniers établies à cet usage ». Un jugère (25 ares) de châtaigniers est considéré comme suffisant pour 20 jugères de vigne (5 ha). Il décrit minutieusement la manière de constituer une châtaigneraie échalassière [228]. En respectant l'intervalle recommandé d'un demi-pied par tas de châtaignes et de cinq pieds entre les sillons, on parvient à créer sur un jugère 2 880 pieds de châtaigniers qui fournissent aisément 12 000 échalas — Columelle se réfère ici à un certain Atticus. Chaque branche importante peut être fendue en quatre et chaque branche secondaire en deux ; les pieux fendus, précise-t-il, durent plus longtemps que les pieux ronds. Le plus étonnant dans la conduite de l'échalassière est que la coupe, ou recépage, est pratiquée au terme de cinq ans, alors qu'aujourd'hui on attend une quinzaine d'années. Les échalas que l'on obtient durent presque *(fere)* jusqu'à la coupe suivante. C'est une bien courte vie pour un échalas. Pline [229] ne diffère guère de Columelle : la proportion de taillis par rapport aux

Photo 5 : Revêtement du puits datant du Ier siècle après J.-C., constitué de douves de tonneau en bois de châtaignier. Découverte faite dans le camp romain de Rheingönheim, près de Ludwigshafen. Musée de Palatinat à Spire. Photo tirée de Rudolf Weinhold, 1976, p. 174.

vignes (1/20) est la même, et la coupe a lieu avant la septième année.

L'autre usage du bois de châtaignier, lui aussi lié à la viticulture, est celui des douves de tonneaux. Le seul texte que l'on possède est celui de Strabon [230], qui parle de ces énormes foudres, plus grands que des maisons, de la région entre Pô et Apennin. Mais on possède aussi deux preuves archéologiques concernant toutes deux la Rhénanie, c'est-à-dire les confins de la Gaule et de la Germanie. On sait que le tonneau est une invention gauloise et que les Romains ne connaissent, à l'origine, en matière de récipient de bois, que la *cupa* (cuveau) cerclée de fer ou de bouleau [231]. Il s'agit de deux tonneaux presque complets. L'un d'entre eux est conservé au musée du vin à Spire. Il date de la première moitié du Iᵉʳ siècle et a pu franchir les siècles parce qu'il a servi de revêtement de puits dans un fort romain des environs de Rheingönheim, près de Ludwigshafen. Ce revêtement est constitué de douves devenues inutilisables et sur l'une d'entre elles, on lit la signature d'un tonnelier nommé Cobnert(us) [232]. Le second tonneau a été retrouvé dans la vase d'un étang, près de Mayence. Il est beaucoup plus complet et comporte sept cercles qui pourraient, eux aussi, être en châtaignier. Il est conservé au musée de Mayence [233]. Ce tonneau a été retrouvé parmi d'autres objets romains et se trouvait rempli de débris de poissons et de filets de pêche. Il s'agirait donc d'un tonneau destiné à conserver les salaisons de poisson ; mais la présence d'une bonde prouve que ce tonneau a appartenu à un vigneron avant d'échoir à un pêcheur. On sait que les Trévires étaient d'habiles viticulteurs et furent parmi les seuls Gallo-Romains à recevoir l'autorisation de planter de la vigne entre l'édit de Domitien en 92 et celui de Probus en 276 [234].

Mais à l'exception des échalas et des douves, il n'est fait mention dans aucun texte antique d'un autre usage du bois de châtaignier, en particulier dans le domaine de la construction. Ainsi, Vitruve [235], dans sa liste des bois d'œuvre, parle de quantités d'essences mais reste muet à propos du châtaignier.

CHAPITRE II

Les préchâtaigneraies médiévales

Les informations sur le châtaignier pendant la période du Haut Moyen Age se comptent sur les doigts d'une main : une mention dans le Capitulaire carolingien *De Villis* [1], une tradition selon laquelle Charlemagne mangeait des châtaignes rôties en buvant du vin cuit [2], l'existence de taillis savamment conduits sur le mont Athos à l'époque byzantine ancienne [3], l'exploitation du bois de châtaignier par les Arabes en Sicile et dans la cordillère Bétique entre le VIIe et le XIe siècle [4], quelques toponymes, enfin, qui ne prouvent pas grand-chose. Si les documents de cette époque sont rares, il faut surtout considérer qu'elle n'est guère propice à l'arboriculture fruitière ou forestière, laquelle réclame de voir loin devant soi et donc un climat de sécurité. On a déjà vu que le châtaignier laissait la place aux céréales en Tessin à partir du VIe siècle [5]. Ailleurs, les châtaigneraies sont sans doute souvent tombées en friche et se sont donc rapidement trouvées envahies par des arbustes ou des arbres différents. Ce qui est observable au XXe siècle dans les châtaigneraies abandonnées invite à supposer une évolution analogue il y a une quinzaine de siècles.

Avec la fin des invasions et la renaissance de l'agriculture, le châtaignier retrouve la place qu'il a eue dans l'Antiquité, la dépasse en acquérant dans beaucoup de régions un réel rôle alimentaire, mais pendant le Moyen Age il ne détient nulle part le monopole du paysage et de l'économie rurale. C'est ce qui justifie le néologisme ici proposé de préchâtaigneraie. Au contraire de ce que l'on va tenter de montrer à travers divers exemples, la plupart des auteurs estiment que les grandes châtaigneraies exclusives existaient dès le Moyen Age [6].

EN ITALIE

Visitant l'Italie du Nord en 1154, Otton, évêque de Freising, en Bavière, s'étonne du paysage qu'il découvre [7] : « Le pays [...] est, en raison de la fertilité de son sol et de la douceur de son climat, producteur de blé, de vin et d'huile, et tellement fertile qu'on y trouve comme des bois d'arbres fruitiers, principalement châtaigniers, figuiers et oliviers. » Des vergers de châtaigniers, certes, mais à côté d'autres plantations, de vignes et de champs : telles se présentent les régions exotiques que visite l'évêque. A en croire les *Cris de Paris* [8] du XIIIe siècle, les meilleures châtaignes disponibles dans la capitale française viennent de Lombardie [9] et Pierre de Crescens, qui écrit son *Traité d'agriculture* à Bologne en 1304-1306, vante la qualité des marrons de la région de Milan [10]. Pour cet agronome, d'ailleurs : « Le châtaignier est un arbre connu (commun) [11]. »

Le Piémont mérite un examen un peu plus approfondi, car les montagnes de cette région prennent place, à l'époque moderne,

Tableau n° 1 : *Nouvelles acquisitions de la chartreuse de Pesio à Chiusa (Piémont) entre 1173 et 1277.*

Année	*Achat ou Donation*	*Nature de la parcelle*	*Année*	*Achat ou Donation*	*Nature de la parcelle*
1173	D	Divers	1225	A	T
1185	A	T	1226	A	T
1190	A	T	1229	A	T
1191	A	T	1231	A	C
1191	A	T	1233	A	C
1193	A	T	1234	D	T
1194	D	Divers	1235	D	T
1195	D	T	1237	A	T + P
1202	D	Divers	1238	A	T
1203	D	Divers	1239	A	T
1203	A	T	1239	A	T
1204	A	T	1239	A	P
1205	D	Divers	1240	A	T + P
1209	A	C	1240	A	C
1209	D	C	1240	A	T
1209	A	C	1241	D	C
1213	A	Divers	1243	A	C
1214	A	Divers	1243	D	P
1215	A	T	1244	A	V
1215	D	Divers	1245	A	T
1218	A	P	1251	D	C
1220	A	T	1252	A	T
1221	A	T	1266	D	T
1221	A	P	1273	D	Divers
1222	A	T	1276	A	T
1223	A	T	1277	D	Divers

Nota : T = terre ; P = pré ; V = vigne ; C = châtaigneraie.
Source : Bagio CARANTI, 1900, vol. I.

parmi les grandes châtaigneraies d'Europe. Il n'en est rien au Moyen Age. Dans sa synthèse sur l'agriculture de la région de Saluces entre le XIe et le XVe siècle, Ferdinando Gabotto [12] ne relève parmi tous les documents qu'il a dépouillés qu'une seule mention de châtaignier au XIIe siècle [13]. Encore est-il question de « *nemus castanearum* » dans les possessions de l'abbaye de Staffarda à Revello, c'est-à-dire d'une forêt de châtaigniers ; l'expression peut fort bien s'appliquer à un taillis. En revanche, un document mentionne un « *castagneto* », soit une châtaigneraie, en 1214, à Torriana, près de Barge [14]. Peu significative est la mention, en 1237, d'une « *fons castanee* » dans un bois de Saluces, tant la toponymie est trompeuse [15]. Pour le XIVe siècle, un « *bosco castagneti* » est signalé à Barge en 1320. Ici encore, ce n'est peut-être pas un verger [16].

Le cartulaire de la chartreuse de Pesio à Chiusa, au sud de la province de Coni, est précieux, car dans cette région, le châtaignier représente au XVIIIe siècle le principal moyen de subsistance. Le relevé de toutes les acquisitions de parcelles réalisées par l'abbaye entre 1173 et 1277 montre que les châtaigneraies ne constituent qu'à peine un cinquième des nouvelles propriétés [17] (tableau n° 1).

Il semblerait que le XIVe siècle marque le début de la multiplication des plantations. Les statuts de franchise des communes précisent divers points de réglementation. En 1335, les statuts de Garessio, commune située à la frontière du Piémont et de la Ligurie, prévoient deux articles [18]. Il y est dit, en particulier, qu'une châtaigneraie est constituée à partir du moment où dix arbres sont plantés l'un à côté de l'autre et que, dès lors, les moutons et les chèvres sont exclus de la parcelle. Une défense comparable est prévue dans les statuts d'Ormea, commune voisine de Garessio, en 1359, mais ici la châtaigneraie commence à huit arbres [19]. Parmi les plus explicites et détaillés des règlements statutaires, il faut signaler ceux de Pamparato, commune jouxtant Garessio, qui datent de 1391 [20]. Le chapitre 104 interdit de faire du feu dans les châtaigneraies [21], sous peine de lourde amende, le chapitre 58 interdit d'y ramasser du bois si l'on n'est pas propriétaire, le 143 de mener paître les bovins, le 151 les porcs et le 152 répète l'exclusion à l'encontre de tout le gros bétail.

A Villafalletto, près de Saluces, les statuts datent de 1433 [22]. Le chapitre 218 porte sur l'interdiction d'accès du bétail, mais limite cette mesure à la période comprise entre la Saint-Michel et la Toussaint. Cette formulation nouvelle témoigne peut-être du plus grand nombre de châtaigneraies adultes, et craignant donc moins les méfaits du bétail, au XVe siècle.

Certains statuts réglementent aussi le ramassage des châtaignes. Par exemple, ceux de Lesegno, à l'est de Mondovi, en 1302, interdisent formellement le ramassage des châtaignes de l'Assomption à la Toussaint, sans autorisation du propriétaire (chap. 41), de même que celui du bois, toute l'année (chap. 106) [23]. C'est une bien curieuse mesure, tant cela semble aller de soi. La raison en est la coexistence de châtaigneraies greffées et entretenues, c'est-à-dire de vergers, et de bois (taillis ?) dans lesquels peuvent s'exercer les antiques droits d'usage forestiers. En 1369, les statuts de Sanfront [24], à l'ouest de Saluces, en témoignent. Le ramassage des châtaignes est autorisé dans les peuplements sauvages, formellement interdit dans les autres. En 1422, les statuts de Chiusa [25] et en 1472, ceux de Gambasca, près de Saluces [26], reprennent ces mesures, preuve que la propriété privée des fruits du châtaignier n'est pas une évidence pour tous.

Au XVe siècle, le châtaignier est assez bien implanté en Piémont pour que le cens puisse être payé en châtaignes. Le 29 décembre 1431, le prieur de l'hospice des pèlerins de Suse alloue à cinq familles un vaste domaine qu'il possède à Meana et qui comporte des prés, des vignes, des châtaigneraies, des bois, ainsi que des terres incultes [27]. Le cens est versé « en châtaignes fraîches juste ôtées de leur bogue, noix et prestations de main-d'œuvre, cette dernière substituée par une somme d'argent ». Ainsi, Michele Terziano verse, le jour de la Saint-André, cinq setiers [28] de châtaignes, un de noix et six deniers ; Giovanni Maiero, la même chose ; la veuve d'Andrea Nantelmi, six setiers et demi de châtaignes et un demi de noix ; Editta Banfa, une émine et demie de châtaignes, une demie de noix et trois oboles ; la femme de Martino Gatilly, un setier et demi de châtaignes, une demi-émine de noix et trois oboles. Plus tard, à la fin du XVIe siècle, dans cette même commune de Meana, on trouve même un acte notarié surprenant [29] : en 1575 la famille Peyrolo, du lieu-dit Sufficio, reconnaît devoir au père cellérier de l'hôpital de l'abbaye de San Giusto la moitié de trois setiers de seigle et cinq émines rases de châtaignes comme cens d'une terre composée pour moitié de prés et pour moitié de champs. Le cens peut donc être payé en châtaignes sur des terres ne comportant pas de châtaigniers. E. Patria pense [30] que c'est peut-être parce que la terre était autrefois plantée en châtaigniers [31]. Il est plus vraisemblable d'imaginer que la châtaigne a pris alors une importance notable dans l'alimentation. Il est donc tout naturel de comptabiliser les cens en cette production, comme on les calcule, ailleurs en Europe, en blé, quelle que soit la nature de la terre allouée.

En Ligurie, il semble que, dès les Xe-XIIe siècles, le châtaignier ait une part plus importante qu'ailleurs. Sur le domaine de l'archevêque de Gênes, l'arbre est diffusé partout pendant cette période, y compris dans les zones basses, classées aujourd'hui par les botanistes dans le *Lauretum* [32]. Il est fait un usage très courant de son bois, en particulier dans la fabrication de bardeaux pour les toitures des maisons rurales [33] et comme combustible, ainsi que le montrent des analyses récentes de charbons de bois [34]. Plus tard, entre le XIIIe et le XVIIe siècle, l'aire du châtaignier se réduit aux versants ombragés et humides, du fait des progrès, à proximité des côtes, de la *coltura promiscua* associant la vigne à l'olivier [35]. Il est, en tout cas, certain qu'au Moyen Age le châtaignier ne fait nulle part l'objet d'une monoculture, sauf, peut-être, sur les terres de quelques rares familles [36]. Il est à noter que la châtaigneraie fruitière, même si elle

Photo 6 : *Motif de châtaignes dans la guirlande de fruits entourant le blason de la corporation des bouchers de Florence à Orsanmichele. Terre cuite émaillée de Luca Della Robbia (1400-1482). Photo Gisuti di Becocci (Florence).*

est encouragée par Gênes, n'a d'autre fonction que de nourrir les paysans des montagnes pentues de l'Apennin. Les châtaignes ne ont absolument pas consommées à Gênes au XVe siècle ; comme l'a écrit Jacques Heers [37], « le montagnard chassé de ses terres familiales par la disette prend, aussitôt installé à Gênes, des habitudes très différentes ».

La situation de l'Apennin toscan est assez voisine de celle du Piémont. Le châtaignier représente un bien de spéculation parmi d'autres. Dans un contrat de métayage signé à Lucques en janvier 1214, il est question de châtaigniers et d'oliviers [38], et un autre contrat signé dans cette même ville en 1342 prévoit l'interdiction de couper sans autorisation les châtaigniers, oliviers et autres arbres fruitiers [39]. Les émaux toscans du *Quattrocento* sont fréquemment encadrés de guirlandes de fruits, parmi lesquels la châtaigne est généralement présente, mais elle n'est sur aucun le seul. Il en est même dont elle est absente [40]. Les œuvres de Luca Della Robbia sont à cet égard les plus représentatives.

Photo 7 : *Autre motif de châtaignes dans la guirlande entourant* La Vierge, l'enfant et Saint Jean Gualberto *à l'abbaye de Vallombrosa (Toscane). Atelier Della Robbia. Photo Monaci Benedittini di Vallombrosa.*

Les moines jouent en Toscane un rôle essentiel de promotion du châtaignier. Dès le XIe siècle, saint Jean Gualberto, le fondateur de l'abbaye bénédictine de Vallombrosa, fait planter autour du monastère des sapins et des châtaigniers [41]. La communauté poursuit son œuvre tout au long du Moyen Age et incite les paysanneries environnantes à faire de même. Les bâtiments abbatiaux, édifiés vers 1 000 m d'altitude, sont encore aujourd'hui situés à la limite supérieure des châtaigneraies — plus ou moins abandonnées — et inférieure des sapinières, alors qu'ils se trouvent dans la zone théorique du *Fagetum*.

Dominée par l'évêque et la cité de Pise entre 1077 et 1284, la Corse bénéficie des techniques agricoles toscanes. Pierre Simi [42] pense que la châtaigneraie y existe depuis cette époque. C'est confondre l'origine et la généralisation de ce paysage. Les textes de cette période sont rares et mentionnent tous le châtaignier à côté

Photo 8 : *L'abbaye de Vallombrosa (Apennin toscan), bâtie à 1 000 m d'altitude, à la limite des feuillus, châtaigniers et autres, dont elle est cernée et des sapins. Photo Monaci Benedittini di Vallombrosa.*

d'autres cultures. Un document de 1209 [43] évoque la cession par Arnaud, seigneur corse, à l'abbé de Monte Cristo, de tous les domaines qu'il possède dans les pièves d'Ampugnani et d'Orezza : bâtisses, jardins, vignes, oliveraies, châtaigneraies, terres cultivées et incultes. Un autre datant de 1260 fait état de la cession par le marquis Renoud au même abbé [44] d'un domaine de Préguiano composé de maisons, vignes, terres, jardins, châtaigneraies, cultures, terres incultes, bois et forêts. D'autres actes de donation du XIIIe siècle montrent le châtaignier présent au sein d'une polyculture méditerranéenne variée : celui de Ranerio de Bagnaria au monastère de Gorgone en 1259 [45], celui d'un certain Bascoto, de Nebbio, à son évêque (de Nebbio) en 1263 [46].

L'argument selon lequel la châtaigneraie daterait de l'époque pisane parce que les charpentes des églises romanes de l'île seraient en châtaignier doit être examiné avec circonspection. Selon G. Moracchini-Mazel, « presque toutes les nefs des églises préromanes et romanes de Corse étaient couvertes de charpente, mais il ne subsiste guère de charpentes originelles en place dans leur totalité ; seule celle de l'église Santa Catarina, à Sisco, qui est peinte et sculptée, est d'époque (XVe siècle) ; le bois employé pour cette charpente est le châtaignier, essence qui devait être la plus couramment employée [47] ». Ainsi donc, à supposer que la charpente de Santa Catarina, la plus ancienne, soit réellement en châtaignier — la détermination est d'autant moins facile que les poutres sont peintes — elle ne date que du XVe siècle, c'est-à-dire de la période génoise, et rien ne prouve que les églises construites auparavant aient été couvertes de charpentes taillées dans ce bois.

Reste, d'ailleurs, la palynologie, qui prouve de manière absolue le caractère tardif de la châtaigneraie corse. Les travaux de Maurice Reille montrent [48] que les pollens de châtaignier n'apparaissent qu'au début du XIVe siècle (700 à 750 BP) dans les tourbières du massif de San Pedrone (centre de la Castagniccia), du flanc nord du Rotondo, du massif de Renoso et du plateau de Coscione. En même temps, régressent les pollens de sapin et de chêne caducifolié. Les pourcentages faibles de pollens de châtaignier n'ont pas de signification paysagère précise, car ces tourbières sont situées largement au-dessus des altitudes limites de croissance de l'arbre. Il y a donc, bien évidemment, des vergers de châtaigniers avant le XIVe siècle, mais ce n'est que leur multiplication à la fin du Moyen Age qui permet aux pollens de leurs fleurs de faire une timide apparition dans les tourbières montagnardes [49].

Dès l'époque pisane, la grande partition culturelle et économique de la Corse est esquissée : le Deçà-des-Monts (nord-est) est plus agricole et le Delà-des-Monts (sud-ouest) plus pastoral [50]. Ce contraste est peut-être plus ancien, mais on ne peut le faire remonter aux origines de la mise en valeur de la Corse, puisque au néolithique (IIIe millénaire av. J.-C.), c'est au contraire la Corse du Sud qui est peuplée de sédentaires et la Corse du Nord de nomades [51]. C'est donc peut-être pendant le Haut Moyen Age qu'il s'affirme. L'influence vandale et lombarde se fait, en effet, sentir principalement sur la côte orientale, celle des Sarrazins en Balagne et celle des Toscans chargés de défendre la Corse contre ces derniers, probablement davantage au nord-est, plus facilement accessible depuis les côtes italiennes [52]. Toujours est-il que la vocation plus affirmée du nord-est pour l'agriculture est sans doute à l'origine d'un peuplement plus dense, ce qui expliquerait la petite taille des communes de la future Castagniccia. Ce contexte démographique, associé au milieu naturel montagnard, forme l'explication la plus séduisante du succès de la castanéiculture dans cette région à l'époque génoise.

A l'inverse, puisque élevage extensif et châtaigneraie, ou plus globalement arboriculture ne font pas bon ménage, c'est la primauté des pasteurs qui, en Sardaigne, comme en Corse du Sud, explique l'absence ou la rareté des châtaigniers et donc les densités de population plus faibles, alors que les conditions pédo-climatiques se prêtent aussi bien à la constitution de vergers d'arbres à pain. Maurice Le Lannou [53] l'explique ainsi : « Le long isolement de la Sardaigne et la faible densité de la population, si favorables à la pratique extensive de la culture des céréales et de l'élevage, ont été vigoureusement contraires au développement de la vigne, de l'arboriculture et de la maraîcherie, coûteuses en main-d'œuvre. » Une exception cependant : l'importante châtaigneraie d'Aritzo, village de bergers sur le versant ouest de la Barbagia. M. Le Lannou en décrit la limite supérieure [54] : « La châtaigneraie s'arrête brusquement, vers 950 mètres, au contact de pâtures dépouillées, sans arbres, vêtues de maigres buissons épineux : la limite est singulièrement nette entre le domaine des troupeaux errants et la forêt nourricière rigoureusement protégée. Et partout, en Sardaigne, les lambeaux de forêts véritables ne survivent que sur les pentes abruptes que ne pourraient utiliser les animaux. » Jusqu'à la Seconde Guerre mondiale, outre les châtaignes qui étaient consommées comme friandise d'automne, la châtaigneraie d'Aritzo fournissait surtout le bois des coffres de mariage [55].

A titre de comparaison, c'est un constat similaire que fait Michel Sivignon [56] à propos des rares châtaigneraies situées au nord des Agrafa, en Thessalie, car cette région est peuplée de Valaques, « habiles à l'entretien des troupeaux, mais peu soucieux d'arboriculture ».

En Campanie, la renaissance de la culture du châtaignier, si tant est qu'il y ait eu abandon, semble plus précoce qu'au nord de l'Italie, l'héritage de la castanéiculture antique s'y étant moins effacé. Les contrats agraires de la période 800-1080, qui correspond à la fin de la domination lombarde sur le Mezzogiorno, contiennent fréquemment les expressions « *pactum ad roncandum* » (contrat de sarclage) et « *pactum ad pastinandum* » (contrat de labour), accords avec le propriétaire aux termes desquels le concessionnaire peut être tenu de planter, après défrichement, des châtaigniers (« *silvam castaneis* »). C'est, par exemple, ce que l'on trouve dans de nombreux documents de cette époque conservés à l'abbaye bénédictine de Cava dei Tirreni [57]. Les moines de cette abbaye, comme ceux de Montevergine et San Benedetto jouent un rôle classique de promotion et d'amélioration de l'arboriculture. La vocation de la châtaigneraie napolitaine, déjà affirmée pendant l'Antiquité, ne se dément pas : c'est la production de fruits de qualité qui prime. Les moines sélectionnent deux excellentes variétés : la *serino* et la *montella* ; ils en imposent la greffe sur toutes leurs possessions [58].

A côté de la production fruitière, les châtaigniers fournissent aussi leur bois, denrée très rare dans ces contrées. Après les Arabes qui l'exportent jusqu'en Égypte [59], ce sont les armateurs de la République d'Amalfi qui l'exploitent et se font, comme les bénédictins, les promoteurs de la culture du châtaignier [60].

En France

La plupart des auteurs français — historiens, géographes, ethnologues — ne diffèrent guère des Italiens se déclarent persuadés que les grandes châtaigneraies de l'époque moderne existent déjà au Moyen Age. E. Le Roy Ladurie est l'un des rares à livrer les informations qu'il possède sans prendre part au concert [61].

Pour Pierre Bozon [62], la Cévenne et les Boutières, en Vivarais, sont devenues habitables dès le XIᵉ siècle, *grâce* au châtaignier, car les églises de la région de Brahic et des Vans, productrice de châtaignes, datent de cette époque. Or, la seule évocation du châtaignier dans la région est, semble-t-il, l'existence en 1011 d'une « *sylvam quae vocatur Castanetus* » mentionnée dans le cartulaire de l'abbaye de Saint-Chaffre, à Saint-Victor, près de Valence, c'est-à-dire de l'autre côté du Rhône. Quelques arbres — voire un arbre ! — ont pu suffire [63] à conférer ce nom à cette « forêt ». L'hypothèse de Bozon, empruntée à Mazon, est d'autant plus surprenante que ce dernier, infatigable érudit du Vivarais, avait dépouillé, transcrit et réuni en volumes manuscrits la presque totalité des chartes et des documents anciens concernant la province. Or, dans ce monument [64], pas une seule fois avant 1300 on ne rencontre le châtaignier, alors que reviennent sans cesse le blé, le seigle, la vigne, l'olivier, l'amandier, les pâturages et le bétail varié.

A cette argumentation, Pierre Bozon répond [65] : « Rien ne prouve, en l'absence de documents vraiment probants, qu'une châtaigneraie importante n'ait pas existé aux XIIe-XIIIe siècles, époque d'expansion démographique, châtaigneraie qui aurait périclité durant les désastres de la guerre de Cent Ans. Il existe, en effet, de nombreux patronymes du type Chastagner, Castanet, qui sont à coup sûr antérieurs au XIVe siècle. Et de même pour les noms de lieux. C'est ainsi qu'en 1303, le seigneur d'Antraigues accense un terroir à huit villages, dont Chastagner-Gourd et Chastagner-Sarde, moyennant, entre autres, le quart des fruits de toute nature. » Les arguments sont donc, on le voit, toponymiques et anthroponymiques. Or, un nom de lieu ou un nom de personne étant destiné, avant tout, à marquer la différence avec ailleurs ou autrui, il y a toutes les chances pour que les Chastagner désignent la nouveauté passagère et non pas le raz-de-marée, car alors tous les lieux-dits et tous leurs occupants porteraient le même nom ! D'ailleurs, à partir du XIVe siècle, les documents ne manquent pas, et tous révèlent la polyculture. C'est, d'abord, le cas de l'exceptionnel cadastre des Chaussadenches à Vesseaux que conservent les Archives départementales de l'Ardèche [66].

Ce document anonyme, daté de 1772, est probablement unique en son genre. On en trouvera une analyse précise en annexe. Il permet de reconstituer l'évolution du paysage rural, parcelle par parcelle, d'un terroir de la commune de Vesseaux, au nord d'Aubenas, évolution d'autant plus intéressante qu'aux XVIIIe, XIXe et dans la première moitié du XXe siècle, il est occupé en exclusivité par le châtaignier. C'est loin d'être le cas en 1390, puisqu'à cette date, seules deux des parcelles identifiables sont des châtaigneraies, une autre est complantée (terre et châtaigneraie), trois sont des vignes ; les trente-trois autres sont des terres à vocation céréalière (voir fig. n° 73 et annexe n° 2).

Avant cette date, le premier document faisant allusion au châtaignier est la charte des Vans, signée le 2 décembre 1313, entre Pierre Rey, prieur de l'église des Vans, et les coseigneurs de Naves [67]. Le prieur y déclare céder en particulier aux coseigneurs « le quart intégral de tout chartelage » (droit d'enregistrement des marchandises) ; celui-ci est payé en « blé, sel, châtaignes » : la châtaigne est placée sur le même plan que le froment et n'est donc pas encore la production essentielle de la région. Dans la Basse-Cévenne, à la fin du XIVe siècle, il n'en est même pas fait état. En 1384, la baronnie de Boulogne, voisine de Vesseaux, est vendue par Charles de Poitiers à Raoul de Lestranges : « Par devant maître Chamoux, notaire, noble et puissant seigneur Messire Charles de Poitiers, Seigneur de Saint-Vallier, vend à noble Raoul de Lestranges ses chastel et chastellenie de Boulogne, desquels dépendent plusieurs terres, bois, viviers, épaves, morte-mains, cens, rentes de blé, vin, deniers, fruits, paille, bûches, poulailles, épices et cire, étangs, pêcherie, venaison, chasse, garennes, fours, moulins, pâturages ; justices, juridictions haute, moyenne et basse... [68] » Dans ce long texte, aucune mention n'est faite de la châtaigne, sauf, peut-être, au sein de la catégorie des fruits. Le fait est d'autant plus notable que Saint-Michel et Saint-Étienne-de-Boulogne seront couverts de châtaigneraies quelques siècles plus tard. En 1394, le cens de la seigneurie de Privas est payé en froment, seigle, avoine et vin, mais pas en châtaignes [69].

On dispose pour le XVe siècle des estimes rédigées en 1464 pour 150 communes du Vivarais [70]. Dans la Cévenne méridionale, le châtaignier commence à devenir l'arbre nourricier. Ainsi, les ressources de Sainte-Marguerite-Lafigère sont-elles le miel et la châtaigne ; celles de Saint-Mélany le châtaignier, la vigne et les ruches. Un tenancier de Payzac dispose d'un pré, 2 jardins, 11 vignes et 11 châtaigneraies ; un autre de Malarce, commune voisine, de 9 vignes et 8 bois de châtaigniers, pour 2 labours, 4 jardins, 4 olivèdes et 2 prés. Mais en revanche, à Banne, quelques kilomètres plus loin, un riche paysan possède seulement 3 châtaigneraies pour 12 terres, 4 vignes, 2 jardins, 3 prés et un bois, 8 bovins, 150 ovins et caprins et 12 ruches. En 1459, les revenus du seigneur Raymond de Châteauneuf de Saint-Remèze à Monselgues et Thines, à la limite de la Montagne et de la Cévenne, sont d'environ 40 l de miel, 70 l d'huile, 80 l d'avoine, 15 l de châtaignes seulement, 55 poules, un chapon et 3 perdrix [71].

Au nord de la Cévenne et dans les Boutières, il n'y a, semble-t-il, que quelques châtaigneraies. Les estimes en citent à Saint-Genest-Lachamp et à Dornas, par exemple. Le cahier de Vasseaux a malheureusement disparu, mais le cadastre des Chaussadenches (voir fig. n° 73) atteste la faible progression du châtaignier dans la région au cours du XVe siècle : en 1470, 5 parcelles en sont totalement plantées et 8 autres complantées, pour 24 terres, 2 vignes et un bois.

Il est donc possible d'affirmer, sans grand risque d'erreur, bien qu'un dépouillement exhaustif des estimes s'imposerait pour le préciser, qu'à la fin du XVe siècle le châtaignier n'a une certaine importance dans l'économie rurale que dans une partie de la Cévenne méridionale. Et même là les labours céréaliers et les vignes restent souvent dominants. Ce n'est pas l'avis de Pierre Bozon qui répond à cette démonstration [72] : « L'acte de 1384 (que vous citez) concernant la baronnie de Boulogne stipule aussi des fruits, qui peuvent être autre chose que des châtaignes, mais cela n'est guère probable en ce lieu et à cette époque. Vous citez surtout les paroisses de la Basse Cévenne, à cheval sur les terrains sédimentaires, comme Naves, Banne et même Vesseaux. Or ces pays pouvaient aisément produire des denrées plus appréciées que les châtaignes : blé et vin notamment, et le châtaignier ne s'y est développé que lorsque la population est devenue surabondante. Car il est bien connu que le châtaignier n'est qu'un substitut de nourriture plus appétissante, et l'arbre a beau être soigné, il n'a jamais vraiment été considéré à l'égal des autres fruitiers. C'est peut-être pour cela aussi que les châtaignes n'entraient pas dans les dîmes [...]. En résumé, je pense qu'il est difficile de conclure à la très faible place occupée par le châtaignier au Moyen Age, en l'absence de documents précis concernant les communes réellement cévenoles, celles des vallées aux flancs abrupts en amont d'Aubenas et au-dessus des Vans et de Joyeuse. Des indices comme ceux des villages d'Aizac cités en 1303 semblent prouver le contraire. »

L'argumentation de Pierre Bozon, le meilleur connaisseur du Vivarais, ne paraît pas de nature à réfuter le caractère tardif de la châtaigneraie vivaroise : si peu d'éléments prouvent qu'il n'y en a pas eu, rien ne prouve qu'il y a eu châtaigneraie importante au Moyen Age. Les preuves d'un grand mouvement de plantation de châtaigniers entre le XVIe et le XIXe siècle dans toute l'Europe sont abondantes, ce qui montre qu'il restait beaucoup de place pour en planter. Quant à l'argument des dîmes, en admettant que le châtaignier n'ait pas été « considéré », il faudrait quand même admettre que les paysans avaient d'autres récoltes pour les payer. Or, au XVIIIe siècle, à Vesseaux, par exemple, on voit mal ce que la plupart d'entre eux auraient pu donner d'autre que des châtaignes, étant donné qu'ils ne cultivaient que des châtaigniers.

La situation n'apparaît pas sensiblement différente du Vivarais dans les Cévennes du Languedoc. Des plantations de plus en plus nombreuses, certes, s'effectuent dans le courant du Moyen Age, en particulier sous l'impulsion des bénédictins [73], par exemple ceux de Saint-Gilles et de Saint-Victor de Marseille [74]. J. Duvernoy [75] a trouvé dans les registres de l'Inquisition — source importante d'information, car c'était un chef d'inculpation que de donner à manger à un hérétique — plusieurs allusions aux châtaignes en 1200 et 1325, mais, note-t-il, « l'aumône d'un bol de châtaignes est considérée comme dérisoire ». L'arbre est trop familier encore aux Languedociens pour que son bois s'impose aux viticulteurs ; en 1242 et en 1340, il est demandé au sénéchal de Beaucaire d'interdire la fabrication de tonneaux en bois de châtaignier, qui « putréfie le vin [76] ».

C'est seulement au XVe siècle que les mentions de châtaigneraies se multiplient dans les terriers du Gévaudan, au sud du mont Lozère [77], mais on trouve également la trace de nombreuses chênaies. Les études palynologiques réalisées au mont Lozère en apportent une confirmation, bien que le sondage ait été effectué aux Laubies, à 1 390 m d'altitude, c'est-à-dire au-dessus de la zone du châtaignier. De ce fait, les pollens de châtaignier sont rares, mais leur répartition chronologique est significative : première trace à l'époque romaine, disparition de plusieurs siècles, puis réapparition vers le VIIe ou le VIIIe siècle et croissance lente mais continue jusqu'à l'époque moderne, puis enfin déclin et disparition presque totale [78].

Pour l'ouest du Massif central, le processus est le même qu'à l'est. R. Fage [79] écrit, par exemple : « On peut dire, sans crainte d'erreur, qu'au Moyen Age il tapissait une grande partie des collines du Bas-Limousin. » Suit une argumentation toponymique : *villa Castanedus* à Chamboulive, donnée en 930 par Raingald à l'abbaye de Tulle, mention d'un tènement du *Vetulo Castaneo* (Vieux Chastanet) en 1130 dans le cartulaire de la même abbaye, etc. A côté de ces traces, des châtaigneraies existent incontestablement. En 925, Étienne et sa femme donnent à l'abbaye de Beaulieu des plantations provenant de leur propre réserve [80] : « *castanetos indominicatos* ». Un certain nombre de documents médiévaux concernent des baux de châtaigneraies. J. Boulaud [81] et R. Fage [82] en donnent une courte liste. En général, les tenanciers versent la moitié de la récolte des châtaignes au propriétaire. Mais tous les auteurs [83] s'étonnent que de telles mentions n'apparaissent que rarement par rapport aux redevances en grains, en gélines ou en argent. A. Perpillou note que les châtaignes n'entrent pour la première fois dans les redevances des abbayes marchoises qu'en 1451, à l'abbaye d'Aubepierre. Fage et Boulaud ne fournissent aucune explication à cette rareté qui les inquiète, puisque le postulat est que les châtaigneraies couvrent une étendue considérable pendant le Moyen Age. En revanche, A. Perpillou [84] fournit une explication vraisemblable : « La châtaigne a dû jouer, dès l'origine, le rôle d'un produit de remplacement qui, de ce fait, ne figure pas parmi les redevances. » Cela vaut sans doute pour la plupart des préchâtaigneraies médiévales dans lesquelles la culture principale reste céréalière. L'argument d'A. Perpillou pour prouver l'ancienneté de la châtaigneraie est original, car linguistique et non toponymique ou anthroponymique : il existe en Limousin beaucoup de variétés de châtaignes dont les noms ont pour racine de très vieux mots patois (escalade, corrive, malabre, groussaude, pingaudo, evirouliero, moundicouno, janfrau) antérieurs à la généralisation de la langue d'oïl [85]. C'est très convaincant pour l'ancienneté de la culture du châtaignier dans sa complexe variété, mais n'exclut en aucune façon que les châtaigneraies aient occupé une place très secondaire dans le paysage médiéval de la région.

Outre la Castagniccia corse, il n'y a guère qu'une région de France dont le nom évoque le châtaignier, c'est la Châtaigneraie cantalienne, appelée localement Chastagnal, Castagnal [86] ou Costagnaou [87]. Cette dénomination est difficile à dater, mais sans doute assez récente. Au milieu du XIXe siècle, on emploie encore concurremment le nom de Segala [88]. Ici non plus, les affirmations d'ancienneté de la « grande châtaigneraie » ne manquent pas. J. Bousquet, par exemple, écrit qu'elle a existé « dès le Moyen Age et peut-être avant [89] ». Or, au maximum de son extension, à la fin du XVIIIe siècle, le châtaignier n'occupait dans la Châtaigneraie cantalienne que 18 % des terres [90].

Il faut d'abord rappeler que cette région est de peuplement récent. Une carte des vestiges préhistoriques, protohistoriques et gallo-romains du Cantal, exposée au musée d'Aurillac, ne montre que deux zones vides : le sommet du volcan et la Châtaigneraie. Un texte de la fin du IXe siècle décrit l'abbaye de Saint-Géraud d'Aurillac, fondée à cette époque, comme entourée de « vastes solitudes et de forêts [91] ». Divers textes démontrent que le défrichement de la région est médiéval [92] et que le seigle et l'avoine sont alors les cultures majeures. Au XVe siècle encore, bien que beaucoup de domaines possèdent un ou plusieurs *castanhals* où les arbres sont plantés par *renga* (rangée), le cens n'est jamais payé en châtaignes [93].

Les toponymes de la région méritent une attention plus grande qu'ailleurs. Beaucoup de ceux qui se rapportent au châtaignier sont médiévaux. Il est question d'un *mansum de castanhier* en 1265 à Cairols, d'un *mansum inferiorem castanher* en 1280 à Boisset et d'un *mansi de castanheir* en 1284, à Boisset encore [94]. M.-T. Granet qui en tire argument pour vieillir la châtaigneraie cite, pêle-mêle, les noms de Castanhier, Castanhal, Cassagne, Cassaniouze, Cassan, etc. [95] On serait tenté de juger comme une grossière erreur le mélange de toponymes commençant par *castan* qui, eux, sont indubitablement liés au châtaignier et de ceux qui commencent par *cassan*, radical qui dérive du gaulois *cassanus* désignant le chêne [96]. Cependant, le problème est plus complexe qu'il y paraît à première vue, car certains toponymes ont varié dans le temps de *cassan* à *castan* pour revenir ensuite à *cassan*. Ainsi, le hameau du Cassan à Ladinhac s'appelle « villaige des Cassans » en 1549, « Lou Castan » en 1668, et « Lou Cassan » en 1670 ; la commune de Cassaniouze, dont la première mention — Cassanhosa — remonte à 1269, s'appelle Cassagnouse en 1745, Castaniouze en 1760, Castanhouze en 1763 et Cassagnouze en 1764 [97]. Trente-trois des quarante-huit toponymes en *cassan* existant dans le département du Cantal se trouvent situés dans la Châtaigneraie [98]. Il est peu probable que *cassan* veuille dire chêne et châtaignier à la fois. Mais, en revanche, cette concentration pourrait indiquer que la grande forêt qui couvrait la Châtaigneraie au début du Moyen Age était principalement composée de chênes. La toponymie indiquerait alors un paysage végétal fossile [99]. Quant aux dérapages toponymiques, ils sont tous tardifs et témoignent tout simplement du fait qu'à l'époque moderne, le châtaignier a plus d'importance dans la région que le chêne. Le changement — temporaire — d'un *s* en *t* dans un document écrit relève de l'acte manqué, bien compréhensible lorsqu'on a plus souvent l'occasion de prononcer *castan* que *cassan*. Il est d'ailleurs remarquable qu'aucun *castan* ne perd son *t* au cours de l'histoire ! Douze toponymes *castan* ou *chastan*, sur seize dans tout le Cantal, se trouvent dans la Châtaigneraie et sont tous assez tardifs : du XVe au XVIIIe siècle, à une ou deux exceptions près [100].

Il n'est évidemment pas possible de constituer une liste de toutes les preuves d'existence de vergers de châtaigniers au Moyen Age en France. On trouvera des exemples extérieurs aux régions précédemment étudiées en Savoie [101], en Béarn [102] ou dans les Maures [103]. En revanche, le cartulaire de l'abbaye de Redon, en Bretagne, région qui verra se développer à l'époque moderne la culture du châtaignier, ne fait aucune allusion à cette dernière [104].

A la différence des vergers, les taillis connaissent un grand développement dès le Moyen Age dans beaucoup de régions. C'est le cas autour de Paris, en liaison avec les progrès de la viticulture. G. Fourquin [105] a montré que tous les bois de châtaigniers de la périphérie de la capitale ont été plantés sur les plateaux gréseux afin de fournir échalas et cercles de futailles [106]. Chaque année, les grandes abbayes de Saint-Denis et de Saint-Germain-des-Prés, ainsi que Saint-Martin-des-Champs, consomment plusieurs milliers d'échalas qui viennent de Montmorency, de Saint-Germain-en-Laye, de Fontainebleau et même de Chantilly et de Compiègne. Les bois du rû de Gally, à l'ouest de Versailles, approvisionnent le vignoble de Meudon ; ceux de Serquigny fournissent les vignobles de Breuil-sur-Orge et de Thiais, propriétés de Saint-Germain. Les concurrents du châtaignier sont rares et de moins bonne qualité : par exemple, le saule et l'aulne, moins chers et moins durables aussi, qui poussent sur les îles de la Seine ou les fonds humides. Ainsi, la saussaie de Cachan fournit les vignes d'Issy. G. Fourquin signale [107] que le châtaignier est surtout présent à la périphérie des massifs forestiers, c'est-à-dire le plus près possible des vignobles : « On la trouvait même [cette essence] dans les boqueteaux occupant un coin de presque tous les territoires viticoles. » A la fin du XVe siècle, les comptes de l'abbaye de Saint-Germain mentionnent un achat effectué à Saint-Prix, en bordure de la forêt de Montmorency, de plants de châtaigniers, ce qui implique l'existence de pépinières. Ils sont destinés à être repiqués aux abords du vignoble de Cachan [108].

En Suisse, en Espagne, au Portugal

Comme dans l'Antiquité, le Tessin se distingue très tôt par l'importance accordée à la culture du châtaignier. Les diagrammes polliniques de Zoller en font foi (fig. nº 17) de même que divers textes. Vers 1200, se tiennent tous les quinze jours à Locarno et Bellinzona des marchés très fréquentés par les habitants de la région. Chacun a le droit d'y vendre sans aucune limitation de la farine de châtaignes [109]. Les nobles de Locarno possèdent de belles châtaigneraies sur le mont Ceneri. Tout au long du Moyen Age, à la différence de la France, par exemple, il est courant en Tessin que les redevances se paient en châtaignes. La possession des châtaigneraies est si vitale qu'elle provoque une véritable guerre vers 1440 entre les habitants de la Levantina (dépendance d'Uri) et ceux de la Riviera (dépendance du duché de Milan) [110].

Dans d'autres régions de Suisse, le châtaignier est présent au Moyen Age, mais avec plus de discrétion. Merz [111] a, naturellement, relevé un certain nombre de toponymes dans tout le pays, de Neuchâtel aux Grisons. Curieusement, le Jura et le Valais pourraient avoir connu une plus grande extension du châtaignier qu'aujourd'hui, car plusieurs textes du XIIIe siècle mentionnent, pour ces deux régions, le paiement de certaines redevances en châtaignes [112].

Le sud de l'Espagne est assez comparable au sud de l'Italie et à la Sicile pendant le Haut Moyen Age musulman. Il n'y a pas trace de plantations fruitières, mais plusieurs textes font allusion [113] à l'existence de forêts de châtaigniers dont le bois est exploité et exporté. Le bois des chaînes Bétiques est expédié vers Bobashtr (Bobastro) ou, par le rio Corbones, vers Carmona, la vallée du Guadalquivir et les chantiers navals de Shantabaws (Santiponce) à Séville, ou le Guadalete et le Guadraio vers la côte méridionale. Au nord de la péninsule, pendant la période 718-910, il est fait mention de châtaigniers dans divers textes concernant la cordillère Cantabrique [114], mais pas de châtaigneraies fruitières. De même dans la Catalogne du XIe siècle, étudiée par P. Bonassie [115], « la forêt offrait à l'errant comme au sédentaire quelques aliments d'appoint et la toponymie a ici encore valeur de témoignage. " Les noisetiers " (Les Avellanes, Avellanet, Avellanes), " le Néflier " *(ipsa nespola)*, " la montagne des châtaigniers " *(serra de kastannarios)* : les hommes reconnaissants baptisaient les lieux de leur existence du nom des arbres dont les fruits trompaient leur faim. »

Un peu plus tard les textes fournissent la preuve de plantations de vergers de châtaigniers. C'est le cas en Galice, entre le XIVe et le XVIe siècle. Les seigneurs encouragent vivement les plantations, car le châtaignier réclame peu de travail et fournit une appréciable ressource alimentaire aux paysans qui peuvent ainsi consacrer leurs efforts à des produits plus intéressants pour les féodaux [116]. Mais le châtaignier est toujours apprécié pour son bois si utile aux viticulteurs. A. Huetz de Lemps [117] cite un texte de 1219 concernant Barcea en Galice, dans la région du Ribero de Avia, où la monoculture de la vigne est atteinte dès le XIIIe siècle. Tous les contrats prévoient la plantation de vignes partout où cela est possible, mais l'expression « *vinea cum suis castaneis* » est fréquemment employée : le taillis forme avec la vigne un couple indissociable et les terres impossibles à encépager lui sont dévolues. C'est précisément ce que prévoit ce contrat de 1219 : « Là où la vigne ne sera pas plantée, on plantera des châtaigniers ou d'autres arbres. » Au XVe siècle, le châtaignier est suffisamment familier aux Espagnols pour qu'ils le plantent en abondance sur Tenerife, lors de la conquête des Canaries [118]. L'arbre reste encore le symbole de l'archipel et figure en photo sur les prospectus touristiques.

Tout indique que le châtaignier occupe dans le Trás-os-Montes médiéval une position analogue à celle qui est la sienne en Galice voisine. Dans son étude sur la Terra de Barroso, Bodo Freund [119] écrit : « L'écologie favorable des bordures occidentale et méridionale du massif se manifeste déjà dans les documents médiévaux qui, outre la culture du seigle généralement répandue, attestent l'existence de cultures irriguées (panic et millet) et de cultures permanentes (châtaigniers, arbres fruitiers, vignes). » Il s'agit donc d'une polyculture au sein de laquelle le châtaignier tient une place mineure mais utile par le complément alimentaire qu'il fournit à la céréaliculture, sans rien enlever à celle-ci, puisqu'il occupe vraisemblablement les pentes les plus fortes.

Castanho

Castanheda

Photo 9 : *Les armes parlantes des Castanho et des Castanheda, familles portugaises nobles originaires des Asturies.* Grande Enciclopedia Portuguesa e Brasiliera, *Lisbonne-Rio, 1940, t. VI, p. 159.*

CHAPITRE III

Les plantades modernes : Préchâtaigneraies et châtaigneraies

CONSTITUTION DE QUELQUES CHÂTAIGNERAIES ITALIENNES

En Piémont, les plantations s'accélèrent à l'époque moderne. « Le chêne rouvre, très fréquent encore au Moyen Age dans la plaine du Pô, disparaît en grande partie pour laisser la place aux mûriers et aux châtaigniers », écrit Michel Devèze [1]. Cependant, le stade de la monoculture n'est atteint que sur de rares terroirs situés, en particulier, sur le versant septentrional des Alpes-Maritimes et de l'Apennin ligure (provinces de Coni, Mondovi, Alba et Acqui). L'orientation nettement vivrière de la châtaigneraie se manifeste à cette époque par la construction de séchoirs à châtaignes permettant de conserver la récolte pendant plusieurs mois. L'hôpital de Coni en fait, par exemple, construire un sur sa terre de Castagnaretta (commune de Coni) en 1516 [2].

A l'échelle de l'État savoisien, la châtaigne est évidemment une production secondaire, mais, dans les Alpes, la place du châtaignier est considérable. Dans la première moitié du XVIIe siècle, l'évêque de Saluces, Gioffredo Della Chiesa, décrit ainsi les subsistances du Piémont [3] : « Dans les vallées des Alpes et des collines de la région de Biella, on récolte beaucoup de seigle et de méteil, ainsi qu'une très grande quantité de châtaignes. » En 1620, le médecin Ugo Benzo Senese, parlant des châtaignes, observe [4] : « Nos compatriotes des Alpes sont très prolifiques, car la plupart s'en nourrissent presque toute l'année ; c'est pour cette raison que les femmes sont très prolifiques. » Remarquable raccourci sur les vertus démographiques du châtaignier ! En réalité, ces propos montrent plutôt que les populations montagnardes, toujours très prolifiques, ont dû pour survivre inventer un nouveau moyen : la grande châtaigneraie.

A la fin du XVIIe siècle, la châtaigneraie semble stabilisée dans sa superficie. La statistique de 1699 [5] l'estime à 5 463 *giornate* (2076, 43 ha) pour la commune de Chiusa (province de Coni) et celle de 1752 [6] à 5 464 (2 076, 81 ha). Même cas à Boves : 2 202 *giornate,* soit 837 ha tant en 1699 qu'en 1752. Il est probable qu'il s'agit ici d'un phénomène de paresse statisticienne car il serait bien étonnant qu'en un demi-siècle la superficie n'ait pas varié d'un iota. Néanmoins, il est probable que si le statisticien de 1752 a repris le chiffre de 1699, c'est que, de notoriété publique, la superficie de la châtaigneraie n'avait guère varié.

En 1752, selon la *Statistica Generale*, la châtaigneraie couvre 90 000 ha en Piémont, soit 4 % de la superficie totale du territoire. Mais la répartition est très inégale, tout comme au XVIIe siècle. La province de Mondovi en compte 36 800 (21 % de la superficie totale de la province, 41 % des châtaigneraies piémontaises), celle de Coni 11 500 (5 % et 13 %) et celle d'Acqui 9 500 (12 % et 11 %), soit, à elles trois, les deux tiers des châtaigneraies du Piémont. A l'intérieur de chaque province, la répartition est aussi très inégale. Ainsi, dans la province de Coni, huit communes totalisent 74,3 % de la superficie totale : Chiusa (2 076 ha), Peveragno (2 057 ha), Robilante (1 152 ha), Boves (837 ha), Bernezzo (778 ha), Roccavione (661 ha), Demonte (568 ha) et Roccabruna (413 ha). Il s'agit de communes situées au sud de Coni et qui occupent les vallées des affluents du Pô coulant vers le nord.

PART DES CHÂTAIGNERAIES DANS LA SUPERFICIE DES COMMUNES DE LA PROVINCE DE CONI (PIEMONT) EN 1752

Source : Archivio di Stato (Turin) Statistica Generale, 1752. Masso I

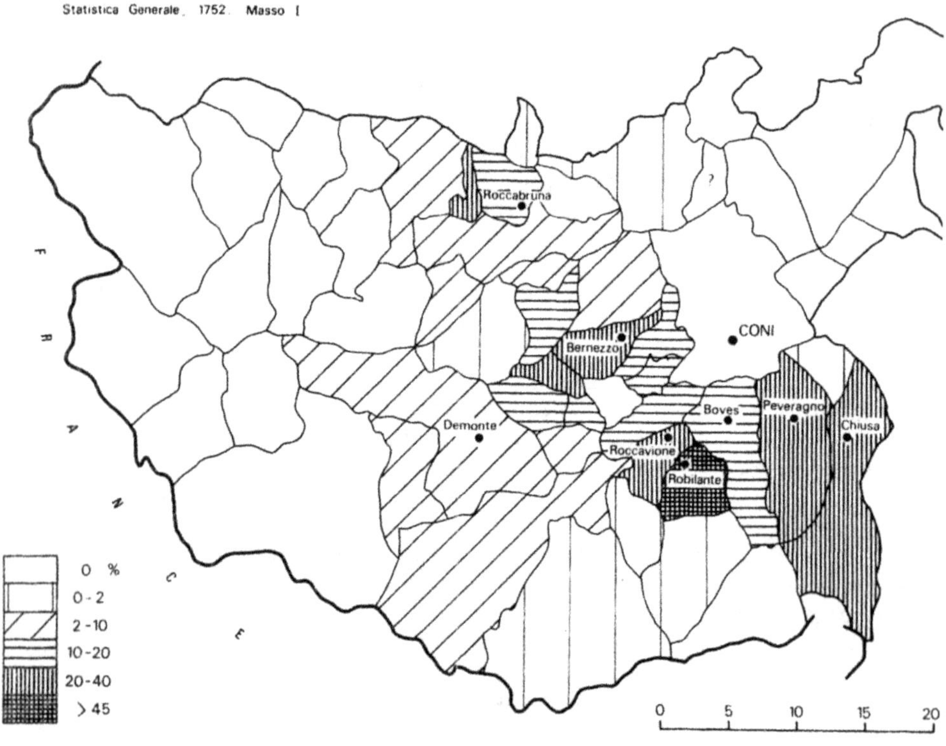

Fig. 18

A l'intérieur de ces communes, la proportion de châtaigneraies la plus élevée est atteinte à Robilante (46 %), puis viennent Bernezzo (30 %), Peveragno (29,4 %) et Chiusa (22,6 %). Dans ces communes, le paysage est assez proche de celui de la Castagniccia corse. A Chiusa et Peveragno, les limites de la commune correspondent, à peu de chose près, à la crête-frontière. Une grande partie des finages est donc occupée par des forêts d'altitude et des alpages, mais les parties cultivables sont presque totalement dévolues au châtaignier. Le terroir de Marro, sur la commune de Chiusa, totalement occupé par une châtaigneraie à séchoirs, en témoigne. Robilante offre un exemple significatif de quasi-monoculture du châtaignier. Les 2 500 hectares de cette commune de moyenne montagne [7] se répartissent ainsi : labours : 282 ha ; prés : 217 ha ; châtaigneraies : 1 153 ha (46 % de la commune, mais 70 % des terres cultivables) ; pâturages : 495 ha ; bois de chênes : 49 ha ; bois de feu : 281 ha ; incultes : 23 ha. C'est à partir d'une analyse fine du lieu-dit Marro, de Chiusa di Pesio, que l'on étudiera plus loin le détail des propriétés des castanéiculteurs. Dès à présent, on peut noter qu'ils n'ont guère autre chose pour assurer leur subsistance.

EVOLUTION DES TYPES D'ASSOCIATIONS CULTURALES
ENTRE 1585 ET 1650 DANS LES "BOSCHI D' OVADA" (LIGURIE)

Source : Diego MORENO, 1973, p. 1014.

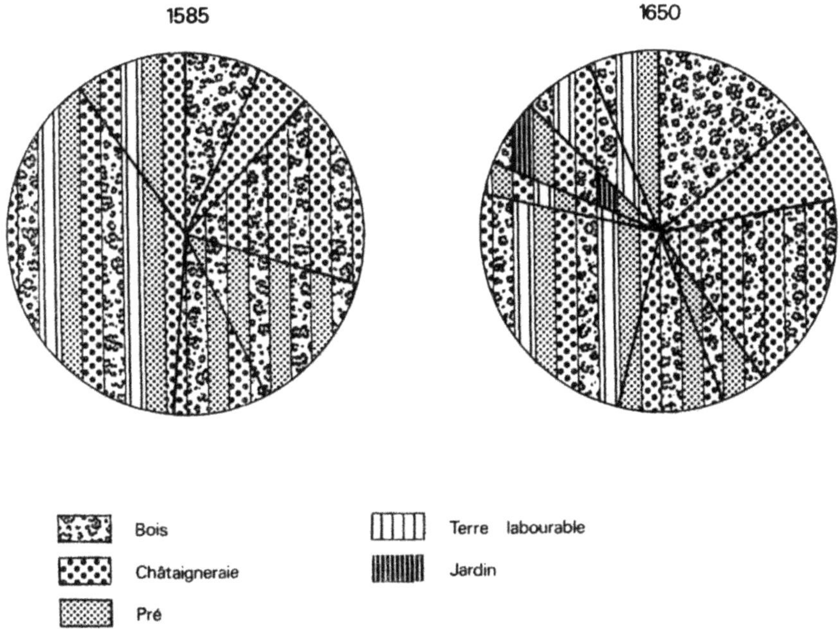

Fig. 19

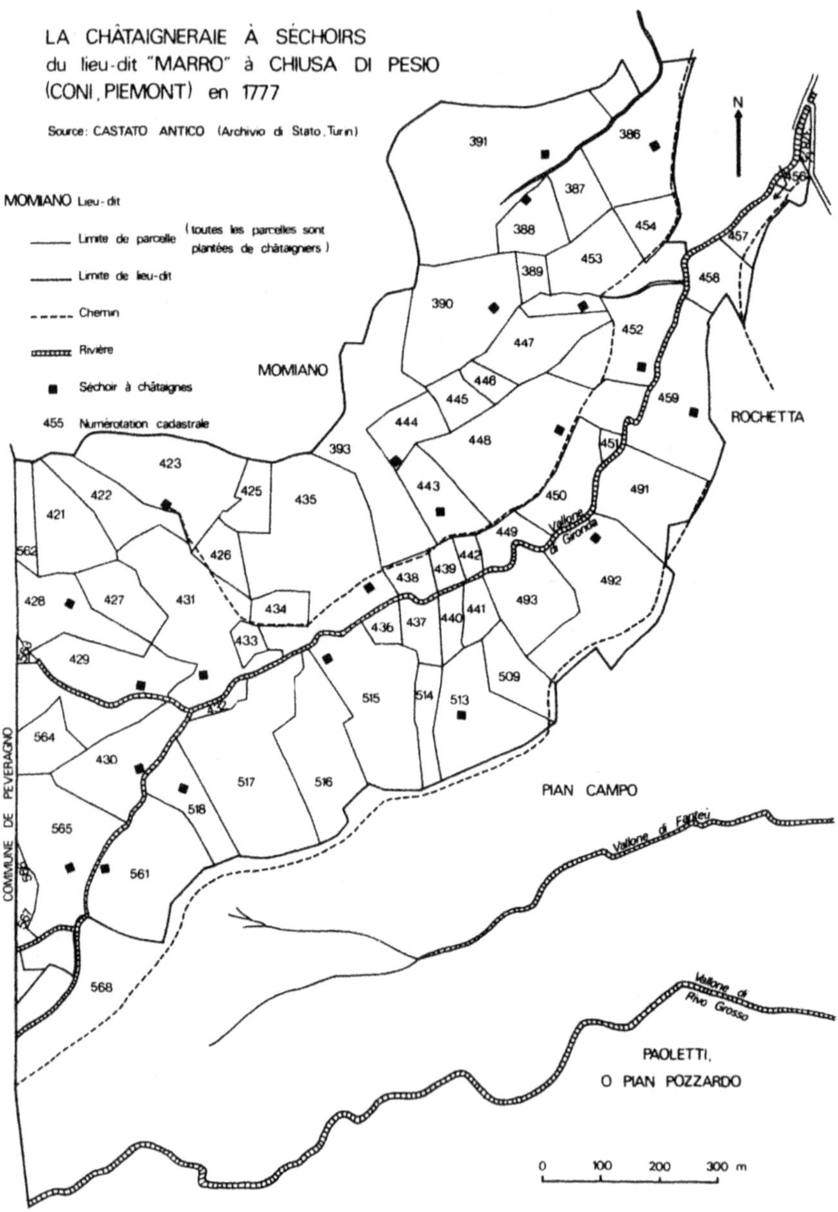
LA CHÂTAIGNERAIE À SÉCHOIRS
du lieu-dit "MARRO" à CHIUSA DI PESIO
(CONI, PIEMONT) en 1777
Source: CASTATO ANTICO (Archivio di Stato, Turin)
MOMIANO Lieu-dit
Limite de parcelle (toutes les parcelles sont plantées de châtaigniers)
Limite de lieu-dit
Chemin
Rivière
Séchoir à châtaignes
455 Numérotation cadastrale
N
MOMIANO
ROCHETTA
PIAN CAMPO
PAOLETTI, O PIAN POZZARDO
Vallone di Gironda
Vallone di Rivo Grosso
COMMUNE DE PEVERAGNO
0 100 200 300 m

Fig. 20

La fin du XVIe siècle marque, dans l'Apennin ligure, voué jusqu'alors à une exploitation sylvo-pastorale [8], une phase de colonisation essentiellement fondée sur le châtaignier. A l'inverse, sur les côtes, le châtaignier, qui avait été développé au Moyen Age, recule sous l'effet des progrès de la *coltura promiscua*. Dans les deux cas, le phénomène est représentatif de l'époque : l'ancien système d'utilisation du sol est abandonné par un autre plus intensif permettant de nourrir une population en plein essor et venant soutenir la croissance de celle-ci.

Cette plantade ligure a été décrite en détail par Diego Moreno [9] et, pour le cas particulier des « boschi d'Ovada », l'une des mieux connues des colonisations, par Diego Moreno et Sara De Maestri [10]. Ces bois d'Ovada, situés au nord-ouest de Gênes, sur les communes de Campo, Tiglieto, Sassello, constituent jusqu'à la fin du XVIe siècle une réserve forestière appartenant, pour l'essentiel, à la République de Gênes depuis le XIIIe siècle. Entre 1590 et 1615, y affluent des populations venues des vallées voisines et du littoral, probablement surpeuplés. Les familles de colons construisent des fermes dispersées *(cassine)* et plantent ou greffent en place des châtaigniers dans cette haute vallée de l'Orba, entre 650 et 950 m d'altitude. L'élevage recule, mais l'exploitation des forêts non transformées se poursuit : exploitation de bois d'œuvre, de bois de feu et de diverses ressources telles que champignons et fruits sauvages. La population augmente considérablement. Ainsi, la paroisse de Rossiglione Inferiore passe de 87 feux et 456 âmes en 1587 à 157 feux et 719 âmes en 1621. Les progrès du châtaignier dans le paysage sont si fulgurants que le terme dialectal *erburu* (arbre) en vient à désigner le seul châtaignier à Borzonasca [11].

Les nouveaux arrivants bénéficient de concessions de la République ou des feudataires locaux, mais les usurpations abondent et se déroulent d'une manière assez similaire à celle de la Corse, même si le régime de la terre n'est pas le même. Dans la *podesteria* de Castiglione, par exemple, le sénat de Gênes est contraint, à plusieurs reprises, d'envoyer des commissaires [12] afin d'enquêter. L'enquête de 1619 parle de trente-cinq occupants illégaux qui ont aménagé des forêts plus ou moins spontanées en greffant les jeunes châtaigniers sauvages et en coupant les autres arbres. Dans deux cas seulement, il y a eu coupe à blanc et plantation de jeunes châtaigniers. Un tel procédé montre l'urgence de la colonisation. Il ne peut s'agir d'une occupation réfléchie, concertée et technicienne. De toute évidence, il y a péril en la demeure, et l'on ne peut se permettre de partir de zéro, d'autant plus que les moyens matériels manquent. L'amélioration *in situ* est, de loin, la meilleure solution, la plus discrète aussi. Il faut, en effet, imaginer le risque que représente une usurpation d'un bien commun à cette époque. Nécessité fait loi !

En 1643, une nouvelle enquête réalisée à Castiglione dévoile l'ampleur qu'a pris le phénomène. Les occupants illégaux atteignent la centaine [13] et les trois-quarts transforment désormais les bois en châtaigneraies après avoir coupé les premiers. A Anteggi, il est même question d'une fumure préalable à la plantation. Le commissaire envoyé en mission à Castiglione doit sévir et interdire toutes ces pratiques : « greffes de châtaigniers, labours à la houe préparant les plantations de nouvelles châtaigneraies ». L'une comme l'autre des méthodes d'installation des colons sont réprouvées. Il faut croire que ces usurpations rapportent assez à leurs auteurs — bien difficiles à poursuivre, au fond — car lors de l'enquête de 1643, les plus riches « propriétaires » de Castiglione (Gioane Carrozzo, Missano, Masso) appartiennent à la catégorie des usurpateurs. Le commissaire dresse alors quatre-vingt-quatre actes de vente pour la cession définitive des terres communes à leurs occupants. Gioane Carrozzo est condamné à payer 3 301 livres génoises, dont 433 sur-le-champ. L'histoire ne dit pas si Gioane Carrozzo possédait cette somme et si même il a réellement été contraint d'honorer cette dette. En tout cas, dans l'Apennin ligure dominé par une capitale proche, la loi existe et cherche à s'appliquer ; ce ne sera pas le cas, on le verra, en Corse lorsque ce problème d'appropriation des terres communes se posera.

La châtaigneraie ligure se maintient vivante jusqu'au XIXe siècle. Lors de l'enquête napoléonienne de 1809 [14], elle couvre près de 50 % de la totalité du territoire du département — français à l'époque — des Apennins et 75 % des terres cultivées.

Tableau n° 2 : *Occupation du sol dans le département des Apennins (Ligurie) en 1809*. Source : Massino Quaini, 1973, p. 168.

Eaux, chemins et emplacements des villes et villages :	60 000 ha
Terres vaines et vagues :	40 000 ha
Pâtures :	10 000 ha
Châtaigniers :	*200 000 ha*
Oliviers :	30 000 ha
Vignes :	30 000 ha
Terres labourables :	10 000 ha
Jardins :	5 000 ha
Prairies :	1 000 ha
Bois taillis :	21 000 ha
Bois de futaie et demi-futaie :	9 000 ha
TOTAL	416 000 ha

En même temps qu'ils découvrent les bienfaits de l'arbre à pain dans l'Apennin, les Génois l'imposent à la Corse dont ils viennent d'achever la conquête définitive et que gère l'Office de Saint-Georges. Mais ici le problème se pose différemment. En Ligurie, les colons venus des régions littorales n'ignorent rien de l'arboriculture. En Corse, au contraire, les montagnards sont avant tout des éleveurs et des céréaliculteurs ; il leur faut modifier l'ensemble de leur système agricole. Avec le volontarisme qui lui est propre, et dont elle usera jusqu'à son départ au XVIIIe siècle, l'administration génoise décide d'« encourager » cette évolution.

Le gouverneur nommé par l'Office signe une ordonnance capitale le 28 août 1548 [15]. Pour la première fois, il est fait état de la « paresse » et de la « mollesse » des populations insulaires qui négligent de cultiver ou de planter leurs terres. C'est évidemment faire totalement fi des antiques habitudes pastorales des Corses. Aux termes de cette ordonnance, tous les propriétaires et fermiers sont tenus de planter chaque année quatre arbres fruitiers [16], sous peine de 3 livres d'amende pour chaque arbre non planté. Les espèces recommandées sont le mûrier, l'olivier, le figuier et le châtaignier. Deux des 3 livres vont au trésor public et la troisième, s'il y a lieu, au dénonciateur. Et pour s'assurer encore mieux de l'exécution de l'arrêté, les podestats sont chargés de vérifier annuellement si chacun de leurs administrés a fait ce qu'il devait et sont tenus en rendre compte au gouverneur sous peine de deux coups de corde pour chaque manquement. Il faut rappeler que les podestats sont les maires élus des communes (l'élection a lieu à la sortie de la messe) et sont donc des Corses. De telles ordonnances se répètent tout au long de la période de l'occupation génoise, preuve que tous les habitants de la Corse n'acceptent pas de bon gré de telles mesures si opposées au pastoralisme extensif. On le voit, Gênes frappe fort : amendes, récompenses aux dénonciateurs, punitions corporelles pour les notables coupables de complaisance. Il est rare d'observer l'emploi de méthodes aussi coercitives pour créer un nouveau paysage. Généralement, cet arsenal de punitions est plutôt utilisé à l'encontre des destructeurs : de la forêt, par exemple.

Comment s'explique cette politique ? Pour André Rondeau [17], c'est parce que la farine de châtaignes permet de nourrir la population et de laisser des excédents de céréales à l'exportation. C'est sans doute en partie vrai, encore que les céréales disparaissent rapidement de certaines communes de la Castagniccia. Dans le nord-est de l'île, en effet, la population atteint déjà une centaine d'habitants au km^2 au XVIIe siècle. C'est assez dire l'impérieuse nécessité d'avoir recours au châtaignier [18]. On comprend donc pourquoi les ordonnances génoises n'obtiennent de réel succès que dans cette région. Ici, pour reprendre une expression imagée de Pierre Lamotte [19], les Génois n'ont pas donné un coup d'épée dans l'eau. Francis Pomponi [20] le précise : « Les mesures ont été appliquées avec un zèle particulier. [...] La meilleure preuve du bienfait de cette politique, c'est l'adhésion qu'elle trouva auprès du peuple et particulièrement auprès des notables qui l'ont exprimé à plusieurs reprises par l'intermédiaire des orateurs. » Voilà qui rééquilibre quelque peu le jugement habituellement porté à l'encontre de l'action de Gênes en Corse.

Une autre explication est possible : l'Office de Saint-Georges s'implante d'abord en Deça-des-Monts dès 1453 [21], en signant un accord avec la *Terra di Commune* ; ainsi les habitudes venues d'Italie ont plus d'impact dans cette région. Mais l'argument peut être retourné. Si Gênes est d'abord venue en Deça-des-Monts, c'est que les communautés rurales avaient fait appel à l'Office de Saint-Georges pour se libérer de la tutelle tyrannique des caporaux (féodaux). Et c'est sans doute qu'il y avait déjà quelques points communs avec Gênes.

En dehors de la Castagniccia, le succès des ordonnances est plus que mitigé [22]. Ne pas planter revient à manifester son opposition à l'occupant honni. De plus, la société, l'économie et le paysage sont dominés par les bergers. Dès la fin du XVIe et le début du XVIIe siècle, des querelles éclatent partout en Corse entre bergers et cultivateurs (arboriculteurs, particulièrement). Elles sont même parfois très vives à l'intérieur des familles, dont certains membres sont de la terre et d'autres du bétail. Enfin, un dernier obstacle — lié, d'ailleurs, au précédent — se dresse : le système de propriété, sur beaucoup de terres, est collectif, ce qui est *a priori* difficilement compatible avec l'arboriculture, à moins d'adopter la propriété arboraire, ce que la Corse va imaginer [23].

On possède, on l'a vu, la trace de plusieurs autres ordonnances comparables à celle de 1548. Ainsi, le 12 novembre 1619, le gouverneur charge le commissaire aux arbres de Bastia de faire planter dix arbres par chaque propriétaire ou tenancier [24]. L'ordre de mission précise : « On fera attention au terrain et chaque feu ne plantera pas moins de dix arbres. » Une vérification est effectuée l'année suivante et l'on possède encore la liste des plantations de *poloni*, c'est-à-dire de jeunes châtaigniers [25]. A Pastoreccia d'Orezza, sur vingt propriétaires, quatre n'ont pas encore planté, un en a planté un seul, trois en ont planté cinq, deux sont allés jusqu'à six, deux à sept, cinq à huit et deux ont déjà atteint le compte requis de dix, soit une moyenne de cinq châtaigniers par propriétaire, auxquels viennent s'ajouter des figuiers, des ceps de vigne et des oliviers. Quelques années plus tard, le 2 décembre 1626, le gouverneur Geronimo Sercaro [26] ordonne aux Nobles Douze de la *Terra di Commune* (Deça-des-Monts) de faire semer une centaine de châtaignes dans chacune de leurs circonscriptions. Les plants ainsi obtenus sont destinés à être transplantés dans des terrains favorables à la culture de l'arbre à pain et l'opération vise évidemment à encourager la plantade auprès des paysans. Une nouvelle injonction à chaque feu d'avoir à planter dix arbres est signée le 25 janvier 1646, par le gouverneur Cesare Durano [27]. L'opération doit être achevée avant la fin du mois de mai. En outre, les arbres doivent être protégés du bétail.

Il est à noter que tous ces textes ne parlent pas exclusivement du châtaignier. Par exemple, celui de 1646 mentionne aussi l'olivier, l'amandier, le noyer, le mûrier et le figuier. Mais force est de constater que, dans le massif du Nord-Est, seul le châtaignier est planté, car c'est lui qui répond le mieux aux conditions naturelles et aux besoins de la population. C'est à ce moment que la région acquiert son nom de Castagniccia.

La protection des arbres contre le bétail — et donc aussi contre les bergers [28] — devient un problème aussi important que celui d'habituer les Corses à planter. Simone Sansonetti, de Luri, dont le père décédé a planté 40 000 pieds de vigne et 2 000 figuiers et châtaigniers, se voit accorder par le gouverneur, le 19 juillet 1683 [29], le privilège de port d'armes, dont jouissait déjà son père, afin de défendre ses arbres contre le bétail et ses bergers plus ou moins malveillants. Déjà le 15 novembre 1638, une ordonnance avait limité la vaine pâture au voisinage des plantations nouvelles [30]. Sans doute avec peu d'efficacité. Une illustration des problèmes délicats des rapports entre les arboriculteurs conquérants et les pasteurs résistants est fournie par cette demande, formulée le 13 mai 1709 par le suppléant du podestat de Vignale di Marana auprès du gouverneur, d'interdire la plantation d'arbres sur les biens communaux. Ce faisant, des paysans tels que les frères Giovanni et Pietro Natale s'approprient, en effet, des terres communes dont ils prétendent exclure le bétail [31]. Or, traditionnellement, il était possible à tous d'ensemencer sur les communaux, sans pouvoir être chassé de la terre ainsi cultivée pendant trois ans [32]. La menace de l'arboriculture vient donc de son caractère d'aliénation définitive, inadmissible pour les éleveurs.

C'est évidemment en Castagniccia que les arboriculteurs l'emportent le plus tôt sur les éleveurs. Les décisions prises le 12 décembre 1715 par la commune d'Oletta en constituent un témoignage des plus parlants. Convaincue de l'intérêt du châtaignier, la communauté rurale prend le relais de la puissance génoise et adopte des règles semblables à celles que le continent avait importées. Elle va même plus loin en adaptant le droit traditionnel aux besoins de la nouvelle culture (annexe n° 3).

Simultanément, une autre menace pèse sur les châtaigneraies. Dans ce pays si pauvre en bois, la tentation est forte de réaliser un profit substantiel en coupant les châtaigniers parvenus à l'âge adulte pour vendre le bois. Le gouverneur s'en préoccupe le 29 janvier 1699 [33]. Au lieu de se développer, la culture du châtaignier régresse, constate-t-il, car on coupe des arbres pour en faire des planches et des poutres [34]. Désormais, il sera formellement interdit de couper les arbres, tant pour l'usage du propriétaire que pour la vente, sous peine de 100 écus d'amende par arbre abattu. Cela n'empêche pas, le 11 janvier 1701, Durastante G. Pierattilio, habitant de Moriani, de porter plainte contre son beau-frère qui a coupé des châtaigniers donnés en dot à sa femme.

Sur le continent, au sud de la Ligurie, c'est dans l'Apennin toscan que l'on trouve, en ce qui concerne le châtaignier, la situation la plus proche des territoires de la mouvance génoise. Le pouvoir central protège les grandes châtaigneraies nourricières. Une nuance, toutefois, peut être observée : chacun peut couper jusqu'à dix arbres sans permission. Le grand-duc Côme III, le 5 décembre 1565 [35], interdit de couper des arbres sans autorisation de l'Administration des Eaux de Florence et du proviseur des *Magnifici Capitani di Parte* ; en cas de nécessité urgente, chacun peut cependant couper un maximum de dix arbres. Par comparaison avec la Corse, on serait tenté de croire que le châtaignier a cessé de séduire les populations toscanes et que les arrachages se multiplient. Mais si la mesure est prise, c'est évidemment, au contraire, que le châtaignier est de plus en plus indispensable et que les coupes abusives doivent être réglementées. Le libéralisme des dix arbres est possible dans une région où l'on tient depuis longtemps le châtaignier en haute estime. Il ne serait pas pensable en Corse, où l'on cherche à inculquer des habitudes d'arboriculture à la population et où tout relâchement provoquerait l'échec total.

Il est probable que des mesures d'encouragement à la castanéiculture sont décidées par le pouvoir central florentin au cours de la Renaissance et de l'époque moderne, mais les 30 kilomètres d'archives des Médicis conservées au Palais des Offices n'ont pas encore été dépouillés [36]. Les traces de ces décisions surgiront sans doute, dans les décennies à venir, lors de recherches approfondies sur des périodes limitées. On en possède un exemple tardif, grâce au témoignage de Sismondi [37] qui en avait probablement entendu parler à l'occasion de son séjour en Toscane et de ses enquêtes sur l'agriculture de cette région : « Malgré les encouragements pécuniaires donnés par le grand-duc Léopold [38] à ceux qui plantaient des châtaigniers, il s'en faut bien que les arbres couvrent toutes les hauteurs qui leur seraient propices. » Mais Sismondi n'est, au fond, pas si sûr du caractère propice des hauteurs en question, puisqu'il ajoute aussitôt : « Il est probable cependant que l'élévation et le climat du centre des Apennins seraient trop froids pour eux. »

Les propos de Montaigne sur les châtaigneraies du nord de la Toscane dans son journal de voyage (1580-1581) sont difficiles à interpréter [39]. D'une part, on sait par lui que le châtaignier est la principale culture de l'Apennin : « Le peuple mange du pain de bois : c'est ainsi qu'ils nomment par forme de proverbe, le pain de châtaigne, qui est leur principale récolte, et il est fait comme celui qu'on nomme en France pain d'épices. » D'autre part, l'auteur des *Essais* se risque à une curieuse remarque historique : « Les montagnes des environs sont presque toutes fertiles en blé et en vignes, au lieu qu'il n'y avait, il y a cinquante ans, que des bois et des châtaignes. » Ce que Montaigne appelle montagnes correspond, sans doute, aux premières pentes, car le blé et les vignes ne peuvent monter bien haut dans la région de Lucques. Par ailleurs, quelles sont ses sources concernant la situation du début du XVIe siècle ? S'il s'agit des souvenirs de son père, ils sont sujets à caution, car Pierre Eyquem avait, en allant guerroyer avec François Ier, d'autres préoccupations que celle d'observer les paysages. S'il s'agit d'informations recueillies auprès de Lucquois, elles sont évidemment plus solides. Le phénomène ressemblerait alors à ce que l'on connaît de la Ligurie : au Moyen Age, des châtaigneraies sur les basses pentes et des montagnes vides ; à partir de la Renaissance, remplacement des châtaigneraies basses par des cultures plus rentables, sur terrasses, et colonisation de la montagne grâce au châtaignier. Il resterait à savoir quand s'est produite la reconquête du châtaignier dans les régions basses, puisque la région de Lucques est aujourd'hui l'une de celles où les châtaigneraies descendent le plus bas [40].

LES PLANTADES FRANÇAISES DE L'ÉPOQUE MODERNE

C'est seulement à la fin du XVe siècle, une fois la guerre de Cent Ans achevée et les grandes épidémies évanouies, que reprend l'accroissement de la population. Les montagnes sont touchées par le mouvement au même titre que les plaines et même, proportionnellement, davantage. La culture du châtaignier connaît alors une grande expansion. Olivier de Serres écrit en 1600 [41] : « Diverses contrées de ce royaume abondent en *chastagnes*, le Dauphiné, la Haute-Provence, partie du Languedoc, comme en Vivarais, Gévaudan, le Velay. Aussi l'Auvergne, le Limousin, le Périgord, la Guyenne, la Gascogne en plusieurs endroits. » Dans cette répartition sont mêlées préchâtaigneraies et châtaigneraies réellement vivrières pour le plus grand nombre. Ces dernières ne couvrent, à l'orée du XVIIe siècle, que des régions limitées.

Outre le contexte démographique sur lequel on reviendra à l'aide d'exemples, l'exemption de dîme est sans doute un facteur très favorable [42]. Cette exemption, qui touchait les fruits lorsqu'ils mûrissaient sur des terres portant d'autres cultures, a également profité, dans beaucoup de régions, au noyer [43]. L'*État des productions* de la subdélégation de Tournon (Ardèche) en 1771 précise à propos des pommes de terre et des châtaignes [44] : « Il ne sera jamais possible de connaître au vrai la totalité de ces productions, parce que n'étant pas soumises à la dîme, il faudrait consulter chaque propriétaire. »

Mais la dîme n'est pas le seul impôt, et les châtaigneraies paient toutes les autres redevances. Mieux, elles ne paient pas nécessairement moins d'impôt que les labours. Ainsi, à Espagnac (Corrèze), l'*État des Fonds* de 1745 [45] précise que la parcelle n° 412, qui est une terre (labour) de 2 sétérées et 43 perches, paie 2 deniers et 6 sols ; la 419, qui est une châtaigneraie de 2 sétérées et 13 perches, paie 2 deniers et 10 sols. En 1759, le même phénomène est observable plus au sud, dans la châtaigneraie cantalienne. Le rôle du Vingtième de Leignac (Leynhac) estime à 5 livres la valeur d'une sétérée de chatanial et à 4 livres une sétérée de terre [46]. En revanche, lorsque les redevances sont payées en nature, il est rare qu'elles le soient en châtaignes. Dans tous les documents limousins qu'il a dépouillés, J. Boulaud n'en trouve que quatre mentions, en 1530, 1731, 1743 et 1791 [47]. Les châtaignes sont avant tout une production autoconsommée et les destinataires des redevances, propriétaires, seigneurs ou fonctionnaires d'État, souhaitent plutôt des céréales, aisément négociables, ou des espèces sonnantes. On comprend donc qu'ils aient souvent recommandé la plantation des châtaigniers aux paysans, permettant à ceux-ci d'obtenir de leurs terres pauvres une nourriture quotidienne abondante et, par conséquent, de pouvoir utiliser leurs rares bonnes terres à produire des céréales. On en a le témoignage en Revermont où, vers 1550, Philibert de La Baume, seigneur de Saint-Amour (Jura), fait planter des variétés de châtaigniers venues du Dauphiné [48]. Bernard Palissy, en 1563 [49], s'étonne que tous n'en fassent pas de même : « Je trouve une chose fort étrange que beaucoup de seigneurs ne contraignent leurs sujets de semer quelque partie de leurs terres en glands, et autre partie de *chastaignié* et autre partie de noyers qui seront un bien public et un revenu qui vient en dormant. » On rencontre déjà cette idée que le châtaignier produit sans demander aucun travail, idée fausse mais qui sera utilisée aussi bien par les défenseurs que par les détracteurs de l'arbre à pain.

Formation de la châtaigneraie vivaraise et cévenole

A l'est et au sud du Massif central, le passage de la préchâtaigneraie à la châtaigneraie s'effectue dans le courant des XVIe et XVIIe siècles. La nécessité alimentaire et donc la croissance démographique apparaissent déterminantes. En effet, la culture du froment est impossible dans ces régions au sol froid, situées entre 300 et 800 mètres d'altitude. Seul le seigle peut y être récolté, avec des rendements de 5 q/ha au maximum [50]. Or, une châtaigneraie bien entretenue peut rapporter jusqu'à une vingtaine de q/ha ou plus, soit, compte tenu de la différence nutritive, deux à trois fois plus de calories à l'hectare qu'un champ de céréales.

En Vivarais, la population est estimée par Pierre Bozon [51] à 100 000 en 1400, après les grands malheurs de la guerre de Cent Ans, et à 250 000 en 1786. Entre ces deux dates, les crises épidémiques et les guerres de Religion provoquèrent sans doute des creux démographiques, mais la progression des châtaigneraies étant un effort de longue haleine pour la paysannerie, il est commode de passer sous silence les variations mineures pour ne retenir que l'idée d'une multiplication par 2,5 en quatre siècles [52]. L'essor est particulièrement éclatant aux Chaussadenches de Vesseaux où l'on assiste à un véritable raz-de-marée du châtaignier entre 1534 et 1834 (fig. n° 73, en annexe). Dans ce cas précis, l'altitude basse (environ 400 mètres) et la pente moyenne permettent une phase intermédiaire de complantage, car il ne s'agit pas d'un terroir à conquérir, mais à reconvertir. Les jeunes plants de châtaigniers sont donc disposés au milieu de labours, ou de vignes, ou de jardins. La culture originelle disparaît lorsque le châtaignier atteint l'âge adulte et que son ombre interdit toute récolte dérobée. Des 15 parcelles et 9 complants consacrés au châtaignier en 1534, on passe en 1605 à 56 et un seul.

Dans ce contexte, le silence d'Olivier de Serres s'explique mal. Il écrit, en 1600, son *Théâtre d'Agriculture et Mesnage des Champs* au Pradel (commune de Mirabel), domaine situé à une dizaine de kilomètres de Vesseaux. Pourtant, il ne fait qu'une brève allusion au châtaignier [53]. L'explication pourrait être son manque d'expérience quant à la culture de cet arbre — car il n'en pousse pas au Pradel — ; mais que de conseils agronomiques n'a-t-il pas donnés sur des plantes qu'il n'avait jamais cultivées lui-même ? Plus vraisemblablement, le grand agronome, animé du désir de répandre les cultures nouvelles (pomme de terre, mûrier, etc.), n'a pas vu l'intérêt remarquable que pouvait présenter cet arbre traditionnel. Ce serait alors une première manifestation du dédain de l'agronomie officielle et des penseurs vis-à-vis du châtaignier.

Dans les régions hautes de la Cévenne vivaraise et des Boutières, entre 500 et 800 mètres d'altitude, le châtaignier permet une véritable colonisation agricole qui s'effectue au détriment des pâturages ou des forêts. Les hameaux ou lieux-dits *Plantade* situés dans les châtaigneraies en représentent des traces significatives. C'est, par exemple, le cas du hameau « Les Plantades » situé vers 500 mètres d'altitude sur la commune de Pont-de-Labeaume [54]. Il est le plus haut placé sur ce versant et apparaît encore aujourd'hui totalement cerné de châtaigneraies. Au-dessous, une centaine de mètres plus bas, les hameaux de Guillaumenche et de Niègles sont entourés d'une auréole de labours et sont évidemment plus anciens, comme leurs noms le dénotent. C'est à ce moment que sont mises au point de nouvelles variétés de châtaigniers adaptées à l'altitude : la bernarde d'Aubenas, la garenche, la combale que Jacky Reyne [55] date des XVIe-XVIIe siècles.

Deux documents assez comparables permettent d'avoir une idée de la place des châtaignes dans l'alimentation — et donc du châtaignier dans le paysage — à la fin du XVIe siècle et dans la deuxième moitié du XVIIe siècle. En 1574, Jean Demassiol, paysan du Nogier de Saint-Andéol-de-Bourlenc (aujourd'hui Saint-Andéol-de-Vals), lègue par testament ses biens à l'un de ses fils et réserve annuellement à sa femme Béatrice Delure une pension en nature au cas où elle ne voudrait pas vivre avec l'héritier [56]. Elle doit, en particulier, toucher six setiers de seigle, un setier de châtaignes blanches (séchées) et un setier de châtaignes fraîches. En 1669, Jeanne de Gaches, de Reymondon, à Saint-Félicien, abandonne ses biens à son fils Siméon, sous réserve qu'il l'entretienne sa vie durant ou qu'il lui verse une pension en nature dont la base est constituée de deux saumées de seigle et une saumée de châtaignes blanches [57]. Les régions dans lesquelles ces actes ont été rédigés sont différentes, mais la similitude des listes — qui comportent des aliments mais aussi des vêtements — permet la comparaison. En 1574, les châtaignes représentent le quart des farineux et en 1669, le tiers. Progression lente, certes, mais dont la confirmation est apportée par d'autres documents.

Privas devient au XVIIe siècle un important marché aux châtaignes, preuve que la Cévenne du nord et surtout les Boutières sont désormais castanéicoles. En 1600, les habitants de la ville réclament par des suppliques adressées au roi, à son Conseil et à monseigneur de Montmorency, l'uniformité des poids et mesures pour les grains, farines et châtaignes [58]. Dans le sud de la province, le marché de Largentière semble primer. Le 26 mars 1646, les consuls arrentent pour l'année le « mesurage des chastaignes qui se vendent et desbitent dans la présente ville » à deux personnes : Jean Alamand et Étienne Pelleti, moyennant un prix de 66 livres [59]. Sur deux autres marchés, les châtaignes se placent au premier plan : à Aubenas [60] et aux Vans [61].

Le développement du commerce de la châtaigne au cours du XVIIe siècle est lié au rôle charnière des régions d'altitude moyenne dans l'économie du Vivarais. Les muletiers de passage à Montselgues en 1664 descendent fourrages, grains, lard, fromage et planches ; ils montent sel, vin, huile d'olive et châtaignes vers le plateau [62]. C'est un autre motif de l'accroissement des surfaces occupées par le châtaignier. En 1658, aux Chaussadenches (fig. n° 73), il n'y a plus que six parcelles qui ne lui sont pas consacrées. A Ribes, près de Joyeuse, d'après le compoix de 1664, deux terres sur trois sont des « bois chastanets » ; les autres sont plantées de mûriers, de vignes, d'oliviers [63]. C'est l'époque au cours de laquelle Cévenne et Boutières s'individualisent nettement par rapport au Bas-Vivarais qui, pour plus de deux siècles et demi, va se trouver défavorisé puisqu'il ne peut réaliser la révolution castanéicole. Sur 1 550 parcelles recensées dans le compoix de Chandolas, on ne compte que 35 châtaignerais pour 1 250 labours en 1655 [64].

Dans les Cévennes méridionales, l'évolution est sensiblement la même : rendements céréaliers très faibles et accroissement démographique rapide vers 1540-1550 [65]. La densité de population est aussi forte en montagne qu'en plaine ! Emmanuel Le Roy Ladurie note : « La peuplade en 1540-1550 finit à la longue par provoquer la plantade ; l'essor démographique pousse à la mise en valeur des terres froides par la seule plante qui permette raisonnablement d'y produire des subsistances [66]. » De fait, on ne voit pas très bien quel autre besoin que celui de remplir la marmite pousserait, au début du XVIe siècle, les Cévenols à abandonner presque complètement la culture des céréales pour passer à celle du châtaignier. Et Emmanuel Le Roy Ladurie poursuit : « Au flanc des Cévennes, de part et d'autre d'un grand axe Alès-Le Vigan, [le châtaignier] forme, en 1552, un bloc sombre et puissant, accroché à la montagne, en contraste violent avec la zone d'absence qui l'environne de toute part. C'est peut-être le seul cas, pour ce Languedoc du XVIe siècle, où l'on puisse parler de monoculture. »

Dans son enquête sur le compoix diocésain de Nîmes-Alès de 1558, le même historien relève la répartition des terres en livres cadastrales [67] :

QUELQUES VILLAGES CÉVENOLS DU DIOCÈSE DE NÎMES-ALÈS OÙ LES CHÂTAIGNERAIES L'EMPORTENT (EN VALEUR CADASTRALE) SUR LES EMBLAVURES EN 1558

D'après E. LE ROY LADURIE, 1966, pp. 759-760
(Tous les villages de la liste n'ont pu être repérés)

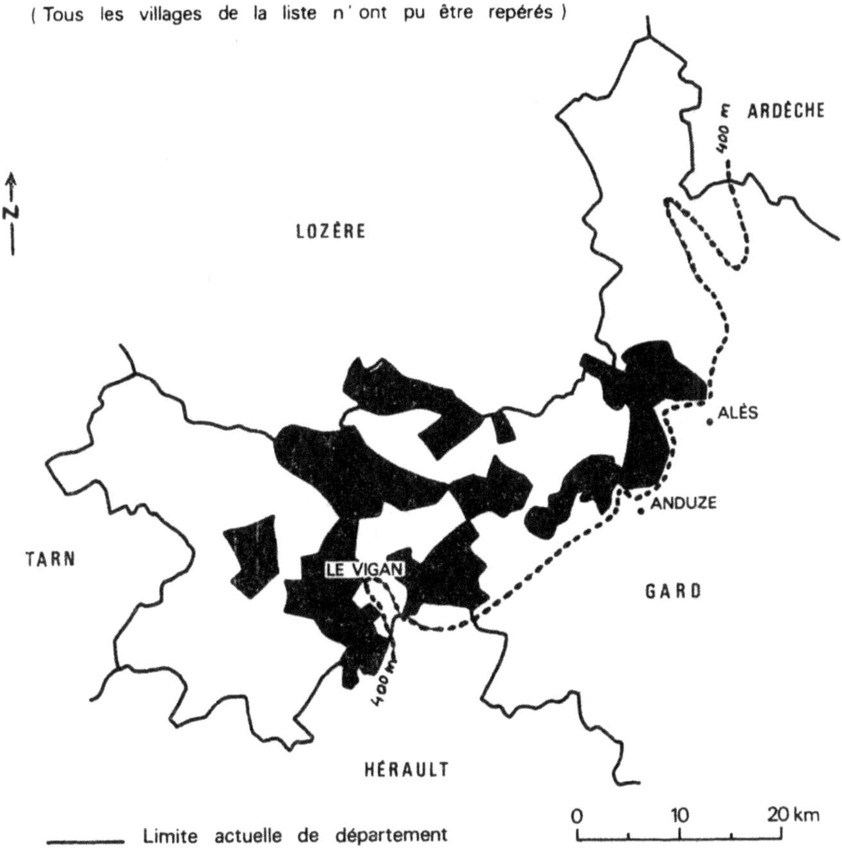

"... *un bloc sombre et puissant, accroché à la montagne...*"
(E. Le Roy Ladurie, 1966, p. 213)

Fig. 21

Tableau n° 3 : *Répartition de la valeur cadastrale des terres du diocèse de Nîmes-Alès en 1552. Source :* Emmanuel Le Roy Ladurie, 1966, p. 220

Nature	Valeur (livres)	Proportion
Terres à grains	4 252	56 %
Châtaigneraies	568	8 %
Olivettes	457	6 %
Prats	457	7 %
Herms	327	5 %
Vignes	1 204	16 %
Jardins	153	2 %

La part des châtaigneraies semble faible, mais si l'on considère que 521 livres cadastrales (sur un total de 568) correspondent à 43 paroisses sur 179, on a la mesure du caractère massif de la châtaigneraie cévenole. Dans ces paroisses, les terres à grain (seigle) ne forment au total que 152 livres, c'est-à-dire trois fois moins que les châtaigneraies.

Tableau n° 4 : *La châtaigneraie cévenole du diocèse de Nîmes-Alès en 1558.* D'après Emmanuel Le Roy Ladurie, 1966, p. 760.

Circonscription	Nombre de villages	Valeur de la châtaigneraie	Valeur des emblavures
Viguerie d'Anduze	17	219 l.	51 l.
Viguerie du Vigan	18	240 l.	73 l.
Viguerie d'Alès	4	36 l.	16 l.
Baillage de Sauve	2	26 l.	12 l.
Total	41	521 l. (77,4 %)	152 l. (22,6 %)

Lorsqu'éclate la guerre des Camisards (1702-1704), la châtaigneraie est bien établie, et c'est en son sein que les révoltés puisent le plus clair de leurs forces. Le géographe ne peut s'empêcher de comparer, malgré leurs différences, ce mouvement et l'épopée de Pascal Paoli en Castagniccia, un demi-siècle plus tard.

Le maintien de la préchâtaigneraie à l'ouest du Massif central

En Limousin, à l'époque moderne, les plantations se poursuivent à un rythme comparable à celui du Moyen Age, c'est-à-dire assez lent. La longue liste des actes relevés par J. Boulaud [68] concernant les redevances en châtaignes montre la présence de ces dernières dans les conditions des baux, tout particulièrement les métayages. La liste commence en 1345, mais la première mention d'une plantation n'apparaît que le 23 mai 1501 [69]. Il s'agit d'un bail à métairie perpétuelle accordé par Louis Daniel, marchand de Saint-Léonard (Haute-Vienne), sur ses possessions de Marsac, Bassoleil, Puy-Faucher : « Le tenancier s'engage également à planter [pépinière] et implanter cent châtaigniers en un lieu convenable de la dite métairie [70]. » Dans un autre bail du 15 janvier 1519, Jean de Brie prévoit pour son domaine de Mayéras, sur la paroisse de Verneuil (Haute-Vienne), la clause suivante : « ...planteront et édifieront par chacun an et seront tenus de planter et édifier une douzaine et demie d'arbres, à savoir demie douzaine de poiriers et autant de pommiers et autant de *chastaing.* » Dans un contrat de métayage de 1568, la prieure du Châtenet, Anne de Neuville, stipule [72] : « Et pourront les dits métayers planter tous arbres *chastaigners* pourvu que ce soit en lieux égarés et terres froides ne portant blé [...] desquels *chastaniers* la dite dame prendra le tiers et les dits métayers le résidu. » Ce texte est essentiel, car on y devine la force des céréales en Limousin, pays jouissant de conditions infiniment plus favorables que celles du rebord oriental et méridional du Massif central : pentes moins fortes, sols plus profonds. J. Boulaud note encore deux autres baux significatifs [73]. Le 19 février 1571, un bail passé par Léonard et Jacques Descoutures pour une métairie sise à La Jonchère (Haute-Vienne) oblige les métayers à « planter dix-huit arbres *chastaigners* chacun an ». Le 24 avril 1588, Jean de Forestvieille oblige son métayer de Forestvieille à Ambazac (Haute-Vienne) à « planter et anter, chacun an, trois douzaines d'arbres *chastaigners,* poiriers, pommiers et autres portant fruit ».

A lire ces textes, on s'attendrait à ce que le Limousin soit devenu une région dominée par le châtaignier. Or, il n'en est rien. Si l'arbre est présent partout, il n'est nulle part envahissant. Il est souvent mentionné en compagnie des autres arbres fruitiers et, s'il n'est pas méprisé, il ne sera guère vénéré avant la naissance de la littérature régio-nostalgique, au XIXe siècle. Les inquiétudes du marquis Aubert de Tourny, intendant de la province, en témoignent. Il fait afficher dans toutes les paroisses et lire à la sortie de la messe, en novembre 1733, un édit des pépinières [74] (annexe n° 4) : « Nous voyons avec grande peine, que la négligence sur cet objet est portée dans tout notre département au point qu'il n'y a pas de replanté le vingtième de châtaigniers, noyers et autres arbres fruitiers détruits par l'hiver de 1709. » Preuve est ainsi faite que les Limousins n'ont pas pour le châtaignier au XVIIIe siècle le même amour que les Corses, dont on va voir la conviction, acquise après des débuts laborieux.

Ici ou là, les plantations se poursuivent cependant. L'*État général des Fonds* de la commune d'Espagnac (Corrèze), établi en 1748 [75] en témoigne : la parcelle n° 425 est « une pièce de chaume où il y a quelques jeunes châtaigniers » ; celle qui porte le n° 600 est « une pépinière de jeunes châtaigniers » et l'on trouve sous le n° 1 098 « une pièce de terre garnie de jeunes châtaigniers ». 16,6 % des parcelles non bâties sont intégralement ou partiellement consacrées au châtaignier [76] (annexe n° 5).

A la veille de la Révolution, les châtaigneraies occupent en Limousin, en moyenne, 7,5 % des propriétés nobles, ecclésiastiques ou bourgeoises et 11,2 % des propriétés des laboureurs, vignerons, journaliers, métayers, artisans [77]. Chez les métayers des paroisses du nord de l'élection de Tulle et Brive, cette proportion s'élève exceptionnellement à 50 %. Et Loutchisky d'expliquer qu'ils étaient ceux dont « la faible étendue de leurs propriétés les mettaient le moins à l'abri du besoin ». Certes, le châtaignier est bien à cette époque l'arbre à pain du Limousin, mais uniquement pour les plus pauvres de ses habitants et la châtaigne, même pour eux, ne constitue qu'une partie de l'alimentation, situation typique des préchâtaigneraies. Turgot écrit en 1765 [78] : « Elles [les châtaignes] promettent beaucoup dans les élections de Limoges et de Tulle ; et si elles réussissent, elles nourriront le paysan plus de quatre mois de l'année », ce qui représente un tiers de l'alimentation glucidique pour une année de bonne récolte. De ce fait, les séchoirs sont beaucoup plus rares en Limousin que dans les véritables châtaigneraies. Il n'y en a que dix-huit à Espagnac en 1748, alors que cette commune se trouve au cœur de la zone la plus castanéicole de la province [79]. La remarque de Turgot est certainement plus proche de la réalité d'une préchâtaigneraie que le propos excessif d'Aubert de Tourny en 1733 [80] : « C'est de ces châtaigniers que le peuple attend le principal de sa nourriture, dans près des trois quarts de cette généralité. » Vision d'un « technocrate » mal informé ?

Dans la châtaigneraie cantalienne, l'arbre à pain est également, à première vue, abondamment planté entre le XVIe et le XIXe siècle, mais il n'occupe que 18 % de la superficie des communes au XVIIIe siècle et ce, à peu près de manière uniforme [81]. C'est donc avec circonspection qu'il faut considérer le cahier de doléances de Quézac [82] : « La paroisse [...] n'a ni prés, ni champs, ni pâturages ; le seul produit est en châtaignes ; et le seigle qu'on y recueille ne nourrirait pas pendant quatre mois les habitants... » Explication qu'il faut mettre sur le compte de la demi-mauvaise foi qui sied à une doléance dont on espère de grands avantages. D'ailleurs, on ne voit pas comment, sans champs, on pourrait récolter du seigle en suffisance pour quatre mois de nourriture. La proportion de 18 %, évoquée plus haut, est, en revanche, celle de la valeur des châtaigniers que possède Jacques Delmas, laboureur à Leignac (Leynhac), par rapport à l'ensemble de son bien, en 1759, lors de l'établissement du rôle de l'impôt du vingtième [83].

Dans ses remarques générales sur la commune de Leignac, l'auteur de ce rôle d'impôt formule cependant ces curieuses remarques : « Le terrain est assez bon, et produit seigle et avoine. Il se récolte beaucoup de châtaignes, la majeure partie de la paroisse étant couverte de bois châtaigniers. Il y a des vergers qui produisent du foin et du fruit. Les habitants sont très dociles, quoique sujets à la boisson ; ils sont paresseux, bornés et sans émulation. L'industrie et le commerce se bornent à la vente des fruits et des châtaignes qu'ils portent à Aurillac. » Ces contradictions rendent le tableau difficile à interpréter. On voit mal comment une paroisse « couverte de bois châtaigniers » peut produire seigle et avoine, surtout lorsqu'on sait que les châtaigneraies n'occupent qu'un cinquième du territoire. Il pourrait s'agir d'une volonté de présenter les habitants sous un jour misérabiliste, mais ce n'est pas le cas, puisque ce fonctionnaire n'est guère tendre pour eux. Une telle opinion associant le châtaignier à la paresse n'est pas isolée, on va le voir.

Le Ségala du Rouergue représente l'exemple d'une plantade tardive. Pour apprécier la place de l'arbre au milieu du XVIe siècle (1552), on dispose d'une enquête fiscale de qualité exceptionnelle [84]. A cette époque, la région est principalement vouée à l'élevage bovin et ovin en vue de la production de viande, de fromage, de cuir et de laine, mais également à l'élevage des chevaux et des mulets vendus en Espagne. L'élevage des porcs est tout à fait marginal. Henri Enjalbert observe qu'« il n'y a pas de place disponible pour planter des châtaigniers [85] ». C'est un peu exagéré, car si la nécessité s'en était fait sentir, les Rouergats auraient trouvé plus tôt le moyen d'en planter. La réalité est que la région produit aussi un peu de céréales et que, le pays n'étant pas surpeuplé [86], elles suffisent largement à sa subsistance. Certaines années, des exportations de seigle et de blé vers l'Auvergne sont même possibles. Il faut dire que ces cultures bénéficient d'une fumure abondante fournie par le bétail local, mais aussi par les troupeaux ovins qui transhument vers les Causses. Le châtaignier n'est pas absent, mais il est rare et ses fruits ne représentent qu'un faible appoint.

Cette économie connaît une crise sérieuse au XVIIe et surtout au XVIIIe siècle. La politique protectionniste menée par l'Espagne fait perdre au Rouergue ses débouchés commerciaux [87], alors que parallèlement, sa population augmente, sans toutefois dépasser la trentaine d'habitants au km^2 dans les dernières années du XVIIe siècle. Face à ces difficultés, la région développe quelques industries rurales (toiles de chanvre) et se tourne vers la culture du seigle, celle du châtaignier et l'élevage du porc. Jadis couverte de prairies, la région de Calmont et de Naucelle devient ce que localement on nomme un châtanial [88]. Comme dans le Cantal, il s'agit évidemment d'une préchâtaigneraie. Les châtaignes séchées sont d'ailleurs seulement consommées au printemps, pour faire la soudure [89], attitude significative de mangeurs de pain. On préfère manger tant que l'on peut le pain noir de seigle et, lorsque les greniers sont vides, *in extremis*, on a tristement recours aux châtaignes, en attendant la moisson. Quelques communes, toutefois, parviennent presque au stade de la châtaigneraie : l'arbre couvre 60 % du territoire de Flagnac à la fin du XVIIIe siècle [90] et 75 % (en 1771) de celui de Pradinas [91]. Les grands propriétaires *(pagès)* paraissent avoir encouragé vivement l'orientation de l'économie régionale vers la production de ces fruits... qu'ils ne consommaient pas. Mais le temps du châtaignier en Rouergue est de courte durée. La pomme de terre triomphe vers 1820-1830 [92].

« Castagniccia » malgré tout, en Corse française

Les encouragements génois et la croissance démographique entraînent en Corse l'accélération des plantations de châtaigniers. La nouveauté est que, désormais, les régions du Delà-des-Monts sont aussi concernées. En 1826, l'enquête menée dans toute l'île pour tenter de résoudre le problème des plantations sur les communaux montre que les communes du sud-ouest sont aussi concernées que celles du nord-est. L'exemple d'Azzana, dans l'arrondissement d'Ajaccio, est significatif [93]. Neuf plantations ont eu lieu dans la première moitié du XVIIIe siècle et onze dans la deuxième moitié.

Après l'acquisition de l'île en 1768, la France fait dresser, entre 1770 et 1790, un prodigieux document : le Plan-Terrier [94], qui présente très clairement les paysages ruraux. Des tableaux statistiques l'accompagnent. Même si le Delà-des-Monts a commencé à planter, l'essentiel des châtaigneraies (environ 60 000 arpents sur 65 513) se trouve dans le département du Golo, c'est-à-dire au nord-est [95], principalement dans les cantons d'Ampugnani, Orezza et Alesani. Sur le territoire de la petite commune de Porri, il reste du maquis dans lequel, d'ailleurs, on rencontre ici ou là des châtaigniers, sur 368 arpents. Sur les 580 arpents de terres cultivées, le châtaignier en occupe 416, soit 72 %, les labours 107 (18 %) et les vignes 52 (9 %) [96]. A Piedicroce, en 1786 [97], l'espace cultivé en permanence *(circolo)* représente 98,87 % d'un territoire communal sur lequel vivent 943 habitants (141 hab./km^2). Les châtaigneraies occupent 88,27 % du *circolo*, les jardins 9,1 %, les vignes 2,56 % et les oliviers 0,06 %. Il n'existe pas de terres communes. Dans toute la Castagniccia abondent les châtaigniers d'une grosseur prodigieuse qui donnent, comme à Merosaglia, des fruits d'une saveur admirable [98].

Mais cette orientation économique n'est pas du goût des nouveaux maîtres de l'île. Dès la guerre de 1768, certains pensent qu'il faut profiter de ces opérations en pays d'obscurantisme pour apporter le « progrès » et imposer des arrachages [99]. Ignorant à peu près tout du passé, de la situation et des besoins de cette île exotique, Louis XV se laisse entraîner, le 22 juin 1771, à signer un arrêté aberrant (annexe n° 5). C'est un morceau d'anthologie qui mériterait de figurer en compagnie d'un certain nombre de décisions technocratiques prises en matière agricole depuis quelques siècles : « Le Roi étant en son Conseil, dit le passage essentiel, fait très expresses inhibitions et défenses à toutes personnes, de planter des châtaigniers dans aucun terrain de l'île de Corse, susceptible d'être ensemencé de blé ou autres grains, ou d'être converti en prairies

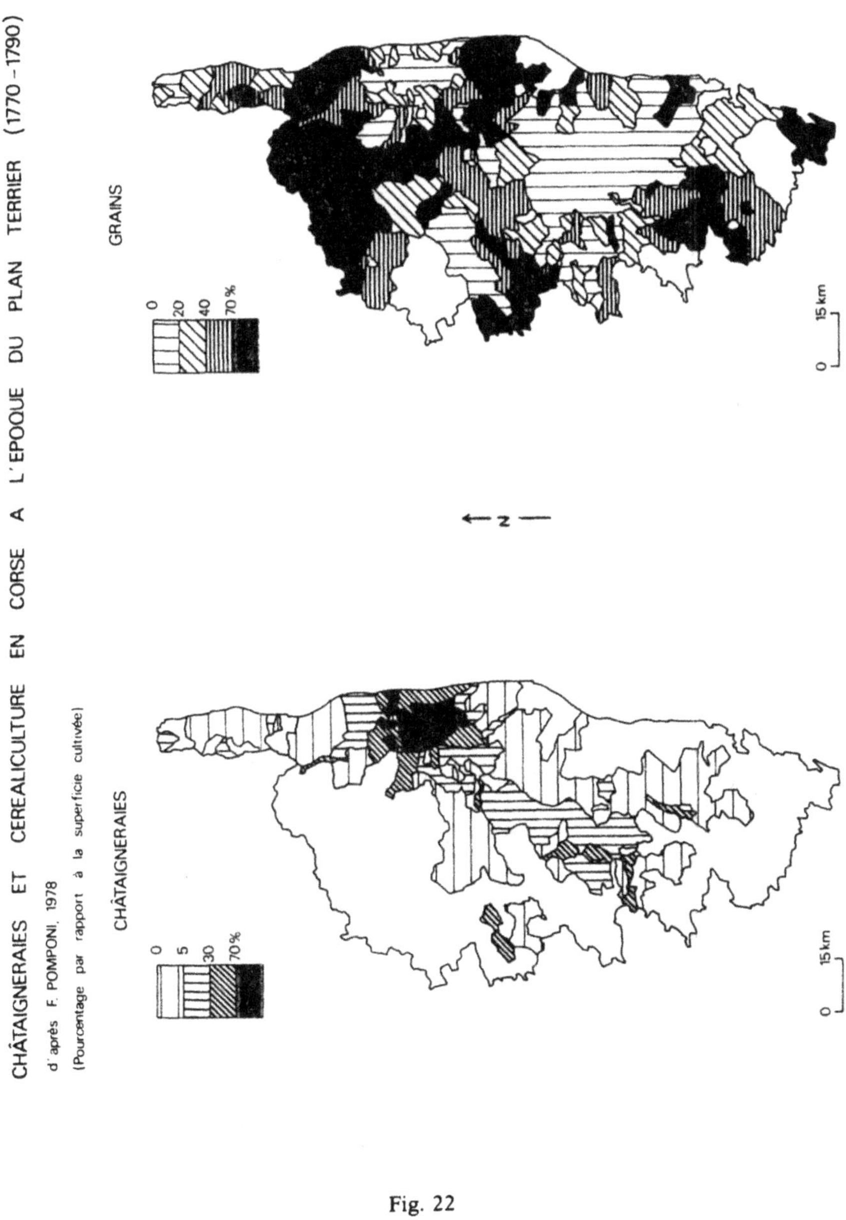
CHÂTAIGNERAIES ET CEREALICULTURE EN CORSE A L'EPOQUE DU PLAN TERRIER (1770 - 1790)
d'après F. POMPONI, 1978
(Pourcentage par rapport à la superficie cultivée)
CHÂTAIGNERAIES
0
5
30
70 %
0 15 km
N
GRAINS
0
20
40
70 %
0 15 km

Fig. 22

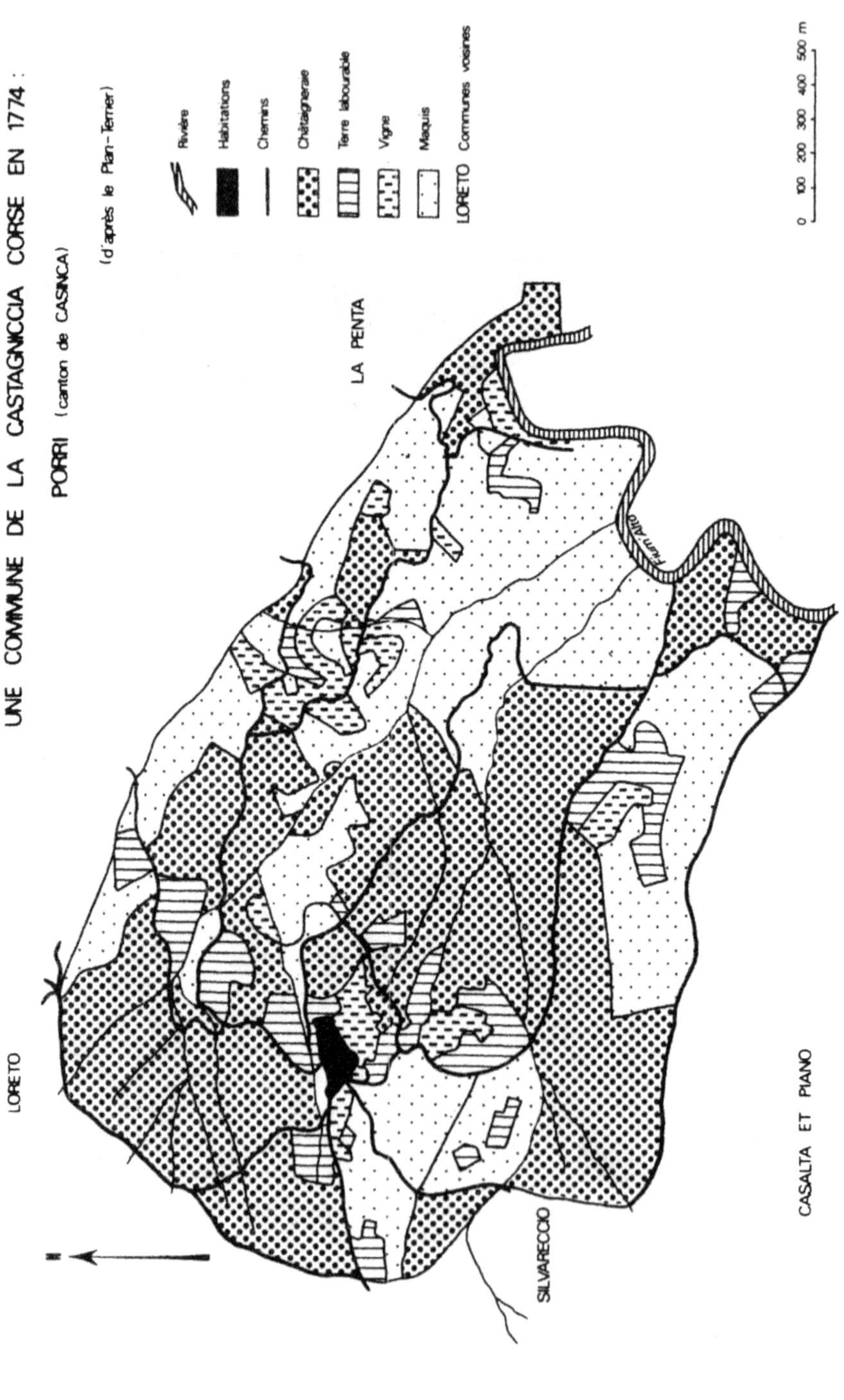
UNE COMMUNE DE LA CASTAGNICCIA CORSE EN 1774 :
PORRI (canton de CASINCA)
(d'après le Plan-Terrier)
Rivière
Habitations
Chemins
Châtaigneraie
Terre labourable
Vigne
Maquis
LORETO Communes voisines
0 100 200 300 400 500 m
LORETO
LA PENTA
Fium Alto
CASALTA ET PIANO
SILVARECCIO
N

Fig. 23

naturelles ou artificielles, ou planté de vignes, d'oliviers et de mûriers... [100] » On imagine le désarroi des populations insulaires, politiquement déroutées par les décennies qui viennent de s'écouler, finalement bienheureuses des orientations économiques que Gênes avait eu tant de peine à imposer et se retrouvant sujettes d'un roi qui prétend les priver de leur seul moyen de subsistance !

Dorénavant, toute plantation de châtaigniers est soumise à une autorisation de l'intendant. Immédiatement, les plaintes affluent. Dès le 1er octobre 1771, l'assemblée provinciale de Vico demande une dérogation, estimant [101] « que les terrains desdites deux pièves (Sorroiunu, Crucini) n'étant bons et propres qu'à la seule plantation des châtaigniers, ils demandent qu'il leur soit permis de continuer la culture et plantation qui leur devient absolument nécessaire et indispensable. »

Dans le même temps, certains grands propriétaires souhaitent couper une partie de leurs arbres, voyant dans ce contexte administratif la possibilité, en vendant le bois, de réaliser des profits que l'administration génoise avait toujours sévèrement réglementés. Le mouvement est assez prononcé pour qu'en mars 1772 le roi signe une ordonnance imposant déclaration et autorisation préalable aux particuliers souhaitant faire des coupes de bois [102]. Un registre conserve la trace des déclarations de coupes, faites, en particulier, dans la juridiction d'Ampugnani [103]. Le 6 décembre 1773, Giacomo dei Grimaldi, de San-Gucci-de-Moriani, déclare vouloir couper dans six mois 40 châtaigniers vieux de trente ans ; le 7 janvier 1774, Giovanni Antonio Paoli, de Tagli de Tavagni, déclare vouloir en couper 100 et Angelo Matteo Bonaldi, podestat major de la piève de Moriani, prévoit une coupe de 300 arbres âgés de vingt-cinq à cent ans et plus. Pour les grands propriétaires, en effet, le châtaignier n'est pas, fondamentalement, l'arbre à pain [104], mais le pourvoyeur de deux produits commerciaux : les châtaignes et le bois. On sait à quel point, depuis l'Antiquité, le bois est une denrée rare sur les rivages de la Méditerranée.

Rapidement, l'administration s'aperçoit que l'arrêté de 1771 a été une erreur. Les châtaigniers ne peuvent être si facilement remplacés, en particulier sur les terrains les plus en pente [105]. Turgot, qui a été intendant du Limousin et qui connaît bien la question des châtaigneraies, présente un rapport en Conseil royal ; le 30 septembre 1774, l'absurde mesure est abrogée [106] : « [...] L'expérience ayant fait connaître que les châtaignes sont un moyen nécessaire de subsistance pour certaines parties de l'île dans les temps de disette, et que dans tous les temps le commerce met un prix avantageux à cette production du pays, Sa Majesté a reconnu qu'il était convenable de rendre aux propriétaires l'entière liberté de planter les châtaigniers partout où ils jugeront à propos dans leurs possessions. [...] Ouï le rapport du sieur Turgot, conseiller ordinaire du conseil royal [...] sans aucune formalité préalable et sans qu'ils aient besoin d'aucune permission. [...] Fait au Conseil d'État du Roi, sa Majesté y étant... »

On pourrait croire l'incident clos et la faute réparée. Il n'en est rien. Les fonctionnaires venus du continent ont juré la perte du châtaignier qui, en raison du moindre travail qu'il réclame par rapport aux céréales, est une atteinte permanente à la morale. Les États de Corse prennent, au cours de leur séance du 11 juin 1775 [107], une résolution dont la spontanéité est fort suspecte : « MM. les Commissaires du Roi ont dit que la culture du châtaignier en Corse y est multipliée à l'infini, et nuit à plusieurs terrains susceptibles d'une meilleure production. Arrêté qu'il ne sera plus permis de faire aucune plantation de châtaigniers sans permission de M. l'Intendant qui voudra bien n'en accorder que pour les terrains qui ne seraient propres à aucune autre culture plus avantageuse. Et MM. les Commissaires du Roi ont été suppliés de faire autoriser la présente délibération par un arrêt du Conseil. » Cette fois-ci, cependant, le roi ne signe pas et l'affaire en reste là. Deux ans plus tard, le 11 juin 1777 [108], le roi accepte même que l'impôt puisse être payé par les Corses en nature — en particulier en châtaignes —, les produits de l'impôt étant ensuite vendus aux enchères. L'arrêt du Conseil du Roi est confirmé le 23 août 1778 [109].

Enfin, le 23 mars 1785, le Conseil du Roi en revient aux mesures génoises des deux siècles précédents [110]. Sur rapport de Calonne, « Sa Majesté accorde une gratification de quatre sols par pied de châtaignier, à toute personne qui en plantera cinquante et au-dessus. Lesdites gratifications ne seront payables que pour les arbres plantés ou greffés en lieux clos à l'abri des dégâts des bestiaux, et reconnus propres à la plantation à laquelle on les destinera. Et à l'égard des châtaigniers, elles ne seront accordées que pour les plantations de cette espèce d'arbres, faites après une visite des officiers municipaux, qui auront constaté que le terrain n'est pas propre à une meilleure culture. » La mesure est en léger retrait par rapport à celle de 1774, puisque apparaît la condition d'inappropriation du sol à une autre culture — sous-entendu, culture céréalière. Mais elle va au-delà en ce qu'elle accorde des subventions aux planteurs. La valse-hésitation de l'administration trouve son origine dans les préventions très marquées des intellectuels parisiens vis-à-vis du châtaignier à une époque où la tradition voulait que l'on cultive les céréales ; hors de cette culture, il n'était de salut que dans l'herbe cultivée selon les principes agronomiques importés d'outre-Manche.

La littérature concernant le lien entre le châtaignier et la paresse présumée des Corses est surabondante et témoigne de la profonde ignorance des réalités insulaires dont les nouveaux arrivants font preuve [111]. On ne voit pas, en effet, comment les habitants d'une commune comme Piedicroce qui s'entassent à 141 hab./km^2 pourraient survivre autrement que grâce au châtaignier ! Et ce n'est pas une exception. En 1826, la densité moyenne dépasse 90 hab./km^2 dans les deux cantons de Piedicroce et La Porta [112]. Dès 1769, le voyageur Jacques-Nicolas Bellin [113] écrit : « Les Corses sont sobres, pourvu qu'un ménage, quelque nombreux qu'il soit, ait en sa propriété six châtaigniers et autant de chèvres, il ne pensera pas à cultiver d'autres productions, ni à faire le commerce en aucune façon. » L'idée de l'auteur, souvent reprise après lui, est que la Corse est potentiellement riche, mais que la paresse des habitants y entretient la pauvreté. Il va même jusqu'à affirmer [114] : « On n'y fume jamais les terres, et malgré cela elles rendent cinquante pour un. »

Dans son Mémoire de 1774 sur la Corse, Marbeuf [115] écrit de son côté : « Cette espèce de denrée ne coûte pas de peine à récolter et est à la vérité d'une grande ressource présentement pour la nourriture des paysans ; mais cette ressource est fâcheuse, en ce qu'elle empêche que les fainéants ne soient forcés de travailler pour vivre : ainsi, quoique ce soit une branche de commerce, comme il y a plus d'inconvénients que d'avantages, il faut travailler peu à peu à diminuer cette richesse corse, qui véritablement fait sa pauvreté. D'ailleurs, la facilité de garder cette farine, qui par elle-même est très nourrissante, a beaucoup servi dans les guerres que cette île a eues pendant près de quarante années de suite : c'est encore une raison de proscription. » Curieux mélange de méconnaissance des conditions de l'agriculture dans une île méditerranéenne montagneuse, de propos moralisateurs sur le travail (le courage, c'est évidemment manier la charrue et la faux !) et de naïveté politico-militaire (pas de châtaignes, pas de sédition possible !).

En 1774 également, l'historien Germanes [116] partage le même sentiment ; il reprend même, presque mot pour mot, les propos de Bellin : « Il y a des paysans qui pendant trois mois d'hiver n'usent que de pain de châtaigne [117] en certains endroits. [...] Leur pauvreté et leur paresse les ont préservés de l'intempérance et les ont accoutumés à vivre de peu. [...] Pourvu qu'un ménage, parmi les plus pauvres paysans, ait en sa propriété une petite maison, *una cazettina*, six châtaigniers, autant de chèvres et de brebis, il est content de sa destinée, et ne pense pas qu'on puisse être plus heureux en possédant de plus grands biens. »

Et la litanie se poursuit avec le voyageur et historien R.F. de Pommereul qui écrit en 1779 [118] : le châtaignier est « excellent pour les ouvrages de charpente. Cet arbre qui y abonde et qui peut être utile ailleurs est dangereux dans cette île. C'est l'aliment de la paresse de ses habitants : chez eux son fruit supplée à tout ; on le sèche, on le broie et l'on en fait du pain ; leurs chevaux même en sont nourris, et la terre reste négligée, parce qu'une forêt de châtaigniers n'exige aucune culture, et que la récolte de leurs fruits fournit suffisamment aux besoins d'une nation très sobre. Il avait été question d'en détruire une partie pour faire renaître l'agriculture et rendre à la terre les biens qui lui sont dûs ; on ne l'a pas fait durant la guerre, et maintenant il faut respecter la propriété des habitants. » Tout pénétré du bien-fondé de son point de vue, Pommereul s'en prend même avec vivacité aux Génois [119] qu'il accuse de n'avoir pas encouragé l'agriculture en Corse pour mieux vendre leurs propres produits importés.

Plus original, l'abbé Gaudin, un autre voyageur, en 1787 [120], propose des solutions du côté de l'industrie : « Dans quelques pays comme la Castagnitia, l'habitant n'a presque rien à faire que la récolte de ses châtaignes : il n'y a donc que ces travaux sur le lin et sur la soie qui puissent mettre en action ces bras condamnés à un éternel repos. »

Mais l'analyse la plus complexe, ce qui ne veut pas dire la plus objective, est celle de l'observateur des mœurs corses Gabriel Feydel, en 1800 [121] : « Le Corse est vif, intrépide, spirituel et adroit, mais excessivement paresseux de corps et d'esprit. [...] Le cultivateur, par exemple, ne travaille qu'environ trois mois sur un an, et en passe neuf dans une honteuse inaction. » La mauvaise foi est plus patente lorsqu'il affirme [122] : « Le Corse ne plante ni olivier, ni amandier, ni noyer, ni châtaignier, ni figuier, ni grenadier, ni citronnier, ni limonier, ni oranger, ni pêcher, ni abricotier, ni prunier, ni pommier, ni poirier ; mais il profite, au besoin, de ceux que le hasard a fait pousser autour de lui. Il ne connaît pas la taille des arbres et en dédaigne la greffe. » Feydel donne sa propre interprétation de la politique de l'Ancien Régime vis-à-vis de la châtaigneraie corse [123] : « Ce gouvernement de Versailles, dans sa superbe ignorance, croyait depuis lontemps avoir fait pour la civilisation de l'île, tout ce que lui prescrivait une politique sagement raisonnée, et ne doutait pas que la bonne volonté des habitants ne fît le reste. A peine s'était-il vu le maître de la Corse qu'il avait ordonné un abatis total des châtaigniers [124], espérant que les insulaires n'auraient rien de plus pressé que de s'adonner à l'agriculture française. [...] Les Corses qui n'avaient jamais planté un arbre [125] plantèrent de jeunes châtaigniers à la place des vieux que les Lucquois déracinaient [126]. Ainsi, lorsque le système de physiocratie de la marquise de Pompadour, tiré du roman de Télémaque par son médecin, eut enfin prévalu sur d'odieuses pratiques féodales et sur les plus belles conceptions de Colbert, la permission qui fut envoyée aux Corses de planter des châtaigniers où bon leur semblerait [127], ne changea rien à leur situation agricole, puisque, sur cet objet, ils n'avaient pas cessé d'être physiocrates. Mais le gouvernement les autorisant aussi, en vertu de la même doctrine, à convertir les terrains à bois en des champs de blé, ils s'empressèrent de porter dans les futaies le fer lucquois et le feu corse. » Feydel se trouve tiraillé entre deux sentiments : d'une part, son souci de dénoncer la paresse corse qui préfère le châtaignier aux labours et les terrains de parcours ou les jeunes châtaigneraies aux cultures céréalières lorsque les arbres ont été coupés en vue de la vente du bois ; d'autre part, ses accusations d'incompétence et d'autoritarisme à l'encontre de l'Ancien Régime.

Comme on le va le voir, le XIXe siècle ne demeure pas en reste en matière de jugements à l'emporte-pièce ; mais rien n'y fera et les Corses continueront allègrement à planter pendant des décennies, sans ralentir le rythme acquis au XVIIIe siècle.

Les plantades françaises du xixe siècle

Les xixe et xxe siècles sont, dans l'ensemble, marqués par la stagnation, puis la régression des châtaigneraies constituées au cours des siècles précédents. Cependant, l'examen des statistiques générales est trompeur, car, en réalité, des plantations s'effectuent encore jusqu'en plein xxe siècle, avec même souvent la bénédiction de l'administration. Aujourd'hui encore, alors que le déclin se poursuit, on continue, ici ou là, à planter quelques arbres. C'est tout simplement que les cultures de substitution et l'exode rural n'ont pas fait sentir brutalement leurs effets et que les mécanismes entraînant les plantades ont continué à jouer avec un certain retard sur les réalités. Dans une région comme la Corse, la plantade est même pleinement d'actualité pendant tout le xixe siècle, ce que la poursuite de l'essor démographique explique aisément.

Poursuite de la plantade corse

D'une manière générale, le continent persiste pendant le xixe siècle à associer le châtaignier à la paresse insulaire. Le voyageur J.-B. Dornier le dit poétiquement en 1832 [128] en évoquant le paysage de Bocognano, près d'Ajaccio : « Point de jardins, d'énormes châtaigniers se trouvaient plantés dans toutes les directions. [...] La population entière reposait sous leurs vastes ombrages... » Ferdinand Blanqui renchérit en 1841 [129] en décrivant la société rurale corse : « Vignerons intelligents sur un point, pasteurs insouciants sur un autre ; ici cultivateurs laborieux, plus loin, indolents consommateurs de châtaignes. Pour la plupart de ces hommes enfermés dans leur prison de granit, la civilisation finit où la montagne voisine commence. » Le parti pris est clair : un bon point aux céréales et à la vigne, un blâme à l'élevage et au châtaignier. De tels propos se situent dans le droit fil des écrits anticorses qui ressassent les mêmes thèmes depuis la deuxième moitié du xviiie siècle [130].

Le réquisitoire le plus sévère est celui du compte de Gasparin, un agronome, en 1863 [131] (annexe n° 6), qui accumule tous les poncifs de la castanéiphobie. Le châtaignier ne demande aucun travail, ce qui est faux (plantation, entretien, conservation des châtaignes), même s'il est vrai qu'il reste du temps libre, en particulier pendant les mois chauds de l'été. Ce moyen de subsistance a des conséquences fâcheuses sur le caractère des Corses. Le châtaignier serait à l'origine de l'indiscipline. Faux encore : elle est attestée bien avant l'essor de l'arbre. Le châtaignier limite l'essor démographique : rien de plus erroné ; la Castagniccia est probablement la campagne la plus densément peuplée de France, avec certains vignobles. Le châtaignier est insuffisant pour nourrir la population qu'il dégoûte du travail manuel et la pousse vers l'administration ou l'armée. C'est peut-être vrai, mais on comprend que l'exode rural ait touché une montagne aussi escarpée, aux sols aussi maigres et peuplée de plus de 100 hab./km². L'étonnant est qu'il ne se soit pas produit plus tôt. Par ailleurs, devenir policier, fonctionnaire d'une administration centrale ou colon en Algérie n'est pas plus déshonorant que d'ouvrir un café-vins-charbon comme l'ont fait de nombreux Auvergnats à Paris.

Au début du XXe siècle, le poète Jean Lorrain [132] affirme : « La châtaigne, c'est le blé de la Corse : elle nourrit tout le pays. Sa farine remplace celle du froment ; la frugalité et surtout la paresse du paysan corse s'en accommodent. » Et, ajoute-t-il [133], pour imager son point de vue : « L'Arabe au pied du palmier, le Corse au pied du châtaignier, ce Corse qui se nourrit de *pane di legno e vino di pietra*, pain de bois et vin de pierre, c'est-à-dire farine de châtaignes et eau fraîche ». Naturellement, « le paysan corse aime sa pauvreté ; il ne souffre pas de sa condition, il ne tiendrait qu'à lui de l'améliorer. S'il voulait cultiver la terre et lui faire rendre ce que l'extraordinaire richesse du sol donnait ici sous la domination romaine [134], il serait presque riche. [...] La châtaigneraie corse et la belle fainéantise de ses paysans ».

Une voie discordante s'élève dans ce concert de mépris, celle de l'historien François-Guillaume Robiquet en 1835 [135]. Celui-ci connaît l'histoire du châtaignier en Corse, rappelle les deux édits royaux de 1771 et 1773, signale le rôle de Turgot et formule une opinion sensée fondée sur une information sérieuse : « La plupart des auteurs qui ont écrit sur la Corse ont fait la guerre aux châtaigniers, qui permettent aux paysans de cette île de vivre avec peu de travail. Suivant M. de Beaumont [136], un ouragan qui les détruirait tous produirait par la suite un grand bien. M. de Beaumont a fait abstraction des malheurs par lesquels il faudrait acheter cet avenir, qui ne serait peut-être pas aussi beau qu'il le suppose. [...] Une partie des terrains occupés par les châtaigniers, dans les montagnes élevées et à pentes rapides, ne serait pas susceptible de cultures plus productives. »

Devenue avec l'expérience plus réaliste que les auteurs venus du continent, l'administration locale de la Corse, consciente de l'utilité de l'arbre, mène au XIXe siècle une politique prolongeant l'édit de 1785 qui avait mis fin à la valse-hésitation des débuts de la francisation. En août 1866, le préfet accorde dans chaque canton une prime de 200 francs à l'agriculteur qui aura effectué le plus de plantations ou greffé le plus d'arbres [137]. Les réponses des juges de paix affluent. Le 12 août, celui de Vezzani signale que Jacques Costantini « a fait une pépinière de 1 300 châtaigniers et de 100 noyers ; il a planté en outre 160 châtaigniers à demeure fixe ». Le 18 août, le maire de Poggio di Mazza recommande d'attribuer une récompense au sieur Casabianca Dalise, ancien juge de paix, qui a planté, en 1865-1866, 120 châtaigniers. Le juge de paix de Sainte-Marie-Siché écrit le 21 août pour signaler que Xavier Massimi a planté 112 châtaigniers aux lieux-dits Esca et Apà, ajoutant « dans du terrain de cette commune appartenant à autrui », ce qui évidemment ne va pas sans poser de problèmes. Dans la même lettre, Emili Ascane est signalé pour avoir planté 142 châtaigniers qu'il arrose soigneusement. Le 25 août, le juge de paix de Sorcia informe le préfet que Jean Gaffori, de Guagno, a planté, en cette année 1866, 95 petits châtaigniers et en a greffé 25, etc.

Les témoignages confirment une exceptionnelle ardeur à planter en cette deuxième moitié du XIXe siècle. Il est à signaler que la plupart des faits mentionnés concernent les régions de Vico, Sartène, Ajaccio, c'est-à-dire le Delà-des-Monts. En Castagniccia, le stade de la monoculture est déjà atteint depuis le siècle précédent, et il n'y a plus guère de place pour planter. L'accroissement démographique trouve donc une réponse dans les activités artisanales ou l'émigration. En revanche, dans le sud-ouest, la densité de population est beaucoup plus faible et la place ne manque pas, d'autant que l'élevage extensif y est encore très pratiqué. Les plantations de châtaigniers de la seconde moitié du XIXe siècle constituent, sans aucun doute, une réponse à l'augmentation des bouches à nourrir [138]. Pourtant, l'opération ne va pas de soi, car elle s'effectue sur des terres non seulement dévolues jusqu'alors aux pasteurs, mais en outre collectives. La guerre des agriculteurs et des éleveurs renaît, mais, cette fois-ci, les gens de la houe ont l'avantage sur ceux de la houlette et l'administration arbitre le conflit à l'avantage des premiers. Les choses ne sont pas réglées pour autant, car il faut entériner les appropriations de terres communes.

A Corte, commune du nord-est et jusqu'alors peu castanéicole, le conseil municipal accorde le 16 août 1863 [139] le droit de planter des châtaigniers sur ses communaux sis aux lieux-dits Ricciola et Vitto, à Toussaint Mignucci, boucher, et Julien Branchinoix, charretier. Les demandeurs de cette autorisation se voient accorder un délai de trois ans avant de planter, afin de préparer le terrain. En 1866, sur leur demande, un nouveau délai de trois ans leur est donné « considérant que les pétitionnaires ont fait des travaux extraordinaires d'irrigation qui ont dû retarder la plantation qu'ils s'étaient engagés à faire dans un délai de trois ans ». Dans une lettre du 10 septembre 1866, les deux planteurs affirment, d'ailleurs, en avoir déjà planté 150 en trois ans. Dans les années suivantes, d'autres habitants sont autorisés à effectuer des plantations sur les communaux : 100 pour André Giuli en 1869 à Lago Maladetto, 70 à la veuve Marie-Françoise Palazzi la même année à Frasseta, 200 à Dominique Gambini en 1871 dans la vallée de la Rostonica, 50 à Siméon Albertini la même année à Serrera et la délibération précise : « considérant que ce terrain est inculte et qu'il y a lieu d'encourager l'arboriculture ». La plantation de Siméon Albertini est d'autant plus significative qu'elle est le fait d'un berger.

Quelques années plus tard, dans cette même commune de Corte, le mouvement a pris une telle ampleur qu'il semble ne jamais devoir s'arrêter avant que toute la commune ne soit transformée en châtaigneraie. Habitants, conseil municipal et préfet s'accordent pour faciliter ces plantations, mais il est une puissance qui s'en inquiète : l'administration des Forêts. La demande de Laurent

Pierucci, lui aussi berger, est l'occasion pour l'inspecteur adjoint des Forêts en poste à Corte d'intervenir. Voici l'affaire. Le 21 juin 1888, le conseil municipal autorise ce berger « à planter 100 châtaigniers au lieu-dit Ferrera, à droite et à gauche de la rivière de la Restonica, avec prise d'eau au lieu-dit San-Giorgo pour l'arrosage de sa plantation. Considérant qu'il importe de donner le plus grand développement à l'agriculture et d'encourager les plantations. » L'autorisation est assortie d'un délai de deux années. L'inspecteur s'insurge et argumente longuement : « Des plantations de cette nature ont été faites à diverses époques dans la forêt communale de Restonica et ont eu pour effet de regarnir les vides qui existaient dans les parties arrosables de la forêt et sous ce rapport-là on ne peut nier qu'elles aient une certaine utilité. Malheureusement, elles présentent un très grave inconvénient qui nous oblige à repousser toute demande en autorisation du genre de la pétition du sieur Pierucci. Les concessionnaires de plantations de châtaigniers, dans le but d'augmenter l'étendue du terrain qui peut leur être concédé, écorcent en délit et ébranchent les pins voisins des limites de leur concession, sous prétexte qu'ils nuisent par leur couvert à leurs plantations, et arrivent ainsi à faire périr peu à peu ces arbres. Cette pratique que l'on peut constater tous les jours dans certains terrains non soumis au régime forestier, où elle est exercée sur une vaste échelle, a eu pour effet d'y étendre beaucoup la surface des vides susceptibles d'être plantés de châtaigniers. Mais si la substitution du châtaignier au pin maritime est tolérable dans les terrains non soumis, il ne saurait en être de même dans les forêts soumises auxquelles elle cause un grave préjudice. Nous estimons en conséquence qu'il y a lieu de rejeter la demande du sieur Pierucci qui, d'ailleurs, en sa qualité de berger est intéressé à la multiplication des clairières dans la forêt de Restonica, où il fait paître son troupeau. »

C'est l'exemple typique de la lourdeur d'une administration face à une transformation paysagère souhaitée par tous mais non conforme au règlement. Il est impensable pour ce fonctionnaire zélé, chargé de faire respecter la doctrine de son service — très présent, à cette époque, dans toutes les montagnes françaises —, d'admettre l'idée que si les habitants de Corte demandent à planter des châtaigniers sur des terres incultes, avec tous les efforts que cela demande (préparation du terrain, aménagement du réseau d'irrigation, etc.), ce n'est pas pour leur plaisir, mais cela correspond à une réelle nécessité alimentaire. De plus, c'est évidemment le moyen de se constituer, sans bourse délier, un domaine aux dépens des terres communes, avec la bénédiction du conseil municipal et du préfet. Aujourd'hui encore, le fossé est immense entre l'Office national des forêts et le monde agricole. Le dossier conservé aux Archives ne dit pas si, finalement, l'avis de l'inspecteur adjoint a été suivi par le conseil et par le préfet, mais l'inspecteur en poste à Ajaccio approuve chaudement la position de son subordonné.

Le mouvement de plantation du XIXe siècle en Corse fait passer la production de châtaignes de 200 000 hl en 1850 à 350 000 en 1880. La châtaigneraie couvre alors, à cette date, 33 000 ha [140].

Dans les autres régions

Jusqu'au maximum démographique, les plantations se poursuivent dans différentes régions à un rythme plus ralenti qu'au XVIIIe siècle. En Corrèze, par exemple, la population continue de s'accroître jusqu'à la fin du XIXe siècle [141], et le conseil général inscrit à son budget, en août 1889, une subvention de 100 francs pour encourager les plantations [142]. Les planteurs ne figurent pas tous sur cette liste, car il est tenu compte de la situation de fortune du demandeur. Au total, cela ne fait que 17,65 ha, soit quelques

Tableau n° 5 : *Quelques plantations de l'arrondissement de Brive à la fin du XIXe siècle. Source :* A.D. Corrèze, M 1212.

Nom	Domicile	Superficie plantée	Nombre d'arbres plantés	Année	Affectation précédente
Sireygeol	St-Julien	1,20 ha	200	1886	vigne
Vve Feix	"	0,50	68	1889	vigne
Lapouge	Segonzac	3	300	1885-87	vignes phylloxérées
Simbille	Serilhac	1,47	200	1880-85	bruyère
Bouysse	Beynat	?	?	1885-90	bruyère et t. labourées
Canquot	"	0,50	?	1884	bruyère
Lacombe	"	0,70	?	1886	bruyère et friche
Coudert	"	2	?	1875	bruyères
Eymat	"	1	?	1880	bruyères
Laumond	"	0,60	?	1882	bruyères
Martinet	Palazinge	2	500	1868	bruyères
Poujade	"	2	500	1868	bruyères
Vauzon	Lauteuil	0,12	14	1888	friche
Vareille	"	0,06	15	1888	en bordure de chemin
Monteil	Albignac	0,70	?	1885	bruyères
Rigot	"	0,80	?	1883	bruyères
Poujade	"	1	?	1886	bruyères

milliers d'arbres ; on a ici la confirmation que le paysage de châtaigneraie — en l'occurrence, pour le Limousin, de préchâtaigneraie — ne remonte généralement pas à une date très ancienne. Une telle constatation est très proche de celle qui ressort de l'analyse chronologique de la genèse du bocage.

Ce cas montre aussi que si la châtaigneraie prend la place, ici ou là, d'une terre labourable ou de vignes — dont certaines ont été atteintes par le phylloxera — elle se substitue pour l'essentiel à des landes (friches, bruyères). Cette transformation est à replacer dans le dernier recul des incultes en France [143].

Plus au sud, dans le Cantal, le maximum démographique est atteint dès les années 1840 [144]. Les dernières traces de plantations conservées aux archives de ce département [145] remontent à 1832. Le 26 février de cette année, le maire de Maurs écrit au préfet pour solliciter une subvention au profit d'Antoine Suc, laboureur propriétaire au hameau de Brousse : « Cet homme a fait un semis de châtaignes dans un champ ; et il a aujourd'hui une pépinière qui pourvoirait aux besoins du canton. Cette pépinière est d'autant plus précieuse que plus de la moitié de nos châtaigniers a péri par le froid et qu'il est important de les renouveler pour ne pas voir notre pays privé de ses principales ressources pour la nourriture des hommes et de quelques animaux. » A quoi le préfet répond, le 12 mars, qu'il n'a à sa disposition aucun fonds de nature à être appliqué à cet objet.

Dans la partie cévenole de la Lozère, c'est vers 1850 que se situent le maximum démographique et les dernières plantations. Celles-ci sont réalisées sur la montagne de la Vieille-Morte à Saint-Germain-de-Calberte ; elles supplantent des bois de chênes pubescents [146]. Une étude menée à partir des cadastres « napoléoniens » de la région révèle qu'à cette époque, les châtaigneraies couvrent 32,5 % du sol, contre 6,32 % aux labours, 40,69 % aux prés et pâtures, 7,23 % aux bois, 8,11 % aux terres vaines et 5,15 % à divers modes d'occupation [147].

Mais la coïncidence du maximum démographique ne va pas toujours de pair avec les ultimes plantades. En Haute-Vienne, par exemple, le premier n'est atteint qu'aux alentours de la Première Guerre mondiale [148], alors que les secondes sont arrêtées depuis les années 1870. Dans le canton d'Aixe, par exemple, en 1878 [149], « on ne plante pour ainsi dire plus de châtaigneraies, même pour remplacer celles que l'on arrache », écrit M. Bourgne, auteur d'une monographie sur cette circonscription. Dans cette partie basse de la préchâtaigneraie limousine, en effet, les plantations fruitières n'ont jamais tenu une place essentielle et, de plus, les progrès de l'élevage, au travers d'une bonification des pâturages, y ont été relativement précoces [150].

A ces plantations fruitières raréfiées du XIXe siècle, il faut ajouter des plantations de taillis destinés à la production de bois. Ce sont des cas isolés, car partout les besoins diminuent, à l'exception de ceux des industries des extraits tannants qui, eux, connaissent un grand essor, mais que les arrachages de châtaigneraies fruitières suffisent à combler. Quelques progrès de cet ordre concernent les Maures et l'Estérel. L'administration encourage le châtaignier, vers 1860, afin de prévenir les incendies de forêt, mais sa place reste très modeste : 7 700 ha sur 70 000 de boisements, dans les Maures, par exemple [151].

Les Pyrénées orientales sont également touchées par des reboisements en châtaignier. Pendant de longs siècles, les forêts de cette région se sont trouvées fort sollicitées par les nombreuses forges à la catalane. Le châtaignier, qui n'est que l'une des essences utilisées pour les reconstituer, trouve preneur chez les vignerons du Roussillon qui en font des douelles et des cercles de tonneaux, ainsi que des échalas. En 1820, par exemple, M. Delcros, commissaire royal de la Monnaie à Perpignan, prend sa retraite [152] sur son domaine des Planes : 3 000 hectares de parcours à moutons sur les communes de Céret, Coustouges, Montalba et Saint-Laurent-de-Cerdans. Jusqu'à sa mort, vingt-quatre ans plus tard, il se consacre à la plantation et à la conduite de taillis de châtaigniers sur plus de 2 000 hectares. Cette œuvre est poursuivie par son gendre, M. d'Adhémar, puis par le gendre de celui-ci, M. Desprès, après 1857. Cette famille joue un rôle moteur dans tout le département ; son œuvre est imitée ; c'est ce qui vaut, en 1869, une récompense à M. Desprès, au concours général agricole.

Un prosélytisme sans succès en Kabylie

Les phénomènes de diffusion de la castanéiculture sont relativement rares au Moyen Age et à l'époque moderne, à l'exception de l'action de Gênes en Corse. C'est une relation du même type qui est tentée entre la métropole et l'Algérie à la fin du XIXe siècle. La comparaison peut se faire sur plusieurs points : il s'agit d'une diffusion de type colonial dont le but n'est pas de fournir des denrées exportables, mais des subsistances pour les populations. En Algérie, comme en Corse, la paysannerie est, *a priori*, rebelle à l'arboriculture apportée dans les bagages du colonisateur. Mais des différences notables existent : Gênes utilise des moyens coercitifs pour imposer le châtaignier en Corse, tandis que la France — autres temps, autres mœurs ! — n'utilise que le moyen de modestes récompenses aux planteurs. Par ailleurs, en Corse, particulièrement en Castagniccia, le succès de l'opération dépasse toutes les espérances, tandis qu'en Algérie, c'est un échec total.

Le châtaignier est très probablement autochtone en Algérie, ou à tout le moins son introduction remonte à l'époque romaine, car on voit mal qui aurait pu l'introduire entre la fin de l'Empire et l'arrivée des Français. Des peuplements limités existent avant la conquête dans divers endroits : les ravins de la Bouzarea, Daoud-Aïn, près de Larbaa (Fort-National) en Kabylie, Aïn Drahm en Khroumirie et surtout le massif d'Edough, près d'Annaba (Bône) [153].

L'idée de développer cette essence revient au commandant Cousin qui, en 1863, sème des châtaignes près de Collo, dans le massif du Goufi, et réalise une châtaigneraie. Celle-ci est en très bel état en 1925 [154]. En 1869, un colon du nom de Laval réalise également une plantation sur le contrefort du Petit Atlas, près de Blida. Celle-ci est toujours en plein rendement en 1925 et ses fruits, jugés excellents car plus sucrés, valent plus cher sur le marché de cette ville que les fruits importés. Il faut encore signaler l'action de l'administrateur

Dubouloz qui réalise une plantation à Aïn el-Hammam (Michelet) en 1885.

Mais c'est en 1892 que l'action la plus importante est entreprise. L. Trabut, directeur du service botanique, demande au gouverneur général de faire distribuer des châtaignes au service des Forêts afin qu'il constitue des pépinières. C'est chose faite en 1894, 1895 et 1896 : quelques quintaux de châtaignes corses sont introduits à cet effet dans la colonie. Le service des Forêts choisit pour le semis la maison forestière de Safsafa, dans le massif de Goufi, près de Collo, et l'essai est confié aux soins de l'inspecteur adjoint Lemoine. 900 kilos de châtaignes sont semés dans une pépinière de 750 m^2 en 1894. Il en naît 39 950 plants très vigoureux [155], sur lesquels 8 745 sont prélevés pour être replantés dans les forêts de Beni-Toufout, d'Oued-Guelbi et Arb el-Goufi, 1 000 attribués à la commune mixte de Collo et 3 000 à celle d'Attia. 14 000 plants sont, en outre, destinés aux communes et aux particuliers qui en feront la demande auprès de la conservation des Forêts de Constantine.

En 1895, le gouverneur ordonne que le service des Forêts implante des pépinières dans les régions littorales, partout où le châtaignier peut pousser, afin, écrit-il, de « fournir toutes les ressources en plants nécessaires pour donner un grand essor à la culture de cette précieuse essence ». C'est dire à quel point l'administration attache de l'importance au développement de l'arbre à pain. Mais les résultats de ces efforts sont quasiment nuls : les colons ne plantent guère et les indigènes encore moins.

L'exemple de l'échec d'El-Milia est significatif. L'administrateur Ménétret plante 300 pieds et en distribue 3 000 aux indigènes de la commune. Mais rares sont ceux qui parviennent à l'âge adulte. La commission municipale fait ainsi le point de la situation [156] : « On peut évaluer à trois mille au minimum les plants de châtaignier qui dans ces dernières années ont été distribués gratuitement aux indigènes ou plantés dans quelques communaux de douars où cette culture semble appelée à réussir. Malheureusement, les résultats n'ont répondu que faiblement à notre attente. On s'est heurté à l'apathie, à l'insouciance et souvent même au mauvais vouloir des indigènes. Il est pénible de constater que 90 % au moins de ces arbres ont péri faute de soins, brisés par les enfants ou abroutis par les bestiaux. Il ne faut cependant pas se décourager. On sait combien toute évolution vers un progrès quelconque est lente chez l'indigène. Il en sera du châtaignier comme il en a été de la pomme de terre et dans un autre ordre de choses, de la charrue française que nous sommes arrivés bien laborieusement à introduire dans ce pays. » La commission se réjouit tout de même d'un succès [157] : « Un indigène de Oulad Boufâa qui avait entouré de quelques soins un châtaignier que nous lui avions donné il y a six ans a récolté sur cet arbre un petit panier de châtaignes. Il les a mangées, en a fait goûter à quelques voisins et tous ont trouvé ce fruit excellent. » Ce petit panier est source de grande espérance pour la commission puisque plusieurs indigènes viennent alors demander des plants et que, pour ferrer le poisson, la commission imagine un stratagème assez comparable à celui des pommes de terre de Parmentier aux Sablons.

La commission d'El-Milia accuse les indigènes de manque de soin vis-à-vis des arbres donnés les années précédentes et restreint la distribution à deux plants par famille, plants qu'il est recommandé de planter à proximité des habitations et d'entourer d'épineux pour les protéger des animaux. En restreignant les libéralités, on espère rendre les châtaigniers précieux aux yeux des Kabyles. 600 arbres sont alors distribués dans six douars. Des visites de l'administration sont annoncées et les indigènes n'accordânt pas de soins assez attentifs à leurs arbres sont menacés de se voir refuser « toute nouvelle faveur », sans autre précision sur la nature des faveurs en question. L'administrateur Ch. Ménétret obtient également du préfet l'autorisation d'inscrire un crédit de 50 francs à son budget, crédit qui doit être réparti en primes de 5 francs attribuées dans chaque douar au castanéiculteur le plus méritant. On le voit, on ne dépasse guère la timide incitation et le résultat s'en ressent, puisque le châtaignier n'est injecté qu'à dose homéopathique dans le paysage de la Kabylie.

D'autres initiatives sont prises au début du siècle : 145 arbres plantés à l'école d'Icheridène en 1900, une pépinière constituée dans le jardin de l'école militaire de Larba Nathiratten (Fort-National) [158]. Tous les services officiels sont sollicités pour participer à l'œuvre de diffusion du châtaignier : administrateurs, forestiers, botanistes, enseignants et même militaires. Rien n'y fait et Rémond de se lamenter [159] : « Partout, des essais ont été faits sur des terrains rocailleux au sol maigre et dénudé, ne donnant qu'un peu d'herbe et quelques figues ; vingt ans après, leur revenu dépasse celui des meilleures terres de la région. Quel exemple pour nos Kabyles et cependant combien peu l'ont suivi ! » M. Rémond, responsable de la pépinière de Larba Nathiratten, remarque que beaucoup de femmes s'emparent des fruits tombés sur le chemin et s'empresse de leur dire : « Au moins si, sur quatre fruits que vous me prenez, vous en plantiez un ! Mais non, on croirait que c'est au-dessus de leur possibilité, qu'une force invincible les tient enchaînées. »

Une force invincible : c'est l'expression qui convient pour exprimer cette répugnance à l'arboriculture. Rémond rapporte une anecdote qu'il tient d'un caïd et qui éclaire singulièrement les mentalités. Vers 1915, dans une école, on distribue de jeunes noyers aux plus grands pour qu'ils les plantent et les cultivent. Les élèves, intimement persuadés que celui qui plante un noyer ou un châtaignier meurt lorsque l'arbre atteint la taille du cou du planteur, s'exécutent, mais tous les jours viennent remuer les jeunes plants dans le sol, tant et si bien que tous périclitent et que la malédiction est écartée. Que faire contre des obstacles culturels aussi solides ? Jean Delvert [160] a montré le caractère rudimentaire de l'arboriculture kabyle à propos d'un arbre pourtant mieux admis dans la tradition : l'olivier. On comprend qu'un nouveau venu comme le châtaignier ne déchaîne pas l'enthousiasme.

Dans le cas de la plantation scolaire, les élèves n'hésitent pas à avouer leur croyance en une tradition superstitieuse, mais les adultes se retranchent derrière de fausses excuses [161] : manque de temps pour l'arboriculture du fait des migrations de travail, risque de vol des fruits si les plantations ne se généralisent pas, absence d'obligation de planter. « Que de fois, note Rémond, revient ce refrain : la nécessité d'une contrainte. Combien attendent que le voisin commence en même temps qu'eux ! » Voilà qui éclaire et qui justifie pleinement *a posteriori* la politique génoise en Corse. Il est probable que des mesures autoritaires auraient entraîné de meilleurs résultats, mais elles n'auraient sans doute pas couvert d'arbres les montagnes du littoral algérien, car en ce début du XXe siècle, l'exode temporaire ou définitif des habitants est une solution facile. Le retournement de l'attitude des éleveurs corses du Delà-des-Monts pendant tout le XIXe siècle est une exception dans l'histoire récente des châtaigneraies. Trabut et Rémond, hommes de terrain qui écrivent entre les deux guerres, croient encore à un changement de la part des Kabyles. Ils proposent des mesures d'encouragement. M. Rémond suggère, par exemple [162], de vendre les plants, car « un arbre acheté est mieux soigné qu'un arbre donné. Ce dernier est-il même toujours planté ? » Mais de telles idées demeurèrent des vœux pieux.

Plantades ibériques

Dans sa thèse sur la Galice, Abel Bouhier [163] refuse de voir dans les phénomènes démographiques le « philtre magique » qui conditionne les faits agraires. Il est cependant incontestable qu'ils ont leur part, en Galice comme en Limousin, dans le fait que le stade de la préchâtaigneraie n'a jamais été dépassé. En 1587, les densités de population sont le plus souvent inférieures à 50 hab./km^2 dans le sud-est de la région — la partie la plus castanéicole — et dans un certain nombre de municipes, elles atteignent à peine 10 hab./km^2 [164]. La situation n'a guère évolué en 1752, au moment de la rédaction du *Catastro de la Ensenada*. A l'ouest de la Galice, au contraire, les densités sont un peu plus fortes à la fin du XVIe siècle et dépassent souvent, en 1752, 100, voire 125 ou 150 hab./km^2. Les conditions démographiques sont donc ici remplies pour que s'effectue le passage à la monoculture, mais les conditions naturelles ne l'exigent pas. Ces régions sont très propices à la culture du maïs qui, venant s'ajouter sur le littoral aux ressources de la pêche, permet à ces populations nombreuses de subsister sans trop de difficultés [165]. Au XIXe siècle, le recours à la monoculture n'est pas non plus nécessaire à l'est, car la pomme de terre permet de satisfaire tous les besoins. Outre que le nombre des bouches à nourrir ne l'exigea jamais, les conditions naturelles de la Galice intérieure (pentes, sols, climat) ne sont en rien comparables à celles du rebord sud-est du Massif central ou de la Corse. Tout concourt donc à maintenir une préchâtaigneraie en Galice au cours de l'époque moderne et du XIXe siècle.

Vers 1520, le châtaignier est très abondant dans les régions littorales, comme l'atteste le voyageur D. Fernando Colon [166], mais il est difficile de savoir s'il s'agit de châtaigneraies fruitières *(soutos mansos)* ou de taillis *(soutos bravos, brabádigos, terrestales)*. Qu'importe l'imprécision du texte : il y est trop question de châtaignier dans une région où il n'existe presque plus au milieu du XVIIIe siècle, lors de la rédaction du *catastro*.

Dans l'intérieur de la Galice, le châtaignier est également abondant au XVIe siècle. Son fruit constitue l'une des subsistances importantes du pays, aux côtés des céréales et, parfois, des produits de l'élevage. C'est, par exemple, le cas dans les *riberas*, les vignobles fluviaux étudiés par Alain Huetz de Lemps [167]. Ainsi, dans les années 1590, le Ribero de Avia, dans la région d'Orense, pratique la viticulture sur une grande partie de ses terres non vouées au *monte*. L'alimentation des habitants est assurée grâce aux céréales et aux châtaignes, ou même grâce aux châtaignes seules, comme à Vieite (Leiro). C'est un exemple assez rare de châtaigneraies vivrières associées à la vigne, alors qu'ailleurs en Espagne (Guipuzcoa, Gérona en Catalogne) ou dans le reste de l'Europe, ce sont plutôt des taillis échalassiers qui sont associés à cette culture. Paradoxalement, en Galice, les échalas manquent, et c'est l'un des problèmes de cette viticulture [168]. En amont du Ribero de Avia, la vigne perd peu à peu de son importance au profit des céréales et du châtaignier. Ainsi, à Sagra (Carballino), la valeur de la production annuelle de la paroisse se répartit ainsi en 1579 [169] : 17 % pour le vin, 43 % pour les céréales, 33 % pour les châtaignes, 7 % pour les 30 porcs élevés aux châtaignes, soit en réalité 40 % aux châtaignes. La situation est encore différente dans le vignoble du Rio Orense. La châtaigne vient loin derrière le vin, mais assez largement devant les céréales dans nombre de paroisses, telles Mugares, Piñor, Alongos et Toen, par exemple [170].

Depuis le Moyen Age, les versants abrupts de la basse vallée du Sil sont couverts de terrasses viticoles aménagées par les communautés monastiques ou sous leur impulsion. Sur les plateaux voisins, du seigle ou des pâtures occupent l'espace, selon l'épaisseur du sol. Entre ces deux types de terroirs, à proximité des villages perchés sur le rebord des vallées, « les bosquets de châtaigniers fournissent le bois nécessaire à la vie quotidienne, les échalas destinés aux vignes et surtout un fruit abondant qui tient une place essentielle dans l'alimentation [171] ». San Martin de Noguera, par exemple, récolte en 1579, outre du vin, 1 000 fanegas de seigle et 400 de châtaignes. Plus au nord, dans les régions méridionales de la province de Lugo, la situation s'inverse : les châtaignes viennent loin derrière les céréales. Ainsi, dans la haute vallée du Sil, à Abadengos de Osera y Chantada, les récoltes de 1579 se répartissent comme suit : 4 830 fanegas de seigle, 220 de blé, 175 de millet et 905 de châtaignes.

Dans les Asturies, la place du châtaignier est assez comparable à celle qu'il occupe en Galice. Aucune région ne pratique la monoculture. L'attrait de la viticulture commerciale est puissant et l'un des cas connus de plantation de châtaigniers concerne les environs de Gio, où l'échec de la constitution d'un vignoble en 1588 entraîne l'arrachage des ceps et leur remplacement par des labours céréaliers ou des arbres à pain [172]. Plus à l'est, dans la province de Santander, l'importance du châtaignier fruitier diminue encore [173]. Dans le Pays Basque, il est principalement cultivé pour son bois. Dans les forêts où il est associé au chêne, on pratique l'élevage porcin. Une ordonnance de 1548 oblige chaque communauté de la province de Guipuzcoa à planter 500 pieds de chêne ou de châtaignier, mais elle ne sera guère respectée [174].

Au sud de l'Espagne, l'arboriculture a bénéficié d'encouragements royaux sous le règne de Charles III, à la fin du XVIIIe siècle. A la suite de ces mesures, des plantations sont réalisées dans la Sierra Morena : d'oliviers dans les parties basses, de châtaigniers dans les parties hautes [175].

Au Portugal, dans le Trás-os-Montes, les mémoires paroissiaux rédigés par les prêtres en 1758 révèlent une situation analogue à celle que montre le *Catastro de la Ensenada* de l'autre côté de la frontière [176]. « La châtaigne, écrit Bodo Freund, est l'aliment de base le plus important après les céréales et le maïs. [...] Dans plusieurs régions, particulièrement vers Vinhais, la châtaigne a la même fonction alimentaire que le seigle. Elle représente un aliment important pour les couches les plus pauvres de la population. On décrit son importance en tant que succédané direct du pain (panification). » Mais au Portugal, comme en Espagne, le stade de la préchâtaigneraie n'est donc pas dépassé. Le maïs, puis la pomme de terre sont rapidement venus pallier les carences de la production de seigle.

DÉMOGRAPHIE ET PLANTADES

La comparaison des rythmes de plantation et de la place occupée par le châtaignier dans diverses moyennes montagnes d'Europe à l'époque moderne rend évidente la relation entre démographie et plantade. Vidal de La Blache [177], parlant de l'Europe entière, l'avait suggéré en 1921 : « Si la châtaigne ne joue plus aujourd'hui dans l'alimentation humaine le même rôle que lorsqu'elle suppléait en hiver à l'insuffisance des provisions de céréales, on voit encore, à la densité de population qui correspond à la châtaigneraie, la preuve de l'attraction qu'elle a exercée sur les hommes. » Bien d'autres auteurs également l'ont fait, en évoquant des situations régionales [178].

Abel Bouhier, on l'a vu, se déclare résolument opposé à ce type de raisonnement [179] : « En bref, et contrairement à une tendance de plus en plus répandue à l'heure actuelle, nous refusons de faire des états de " pression " ou d'" affaissement " démographique une sorte de philtre magique ou de *deus ex machina* capable, dans toutes situations, d'intervenir, de déterminer les faits, de conditionner les réactions, de régir les phénomènes et de fixer les résultantes. » Il est possible, en effet, que certaines transformations du

LE CHÂTAIGNIER DANS LE TRÁS-OS-MONTES EN 1758

(d'après Bodo FREUND, 1975)

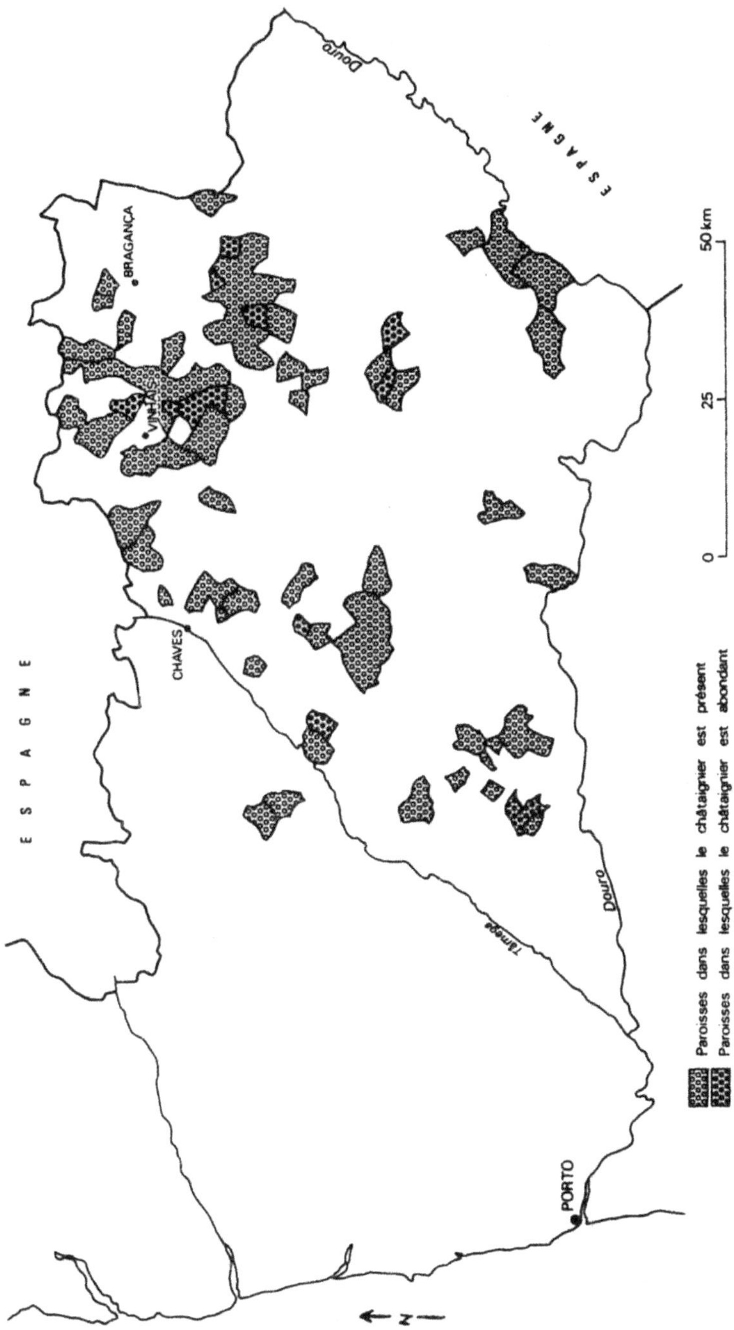

Fig. 24

paysage agraire et de l'économie rurale ne soient pas directement liées à la démographie, mais il paraît difficile d'exclure totalement ce facteur. Au pire, lorsqu'elle n'est pas cause, elle en est une résultante. Pour ce qui est des régions du châtaignier, il ne fait aucun doute qu'elle est cause première, et il faut se rallier sur ce point à la théorie générale développée par David Grigg [180] ou à la position adoptée par l'*Histoire de la France rurale*. Guy Fourquin [181] y cite E. Boserup pour l'approuver : « L'accroissement de la population est le principal facteur déterminant des changements en matière d'agriculture. »

Au XVIe siècle, dans bien des moyennes montagnes siliceuses de l'Europe méridionale, on est parvenu au stade de la préchâtaigneraie. Pourtant, seules quelques régions décollent jusqu'au stade de la châtaigneraie. Ce sont celles dans lesquelles la population s'accroît rapidement jusqu'à atteindre la centaine d'habitants au kilomètre carré, comme le bref tableau suivant le suggère. Les quatre exemples choisis concernent la deuxième moitié du XVIIIe siècle, car c'est alors seulement que l'on dispose de statistiques démographiques à peu près fiables et que le grand mouvement de plantade commence à ralentir.

Souvent, au Moyen Age, à l'époque moderne et même au XIXe siècle, la croissance démographique contraint les paysanneries européennes à recourir à la vieille recette de l'extension de l'espace cultivé, pratiquée sur des terroirs de moins en moins riches à mesure que diminue la superficie du *saltus* [182]. Viennent parfois

Tableau n° 6 : *Les densités de population dans deux préchâtaigneraies et deux châtaigneraies dans la deuxième moitié du XVIIIe siècle.*

	Date	Densité de pop.	Source
1. *Préchâtaigneraies*			
A. Ségalas, Lévezou Châtaigneraie	1771	40 hab./km²	Meynier, 1931
B. Sud-Est de la Galice	1752	10 à 50	Bouhier, 1979
2. *Châtaigneraies*			
A. Cinq provinces les plus castanéicoles du Piémont (*)	1750	94	Prato, 1908
B. Castagniccia	fin XVIIIe	env. 100	Defranceschi, 1978
dont Piedicroce	1786	141	"

(*) Mondovi, Alexandrie, Albe, Ivrée, Coni.

s'ajouter les ressources de l'émigration temporaire et des industries rurales [183]. *Mais le passage à la châtaigneraie est une véritable révolution agricole par intensification de la production sur un espace cultivé stable dans son étendue.* En cela, le châtaignier entre dans la même catégorie que le maïs, la pomme de terre, la luzerne ou les plantes sarclées. Il est une réponse remarquablement bien adaptée et contribue à éloigner des régions qui l'adoptent le spectre de la famine, et ce, jusqu'à l'arrivée de cultures nouvelles ou jusqu'à la déprise humaine de la période industrielle. L'originalité du châtaignier par rapport aux autres plantes de la grande évolution agricole de la fin de l'époque moderne, c'est qu'il est déjà connu des populations qui en étendent la culture. S'il y a diffusion de certains greffons de qualité à travers toute l'Europe et si l'on peut citer un cas de diffusion des techniques de culture, celui de la Ligurie génoise vers la Corse, le passage des céréales au châtaignier, qu'il se produise dans le cadre d'une préchâtaigneraie ou dans celui d'une châtaigneraie, s'effectue *in situ* et simultanément en plusieurs régions d'Europe.

DEUXIÈME PARTIE

Les usages traditionnels

CHAPITRE IV

La culture du châtaignier fruitier

Conduite et aspect des vergers

Implantation des arbres

Un châtaignier destiné à produire du fruit n'est pas nécessairement un arbre planté sur un emplacement sciemment choisi [1]. Sur les pentes les plus fortes non aménagées en terrasses ou sur les sols les plus maigres, il n'est pas rare que la greffe soit pratiquée sur un arbre vigoureux poussé spontanément. C'est le cas, par exemple, dans les régions les plus élevées du Vivarais, car, entre 500 et 800 mètres d'altitude, l'arbre que l'on plante risque toujours de mal venir [2].

Le plus fréquemment, l'arbre est malgré tout obtenu à partir d'un plant qui peut lui-même provenir d'un bouturage (rarement), d'un marcottage [3] et surtout d'un semis de châtaignes. Certains auteurs recommandent le semis en place définitive. Miller, Daubenton [4] et l'abbé Rozier en sont tout à fait partisans. Ce dernier [5] en développe les avantages : « Il serait absurde de défricher une étendue considérable de terrain, dans la seule vue de planter des châtaigniers à vingt, trente ou quarante pieds les uns des autres. » Il faut donc semer les châtaignes à 3 pieds de distance (un mètre environ) les unes des autres, puis, au terme de trois ou quatre ans, supprimer un rang sur deux, puis, après huit ans, encore un rang sur deux, et enfin répéter cette opération vers dix ou douze ans : les arbres sont alors éloignés de 48 pieds, soit environ 16 mètres. Au fur et à mesure des éclaircissements, on obtient donc des plants qui peuvent, éventuellement, être repiqués ailleurs ou bien du bois destiné à la confection d'échalas ou de cerceaux. « Dès lors, ajoute l'abbé Rozier, le terrain n'aura pas été employé inutilement. » L'inconvénient de ce système, comme de toute pépinière ordonnée, est qu'il favorise la destruction par les rongeurs des châtaignes semées [6] : « Si les mulots, les taupes, et autres animaux très friands des châtaignes, gagnent un sillon, ils le suivront d'un bout à l'autre,

CONSTITUTION D'UNE CHÂTAIGNERAIE PAR ÉCLAIRCISSEMENTS SUCCESSIFS

Selon la méthode de MILLER (cité par DAUBENTON, 1753, p. 238) et l'Abbé ROZIER, 1783, p. 162

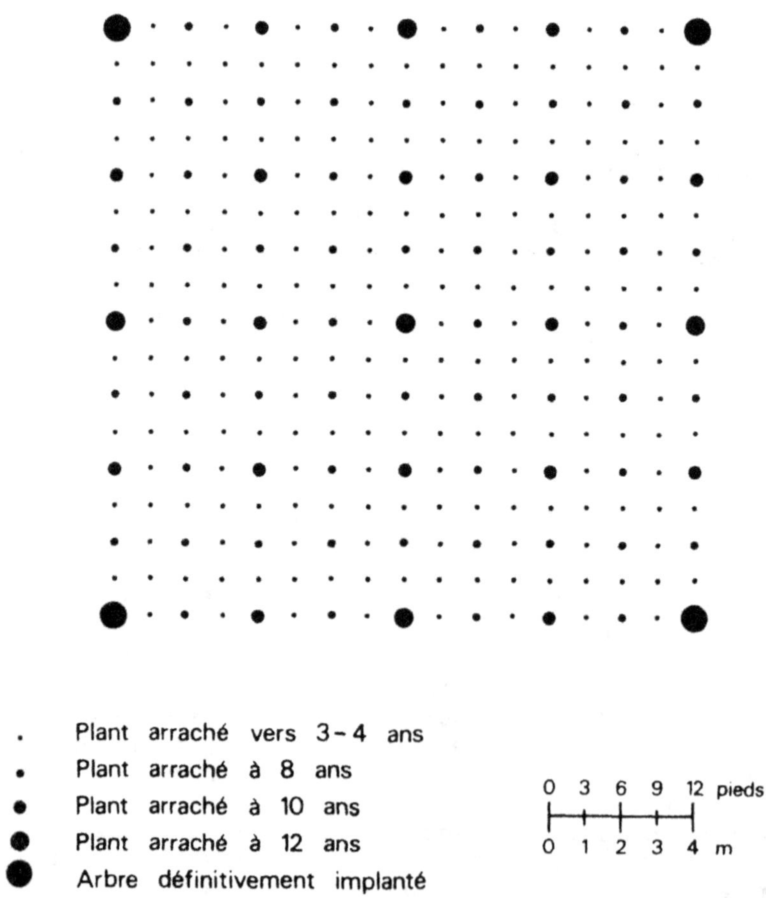

Fig. 25

de manière que le sillon reste vide. » On peut pallier ce risque en semant à la volée, mais dans ce cas, la distance de 3 pieds est beaucoup plus difficile à observer. L'abbé Rozier recommande donc de creuser de petites fosses tous les 6 pieds et de planter les châtaignes en les disposant en croix dans la terre, en formant un petit talus autour de la fosse. Après une année, on ne conserve que le plus vigoureux des plants qui auront ainsi germé.

Plus généralement, le jeune châtaignier démarre en pépinière avant d'être transplanté. La littérature concernant les pépinières est très abondante. Depuis le Moyen Age jusqu'au XXe siècle, les prescriptions ne diffèrent guère de celles que l'on peut lire chez les agronomes latins. Pierre de Crescens [7], par exemple, reprend à peu de chose près Pline et Palladius : on sème en novembre ou décembre et, si l'on préfère semer en février, on conserve jusque-là de grosses châtaignes bien mûres dans du sable de rivière et on vérifie leur bon état en les plongeant ensuite dans de l'eau pour ne conserver que celles qui s'engloutissent. La pépinière est labourée au *pastinum* avant d'être ensemencée.

Les auteurs du XVIIIe siècle auxquels s'ajoutent les usages locaux tels que les décrit l'enquête impériale de 1811 [8] ne diffèrent que par des nuances qui tiennent au mois idéal du semis, à la manière de conserver les châtaignes jusqu'à la fin de l'hiver lorsqu'on a choisi de ne pas semer à l'automne, à la manière de vérifier leur état après ces quelques mois de conservation, au mode de préparation du sol, à la distance entre les graines et entre les sillons, enfin à la durée du séjour du plant dans la pépinière. Les divergences les plus grandes apparaissent à propos du choix des châtaignes à semer — faut-il les prendre grosses ou petites provenant d'arbres non greffés ? — et du sol de la pépinière — doit-il être riche ou bien pauvre [9] ? La pépinière est généralement enclose d'un talus et d'une haie morte (les racines des arbres d'une haie vive nuiraient aux jeunes plants) qui la protègent contre la dent du bétail [10]. Par ailleurs, tous les auteurs s'accordent à recommander l'arrosage en cas de sécheresse.

Pendant ce temps, le sol de la parcelle choisie pour l'implantation définitive doit être préparé. L'idéal est d'y cultiver des plantes sarclées pendant deux ou trois ans, de telle manière que le sol soit complètement débarrassé des mauvaises herbes [11]. La transplantation s'effectue à un âge qui varie de deux à quinze ans selon les auteurs et les régions. Dans les préchâtaigneraies (Limousin, Bretagne), elle est tardive, tandis qu'elle est plus précoce dans les grandes châtaigneraies du Piémont, de la Ligurie ou du sud du Massif central [12].

Après extraction soigneuse d'un jeune arbre en automne ou en hiver, l'appareil radiculaire étant intégralement préservé, la mise en place définitive s'effectue dans un trou assez profond [13]. Le pralinage des racines est conseillé. La distance entre les arbres varie d'une région à l'autre. Pour le comte de Gasparin [14], la richesse du sol joue beaucoup : « L'étendue que prendra la cime des arbres doit régler la distance à mettre entre eux dans la plantation, et elle est tout à fait surbordonnée à la qualité du sol. Sur les pentes rocheuses des montagnes, nous trouvons de petits châtaigniers peu développés, tandis que plus bas, au fond des vallons, ils peuvent acquérir des dimensions énormes. Si le sol a peu de profondeur, on pourra planter les châtaigniers à 8 mètres les uns des autres ; mais si la fouille met au jour une terre meuble, fraîche et d'une profondeur indéterminée, cette distance ne doit pas être moindre de 15 à 20 mètres. » Dans un document limousin (annexe n° 10), établi en

Photo 10 : *Mise en place définitive d'un plant de châtaignier à la fin du Moyen Age. Gravure sur bois extraite de Pierre de Crescens :* Civis cononierii in commodii ruralium cum figuris libri duodecim, *Paris, 1486 (exemplaire de l'Institut National Agronomique). L'arbre a déjà sept ou huit ans. Les branches basses ont été élaguées (peut-être avec la serpe accrochée à la ceinture du paysan), de manière à lui donner un port harmonieux. Le trou de plantation a été creusé à l'aide du* pastinum *visible au premier plan. Pour permettre une reconnaissance de l'espèce, l'artiste a laissé ses feuilles à l'arbre, mais il va de soi qu'au moment de la transplantation (fin de l'automne ou hiver), l'arbre n'a guère plus de feuilles que ceux qu'on aperçoit à l'arrière plan. On remarquera la suggestion du milieu naturel : pente forte, rochers énormes.*

Tableau n° 7 : *Densités d'implantation des arbres dans diverses régions.*

Date	Régions	Densité à l'hectare	Source
Coutume	Corse (Pastricciola)	12 (*)	A.D. Corse du Sud, 2 *0*
XVIIIe s.	France	40	Daubenton, 1753 ; Abbé Rozier, 1783
1742	Limousin	58 à 225	Document sur la taille (A.D. Corrèze, 6 F 33)
Déb. XIXe	Toscane (Arezzo)	43	Gennai, 1963
1801	Toscane	177	Simonde, 1801
1840	Limousin (Hte-Vienne)	100 à 140	J.A. Barral, 1884
1863	France	25 à 156	Cte de Gasparin, 1863
1864	Italie du Nord	150	Gustave Heuzé, 1864
1890	Limousin (Corrèze)	100 à 250	A.D. Corrèze, M 1212
1922	Auvergne (Chantal)	86 à 215	A.D. Cantal, 150 M 1
1935	Toscane (Pistoia)	100 à 125	Modena, 1935
1975	Toscane (Lucques)	100	Oscar Borelli (conversation)
1976	Vivarais (Vesseaux)	100	Enquête directe

(*) Selon l'usage immémorial de cette commune, personne ne peut planter un châtaignier à moins de 40 mètres d'un autre, c'est-à-dire « la distance que l'on peut jeter avec violence un instrument que l'on nomme *rostaja* [serpette] autour de l'arbre ». C'est ce que précise la délibération du conseil municipal du 13.7.1853 (A.D. Corse du Sud, 2 *0* Pastricciola).

1742 en vue d'une réforme de la taille, on se rend compte qu'à l'intérieur même d'une région la densité des arbres peut varier dans de très grandes proportions. Le tableau précédent montre quelques exemples de cette diversité dont découlent les paysages.

Mais ce problème de densité des arbres ne se pose que dans le cas de parcelles dévolues totalement ou en complantage dense au châtaignier. Bien d'autres possibilités s'offrent à l'arboriculteur. Voici les différentes places que l'on peut accorder au châtaignier fruitier dans le paysage (fig. n° 10). Depuis l'Antiquité, il est très souvent planté auprès des habitations où il fournit de l'ombrage et d'agréables fruits d'automne. On le trouve dans cette disposition dans toute l'Europe, y compris dans des pays comme

PLACE DU CHÂTAIGNIER FRUITIER DANS LE PAYSAGE

		Exemple de localisation
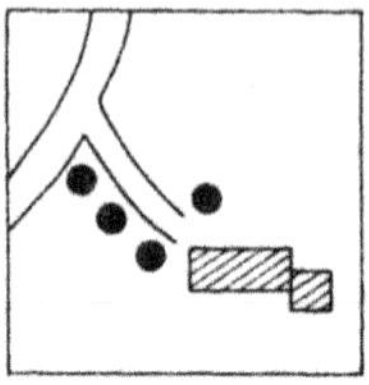	isolé ou en petit groupe, près d' une habitation	dans toute l' Europe
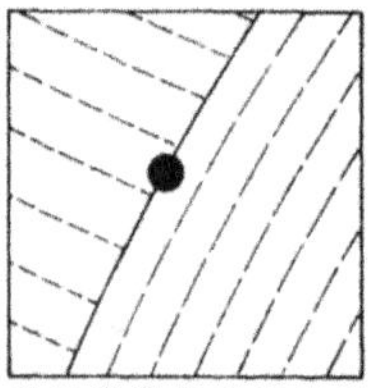	isolé en limite de parcelle	vignoble bordelais
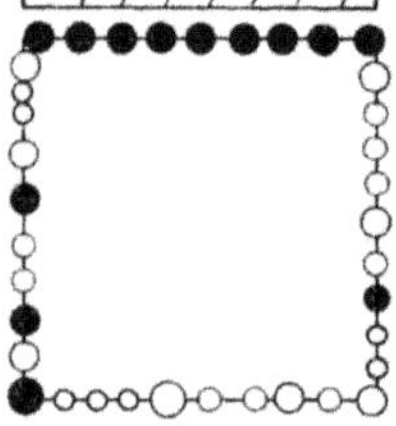	en limite de parcelle, sur un talus, au milieu d' essences variées ou en exclusivité	Bretagne, Angleterre
	en limite de parcelle, à l' intérieur du talus ou de la clôture de pierre	Galice (région de Friol-Lugo)
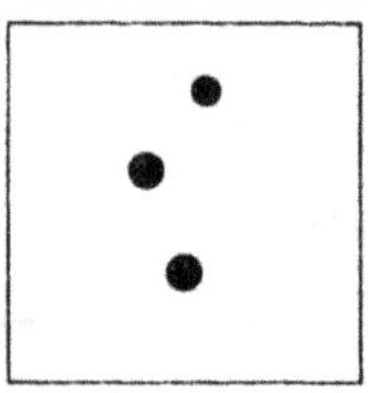	en complantage très lâche au milieu d' une parcelle	Europe du sud, Pyrénées ariégeoises, Toscane
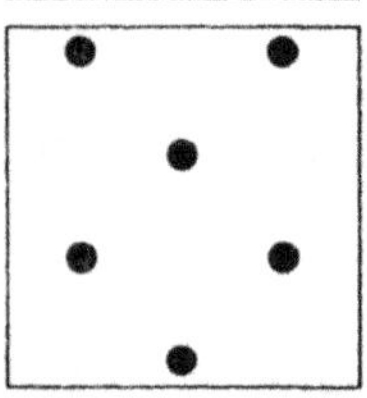	en verger lâche avec complantage (céréales, vigne, cultures fourragères)	Trás-os-Montes
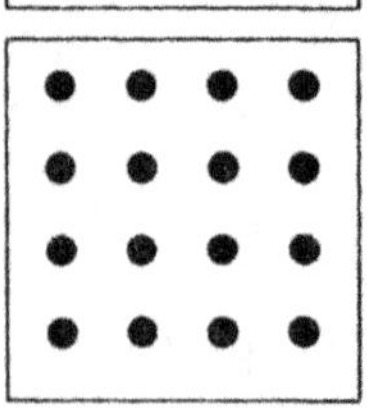	en verger dense (forêt-verger) sans complantage	dans toute l' Europe du sud

● = 1 châtaignier

Fig. 25 b

Photo 11 : *Petit groupe de très vieux châtaigniers près d'une ferme à Saint-André-en-Vivarais (Ardèche).*

Photo 12 : *Arbres plantés aux limites des parcelles, à l'intérieur de celles-ci, le long des murs du bocage de pierre (Friol, Galice).*

Photo 13 : *Gros châtaignier isolé, en limite de parcelle, dans un secteur remembré de la région de Ploërmel (Morbihan).*

Photo 14 : *Arbres plantés aux limites des parcelles, à l'intérieur de celles-ci, le long des murs du bocage de pierre (Friol, Galice).*

Photo 15 : *Belle châtaigneraie adulte, en ordre assez lâche (Trabazos, près de Zamorá, Léon).*

Photo 16 : *Jeune châtaigneraie en ordre serré, avec rideaux de culture entre les rangées d'arbres (Solofra, La Consolazione, Campanie).*

Photo 17 : *Beau verger âgé mais parfaitement entretenu à Juillac (Corrèze). Photo L. Boutin.*

l'Angleterre ou la Belgique où il mûrit ses fruits irrégulièrement. Il était jadis très répandu sous cette forme à la périphérie de taillis de la région parisienne : à Robinson, par exemple, où des guinguettes étaient installées dans les branches. On peut encore en voir d'énormes autour des ruines de l'auberge du « Lapin Chasseur » à Saint-Prix (Val-d'Oise).

Isolé, en limite de parcelle, il est assez répandu en Bordelais, mais aussi en Bretagne et dans diverses régions de l'Europe atlantique. Il est souvent, dans ce cas, relictuel, ayant été maintenu pour son esthétique, et éventuellement son ombrage, à l'issue des remembrements [15].

Dans tous les bocages atlantiques, le châtaignier tient une place importante. Le plus souvent, il est mélangé à d'autres essences utiles (ormes, coudriers, chênes, fruitiers divers, etc.). A condition d'être étoffé dans le bas, il peut participer au rôle de brise-vent des haies. C'est tout au moins l'avis de Dominique Soltner [16], mais on sait à quel point cette fonction des haies est discutable dans les milieux océaniques, puisque les régions les plus ventées de la Bretagne sont les moins bocagères. En Angleterre, en Normandie ou en Bretagne, l'arbre est le plus souvent planté sur le talus, mais, exceptionnellement, peut se trouver contre ce dernier, à l'intérieur de la parcelle [17]. En Galice, en revanche, c'est l'inverse, phénomène qui s'explique par le fait que beaucoup de clôtures ne sont pas des talus, mais des alignements de hautes pierres plates dressées ou des murs de pierre sèche.

Dans maintes régions du sud de l'Europe, les arbres, isolés ou en bouquets, sont complantés au milieu d'une parcelle cultivée en céréales, en vignes ou en fourrages. Avec la modernisation de l'agriculture et les remembrements, cette disposition a tendance à disparaître. On la rencontre encore dans le Sud-Ouest aquitain, en Toscane (au milieu des vignes du Chianti) ou en Galice.

Les parcelles complantées dans lesquelles les châtaigniers sont relativement denses (de 50 à 100 à l'hectare, pour donner un ordre de grandeur) sont actuellement rares. Les plus caractéristiques se situent dans le Trás-os-Montes. Elles ont été beaucoup plus fréquentes jadis, tant dans les jeunes plantations [18] que dans les châtaigneraies adultes [19]. Ce type de paysage sera analysé plus loin.

Enfin viennent les châtaigneraies pures, vergers denses dont le feuillage d'arbres adultes ombrage presque totalement le sol. Elles se rencontrent dans toute l'Europe, au sud d'une ligne approximative Poitiers-Lyon-Saint-Gothard-Dolomites-Ljubljana, avec, naturellement, des exceptions au nord. Selon la nature du sol et l'âge des arbres, la densité de ceux-ci varie de 50 à 250 à l'hectare [20].

Taille et forme des parcelles

Le parcellaire des plantations des deux dernières catégories qui viennent d'être évoquées varie considérablement d'une région à l'autre, et même à l'intérieur des finages, voire des terroirs. Son étude et son interprétation sont très délicates. Au pire, il est inexistant. C'est le cas, par exemple, de la Corse, où a fonctionné pendant longtemps le système de la propriété arboraire distincte de celle du sol qui, lui, peut être commun [21]. Dans la Toscane du début du XIXe siècle étudiée par Sismondi [22], la situation n'est guère plus claire : « L'on ne mesure jamais les bois de châtaigniers, aussi les estime-t-on en les vendant, non pas d'après leur étendue, mais d'après le nombre de sacs de marrons qu'ils produisent, ce qui dépend non seulement de leur extension, mais de leur exposition plus ou moins chaude, de l'élévation des châtaigniers, et d'autres circonstances semblables, surtout de leur espèce, car quoiqu'ils soient presque tous entés, l'on en cultive sept ou huit variétés qui ne produisent pas toutes également. »

Une très grande diversité parcellaire est atteinte en Galice, dans la région des grands *openfields* de l'extrême sud-est. Ils ont été minutieusement étudiés par Abel Bouhier [23]. On distingue d'abord les *soutos*, microparcellaires à contours curvilignes, chaque parcelle ne dépassant pas quelques ares et ne contenant que quelques arbres, parfois même un seul. Ils correspondent probablement à d'anciennes terres communes sur lesquelles les paysans ont planté des arbres. L'appropriation tardive des terres a entraîné la formation de parcelles réellement adaptées aux arbres et dont les courbes correspondent évidemment à l'aire radiculaire et à l'ombre du feuillage. D'autre part, à la périphérie de ces *soutos*, on trouve des parcelles allongées, voire des groupes de lanières, mêlés à des parcelles massives sur lesquelles les arbres sont disposés parfois en lignes, parfois irrégulièrement et plus ou moins en complantage céréalier. C'est la trace de plantations qui ont pris la place de labours (seigle) ; Abel Bouhier estime que cette substitution s'est produite au XXe siècle. Le plus souvent, ces plantations sont proches des habitations.

L'analyse des parcellaires du Limousin et du Cantal (tableau n° 8) montre que les châtaigneraies ne diffèrent guère, par leur forme, des labours ou des prés : elles sont massives et à contours irréguliers et réparties de manière homogène sur l'ensemble des finages. Leur taille moyenne correspond, à quelques ares près, à celle des autres parcelles, mais ce chiffre cache une grande diversité de superficies. A Leynhac, en 1834, la plus grande châtaigneraie atteint 5 ha 4 a 80 ca et la plus petite 4 ares seulement, tandis que la plus grande terre labourable atteint 2 ha 23 a 60 ca et la plus petite 1 a 20 ca. A Espagnac, même rapport : 7 ha 11 a et 1 a 20 ca pour les châtaigneraies ; 6 ha 42 a 20 ca et 1 a 30 ca pour les terres.

Dans d'autres régions, comme au lieu-dit Marro de Chiusa di Pesio en Piémont ou aux Chaussadenches de Vesseaux en Vivarais (fig. n° 73, annexe II), les parcelles sont plutôt massives, mais certaines d'entre elles sont laniérées ; les petites et les grandes sont mêlées.

Si les techniques de l'arboriculture traditionnelle n'imposent pas de taille idéale pour une parcelle portant des châtaigniers, la

Tableau n° 8 : *Superficies moyennes des parcelles en Châtaigneraie cantalienne et en Limousin dans la première moitié du XIXe siècle.*

Affectation	LEYNHAC Cantal (*)	ESPAGNAC Corrèze (**)
Châtaigneraie	79 ares	70 ares
Terre	63	66
Pré, pâture	50	63
Bois	43	63
Bruyère	31	57
Jardin	2	3

(*) Cadastre de 1834, Section H, feuille 3, parcelles 504 à 689. A.D. Cantal. État de section 3 P 560.
(**) Cadastre de 1835, Section B, feuille 1, parcelles 1 à 433. A.D. Corrèze. 1 E Dép. 75/6.

pente, en revanche, conduit assez souvent à l'aménagement de terrasses. Celles-ci ne sont réellement indispensables que sur les versants les plus abrupts. C'est le cas, par exemple, à Castagnetto del Principe, sur le flanc nord du Vésuve. L'inclinaison atteint parfois 60 ° et les arbres poussent sur de très étroites banquettes de moins d'un mètre de large, retenues par des troncs et des piquets. Ces banquettes sont elles-mêmes très fortement inclinées et disposées en épis de manière à permettre l'ascension dans les plantations. Dans un certain nombre de régions, les terrasses existent sur des pentes moyennes, car elles sont antérieures à la plantation des arbres et elles correspondent donc aux nécessités de l'ancienne céréaliculture. En Vivarais, par exemple, il n'y a pas de relation absolue entre la pente des châtaigneraies et leur aménagement en terrasses [24]. En Corse, où la plantade s'est effectuée souvent sur d'anciens terrains de parcours, les terrasses sont rares. Dans les Cévennes, en 1586, les « murailhes » que fait réparer le seigneur de Barjac dans ses châtaigneraies [25] peuvent fort bien être antérieures aux arbres et celles qu'il fait construire peuvent ne concerner que les versants les plus fortement en pente. Il faut aussi reconnaître que le travail demandé par la construction de terrasses explique que l'on s'en soit souvent dispensé. Mais lorsque de tels aménagements existent, la culture en tire beaucoup de profit. Les eaux de pluie ruissellent moins, le sol, tout en se maintenant mieux, demeure plus humide, l'humus s'accumule sur place. De plus, la récolte est plus facile, car les bogues ne dévalent pas les pentes dès leur chute.

D'ailleurs, ces avantages peuvent être obtenus par de simples banquettes ou rideaux de culture engazonnés, ou bien par des petites murettes semi-circulaires entourant chaque arbre. Ces solutions plus simples et moins coûteuses ont été utilisées en Tos-

LE PAYSAGE DU PLATEAU DU SUD-EST LIMOUSIN EN 1835 :

ESPAGNAC (CORREZE)

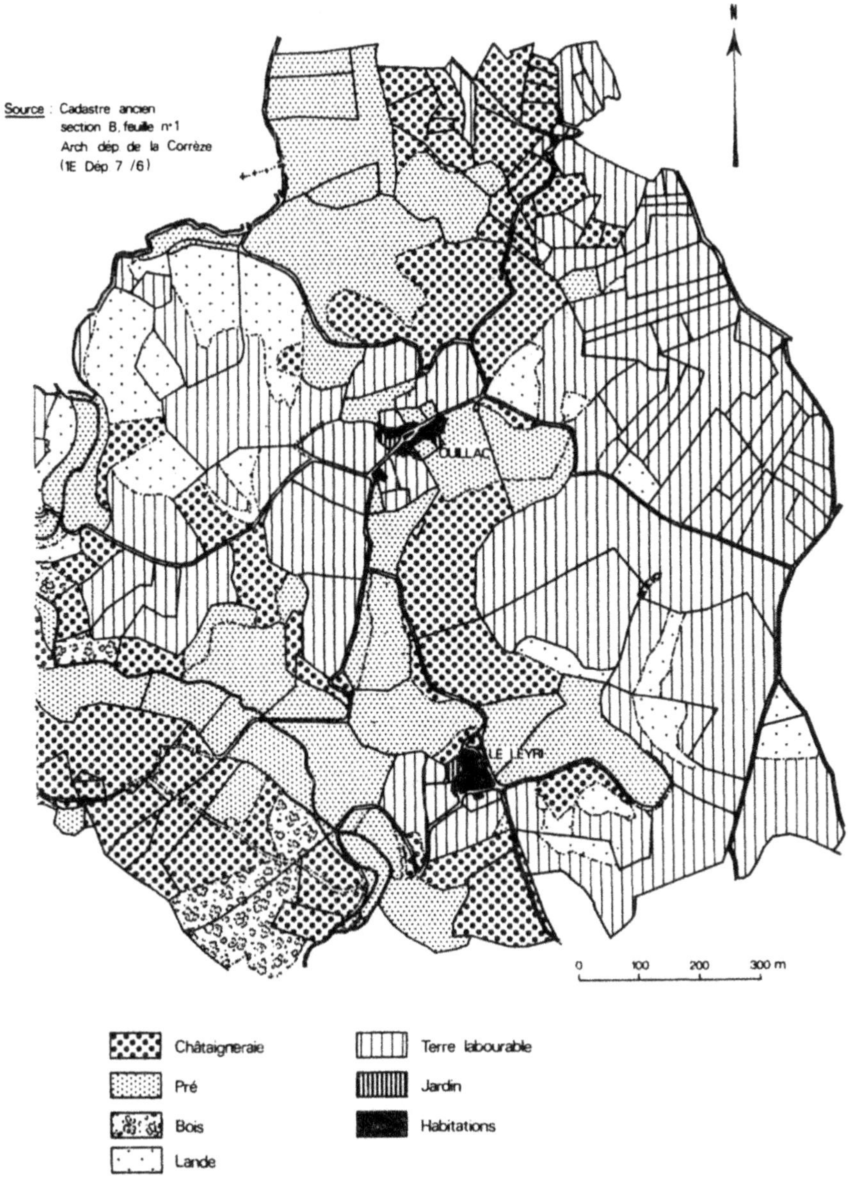

Fig. 26 a

LE PAYSAGE DE LA "CHÂTAIGNERAIE" CANTALIENNE EN 1834 :
LEYNHAC (CANTAL)

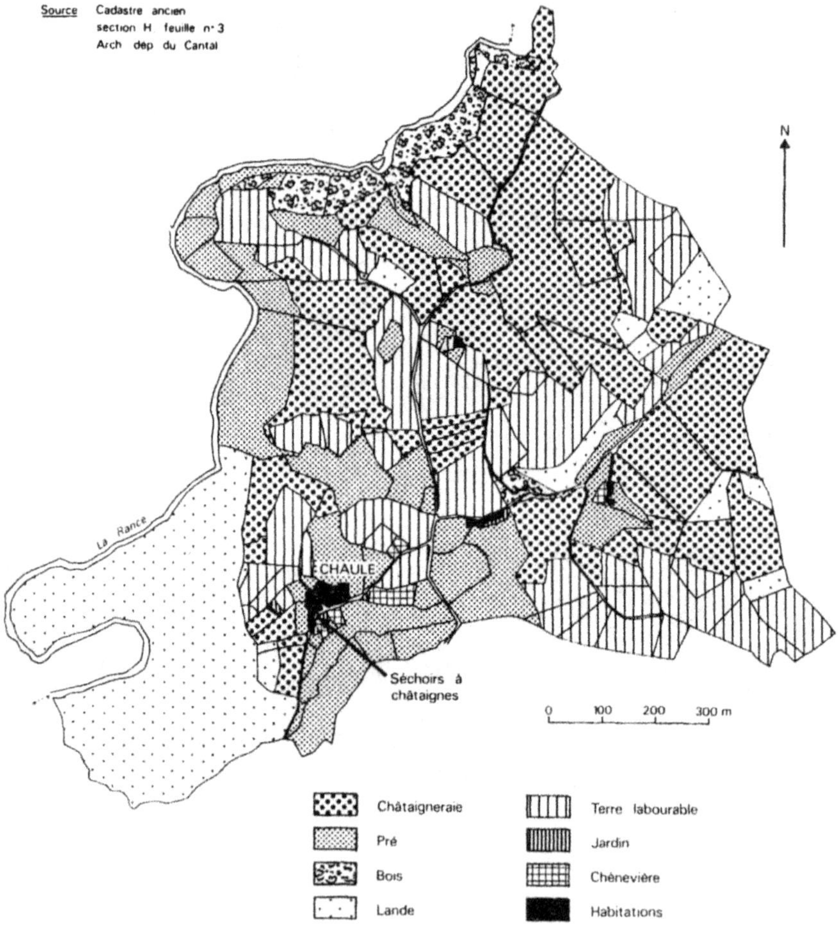

Fig. 26 b

TYPES DE PLANTATIONS DE CHÂTAIGNIERS SUR PENTES FORTES

Châtaigniers sur pente forte sans terrasses
Plantation en ordre irrégulier
VILA VERDE (TRÁS-OS-MONTES – PORTUGAL)
d'après photo

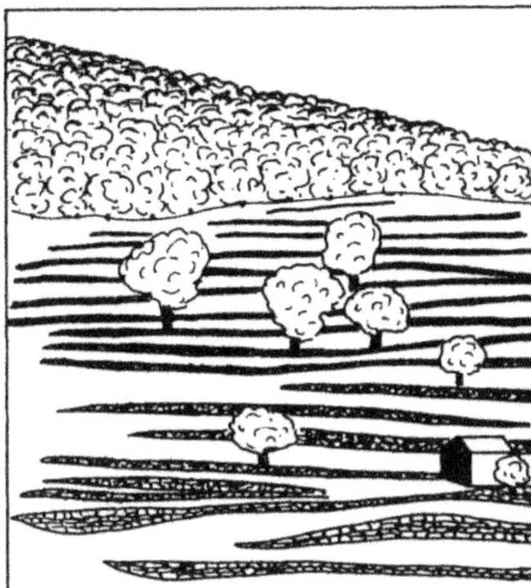

Terrasses cultivées et complantées de quelques châtaigniers
FREYSSENET (ARDÈCHE)
d'après photo

Châtaignier protégé du ruissellement par une murette demi-circulaire
TOSCANE
d'après L. PICCIOLI (1902, p. 189)

Châtaigneraie en terrasse
LE NOGIER-VESSEAUX (ARDÈCHE)
d'après photo

Fig. 27

Photo 18 : *Beau verger irrigué, sur pente faible ne nécessitant aucun aménagement (Cea, Près d'Orense, Galice).*

Photo 19 : *Terrasses abandonnées (jadis labourées et cultivées en céréales), complantées de quelques châtaigniers à Freyssenet, sur le rebord du Coiron (Ardèche). A droite : un séchoir à châtaignes en bon état ; à gauche, les ruines de deux autres bâtiments à même vocation.*

Photo 20 : *Aménagements spectaculaires sur la très forte pente du flanc nord du Vésuve à Castagnetto del Principe (Campanie). Les étroites terrasses sont disposées en zigzag pour permettre l'ascension du versant. Chacune d'entre elles est retenue par un rondin, lui-même retenu par des pieux fichés en terre.*

Photos 21 et 22 : *Châtaigneraies très bien entretenues sur pente forte, sans aucun aménagement pour atténuer celle-ci, à Vila Verde, près de Vinhais (Trás-os-Montes). Le complantage céréalier est pratiqué sur plusieurs parcelles. On le voit sur la photo n° 22, en bas et à gauche, ainsi qu'en haut du versant, dans la jeune plantation. C'est ainsi qu'il faut se représenter le paysage des « terre et châtaigneraie » du cadastre des Chaussadenches au* XVe *et au* XVIe *siècle.*

Photo 23 : *Jeunes châtaigneraies plantées sur une pente très forte, aménagée par de simples rideaux de culture. Solofra, près d'Avellino (Campanie).*

Photo 24 : *Châtaigneraies sur pente forte aménagée par des rideaux de culture plus ou moins prononcés. Antraigues (Ardèche).*

Photo 25 : *Parcelles complantées de châtaigniers et de seigle à Chaves (Trás-os-Montes). Les photos sont prises en septembre, après la moisson. Un labour a déjà été pratiqué. Le substrat géologique est granitique (remarquer les grosses boules qui affleurent) et le sol se développe à partir d'une arène d'épaisseur variable.*

Photo 26 : *Parcelles complantées de châtaigniers et de seigle à Chaves (Trás-os-Montes). Les photos sont prises en septembre, après la moisson. Un labour a déjà été pratiqué. Le substrat géologique est granitique (remarquer les grosses boules qui affleurent) et le sol se développe à partir d'une arène d'épaisseur variable.*

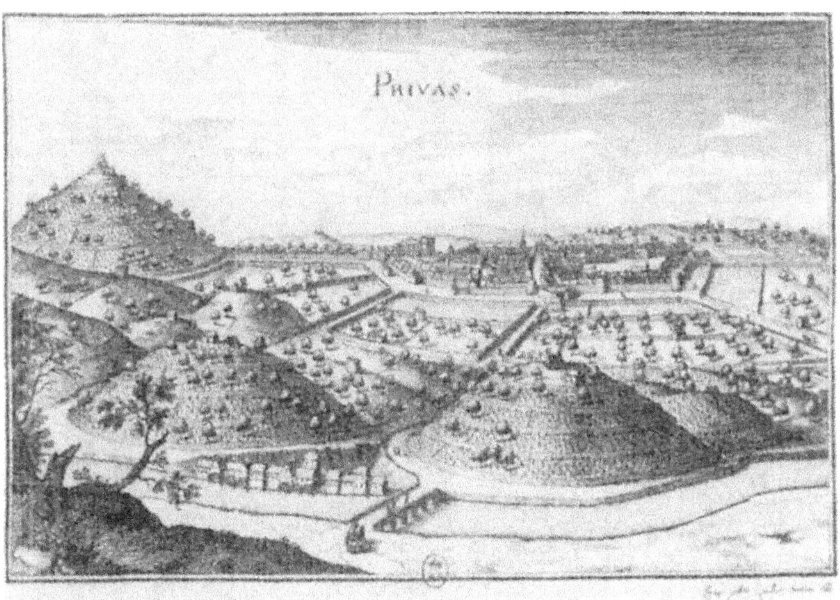

Photo 27 : *Privas (Ardèche) en 1661. Des châtaigniers (et peut-être aussi quelques mûriers) sont plantés au milieu des jardins de la première auréole périurbaine et des vignes de la deuxième auréole. Photo B.N.*

Photo 28 : *Complantage vignes-oliviers-châtaigniers dans les collines du Chianti (Toscane).*

Photo 29 : *Complantage châtaigniers-pommes de terre à Rebordelo (Trás-os-Montes).*

cane [26]. Sismondi les décrit avec minutie [27], montrant que la murette semi-circulaire n'est bâtie qu'en cas de risque d'érosion : « Seulement toutes les fois que le terrain est entraîné par les eaux, on élève une petite muraille sèche pour le soutenir ; toutes les fois que quelque vieux châtaignier a péri, ou qu'il s'ouvre quelque vide dans lequel on en puisse planter un nouveau, on commence par former une petite terrasse comme dans les collines, que l'on soutient avec des gazons, pour que le jeune arbre ne soit pas déraciné par la violence des pluies. Ces soins répétés ont donné aux bois de châtaigniers une ressemblance grossière avec les olivettes. On voit dans les uns et les autres au lieu d'une pente rapide et uniforme un terrain soutenu par degrés, et entremêlé de repos et de talus ; mais il s'en faut bien que l'on trouve autant d'industrie et de régularité dans les terrasses de la montagne que dans celles de la colline ; aussi cette régularité et ce grand travail n'y seraient pas nécessaires. Comme l'on ne sème ni ne laboure jamais le sol au dessous des châtaigniers et qu'on l'abandonne à lui-même, il se recouvre ordinairement de gazon, qui sert à le soutenir, en même temps qu'il nourrit le bétail. » Admirable description dans laquelle la création et le fonctionnement du paysage agraire sont parfaitement démontés !

Part des châtaigneraies dans les terroirs et les finages

Cette question a déjà été évoquée à propos de l'histoire des plantades et il en sera encore question à propos du déclin de l'arbre à pain, mais il importe ici de se rendre compte que très rares en Europe sont les finages essentiellement occupés par le châtaignier. On les rencontre dans certaines parties du Vivarais, des Cévennes, de la Castagniccia, de la Ligurie et du Piémont. Des descriptions lyriques en ont été données, car de tels paysages sont surprenants. A propos des pentes cévenoles, Paul Vidal de La Blache [28] écrit : « Leurs flancs ruisselants d'éboulis luisent au soleil, dans les intervalles que ne couvre pas l'ombre des châtaigniers. » Jean Lorrain [29] et Raoul Blanchard [30] ont trouvé des accents aussi vibrants en écrivant sur la Castagniccia (annexe n° 9).

Dans les préchâtaigneraies, les plantations peuvent occuper des terroirs entiers, comme c'est le cas en Campanie ou en Galice, ou bien encore dans le Trás-os-Montes, mais, le plus souvent, elles sont mêlées, comme on l'a dit, aux autres cultures : c'est le cas à l'ouest du Massif central, un pays, comme le décrit joliment Giraudoux [31], « à ruisseaux et à collines, avec des champs et des châtaigneraies comme des rapiéçages [...], car c'était un pays qui avait beaucoup servi déjà... » Il est certain que rapiéçage convient beaucoup mieux que le « riche vêtement des châtaigniers » et le « magnifique manteau sous lequel le Limousin dérobe ici sa nudité » d'Arthur Young [32], ou bien le « vert manteau » de Duclos et Lavergne [33]. De telles exagérations poétiques qui se retrouvent également dans la littérature régionaliste actuelle s'expliquent autant par le fait que le châtaignier donne sa personnalité au Limousin et au reste du rebord occidental du Massif central, que par le rôle providentiel de son fruit pour les familles les plus pauvres de ces provinces : illusion optique et reconnaissance.

A propos de la place des arbres dans les paysages, le complantage mérite quelques éclaircissements. Ce terme est ici employé dans le sens défini par Xavier de Planhol [34] : « Interpénétration entre l'arbre et le champ cultivé ». La pratique est générale dans les jeunes vergers obtenus après transfert des plants depuis une pépinière. Elle est indispensable lorsque la châtaigneraie s'impose comme substitut des céréales dans un contexte alimentaire difficile, car, sans elle, l'agriculteur serait privé de subsistances pendant de longues années. Sauf si l'écart entre les arbres est très grand, elle n'est plus possible au-delà d'une quarantaine d'années [35]. C'est, par exemple, comme on l'a vu, ce que montre clairement l'analyse du cadastre des Chaussadenches sur lesquelles les mentions « terre et châtaigneraie » sont nombreuses entre le XIVe et le XVIIe siècle (fig. n° 73, en annexe).

Sur le plan fiscal, le complantage céréalier est un véritable casse-tête. Le document limousin de 1742 sur la taille [36] fournit des conseils très précis, mais probablement difficiles à appliquer : « Tant qu'un plant est nouveau, que n'ayant pas encore dix à douze ans, il ne rend point, ou fort peu, et que la terre sur laquelle il est fait, se laboure pour porter du grain ou, par rapport à sa mauvaise qualité, est laissée en friche pour servir uniquement de paty au bétail ; il semble que cette terre devrait être plutôt considérée comme labourable, ou comme lande, et faire partie des fonds de l'une, ou l'autre nature ; je ne le pense pas, cependant, pour éviter que, quand les arbres seront venus par succession de temps au point de produire, les commissaires, ou collecteurs trompés alors par la dénomination de terre labourable, ou de lande ne songent point à les cotiser comme châtaignères de rapport ; dans ces circonstances, il faudra que ces premières châtaignères soient portées à la classe de celles, dont leur valeur en terre labourable les approchera le plus près, et que les secondes soient taxées sous la dénomination de châtaignères, non encore en rapport, à une taxe du double de celle des landes. »

A condition de laisser suffisamment de place entre les arbres pour que le soleil pénètre, comme cela se pratique couramment encore aujourd'hui au Portugal, le complantage peut même se poursuivre à l'âge adulte du verger. L'abbé Rozier, décidément l'un des plus prolixes de son temps quant à la castanéiculture, recommande vivement de procéder ainsi [37] : « On ne saurait trop blâmer ceux qui se contentent d'un léger labour seulement autour du tronc : l'expérience journalière démontre qu'un châtaignier planté dans une terre à grain, porte au double et au triple plus de fruits que celui planté dans une terre en friche. Il ne reste donc plus au propriétaire, qu'à calculer si la dépense de culture n'est pas couverte par l'excédent du produit. » C'est exactement ce que font un certain nombre de propriétaires du Cantal dont parle l'enquête de 1811 [38], à Maurs et à Saint-Constant. Et la pratique est encore vivante en 1922, lors de la visite des plantations par la commission départementale du châtaignier [39]. L'un des vergers de M. Bonnet à Labesserette (lieu-dit Polvrière) est mis en culture tous les trois ans, environ. Louis Lagarde, de Boisset (lieu-dit Brayat), qui remporte la plus grosse prime qui s'élève à 150 francs, « a créé de 1900 à 1918, en plusieurs parcelles, 3,83 ha de châtaigneraies renfermant 330 châtaigniers. [...] Le sol est cultivé : seigle, sarrasin, prairies artificielles ; les arbres ont une belle venue. » La commission se déclare admirative de la méthode et de l'intelligence du récipiendaire.

Le complantage vignes-châtaigniers est également répandu dans toute l'Europe. Une gravure de Privas, exécutée par Merian en 1661 (photo n° 27) en montre un exemple. Sur certaines parcelles du cadastre des Chaussadenches, les deux cultures sont associées jusqu'en 1658. Cette même année, apparaît sur une parcelle dévolue en 1605 à la prairie et au jardinage une véritable *coltura promiscua* : terre, vigne, verger et châtaignier. En 1772, les châtaigniers ont grandi et restent seuls maîtres de la place. En 1772 également, à Borgo (piève de Mariana, province de Bastia, Corse), Mirabilio Pancrazi déclare à l'administration, conformément au décret de mars 1772, son intention de couper trois châtaigniers poussant au milieu d'une vigne plantée en 1766 [40]. En 1787, sur la côte ligure, le magnifique domaine de M. Gnecco, à Portofino, est entièrement aménagé en terrasses complantées de châtaigniers, d'oliviers et de figuiers. H.-B. de Saussure admire le soin avec lequel ce paysage est entretenu [41]. Une association temporaire comparable à celle des Chaussadenches est observable également dans le canton de Terrasson (Dordogne) en 1811. Le sous-préfet de Sarlat note [42] : « Lorsque le bois [de châtaignier] est parvenu à une certaine élévation, il remplace la vigne. » Aujourd'hui, ce type de paysage est encore visible, à l'état relictuel, dans le Chianti et, surtout, dans la région portugaise de la vallée du Douro qui produit le *vinho verde*. La culture de la vigne tuteurée sur châtaigniers vivants, nommés *enforcados*, y est assez fréquente [43].

Mais, de tous les complantages, celui qui associe les arbres à la prairie est le plus répandu. Si dense qu'il soit, un verger laisse pénétrer assez de lumière pour que l'herbe pousse sur son sol. Pour peu que l'on irrigue, on obtient des pâturages de premier ordre. La marquise de La Tour du Pin [44] décrit Alès en 1785 comme une « petite ville située dans une charmante vallée entourée d'une délicieuse prairie parsemée de châtaigniers séculaires. » Le comte de Gasparin évoque également la « prairie d'Alais » [45]. Mais c'est dans le Tessin que cette association est réalisée avec le plus de science. La *selve* est « quelque chose d'intermédiaire entre un pâturage, une plantation d'arbres fruitiers et une forêt » [46].

GREFFE ET SÉLECTION

Ariane Bruneton-Governatori écrit joliment que la greffe représente, pour les agronomes et les amateurs éclairés [47] « une technique particulièrement valorisée, quasiment un art, un passe-temps investi de fantasmagorie et d'imaginaire, en un mot une activité ludique bien éloignée de contingences économiques ou de production ». C'est sans doute vrai de la plupart des arbres fruitiers dont les produits constituent des objets de contemplation esthétique et de gourmandise, mais le problème du châtaignier est tout autre : dans son cas, la greffe et la sélection ont des conséquences vitales pour les agriculteurs qui les pratiquent. Les tâtonnements effectués en vue de découvrir la variété correspondant le mieux à un terroir donné coïncident avec le moment où le châtaignier s'impose comme indispensable substitut des céréales.

La greffe en flûte est de loin la plus pratiquée, mais les greffes en fente, en couronne et en écusson ont aussi leurs adeptes [48]. L'opération a lieu soit sur les jeunes plants avant transplantation, comme en Campanie ou en Calabre, soit au moment de la transplantation, comme en Provence [49], ou après celle-ci, comme en Toscane [50], soit sur des branches d'arbres adultes, ce qui permet d'associer plusieurs variétés sur le même arbre et donc facilite la pollinisation [51]. On a déjà évoqué la greffe sur d'autres essences, technique qui relève, pour le coup, davantage de la fantasmagorie que de l'arboriculture efficace [52]. Il importe enfin de préciser que la propagation d'une variété — d'un cultivar, dit-on désormais — ne peut s'effectuer que par greffage et jamais par simple plantation de belles châtaignes.

Répartition des variétés

Dans son récent ouvrage essentiellement consacré à ce thème, Jacky Reyne [53] expose avec clarté la naissance d'une variété en Ardèche : « Le rôle du producteur dans le passé consistait donc en matière de variétés à repérer dans les bois tel ou tel type de châtaignier à qualités affirmées et exceptionnelles d'abord ; ensuite, plusieurs années consécutives, à vérifier son comportement aux variations climatiques. Si ce sujet issu du plus pur hasard confirme dans le temps cette bonne aptitude qui correspond au moins à certaines finalités attendues sinon à toutes, viendra un jour la consécration, c'est-à-dire la multiplication de celui-ci par greffage. »

L'histoire très récente du marron vincent [54] illustre à la perfection ce scénario d'invention, le mot « invention » ayant ici autant le sens de création que de découverte. En 1931, M. Vincent, castanéiculteur à Saint-Étienne-de-Boulogne et membre de la Chambre d'agriculture, s'avise de confier pour essais de glaçage des marrons

Photos 30 et 31 : *Perspectives d'une belle récolte sur un très vieux châtaignier dont le tronc creux porte nettement la cicatrice de la greffe. Chaves (Trás-os-Montes, Portugal).*

Photo 32 : *Greffe en place d'arbres âgés de quelques années. Gravure extraite de Nicole du Mesnil,* La manière de enter les arbres, *s.l.n.d. (Lyon ? vers 1500). Rien n'indique que ces arbres sont des châtaigniers, mais le désordre du verger montre qu'il s'agit d'arbres poussés spontanément.*

Photos 33 et 34 : *Greffe en place de rejetons. Gravures extraites de Pierre de Crescens, édition de Bâle, 1548, pp. 21 et 58. Ces vignettes illustrent les propos sur la greffe en général, mais rien n'interdit de penser qu'elles figurent des châtaigniers : nombre et vigueur des rejets, port de l'arbre, forme des feuilles.*

de très belle qualité (20 à 30 g à la pièce) que lui donne un châtaignier non greffé, vieux, à en juger par l'énormité de son tronc creux, d'au moins trois siècles. Les industriels s'intéressent à ce produit, et la variété dite « marron vincent » se propage autour d'Aubenas et de Privas. Le problème est que le marron vincent souffre de la même irrégularité de production que la sardonne. Son succès reste donc très mitigé, tandis que celui de la bouche-rouge s'affirme en raison des qualités de régularité et d'abondance de cette variété. Le pied-mère du marron vincent ne disparaît que vers 1960, à la suite d'un incendie déclaré dans son tronc au cours d'un débroussaillage. Cet exemple, choisi parmi d'autres, témoigne de la naissance *in situ* des variétés. L'autre possibilité est celle de l'introduction d'une variété inventée dans une autre commune, une autre région, un autre pays.

Comme on l'a vu, le seul texte antique qui évoque la question des variétés est celui de Pline qui en décrit huit. Est-ce à dire qu'il n'en existait pas plus à son époque ? Certes non, mais la culture du châtaignier étant encore peu répandue, elles étaient sans doute assez peu nombreuses. Au fur et à mesure de l'adoption de l'arbre comme source d'un complément alimentaire dans le cadre des préchâtaigneraies, puis d'une base alimentaire dans les châtaigneraies, le nombre des variétés se multiplie. En 1560, J. Bruyerin-Champier [55] observe : « Pline a écrit qu'il existe huit variétés. Il ne fait aucun doute qu'aujourd'hui on en trouve beaucoup plus... » L'extrême multiplication des variétés s'explique d'abord par la rareté de grands phénomènes de diffusion agronomique pour le châtaignier. Chaque communauté rurale, chaque famille même, se livre à sa propre sélection et découvre la (ou les) variété(s) qui conviennent le mieux aux vocations naturelles des terroirs sur lesquels elle étend la nouvelle culture. Viennent s'y ajouter les impératifs du marché qui peuvent inviter à préférer les précoces ou les tardives. Il est clair que la variété donnant à la fois d'abondantes récoltes, des fruits non cloisonnés à la chair savoureuse et adaptée à tous les milieux n'existe pas. Le marron universel est un mythe, ce qui, somme toute, est vrai de toutes les plantes cultivées et de toutes les races d'animaux d'élevage. Aujourd'hui, l'intérêt commercial du marron ayant considérablement diminué, la diffusion des bonnes variétés est même presque interrompue. La différence est grande avec la viticulture, lorsqu'on constate la diffusion mondiale de quelques cépages de qualité : merlot, gamay, chardonnay, cabernet-sauvignon, pinot noir, riesling, syrah, etc.

Il serait irréaliste de vouloir recenser toutes les variétés de châtaignes existant en Europe et plus encore de dater leur apparition avec précision. Le Centre technique interprofessionnel des fruits et légumes en recense 750 pour le seul territoire français actuel [56]. Il ne fait aucun doute que beaucoup de ces variétés sont très proches les unes des autres, mais la science botanique et agronomique actuelle est incapable d'en dresser un tableau raisonné [57]. La *Stazione di selvicoltura* de Florence conserve environ 200 bocaux de châtaignes et de marrons qui occupent un mur entier, du sol au plafond. De l'avis même des conservateurs de cette remarquable collection, l'usage de cette dernière relève plus de la poésie que de la science. L'abbé Rozier [58] avait fort bien exposé cette question voici deux siècles déjà : « Il n'est pas possible de spécifier toutes les variétés de châtaignes que chaque espèce a produites. [...] Je n'insisterai point sur les noms particuliers donnés dans les différents cantons, aux marrons et aux châtaignes. Cette nomenclature causerait plus de méprises qu'elle ne serait instructive. En effet, si je parlais à un Poitevin de la châtaigne *oizillarde* de Touraine, il se figurerait qu'il s'agit de la grosse châtaigne qu'il cultive sous ce nom, tandis qu'il serait question d'une châtaigne sauvage, petite, quoique très bonne à manger... » Ainsi, l'analyse n'est possible qu'à l'échelle micro-géographique, celle qui permet à Jacky Reyne, en Ardèche [59], de montrer que la sardonne est adaptée aux sols profonds, l'aguyane aux versants ensoleillés de l'étage 200-400 mètres, la comballe aux bons sols situés vers 450-650 mètres, la précoce ronde des Vans aux très basses altitudes, la merle aux terroirs médiocres du nord du Vivarais, etc.

La nécessité de mélanger les variétés dans un même verger pour permettre une bonne pollinisation complique évidemment les recensements et leurs interprétations. Certaines variétés peuvent, en effet, se trouver quelque part, non en raison de l'excellence de leur adaptation au terroir, mais de la fécondité de leur mariage avec une autre variété.

La date d'apparition des variétés est presque impossible à déterminer. Qu'on en juge par le cas de la bouche-rouge. Pour Jacky Reyne [60], elle est récente et fille de la sardonne ; pour D. Bois [61], elle résulte d'une hybridation réalisée en 1830 ; pour feu M. Boiron [62], maire de Vesseaux (Ardèche), commune de prédilection de la bouche-rouge, les producteurs de l'endroit en ont acheté les greffons à des maçons italiens travaillant vers 1900 à la restauration du château de Vogüé. Il s'agirait alors d'une variété importée d'Italie. Mêmes contradictions à propos de la comballe, également ardéchoise : pour Pierre Bozon [63], elle apparaît en 1880, tandis que pour Jacky Reyne [64], le premier comballou existe depuis le XVIIIe siècle, voire la fin du Moyen Age.

Le nom des variétés

Pour Aimé Perpillou [65], la multiplicité des variétés en Limousin est une preuve de l'ancienneté de la culture, argument qu'il appuie, comme on l'a vu, sur le fait que beaucoup de variétés portent des noms ayant des racines patoises occitanes, c'est-à-dire antérieures à la généralisation de la langue française en Limousin méridional au XIXe siècle. A coup sûr, les secondes sont les plus récentes, mais rien ne prouve que le nombre indique l'ancienneté. En effet, ni la Grèce ni le massif des Maures, régions d'ancienne, voire d'antique culture, ne sont riches en variétés, et l'Italie, qui bénéficie pourtant de l'antériorité, n'est pas plus riche que la France.

Tableau n° 9 : *Classement des variétés limousines selon A. Perpillou, 1940, p. 198.*

Variétés anciennes	*Variétés récentes*	
escalade	bourrue	beuliaque
corrive	grosse-rouge	bluet
malabre	petite-rouge	châtaigne des cars
groussaude	grosse-noire	
pingaudo	petite-noire	
evirouliero	grosse-verte	
moundicouno	petite-verte	
janfrau	feuillargeonne	

L'origine des noms de variétés tient à trois facteurs principaux : un nom de lieu, l'aspect du fruit, un nom de personne (premier sélectionneur, excellent cultivateur, marchand de fruits ou de plants réputés). Sur les 62 variétés répertoriées par Jacky Reyne en Ardèche, 53 ont un nom explicable de manière plausible, même si l'on en est parfois réduit à de simples hypothèses : 24 se rattachent à un lieu, 16 à l'aspect du fruit (forme, couleur), 12 à une personne et 4 à un autre facteur (voir tableau n° 10).

Tableau n° 10 : *Origine des noms de châtaignes et de marrons d'Ardèche.*

Variétés	Origine du nom d'après J. Reyne, 1984			Autre hypothèse
	Aspect	Lieu	Autre	
sardonne				• Piémont (État sarde • Sardes (Lydie) • Chastanier-Sarde (hameau attesté en 1303)
aguyane	forme pointue			
comballe		ferme des Combeaux (St-Pierreville)		
merle		lieu-dit Merle (St-Basile)		
bouche-rouge	couleur de l'écorce			
ronde des Vans	forme	marché des précoces		
sablierasso		Sablières		
bastard-vianès				déformation des Vans où se vend cette variété

grosse pourette	taille		pourette = plant sauvage	
embournière		vallée de la Borne		
georges				nom du premier sélectionneur
barbansoune				?
champfiagouse		ferme du Champfagot (Barnas)		
bernarde d'Aubenas				nom du premier sélectionneur
roussette	couleur			
signigrande				?
castilloune			Castillon = nom de famille (région de l'Escrinet)	
bernarde des Vans				nom du premier sélectionneur
duralin				bogue difficile à ouvrir
bouche de Montpezat			bouche = sauvage	
verdalette				reflets verdâtres du fruit mûr ou feuilles longtemps vertes
neyronne	couleur presque noire			
plandeneyre (ou esplandinière)				couleur presque noire
belle-mère				?
belle-mène				?
chancello				Chancel, premier sélectionneur
bouche de Rigaud				Rigaud, premier sélectionneur
bastade janivèse				?
petite pourette		*cf. supra*		
grossoune	très gros fruits			
greppe des Cévennes				?
pourette de Thueyts		*cf. supra*		
bouche jaune	couleur claire			
signarello				?
marron Vincent			nom du premier sélectionneur	

duroune		hameau de Duroux (St-Andéol)		
dauphinenche				originaire du Dauphiné
platette	fruits plats			
mazette				d'un lieu-dit Mazet
bertrande				nom du premier sélectionneur
rousette de l'Eyrieux	couleur rousse			
garinche		hameau de Garin (St-Julien-du-Gua)		
riallouse		hameau des Riailles (Desaignes)		
placarde				?
bouche de Bacon		*cf. supra*		
bardenache				?
bastarde du Gua		St-Julien-du-Gua		
Jean-Jacques				prénom du premier sélectionneur
esclafarde			appelée dans le Gard marron de Gênes : origine ligure possible	
dauphine				originaire du Dauphiné
chalayoune		hameau des Chalayes (Nozières)		
mouleyroune				?
ventouse				arbre des hauteurs ventées
bonnefaçon	fruit lustré de belle présentation			
greppe du Moyen Vivarais				?
guyot				nom du premier sélectionneur
bouche verte		lieu-dit Le Verdeau (Silhac)		
rougeroune				nom du sélectionneur, car le fruit n'est pas rouge
bouche de Payot			Payot = nom fréquent vers St-Pierreville	
fourchane				branches fourchues
bouche de Clos		4 hameaux portent ce nom vers Lamastre		
ente noire	fruit très sombre			

Avec des nuances, le même système de désignation s'applique dans toutes les châtaigneraies. Ainsi, en Galice [67], les noms de pelada, verdea, negra, blanquiña découlent de l'aspect des fruits, ceux de rosario, buxeira mansa et pagaiña, d'une localité, etc.

PHÉNOMÈNES DE DIFFUSION

La diffusion des bonnes variétés n'est pas une question simple. On s'attendrait à rencontrer un tel processus entre la Ligurie et la Corse. Or, il n'en est rien. Aucun nom de variété n'est commun aux deux régions [68] et aucun document ne paraît faire allusion à un quelconque transport de plants ou même de fruits de Gênes vers la Corse. Les Génois n'ont fait que donner un coup de fouet à une culture qui se pratiquait déjà ; au XVIe siècle, les Corses avaient donc probablement déjà sélectionné quelques bonnes variétés et n'ont eu, au cours des siècles suivants, qu'à faire fructifier le patrimoine génétique existant. Un nom de variété, cependant, est commun à la Corse et à l'Italie : la gentile. On la rencontre en Piémont, dans la région de Mondovi.

En revanche, un courant paraît bien exister entre l'Italie et la France du continent [69]. Le nom de la sardonne qu'évoque Olivier de Serres constitue une piste tentante. Certains auteurs en attribuent tout simplement l'origine à la Sardaigne [70]. Le problème est que la grande île est presque dépourvue de châtaigniers. Il faudrait alors élargir l'origine aux États sardes qui associaient à la Sardaigne le Piémont et la Savoie. Malheureusement, ils n'existent que depuis 1718, c'est-à-dire plus d'un siècle après la publication du *Théâtre d'agriculture*. Le rattachement au toponyme ardéchois de Chastagner-Sarde (hameau d'Aizac) est plus séduisant [71], d'autant que celui-ci est connu depuis 1303. Mais se pose alors le problème de l'origine de ce nom de lieu dont la coïncidence est frappante avec celui de Sardes, en Lydie, évoqué pour la première fois par Pline comme étant le centre originel de la culture du châtaignier. On est alors tenté par une géographie-fiction : la diffusion d'une bonne variété romaine de châtaigne en Helvie (cité ancêtre du Vivarais), cette variété traversant les siècles troublés du Haut Moyen Age en gardant son nom qui se cristallise dans un toponyme médiéval et qui conserve une place éminente au XVIe siècle. C'est un peu trop beau pour être vrai ! L'origine de sarde est probablement à rechercher du côté du patronyme gallo-romain Sardus. C'est en effet celui-ci qui explique Sardan (Gard), Sardon (Puy-de-Dôme), Sardieu (Isère), Sardy (Nièvre). A moins que sarde soit l'équivalent du sardier du Forez et du Livradois qui désigne le cerisier [73]. Dans ces deux derniers cas, Chastagner-Sarde et la sardonne n'ont aucun rapport entre eux. Ceci suggère donc une autre hypothèse : la sardonne est une bonne variété d'origine italienne venue en France au XVIe siècle, tout comme beaucoup de nouveautés agronomiques. Or, on sait à quel point le XVIe siècle est imprégné des textes antiques. L'introducteur, humaniste, donne donc

ITINÉRAIRES POSSIBLES DE DIFFUSION EN FRANCE DE QUELQUES BONNES VARIÉTÉS DE CHÂTAIGNES ET DE MARRONS VENUES D'ITALIE A L'ÉPOQUE MODERNE

Fig. 28

tout naturellement à la nouvelle bonne variété le nom de la ville présumée mère des châtaigneraies occidentales. Le fait que la sardonne, le marron du Luc et celui de Turin soient rigoureusement identiques conforte une telle supposition [74].

D'autres noms de variétés viennent étayer l'idée d'un courant de diffusion est-ouest, limité sans doute (un ou deux noms par région sur la ou les dizaines de variétés existantes), mais qui fut peut-être le ferment du perfectionnement de la castanéiculture dans certaines régions. A la sardonne s'ajoute, dans le traité d'Olivier de Serres, la tuscane, évocatrice d'un État très exportateur de son savoir pendant la Renaissance et dont les montagnes sont très tournées vers la culture du châtaignier. Aujourd'hui, la tuscane serait l'aguyane [75]. Les noms des variétés connues en France aux XVIIe-XVIIIe-XIXe siècles font penser à une diffusion d'est en ouest, probablement rattachée à l'Italie. Nombre de variétés — peut-être différentes les unes des autres, mais peu importe — sont appelées du nom de savoie ou dauphinenche. Or, ces deux régions ne possèdent que de modestes plantations fruitières. Elles ont, en revanche, pu constituer des relais dans la diffusion de certaines variétés et habitudes de culture entre l'Italie et le Massif central. Comme la tuscane, la gène et la génoise du sud de cette dernière région évoquent une filiation directe avec l'Italie. Les courants de propagation ne s'arrêtent pas là. De bonnes variétés sont ensuite diffusées du sud de la France, c'est-à-dire des régions où le châtaignier est cultivé en grand, vers les régions du nord où il est plus rare, bien qu'apprécié comme arbre fruitier : marron du Puy à Clermont-Ferrand, limouzine à La Châtre, jaune de Bordeaux à Rennes.

L'épineuse question du marron

Il est aujourd'hui établi que la différence entre la châtaigne et le marron, tous deux fruits du *Castanea sativa,* repose sur le cloisonnement interne de l'amande (fig. n° 28). Le tan de la châtaigne forme plusieurs cloisons internes divisant le fruit en deux ou cinq graines. Au contraire, le tan du marron, même s'il peut former des replis pénétrant dans la graine, ne cloisonne pas celle-ci, qui est unique dans le péricarpe. L'intérêt d'une telle propriété est évident pour la préparation du fruit, et ce quel que soit le mode choisi, puisque dans tous les cas il faut l'éplucher à la fois du péricarpe et du tan. On obtient le marron par sélection, mais il faut noter le caractère relativement aléatoire de cette dernière. Certaines mauvaises années, un arbre donnant habituellement des marrons produit essentiellement des fruits cloisonnés que, de toute façon, on ne parvient jamais complètement à éliminer en bonne année. C'est pourquoi, après bien des débats, les professionnels sont parvenus à l'accord suivant : on parle de marron lorsque pendant plusieurs années consécutives la récolte présente moins de 20 % de fruits cloisonnés [76]. Dans l'ensemble, les marrons sont de belle taille et savoureux, mais il existe de belles et bonnes châtaignes. Tous les

Parisiens ont même pu, à l'automne de 1983, précédé d'un été particulièrement ensoleillé, ramasser dans les taillis des forêts périphériques de la capitale (Montmorency, Sénart, Fausses-Reposes, etc.) des fruits de très grosse taille, non cloisonnés et particulièrement sucrés. Un certain nombre atteignaient la taille des marrons vendus dans le commerce. L'année suivante, en revanche, les fruits furent minuscules et sans aucune saveur. La greffe atténue, évidemment, de tels caprices.

Mais avant de parvenir à ce consensus à propos de la définition du marron, la plus grande confusion a régné pendant longtemps, à la fois quant au sens du mot et quant à son étymologie. Au XVIIe siècle, Ménage, dans son étude sur la langue italienne [77], estime grecque l'origine du mot italien *marrone,* sur la foi d'un commentaire du livre X de l'*Odyssée* écrit par Eustazio en 1170. Ce dernier parle de μάραος pour désigner un fruit. Or, comme le note Targioni-Tozzetti, s'appuyant sur divers auteurs, μάραοχ ne désigne pas le marron, mais la cornouille (fruit de *Cornus mascula*), nommée par Homère χαρπός κραυείης. Néanmoins, il est certain qu'à la fin du XIIe siècle les mots *marone* ou *marrone* sont déjà utilisés en Italie pour nommer certaines châtaignes. Un cartulaire italien de 1176 mentionne « *possidentes marrones...* » et un autre de 1191 : « *arbores et marrones circumcirca...* [78] ».

Au début du XIVe siècle, P. de Crescens observe [79] : « Mais certains [châtaigniers] donnent de très gros fruits que les Milanais appellent marrons. » Vers la même époque, le *Theatrum sanitatis* affirme [80] : « Les meilleures [châtaignes] sont les marrons de Brianza bien mûrs. » Or, Brianza se trouve en Lombardie, au nord-est de Milan. En France, les *Cris de Paris* du XIIIe siècle vantent les « châtaignes de Lombardie [81] » sans utiliser le vocable *marron* qui se trouve, en revanche, dans ceux de 1545 [82] : « Orenge, orenge, beaux marrons ! » et de 1550 : « Vin nouveau, vin clairet ! Marrons de Lyon, chastaignes rôties. »

Deux grands textes agronomiques français du XVIe siècle évoquent les marrons sans les rattacher, désormais, à la Lombardie, mais à Lyon, ce qui laisse à penser que la châtaigneraie française s'est suffisamment accrue pour approvisionner seule le marché national — probablement grâce à des techniques et de bonnes variétés venues d'Italie. Jean Bruyerin-Champier écrit en 1560 [83] : « Mais en France, les meilleures [châtaignes] sont celles qu'à Lyon on appelle marrons. L'origine de ce nom reste obscure. Très agréables par leur grosseur et leur goût savoureux, elles sont extrêmement recherchées par les rois et par les gens de qualité. Mais afin que les châtaignes du Dauphiné ne soient pas en reste, j'avertis le lecteur qu'elles sont très répandues dans les espaces cultivés, mais qu'elles sont transportées à Lyon par des marchands et qu'ensuite elles sont livrées dans d'autres lieux. La montagne proche de Lyon, appelée Chaussan, en produit également qui sont presque égales par leur grosseur et par leur goût, mais en quantité moindre. On répugne, par ailleurs, à les transporter, car elles s'abîment beaucoup. La greffe est difficile. » Dans le même temps, Estienne et

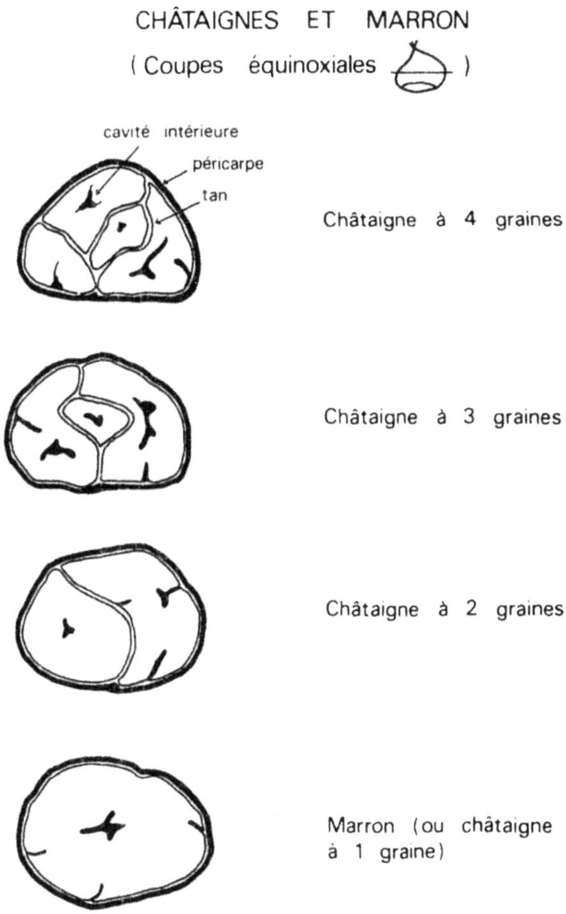
CHÂTAIGNES ET MARRON
(Coupes équinoxiales)
cavité intérieure
péricarpe
tan
Châtaigne à 4 graines
Châtaigne à 3 graines
Châtaigne à 2 graines
Marron (ou châtaigne à 1 graine)

Fig. 29

Liebault [84] décrivent les châtaigniers « qu'on peut voir en Auvergne, Savoie, Périgord et Limousin, et sur tout pays en Lyonnais et Dauphiné, où les marrons croissent. » Et, plus loin : « La châtaigne plus belle, mieux nourrie, et plus plaisante de toutes, est celle qui croît au pays lyonnais, que l'on appelle marrons de Lyon, où je n'ai pu savoir encore dont a pris ce nom ».

Ces deux auteurs avouent leur totale ignorance à propos de l'origine du mot marron. De fait, la question est plus complexe que celle du mot châtaigne dont on a vu qu'il se rattache clairement à un mot sanscrit de sens plus large. Une explication possible est d'ordre toponymique. C'est celle que suggère L. Fenaroli [85]. Il existe, en effet, une localité de Thrace nommée Marronea qui, d'ailleurs, a donné son nom à un cépage : le *marônia* [86]. Mais on peut objecter qu'une origine toponymique avait été attribuée au mot châtaigne dans l'Antiquité, alors que la réalité est manifestement inverse. De plus, on voit mal pourquoi ce nom se serait éclipsé pendant une douzaine de siècles et comment il aurait resurgi dans la Lombardie médiévale.

Il ne peut y avoir non plus de point commun entre marron et marronnage, terme technique de forestier qui désigne l'exploitation du gros bois [87], puisque ce mot est à rattacher à merrain et dérive du latin *materia*. Autre fausse piste, celle de l'adjectif marron appliqué aux esclaves et aux animaux domestiques fugitifs, puisqu'il provient de l'ancien espagnol *cimarra* qui veut dire fourré [88]. Le sens spécifiquement français de « personne qui exerce une profession sans titre » date, quant à lui, du XIXe siècle [89].

Trois étymologies sont plausibles [90]. L'une rattache marron au radical pré-roman *marr*, pierre, que l'on trouve dans marelle, ce dernier mot désignant au Moyen Age un jeton ou un palet. On pourrait, de fait, trouver une analogie de forme entre un palet et une grosse châtaigne aplatie. Plus subtil et séduisant est le rattachement au franco-provençal *marron* qui s'applique aux guides permettant de franchir les grands cols alpins et qui portent les bagages des voyageurs (Montcenis, Montgenèvre, Grand Saint-Bernard). Ce mot vient du toscan *marrone* — l'homme expert qui en secourt un autre peu expert —, lequel pourrait être un reflet de l'étrusque *maru* désignant une charge dans le sacerdoce de ce peuple (le nom d'homme romain Maro s'y rattache probablement). Selon les étymologistes Bloch et von Wartburg, le rapport conceptuel résiderait alors dans le fait que le marron est seul dans sa bogue. Il paraît plus logique de dire que le marron est généralement accompagné dans sa bogue de deux minuscules fruits inconsommables. Ariane Bruneton-Governatori, pour sa part [91], préfère l'association du fruit avec le passeur des Alpes, car elle suggère un commerce entre l'Italie et la France de produits d'exception. L'interprétation est intéressante, mais peu probable, puisque le mot marron est attesté dès le XIIe siècle en Lombardie alors qu'il n'apparaît qu'au XVIe en France, bien que les châtaignes italiennes soient présentes sur le marché de Paris dès le XIIIe.

Sans y accorder une grande importance, Ariane Bruneton-

Governatori donne une information [92] qui fournit sans doute la clef la plus vraisemblable du problème. Deux localités du nord-est de la Lombardie ont pour nom Marone et Maro. Comme on l'a vu pour le Vivarais, l'une de ces localités a fort bien pu donner son nom à une excellente variété de châtaignes ; dès lors, il a pu y avoir, soit propagation de la variété — via le Piémont, la Savoie, le Dauphiné, Lyon, puis le reste de la France, jusqu'en Limousin — soit propagation du nom seul désignant toute bonne variété de châtaigne. Il reste alors à expliquer le toponyme Marone ou Maro. Il peut dériver des mots gaulois *marra* (éboulis, torrent), *maros* (grand ou nom de personne), *matrona* (déesse-mère, notion appliquée souvent à la source d'une rivière comme dans Marne ou Maronne) ou du nom d'homme germanique *Moro* [93], toutes origines, évidemment, sans rapport aucun avec le fruit du châtaignier.

Quoi qu'il en soit, le mot marron se généralise au XVIIe siècle, de même que le commerce de ce fruit. Olivier de Serres [94] écrit : « Les meilleures chastaignes franches sont les sardones et tuscanes ainsi dites des pays d'où les races en sont venues de-par-deçà. Les sardones sont celles qu'on appelle à Lyon marrons, connues par toute la France pour le trafic de tel fruit. » Le marron a même si bien franchi les Alpes que le Piémontais Ugo Benzo Senese, qui écrit en 1620, en oublie les origines italiennes [95] : « Les châtaignes les plus estimées sont les grosses appelées par les Français " marrons ". »

Au XVIIIe siècle, tous les auteurs s'accordent à reconnaître que le marron est une châtaigne de bonne qualité, mais les définitions qu'ils donnent sont assez vagues. En voici deux parmi d'autres. Duhamel du Monceau [96] écrit : « Il n'y a aucune différence caractéristique entre les châtaignes et les marrons : le goût seul en décide ; de sorte qu'on nomme marron une châtaigne qui a la chair ferme et sucrée, et entre le meilleur marron et la châtaigne la plus molle et la plus insipide, on trouve une infinité de nuances. » L'abbé Rozier [97] s'engage encore moins : « On peut dire, s'il est permis de s'exprimer ainsi, que ces fruits ont une physionomie qui leur est particulière, qu'il en est de leurs formes comme de celles du blé. Il faut une habitude journalière de comparaison pour saisir ces nuances et ne pas se tromper. » Et pourtant, il n'hésite pas à livrer un long développement sur la géographie de la culture du marron en France (voir annexe n° 11). De ce texte, il ressort que l'est de la France possède la réputation de produire de meilleurs marrons que l'ouest. La remarque concernant le rapport qualité du fruit/altitude est en partie exacte. Il est vrai que les montagnes fournissent encore aujourd'hui les meilleures variétés de marrons. Mais ce n'est pas parce que les plaines, ou les régions basses en général, n'ont jamais eu besoin, au regard de leurs conditions climatiques et pédologiques, de développer la culture de l'arbre à pain qu'elles en sont potentiellement incapables. Par ailleurs, les marrons les plus connus, ceux de Lyon ou du Luc, sont produits à proximité des voies de communication et des marchés. On retrouve ici, pour le marron, un modèle assez comparable à celui de la géographie des vins de qualité telle que Roger Dion l'a mise en évidence. Ce dernier, dans un article fondamental [98], citait Olivier de Serres : « Si n'êtes en lieu pour vendre votre vin, que feriez-vous d'un grand vignoble », constatation qui s'applique parfaitement aux châtaigneraies commerciales productrices de marrons de qualité. A l'époque de l'abbé Rozier, le marron de Lyon n'est pas, comme du temps d'Olivier de Serres ou au XIXᵉ siècle, originaire du Vivarais ou de tout le centre-est de la France. Il provient de Loire-sur-Rhône, au sud de Givors, et tout spécialement du terroir de Brésil. La géographie du marron, selon l'abbé Rozier, comporte une curiosité : « Les marrons estimés dont il se fait un gros commerce » d'Aubonne, en plein haut-Jura ! C'est la seule mention de cette région dans toute la littérature concernant la châtaigne.

Tandis que le mot marron se répand en France entre le XVIᵉ et le

PRODUCTION ET COMMERCE DE MARRONS EN FRANCE EN 1783

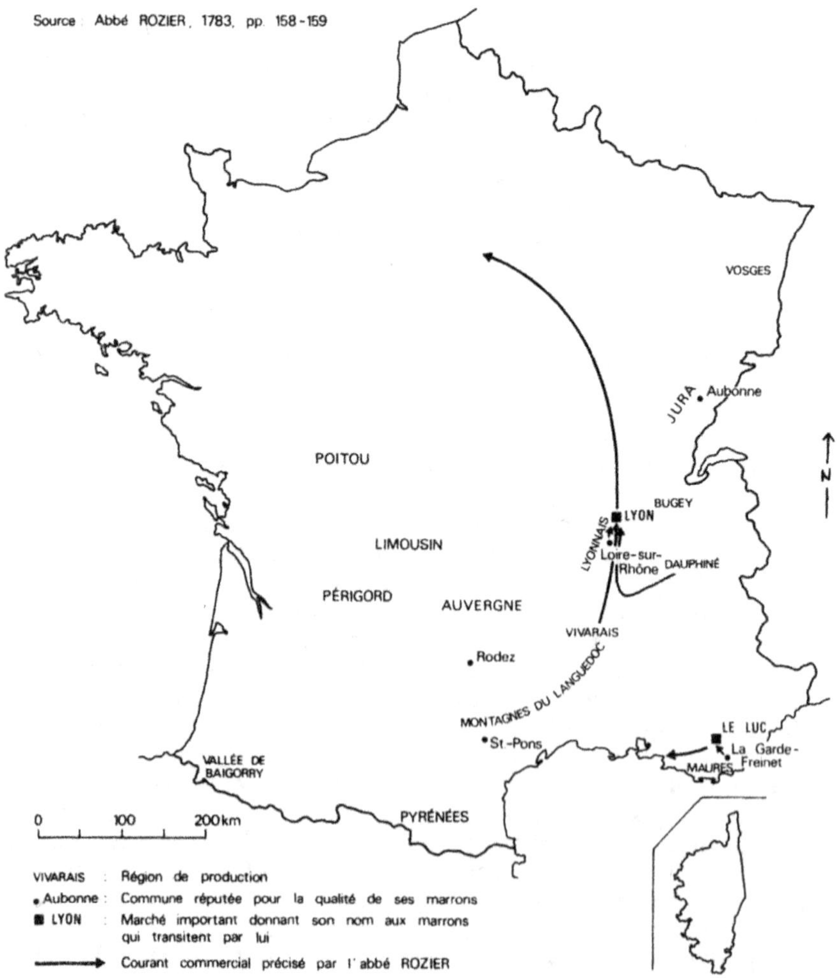

Fig. 30

XVIIIe siècle pour désigner les meilleures variétés de châtaignes, il franchit également les Pyrénées mais ne paraît pas, en Espagne, associé à l'idée d'exception. En 1644, Robert du Dorat écrit [99] : « *Marrone*, mot duquel les Espagnols appellent toutes sortes de châtaignes. » Ce propos est peut-être emprunté à l'*Histoire générale des plantes* de 1615 [100] : « Les Français appellent [...] le fruit chastagne. [...] Les Espagnols, *marrones.* »

Au XIXe siècle en France, le sens de marron n'est pas plus précis qu'auparavant. En 1829, à un questionnaire adressé par le préfet de Corse, le maire de Corte répond obscurément [101] : « On récolte à peine des châtaignes pour avoir des marrons. » Pour le comte de Gasparin [102], « le marron [est une] variété de châtaigne dans laquelle la pellicule intérieure se sépare entièrement du fruit, tandis que dans les autres variétés, elle le pénètre et y adhère plus ou moins. Le marron est presque complètement sphérique, savoureux et doux ». L'auteur mentionne encore Brésil, à Loire, comme localité produisant d'excellents marrons dits de Lyon. On est ici très proche de la définition actuelle, mais la même année, le *Dictionnaire du Commerce* de Guillaumin [103] va jusqu'à nier la distinction marron-châtaigne plus nettement encore que Duhamel du Monceau : « On a voulu établir entre les marrons de Lyon et les châtaignes une distinction que rien ne justifie et qui ne peut être admise que comme arbitraire et conventionnelle. La vérité est que le marron ne s'éloigne de la châtaigne que par des nuances insensibles et que, depuis celle qu'on appelle bouchasse dans quelques cantons, et qui n'a que 12 à 15 millimètres de diamètre, jusqu'au marron du Luc (Var) qui atteint quelquefois, dans son grand diamètre, une grosseur de 4 à 5 centimètres, il y a des intermédiaires sans nombre. » Mazon explique ce point de vue par les procédés du commerce lyonnais qui appelle indistinctement marrons toutes les belles châtaignes.

Le cas du marron de Laguépie (Tarn-et-Garonne) illustre la permanence jusqu'en plein XXe siècle des difficultés inhérentes à la définition du marron. En 1926, J.-B. Lavialle [104] l'évoque en ces termes : « Fruit fort beau, généralement de forme globuleuse. [...] Peau et tan excessivement minces entourant une amande trop souvent à deux germes, mais chair ferme et superfine. [...] Marron de première grosseur et d'un aspect des plus agréables. » En 1984, un document officiel [105] précise : « Laguépie, châtaigne : fruit calibre moyen à gros, bonne valeur gustative, épiderme mince, acajou rouge clair brillant, très cloisonné, pour consommation en fruits frais. » De toute évidence, la guépide, comme on l'appelle parfois, est une... châtaigne et non un marron, ce qui n'enlève rien à l'excellence de sa saveur. Sur les marchés, pourtant, elle est vendue le plus souvent, en vertu du prestige de l'appellation, sous l'étiquette de « marron de Laguépie ».

Ce développement montre à quel point l'accord sur le nom unique et définitif d'un arbre et de son fruit, ou à plus forte raison d'une variété, est chose complexe. On comprend les hésitations des anciens Grecs, qui n'ont pu être dépassées que tardivement et sous l'effet de l'unité culturelle du monde romain. L'histoire du mot marron est le reflet des difficultés de maîtrise de la sélection. Gasparin n'écrivait-il pas en 1863 : « Les pépinières ne peuvent pas toujours fournir des plants dont les variétés soient bien définies [106] » ?

Ariane Bruneton-Governatori livre une explication moins technique que sociologique [107]. « Le terme de marron désignait à l'origine une variété de châtaigne de qualité, cultivée en Italie du Nord et commercialisée. De fait, elle se retrouvait sur la table des riches, de ceux qui consommaient ce fruit en friandise. L'appellation marron est peu à peu passée dans le langage courant sans éliminer le terme de châtaigne. Pourquoi ? Parce que la consommation de cette denrée a des fonctions très différentes, selon les régions, mais surtout selon les groupes sociaux, selon qu'elle est une gourmandise ou une nourriture quotidienne. Aux époques où les deux termes auraient pu se confondre, existait une hiérarchie des nourritures calquant une conception hiérarchisée de la société. Utiliser les deux termes permettait habilement de faire croire que riches et pauvres ne consommaient pas les mêmes denrées. »

Le propos est séduisant, mais quelque peu convenu, et déjà lu souvent, appliqué à d'autres thèmes. Pour ma part, je verrais plutôt une distinction châtaigne-marron reposant sur le critère de la commercialisation, ce qui n'exclut pas une valorisation du second produit par un mot enrichi de connotations sociales. Dans les Balkans, aujourd'hui, les châtaignes nommées marrons sont les meilleures variétés commerciales, en vente dans les grandes villes. Le mot ne paraît pas avoir de sens physionomique précis. Μαρρόνια désigne de très bonnes châtaignes originaires de Crète en vente à Athènes et *maroni* celles qui proviennent d'Istrie, en vente à Ljubljana, Zagreb et Belgrade. Les marrons les plus réputés d'Europe portent le nom d'une ville ou d'un marché, même s'ils proviennent de localités montagnardes assez retirées : ainsi, le marron de Naples est produit autour d'Avellino, celui de Coni autour de Chiusa di Pesio, celui de Lyon (appellation désormais en voie d'obsolescence) en Lyonnais et Vivarais, celui du Luc à La Garde-Freinet, etc.

Comme le grand crû de vin, le marron naît de la conjonction d'un bon terroir et d'un marché de consommation qui constituent un terrain idéal pour le développement d'une arboriculture de grande qualité. Cette idée est, par exemple, exprimée chez G. Botteri [108] à propos des marrons produits en Piémont, à Chiusa di Pesio : « Parmi les châtaigniers, on peut donner le premier rang à ceux qu'on appelle marrons [...], grosses châtaignes moins aplaties que les autres, très savoureuses et entières, réputées les meilleures d'Italie ; c'est pour cela que leur prix dépasse notablement celui du froment. »

Vocation des châtaigneraies et densité des variétés

Une cartographie élémentaire — et reposant sur des sources forcément imprécises — des variétés françaises et italiennes est révélatrice d'un phénomène intéressant : les variétés sont extrêmement nombreuses dans les grandes châtaigneraies vivrières et leurs aires de culture sont très limitées, ce qui se comprend aisément, l'abondance et la régularité de production étant vitales pour les populations. En revanche, les variétés de marrons sont plutôt rares dans ces dernières régions et abondantes dans les préchâtaigneraies et les châtaigneraies commerciales. En général, l'aire de culture d'un marron est plus vaste, chevauchant plusieurs cantons, voire plusieurs départements, pour ce qui est de la France (la fig. n° 31 donne l'exemple des cinq grands marrons ardéchois).

Ainsi, le Limousin a beaucoup plus de marrons que le Vivarais et les Cévennes. Les Maures ont des marrons et pas de châtaignes, de même que la Bretagne. La Corse a des châtaignes et pas de marrons. Dauphiné et Lyonnais ont trois variétés de marrons. L'opulente Campanie a des marrons et pas de châtaignes ; la Calabre décharnée a des châtaignes et pas de marrons. Les Abruzzes, proches du marché romain, ont des marrons et peu de châtaignes. Dans le nord de l'Italie, l'équilibre est mieux respecté, preuve de la vocation à la fois vivrière et commerciale ancienne de ces châtaigneraies.

Aujourd'hui, le rôle vivrier du châtaignier est en voie d'extinction. L'unification des variétés est en cours, mais fort loin d'être réalisée et, d'ailleurs, certains en contestent l'utilité, prônant les vertus de la diversité du patrimoine génétique. On peut, cependant, affirmer que seul le marron dispose d'un avenir, comme on le verra. S'il existe un « sens de l'histoire » de la châtaigne, il correspond à celui exprimé par le vœu du premier Congrès national de la Châtaigne, réuni à Brive en 1926 : « Que ces variétés soient nettement définies et que le nombre en soit limité par une sélection judicieuse, en vue d'une adaptation parfaite aux diverses régions et débouchés, dans le but d'augmenter le profit des producteurs et de satisfaire les desiderata du commerce [109]. »

Il resterait à juger des saveurs respectives de chacune des variétés. Mais l'entreprise serait des plus hasardeuses, tant est grand le chauvinisme en la matière. Les marrons de Naples ou du Japon n'ont guère d'admirateurs chez les producteurs français et, à l'intérieur de l'hexagone, le même sectarisme est de règle. A. Mazon n'écrivait-il pas en 1873 [110] : « Les châtaignes du Périgord sont loin d'avoir la saveur des nôtres », c'est-à-dire de celles du Vivarais ?

AIRE APPROXIMATIVE ACTUELLE DE CULTURE DES CINQ GRANDES VARIÉTÉS COMMERCIALES DE MARRONS EN ARDÈCHE

Source: Enquêtes de J. REYNE, 1984, pp. 29-50

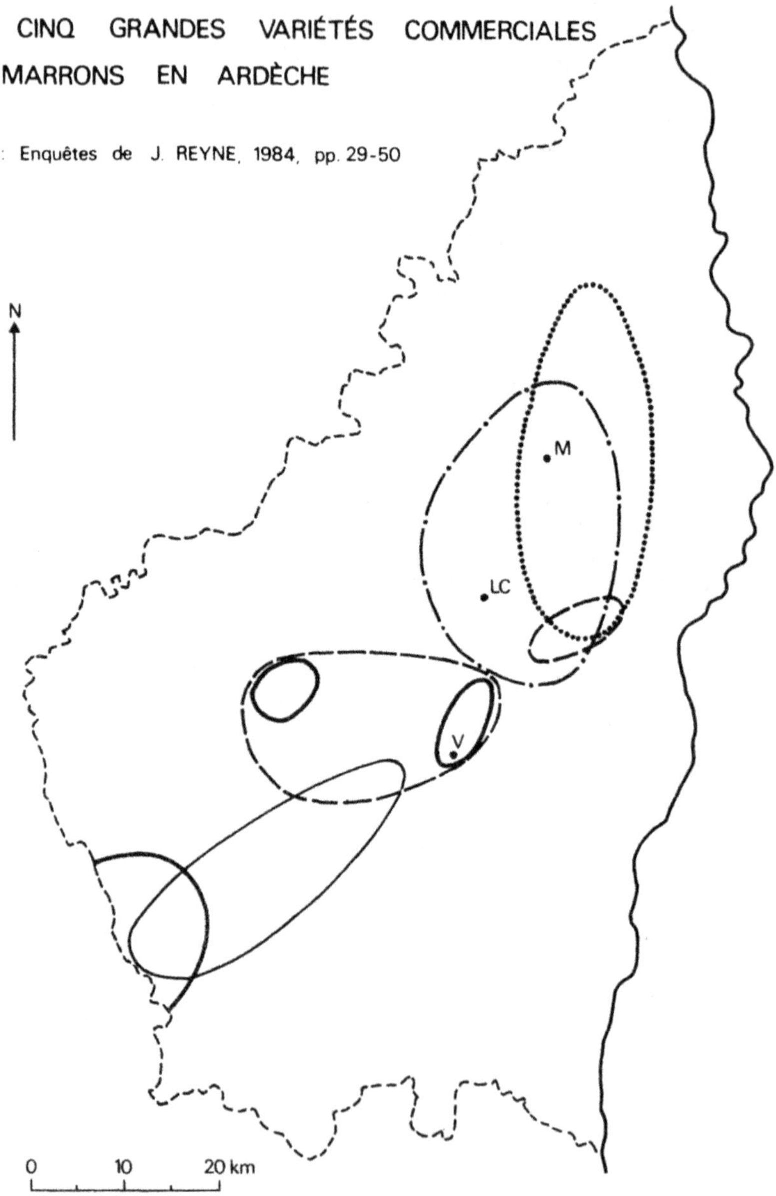

Localité d'origine

SARDONNE	} Origine piémontaise possible	
AGUYANE		
COMBALLE	LC : Les Combeaux (St. Pierreville)	
MERLE	M : Merle (St. Basile)	
BOUCHE-ROUGE	V : Vesseaux	

Fig. 31

LOCALISATION DES PRINCIPALES VARIÉTÉS FRANÇAISES DE CHÂTAIGNES ET DE MARRONS
RÉPERTORIÉES PAR Aimée CAMUS, 1929, p. 79-99

(La localisation des points correspond au cœur de la principale région de culture : 1 point par variété)

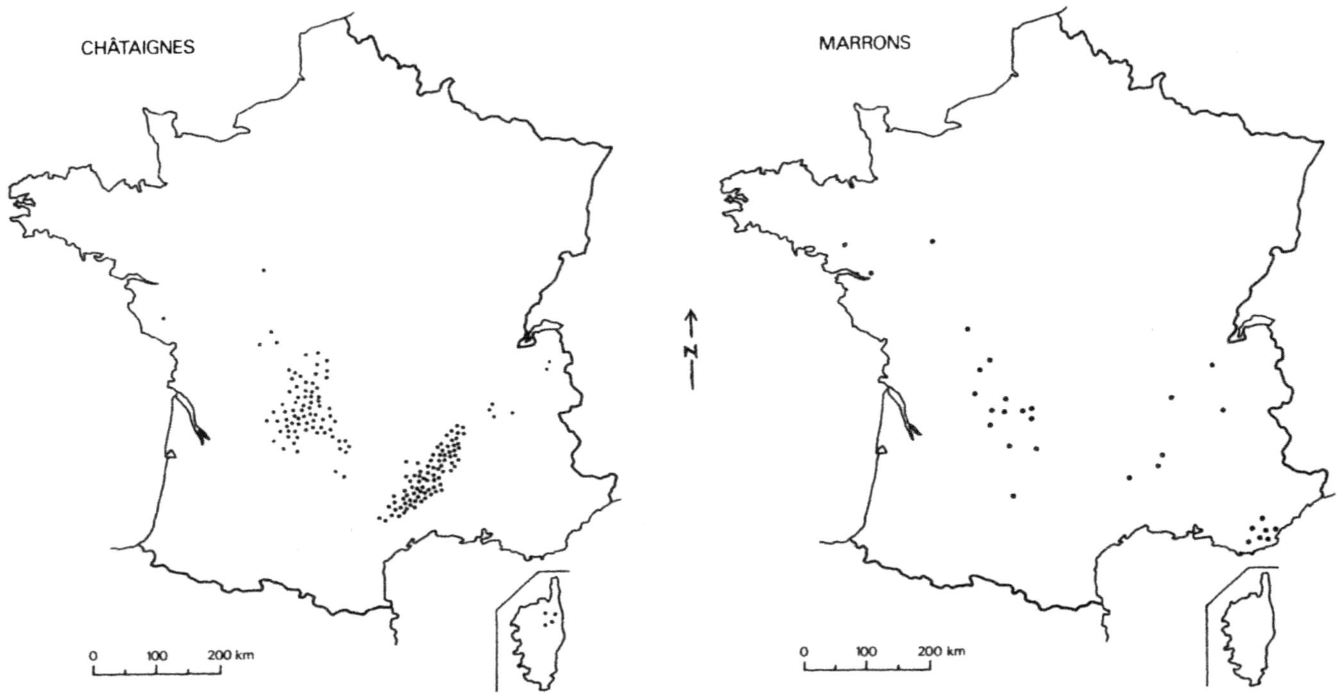

Fig. 32

LOCALISATION DES PRINCIPALES VARIÉTÉS ITALIENNES DE CHÂTAIGNES ET DE MARRONS

RÉPERTORIÉES PAR Nino BREVIGLIERI, 1955, p. 57-166.

(La localisation du point correspond au cœur de la principale région de culture: 1 point par variété)

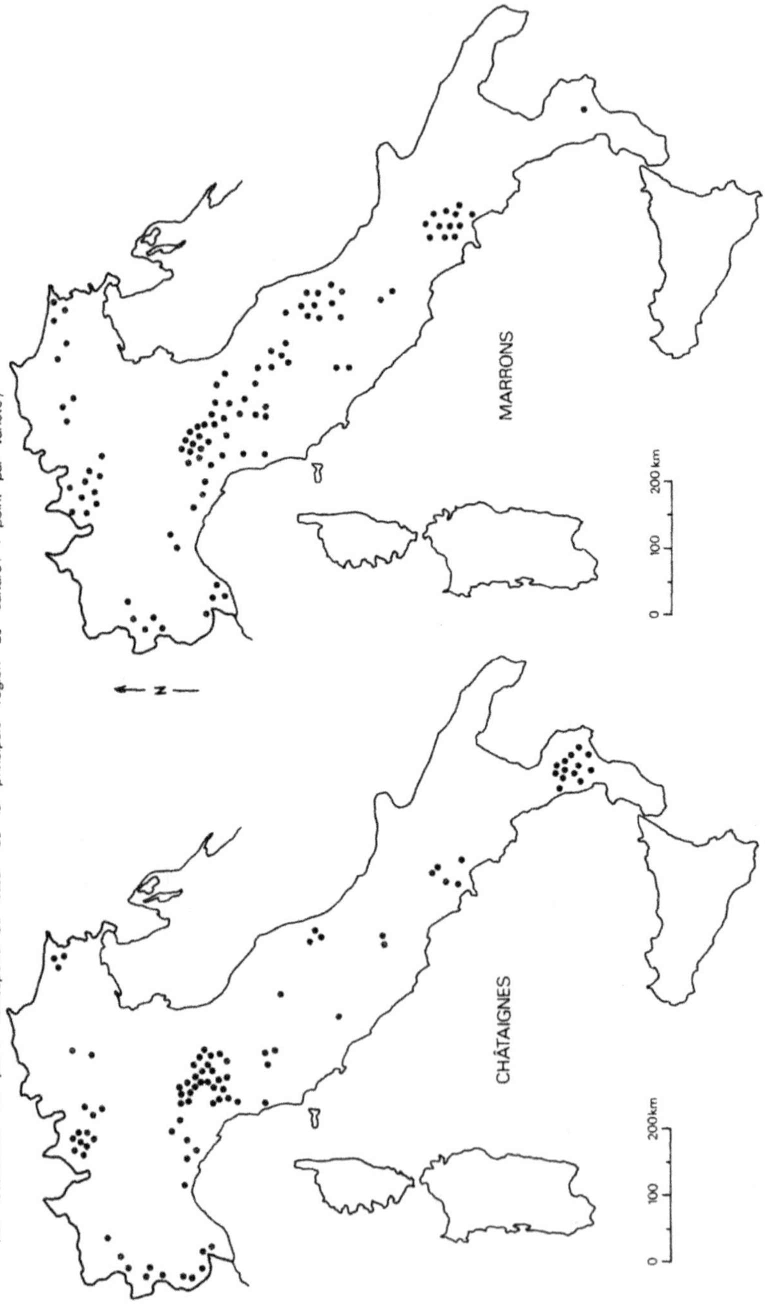

Fig. 33

PLACE DANS LES EXPLOITATIONS ET MODE DE FAIRE-VALOIR

La place du châtaignier dans les exploitations agricoles varie, naturellement, selon les régions, en fonction de sa place dans les paysages, mais également selon la taille de l'exploitation. Le châtaignier vivrier est l'arbre des pauvres en terre, ce qui ne veut pas dire qu'il symbolise la misère et la famine, puisque au contraire il permet à ceux qui le cultivent d'échapper à ces maux. A Chiusa di Pesio, en Piémont, les propriétaires d'une parcelle sise au lieu-dit Marro possèdent en moyenne 4,92 ha, en 1777 [111]. 81 % de leurs terres sont occupées par des châtaigneraies et 9 % par des terres labourables. Chez ceux détenant une superficie supérieure à la moyenne (entre 5,27 et 35,56 ha), ces proportions s'établissent à 71,29 % et 16,58 %. D'une manière plus générale, dans le Piémont du XVIIIe siècle, les châtaigneraies sont rares dans les grandes propriétés ecclésiastiques [112].

En Limousin, à la veille de la Révolution, les châtaigneraies occupent en moyenne 7,5 % des propriétés nobles, ecclésiastiques ou bourgeoises, et 11,2 % des propriétés des laboureurs, vignerons, journaliers, métayers, artisans [113]. Chez les métayers des paroisses du nord de l'élection de Tulle et Brive, cette proportion s'élève exceptionnellement à 50 %. Ils étaient ceux, écrit Jean Loutchisky, que « la faible étendue de leurs propriétés mettait le moins à l'abri du besoin ».

Ces deux exemples évoquent la répartition dans les propriétés. Dans les Maures et le Dauphiné, par exemple, le métayage était jadis important. Il s'établissait sur la proportion des deux-tiers de la récolte pour le propriétaire [114]. En Limousin, en revanche, lorsque existent des baux de métayage, la proportion tombe au tiers [115]. Mais, dans l'ensemble, le faire-valoir direct est assez répandu dans les régions de châtaigneraies. F. Lullin de Chateauvieux l'atteste pour l'Italie du début du XIXe siècle [116] : « Un pays qui suffit à peine à nourrir sa population, et dont aucune récolte ne fournit de denrées vendables, ni, par conséquent, de produit net, a été abandonné par les capitalistes à ses seuls habitants ; aussi le paysan est-il dans toutes ces chaînes de l'Apennin, propriétaire du sol qu'il foule. C'est la seule partie de l'Italie où cela ait lieu, et c'est le trait distinctif de ces contrées. »

Dans certaines régions, des châtaigneraies peuvent appartenir à des propriétaires-exploitants forains. C'est dire à quel point cette culture est indispensable à la survie de certaines familles. On en possède la trace en Cantal. Deribier du Châtelet observe [117] : « Il y a, dans le Castagnal, beaucoup de bois appartenant à des propriétaires de cantons éloignés. Ces forains envoient tous les ans, au mois d'octobre, ramasser les châtaignes. Leurs gens sont logés et hébergés chez un voisin du bois qui, en échange de son hospitalité, prend la feuille et le bois mort, et profite du pacage. » Il en est de même en Piémont. Les habitants de Limone et Vernante, communes de montagne, possèdent, au XVe siècle, des châtaigneraies sur le territoire de la commune de Coni. Une convention est d'ailleurs passée, le 8 octobre 1444, entre Coni et ces deux communes pour que les propriétaires forains de ces dernières bénéficient d'une exemption de l'impôt de la gabelle et qu'ils puissent donc transporter librement chez eux les châtaignes récoltées à Coni. Il leur est également possible d'acheter, sans avoir à payer la gabelle, jusqu'à 70 setiers de châtaignes par famille sur le marché, en cas de récolte insuffisante [118] (annexe n° 12).

La plantation des arbres peut aussi s'effectuer sur une terre appartenant à autrui, généralement avec autorisation, ou sur une terre commune ; et, dans ce cas, l'autorisation est plus rarement demandée. Deux arrangements juridiques sont possibles. D'une part, peuvent s'appliquer les anciennes règles du complant selon lesquelles le planteur, une fois ses arbres parvenus à l'état adulte, partage le terrain avec le propriétaire du sol. Ce système s'est longtemps pratiqué avec la vigne et existait encore en 1917 dans la région de Nantes [119]. Il a été également appliqué pour le châtaignier. On en trouve, par exemple, la trace à Sainte-Marie-Siché, en Corse, en 1866 [120]. Xavier Massimi « a planté dans du terrain de cette commune appartenant à autrui 166 arbres pour être partagés, jouis et possédés par moitié entre lui et les propriétaires de la terre ; savoir 112 arbres du châtaignier aux lieux-dits Esca et Apà, appartenant aux frères Lenneroni, 33 à la dame Lucchinella veuve Ornano, et 21 arbres d'olivier au lieu-dit Lucciaggiola, propriété de M. l'avocat Ornano, total égale 166. Tous ces arbres quoique plantés dans des champs où l'on y laisse aller paître les bestiaux, se trouvent en pleine végétation et parfaitement garantis par de forts échalas [...] avec des ronces par le dit Massimi pour les garanties des atteintes qu'ils auraient pu éprouver sans ces précautions. »

L'autre solution est le principe de la propriété arboraire distincte de celle du sol. Ce système très ancien et qui s'applique exclusivement aux arbres fruitiers existe dans certaines régions du Bassin méditerranéen : par exemple en Kabylie [121], en Andalousie [122], en Grèce [123]. Il est extrêmement répandu en Corse [124] où il trouve sa raison d'être dans le souci de satisfaire les besoins des arboriculteurs, comme ceux des éleveurs. Le propriétaire peut laisser paître ses animaux, sauf pendant la période de récolte. Le propriétaire des arbres peut vendre ceux-ci sans que le propriétaire du sol ait son mot à dire et le propriétaire d'une châtaigneraie peut vendre le sol et se réserver la propriété des arbres. C'est, par exemple, le cas d'une vente de terre à Lozzano en 1778, les propriétaires, en indivision, « se réservant seulement de planter quelques nouveaux pieds de châtaignier [125] ». Cette curieuse dissociation de la propriété existe encore aujourd'hui, ici ou là, en Corse, à titre relictuel.

La propriété arboraire est, en fait, beaucoup plus répandue sur les terres communes *(terre de commun)* où, depuis des siècles, elle pose problème. Elle dénote la nécessité de faire évoluer le droit au moment de l'apparition tardive de l'arboriculture dans un espace traditionnellement dominé par l'élevage. Tant que les éleveurs ne cessent pas de dominer l'espace et la société, il est impensable que les planteurs s'approprient définitivement le sol. Cette dernière solution est celle des pays tournés depuis longtemps vers une économie associant, dans les mêmes exploitations, élevage et agriculture. Dans ce cas, le *saltus*, l'*outfield*, le *kampen*, la lande ou le *monte*... sont définitivement appropriés par l'agriculteur qui défriche. Celui-ci marque son territoire par un talus, une haie ou un mur et c'est ainsi que naît progressivement le bocage de type breton ou du Pays de Bray, différent du bocage résultant d'une totale restructuration du système foncier et de l'économie rurale (enclosures anglaise ou poitevine). L'appropriation définitive des communaux est la solution adoptée en Galice du sud-est [126]. Elle passe par la plantation de châtaigniers.

En Castagniccia corse, c'est-à-dire en Deça-des-Monts, peut-être parce que cette partie de l'île est la plus proche de l'Italie, l'agriculture est plutôt dominante, les villages sont plus nombreux et peuplés et les terres communes sont beaucoup moins étendues qu'au Delà-des-Monts. C'est sans doute la raison pour laquelle les prescriptions génoises datant des XVIe, XVIIe et XVIIIe siècles trouvent ici, on l'a vu, un terrain de prédilection et que les usurpations sont plutôt mal vues. Au début du XVIIIe siècle, des plaintes émanent déjà de la communauté de Vignale di Marana contre les usurpateurs [127]. Mais partout ailleurs, les communes plus vastes possèdent de larges maquis communs sur lesquels les agriculteurs ne se sont jamais privés depuis le Moyen Age de planter des arbres sans autorisation explicite, mais sans appropriation du sol et souvent en conflit avec les pasteurs.

Les planteurs enclosent généralement les parcelles dont ils s'attribuent l'usage d'un muret de pierre ou d'une barrière de branchages destinés autant à en interdire l'accès [128] qu'à manifester la propriété arboraire. La seconde raison est probablement la principale, car on voit mal un mur de 50 centimètres ou un mètre de hauteur empêcher des ovins ou des caprins de pénétrer. La protection des jeunes arbres contre le bétail exige une solide palissade autour du plant lui-même [129].

Gênes favorisa beaucoup cette évolution du droit qui allait dans le sens souhaité d'une orientation des Corses vers l'arboriculture. Il semble qu'à cette époque, ce furent surtout les notables corses qui bénéficièrent de ces pseudo-appropriations [130]. En revanche, comme pour la présence même du châtaignier, l'administration française a longtemps fait preuve d'une totale incompréhension face à cette particularité juridique rare sur le continent. Il est vrai que la situation n'était pas simple, puisque les communes du nord et du centre se plaignaient amèrement de ces usurpations, telle Vignale di Marana depuis le début du XVIIIe siècle, tandis que celles du sud les acceptaient et même les encouragaient. Aussi, la lettre que le préfet envoie le 25 juin 1853 à tous les maires en leur demandant de procéder au partage des terres communes marque-t-elle le commencement d'une polémique de plusieurs décennies [131]. Une grande variété de solutions est imaginée : reconnaissance de la propriété intégrale et exemptée de taxes des arbres, mais aussi du caractère communal du sol ; reconnaissance de la propriété des arbres avec paiement d'une taxe d'enregistrement ; application *a posteriori* du droit de complant ; reconnaissance gracieuse de la propriété du sol porteur et des arbres plantés avant 1825, moyennant le versement d'une taxe pour les jeunes arbres, comme c'est, par exemple, le cas à Azzana.

Voici deux cas assez simples de règlement de cette affaire. A Corte, le conseil municipal fixe une taxe de 25 centimes par châtaignier de plus de quinze ans planté sur ses communaux. Certains habitants se plaignent auprès du préfet et souhaitent une réduction à 5 centimes ainsi que le partage des communaux restants, susceptibles d'être plantés. Le 13 mai 1860, le conseil maintient sa décision, arguant de ce que la contribution est passée, depuis l'établissement du cadastre, de 60 à 1 000 francs, car les châtaigniers sont attribués à la commune. Le préfet approuve pleinement la décision le 3 juillet, jugeant que la taxe est loin d'être excessive. Dans les années qui suivent, des autorisations de planter sont accordées à de nombreux habitants [132], moyennant le paiement d'une taxe de 25 centimes, avec exemption pendant les premières années.

A Bastelica, le droit de complant est une tradition immémoriale. Le 6 août 1862, le conseil municipal décide d'effectuer le recensement de tous les châtaigniers plantés sur ses terres et d'entrer en jouissance de la part revenant à la commune. Une indemnité est réclamée aux propriétaires ayant joui de châtaigniers au détriment de la commune. Le préfet se montre satisfait de ce règlement et l'affaire paraît en rester là (voir annexe n° 13).

Beaucoup plus délicate se révèle l'affaire de Pastricciola, près d'Ajaccio [133]. Voici quelques répliques de ce dialogue de sourds poursuivi entre 1820 et 1860. Dès 1820, dans l'*État énonciatif des bâtiments et biens ruraux appartenant à la commune*, il est question de « terres où poussent des châtaigniers ; ces terres sont inaptes au travail à l'araire ; grâce au travail à la pioche, elles produisent du seigle ». Ces communaux ne rapportent strictement rien à la commune. Il s'agit donc d'une véritable usurpation de fait.

En 1826, à la suite de la lettre préfectorale déjà évoquée, la commune recense les arbres plantés sur ses communaux : 206 arbres possédés par 76 propriétaires détenant chacun de 1 à 12 arbres. Ces chiffres sont probablement très inférieurs à la réalité. Le 25 juin 1853, le préfet intervient de nouveau pour relancer le partage des communaux. Le conseil municipal se réunit le 13 juillet et rappelle longuement toute la coutume de Pastricciola en matière de terres communes, soulignant que « les divers habitants n'ont jamais payé aucune rétribution à la commune ni des châtaigniers, ni des terrains qu'ils couvrent, ainsi que des terrains clos, mais seulement en ont payé la contribution à l'État depuis un temps immémorial, ce qui prouve qu'ils en ont été considérés propriétaires ». Le conseil déclare que si la commune faisait valoir ses droits, cela provoquerait « une espèce de révolution et de confusion » et décide en particulier que :

« Tout terrain qui se trouve dans le territoire de cette commune couvert par les arbres sera considéré à l'avenir appartenir au propriétaire des arbres à la distance de 40 mètres de tour... »

Mais l'administration ne l'entend pas de cette oreille. Ces mesures, en apparence sages, constituent une entorse intolérable à l'unité du droit français. Le 4 août, le préfet écrit au maire : « Cette délibération contient des dispositions qui me paraissent évidemment contraires à la justice distributive. » Il propose de soumettre les exploitations des châtaigniers sis en terre commune à une taxe spéciale.

A la suite de cette lettre, le maire convoque le conseil, mais la plupart des conseillers boudent la réunion, rendant ainsi impossible la délibération. Le 27 août, le conseil, enfin réuni, se déclare surpris des arguments préfectoraux, car tout le monde jouit de ces arbres plantés sur les communaux. Le maire écrit au préfet : « Il n'y a aucune autre subsistance dans la commune pour le soutien de chaque individu comme les propriétaires, les laboureurs, les bergers, et tout autre artisan a profité de planter et jouit de cette subsistance de châtaignier aujourd'hui en culture, excepté ceux qui ont vendu, et quelque petite fraction d'oisifs qui voudraient se passer le temps aux frais du public. Et si quelqu'un de ce nombre vous a présenté au contraire de la première délibération, on en demanderait le nom s'il vous plaît, ce qu'on doute que ce soit l'instituteur public Jean-Baptiste, attendu des informations qu'on a dans le pays. Et on vous fera connaître toute au contraire par le vœu unanime de tous les habitants de cette commune. » Et le conseil délibère dans des termes identiques à ceux du 13 juillet.

Quelques mois plus tard, dans une lettre du 28 janvier 1854, ayant pris le temps de la réflexion, le préfet se déclare toujours très offusqué du fait que les terres sujettes à contestation « sont appropriées non à la suite d'un acte translatif », mais « par suite d'usurpation ou d'occupation abusive ». Il exige une liste précise des individus qui jouissent des biens concernés, avec le nombre des arbres. Suit une longue réponse du maire, C. Carli, en date du 6 mai 1854, qui reprend toute l'affaire depuis les origines et s'achève sur une négation pure et simple de la propriété communale : « *resque nullius sun fiunt primi occupantis* », suivie d'une menace : « Si vous m'ordonnez vraiment, Monsieur le Préfet, de donner exécution à votre lettre du 28 janvier, les propriétaires des susdits arbres et enclots sont décidés de faire valoir leurs droits par devant les tribunaux, et alors je serais forcé à faire des frais au nom de la commune que je prévois infructueux. »

Le 14 septembre 1858 : coup de théâtre. Une pétition signée de 41 noms et d'une croix est adressée au préfet, émanant d'opposants à la politique du maire et de son conseil. Elle signale que plus de 20 000 châtaigniers sont plantés sur les terrains communaux. On est loin, très loin, des 206 arbres recensés en 1826 ! Selon les prescriptions du cadastre établi en 1852-1853, les soussignés remarquent que la commune est soumise à contribution pour ces arbres « et les propriétaires récoltent leurs châtaignes avec tranquillité et silence ». Or, à la suite des contestations, la commune n'a rien payé de 1854 à 1857 ; sa dette s'élève à 2 242 francs, dette que le maire et le conseil souhaitent répartir entre tous les habitants de la commune. En des termes à tirer les larmes des yeux, les pétitionnaires protestent : « Telle chargée d'enfants, une veuve pauvre et aveugle adresse ses prières au ciel pour demander vengeance contre la tyrannie qui l'opprime : nous disons veuve, puisque le maire qui a épousé ses intérêts les abandonne et les trahit en faveur de sa famille, car une grande partie des châtaigniers dont nous avons parlé lui appartiennent ainsi qu'à ses proches parents ; aveugle se conçoit et se déduit facilement du fait en question : les propriétaires jouissent et la commune paie. » Il ne serait pas étonnant que ce style fleuri appartienne à l'instituteur du village, le dénommé Jean-Baptiste que le maire ne semble guère porter dans son cœur. On voit ici éclater au grand jour une querelle qui oppose la population à ses notables. F. Pomponi est d'ailleurs formel sur ce point : les usurpations des XVIIe et XVIIIe siècles furent surtout le fait des notables [134].

Le 12 mars 1859, le préfet reproche au maire de ne pas lui avoir encore adressé la liste demandée. La plainte du 14 septembre a trouvé une oreille attentive : « Il est sans doute plus avantageux pour les possesseurs de châtaignier, de maintenir l'état de choses actuel. [...] Mais ce système blesse profondément la justice. [...] Je sais, Monsieur le Maire, que cette question touche les intérêts de divers membres de l'administration municipale actuelle qui possèdent peut-être le plus grand nombre de châtaigniers, mais je ne puis croire qu'ils veuillent profiter de leur position pour s'exonérer en rejetant sur leurs concitoyens les moins aisés une charge qu'ils savent leur incomber. » Le 30 juillet, le préfet demande l'intervention du directeur des contributions directes. Le 20 mai 1860, c'est-à-dire plus d'un an après, le nouveau maire, M. Pinelli, envoie le rôle des propriétaires concernés. Sur 380 ha plantés de châtaigniers [135], 354,4 appartiennent à des habitants de Pastricciola et le reste à des forains. Ce rôle n'est malheureusement pas conservé aux Archives départementales, et il est donc impossible de préciser davantage les aspects socio-économiques de cette ténébreuse affaire qui, d'ailleurs, ne s'arrête pas complètement là. Elle remonte jusqu'en Conseil d'État où certaines plaintes sont prises en considération. Dans la séance de la section contentieux, tenue le 16 avril 1868, 15 propriétaires sont déchargés de la taxe.

Soins culturaux

Nombreux sont les textes du XVIIIe et du XIXe siècle témoignant d'une absence de soins. Les observateurs extérieurs aux régions de production (voyageurs, administrateurs, etc.) se déclarent généralement surpris par ce qu'ils nomment la « paresse » des habitants.

Le discours tenu habituellement sur la Corse n'est pas isolé. Ainsi en témoignent les remarques des contrôleurs de l'impôt du vingtième entre 1758 et 1790 en Châtaigneraie cantalienne. A Junhac [136], ils notent : « Les habitants sont dociles, francs, sans émulation et paresseux ; leurs terres sont légèrement travaillées. Leur espérance est la récolte des châtaignes (qui s'évanouit trop souvent), car elle ne demande point de travail. » A Leinhac [137], « les habitants sont très dociles, quoique sujets à la boisson ; ils sont paresseux, bornés et sans émulation ». A Maurs [138], « les paysans sont très sincères et dociles, extrêmement mols ». En 1811, le maire de Montsalvy confirme le constat des contrôleurs du siècle précédent dans sa réponse adressée au sous-préfet d'Aurillac, lors de l'enquête nationale [139] : « [...] Ces arbres sont mal plantés. Dans une terre qui n'avait reçu aucun labour, aucun engrais, [ils] ont végété faiblement, la plupart ont été blessés par les chèvres, vrai fléau du canton, et tout abandonnés à la nature sans qu'on cultive d'aucune manière le terrain qui les nourrit ; en sorte que ces arbres restent petits, sont rabougris, sèchent en grande partie [140] et sont d'un bien faible produit. » Et Marcel Grosdidier de Matons renchérit en parlant du castagnaïre (habitant de la Châtaigneraie) [141] : « Paresseux, il le fut sans doute, mais il partagea cette faiblesse avec tous les pays de cueillette. Ici, le travail de l'homme n'étant pas nécessaire, l'homme se reposait jusqu'à la cueillette sur la nature. »

De telles opinions se retrouvent à l'est du Massif central. Albin Mazon [142] déclare, à propos du châtaignier, qu'en général « on lui demande toujours et on ne lui donne jamais rien. Heureux ceux dont l'ombre abrite d'autres cultures. Ce sont les seuls qui aient pu apprécier les bienfaits de l'engrais et de la terre fraîchement remuée. Malgré son désintéressement, on pourrait dire sa sobriété, le châtaignier n'est pas estimé dans nos pays comme il le mérite ». Même son de cloche chez Arthur Cadoret [143] et G. Couderc [144]. C'est également l'opinion de Sismondi concernant la Toscane [145] : « Les bois de châtaigniers qui couvrent une partie des Apennins, forment tout le revenu de leurs habitants ; ces bois ont été sans doute plantés anciennement, et sont encore entretenus par l'industrie humaine, mais ils ne demandent aucune culture. Ce n'est pas qu'on laisse absolument les châtaigniers à eux-mêmes, les paysans vont souvent les taillarder avec la coignée, sous prétexte de les émonder, et d'enlever le bois mort ou pourri ; dans le fond ils n'ont d'autre intention que de faire du bois, et quoique le châtaignier soit assez robuste pour supporter les plaies dont ils le déchirent, il n'est pas douteux que cette prétendue taille lui soit très préjudiciable. [...] La récolte des châtaignes se fait pendant le mois de novembre ; comme les écales s'éclatent et que le fruit tombe de lui-même, on n'a d'autre travail que de le ramasser. » Il est à noter que tous ces témoignages datent de la période de déclin du châtaignier et qu'ils n'impliquent pas que dans le passé un tel abandon ait été de règle. Sinon, on voit mal pourquoi on aurait planté ces arbres en remplacement des cultures céréalières... la paresse exceptée, explication bien facile, on l'avouera, dans la civilisation paysanne préindustrielle.

A côté de ces châtaigneraies qui poussent toutes seules et dont les rendements sont probablement assez faibles, on trouve des pratiques culturales plus ou moins élaborées. Elles consistent d'abord en un ou deux labours de la plantation, même si la châtaigneraie n'est pas complantée. C'est, d'ailleurs, ce que recommande l'abbé Rozier [146] : « La châtaigneraie bien établie exige chaque année au moins un labour croisé, et deux pour le mieux ; le premier en mars, avant le développement des bourgeons, et le second en juin. Si, malgré les labours, les mauvaises herbes gagnent en trop grande abondance, il convient de les couper à la faux, et de les amonceler au pied de l'arbre, afin qu'elles y pourrissent. »

Les anciens baux de la vallée de l'Yzerdon, dans les Monts du Lyonnais, stipulaient que le fermier devait ôter les mauvaises herbes poussant sous les châtaigniers [147]. Tous les auteurs ayant écrit sur le châtaignier recommandent vivement ces labours : Albin Mazon pour le Vivarais [148], J. Carlotti [149] et G. Meria [150] pour la Corse, et les rares castanéiculteurs d'aujourd'hui les pratiquent.

En outre, il convient de répandre un peu d'engrais, d'élaguer de temps à autre [151], de couper les gourmands, de placer éventuellement des clôtures protégeant du bétail. Avec de tels soins, les rendements augmentent considérablement. En témoigne ce bref article découpé en octobre 1897 dans quelque journal local et collé par Albin Mazon dans son *Encyclopédie* [152]. Il concerne Vesseaux, l'une des capitales françaises du marron, patrie de la variété bouche-rouge : « Les méthodes de culture que pratiquent ici, pour les châtaigniers, les propriétaires les plus intelligents, pourraient être données en exemple dans toute l'Ardèche. D'abord, ils ont renoncé à faire la feuille et le bois au mois d'août, ce qui, pour un profit minime, fatigue les châtaigniers en pleine sève, diminue leur vigueur et affaiblit leur production. Les élagages nécessaires ont lieu en hiver ou au printemps, avant que la sève soit en mouvement. De plus, au lieu d'épuiser le sol sans jamais lui rendre, on fume les châtaigniers, en faisant souvent un peu de culture, seigle ou autre, au pied. Par ces moyens, les propriétaires de Vesseaux arrivent à conserver leurs arbres plus longtemps qu'ailleurs, à les entretenir en meilleur état, et à leur faire produire des récoltes plus abondantes [153]. »

La dernière technique permettant d'augmenter les rendements est l'irrigation. Elle est surtout utile dans les châtaigneraies au climat franchement méditerranéen, c'est-à-dire sec de juin à septembre. Tout un système d'irrigation est aménagé dans la région du Monte Amiata en Campanie [154], mais aussi dans les *selve* de l'Apennin lucquois [155]. Toutes les nouvelles plantations réalisées entre 1860 et 1880 dans la région de Corte (Corse) sont irriguées [156]. Grâce à Albin Mazon [157], on possède une description détaillée de l'implantation d'un réseau d'irrigation dans le sud de l'Ardèche et le nord-est de la Lozère à partir de 1830 et surtout 1857, date à laquelle Pierre Coulomb, originaire de Planchamp (Lozère), construit seul un canal. Bientôt imité par tous, à l'exception d'Odilon Barrot l'ancien — qui, cependant, en bénéficie —, la région devient un fief de la sardonne, variété exigeante, mais excellente et très productive (annexe n° 14).

L'entretien correct d'une châtaigneraie demande environ vingt jours de travail par an et par hectare, ce qui est peu de chose par rapport à d'autres cultures, et surtout aux cultures pérennes, comme la vigne, par exemple. Ce sont, évidemment, ces exigences modestes du châtaignier par rapport au labeur paysan qui motivent la réaction passionnée de bien des physiocrates et de leurs successeurs à l'encontre d'un arbre jugé franchement immoral.

CHAPITRE V

Récolte et utilisation des châtaignes

LES RENDEMENTS

L'appréciation des rendements en châtaignes est bien difficile à effectuer. Ceux-ci varient en effet substantiellement, on l'a vu, d'une année sur l'autre ; ils varient également en fonction du climat et donc de l'altitude, de la nature du sol, de l'espacement des arbres, des soins culturaux, de la variété choisie, etc. La fourchette s'étend de moins d'un quintal à l'hectare à plus de 35 quintaux. Les rendements moyens par région ou par pays sont généralement assez faibles. Ainsi, la statistique officielle du ministère français de l'Agriculture donne 5,3 q/ha en 1841, 9,4 en 1862 et 10,05 en 1871 comme moyenne nationale [1] ; l'enquête de 1811 donnait 14 q/ha.

Tableau n° 11 : *Rendements des châtaigneraies piémontaises au milieu du XVIIIe siècle (d'après G. Prato, 1908, pp. 102-103, utilisant diverses sources statistiques)* *.

Province	Rendement	Province	Rendement
Turin	10,21 q/ha	Suse	10,53 q/ha
Alba	2,71	Verceil	3,43
Asti	5,42	Nice	1,13
Coni	12,10	Acqui	2,71
Ivrée	18,08	Novare	15,39
Mondovi	5,10	Oltre Po	0,41
Pignerol	4,93	Tortona	2,42
Saluces	4,91	MOYENNE	6,63

* Les rendements sont donnés par G. Prato en *sacchi/giornata*. La transposition a été faite de la manière suivante : 1 *sacco* = 1,150 hl = 0,92 q ; 1 *giornata* = 38 ares [4].

Dans le Piémont du milieu du XVIIIe siècle, le rendement moyen est de 6,63 q/ha [3], mais cette moyenne est peu significative, car le détail par province montre que les rendements les plus élevés sont obtenus là où la culture du châtaignier est la plus développée, et, partant, la plus soignée, en particulier dans les provinces de Coni et d'Ivrée [4] (tableau n° 11).

Voici quelques autres chiffres : 6 à 20 q/ha d'après le comte de Gasparin [5], 8,6 q pour le Limousin en 1840 et 15 q en 1862 d'après Barral [6], 8,8 q pour la Toscane de la fin du XIXe siècle, d'après Tornai [7].

Afin d'apprécier l'avantage du châtaignier par rapport aux céréales, voici pour ces dernières quelques exemples de rendements obtenus entre le XVIe siècle et la Première Guerre mondiale dans des régions où pousse le châtaignier.

Tableau n° 12 : *Quelques exemples de rendements céréaliers obtenus jadis dans les moyennes montagnes siliceuses d'Europe, ou les plaines voisines (donc plus riches).*

Région	Date	Rendement	Source
Prov. de Coni (Piémont), plaine	1750	10-15 q/ha	Bulferetti, 1963, p. 35
Région de Montpellier	1520	5,1 q/ha	E. Le Roy Ladurie, 1966, p. 224.
Les Vans (Ardèche)	1900	3-5 q/ha	Roger Ferlet (dans une conversation).
Corrèze	1910	12 q/ha maximum	Claude Michelet, 1982, p. 244.
Auvergne	Époque moderne	4 q/ha	Jean Jacquart, 1975, p. 238.
Corse	XIXe siècle	6-8 q/ha	Janine Renucci, 1974, p. 194.

Mais pour comparer valablement les deux productions, il faut évidemment traduire les rendements en calories alimentaires. Les châtaignes fraîches sont estimées [8] à 200 calories pour 100 grammes (avec 4 g de protides, 3 g de lipides et 42 g de glucides), tandis que le pain complet est estimé à 230 calories pour 100 grammes, soit 350 calories pour 100 grammes de céréales, si ce pain a 36 % de teneur en eau (et 8 g de protides, 1,2 g de lipides, 50 g de glucides). Cela justifie à peu près le fait qu'à Bastelica (Corse), en 1869, le troc s'effectue, entre montagnards et gens des plaines, à raison de deux décalitres de châtaignes pour un décalitre de blé [9]. La comparaison des rendements des deux cultures s'établit ainsi.

Tableau n° 13 : *Rendement calorique des labours et des châtaigneraies.*

Rendement en q/ha	Rendement en cal/ha des céréales, à raison de 350 000 cal/q. Production 1 an sur 2 (assolt. biennal), soit rendement : 2	Rendement en cal/ha des châtaigneraies à 200 000 cal/q.
3	525 000	600 000
5	875 000	1 000 000
10	1 750 000 (moyenne)	2 000 000
15	2 625 000 (maximum)	3 000 000 (moyenne pour une bonne chât.)
20		4 000 000
35		7 000 000 (maximum)

On le voit, une châtaigneraie adulte bien située et bénéficiant de soins culturaux attentifs produit régulièrement une quinzaine de quintaux à l'hectare, c'est-à-dire trois fois plus de calories qu'une terre labourée rapportant, une année sur deux, 5 quintaux à l'hectare. Pour obtenir le même rendement calorique en céréales, il faudrait récolter 17 q/ha de ces dernières, chiffre rigoureusement impossible à obtenir dans les terres concernées par le châtaignier [10].

TECHNIQUES DE RÉCOLTE

Dans le calendrier des soins culturaux, les travaux les plus durs et les plus longs sont ceux qui concernent la préparation du sol de la châtaigneraie avant la récolte. Il faut, en effet, faucher fougères, ronces, herbes, car les labours ont été pratiqués en mars et juin. Il faut aussi, dès le moment où les premiers fruits sont mûrs, protéger les parcelles contre le bétail. En Corse, le maire décrète le *furestu* ou *cornu* ; dès ce moment, les bêtes doivent rentrer à l'étable ou partir à la montagne sous la conduite de leurs bergers [11]. Dans la région suisse des Grisons, à Castagnesa, près de Soglio, on élève de petites haies de branchages d'une vingtaine de centimètres de hauteur autour des parcelles, pour éviter que les fruits ne roulent chez

Photo 35 : *Ramassage des bogues après gaulage, en Lombardie ; fin* XIVe*-début* XVe *siècle. Albukasem de Bardo :* Tacuinum sanitatis. *Photo B.N. (Ms. Nouv. Acq. Lat. 1673, fol. 34). Le port du châtaignier n'est guère réaliste (c'est celui d'un oranger !), de même que le fait de ramasser les bogues pieds et mains nus.*

Photo 36 : *Matériel de récolte du Vivarais :* l'espeguïare *(rateau)*, lo piqueto *(massette), la* fourcolle *(pince de métal et de bois). Objets appartenant à M. Martin, de Vesseaux.*

Photo 37 : *Récolte des châtaignes en Périgord vers 1900. Les paysans s'aident de pinces et ne ramassent que les châtaignes qu'ils déposent dans un panier de bois de châtaignier tressé. Photo Musée des Arts et Traditions Populaires.*

le voisin [12]. C'est un travail considérable, car la pente y est très forte et les parcelles minuscules, certaines ne dépassant pas 30 m^2.

Outre ce problème de pente qui se pose fréquemment, les difficultés techniques de la récolte des châtaignes tiennent au fait que la maturation des fruits est étalée dans le temps et, bien sûr, que ceux-ci sont protégés par une bogue peu amène. On résout la première en passant tous les jours dans les châtaigneraies et en ramassant donc à maturité exacte. C'est évidemment la méthode qui donne les fruits les plus gros et savoureux et c'est elle qui respecte le mieux les pousses de l'année qui fructifieront l'année suivante. Mais elle demande beaucoup de temps et ressemble, en cela, aux vendanges par tries successives du Sauternais et de l'Anjou. Pour Estienne et Liebault [13], les châtaignes ainsi récoltées se conservent peu de temps, tandis que pour l'abbé Rozier [14] c'est le contraire ! « Le propriétaire vigilant, écrit ce dernier, enverra au moins tous les deux jours et de grand matin faire la cueillette du fruit tombé, et ses gens presseront doucement avec le pied le hérisson qui ne sera pas ouvert, afin d'en faire sortir le fruit. » Cette méthode est également recommandée par L. Clerc [15]. La Corse est l'une des rares régions à la pratiquer à l'exclusion de toute autre. Paradoxalement, alors qu'elle est longue et pénible, elle est fréquemment interprétée comme une preuve supplémentaire de la paresse des habitants : la récolte est bonne... s'il y a du vent.

Partout ailleurs, et depuis le Moyen Age, on ramasse évidemment les châtaignes tombées, mais surtout on les gaule sur les branches lorsqu'elles approchent de la maturité. Ainsi, on récolte tout en une seule fois, on se prémunit contre les maraudeurs, on peut conserver les châtaignes dans leur bogue. Placées en tas dans un endroit sec, les bogues peuvent garder les châtaignes « fraîches » pendant quelques mois. La gaule, perche, *lato* (Vivarais) ou *bacchio* (Toscane) peut avoir jusqu'à 8 mètres de hauteur et le gauleur le plus agile grimpe dans l'arbre pour atteindre les branches hautes. Au sol, les ramasseurs utilisent des fourches flexibles ou des pinces de bois pour extraire les châtaignes des bogues lorsque celles-ci ne sont pas conservées : la *fourcolle* (parfois en métal) du Vivarais, les *gaffes* du Cantal, les *gadafos* de Toscane, en s'aidant éventuellement d'une massette ou d'un petit rateau pour retenir la bogue au sol.

Le salaire du ramasseur est tantôt fixe, payé en châtaignes, comme en Corse [16], tantôt proportionnel : à 1/5 ou 1/6 dans le Rouergue du XVIIIe siècle [17], puis au tiers ou à la moitié au XIXe siècle [18] ; au quart-fruit, puis à mi-fruit dans la région d'Antraigues en Vivarais [19] et dans le Cantal du début de ce siècle [20] ; au tiers-fruit dans certains villages corses avant la Deuxième Guerre mondiale, puis à mi-fruit et au deux-tiers dans les années 1950 [21]. Aujourd'hui, plus personne n'accepte de ramasser pour autrui. Les rares récoltes ramassées le sont par le propriétaire aidé par sa famille et, éventuellement, par une ramasseuse mécanique.

Le géographe Roger Béteille [22] a décrit les loues très animées qui se déroulaient jadis dans les bourgs du Ségala : « Les femmes et les filles déambulaient sur la place publique, le chapeau à la main pour indiquer qu'elles désiraient travailler. Le chapeau revenait dans sa position habituelle après accord avec le propriétaire. Les salaires n'étaient guère mirobolants, mais il fallait bien vivre ! Trente francs pour la saison en sus de la soupe. Naturellement, les châtaignes étaient à discrétion. » En Vivarais, certains montagnards descendaient du Mézenc et des hautes terres pour aider au ramassage. On les appelait châtaignieurs [23].

Il reste à évoquer le glanage qui se pratique partout et qui est plus ou moins réglementé par les usages locaux. Dans le Gard, par exemple, il est autorisé à partir de la Toussaint [24]. En général, il est accordé en priorité aux ramasseurs, puis à tout le monde et, enfin, aux animaux [25]. C'est évidemment dans les régions de plus forte pression démographique, comme la Castagniccia, qu'il est le plus sévèrement contrôlé. Il est indispensable à la survie des familles les plus pauvres. F. Fabre, dans son roman cévenol, *Les Courbezon* [26], l'évoque en ces termes : « L'abbé Courbezon visite ses paroissiens dans la châtaigneraie où tout le monde est aux séchoirs. Sa dernière visite est pour une pauvre veuve : “ Vous avez des châtaignes ? demanda l'abbé. — J'ai seulement une trentaine d'arbres dans la combe du Mas-du-Saule, puis j'ai glané chez le brave monde avec les petits ”, répondit la veuve. » En Piémont, une véritable migration saisonnière s'organise. Les habitants des hautes vallées de la Doire et de la Chisone viennent glaner *(spigolare)* dans le Val de Suse [27]. Mais nécessité n'exclut pas divertissement. Le glanage est aussi la fête des enfants. Lamartine s'y est adonné avec délices, bien que ni sa famille, ni le Mâconnais de sa jeunesse n'imposassent le glanage comme une absolue nécessité [28] : « Quelquefois l'un d'entre nous découvre à l'extrémité des branches d'un châtaignier des gousses de châtaignes oubliées sur l'arbre après la récolte. Nous nous armons tous de nos frondes, nous lançons avec adresse une nuée de pierres qui détachent le fruit de l'écorce entr'ouverte, et le font tomber à nos pieds. Nous le faisons cuire sous la cendre de notre foyer. »

Les courants commerciaux

D'une manière générale, dans l'espace européen et dans l'histoire des châtaigneraies, le commerce tient une place mineure [29], car le but de la culture n'est pas d'abord de fournir une denrée commerciale et la demande émanant des zones extérieures aux aires de production reste faible. Toutefois, il faut signaler l'orientation de certaines châtaigneraies vers la production de châtaignes ou de marrons destinés à des marchés plus ou moins lointains et ne pas omettre que, dans les quelques zones de monoculture à fins vivrières, la possibilité de vendre les excédents éventuels est toujours appréciée, tant les ressources monétaires sont rares.

À grande distance

On ne peut pas affirmer que les courants d'exportation s'allongent à mesure que l'on se rapproche de l'apogée des châtaigneraies, puisque on a la preuve de l'existence dès le Moyen Age de courants à longue distance depuis l'Italie vers l'Orient. Les Vénitiens exportent vers Beyrouth, Damas, Alep des châtaignes fraîches, sèches ou cuites dans du vin de Soria [30] ; elles proviennent de la région de Bologne, d'Imola et de la vallée du Lamone [31]. De même, au XVe siècle, les marchands génois en route pour l'Orient finissent de remplir leurs vaisseaux à Naples avec du blé, des noisettes et des châtaignes qu'ils acheminent, en particulier, vers Alexandrie [32].

On a vu que les châtaignes vendues dans les rues de Paris au Moyen Age viennent de Lombardie, et des ordonnances de Charles VI en 1400 et 1415 réglementent le nombre des mesureurs de châtaignes ainsi que les droits d'entrée des charrettes de ces fruits dans la capitale [33]. D'Italie vers la France, les châtaignes passent soit par le Mont-Cenis, la Savoie et Lyon ou encore par le Simplon, le Valais, Genève et Lyon, mais aussi par le Plateau suisse et le Jura, comme en témoigne l'affaire des Placards, ces textes attaquant violemment la messe, diffusés en France pendant les guerres de

QUELQUES COURANTS COMMERCIAUX MÉDIÉVAUX ET MODERNES A GRANDE DISTANCE DE CHÂTAIGNES ET MARRONS

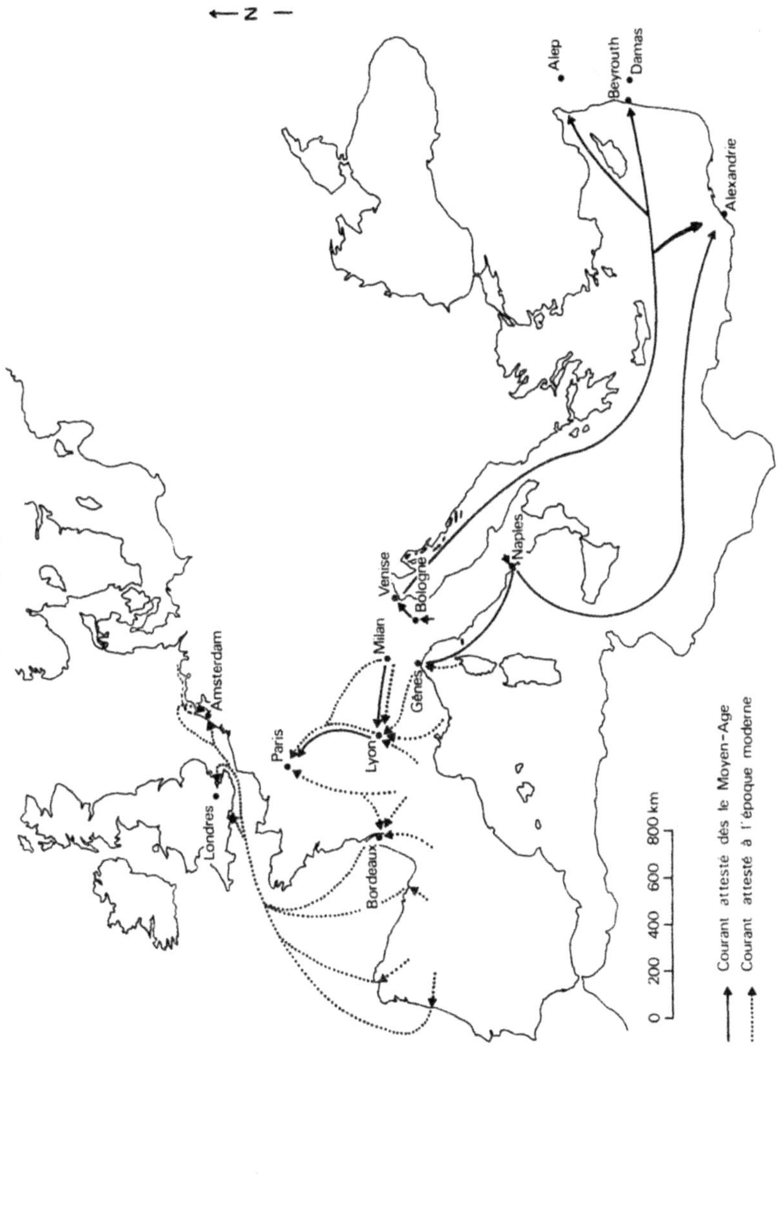

Fig. 34

religion et rédigés à Neuchâtel par le pasteur Antoine Marcourt. Dans la nuit du 17 août 1534, « des milliers de libelles dissimulés dans quelques ballots ou fûts garnis de châtaignes viennent de l'Oultre-Joux », écrit Pierre Chaunu [34]. Ces châtaignes peuvent provenir du Tessin, mais plus probablement d'Italie. Ce courant commercial transjurassien expliquerait peut-être l'existence curieuse, signalée en 1783 par l'abbé Rozier, d'une variété de marron originaire d'Aubonne dans le Jura [35].

Les autres grands courants commerciaux concernent l'ouest du domaine des châtaigneraies ; ils ne sont attestés qu'à l'époque moderne. L'ouest du Massif central expédie ses meilleurs marrons vers la région parisienne, mais aussi vers Bordeaux. Ce port draine des marrons de tout le Sud-Ouest et les expédie vers l'Angleterre et les Pays-Bas, pays approvisionnés également par l'Espagne et le Portugal [36]. Le musée de Dijon conserve un tableau du Hollandais Matthys Naiveu, de la fin du XVIIe siècle, représentant *Le Marchand de marrons*. En réalité, le marchand en question est bien en train de peser des marrons qu'il prend dans un grand récipient de bois, mais il vend aussi nombre d'autres comestibles : harengs saurs, jambons et charcuteries diverses. Il est possible que la tradition de consommer des marrons aux Pays-Bas remonte à Charles Quint, époque pendant laquelle les échanges étaient nombreux entre les provinces du nord et du sud de l'Empire. L'embarquement à Libourne de châtaignes périgourdines sur des navires hollandais est attesté aux XVIIe et XVIIIe siècles [37].

Pour l'Angleterre, le meilleur témoignage que l'on ait de la provenance ibérique des châtaignes ou marrons est le nom même que leur donnent les Anglais : *spanish chestnut*, de préférence à *sweet chestnut*. Il existe bien une importante production de châtaignes au XIXe siècle dans le Devon, mais les meilleurs fruits viennent d'Espagne [38]. John Loudon écrit : " On la nomme châtaigne d'Espagne parce que les châtaignes de table les meilleures, vendues sur les marchés de Londres, sont importées d'Espagne. "

Les mieux situées des châtaigneraies par rapport aux voies de communication et aux marchés de consommation s'orientent vers la production de marrons de première qualité. Ainsi en est-il en Vivarais du versant oriental de la vallée de Vesseaux, près d'Aubenas. François Barthélemy, avocat d'Aubenas, note le 12 décembre 1769 dans son Journal que la paroisse a recueilli à l'automne précédent 4 000 quintaux de marrons qui ont rapporté 30 000 livres [39]. Aubenas devient le principal marché de la partie méridionale du département [40], mais un négociant s'installe à Vesseaux même en 1807 : D. Boiron. Il expédie les marrons collectés vers Lyon, puis Paris où il ouvre un dépôt au 13, rue Étienne-Marcel, dans le quartier des Halles. La maison Boiron existe toujours et a même étendu ses activités en direction de l'industrie en rachetant récemment l'entreprise Faugier à Privas (marrons glacés, crème de marrons). Il est à noter que cette orientation vers le commerce des marrons frais explique à la fois la rareté des séchoirs et la naissance sur le territoire de cette commune de la

Photo 38 : *Marchand hollandais de marrons et de comestibles. Les marrons proviennent sans doute de la péninsule Ibérique ou du Sud-Ouest français. Tableau de Matthys Naiveu (1647-1721). Photo Musée des Beaux-Arts de Dijon.*

variété bouche-rouge dont les greffons ont, ensuite, été propagés dans toute la région après la construction du chemin de fer [41]. Dans les Boutières, la production commerciale est expédiée jusqu'à La Voulte-sur-Rhône, où elle est partagée en deux. Les châtaignes vont par bateau vers Avignon et Marseille (150 tonnes en 1810) et les marrons vers Lyon (100 tonnes en 1810) [42]. Dans le sud du département, les importants marchés de Largentière et des Vans ont une grosse activité. L'une de leurs spécialités est l'expédition des prumerenches (les précoces) qui trouvent preneurs en Avignon et à Marseille à un bon prix, tant que les fruits corses et piémontais ne sont pas encore arrivés [43].

Parmi les marchés de consommation éloignés des zones de production, il convient de signaler tout particulièrement Londres [44] et Paris. La châtaigne représente en tonnage le neuvième fruit consommé à Paris en 1858, devant les prunes, les amandes, les framboises et juste derrière les pêches et les cerises (tableau n° 14).

A courte distance

A côté de ces courants à grande distance de fruits de première qualité, de type marrons, innombrables sont les courants à courte distance et les marchés locaux. Ceux-ci se multiplient à mesure que le châtaignier progresse. Ils correspondent à la nécessité pour les producteurs de se procurer quelques ressources monétaires. La demande provient à la fois des régions rurales périphériques qui ne

Tableau n° 14 : *Fruits apportés en 1858 sur les halles et les marchés de Paris (magasins particuliers non compris). D'après J. Robert de Massy, 1862.*

Le total est de 138 000 tonnes.

Pommes	21 712 t	Abricots	4 168
Poires	18 048	Framboises	3 868 t
Raisins	16 527	Nèfles	3 420
Fraises	13 236	Figues	2 659
Noix sèches et vertes	9 679	Cassis	2 112
Melons	804	Noisettes	190
Cerises	6 412	Oranges	116
Pêches	5 167	Brugnons	80
Marrons et châtaignes	5 142	Ananas	68
Prunes	4 987	Coings	41
Groseilles	4 790	Citrons	31
Amandes	4 753	Fruits secs	23
		Grenades	4

cultivent pas le châtaignier (plaine ou haute montagne) et qui peuvent ainsi acquérir un complément ou un élément de variété alimentaire, mais aussi des bourgs et des villes proches des châtaigneraies qui, pour en faire une consommation modérée, ne négligent pas pour autant ce fruit d'automne. Voici quelques exemples.

Comme pour le commerce à longue distance, les flux les plus anciens concernent l'Italie et le Tessin. Ainsi, les statuts de Cocconato, dans les collines de Montferrat, prévoient en 1260 un péage sur les châtaignes [45] et vers 1200 des marchés à la farine de châtaigne se tiennent à Locarno et Bellinzona [46]. Dans le Tessin, d'ailleurs, la châtaigne est une denrée tellement « stratégique » qu'en 1440, on l'a vu, éclate dans la Levantina une guerre à propos de la possession des châtaigneraies [47]. Au XVIe siècle, le marché de Coni est en plein essor. La part des châtaignes revenant à l'hôpital sur le domaine que celui-ci possède à Castagnaretta est vendue chaque année au métayer jusqu'en 1510. A partir de 1511, c'est au plus offrant, ce qui permet un bénéfice beaucoup plus substantiel : 29 florins en 1509, 42 florins en 1512. En 1513, huit enchérisseurs se disputent cette part de récolte [48].

En Vivarais, au XVIIe siècle, les châtaignes commercialisées partent surtout vers la montagne où les muletiers les transportent avec du sel, de l'huile d'olive, du vin et d'où ils redescendent des fromages, du seigle, du lard, des planches [49].

A l'ouest du Massif central, le marché d'Aurillac est l'un des plus importants. Les habitants de cette ville font, au XVIIIe siècle, une consommation considérable de châtaignes [50]. Cet important marché est dominé par de peu scrupuleux grossistes, ainsi qu'en témoigne cette revendication des habitants, le 23 vendémiaire an III [51]. Une députation de la Société populaire réclame que l'administration prenne « des mesures assurées pour arrêter la cupidité des revendeurs de chastaignes qui les accaparent à mesure qu'elles arrivent et n'en disposent ensuite qu'à un prix excessif ».

Qu'il soit à longue ou courte distance, le commerce décline évidemment en même temps que les châtaigneraies elles-mêmes : plus tôt en Tessin, plus tard en Corse. Il se maintient, à longue distance essentiellement, pour les marrons de première qualité destinés aux marchés de consommation urbains ou à l'industrie.

Le cas du commerce corse

La Castagniccia présente un exemple intéressant de géographie commerciale, car, de développement tardif, la châtaigneraie s'est encore plus tardivement tournée vers le commerce, et l'on possède donc beaucoup de documents à son sujet. Par ailleurs, ce commerce présente deux autres originalités : il s'est révélé indispensable, car seul susceptible de fournir des ressources monétaires pour les impôts, mais en même temps soumis à réglementation, car s'exerçant au détriment des ressources alimentaires uniques de la population.

Photo 39 : *Le marché aux châtaignes de Saint-Sauveur-de-Montagut (Ardèche) vers 1900. Photo A.D. Ardèche.*

Parmi les textes les plus anciens, on trouve, par exemple, la requête du 12 juin 1697 émanant des habitants de la piève d'Alesani pour que le recouvrement de la taille ait lieu après la récolte des châtaignes, seule production commercialisable de la piève [52]. De même, au siècle suivant, le gouvernement Paoli de la Corse devenue brièvement indépendante se préoccupe lui aussi des châtaignes [53]. Le 17 octobre 1763, le *Magistrato* de Bastia interdit à toute personne de la *Terra di Castagna* (Castagniccia) de vendre des châtaignes à des navires étrangers à un prix inférieur à 6 sous et 8 deniers, mesure destinée à limiter les exportations et donc la pénurie, pendant une année de mauvaise récolte.

Quelques années plus tard, à l'automne 1772, l'intendant va plus loin et interdit la sortie des châtaignes du territoire devenu français. Le ministre Terray approuve cette mesure dans une lettre du 7 janvier 1773 [54]. Mais la décision est levée le 21 février suivant [55], « attendu que cette denrée périt si elle n'est vendue au mois de mai et qu'elle ne peut être versée de plusieurs endroits que dans les ports », ce que confirme Terray le 19 mars, compte tenu [56] « de l'arrivée, tant à Bastia qu'à Calvi, de différents chargements de grains, qui font cesser toute crainte de disette. [...] C'est une nouvelle raison de lever, si vous ne l'avez pas encore fait, la défense de sortir des châtaignes, contre laquelle il m'arrive chaque jour de nouvelles réclamations ; et si votre ordonnance à cet égard n'est pas encore rendue, vous aurez agréable de la rendre au reçu de la présente. » Une nouvelle interdiction de trois mois se reproduit en 1774-1775 [57], mais la mesure est déjà plus souple, puisque l'intendant autorise l'exportation vers la France ou vers l'étranger, à

Photo 40 : *Mesures à châtaignes et à noix sous la halle de Monpazier (Dordogne). Photo Cap-Theojac.*

QUELQUES MARCHÉS AUX CHÂTAIGNES ET AUX MARRONS
ATTESTÉS ENTRE LE XVIIe ET LE XIXe SIÈCLE

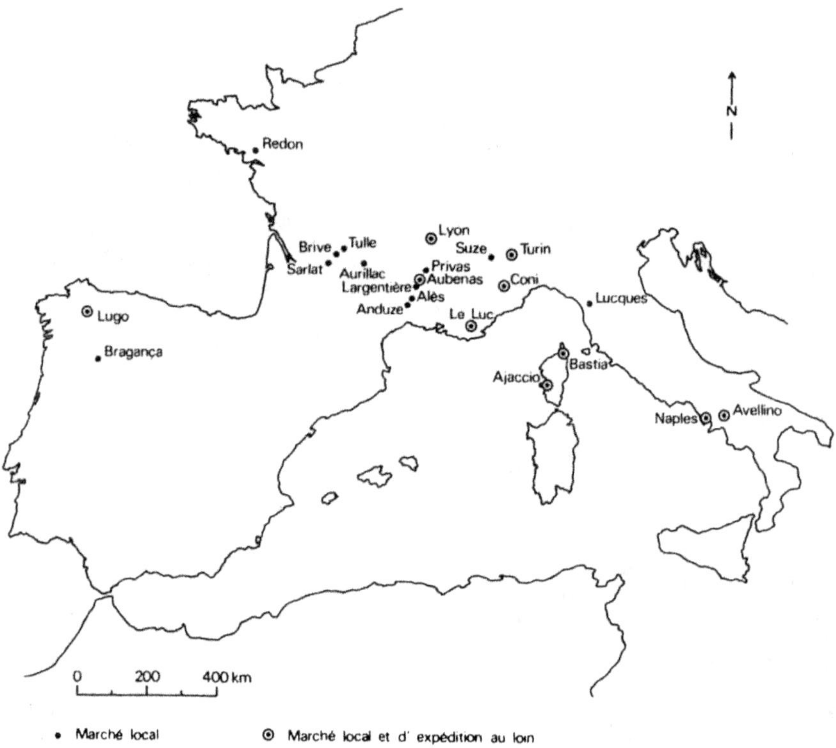

Fig. 35

COMMERCE DES CHÂTAIGNES (FRAÎCHES ET SÈCHES) SUR LES MARCHÉS DU DÉPARTEMENT DE L'ARDÈCHE EN 1813

Source : Archives départementales 11 M4

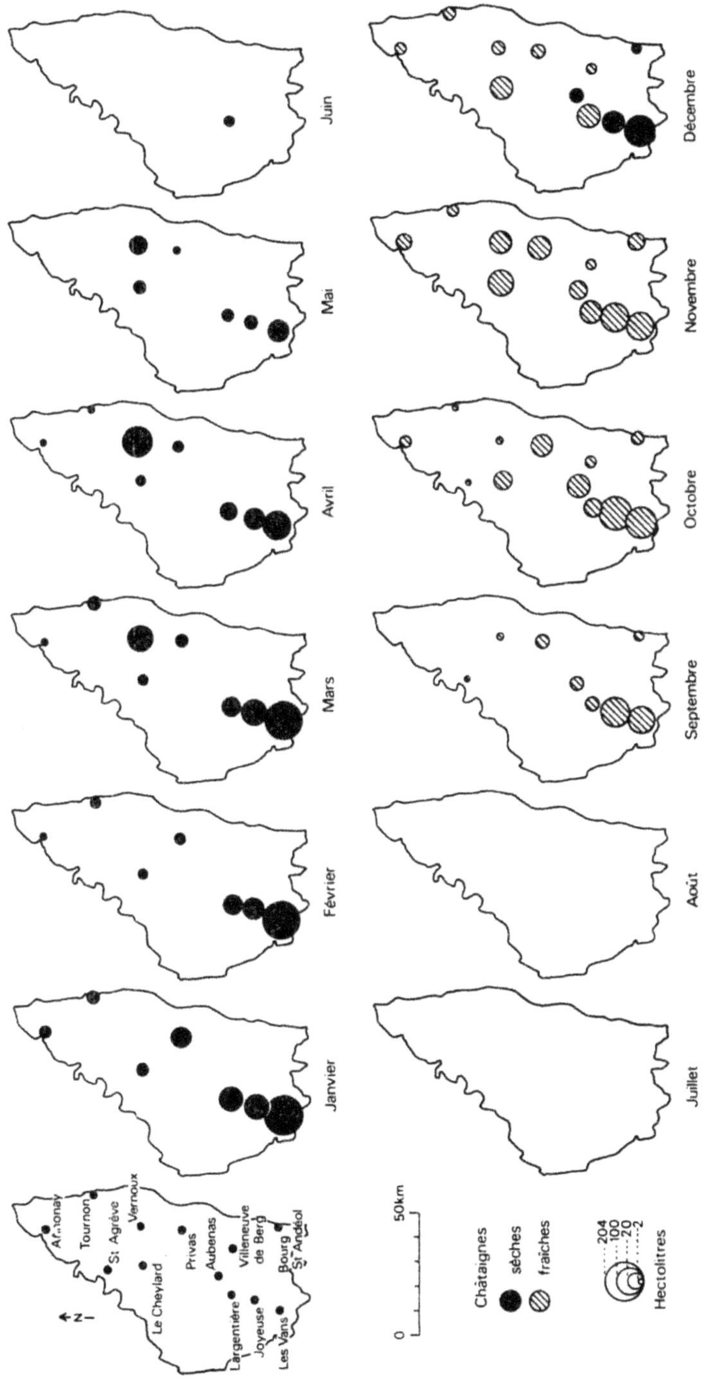

Fig. 36

COMMERCE DES CHÂTAIGNES (FRAÎCHES ET SÈCHES) SUR LES MARCHÉS DU DÉPARTEMENT DE LA CORRÈZE EN 1813

Source : Archives départementales M 645

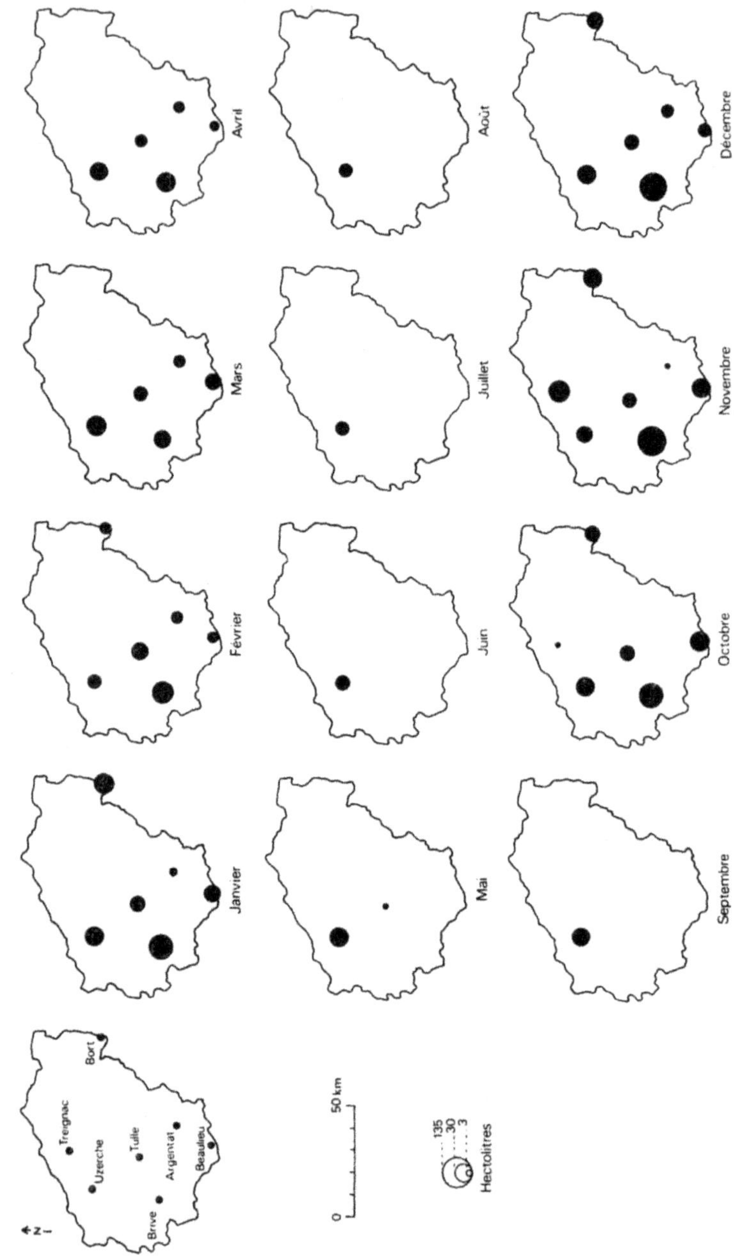

Fig. 37

condition de faire une soumission par écrit, de verser une caution et de « rapporter dans le délai qui sera réglé une pareille quantité de stares de grains dont sera composé leur chargement... » Même décision à l'issue de la mauvaise récolte de 1777. Le 7 janvier 1778, l'intendant Boucheporn signe une ordonnance comparable [58], et Necker le félicite chaudement par une lettre du 14 février suivant [59].

Néanmoins, les contrevenants ne sont pas rares. Ainsi, en 1777, Francesco Franceschi, patron de bateau de Canari, près de Saint-Florent, exporte-t-il des châtaignes vers Gênes au lieu de les vendre ailleurs dans l'île. Il est condamné à 300 livres d'amende [60], malgré l'excuse laborieuse d'une tempête l'ayant prétendûment détourné sur Gênes de sa route initialement prévue vers Ajaccio et ayant, de plus, mouillé sa cargaison, qu'il a dû vendre d'urgence.

Il est à remarquer qu'en Corse, à la fin du XVIIIe siècle, le froment se vend, à peu de chose près, au même prix que les châtaignes sèches. C'est l'une des rares régions où le prestige du vrai pain n'a pas de conséquences sur le prix du froment local ou importé, tant la châtaigne est une nourriture habituelle, indispensable et acceptée. Ainsi, la moyenne du prix du bachin de froment sur le marché d'Ajaccio, entre janvier et avril 1782, s'établit à 1 livre et 16 sols, tandis que le bachin de châtaignes sèches se vend 1 livre et 12 sols [61]. En février 1784, le prix est identique : 1 livre, 12 sols et 6 deniers pour les deux denrées ; en mars, le froment n'augmente pas, tandis que la châtaigne passe à 1 livre, 14 sols.

Le 3 février 1783, l'inspecteur des douanes rédige un long mémoire explicatif [62] dans lequel il pèse les arguments en faveur des restrictions du commerce après la médiocre récolte de 1782 et ceux qui militent pour sa liberté. Il opte pour la deuxième solution — qui permet, évidemment, une rentrée de fonds dans le budget de son service (7,5 % de la valeur des marchandises pour exportation sous pavillon français et 15 % pour les autres [63]) — l'argument ultime étant « que si les paysans par défaut de prévoyance avaient vendu de leurs châtaignes au-delà de ce qu'ils devaient en conserver pour leur consommation, il leur en coûtera à la vérité pour y suppléer par des achats d'orge qu'ils trouveraient à Bastia et dans les autres ports, mais que ce sera une leçon pour eux et à l'avenir qu'il n'y a d'ailleurs pas grand mal à ce qu'ils viennent de temps en temps dans les villes parce que cela contribue à les civiliser et à les attacher au gouvernement français » (voir annexe n° 15).

Au début du XIXe siècle, la décision est prise de contingenter les exportations. Ainsi, le 16 janvier 1818, le sous-secrétaire d'État au département de l'Intérieur accorde un contingent de 20 000 quintaux. On possède la liste des personnes autorisées à exporter, en avril 1818, un total de 4 510 quintaux [64]. En 1820, les demandes globales d'exportation s'élèvent à 26 430 quintaux, les permis accordés à 8 950 et les quantités réellement exportées à 3 385 [65]. Ces exportations n'excluent évidemment pas les échanges intérieurs [66]. La farine de châtaignes de castagniccia est échangée contre l'huile, les fruits, les amandes de Balagne, les agrumes et les

EXPÉDITIONS DE CHÂTAIGNES HORS DE CORSE PENDANT LE MOIS DE NOVEMBRE 1919

Source Archives Départementales de Corse du Sud, 6 M 614

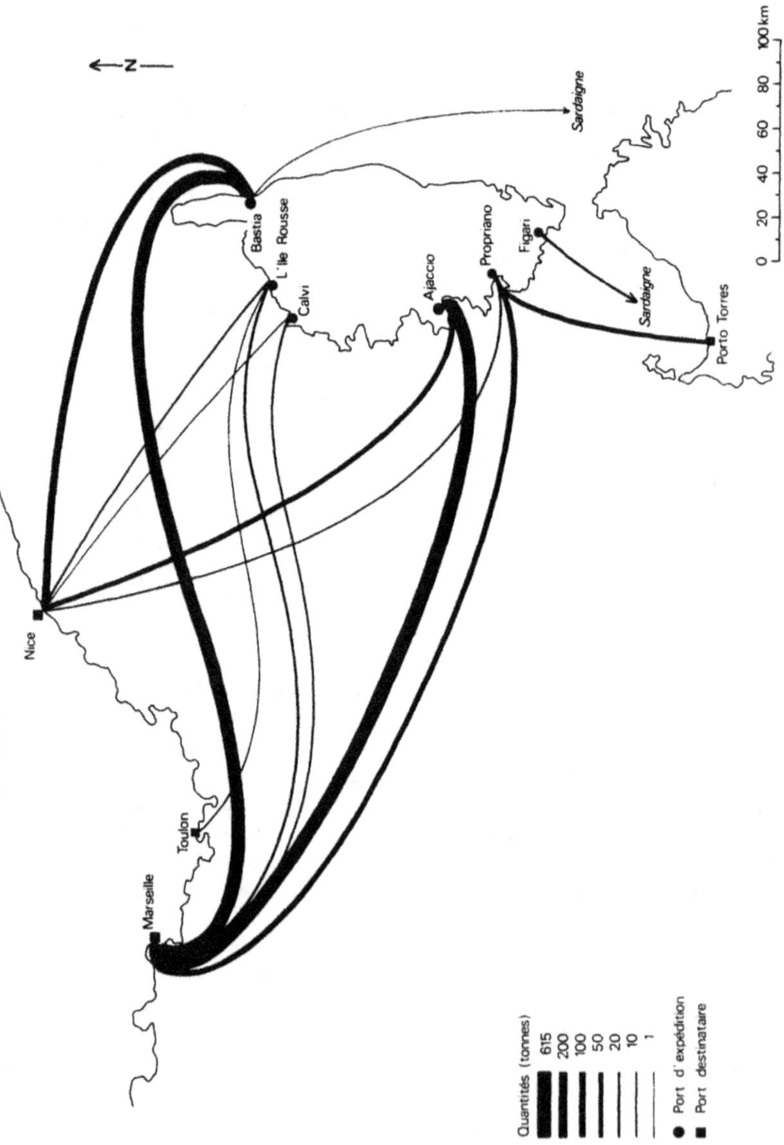

Fig. 38

vins du Cap corse, l'huile et les vins de Casinca, le blé de la Plaine orientale, les fromages du Niolo, le café et le sucre transitant par Bastia, l'Ile-Rousse, Cervione.

Vers 1890, le vrai problème du commerce des châtaignes corses se manifeste : c'est la concurrence de celles du Vivarais et du Piémont sur le marché marseillais du fait de leur meilleur conditionnement [67]. Néanmoins les exportations sont encore abondantes.

Tableau n° 15 : *Exportations de châtaignes corses de 1912 à 1916 (A.D. Corse du Sud, 6 M 614).*

Année	Exportations vers l'étranger	Exportations vers la métropole	Total
1912	550 quintaux	2 562	3 112
1913	1 075	2 341	3 416
1914	91	674	765
1915	640	3 083	3 723
1916	421	3 780	4 201

Elles sont réglementées par le préfet et même, en 1917, du fait de la pénurie de denrées corses — probablement liée à la guerre —, dans sa réunion du 4 octobre, le conseil général demande l'interdiction d'exporter, ce qui sera accordé par le préfet. L'habitude du contingentement est donc toujours vivace, mais elle n'est pas du goût de tous, comme en témoigne un violent article de Charles Leonardi (annexe n° 16), assez révélateur du climat qui préside aux rapports entre certains Corses et l'administration.

GÉOGRAPHIE DES PRÉPARATIONS TRADITIONNELLES DU FRUIT

La répartition des recettes d'accommodement des châtaignes obéit aux mêmes principes que celle des arbres eux-mêmes : nombre et complexité des préparations sont proportionnels à l'abondance des châtaigniers dans le paysage [68]. Le séchage et la réduction en farine n'apparaissent que dans les régions dominées par la castanéiculture et où la denrée doit être conservée jusqu'à l'été suivant la récolte.

Châtaignes grillées

Le plus simple consiste évidemment à manger les châtaignes crues [69], mais ce n'est ni la plus digeste, ni la plus agréable au palais des méthodes, ni évidemment la plus répandue. Au contraire, le grillage est pratiqué universellement : aussi bien à la campagne, qu'en ville où il est le mode de préparation favori. Le temps des

Photo 41 : *Poêles trouées à griller les châtaignes. Photo Samaritaine.*

Photo 42 : *Grillage des châtaignes dans l'âtre en Limousin, à l'aide du* pedarso *(poêle percée) à long manche et de la pince à feu. Photo Cap-Théojac.*

châtaignes grillées dure quelques semaines et cette friandise symbolise bien l'automne ou le début de l'hiver.

Le caractère primitif du grillage est bien connu [70]. Il s'agit à peine de cuisine. Les châtaignes grillées constituent une nourriture de berger : c'est sans doute ainsi que Tityre appréciait dans l'Antiquité les fameuses *castaneae molles,* de même que Fortunat et, plus tard, Pétrarque qui, en 1337, écrit de Fontaine-de-Vaucluse à un ami [71] : « Je vous attends. Venez, mais vous ne trouverez pas ici de friandises. C'est un repas de poète qui vous est préparé : châtaignes tendres, fruits savoureux, lait frais. »

Les bergers du Cantal préparaient les châtaignes d'une manière rustique qui ne devait pas être éloignée de celle des bergers de l'Antiquité [72] : « En partant garder, à l'automne, on bourrait les poches de châtaignes crues. Si on n'en pouvait trouver à proximité des pâturages — et lorsque la faim ou l'envie se faisaient sentir, on élevait un monticule de fougères sèches dans lequel on semait les châtaignes [...] puis c'était la belle flambée et il n'y avait plus qu'à éplucher joyeusement les marrons tout chauds ! » Claude Michelet [73] évoque pour le Limousin un autre type de grillage élémentaire, à même la braise : « Il se pencha vers le foyer, écarta la cendre chaude du bout des doigts et découvrit une quinzaine de châtaignes rôties dans leur peau. [...] Il prit quelques fruits, bouillants, les frotta entre ses mains jointes pour faire tomber l'écorce carbonisée et craquante et les tendit à la petite, tout dorés et fumants. »

Photo 43 : *En-cas paysan ou des quartiers populaires des villes, les marrons grillés ne déparent pas la table des puissants. Sur ce tableau du XVIIe siècle, problablement flamand, ils remplissent une jatte de faïence richement décorée et paraissent en compagnie de somptueux verres de Venise dans lesquels ont été versés de précieux vins rouges et blancs. Photo X.*

En Afrique du Nord, la manière la plus fréquente de consommer les châtaignes, locales ou importées, est de les placer directement sur les braises d'un *kanoun* [74]. Cette habitude peut être d'origine française, mais aussi turque.

Un peu plus élaborée est la cuisson sur braises dans un récipient percé : un pot de terre, tel celui qui date du XIVe siècle et qui a été retrouvé dans le Petit-Palais d'Avignon [75] et ceux qu'on peut voir au musée des Arts et Traditions populaires de Paris, ou bien de métal, comme ces poêles percées de gros trous et munies d'un manche plus ou moins long (*lo pedarso* du Limousin) qu'on utilise depuis le Moyen Age. Dans les régions où la châtaigne n'est qu'une friandise très exceptionnelle, il n'est pas rare d'utiliser certains instruments détournés de leur fonction : gril à café, diable, vraie poêle usagée et percée, panier à salade, etc. [76]

Les châtaignes grillées constituent le mets idéal de la veillée. Leur préparation et leur décorticage, opérations longues, aident à s'échapper de l'ennui des longues soirées d'hiver. Symphorien Champier trompe l'ennui de la ville de Tulle, au site particulièrement ingrat, en écrivant la *Nef des Princes* en 1525 et... en grillant des châtaignes. La dernière stance de son œuvre en fait foi [77] :

Ce petit livre a été composé
En la cité de Tulle limosine
Et le VIII février achevé
Cinq cens et deux à la forme latine
Qui est cité close comme une tinne

Photo 44 : *Marchande parisienne de marrons grillés et bouillis au* XVIIIe *siècle. Gravure extraite d'une édition des* Cris de Paris.

Photo 45 : *Marchand (probablement parisien) de marrons grillés (XIXe siècle). À la différence de l'illustration précédente, les marrons sont ici grillés dans la rue, sur un fourneau, et sont vendus chauds. Gravure de Bertall. Photo Musée des Arts et Traditions Populaires.*

Tout alentour de très haultes montaignes
Fuyant ennui qui illecques domine
Auprès du feu rôtissant des châtaignes.

Ce mets est agréablement accompagné de cidre dans l'ouest de la France [78] et, partout ailleurs, par du vin nouveau [79]. Parmi les nombreux témoignages, celui de Brillat-Savarin concerne le Bugey. Il évoque [80] « la cuisine de Génin, aubergiste chez lequel les anciens de Belley avaient coutume de s'assembler pour manger des marrons et boire du vin blanc nouveau qu'on appelle bourru ». C'est le type même du petit plat convivial, du grignotage de sociabilité. Lors de leur banquet annuel au restaurant Marguery, les Corréziens de Paris, à la fin du XIXe siècle, en font un nostalgique dessert qui leur permet de renouer avec la terre natale [81]. Dans les Cévennes, la biroulade est un véritable fait de civilisation.

Les châtaignes grillées appartiennent aussi depuis fort longtemps à la gastronomie de plein vent, celle qui se pratique dans les rues des grandes villes. Rien n'interdit de penser que les châtaignes de Lombardie vendues au Moyen Age dans les rues de Paris étaient grillées (ou peut-être bouillies). Au XVIe siècle, on en vend dans les rues des villes italiennes, selon J. Bruyerin-Champier [82] : « principalement à Rome où elles sont grillées partout dans les rues et vendues à la criée ». Au XVIIIe siècle, la profession de marchand de marrons chauds semble se répandre. Sébastien Mercier l'évoque dans son *Tableau de Paris* publié entre 1781 et 1788 [83] : « Les vendeurs de châtaignes salent leurs marrons en pissant dans la chaudière [84] », affirmation qui ne doit pas nécessairement être prise au pied de la lettre, puisque le même auteur prétend que les « beignets sont frits avec la graisse des essieux de carrosse » ! En 1786, un marchand de marrons déguisé en moine et qui officie au Palais-Royal a tant de succès qu'il doit installer trois fourneaux [85]. Une gravure de cette époque montre une crieuse de châtaignes qui proclame « marrons rotis, marrons boulus », boulus signifiant très probablement bouillis. Si de nos jours la vente des marrons bouillis semble avoir totalement disparu des villes d'Europe, elle était courante jadis, et les marchands proposaient les châtaignes accommodées suivant les deux procédés. Le Guide Joanne de Paris, édition de 1863, en témoigne encore [86], distinguant même les marchands de marrons grillés des marchands de châtaignes et de pommes de terre bouillies.

Dans le Paris du XIXe siècle, la profession d'hirondelle d'hiver, c'est-à-dire de marchand de marrons chauds, est exercée par des Limousins, des Auvergnats et des Savoyards [87], supplantés vers la fin du siècle par des Italiens et des Tessinois. On trouvera en annexe (n° 17) un article de 1892 décrivant de manière pittoresque et minutieuse l'organisation de la profession à Paris. Il est à noter que l'auteur semble placer Coni en Tessin et que l'on ne sait donc pas si les « marronniers » sont des Tessinois ou des Piémontais [88]. A Londres, les marchands de marrons sont tous des Italiens [89].

Depuis deux siècles, le marchand de marrons est un personnage très populaire des quartiers de promenade des villes européennes. Il fait partie intégrante du décor de Piccadilly ou des Grands Boulevards parisiens. Trois générations de Rothschild (dont la banque est installée rue Laffitte) ont plaisanté de l'anecdote que rapporte le baron Guy [90] : « Un marchand de marrons avait installé sa petite charrette en face de la banque. Un jour, l'un de ses clients, s'apercevant qu'il n'a pas d'argent sur lui au moment de payer son cornet, demande à ne régler que le lendemain. Je regrette, répond le marchand, j'ai passé un accord avec Rothschild ; il ne vend pas de marrons et moi je ne fais pas de crédit. » J.-K. Huysmans, Julien Gracq (annexe n° 18) et bien d'autres auteurs ont écrit des textes charmants sur les hirondelles d'hiver. Comme on le verra, c'est l'un des rares petits métiers urbains à s'être maintenus et à continuer d'animer les quartiers où l'on flâne.

Châtaignes bouillies

A un stade plus complexe de préparation, on trouve les châtaignes bouillies qui peuvent l'être avec leurs deux peaux ou seulement avec leur tan. Cette dernière méthode est la plus utilisée en Limousin. Après épluchage de l'écorce, les châtaignes sont mises à bouillir dans une marmite de fonte (le *toupi*) puis, dès que le tan se détache, on actionne dans le *toupi* un instrument de bois en forme de ciseaux : le *débouéradour* (ou *rescaladour* ou *brézeis*) qui permet de blanchir les châtaignes dont on achève ensuite la cuisson dans de l'eau salée, aromatisée parfois à la sauge ou au laurier [91] (annexe n° 19). On peut également les cuire avec des légumes (raves, choux) ou des fruits (pommes, poires). Elles se consomment seules ou avec du lait. D'une manière générale, le lait ou le fromage frais accompagnent bien les châtaignes bouillies ; le mélange constitue un plat roboratif et complet [92].

Séchage

Dans les préchâtaigneraies, on conserve parfois pour le plaisir, des châtaignes pendant plusieurs mois, dans leur bogue ou dans du sable bien sec, mais dans les régions et les exploitations où le châtaignier domine l'économie rurale, la seule façon de conserver longtemps les fruits est de les sécher aussitôt la récolte effectuée. Comme on l'a vu, les civilisations antiques ne paraissent pas avoir pratiqué le séchage [93], ce qui, somme toute, est normal, puisque la châtaigne n'était alors qu'un petit complément alimentaire. Dès lors que la culture du châtaignier se répand, apparaît le séchoir.

Le plus ancien témoignage semble se trouver dans les statuts d'Ovata, dans l'Apennin ligure, qui datent de 1327 [94]. Il y est question de bâtiments nommés *albergo de bosco* utilisés pour « *siccare sive reducere... castaneas* » et aussi de *segherejtium* que l'on peut également traduire par séchoir, tout comme les *alberghi di castagne* des statuts de Campo Ligure en 1564. En Piémont, les châtai-

Photo 46 : *Carte postale actuelle (Photo Cap-Theojac) représentant le blanchiment des châtaignes au* débouéradour *en Limousin. La légende indique : « En Limousin. Beau pays. Braves gens. » Suit un poème de Jean Rebier :* " Per lou deboueiradour brejâdo. Dins lou toupi ple a ras bords. Notro chataigno ecarailladô. Ve rousso coum'un louis d'or. " *" Par le déboueradour frottée. Dans le toupi plein à ras bords. Notre châtaigne décortiquée. Devient rousse comme un louis d'or. "*

Photo 47 : " Marones de briança [...] coste in acqua " *cuisson à l'eau des marrons de Brianza (Lombardie). Dessin italien du XVe siècle illustrant Ibn Botlan :* Tacuinum sanitatis... *Bibliothèque municipale de Rouen, Ms Leber 1088, f° 31. Photo B.M. Rouen*.

gnes récoltées en 1427 sur les terres que possède la Maison de Savoie à Coni sont vendues sur le marché l'avant-dernier jour de mars 1428 [95], ce qui laisse supposer presque certainement qu'elles sont passées par le séchoir.

En Vivarais, le séchage est attesté dès 1336. Le 15 novembre de cette année-là, une terre est acensée à Thueyts pour un quarteron de *castanearum siccarum*, c'est-à-dire de châtaignes sèches [96]. Dans les estimes de 1464, il est question de châtaignons à Ailhon [97]. Il est, en revanche, douteux que l'*eychaufeytour* mentionné dans un document corrézien de 1443 soit un séchoir [98].

Les séchoirs se multiplient à l'époque moderne. Lors de la colonisation rurale des bois d'Ovada, en Ligurie [99], on construit 8 *alberghi* entre 1585 et 1650, mais surtout les très nombreuses nouvelles maisons sont bâties autour d'un séchoir. Le niveau inférieur de la maison est une étable (*stalla* pour les bovins, *stàggiu* pour le petit bétail) ; au niveau moyen, le centre de la cuisine *(albergu)* est occupé par le foyer en pierre *(fugurà)*. La fumée s'échappe vers le niveau supérieur *(cassina)* au travers d'une claie *(ra gra)*, plancher à claire-voie dont les éléments larges de 5 à 6 cm sont espacés d'environ 1 cm. La *cassina* sert de séchoir à châtaignes à l'automne et donne son nom à toute la maison. On sait que ce type de maison primitive à foyer central n'est pas exceptionnel en Europe et dans le monde. La technique a survécu dans des maisons infiniment plus élaborées : la maison bressane à cheminée sarrasine, la ferme comtoise à tué. Dans ce dernier, on entrepose la charcuterie ; dans la *cassina* ligure, des châtaignes.

En Castagniccia corse, la maison à foyer central *(fucone)* est probablement très ancienne, mais la transformation du plafond de la salle en claie à châtaignes *(grata)* est évidemment liée aux progrès du châtaignier et peut provenir d'une influence génoise. Elle est ainsi décrite par G. Feydel [100] : « Rarement des fenêtres, jamais de cheminée. Le feu est au milieu. Au-dessus du feu est une claie, servant à sécher les châtaignes et à boucaner la viande. »

Au nord-ouest de l'Espagne (Galice, Leon, Biscaye), l'interposition des châtaignes entre le foyer central *(chimenea)* et le toit est une méthode que l'on rencontre également, mais ce sont plusieurs niveaux de claies que l'on suspend [101].

Enfin, dans les Boutières, au nord du Vivarais, on rencontre un type de séchoir accolé à la maison : le *mator*, qui communique avec le conduit de la cheminée par un orifice, le *kio* [102].

Partout ailleurs, la technique de séchage la plus répandue est celle du séchoir isolé, situé près de l'habitation parfois, mais plus souvent au cœur des châtaigneraies. Les noms varient d'une région à l'autre, désignant la claie (du gaulois *cleta* [103]) ou le séchage lui-même : *cledo* du Limousin, des Cévennes et du Vivarais (variant parfois en *cliedo, cledou, clido, clisso, clédié, cleio, cleo, clio, cle*), *secadour, setsodour, secadou* du Limousin, du Cantal, du Rouergue et du Périgord, *seccatore* du Piémont, *seccatoio* du sud de la Toscane, *metato* ou *metito* du nord de la Toscane, *grataghiu, secchi* ou *seccarecce* de Corse.

La densité des séchoirs varie avec celle des châtaigniers. Ainsi, 18 suffisent en 1748 aux besoins de l'ensemble de la commune d'Espagnac (Corrèze) [104], située dans la préchâtaigneraie limousine. Au hameau de Chaule, à Leynhac, dans la Châtaigneraie cantalienne (préchâtaigneraie, en réalité), deux séchoirs suffisent en 1835, lors de l'établissement du cadastre [105] : l'un de 16 m², l'autre de 28 m². Ils appartiennent aux deux plus gros propriétaires. Le séchoir peut même être collectif dans cette dernière région [106], bâti, dans ce cas, sur le couderc ou sur une parcelle voisine du village. A en croire l'abbé Rozier [107], les Limousins ne semblent pas être d'excellents dessicateurs. D'ailleurs, le *Calendrier ecclésiastique et civil du Limousin* pour l'année 1771 donne une « méthode pour sécher les châtaignes telle qu'elle est en usage dans les Cévennes avec la description du séchoir [108] ».

Au contraire, dans les grandes châtaigneraies vivrières, chaque famille possède un ou plusieurs séchoirs. C'est le cas dans le Vivarais, à l'est d'une ligne Saint-Agrève-Antraigues [109], dans les Cévennes, en Corse [110], en Ligurie [111], en Toscane et en Piémont. Dans cette dernière région, par exemple, sur les 63 parcelles du lieu-dit Maro à Chiusa di Pesio (fig. n° 39), représentant environ 200 ha de monoculture du châtaignier, 22 séchoirs sont bâtis, dont 15 dans la partie la pus basse des parcelles qui sont ici en pente assez forte, ce qui facilite l'acheminement de la récolte et du bois de feu jusqu'à l'édifice.

La taille d'un séchoir n'est jamais très grande : 5 à 30 m² représentent la fourchette approximative des surfaces au sol. La hauteur va de 4 à 6 m. Dans les plus grands, on entretient deux ou trois feux sur le sol, de manière à produire suffisamment de fumée sous le clayonnage. Le sol est de terre battue, parfois dallé. Les claies sont amovibles, car elles noircissent et se consument petit à petit lorsque le feu s'emballe, malgré les linges humides dont on les frotte. En cas d'inattention, ce qui arrive parfois lorsque les enfants sont de garde au séchoir, le petit drame du début d'incendie peut se produire. Si la claie était métallique, le risque serait plus grave, car c'est la récolte qui serait brûlée ; au contraire, la claie de bois s'effondre, les châtaignes, en se déversant, éteignent le feu et le mal est bien vite réparé [112]. Le fort grillage a néanmoins fait son apparition en Ardèche au début du XXᵉ siècle [113]. La claie est constituée de planchettes de quelques centimètres de largeur ou de petites branches entières entre lesquelles on prévoit des interstices d'un centimètre environ, permettant à la fumée de passer, mais pas aux châtaignes. Le feu doit chauffer modérément, mais surtout produire beaucoup de fumée. On utilise du bois vert ou de vieilles souches, voire des broussailles et des feuilles mortes. Le rez-de-chaussée ne comporte pas d'autre ouverture que la porte. Au premier étage, auquel on accède par une échelle et une petite fenêtre, ou encore de plain-pied lorsque le terrain est en pente, sont déversées les châtaignes jusqu'à une hauteur de 20 à 50 cm. Elles sont fréquemment remuées et surveillées pendant dix à vingt jours, durée du séchage. Parfois, on ajoute chaque jour la nouvelle

DIVERS TYPES DE SÉCHOIRS À CHÂTAIGNES

SÉCHOIRS INDÉPENDANTS

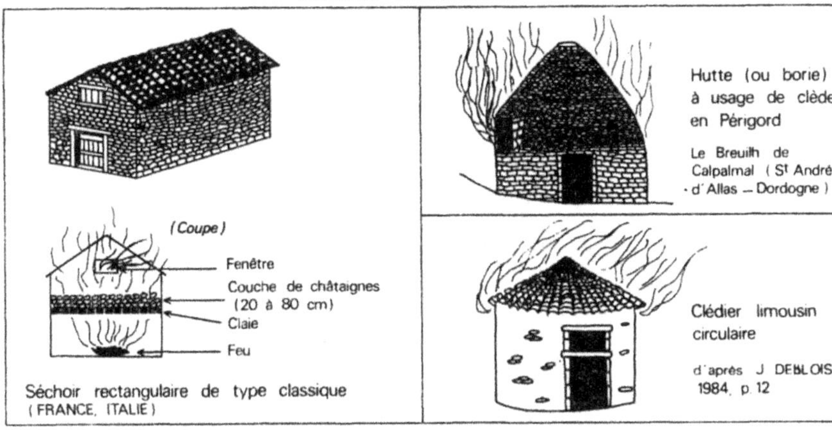

SÉCHOIRS INCORPORÉS À L'HABITATION (Coupes)

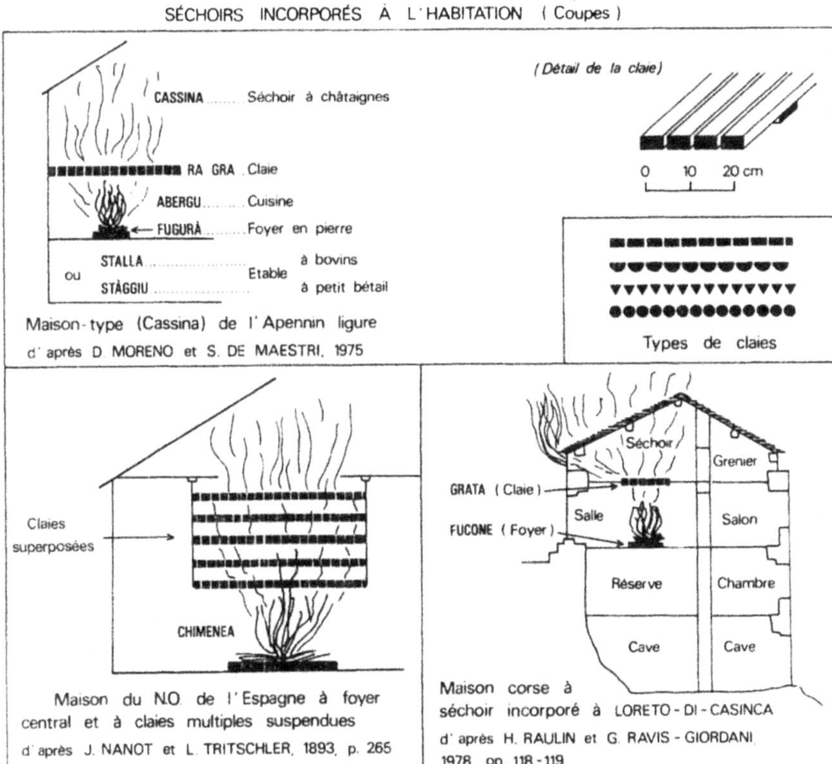

Fig. 39

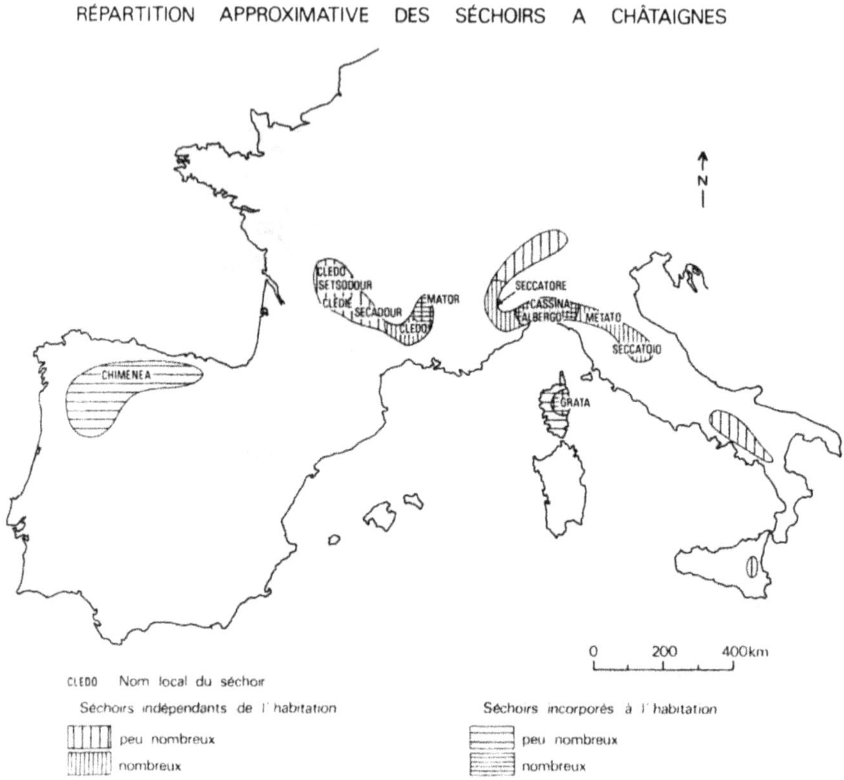

Fig. 40

Fig. 41 : *Séchoir à châtaignes (seccatore) piémontais. Dessin exécuté par l'auteur de la réponse de Mondovi (Seisa) à l'enquête impériale de 1810-1811. Archives Nationales, F10 429. Enquête sur la culture du châtaignier.*

Photo 48 : *Séchoir corse* (grataghiu, secchi, seccarecce). *Photo Documentation française.*

Photo 49 : *Séchoir toscan* (metato) *dans la région de Lucques. La photographie est prise ici dans la* zone basse *de l'Apennin, vers 400-500 m. d'altitude, ce qui explique la présence d'une vigne au premier plan. On remarquera les effets de l'*Endothia parasitica *sur les châtaigniers de l'arrière plan : les hautes branches sont desséchées.*

récolte, et tout est sorti du séchoir en même temps. Selon l'ampleur et l'étalement de la récolte, l'opération peut se dérouler dans des séchoirs plus ou moins vastes, dans plusieurs séchoirs pour chaque exploitation et durer jusqu'à quarante jours. La fumée s'échappe par la fenêtre, mais aussi par les interstices de la toiture de tuiles ou de lauzes [114].

Le séchoir est le plus souvent de forme carrée ou rectangulaire, mais il en existe de circulaires, en particulier en Périgord où certains sont aménagés dans des huttes (ou bories) de pierre sèche. Parfois, une autre pièce est accolée au séchoir et sert de débarras à outils. Ainsi en est-il du séchoir de Leynhac (Cantal) étudié par Breuillé et *al.* [115]. Il peut aussi s'agir d'un four à pain, comme c'est parfois le cas en Vivarais [116]. Mais, sans conteste, le plus original des séchoirs est celui qui était accolé à une maison bâtie au beau milieu du fameux châtaignier des Cent cavaliers, sur l'Etna, au début du XIXᵉ siècle. Il servait à sécher les châtaignes, ainsi que les noisettes [117].

En Campanie, outre le séchage classique des châtaignes au séchoir, on prépare également les *castagne del prete* (châtaignes du prêtre). Après séchage de sept à huit jours seulement, elles sont placées dans un four à pain chauffé à 320 °. On remplit le four complètement, puis on le ferme pendant douze heures. Les fruits brunissent et s'attendrissent. Ces *castagne del prete* sont très prisées dans la région. Elles constituent aujourd'hui le souvenir que les Napolitains achètent lorsqu'ils se rendent en excursion dans les villages situés au nord du Vésuve, au Montevergine ou dans différentes localités de la région d'Avellino [118]. Il semble qu'une technique voisine ait été jadis pratiquée en Corse [119].

Tous les auteurs décrivant le séchage insistent sur l'atmosphère suffocante qui régne dans la salle principale de la maison ou dans le séchoir pendant cette période. Ce serait même l'une des causes du grand nombre d'aveugles en Corse. Dans les Boutières, c'est jour de fête lorsque le *mator* est fermé et que la cheminée est enfin débouchée [120]. Néanmoins, cette longue période est également un moment de sociabilité ; dans beaucoup de régions, la famille se transporte au séchoir pour les repas et la veillée, ce qui économise un feu. Espace restreint et atmosphère dépaysante délient les langues (voir annexe nº 20).

Au début du XXᵉ siècle, un séchoir moderne est mis au point, mais il ne sera pratiquement pas utilisé, car le temps du séchage est révolu. Comme l'écrit Albin Mazon [121] : « Aujourd'hui, grâce aux débouchés, il y a plus d'avantages à vendre la châtaigne fraîche et l'on ne met plus guère sécher à la clède que le rebut pour servir aux besoins de la maison ».

Dépiquage et réduction en farine

Aussitôt séchées, et sans attendre qu'elles refroidissent, on dépique les châtaignes, c'est-à-dire qu'on les frappe pour ôter les deux peaux devenues très craquantes et bien détachées du fruit devenu plus petit. Les techniques sont nombreuses et il est difficile d'en établir une géographie, car elles sont mêlées dans toutes les régions. En voici quelques-unes : dans un sac mouillé, frappé sur un billot (Corse, Cévennes, Toscane), au mortier (tronc évidé ou tonneau) et au pilon hérissé de pointes en Vivarais (*brusc* et *pistou*), Toscane (*biconcia* et *pigione*), Rouergue (*burnhou* ou *bougnaco* horizontal), à la masse, grosse rondelle de bois garnie ou non de clous et emmanchée, Vivarais *piso*, Rouergue *masso*, à l'aide de brodequins dont la semelle de bois est hérissée d'une douzaine de longues et fortes pointes tailladées, Vivarais *solo per pisa*, Rouergue *solo*, avec un ou plusieurs chevaux, sur l'aire de battage, dans le cas de très importante récolte [122], au tarare, enfin, depuis le début du XXe siècle.

Vient ensuite le criblage ou vannage qui permet d'obtenir les châtaignes blanches : *cruses* du Vivarais, *châtaignons* ou *castagnous* des Cévennes, *auriols* ou *ouriols* du Rouergue et du Cantal, *castagnons* corses, etc. La fin de toutes ces pénibles opérations donne lieu à des réjouissances populaires [123].

Les châtaignes sèches peuvent ensuite être conservées telles quelles dans un coffre ou un panier (la *gerboule* ardéchoise, par exemple) dans lequel on puise au fur et à mesure des besoins pour préparer, après trempage, une soupe consistante (le *cousinat* vivarais, par exemple). Dans le Trás-os-Montes, on les garde ainsi jusqu'à la soudure ; elles constituent une nourriture typique du temps de la moisson [124].

En Corse, dans toute l'Italie et parfois en Espagne, on les passe à la meule pour les transformer en farine, la *farina dolce* ou *farina di neccio* de Toscane, par exemple [125]. Cette farine est tassée (au maillet) dans une caisse hermétique, car elle craint beaucoup l'humidité (*u cascione* ou *u bancale* de Corse [126]). La farine y est tellement tassée qu'il faut une hache pour l'extraire. Elle peut ainsi se conserver deux ou trois années sans difficultés.

Recettes traditionnelles complexes

Les recettes complexes naissent soit dans les régions où la châtaigne est la base de l'alimentation, soit dans les villes, en particulier dans les milieux sociaux les plus aisés. L'esprit de la recherche est bien différent dans un cas et dans l'autre et le résultat aussi. Dans le premier, on cherche à faire supporter le mieux possible le matefaim avec les rares autres produits dont on dispose ; dans le second, on sublime le caractère de farineux peu estimable [127] de la châtaigne par une association qui la relève : sucre, viande rare, etc.

De la campagne

Le châtaignier ayant remplacé la céréaliculture dans beaucoup de régions, il est normal que les sociétés paysannes aient cherché à produire, avec les châtaignes, quelque chose d'aussi proche que

Photo 50 : *Mortier* (brusc) *et pilon* (pistou) *à dépiquer les châtaignes sèches. Ardèche, au début du XXe siècle. Collection Roger Ferlet. Mas de la Vignasse à Auriolles.*

Photo 51 : *Masse à dépiquer les châtaignes* (piso). *Région d'Aubenas (Ardèche), début du XXe siècle. Coll. J.-R. Pitte.*

possible du pain. C'est la raison pour laquelle elles sont nommées dans certaines régions d'Europe « pain de bois [128] ». Le problème est que la farine de châtaigne ne lève guère, et les roboratives préparations qu'elle permet d'obtenir sont infiniment moins légères et digestes que le pain. Il faut le rythme de la vie paysanne et le grand air pour supporter leur ingestion régulière.

C'est dans l'Apennin et en Corse que la variété des préparations est la plus grande. La réduction en farine est généralisée. On en confectionne d'abord des bouillies liquides, à raison d'environ une livre de farine pour deux litres d'eau. C'est ce que l'on nomme en Corse *brigliuli, faricchiuli, granasgiuli, scillô* selon les régions [129], et que l'on consomme brûlante avec du lait froid. Une variante est la *maccaredda*, qui consiste à cuire en la remuant sans cesse une pâte légère dans un poêlon où l'on a préalablement fait dorer à l'huile des dés de petit salé [130]. Les Italiens nomment ce type de mets *scheld* ; ils ajoutent parfois du lait et du beurre pendant la cuisson [131].

Plus courantes sont les bouillies consistantes ou dures ; les Corses les nomment *pulenda* ou *pulenta* ; les Italiens *polenta de farina dolce* pour établir la distinction avec la polenta classique à base de maïs. Cette bouillie se prépare au chaudron avec un bâton, puis, selon une technique culinaire assez primitive, se renverse sur un torchon fariné avant d'être découpée en tranches avec un fil [132]. On la consomme nature avec du fromage frais *(brocciu)*, ou de la

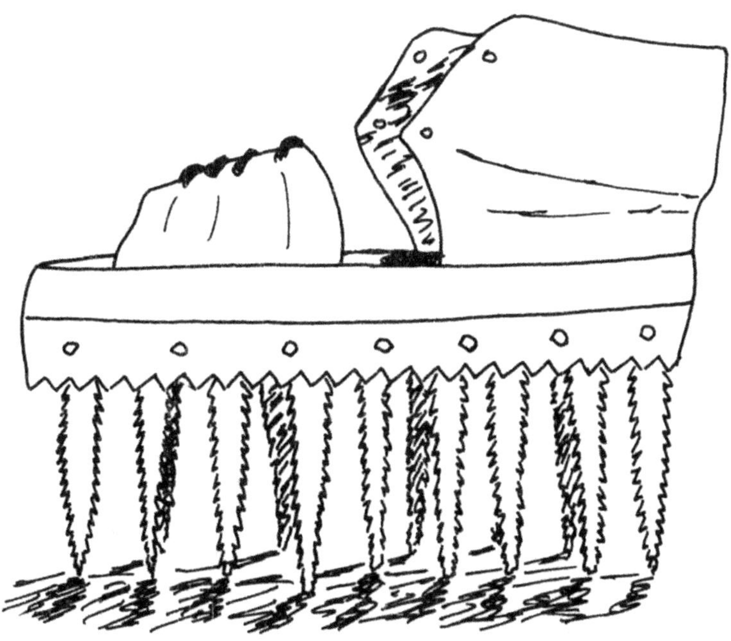

Fig. 42. *Brodequin garni de pointes, destiné à dépiquer les châtaignes sèches* (solo per pisa). *Ardèche, début du XXe siècle.*

charcuterie (*figatellu* : saucisson de foie ; *sangue* : boudin frit), ou des œufs frits, ou bien encore, les jours de fête, du cabri en sauce. Une variante de Corte [133] consiste à jeter la farine dans un chaudron aux trois quarts plein d'eau et, après un quart d'heure de cuisson, à jeter l'eau en excédent et à travailler alors la *pulenta*.

Comme toutes les bouillies, ce plat est particulièrement nourrissant, comme en témoigne ce récit de L. Ravel [134] : « Au pénitencier de Casabianda, nous occupions tous les hivers, durant deux mois, une trentaine d'Italiens pour exécuter, dans les fossés des étangs et des marais, des travaux de curage que l'on trouvait trop pénibles et dangereux pour la santé des détenus. Or, ces ouvriers libres ne consommaient pas autre chose que de la farine de châtaigne, sous forme de *polenta*, et travaillaient une partie de la journée les jambes dans l'eau, en décembre et en janvier. » L. Ravel ajoute que pour ce travail, ils recevaient 2 francs par jour dont ils ne dépensaient, pour leur nourriture, que 0,30 ou 0,35 franc.

Cette nourriture très populaire est néanmoins appréciée de temps à autre par les plus riches. Sismondi l'observe [135] : « Quoique cet aliment soit celui de tous qui coûte le moins, il n'y a pas de maison riche à Pescia, où l'on n'en mange quelquefois par gourmandise ; les plus délicats se contentent d'étendre dessus un peu de beurre frais, ou de faire râper dedans en la remuant de l'écorce de citron.[...] Il n'y a guère que la Toscane où les riches convoitent la nourriture du pauvre, et la mangent comme une friandise ; la *pollenta*, les *necci*, et les *pattoni* se vendent dans des espèces de cafés à Lucques, à Pescia et à Pistoia ; on s'invite pour en aller manger, et l'on en envoie même des présents à Florence et Livourne, où la farine douce est peu connue. » Comme quoi, contrairement aux affirmations peu nuancées de certains auteurs [136], la nourriture n'est pas systématiquement l'expression de l'appartenance à une classe sociale. Elle peut l'être, mais il y a tant d'exceptions passées et présentes qu'une telle prétendue règle pourrait bien se révéler inexacte.

Le plat le plus proche du pain et qui en porte, d'ailleurs, le nom en Ligurie ou dans l'Apennin lucquois (*pane di castagna*, dit proverbialement *pane di legno*) est une galette de pâte (farine, eau, sel) enrobée de feuilles de châtaignier qu'on a trempées dans l'eau bouillante pour les conserver et cuite entre deux pierres plates fortement chauffées ou deux plaques de tôle, voire parfois au four. Ces galettes portent le nom de *necci* en Toscane [137] et de *pisticcine* en Corse [138], où elles sont parfois fabriquées à partir d'une pâte à laquelle on a ajouté du levain provenant de la pâte de la précédente semaine, ce qui leur confère un peu de légèreté [139].

Traversant l'Apennin tosco-émilien de Pontremoli à Gênes en 1820, le voyageur F. Lullin de Châteauvieux [140] écrit du fruit du châtaignier : « Il se mange ici sous toutes les formes ; mais surtout celle d'un gâteau plat auquel on donne le nom de pain, forme qui, je l'avoue, m'a paru la seule mauvaise ; le pain de froment vient de Parme et c'est un grand luxe auquel on ne se livre que dans des occasions rares. » En 1769, le jugement de Bellin en Corse [141] n'est guère plus amène : « On ne peut rien voir de plus mal fait que leur pain ; on doit même en craindre les effets, tant il est lourd et pesant. » Montaigne, quant à lui, comparait en 1580 le « pain de bois » de la région de Lucques [142] à « celui qu'on nomme en France « pain d'épices ». En Italie, cette pâte est parfois cuite au four sous forme de petits gâteaux que l'on nomme *pattoni* [143].

A ce point de l'éventail des recettes, on s'aperçoit qu'il correspond à celui des époques les plus anciennes de la cuisine européenne. A. Maurizio ne déclare-t-il pas [144] : « Aux époques primitives, avant l'invention du pain, existaient ensemble, comme préparations alimentaires : 1°) les décoctions (soupes) de différentes sortes, en y comprenant les soupes de céréales ; 2°) les aliments grillés, y compris les céréales grillées ; 3°) les bouillies ; 4°) enfin les galettes soit rôties, soit cuites au four ? » Il ajoute [145] que les *necci* « ont tous les caractères des typiques flans primitifs ». Qu'en conclure quand on sait que la grande châtaigneraie est récente ? D'une part que ces techniques sont bien adaptées au produit brut à accommoder ; d'autre part que dans ces montagnes demeurées à l'écart des progrès réalisés dans les plaines, la cuisine était restée primitive. Le maintien de la cuisson entre deux pierres et des feuilles est à placer sur le même plan que la survivance des maisons à foyer central, sans cheminée.

Dans beaucoup de régions où l'on dispose d'un peu de farine de céréales, mais en quantité insuffisante, on la mélange à de la farine de châtaignes pour faire un pain qui lève moins et prend une couleur brune ainsi qu'une saveur douceâtre. La pratique est courante en Corse (hors Castagniccia) et en Calabre [146], limitée à certaines périodes de pénurie en Limousin ou en Espagne.

La liste des préparations servies au dessert est évidemment fort longue, mais l'usage des gâteaux est réservé aux jours de fête. L'Italie prépare le *castagnaccio*, gâteau de farine de châtaigne et d'huile d'olive, agrémenté de noisettes et amandes [147]. On le rencontre d'une extrémité à l'autre de la péninsule, bien qu'il paraisse originaire de Toscane. La Corse fabrique plusieurs sortes de *torta* [148] associant farine de châtaigne et huile avec tantôt des noix *(torta castagnina)*, tantôt des raisins et des zestes d'orange *(torta de la castagniccia)* ou encore des jaunes d'œufs, du lait et du *brocciu (torta de Vico)*. Il existe bien d'autres desserts paysans, tels les beignets corses nommés *fritelle*, divers flans au lait, la confiture de châtaignes, etc. [149]

Tant en Corse qu'en Italie, la tradition de menus de fête « tout en châtaignes » existe. Ainsi, à Alesani, les pères de famille doivent servir à leurs hôtes vingt-deux mets différents, préparés à la farine de châtaigne, lors du mariage de leurs filles [150]. A Marradi, petite ville de l'Apennin toscan, le troisième dimanche d'octobre, jour de la « *Sagra delle castagne* », fournit l'occasion, toujours en usage, de servir de plantureux repas du même genre dont voici un exemple donné par S. Zacchini [151] :

Minestre : Pelati : soupe aux châtaignes aromatisée à la cannelle, à la muscade et au laurier.

Zuppa di latte e castagne : soupe aux châtaignes aromatisée à la cannelle, à la muscade et au laurier.
Zuppa di latte e castagne : soupe aux châtaignes cuites dans du lait.
Minestra sèche : Tortelli : beignets de marrons au parmesan.
Secondo : Pattona fiorentina : polenta de farine de châtaigne mêlée à du fromage de brebis *(pecorino)* ou à de la poitrine de porc et des œufs.
Bistecca alla romagnola : sorte de *necci.*
Castagnaccio : gâteau de farine de châtaigne avec romarin, pignons, raisins secs.
Fritelle : beignets de farine de châtaigne mêlée à de la farine de froment, du sucre et du romarin.
Frutta : Ballotte all'alloro : châtaignes bouillies au laurier.
Vicchioni (spécialité de la Romagne) : marrons séchés naturellement, puis cuits à l'eau.
Caldaroste ou *Bruciati :* marrons grillés.
Dolci : Tortellini fritti : purée de marrons recouverte de pâte feuilletée et frite.
Bodino di castagne : entremets aux œufs et aux raisins.
Tronco di albero (bûche) : roulade de gâteau de Savoie, crème de marrons et crème au beurre.

Au sud-est du Massif central qui, pourtant, se tourne vers la grande châtaigneraie à la même époque que la Corse, les préparations ne revêtent pas la même variété. Outre, bien sûr, en saison, les châtaignes fraîches rôties et bouillies, la récolte séchée et dépiquée (les châtaignes blanches, les blanchettes, les *cruses,* les châtaignons) n'est généralement pas réduite en farine, mais sert toute l'année à confectionner la soupe qui demande un trempage préalable et trois heures de cuisson à feu doux. Après quoi, chacun peut l'accommoder à sa façon en la salant, ou en y versant du lait ou du vin, ou encore en ajoutant des pruneaux ou des pommes [152]. Cette soupe porte le nom de *cousinat* ou *cuisinat* en Vivarais et de *bajana* dans les Cévennes du Languedoc. Jacques Barrau suggère [153] que *bajana* pourrait venir de l'italien *baggiana* qui veut dire grosse fève ou du latin *balanus* issu du grec βάλανος. Il signale aussi qu'en Provence la *bajana* est une soupe aux légumes cuits entiers. On trempe de pain le bouillon et on mange ensuite les légumes avec un peu d'huile d'olive et de vinaigre. On ne voit guère le lien entre les châtaignes et ces trois hypothèses, mais les noms des plats cuisinés sont souvent très fantaisistes dans leur étymologie [154].

Exceptionnellement, dans les Cévennes, les châtaignes sèches sont réduites en farine et servent à confectionner un « pain noir comme du charbon [155] ».

Dans les préchâtaigneraies, la situation culinaire de la châtaigne est complexe. On la consomme, d'une part, on l'a vu, grillée ou bouillie. Une partie de la récolte est séchée et sert de base à des soupes : en Provence, en Limousin, en Cantal, en Rouergue, en Périgord. Parfois, on en réduit un peu en farine servant à confectionner des matefaims [156] ou, en cas de disette, un pseudo-pain.

C'est, par exemple, ce qui est tenté en 1812 à Limoges [157] et, en 1848, à Tulle par le général-maire Hugo [158]. Robert du Dorat témoignait déjà en 1644 [159] : « J'ai ouï dire en Limousin qu'en temps de cherté, étant bien séchées, aucuns en faisaient moudre et mêlaient de leur farine parmi celle de seigle et en faisaient du pain pour les pauvres gens. »

Par ailleurs, la châtaigne est, beaucoup plus fréquemment que dans les châtaigneraies, utilisée dans des recettes complexes. Les régions de préchâtaigneraies sont, en effet, plus riches à tous égards ; les produits de l'agriculture et de l'élevage sont plus variés tout comme, par conséquent, l'alimentation et le style culinaire. Dans le boudin aux châtaignes, typiquement limousin, ou dans le chou farci de la même région, la châtaigne est un condiment [160], tout comme dans le chou rouge aux châtaignes confectionné en Alsace [161]. Souvent, elle sert de farce aux volailles ou au gibier. C'est ce que remarque Alexandre Dumas [162] à l'article « Cuisine espagnole » de son *Grand Dictionnaire de Cuisine :* « La France farcit aux truffes, la Castille aux olives, la Galice aux châtaignes et la Catalogne aux pruneaux. » Molière, par dérision, place dans les propos d'Harpagon la description d'un menu de paysan parvenu, roboratif mais économique par rapport aux propositions de Maître Jacques (« Quatre grands potages et cinq assiettes »). La châtaigne y a sa place, elle farcit [163] : « Il faudra de ces choses dont on ne mange guère et qui rassasient d'abord : quelque bon haricot bien gras, avec quelque pâté en pot bien garni de marrons. Là, que cela foisonne. » Molière classe ici clairement la châtaigne dans la catégorie des étouffe-chrétiens, idée qu'il a peut-être empruntée aux habitants des plaines du Languedoc où il a séjourné et qui, en tout cas, est celle de la majorité des citadins de son temps.

Dans les préchâtaigneraies turques, les châtaignes sont rôties, bouillies ou cuites avec de la viande : *kestane kebabi* [164]. On notera, à ce propos, que lorsque la viande apparaît dans une préparation corse ou italienne à base de châtaignes, elle est toujours utilisée en très faible quantité : un peu de petit-salé, de saucisson ou de boudin ; elle n'est qu'un faire-valoir, tandis que dans les préchâtaigneraies, c'est plutôt la châtaigne qui est un faire-valoir de la viande.

Il faudrait un livre entier pour décrire toutes les recettes européennes. Parmi les plus originales, on notera les châtaignes en salade, à l'ail, à l'oignon et au persil des campagnes serbes, le *saupiquet de castanhas* (cassoulet de châtaignes) de la vallée de Bellongue, dans les Pyrénées ariégeoises [165], dans lequel la châtaigne remplace le haricot, tout comme elle remplace la pomme de terre dans certaine garbure béarnaise [166].

De la ville

C'est évidemment en ville que les châtaignes sont les moins nécessaires à la subsistance de la population. Elles jouent donc le rôle de symbole de la saison froide, populaire (marrons chauds) ou raffiné. Le plat le plus représentatif de cette seconde catégorie est la dinde (ou l'oie) farcie aux marrons, symbole de la fête de Noël, de rigueur dans l'est de la France, dans le Bassin parisien, en Angleterre, puis, petit à petit, dans toute l'Europe.

C'est en ville également que la châtaigne est le plus fréquemment associée au sucre et, d'abord, parce que le sucre est une denrée rare, voire absente de la campagne. Il faut attendre la diffusion du sucre de betterave pour que les Cévennes, la Corse, l'Apennin confectionnent des confitures de châtaignes ou des crèmes de marrons, cette dernière appellation étant, semble-t-il, récente et liée à la fabrication industrielle des marrons glacés dont elle profite des miettes.

AIRE APPROXIMATIVE DE CONSOMMATION (CITADINE) COURANTE DE L'ENTREMETS ASSOCIANT CRÈME DE MARRONS ET CRÈME CHANTILLY

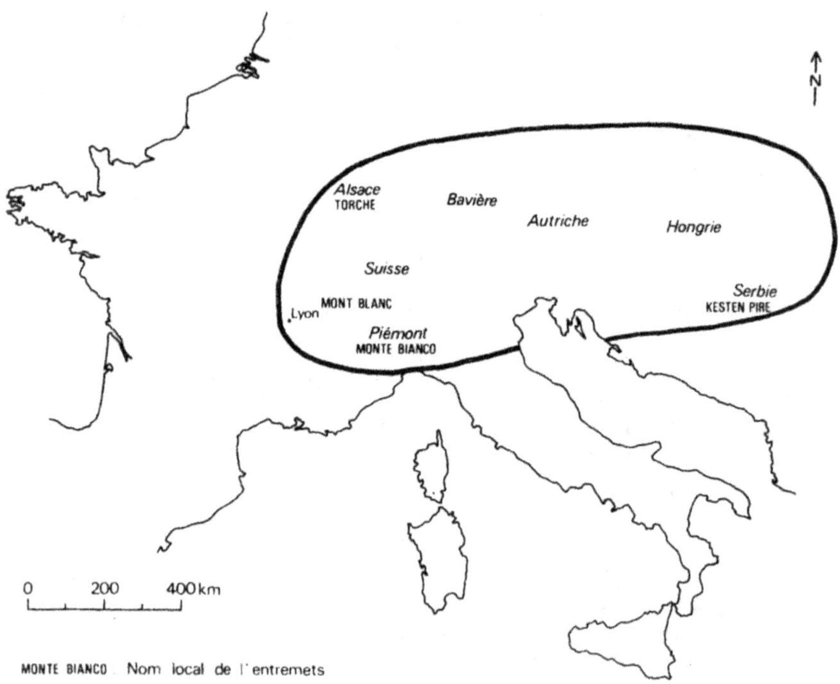

Fig. 43

Très consistante, cette confiture de châtaignes s'associe particulièrement bien à la crème Chantilly dont on sait qu'elle est infiniment plus prisée dans les contrées germaniques que dans la cité du cheval. On trouve donc cet entremets de l'Alsace (où il s'appelle *torche*) à l'Autriche et dans les régions influencées par l'Empire des

Habsbourg : Italie du Nord *(monte bianco)*, Hongrie, Slovénie, Croatie, Serbie *(kesten pire)*. Il s'est aujourd'hui, sous le nom de mont-blanc, répandu dans beaucoup de régions extérieures à cette aire traditionnelle. On le trouve, par exemple, à Paris, sur la carte des petits restaurants de cuisine bourgeoise où il est préparé à partir de crème de marrons en boîte, ce qui n'est généralement pas le cas en Europe centrale. Cette aire sud-germanique est assez semblable à celle de l'escalope viennoise *(Wiener schnitzel, scalopina alla milanese)* plat qui s'est beaucoup plus internationalisé. Dans le mont-blanc, la purée de marrons très sucrée et consistante est façonnée en vermicelles et couronnée de crème fouettée. Le vrai *monte-bianco* turinois est d'un extrême raffinement : on intercale, au cœur de la montagne, de la compote de pommes et on mêle aux châtaignes du cacao, de la vanille et du rhum [167]. C'est le type même de l'entremets d'après-midi, tel qu'on aime à s'en délecter dans les cafés viennois et les salons de thé de ces contrées.

Le marron glacé

Mais, incontestablement, la préparation jugée la plus noble est le marron glacé, qui associe le *nec plus ultra* des fruits du châtaignier au produit luxueux par excellence qu'est le sucre. C'est en quelque sorte une sublimation de la châtaigne, puisque la cuisson au sucre occulte son côté farineux et en fait une exquise friandise qui se consomme à la fin d'un excellent repas lorsque, réellement, on n'a plus faim. On est à l'opposé de la *pulenda* ou des *necci* !

C'est Bruyerin-Champier, en 1560 [168], qui, le premier, paraît évoquer un ancêtre du marron glacé : « De nos jours, nos compatriotes [169] servent les plus renommées et les plus grosses [170] [châtaignes] décortiquées dans les grands banquets, sorties d'un sirop à la rose. » Mais le marron peut être cuit dans du sirop sans pour autant être glacé, c'est-à-dire appartenir à la catégorie des confitures sèches. L'expression « marron glacez » apparaît en 1615 pour la première fois dans F.P. de La Varenne [171], mais c'est en réalité ce qu'il nomme « marron au sec » qui préfigure le mieux la recette actuelle : « Faites cuire des marrons à la braise et les pelez, faites cuire du sucre à la plume et l'ôtez du feu, mettez les marrons dedans et remuez, tirez-les lorsque le sucre commencera à froidir, mettez-les sur la paille. » On en trouve une recette un peu différente dans l'ouvrage de cuisine de L.S.R. Robert qui date de 1674 [172]. Elle consiste à faire successivement bouillir des marrons déjà cuits à l'eau dans plusieurs sirops de sucre dont la concentration est de plus en plus forte. Jusqu'à la fin du XIXᵉ siècle, le marron glacé est un produit de grand luxe fabriqué chez les meilleurs confiseurs des grandes villes françaises, et particulièrement chez ceux de Lyon et de Marseille [173].

En 1881, d'astucieux Privadois, les frères Marchier, fabricants de poudres pour boissons hygiéniques, le confiseur Serardy et quelques autres fondent la Société anonyme des Marrons glacés de l'Ardèche qui fabrique en outre quelques autres confiseries (pastil-

Photo 52 : *La première fabrique industrielle de marrons glacés (Maison Faugier) à Privas (Ardèche), vers 1890.*

les de Vals, nougatines, pralines au sucre de marron, etc. [174]). En 1885, la société devient Faugier, Serardy et Cie [175], installée sur la place du Foirail de Privas, dans le bâtiment d'une ancienne moulinerie de soie. La production en grand du marron glacé à Privas est en effet étroitement liée à la crise de la soie. Faugier était moulineur de soie, et la crise allait le contraindre à mettre la clef sous la porte lorsque l'idée lui vint d'utiliser à la fois une production locale, le marron, et l'habileté de son personnel féminin spécialisé dans le dévidage des cocons après séjour dans un bain de vapeur à 90° [176]. L'épluchage à chaud des marrons requiert à la fois délicatesse et résistance à la chaleur. On connaît le succès des produits de la maison Faugier. Réputée pour ses marrons glacés — dont la matière première, on le verra, vient aujourd'hui surtout d'Italie —, la maison Faugier l'est encore plus pour ce qui n'était, à l'origine, qu'un sous-produit fabriqué à partir des marrons glacés brisés au cours des cuissons : la crème de marrons vanillée.

Autres usages

Pour clore ce chapitre sur la consommation, dans lequel seuls quelques procédés ont été évoqués, il faut mentionner les usages de la châtaigne comme substitut d'un produit rare dans la période XVIIe-XIXe, siècles de pénurie alimentaire en Europe. Le principal de ceux-ci est évidemment le pain évoqué plus haut et ayant fait l'objet des recherches approfondies de Parmentier [177]. Mais on a tenté de fabriquer, à partir des châtaignes, des produits aussi variés que de la bière [178], du chocolat de régime [179], du café, en 1829 à Aixe, près de Limoges [180], de l'alcool [181] et surtout du sucre. Un certain Puirazzi reçut en 1810, en Toscane, mission du préfet du département de l'Arno de se livrer à des recherches pour produire cette denrée rare. Ses résultats furent diffusés dans tous les départements français concernés [182]. Un pharmacien de Tulle, M. Raynaud, s'employa à perfectionner le procédé [183], mais celui-ci tomba dans l'oubli, car la betterave rendit inutile le recours à une opération aussi coûteuse.

Il faut aussi mentionner les usages médicaux [184]. La plupart des médecins et diététiciens signalent à côté des bienfaits de la châtaigne (contre la rage, la dureté des mamelles, la dysenterie, le sang dans les selles, les nausées, la toux, les pertes blanches, la chute des cheveux ; elle est, de plus, aphrodisiaque) quelques inconvénients (rétention d'urine, flatulences), mais tous s'accordent à reconnaître sa valeur nutritive et le caractère très sain de l'alimentation qu'elle constitue. En voici quelques témoignages récents. Le docteur Francus (Albin Mazon) [185] rapporte l'opinion des paysans d'Ardèche à la fin du XIXe siècle : « Quand un enfant est éprouvé par les chaleurs de l'été, on les entend dire : " Pourvu qu'il puisse aller jusqu'aux châtaignes, il est sauvé ! " » Pour G. de La Serre [186], les médecins de la région de Pompadour (Corrèze) « se plaignent de n'avoir plus de clientèle chaque automne, dès que les habitants consomment des châtaignes ». De même, vers 1920, M. et Mme Claval, instituteurs à Albiac (Lot), pesaient les enfants régulièrement et constataient qu'ils prenaient du poids jusqu'à Noël, tant qu'il y avait des châtaignes, et qu'ils maigrissaient ensuite [187].

PLACE DANS L'ALIMENTATION

D'une manière générale, la place des châtaignes dans l'alimentation est proportionnelle à celle des châtaigniers dans les finages, à condition d'introduire un correctif socio-économique : moins on est riche, plus on en mange.

Dans beaucoup de régions d'Europe (Bretagne, Maine [188], Provence, Dauphiné, nord-est de l'Italie, nord de la Yougoslavie, Pélion, Sicile, Andalousie, par exemple), la châtaigne est un appoint d'automne habituel qui peut, certaines années de mauvaise récolte ou de guerre, prendre une place déterminante. Pour n'en donner qu'un exemple, ainsi est-il en Andalousie, pendant l'année 1569, à la table du marquis de Los Velez, en campagne contre les Morisques [189]. De mars 1569 à janvier 1570, il fait acheter 240 tonnes de châtaignes contre 97 tonnes de pain, mais il s'agit là, de toute évidence, d'un cas exceptionnel, car, pendant la même période, l'hôpital de Guadix n'en achète pas du tout pour ses malades.

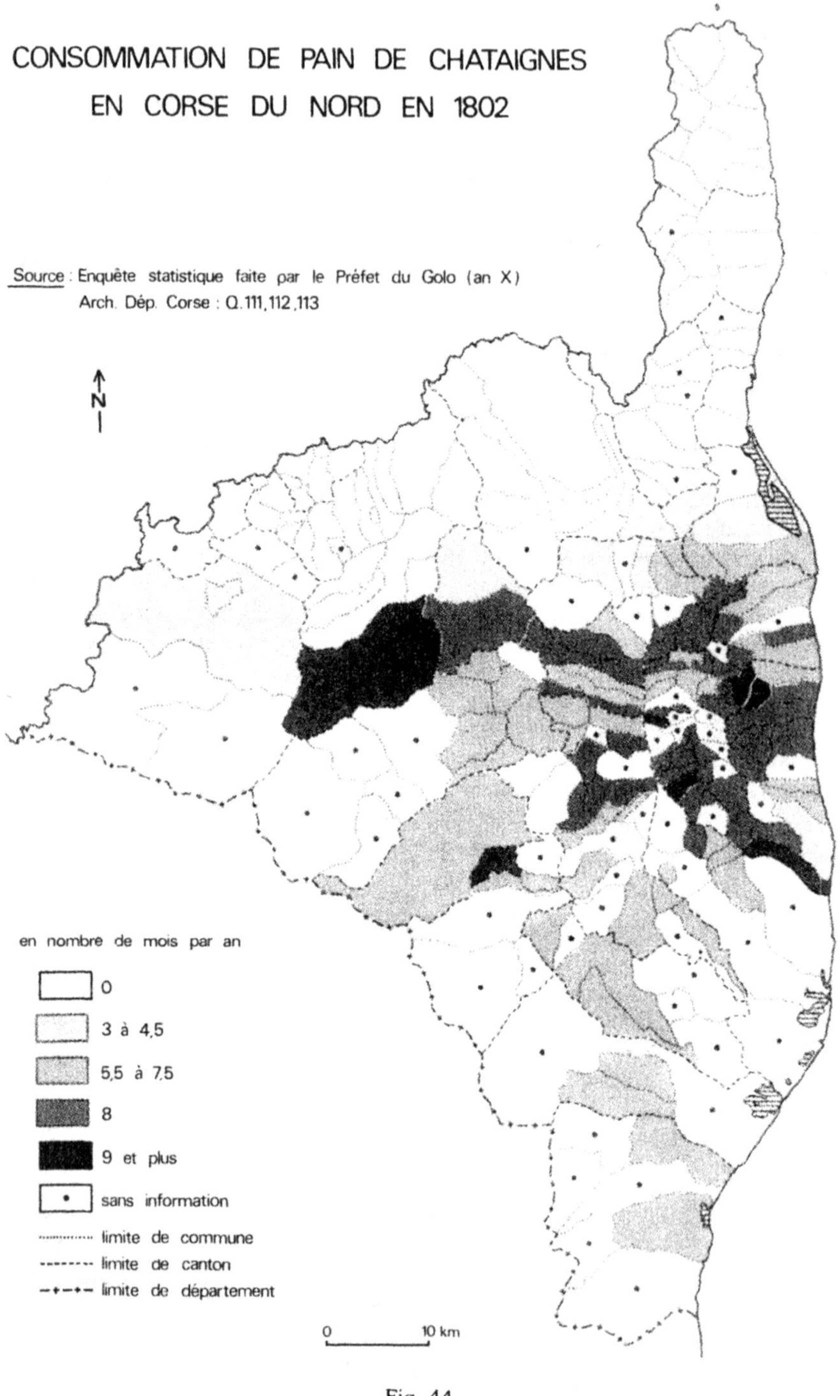
CONSOMMATION DE PAIN DE CHATAIGNES
EN CORSE DU NORD EN 1802
Source : Enquête statistique faite par le Préfet du Golo (an X)
Arch. Dép. Corse : Q.111,112,113
N
en nombre de mois par an
0
3 à 4,5
5,5 à 7,5
8
9 et plus
sans information
limite de commune
limite de canton
limite de département
0
10 km

Fig. 44

Dans les préchâtaigneraies (Limousin, Ségalas, Rouergue, Périgord, Galice, par exemple), la châtaigne joue un rôle essentiel dans l'alimentation de l'automne et, éventuellement, grâce au séchage, au moment de la soudure [190]. Il faut considérer avec circonspection les textes anciens qui surestiment ce rôle. Ainsi l'affirmation d'Estienne et Liebault [191] : « En quels pays, principalement en Périgord, la plupart des forêts sont de châtaigniers. Une infinité de peuple ne vit d'autre chose que de ce fruit... », ou encore celle de Louis de Bernage évoquant en 1698 la généralité de Limoges [192] : « Tout le pays est couvert par quantité de bois châtaigniers dont le fruit fait la principale nourriture des habitants. » Turgot est plus proche de la réalité lorsqu'il écrit en 1765 [193] : « Si elles réussissent elles nourriront le paysan plus de quatre mois de l'année. » La nuance est de taille, mais les exagérations sont dues au fait que la châtaigne sauve la région de la famine certaines années : 1685, 1766. Le texte du Cahier de doléance de Maurs, dans la Châtaigneraie cantalienne, est assez représentatif de l'attitude ambiguë de ceux qui ont à décrire le rôle alimentaire de la châtaigne [194]. Après des plaintes concernant la lourdeur des impôts et le fait que les habitants doivent donner presque tout leur froment, le cahier précise : « Le plus grand nombre des paroisses de la prévôté n'a que des châtaignes. Leurs misérables habitants en font une nourriture avec quelque peu de blé de sarrasin pendant dix mois de l'année, ils partagent cette nourriture avec quelques porcs qu'ils élèvent. Il y a pourtant quelques paroisses qui n'ont pas cette modique mais pourtant utile ressource. Du reste, les châtaignes sont toujours au si vil prix qu'ordinairement elle ne valent que le quart du seigle. D'ailleurs cette denrée est dédaignée les années d'abondance, et les années de disette qui faciliteraient leur débit, nous sommes forcés de les consommer en remplacement des grains qui nous manquent, et que nous ne pouvons pas acheter. »

C'est seulement dans les châtaigneraies véritables (Apennin, du Piémont à la Toscane, Castagniccia corse, Cévennes et une partie du Vivarais, principalement) que la châtaigne domine le régime alimentaire de la majorité des habitants dont il faut ici rappeler la forte densité. En 1620, à propos du Piémont, Ugo Benzo Senese en témoigne déjà [195]. En 1807, D. Viviani écrit à propos du châtaignier en Ligurie [196] : « Son fruit, préparé en différentes manières pendant qu'il est frais, fournit, par lui seul, presque toute la subsistance de ces habitants : on le dessèche pour le mettre en farine et en faire du pain, dont on se nourrit toute l'année. » Un témoignage comparable est donné pour la Toscane en 1811 [197].

On dispose pour la Corse de précisions beaucoup plus grandes grâce à l'enquête sur le pain menée en 1802 (an X) par le préfet du Golo [198]. Même si l'on ne possède pas la réponse pour toutes les communes, on s'aperçoit que la Castagniccia s'individualise nettement par une période de consommation de huit mois par an au moins, s'étendant parfois à l'année entière, et ce jusqu'au début du XXe siècle. En 1926, M. Donati déclare au premier Congrès national de la Châtaigne [199] : « J'ai connu des individus qui sont arrivés à l'âge de vingt-cinq ans sans jamais avoir goûté de pain. »

Mais, encore une fois, ces propos résument une réalité complexe, puisque la place des châtaignes dans l'alimentation varie avec la richesse de la famille. On possède plusieurs témoignages sur ce thème recoupant ce que l'on sait des propriétés et de la place que le châtaignier y tient [200]. Voici deux exemples extrêmes. En 1875, le curé de Forci, commune de la Castagniccia, consomme du pain de froment ; il ne sait que faire de toutes les châtaignes qu'on lui offre et les envoie comme présents à des parents de Ventiseri, commune dépourvue d'arbres à pain [201]. A l'inverse, au début du XVIIIe siècle, à Constantinople, ville éloignée des grandes châtaigneraies européennes, les misérables portefaix juifs se nourrissent principalement de châtaignes pendant l'hiver [202].

Ainsi, de toute évidence, la châtaigne est l'aliment des pauvres ; elle est un pis-aller, une nourriture dont on se lasse plus facilement que le pain. « Des châtaignes, toujours des châtaignes, encore des châtaignes, tu n'en as pas assez toi ? » fait dire Jean Carrière à l'un des personnages de son roman cévenol *L'Épervier de Maheux* [203] Et, plus loin [204] : « Sa frugalité commençait à lui réclamer une base plus substantielle que le pâle et fade *bajana* qui lui gonflait l'estomac mais ne lui confortait guère le muscle... » Il va de soi, il faut le répéter, que l'abandon de la céréaliculture ne s'est jamais produit sans déchirure dans la civilisation occidentale du pain. L'acharnement à produire *pisticcine* et autres *necci*, tout comme celui de Parmentier dans son laboratoire en sont les preuves. Mais, cela dit, la châtaigne est une bénédiction. Les années de mauvaises récoltes, les famines sont beaucoup plus sévères dans les régions céréalières [205]. Emmanuel Le Roy Ladurie a montré [206] que, lors de la crise de 1629, les « villages de famine et de mort » se trouvaient dans les garrigues languedociennes et sur le rebord du Larzac ; non dans les Cévennes. Il y a environ un demi-siècle, une certaine jalousie animait encore les habitants de Vogüé (Ardèche), commune céréalière et viticole, vis-à-vis de ceux de Vesseaux gâtés par de magnifiques châtaigneraies à la fois nourricières et pourvoyeuses de surplus monétaires, grâce aux marrons [207]

Dans ces conditions, l'expression d'« internationale de la misère » qu'Emmanuel Le Roy Ladurie propose pour l'Europe du châtaignier [208] et que reprend à son compte Massimo Quaini [209], paraît quelque peu exagérée. Elle est à placer en parallèle avec une phrase des cahiers de doléance de Sanilhac et Ailhon en Ardèche [210] : « Les habitants du Vivarais vivent dans la plus affreuse misère, la plus part ne se nourrissent que des châtaignes et des pommes de terre »... ce qui n'est déjà pas si mal !

A l'opposé, les éloges de la châtaigne ne manquent pas. On en citera deux, qui atteignent au dithyrambe. D'abord celui de Sismondi écrivant sur la Toscane [211] : « Il s'en faut bien que les montagnards soient aussi pauvres que les habitants des collines. » La situation foncière n'y est d'ailleurs pas étrangère : « La plupart d'entre eux sont propriétaires de leurs forêts, et ne partagent point avec un maître, ou ne paient de rente à personne. » La consomma-

DÉPARTEMENTS FRANÇAIS DANS LESQUELS LE POIDS DES PORCS EST SUPÉRIEUR A LA MOYENNE NATIONALE EN 1882

Source. A. BRUNETON-GOVERNATORI, 1984, p. 332

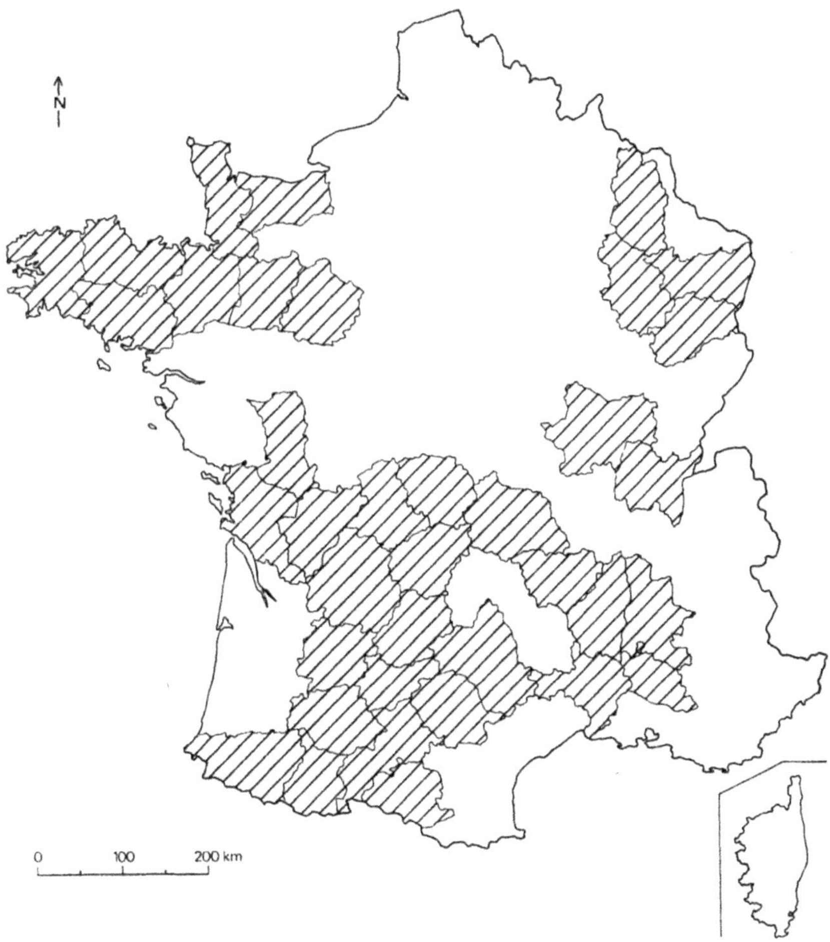

Fig. 45

tion de la *polenta* et des *necci* rend ces montagnards particulièrement avenants : « On reconnaît aisément sur la figure des montagnards que l'aliment dont nous venons de parler n'est pas moins sain qu'agréable ; je sais que leur vie active doit contribuer à leur conserver la santé, mais la beauté de leurs traits provient aussi en grande partie de leur nourriture. La vallée de Pontito et de la Schiappa dont j'ai déjà parlé s'est acquis en Toscane une haute réputation, par la prérogation dont y jouissent toutes les femmes d'y naître belles. » On ne saurait non plus passer sous silence les alexandrins commis par Rosset en 1774 [212] :

L'utile châtaignier, loin des plaines humides,
Hérisse ses rameaux de ses fruits épineux,
Quel prix auroient sans lui vos côteaux sablonneux,
Limousin, lieux ingrats, terres infructueuses,
Cévennes, qu'il chérit, que seul il rend heureuses !
Son fruit est votre pain : sa chair à votre gré
Se ride et se durcit sur un feu modéré,
Et de son corps flétri la peau noire et séchée,
Sous des coups redoublés sans peine est détachée ;
C'est ainsi qu'il devient un durable aliment.
Son bois orne, soutient et couvre un bâtiment.
Coupé dans sa jeunesse, à la maison qui le plie
Il donne les cerceaux dont lui-même on le lie.

Mais quel plus bel hommage que celui de Napoléon qui racontait [213] : « Si j'étais puni de pain sec, j'allais l'échanger contre le pain de châtaignes de mes bergers. » Il est à remarquer que les bergers étaient ravis de pouvoir manger un quignon de pain, mais l'hommage de l'empereur est d'autant plus remarquable que les gens des plaines, les citadins et la bonne société ont généralement affiché vis-à-vis des châtaignes, un certain mépris. Ainsi, les enfants de la Cour du Piémont se voient, au XVIe siècle, interdits de châtaignes, fruits jugés, comme les noix, trop populaires [214]. On ne mange pas de châtaignes dans la Gênes du XVe siècle [215] ; on n'en mange, en moyenne, que 6 litres par personne et par an dans les villes piémontaises du XVIIIe siècle, à l'exception des habitants de Coni qui en consomment 30 litres [216].

ÉLEVAGE ET CHÂTAIGNIER

Depuis l'Antiquité, l'élevage est associé au châtaignier : d'abord celui des porcs, mais aussi ceux des moutons, des chèvres, des volailles, des abeilles, plus rarement ceux des bovins et des lapins [217]. Ici encore, il faut distinguer les taillis des préchâtaigneraies et des châtaigneraies. Dans les premiers, les fruits sont peu ramassés par les hommes et les animaux peuvent donc habituellement trouver une nourriture abondante et de qualité. Dans les secondes, la part de récolte réservée aux animaux dépend des récoltes céréalières. La taille du troupeau est proportionnelle à l'abondance des céréales, car si celles-ci manquent, les hommes doivent se nourrir de châtaignes et ne peuvent donc consacrer que les fruits véreux aux porcs et les miettes aux volailles [218].

Dans toute l'Europe, l'association du châtaignier et du porc est un fait ancien (voir illustration de couverture), ce qui ne signifie sans doute pas pour autant que l'interdit islamique vis-à-vis du porc ait pu empêcher la constitution de châtaigneraies [219], puisque le porc n'est qu'un complément variable de la castanéiculture et jamais le moteur des plantations. La réussite de cette association est attestée, en France, par le fait qu'en 1882 le poids des porcs était supérieur à la moyenne dans la plupart des départements castanéicoles, ainsi d'ailleurs que dans ceux qui pratiquent l'élevage bovin laitier [220]. L'exclusion de la Corse s'explique peut-être par la particularité des races locales et par le fait que dans cette région les animaux s'élèvent presque tout seuls. Il faut ajouter que les châtaigneraies fournissent quelques-unes des meilleures charcuteries d'Europe : jambons de Parme, du Rouergue [221], de Maurs [222], *lonzo, coppa, figatellu* de Castagniccia, etc. Cette qualité gustative se retrouve chez les volailles [223].

Mais cela ne doit pas faire oublier que, jusqu'à l'apparition de la pomme de terre, la nourriture essentielle des porcs était constituée par les glands. Pour que les porcs « acquièrent meilleure graisse », souligne Olivier de Serres [224], il convient de leur donner « le gland en premier lieu, et ensuite la chastaigne ». Et même en Limousin, la châtaigne n'est considérée en 1733, par Aubert de Tourny [225], que comme un moyen de remplacer les glands : « Chacun en coupant ces arbres, tantôt d'un côté, tantôt d'un autre, n'a été frappé que de la valeur qu'il en recevrait, sans songer qu'il se privait insensiblement d'une glandée d'autant plus nécessaire aux cochons qu'il restait peu de châtaigniers pour y suppléer. » Il n'y a d'ailleurs pas en Corse, au XIXe siècle, de relation étroite entre l'étendue des châtaigneraies et la taille des troupeaux de porcins et de petit bétail, comme en témoigne la statistique de 1830.

Pour être compatible avec l'arboriculture, l'élevage doit se plier à certaines règles. Les pépinières et les jeunes plantations doivent être protégées, mais le bétail doit être surveillé pour qu'il n'y pénètre pas. Beaucoup de statuts italiens du Moyen Age font allusion à de telles mesures. Oscar Borelli en a repéré en Lombardie, en Sardaigne, sur les terres de la République de Venise et dans tout l'Apennin [226]. En Piémont, par exemple, les statuts de Pamparato évoquent en 1391 [227] les dommages causés par les bovins dans les pépinières de châtaigniers. »

À mesure que le châtaignier acquiert un rôle vital, les interdictions se multiplient, en particulier à l'encontre des chèvres. Les États du Vivarais décident ainsi, le 25 mai 1761 —, de défendre de garder le bétail dans les châtaigneraies [228], mais malgré cela les habitants de Châtinais adressent en 1773 une supplique à l'intendant du Languedoc [229] pour se plaindre des chèvres qui « rongent et

Tableau n° 16 : *Petit bétail et châtaigneraie dans l'arrondissement de Bastia (Corse) en 1830.* Source : A.D. Corse du Sud, 6 M 795.

Canton	Superficie des châtaigneraies (ha)	Nombre des brebis	Nombre des chèvres	Nombre des porcs
Bastia	0	0	500	15
Borgo	145	4 200	670	520
Brando	16	950	1 000	410
Campile	3 070	2 320	420	710
Campitello	110	5 400	802	360
Cervione	560	26	100	654
Lama	5	1 800	2 000	260
Luri	73	552	2 100	550
Murato	365	3 107	1 615	463
Nonza	55	330	1 750	281
Oletta	44	3 310	1 500	0
Pero/ Casevecchie	2 100	1 600	1 150	1 450
Porta	7 112	3 860	583	1 060
Rogliano	0	820	2 636	600
St Florent	2	1 184	2 082	20
St Martino	36	87	555	285
St Nicolao	7 900	1 335	988	1 312
St Pietro	10	5 910	4 420	855
Vescovato	5 140	4 140	1 008	690

dévastent leurs plantations d'arbres châtaigniers, noyers, meuriers et autres ». En Corse, les porcs ne sont autorisés à venir dans les châtaigneraies qu'après la récolte et le glanage. Le moment est annoncé par les cloches des églises [230].

La floraison du châtaignier offre aux apiculteurs la possibilité de très abondantes récoltes. Certains pratiquent la transhumance pour en profiter, tout spécialement, en France, sur le pourtour du Massif central [231]. Cependant, les qualités gustatives du miel de châtaignier qui, dit-on, combat la dysenterie et accélère la circulation, ne sont pas à l'abri de certaines critiques. J. Louveaux en parle sans ménagements [232] : « Le miel de châtaignier étant de qualité médiocre et difficilement commercialisable, il n'y a pas lieu de s'émouvoir, du point de vue apicole, de la régression brutale des surfaces. » J. Hurpin est plus nuancé [233] : « Ce miel est brun, épais, et son goût rappelle assez exactement celui de la châtaigne. Il y a des amateurs à qui cela plaît, et d'autres qui le méprisent [...], mais il est certain que le miel de châtaignier ne peut pas être classé dans les miels surfins. » Il est tout à fait exact que l'abondance du pollen contenu dans ce miel, due à la structure des fleurs, le rend souvent assez amer. Si, dans la ruche, il est mêlé par les abeilles à d'autres miels, ses défauts peuvent être masqués ; mais cela arrive rarement, car les abeilles butinent généralement les gisements de nectar les plus abondants et négligent les autres tant que les premiers ne sont pas épuisés.

L'IMAGINAIRE DU CHÂTAIGNIER : FOLKLORE DISCRET D'UNE SUBSISTANCE TARDIVE

Parmi les végétaux ayant suscité une symbolique complexe, le châtaignier est loin de tenir une place éminente. Le chêne, le blé, la vigne le surpassent nettement, même dans les régions où il est très présent, que ce soit dans le domaine du folklore, celui de la littérature ou celui des arts plastiques : peinture ou sculpture. La relative rareté des témoignages anciens d'un imaginaire populaire s'explique d'abord par le fait que la prééminence nourricière du châtaignier dans certaines régions est un phénomène récent. Par ailleurs, la châtaigne n'a jamais, en prestige, réellement détrôné le pain. Enfin, comme le suggère Ariane Bruneton-Governatori [234], « un trait de la société occidentale, particulièrement judéo-chrétienne, en matière de production et de consommation alimentaire ne consisterait-il pas à établir une nette distinction entre les fruits soi-disant " spontanés " de la nature, ceux des arbres, et ceux que l'homme produit à la sueur de son front, en travaillant la terre, dévalorisant les uns pour mieux valoriser les autres et permettre en conséquence à l'homme de se démarquer du sauvage ? »

Il ne faut pas pour autant refuser l'expression de « civilisation du châtaignier », car sur le pourtour du Massif central, en Castagniccia, dans beaucoup de régions de l'Apennin, ici ou là dans la péninsule Ibérique, on rencontre des associations cohérentes de techniques matérielles (culture, récolte, préparation des fruits) et d'images mentales [235]. Tout au plus, peut-on la nuancer en la mettant au pluriel [236]. Voici quelques exemples des aspects culturels des châtaigneraies.

Plusieurs saints passent pour protecteurs des châtaigneraies et font donc l'objet d'un culte propitiatoire. Parmi eux, il faut citer, en Toscane, saint Jean Gualberto, fondateur de l'ordre de Vallombrosa (Vallombreuse), considéré dans toute l'Italie comme le patron des forêts en général. Le jour de sa fête, le 12 juillet, les moines offraient traditionnellement à leurs hôtes de marque des châtaignes rôties qui avaient été conservées parfaitement fraîches depuis l'automne précédent dans les caves de l'abbaye, enfouies dans du sable bien sec [237]. Dans les Cévennes, c'est saint Guiral (dit encore Géraud ou Guiraud, son nom réel étant *Geraldus*) qui est invoqué, aussi bien par les castanéiculteurs que par les bergers [238]. Paradoxalement, le futur évêque de Béziers a tout d'abord présidé aux destinées du prieuré de Cassan entre 1106 et 1122, c'est-à-dire en un lieu-dit évoquant la présence du chêne [239] : beau symbole de l'histoire du paysage régional.

En Limousin, saint Martial est patron des producteurs de châtaignes, mais aussi, plus généralement, de toute la province. Une prière qui daterait du XIVe siècle s'adresse à lui en ces termes [240] :

Mossenh Sant Marsau
Nostre bon fondator,
Prejatz per Nostre Senhor
Qu'il vuèlha gardar
Nostras chastanhas,
Nostras rabas
Nostras femnas...

Monsieur saint Martial
Notre bon fondateur,
Priez pour Notre-Seigneur
Qu'il veuille garder
Nos châtaignes
Nos raves,
Nos femmes...

Par ailleurs, une légende limousine raconte [241] que saint Martial se rendit un jour auprès de saint Pierre pour plaider la cause de ses malheureux habitants peu gâtés par la nature. Il lui demanda un geste de générosité, appuyant sa requête sur un tour d'horizon des richesses des autres provinces : la truffe du Périgord, la vigne de Gascogne, l'orange de Provence, la pomme de Normandie. Et saint Pierre se laissa attendrir. Lorsque saint Martial, poursuit la légende, « souleva un coin de ciel bleu pour regarder avec amour sa belle terre limousine, il fut surpris et charmé. De grands arbres ombrageaient la lande, balançant dans leur feuillage dentelé de grosses pelotes épineuses. Saint Martial sourit. Les enveloppes rugueuses renfermaient un fruit délicieux, la châtaigne ».

On ne sait si saint Basile, patron de la commune ardéchoise du même nom, était jadis considéré comme le protecteur des châtaigneraies, mais pendant la révolution la commune prit, en tout cas, le nom de Basile-Marron [242].

Mais la véritable fête religieuse de la châtaigne, répandue dans toute l'Europe, a lieu le 1er et le 2 novembre, à l'occasion de la Toussaint et du jour des Morts. En Galice et au Portugal, c'est le *magosto*. Les jeunes gens se rendent dans les châtaigneraies et font griller des châtaignes l'après-midi du 1er novembre en buvant du *vinho verde* [243]. La tradition est si forte que les Portugais de Paris la respectent, avec quelques jours de retard. J'ai assisté, l'après-midi du dimanche 13 novembre 1977, à la *Festa de castanhas* des Portugais de la paroisse Saint-Eustache de Paris. Le *vinho verde* coulait à flots pour faire passer les montagnes de marrons chauds servies aux participants qui dansaient, au rythme des musiques traditionnelles. En France, des coutumes analogues étaient jadis respectées dans tout le Midi [244]. On mangeait des châtaignes le soir de la Toussaint dans l'Albret et à Marseille, surtout pas avant en Armagnac, car on croyait qu'enfreindre cet interdit risquait de communiquer le charbon au blé semé à ce moment. En Béarn, la défense était même repoussée jusqu'à Noël. A Marseille, pendant la nuit du 1er au 2, on plaçait des châtaignes bouillies sous les oreillers, et à Carcassonne sous les édredons, pour se protéger des revenants. Enfin, dans le Bordelais, on laissait des marrons grillés sur la table pour que les morts puissent venir se restaurer. Cette dernière tradition est encore respectée aujourd'hui, à la campagne, dans les Alpes piémontaises où l'on ajoute — sage précaution contre l'étouffement ! — une bouteille de vin [245]. Une telle convergence d'usages trouve sans doute son explication dans le fait que la châtaigne est le dernier fruit de l'année, associé, tout naturellement, à la nostalgie dont l'automne est porteur et à la dormition de la nature. C'est ce qu'exprime le poète Eugène Garcin [246] :

Voici le dernier fruit de l'automne
Amis et beaux jours, tout nous fuit :
Des Trépassés voici la nuit !
Que le dernier fruit de l'année
Nous donne un souvenir des morts

Parmi les autres coutumes religieuses, on peut signaler la décoration des rameaux du dimanche du même nom avec des chapelets de châtaignes, en Savoie [247], ou les processions rogatoires à la chapelle de la Vierge d'Ardua, à Chiusa di Pesio, en Piémont [248]. Les fidèles demandent « l'eau bienfaisante qui reverdit (les) montagnes, et le splendide soleil qui fait fructifier les vieux châtaigniers et les gigantesques noyers ».

Il existe aussi, mais semble-t-il rarement, des coutumes plus païennes. Paul Sébillot en signale une qui se rapporte aux Maures [249] : « Dans les environs de Collobrières, sur le bord d'un chemin dit des Amoureux, est un châtaignier séculaire dont les puissantes racines font saillie sur le sol ; il porte, au-dessous d'une maîtresse branche rompue, deux bosselures globuleuses qui lui donnent une apparence phallique. Les jeunes filles désireuses de se marier et les jeunes femmes qui voulaient avoir des enfants, allaient glisser sur les racines de cet arbre à certains moments. » De tels rites de fécondité sont généralement très anciens et plutôt associés à des pierres, des chênes ou des sources. Faut-il voir ici une preuve de l'antiquité de la châtaigneraie des Maures ? Rien ne s'y oppose, on l'a vu.

Les coutumes liées à la récolte des châtaignes et à leur préparation ne sont guère nombreuses et, probablement, tardives. Arnold Van Gennep [250] en signale quelques-unes ayant trait aux loues des ramasseurs. Ainsi, dans le Périgord, à Monpazier, les hommes disponibles piquaient une feuille de châtaignier sur leur chapeau et les femmes sur leur corsage, lorsqu'ils venaient proposer leurs services sur la place du marché de la bastide, le premier jeudi d'octobre. Assez généralement, la fin de la récolte est marquée par un repas plus conséquent, comportant un ou plusieurs plats à base de châtaignes. Dans les grandes châtaigneraies, cette réjouissance est repoussée à la fin du pisage [251]. Ce que l'on peut observer, c'est que la récolte, le séchage à la clède, le pisage et le grillage à la veillée constituent des opérations le plus souvent collectives et donc des moments de sociabilité auxquels peuvent s'attacher quelques pratiques spécifiques : ainsi, la *biroulade* cévenole dont F. Fabre a donné une vivante description [252] : « [...] Les jeunes filles et les garçons à marier font la *biroulade*. [...] Mille superstitions tiennent à une *biroulade* plus ou moins bien réussie. Quand les châtaignes, qu'une jeune fille aux bras rouges et nerveux fait sauter dans une grande poêle percée de trous, sont cuites à point, c'est qu'elle doit être heureuse en ménage ; quand, au contraire, elle les a laissées brûler, tout le monde lui conseille de ne pas se marier, car infailliblement le malheur s'acharnera sur elle. D'autres idées, des idées plus sombres s'attachent à la *birou-*

Photo 53 : *L'assemblée du désert, célébration protestante tenue, chaque année, sous les châtaigniers, le premier dimanche de septembre, au Mas Soubeyran à Mialet (Gard), en souvenir de la résistance camisarde. Photo publiée dans* L'Express, *11-17-octobre 1985.*

lade, pour peu que le *nobi* (garçon à marier) mette la main à cette redoutable besogne. L'usage le condamne à lancer, par deux fois, toutes les châtaignes hors de la poêle, et à les y recevoir du même coup. Si une seule sort du récipient, il perdra sa femme l'année même de son mariage, et s'il est assez maladroit pour les éparpiller chaque fois, c'est au contraire lui qui mourra le premier. Mais les paysans et les paysannes sont habiles et il arrive bien rarement que la *biroulade* soit pronostic de malheur... »

Cette dernière coutume semble témoigner d'un très grand respect pour le pain de bois et pour l'arbre qui le fournit, respect général en Europe et de plus en plus fort à mesure... du déclin des châtaigneraies. Mais ce respect n'a sans doute jamais exclu une certaine condescendance liée, naturellement, au caractère de pis-aller de la châtaigne. Le récit du couronnement de l'unique roi de Corse, Théodore Ier (baron Théodore de Neuhoff), le 15 avril 1736, en est un bon exemple [253] : « On avait préparé pour le sacre [au couvent d'Alesani] une couronne de châtaignier ornée de rubans. Fabiani, la jugeant indigne du roi, la jeta en disant qu'il fallait en trouver une plus convenable à son rang. On confectionna alors une couronne de lauriers qu'il plaça sur la tête de Théodore. »

L'ARBRE DE LA LIBERTÉ ?

C'est un peu dans l'imaginaire traditionnel, mais beaucoup plus dans ses prolongements contemporains, comme on le verra, qu'il faut placer l'association mentale du châtaignier et de l'indépendance, de la liberté, de la résistance à l'oppresseur. Cette idée a été caressée d'abord par les camisards cévenols. La *Cévenole* qui témoigne de leur épopée des années 1702-1704, évoque les « vieux châtaigniers aux bras tordus [254] ». Les assemblées du désert qui, khaque année, au Mas-Soubeyran à Mialet (Gard), perpétuent le souvenir de ces événements se tiennent sous les châtaigniers qui rappellent la guerre des forêts, la valeur nourricière de leurs fruits qui ont permis aux camisards de subsister et, plus symboliquement, les oliviers des vergers bibliques.

Même sentiment chez les Corses, qui associent explicitement au châtaignier, et depuis longtemps, la résistance de Paoli à Gênes. Une montagne est déjà difficile à conquérir. Lorsque en outre elle est nourricière, les retranchés qui la parcourent deviennent inexpugnables. L'abbé Girolami [255] observe : « Les châtaigniers et les chèvres ont été aussi utiles à la liberté que le fer et le plomb, car lorsque les patriotes étaient obligés de se réfugier dans les lieux les plus inaccessibles des montagnes, et quand ils y étaient bloqués par leurs ennemis, les châtaignes, le lait et la chair des chèvres les nourrissaient, et alimentaient ainsi le feu sacré de la patrie et de l'indépendance nationale. » Ardouin-Dumazet [256] renchérit : « Partout où abondait le châtaignier, il se créait comme un réduit pour la défense. » Il explique même par l'obstacle stratégique qu'elles constituaient la décision du gouvernement français d'interdire l'extension des châtaigneraies. Et Raoul Blanchard d'ajouter [257] : « Ici [...] était donc le réduit de l'indépendance corse, le pays nourricier qui se riait de ses agresseurs. Ce n'est pas par hasard que le héros de l'indépendance, Paoli, se trouve avoir été un homme de la Châtaigneraie, né à Morosaglia, à son extrémité occidentale. » Le fait qu'un châtaignier ait, en outre, servi de gibet pour pendre 40 Génois n'a fait qu'ajouter au prestige d'un arbre déjà très patriote [258] ! Un dernier exemple illustre cette aptitude à soutenir les résistances montagnardes : celui de la Crète. Pendant le soulèvement contre les Turcs de 1866-1869, ces derniers tentèrent d'affamer les insurgés en brûlant les récoltes, mais aussi en coupant les arbres nourriciers. Victor Hugo s'en émut et écrivit une lettre publique d'encouragement aux Crétois, lettre dans laquelle il apostrophait les puissances occidentales [259] : « Vous négociez ! Pendant ce temps-là on arrache les oliviers et les châtaigniers... »

Enfin, la place du châtaignier dans les imaginations est également perceptible par un grand nombre de proverbes, d'expressions, de comparaisons dont certains se retrouvent dans toute l'Europe. Ainsi en est-il de la couleur marron ou châtain qui n'existait pas en tant que telle dans la langue latine [260]. On peut citer également l'expression « tirer les marrons du feu », qui a cours partout et dans toutes les langues jusqu'au slovène [261], au grec moderne et au... japonais et que La Fontaine a utilisée plusieurs fois dans ses fables [262]. Il y a aussi l'expression « recevoir une châtaigne » ou « un marron » ; la première est moins rude que la seconde. L'abbé Vayssier la décrit ainsi [263] : « Une chiquenaude, petit coup donné avec le doigt majeur raidi contre le pouce. Nasarde, croquignole, chiquenaude donnée sur le nez. » M. Stéphane établit nettement la différence [264] : « Il y eut encore une furieuse batterie, où, pour une pauv'châtaigne ou deux, j'encaissai cent marrons des plus gros du monde. » L'origine de cette expression est sujette à discussion. Pour certains, elle tient à la couleur laissée sur le visage par le coup [265] ; pour Roger Ferlet [266], elle évoque le chargement des tromblons aux châtaignes sèches, plutôt qu'au plomb ; plus vraisemblablement, elle se rattache au picotement consécutif à un coup porté sur le nez, douleur qui s'apparente à celle que produirait une bogue. Hervé Bazin a utilisé cette image de la bogue piquante dans un autre sens [267] : « Nullement combative avec ça [Suzanne], mais seulement châtaigne, agaçante, tout en bogue : une de ces filles qui ne sont savoureuses qu'une fois cuites, je veux dire éprises. » Certains proverbes sont communs à plusieurs régions. Ainsi, les Corses disent : « *Pace, salute e tre castagne a riccise* » (« Paix, salut et trois châtaignes par bogue »), et les Cantaliens : « *Tres costognous dins un pelou, bounno onnado. Tres filhos dins un oustau, oustau ruinat* » (« Trois châtaignes dans une bogue, bonne année. Trois filles dans une maison, maison ruinée [268] »). Innombrables sont les mots ou les expressions se rattachant à la châtaigne ou au marron : par exemple, les castagnettes espagnoles, instrument à percussion dont le bruit rappelle les châtaignes éclatant dans le feu [269], la « châtaigne corse », bosse de l'occiput [270], et la *castanhola* qui désigne, en portugais, la pomme d'Adam [271]. Certains sont plus obscurs : le marron, ouvrage jadis imprimé sans privilège [272], l'expression « être marron », c'est-à-dire trompé. Il est possible que cette dernière se rattache à marron dans le sens de « personne qui exerce une profession sans titre », puisqu'il n'y a pas de trompeur sans trompé [273]. Dans ce cas, le fruit du châtaignier n'est nullement en cause. Il faudrait ajouter également tous les végétaux et tous les animaux dont le nom vulgaire est emprunté au châtaignier : châtaigne du Para déjà évoquée, châtaigne de terre d'Auvergne, racine de *Bunium bulbocastanum*, châtaigne d'eau, racine de *Trapa natans*, châtaigne de mer, nom fréquemment donné à l'oursin, etc.

CHÂTAIGNIER ET TOPONYMIE

La densité des toponymes qui l'évoquent constitue probablement un excellent moyen d'apprécier la place du châtaignier dans l'imaginaire collectif. On ne peut en conclure pour autant qu'elle est à mettre en relation avec la place du châtaignier dans les paysages. D'une manière générale, la toponymie est pleine de pièges. Dans un article récent, Pierre Bonnaud écrit [274] : « Une désignation toponymique concernant une activité rurale, une plante cultivée, etc. témoigne de la perception par le monde rural de l'introduction d'une nouveauté suffisamment remarquable pour donner une impression de rupture avec " l'ordre immuable " que les gens du commun comme les premiers géographes se figuraient volontiers être la loi des campagnes. » Ce qui veut dire qu'elle peut s'appliquer aussi bien à un fait qui se répand comme une traînée de poudre qu'à une exception. Deux exemples illustrant l'un et l'autre cas sont bien connus. La géographie des *artigues* du Bordelais révèle la localisation des grands défrichements des XIe-XIIe siècles et, donc, constitue le négatif de celle de l'ancienne forêt-galerie bordant Garonne, Dordogne et Gironde et datant du Haut Moyen Age [275]. A l'inverse, la cartographie des toponymes dérivés de la vigne en Bourgogne révèle une contre-géographie de la viticulture et, dans ce cas, le toponyme marque le fait rare [276].

Comme on l'a vu à plusieurs reprises, on ne peut donc en aucune façon s'appuyer sur l'ancienneté d'un toponyme pour en déduire l'ancienneté de la grande châtaigneraie. Ici, le nom de lieu indique l'exception, là l'élément dominant du paysage, plus loin la nouveauté... Une hiérarchie peut toutefois être dégagée. Une hypothèse appuyée sur quelques exemples français peut être formulée (tableau n° 17).

Pour préciser ce problème toponymique, voici une analyse des noms de lieux touchant au châtaignier dans le département de la Corrèze, réalisée d'après le fichier RIVOLI du cadastre [277]. Un premier piège (de débutant, pour reprendre l'expression de P. Bonnaud...) est à éviter : la confusion des toponymes Chassang (chêne) et Chastang (châtaignier), encore que l'un ait pu se changer en

TOPONYMES ET CHÂTAIGNERAIE EN CORRÈZE

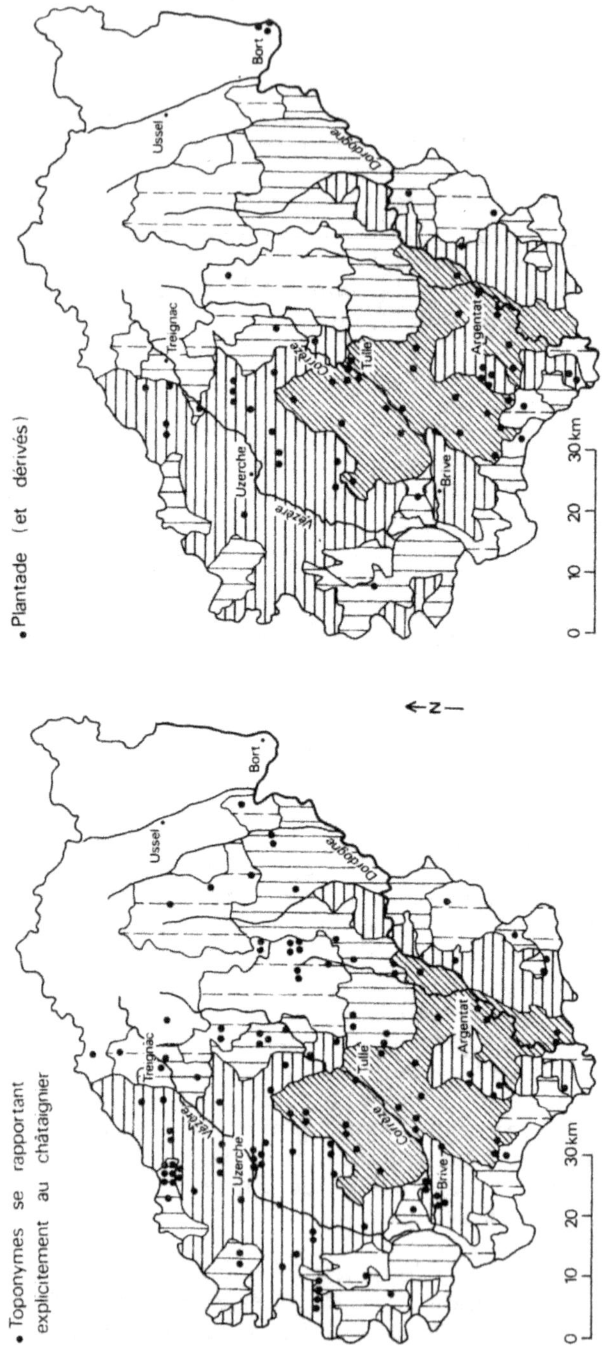

Toponymes se rapportant au châtaignier

Source : Cadastre (Répertoire Informatique des Voies et Lieux-dits – RIVOLI) Centre Régional d'Informatique des Impôts à Orléans

La châtaigneraie au début du XIXe siècle

Source : Aimé PERPILLOU, 1940, planche VII

Surface cadastrale couverte par les châtaigneraies

- Moins de 1%
- De 1 à 5%
- De 5 à 15%
- De 15 à 30%
- Plus de 30%

Fig. 46

Tableau n° 17 : *Signification possible de quelques toponymes types français dérivés du châtaignier.*

Toponyme	Localisation	Signification
Le Grand Châtaignier	St-Michel-de-Feins (Mayenne)	arbre isolé
Le Chastang	Domaine ruiné à St-Amandier (Cantal)	arbre isolé
Castagners	Hameau de St-Julien (Hérault)	plusieurs arbres
Les Châtains	Lieu-dit de Lacelle (Corrèze)	plusieurs arbres
La Châtaigneraie	Lieu-dit de Gros-Chastang (Corrèze)	parcelle plantée de châtaigniers
Le Castagnal (ou La Châtaigneraie)	Région d'Auvergne (Cantal)	région qui se distingue du reste de l'Auvergne par une certaine abondance de châtaigniers
La Castagniccia	Région du nord-est de la Corse	région de monoculture du châtaignier

l'autre au cours des siècles. La plupart de ceux qui désignent expressément le châtaignier évoquent celui-ci au singulier (87/110). Leur cartographie révèle une répartition à peu près conforme aux conclusions de Georges Chabot concernant la vigne en Bourgogne, avec moins de netteté toutefois. Ils sont plus nombreux au nord, c'est-à-dire là ou le châtaignier est le moins abondant, qu'au sud. Il est significatif que la commune de Lamongerie, dans le nord du département, soit celle qui possède le plus de lieux-dits évoquant explicitement le châtaignier : huit. Or, au début du XIXe siècle, moins de 15 % de sa surface cadastrale est occupée par les châtaigneraies. A l'inverse, la région où le châtaignier occupe plus de 30 % des surfaces, au sud de Tulle, est la moins riche en toponymes. La commune d'Espagnac, déjà étudiée, n'en compte pas un seul. Les toponymes « Plantade » et leurs dérivés se rattachent à de jeunes plantations d'arbres fruitiers [278]. Leur répartition en Corrèze coïncide avec la bande de châtaigneraies qui traverse en écharpe le département et l'on peut raisonnablement penser qu'une grande partie d'entre eux désignent de jeunes châtaigneraies. Leur densité, assez conforme à la densité réelle des châtaigneraies, s'explique par le fait que, comme les *artigues* du

Bordelais, les plantades correspondent à des actions paysagères.

En matière d'anthroponymie, on peut penser qu'une étude fondée sur les registres d'état civil aboutirait aux mêmes conclusions que celles qui viennent d'être dégagées à propos de la toponymie.

CHAPITRE VI

Le bois de châtaignier

LE MYTHE DES GRANDES CHARPENTES MÉDIÉVALES

L'une des idées les plus répandues sur le bois de châtaignier concerne les charpentes des grands édifices médiévaux : cathédrales, églises, châteaux, etc., dont on affirme qu'elles sont réalisées avec ce bois réputé imputrescible résistant aux parasites et, de plus, boudé par les araignées [1].

C'est au XVIIIe siècle que cette croyance est apparue ; elle va de pair avec l'idée selon laquelle déjà les châtaigneraies n'étaient plus que l'ombre de ce qu'elles avaient jadis été et que l'on aurait été bien en peine de trouver des troncs aussi conséquents. Le *Calendrier ecclésiastique et civil du Limousin* pour l'année 1763 [2] détaille ce point de vue : « Pourquoi ne trouve-t-on plus, au moins en si grand nombre, des châtaigniers aussi hauts qu'ils étaient dans les siècles précédents ? Cela peut venir de ce qu'autrefois on faisait en différents endroits de grandes plantations qui formaient des forêts. Dans la quantité prodigieuse d'arbres qu'elles contenaient, il était facile d'en trouver plusieurs propres à fournir les poutres dont la longueur étonne dans les anciens édifices où on les voit. » C'est également l'avis de Duhamel du Monceau en 1765 [3] : « Ce qu'il y a de singulier, c'est que dans des provinces où on ne trouve à peine quelques châtaigniers dans les jardins, les charpentes des vieux châteaux sont faites de ce bois. » Et Rosset renchérit en 1774 [4] : « Le bois du châtaignier sert à beaucoup d'usages ; il est surtout excellent pour les grands édifices. La beauté, la propreté, la conservation de ce bois dans la charpente de nos grandes et anciennes églises, excite encore notre admiration. L'espèce en est diminuée à tel point, qu'il est à craindre, si l'on continue à la détruire, qu'elle ne vienne à nous manquer. »

L'abbé Rozier, quant à lui, est partagé. La logique de sa mise en doute de l'opinion commune paraît irréfutable [5] : « Pourquoi ne trouve-t-on plus aujourd'hui des châtaigniers ou des marronniers, dont la tige soit très longue ? Les charpentes de presque toutes les anciennes églises sont, dit-on, construites avec leurs poutres, et la longueur de leur portée étonne. On dirait que ces arbres, aujourd'hui, prennent en diamètre de leur tronc, en étendue de leurs branches, ce qu'ils ont perdu en hauteur. Est-ce le froid ou la sécheresse qui ont fait périr ces arbres d'une si belle venue ? Mais comment l'effet de ces météores aurait-il agi également sur les Pyrénées, sur les Alpes, sur les montagnes de Corse et sur les endroits élevés de l'intérieur du royaume, etc ? Le froid n'est jamais général, celui de 1709 ne le fut pas, et il en est ainsi de la sécheresse. Il y a lieu de douter que ces poutres énormes soient effectivement de châtaignier. Le bois du chêne blanc, après un grand nombre d'années, acquiert le grain et le coup d'œil du bois de châtaignier. C'est ce que M. de Buffon a parfaitement démontré. » C'est pourquoi on comprend mal que dix pages plus loin [6] il affirme : « Ne serait-il donc pas possible d'obtenir du châtaignier, ce que l'on obtient des pins, sapins et chênes, et de se procurer par-là ces châtaigniers de portée immense que l'on trouve encore dans la charpente des anciennes églises ? » Une explication possible de cette contradiction réside peut-être dans le fait que la première démonstration de l'abbé Rozier a été rajoutée après la rédaction de l'ouvrage, juste avant la publication. L'abbé Rozier aurait alors emprunté ce point de vue à Buffon et à Daubenton qu'il connaissait probablement fort bien.

C'est en effet l'année suivante que Daubenton présente une communication à l'Académie des Sciences [7] dans laquelle il démontre que les prétendues charpentes de châtaignier sont en fait en chêne.

Qu'en est-il en réalité ? Anatomiquement, les deux bois diffèrent fort peu vus de l'exérieur, et tout particulièrement sur une vieille poutre. Il faut en voir une coupe bien plane pour effectuer une détermination sûre. Le chêne possède d'importants rayons médullaires, tandis que le châtaignier en a quelques-uns, minces, ou même pas du tout. En coupe longitudinale — sur une planche rabotée, par exemple —, la distinction est très aléatoire à opérer [8]. Par ailleurs, quand on sait que la majorité des châtaigniers sont cultivés en conduite assez basse, qu'ils sont sujets à la roulure et qu'ils deviennent creux en vieillissant, on voit mal comment les châtaigneraies auraient pu fournir de telles poutraisons. Le syllogisme énoncé par les tenants des charpentes en châtaignier — les charpentes anciennes sont en châtaignier ; or, il n'y a guère de grands châtaigniers ; donc, il y en avait davantage jadis ! — repose, on le voit, sur des prémisses fausses.

La seule explication qui vienne à l'esprit est que, devenu arbre à pain, le châtaignier, tels les saints dans les hagiographies, s'est trouvé paré de toutes les vertus.

Jusqu'en plein XXe siècle, certains ont continué à soutenir le châtaignier contre le chêne. D. Bois [9] est de ceux-là. La tournure de ses propos laisse à penser qu'il a effectué une lecture plus que rapide des auteurs : « Ce bois était jadis très employé dans les charpentes des cathédrales, contrairement à l'opinion de nombreux

Photo 54 : *Coupe tangentielle de bois de châtaignier.*

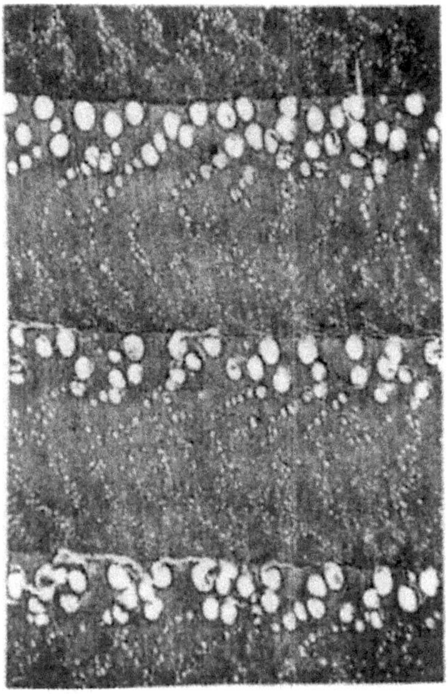

Photo 55 : *Coupe tangentielle de bois de chêne.*

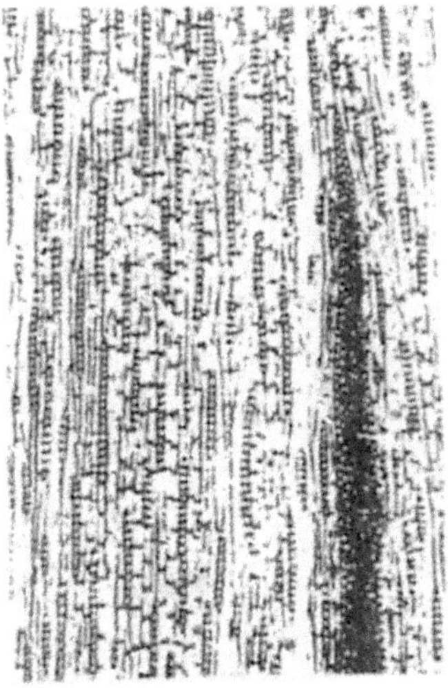

Photo 56 : *Coupe transversale de bois de châtaignier.*

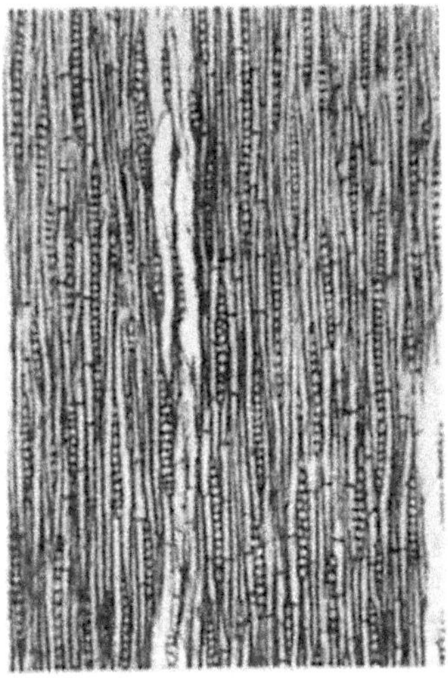

Photo 57 : *Coupe transversale de bois de chêne. Photos 54 à 57 Centre Technique du Bois (CTB).*

auteurs qui croyaient y reconnaître le bois du chêne. La méprise a été prouvée et il est facile, en effet, de distinguer ces deux sortes de bois, celui de chêne ayant de larges rayons médullaires visibles à l'œil nu sur une coupe transversale, alors qu'ils sont très ténus et perceptibles seulement à la loupe dans le bois de châtaignier. » En revanche, parmi les tenants du chêne, on peut mentionner L. Clerc [10], le comte de Gasparin [11], J. Beauverie [12] et surtout C. Jacquiot [13]. Le même débat s'est déroulé en Grande-Bretagne à propos des charpentes médiévales édifiées outre-Manche [14]. Il semble même y avoir été plus précoce, puisqu'il remonterait au règne d'Henri VIII [15].

Sauf exception toujours possible [16], les troncs des châtaigniers cultivés ne peuvent guère être utilisés comme éléments de charpentes monumentales. Celà n'enlève d'ailleurs rien aux éminentes qualités de ce bois, qu'il provienne des vergers ou des taillis.

Qualités et usages du bois de châtaignier

Comme pour les grandes pièces de charpente, le chêne l'emporte en général sur le châtaignier en matière d'ébénisterie, par la finesse de son grain et l'esthétique de ses veines lorsque le tranchage permet aux rayons médullaires d'apparaître sous forme de vagues. Mais il existe de forts beaux meubles en châtaignier, y compris des meubles sculptés, et il est très excessif de dire que ce bois n'est bon qu'à fournir les panneaux constitutifs des fonds de meubles et de tiroirs. Comme combustible le chêne est également préféré, car son pouvoir calorifique est un peu plus élevé et il brûle en silence.

Pour le reste, le châtaignier ne le cède en rien au chêne, et il présente même sur celui-ci des avantages certains. Il rejette beaucoup plus vigoureusement de souche et convient donc bien à une conduite en taillis. Estienne et Liebault remarquent [17] : « Le châtaignier vient plus en un an que le chêne en deux », ce que confirme Daubenton dans *La Grande Encyclopédie* [18] : « On est généralement d'accord que ce n'est qu'au chêne seul qu'il doit céder. Quoiqu'à quelques égards il ait des qualités qui manquent au chêne, l'accroissement du châtaignier est du double plus prompt... » Pour Charles Broilliard [19], le rapport est même du simple au quadruple : un taillis de châtaignier de quinze ans rapporte en Alsace ou en Limousin, 3 000 francs à l'hectare, tandis qu'un taillis de chêne de trente ans n'en rapporte que 1 500.

Son rendement à l'hectare est estimé en Limousin par P. de Corbier [20] à 5 000 ou 6 000 perches de 8-9 mètres de hauteur et 20 à 30 centimètres de diamètre à la base, tous les huit à dix ans. Dans la région de Salerne, il est estimé à 12 m^3/ha/an [21]. Dans certaines régions et sur certains versants, il se révèle beaucoup plus rentable que les cultures ; c'est, par exemple, le cas dans l'Aspromonte [22]. En outre, il se prête particulièrement bien au fendage et au cintrage. Il sert donc de matière première à de nombreuses fabrications artisanales. Il est résistant à la pourriture, en particulier lorsqu'il est planté en terre. P. de Crescens écrit à ce sujet [23] : « Le bois de châtaignier [...] résiste merveilleusement longtemps sous la terre. » Il résiste aussi aux insectes parasites, lorsqu'on prend la précaution de ne pas le couper à la sève montante. Tous les auteurs s'accordent à reconnaître que ces qualités sont maximales lorsqu'il est coupé jeune et lorsqu'il n'est pas greffé, car alors ses fibres sont plus serrées [24]. Toutes ces qualités justifient pleinement la recommandation de l'abbé Rozier [25] : « Je prie ceux entre les mains de qui cet ouvrage parviendra, de planter une petite forêt de châtaigniers à l'instar de celles de chênes, pins, sapins, hêtres, etc. »

Échalas et cercles de tonneaux

De tout temps, sans doute, on a exploité à diverses fins le bois des châtaigniers sauvages mêlés à d'autres arbres. Mais le besoin le plus important, justifiant la plantation de taillis exclusifs, est celui des supports de la vigne et des cerclages des douves de tonneaux. Jusqu'à l'introduction au début du XVIIe siècle, par Robin, jardinier du roi, du robinier *(Robinia pseudoacacia)* venu d'Amérique, les échalas de châtaignier se sont révélés les meilleurs. Quant aux cerclages de fer, si leur usage est ancien, on protège couramment les cercles de métal par du bois de châtaignier fendu.

Dès l'Antiquité, on a favorisé la croissance du châtaignier à proximité des vignobles, mais, au Moyen Age, ces actions ont pris une grande ampleur. Au XIIIe siècle, les grandes abbayes parisiennes de Saint-Denis, Saint-Germain-des-Prés, Saint-Martin, etc., qui utilisent chaque année plusieurs centaines de milliers d'échalas et de cercles de tonneaux [26], favorisent-elles le châtaignier sur les sols siliceux de la région, dans les forêts de Montmorency, Saint-Germain, Fontainebleau, Chantilly et Compiègne [27]. Les taillis du bois du rû de Gally alimentent le vignoble de Meudon et ceux du bois de Serquigny, les vignobles de Breuil-sur-Orge et de Thiais, possession de Saint-Germain-des-Prés. Dans les années 1430, la forêt de Sénart est très sollicitée, car celle de Saint-Germain est occupée par les Bourguignons [28]. Si le châtaignier s'impose, c'est de toute évidence en raison de ses qualités. Le vignoble d'Issy utilise plutôt des échalas de saule et d'aulne provenant de la saussaie de Cachan. Ils coûtent moins cher, mais durent également moins longtemps. Dans les dernières années du XVe siècle, l'abbaye de Saint-Germain-des-Prés achète des plants de châtaignier à Saint-Prix, à l'orée de la forêt de Montmorency, pour les remettre en terre à Cachan, à proximité de ses vignes [29]. Il y a donc des pépinières de châtaigniers destinées à constituer de nouveaux taillis. Le paysage forestier de Saint-Prix porte encore aujourd'hui la trace de ces plantations médiévales. Le taillis de châtaignier, sous futaie de chênes et hêtres, y domine largement.

Toute une population de bûcherons exploite ces forêts : les cercliers (ou cercelliers) qui habitent plusieurs mois de l'année dans

Photo 58 : *Bûcheron en train de tailler des piquets au Raincy, dans la banlieue Est de Paris, vers 1900. Collection J.-R. Pitte.*

Photo 59 : *Bûcherons et leur famille en train d'épointer des piquets ou des échalas devant leur cabane dans les bois de Saint-Cucufa, en banlieue Ouest de Paris, vers 1900. A l'arrière-plan, on reconnaît un taillis sous futaie récemment éclairci. Collection J.-R. Pitte.*

des huttes, dites loges, construites en bois de châtaignier. Le mot feuillardier n'apparaît, quant à lui, que très tardivement — en 1766, à Brive, semble-t-il —, par analogie avec le feuillard de métal dans lequel on découpe les cercles de fer [30]. Au XIIe siècle, les cercelliers vantent leur marchandise dans les rues de Paris : « Cerciaus de bois vendre voulons [31] ». Une charte de Saint Louis datant de 1269 et concernant Sarcelles parle [32] « du merrain que l'on peut prendre dans ladite forêt pour faire des tonneaux et des cercles *(sarcellis)*, pour mettre le vin ». Le nom de Sarcelles, commune située à l'orée de la forêt de Montmorency qui apparaît dès le IXe siècle [33], provient du latin *circellum*, petit cercle, mot qui peut évidemment avoir une origine topographique (cuvette dans le relief), mais aussi faire allusion à la production de cercles de futailles.

Ces métiers ont survécu en Région parisienne jusqu'au début du XXe siècle. J.E. Delaunay [34] décrit ainsi celui de cerclier : « Les perches, coupées et ébranchées, étaient apportées autour de la hutte où l'ouvrier avait disposé un petit tronc d'arbre en guise d'établi ; elles étaient fendues et planées puis classées suivant leur longueur en pieds et mises en bottes. Ces bottes étaient ensuite portées à un autre ouvrier, généralement en dehors de la forêt. C'est ce dernier qui se chargeait de faire les couronnes, en s'aidant d'une machine, avec ou sans trempage préalable. Ces couronnes, livrées aux tonneliers, devenaient des cercles définitivement. »

En Alsace, le châtaignier est peut-être présent, sous forme d'échalassières (taillis à échalas), dès l'Antiquité, mais il est surtout planté au Moyen Age et à l'époque moderne, en relation avec la viticulture [35]. Vers 1475, il fournit la matière première d'échalas produits autour du château de Bildstein et destinés aux vignobles de Riquewihr [36]. On comprend mal, dans ces conditions, ce mémoire daté de 1730 où l'intendant d'Alsace affirme que dans la banlieue de Colmar on se sert d'échalas de chêne, tandis qu'ailleurs on utilise des échalas de sapin et d'autres bois [37]. Et Sittler, qui rapporte ce document, de conclure : « Les échalas en châtaignier qu'on utilise couramment de nos jours étaient inconnus jadis. » Une telle affirmation surprend d'autant plus que les plans de finages au 1/5254e que fait réaliser l'intendant entre 1760 et 1763 révèlent tous, pour les communes viticoles des collines sous-vosgiennes, la présence de taillis de châtaigniers, tant particuliers que communaux [38]. Les cadastres « napoléoniens » de 1833 confirment le fait et le précisent. Malgré cela, la demande au XVIIIe siècle est telle, du fait de l'accroissement des surfaces viticoles, que la Lorraine est mise à contribution et que des échalas de châtaignier sont acheminés vers l'Alsace par le col de Sainte-Marie [39]. Il faut dire que les échalas utilisés en Alsace ont une particularité jusqu'à la fin du XIXe siècle : ils mesurent 3 mètres de hauteur et sont très densément plantés. On estime qu'ils peuvent durer quatre-vingts à cent ans, mais en période d'extension de la vigne, d'importantes superficies de taillis sont nécessaires [40].

En Bordelais, le chêne semble avoir dominé jusqu'au XVIe siècle en tant que bois d'œuvre des vignobles, et ce sont les édits de François Ier (22 mai et 6 juin 1539) et d'Henri II (2 juin 1548) portant défense d'échalasser avec du chêne qui favorisent l'extension des taillis de châtaigniers [41]. Néanmoins, ceux-ci sont déjà présents dès le XVe siècle dans les taillis voisins des vignes et qui portent dans la région le nom d'« œuvre » ; leur bois sert à tailler des carrassons (échalas) et des lattes (perches de liaison horizontales) [42]. Le Bordelais est d'ailleurs loin de suffire aux besoins ; le Périgord est également mis à contribution [43] et ce, jusqu'à l'arrivée du robinier, qui progresse depuis la fin du XVIIIe siècle et a presque supplanté le châtaignier aujourd'hui. Des traces de l'ancien paysage sont encore visibles : les châtaigniers qui ornent le campus de l'université de Bordeaux à Talence ou la parcelle viticole nommée Les Châtaigniers au milieu du domaine du Château-Latour [44].

Cette association de la vigne et du châtaignier est générale en Europe, tout au moins là où les sols sont siliceux. Ainsi en est-il dans la Galice du XIIIe siècle, où les chartes parlent fréquemment de « *vineas cum suis castaneis* [45] » ou dans les Asturies [46]. En Italie, P. de Crescens affirme que [47] « le bois de châtaignier... est le meilleur pour fabriquer les échalas des vignes basses comme des vignes hautes ». Dans le Tessin, les taillis sont encore nombreux au-dessus des vignobles (fig. no 47 et 48). En Angleterre, les taillis sont très nombreux dans le Kent et le Sussex. Peut-être s'agit-il d'une survivance de l'œuvre des vignobles médiévaux. Ils fournissent depuis longtemps des tuteurs au houblon ; on les coupe pour ce faire à dix ans [48].

Dans certains vignobles, en revanche, le chêne ou d'autres essences étaient jadis plus utilisés, en raison des conditions pédologiques ou climatiques : en Bourgogne, par exemple [49], où désormais on importe des piquets d'Ardèche. Dans le vignoble de Porto, on se sert du ciste, du genêt et de l'arbousier [50].

Matière première des tonneaux

Le châtaignier se révèle remarquablement apte à fournir du merrain destiné aux futailles. Pour Daubenton [51], il est même meilleur que le chêne, car « il a la propriété de se maintenir au même point sans se gonfler ni se gerser, comme font presque tous les autres bois ». En réalité, la querelle des mérites respectifs du chêne et du châtaignier n'est pas nouvelle, et le Languedoc en a été animé pendant tout le Moyen Age [52]. En 1242 et 1340, des magistrats languedociens plaident devant le sénéchal de Beaucaire pour faire interdire les tonneaux en bois de châtaignier qui a la réputation de putréfier le vin. Les viticulteurs des plaines sont attachés au chêne, un arbre et un bois qui leur sont plus familiers. Le raz-de-marée du châtaignier fruitier dans les Cévennes entraîne, à partir de la fin du XVe siècle, un renversement de situation. C'est désormais le châtaignier qui est le plus apprécié, car il « ne donne aucune odeur au vin », tandis que le chêne transmet « une odeur extravagante, odieuse à d'aucuns ». Les grands progrès du vignoble à partir du

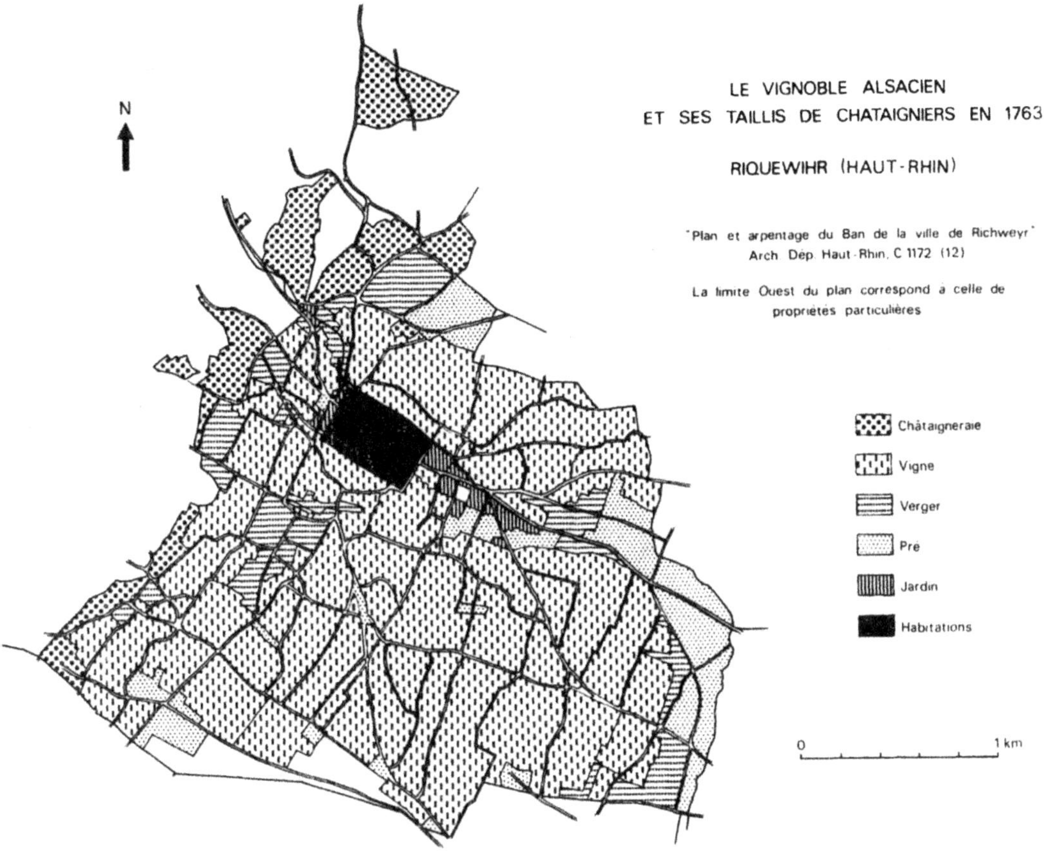

Fig. 47

XVIIIe siècle obligent à s'approvisionner au-delà des Cévennes. C'est ainsi que les châtaigneraies de la Montagne Noire sont attirées dans l'orbite de la plaine [53].

En Vivarais la tonnellerie est une activité ancienne. Ainsi, le 3 juin 1391, 14 tonneaux en bois de châtaignier sont vendus à deux prêtres de Viviers par Pons Larmanda, de Thueyts [54]. La vente de bois prend même une telle ampleur que les habitants de Gravières décident, en 1593, d'interdire de [55] « prendre ou couper du bois soit taillis ou autre pour le transporter, donner ou vendre hors de leur dite paroisse [...] sans le bon vouloir, consentement et permission expresse des consuls et conseillers d'icelle paroisse ». En Italie, les tonneaux de châtaignier sont très courants dès le Moyen Age, ne serait-ce que du fait de la rareté des chênes. Ainsi, en Campanie, le port d'Amalfi en exporte beaucoup, au XVe siècle, vers la Sicile et même vers Gênes qui les revend ensuite dans toute la Méditerranée occidentale [56]. Cette suprématie du châtaignier se poursuit pendant toute l'époque moderne et dure encore aujourd'hui [57].

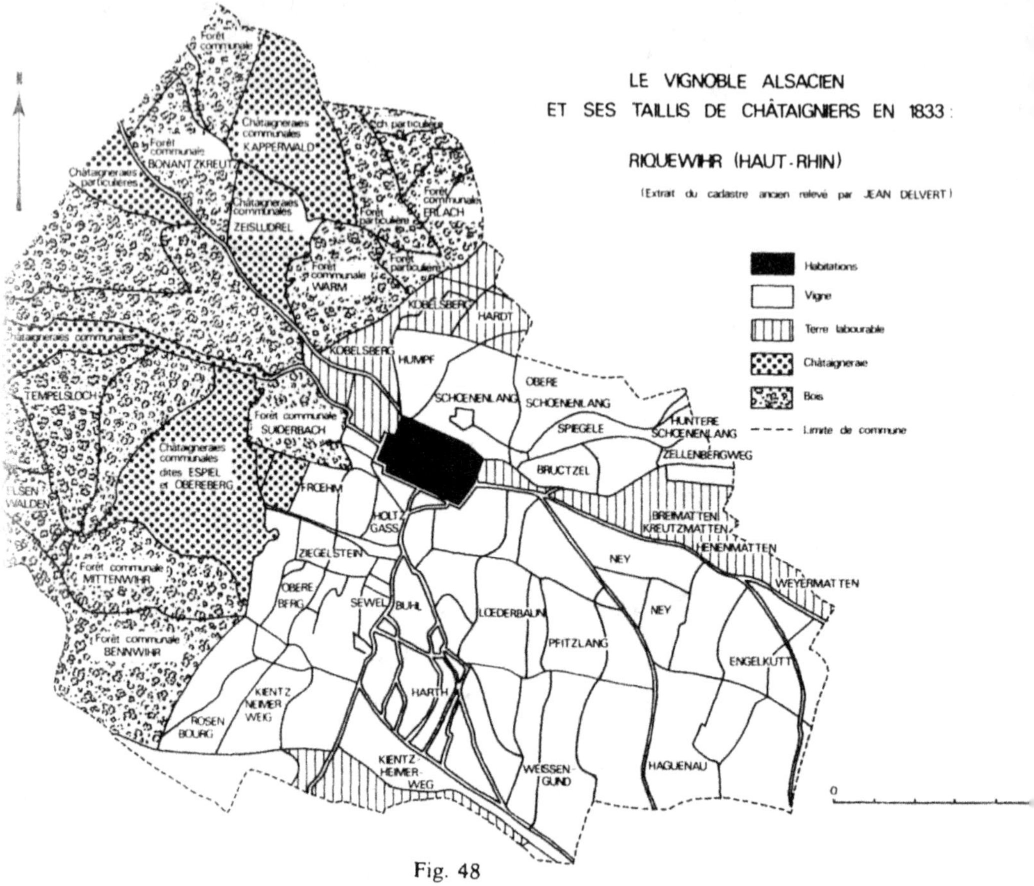

Fig. 48

Même situation en Corse où, par exemple, tous les tonneaux (au nombre de 28) et toutes les cuves (au nombre de 4) que la citoyenne Letizia Bonaparte et sa famille ont perdus pendant l'occupation de la Corse par les Anglais, sont en châtaignier [58]. D'autres régions pourraient être citées : les environs de Gérone, par exemple, qui fournissent depuis très longtemps les fûts, les cercles et les échalas nécessaires aux vignobles catalans [59]. En revanche, les vignobles atlantiques restent assez fidèles au chêne, plus abondant dans les montagnes situées à leur proximité, lesquelles n'ont, d'ailleurs, jamais dépassé le stade de la préchâtaigneraie.

Autres usages

Innombrables sont les usages du bois de châtaignier, hormis ceux qui viennent d'être évoqués. C'est d'abord un excellent bois d'œuvre utilisé pour les charpentes « normales » (partout), les lattis et les voliges, les bardeaux (Ligurie, Limousin) [60], les essentes (Normandie), les portes, les clôtures, les treillages, les chevilles à lauzes (Auvergne) et les planchers. Exposés aux intempéries, les ouvrages peuvent résister plusieurs décennies [61]. On signalera l'utilisation, devenue rare, du châtaignier comme bois d'œuvre des huttes de cercliers, treillageurs, feuillardiers qui les utilisent temporaire-

Photo 60 : *Feuillardière périgourdine. Sireuil (Les Eyzies, Dordogne). Photo I. Cousteil.*

Photo 61 : *Grand panier cylindrique en vannerie de châtaignier utilisé au Havre pour la pêche aux crabes, vers 1900. Collection J.-R. Pitte.*

Photo 62 : *Bonbonnes de vin portugais protégées par un tressage de feuillard de châtaignier (la trame et les anses sont en osier).*

ment. L'armature est formée de gaules de châtaignier fichées en terre et recourbées ou surmontées d'un toit à deux pentes. Les meilleures sont dites « vivantes », c'est-à-dire formées à partir d'arbres vifs. Elles sont recouvertes de divers végétaux choisis et cueillis dans le cortège floristique du châtaignier (fougères, genêts, bruyère), mais le plus fréquemment, elles le sont de ces longs copeaux de bois provenant du planage des ouvrages exécutés par les feuillardiers. Les « mouronnières » ou huttes de sabotiers de la forêt de Perseigne sont assez comparables, bien que coniques ; elles mesurent environ 6 mètres de hauteur pour 5 de diamètre [62].

Les châtaigniers ont aussi fourni du bois de marine. Les Arabes

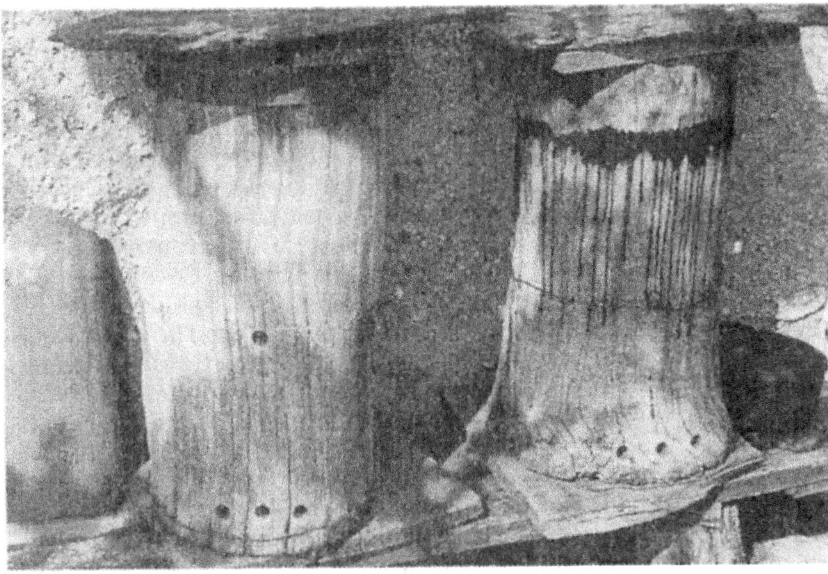

Photo 63 : *Ruches en bois de châtaignier. Collection Roger Ferlet. Mas de la Vignasse. Auriolles (Ardèche).*

ont, par exemple, exploité ceux de Sicile entre le VIIe et le XIe siècle [63], les armateurs d'Amalfi ceux des montagnes de Campanie [64], les Génois ceux de Corse, en particulier provenant d'Aitone. A propos de l'acheminement de ces derniers, l'abbé de Germanès écrit [65] : « Les Génois [...] ont dépensé cent mille écus pour aplanir sur la croupe des montagnes un chemin qui, de la forêt, va jusqu'aux bords de la mer, où ils ont bâti de grands magasins pour travailler ces bois, les mettre à couvert et les conserver. » C'est transformé en gabares que le bois descend du Périgord et du Limousin, par la Dordogne, vers Libourne et Bordeaux. Arrivés à destination, les bateaux sont démantelés et les planches vendues comme matériaux de construction ou d'échafaudages [66].

Le feuillard (bande de bois refendu) se prête avec aisance à la vannerie. Celle-ci se pratique d'un bout à l'autre des régions où pousse le châtaignier et les produits qu'elle fournit sont très variés. La robustesse des paniers ainsi confectionnés rend ceux-ci aptes à contenir les récoltes lourdes (celles des châtaignes ou des pommes de terre, par exemple) ou humides et salées (coquillages, crustacés). En Galice, par exemple, les fruits de mer sont toujours présentés dans les paniers de châtaignier et ces vanneries sont si populaires dans la région que les orfèvres de la plaza de Platerias, à Saint-Jacques-de-Compostelle, en vendent des modèles réduits en argent. En Italie et dans le nord-ouest de la péninsule Ibérique, les légumes sont très souvent présentés dans de tels paniers, ainsi que les champignons. Le Limousin fut pendant longtemps l'une des grandes régions européennes de fabrication et d'exportation de ces produits [67], lesquels étaient utilisés jusqu'en Angleterre, en Belgique et dans les pays scandinaves, où ils étaient acheminés avec les tonneaux destinés à contenir le poisson salé.

Dans la maison, le châtaignier est également présent sous forme de meubles divers. On l'utilise à Bordeaux pour fabriquer des armoires et des commodes [68], en Sardaigne (à Aritzo) des coffres de mariage sculptés [69], et partout en Europe des tables et des chaises. La liste des objets qui en sont fabriqués est très longue : cuveaux divers [70], manches d'outils, araires corses [71]. On le transforme également en charrettes en Sicile, en sabots dans les Cévennes [72], en ruches aménagées dans les troncs creux en Corse ou dans les Cévennes [73], en instruments de musique tels que la *charaméla*, sorte de flûte du Limousin [74], la *clapeta*, claquette de la même région [75], parfois en castagnettes en Espagne (bien que cet instrument ait plus de rapport avec le châtaignier par le son qu'il produit, comparable à celui d'un marron qui éclate dans le feu), en cercueils, en tuyaux de fontaines [76], en cannes et manches de parapluies (spécialité de Carlstadt en Croatie, aujourd'hui Karlovac [77]), etc. La fabrication des extraits tannants sera évoquée plus loin, puisqu'elle est au cœur du déclin des châtaigneraies. La pâte qui en constitue le sous-produit sert à fabriquer un papier de qualité moyenne, à condition qu'y soit mêlée de la pâte de bois résineux. Le *Bulletin technique Châtaignier* [78] est imprimé sur ce papier provenant de l'usine Progil à Condat-le-Lardin dans la Dordogne.

Enfin, le bois de châtaignier est un bois de feu au pouvoir calorifique moyen, largement utilisé tout de même là où il est disponible. Le proverbe limousin dit [79] : « *Borle mal, val tot parier* », « Je brûle mal, mais je vaux malgré tout. » Il a surtout la particularité de crépiter et d'envoyer des étincelles au loin en provoquant l'ire des veilleurs dont A. Cougnoux donne un plaisant aperçu [80] : « Tel [...] se plaint du picotement d'une brûlure ; tel autre de quelque déplorable *cramadis* juste sur un pan de veste, ou au beau milieu d'un tablier neuf. Ce qui provoque aussitôt maintes injures à l'adresse de ce méchant bois de châtaignier. » Comme combustible industriel, cet inconvénient n'existe pas et il est très utilisé depuis le Moyen Age. Le fait est attesté à la fonderie de cloches de Sarzana en Ligurie aux XIe-XIIe siècles [81] et à la verrerie de Monte Lecco, près de Gênes au XIVe siècle [82], dans les forges de Toscane du XVIe siècle [83] ou celles de la région de Saint-Yrieix en Limousin au XIXe siècle [84]. Bien que jugé parfois médiocre [85], son charbon est assez apprécié pour faire, ici ou là, l'objet d'un commerce, comme, par exemple, à Chiusa en Piémont [86].

USAGES DES FEUILLES

Les usages des feuilles, ramassées à l'automne, sont complémentaires de l'élevage. Elles servent partout de litière pour le bétail [87]. Leur souplesse est telle qu'on les a longtemps utilisées comme garnissage pour les matelas. Cet usage est attesté en Savoie, à Saint-Pierre, près de Montmélian, en 1520, par Dom Edme, abbé de Clairvaux [88] : « Nous fûmes assez mal traités de vivres, mais bien logés sur de beaux lits de feuilles de châtaigniers. » Estienne et Liebault [89] fournissent une explication sur l'origine de l'expression « lit de parlement » utilisée populairement pour désigner ces derniers : « La feuille de chastaignier, si après qu'elle est cheute [tombée] est enlevée [avant] que la pluie ne l'ait touchée, sert pour litière au bétail, laquelle venue en fiens sert aussi pour fumer : plusieurs s'en servent à remplir les coutils de lits de plume, qu'ils appellent par sobriquet lits de parlement, parce que la feuille gazouille, se couchant, se levant, ou se démenant sur tel lit. »

Cueillies sur l'arbre, les feuilles servent dans beaucoup de régions à envelopper les fromages frais, particulièrement les banons, nom générique donné à de petits fromages provençaux à base de lait de vache, mais aussi, au printemps et en été, de brebis et de chèvre. Les feuilles de châtaignier les maintiennent frais et leur confèrent une saveur originale légèrement âpre. Elles sont maintenues autour du fromage à l'aide d'un lien de raphia. Aujourd'hui, on utilise toute l'année des feuilles conservées au congélateur, mais ni l'aspect ni la saveur ne sont comparables à ce que les feuilles fraîches permettent d'obtenir.

Les feuilles servent aussi d'enveloppe pour divers aliments cuits, les plus célèbres étant les *necci* et les *pisticcine*. Enfin, elles sont abondamment utilisées comme élément de présentation des fruits et des légumes sur les marchés. Duhamel du Monceau écrit [90] : « Aux environs de Paris, les fruitiers achètent des gardes des bois la permission de cueillir les jeunes branches de châtaigniers avec leurs feuilles, pour en garnir les paniers de cerises. » Cette pratique est encore très courante en Italie et en Espagne.

TROISIÈME PARTIE

Le reflux

CHAPITRE VII

L'abandon et ses causes

C'est en Suisse que le déclin du châtaignier paraît le plus précoce. Dans la deuxième moitié du XVe siècle, les curés de l'Entlebuch (Lucerne) reçoivent de chaque paroissien trois mesures de châtaignes chaque année. Or, les registres de prébende de 1554 ne font plus aucune allusion à cette redevance [1]. En Tessin, les textes et la palynologie convergent pour attester un rapide déclin à partir du début du XVIIIe siècle [2].

En Piémont, le mouvement s'amorce au début du XVIIIe siècle et s'accélère au XIXe. Entre 1823 et 1832, par exemple, 43 043 arbres sont coupés dans huit communes de la juridiction de l'intendant de Saluces [3] : Venasca, Rossana, Piasco, Paesana, Sanfront, Martiniana, Gambasca et Riffreddo. G. Eandi [4] parle de « *smoderati tagli* », « coupes immodérées ».

En Ligurie et en Toscane, l'éclipse du châtaignier est un peu plus tardive. Elle intervient surtout dans la deuxième moitié du XIXe siècle [5]. Entre 1834 et 1935, dans la région de Pistoia [6], les surfaces qu'il occupe passent de 1 486 ha à 598 à Cutigliano, de 2 665 à 1 411 à Marliana, de 2 874 à 1 386 à Piteglio et de 2 201 à 1 242 à San Marcello. Ces statistiques ponctuelles reflètent sans doute mieux la réalité que la *statistica agraria* globale de l'Italie, par trop fantaisiste comme on peut en juger [7] : 595 832 ha en 1857, 615 024 en 1872, 495 704 en 1876, 627 400 en 1916, 427 635 en 1937...

En Galice, le déclin commence à la fin du XVIe et au XVIIe siècle dans les régions littorales, surtout au sud-ouest de la région [8], un peu plus tard au nord-ouest et seulement au XIXe siècle dans l'intérieur, ce qui n'empêche pas localement de petites plantades [9].

En France, les premiers symptômes du déclin se manifestent au XVIIIe siècle et le phénomène se généralise au XIXe, à l'exception du Rouergue et de la Corse qui ne sont touchés qu'au début du XXe siècle. La statistique générale agricole est tout aussi douteuse que celle d'Italie [10] : 500 000 ha en 1815, 455 386 en 1841, 536 000 en 1886, 309 412 en 1892 et 575 000 en 1929... Voici l'exemple limousin tiré de l'analyse des cadastres et donc plus fiable :

Tableau n° 18 : *Évolution de la part des châtaigneraies dans la surface cadastrale du Limousin au cours du XIXe siècle*, d'après Alain Corbin, 1975, p. 435.
Pourcentages

Département	cadastre napoléonien	1852	1862	1873	1882
Corrèze	12,22	11,95	10,52	8,79	6,44
Creuse	1,43	1,62	1,35	1,06	0,81
Haute-Vienne	9,07	8,97	7,62	6,90	4,78

La déprise humaine

Les causes du déclin général des châtaigneraies sont multiples. Elles sont tout d'abord, à l'évidence, démographiques. Le mécanisme qui a joué dans un sens joue dans l'autre. L'exode rural rend l'arbre à pain beaucoup moins nécessaire, d'autant plus qu'il touche dans un premier temps les plus défavorisés des paysans, c'est-à-dire ceux qui, dans toute l'Europe, sont les plus liés au châtaignier. C'est cette idée qu'exprime avec lyrisme L. Lavergne pour le Cantal [11] : « Le déclin de la châtaigneraie commence au moment où la première locomotive pénètre jusqu'au cœur du Cantal. [...] L'araire primitive *(sic)* ne laboure plus le sous-bois, rien ne vient revigorer les souches. [...] Vienne l'automne, les fruits gîront, épars, sous la dépouille des frondaisons, sous l'abri des fougères rouillées, faute de mains pour les recueillir ; ils seront abandonnés pour la plupart à la voracité des poulets. »

Les exemples de coïncidence entre la diminution des châtaigneraies et celle de la pression humaine sont nombreux, même s'il ne s'agit que de l'accentuation d'un déclin déjà amorcé antérieurement sous l'effet d'autres causes. Elle se produit vers 1860 en Ardèche [12], vers 1880 dans le Cantal [13], entre les deux guerres mondiales en Corse [14]. Mais il existe aussi des cas contraires. Ainsi, en Galice, la population continue de s'accroître au XIXe et au XXe siècle, alors que le châtaignier s'est déjà largement effacé. C'est que, outre la démographie, bien d'autres facteurs interviennent. Les châtaigniers ont à subir maintes attaques directes tandis que la déprise rurale n'entraîne souvent que l'abandon, c'est-à-dire une lente agonie par asphyxie et non la mort brutale par maladie incurable ou arrachage.

L' EVOLUTION DES CHÂTAIGNERAIES EUROPEENNES
AU COURS DES TROIS DERNIERS SIECLES

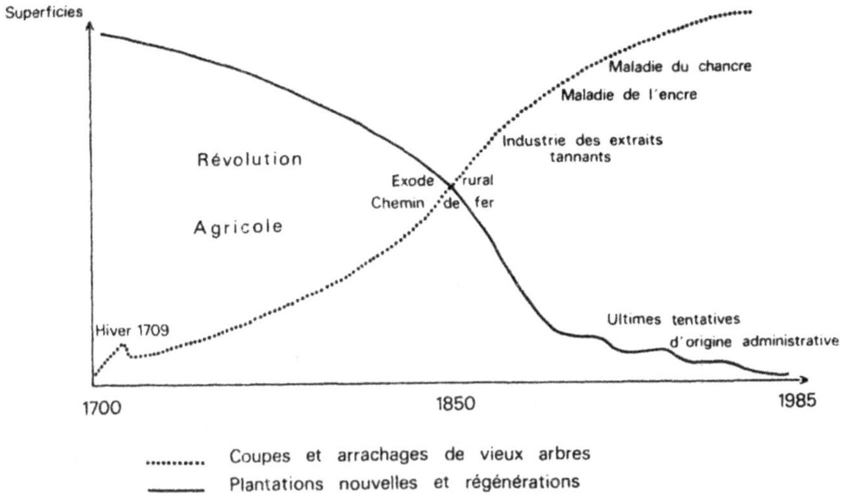

Fig. 49

EFFETS DU « PETIT ÂGE GLACIAIRE »

Beaucoup de témoignages signalent les effets désastreux pour les châtaigneraies des rudes hivers du « petit âge glaciaire ». Les gelées de 1709 atteignent nombre d'arbres français [15], en Limousin, en Périgord, dans les Cévennes tout spécialement. Celles de 1767 sont encore plus meurtrières en Limousin. Turgot note cette année-là [16] : « La rigueur de l'hiver a détruit environ le huitième des châtaigniers les plus vigoureux ; ce qui en reste est languissant ; les arbres sont dépouillés de leurs feuilles, et l'on ne compte plus sur cette ressource dans l'élection de Limoges. »

L'hiver 1788-1789 a des effets catastrophiques sur les plantations du sud-est de la France. Dans la Drôme, par exemple, ce sont les deux-tiers des arbres des cantons de Romans, Saint-Donnat, Bourg-de-Péage et Loriol qui meurent et qui sont remplacés par des mûriers ou des vignes en hautains [17]. Mais dans les autres régions d'Europe, à l'exception du Tessin [18], les hivers du XVIIIe siècle ne semblent pas avoir affecté particulièrement les plantations.

Ces frimas peuvent apparaître comme une adversité incontrôlable et le déclin des châtaigneraies qui en résulte être alors déterminé par les éléments déchaînés. La réalité est différente, car on aurait très bien pu replanter après si la nécessité s'en était fait sentir. Les regrets de l'intendant du Limousin Aubert de Tourny sont là pour en témoigner [19] : « Nous voyons avec grand-peine que la négligence sur cet objet est portée dans tout notre département au point qu'il n'y a pas de replanté le vingtième de châtaigniers, noyers et autres arbres fruitiers détruits par l'hiver de 1709. » Le « petit âge glaciaire » constitue un stimulant à la révolution agricole ; les disettes qu'il occasionne aiguillonnent les imaginations.

Il ne faut donc pas surestimer l'impact des hivers de l'époque moderne. Dans la *Grande Encyclopédie*, d'ailleurs, Daubenton se montre hésitant [20] : « A quoi peut-on attribuer la perte de ces arbres si ce n'est à l'intempérie des saisons, à des hyvers longs et rigoureux, ou à des chaleurs excessives accompagnées de grandes sécheresses ? Ce dernier incident paroît plus probablement avoir été la cause de la perte des châtaigniers dans plusieurs contrées. »

La révolution agricole

L'adoption des plantes et des techniques nouvelles apparues en Europe à l'époque moderne sonne le glas du châtaignier, plus ou moins tôt selon les capacités d'innovation des moyennes montagnes de l'Europe du Sud. En Tessin, par exemple, les études palynologiques de Zoller[21] montrent qu'à partir de 1700 le déclin du châtaignier est étroitement lié à la progression du maïs. Phénomène comparable en Galice : en 1752, lors de la rédaction du *Catastro de la Ensenada*, la géographie du maïs est exactement inverse de celle du châtaignier ; on cultive la céréale venue d'Amérique dans les régions littorales, et dans l'intérieur, plus réticent face à la nouveauté [22] l'antique arbre à pain. La situation est toute différente en ce qui concerne la pomme de terre. Pourtant introduite en Galice dès 1607 [23], elle n'est guère mentionnée dans le *Catastro* que dans la région d'Orense où on l'appelle *castaña de India*, comme au Portugal *(castanha de India)*. A la fin du XVIIIe siècle, on l'appelle couramment *castañola*, nom qu'elle a conservé jusqu'à une date très récente, mais elle ne se répand vraiment qu'au XIXe siècle, et c'est alors qu'elle s'attaque aux positions occupées par le châtaignier dans l'intérieur. La situation est analogue dans la province de Santander ; en 1849, la commune d'Arredondo, par exemple [24], récolte 5 500 fanegas de maïs, 1 000 de pommes de terre et 400 de haricots, pour seulement 150 de châtaignes.

En Italie, la substitution des plantes nourricières nouvelles au châtaignier ne se produit guère, mais des cultures arbustives fournissant une production commercialisable jouent fréquemment ce rôle dans les zones basses : par exemple la vigne et l'olivier dans la région de Pistoia (Montalbano, Pescia, Marliana, Piteglio [25]).

En Vivarais, la pomme de terre, connue depuis 1540, est déjà très répandue dès la fin du XVIIe siècle, en particulier dans la région de Tournon et dans la Cévenne du Nord [26]. Cependant, elle est moins appréciée que la châtaigne, elle-même moins appréciée que le pain. Elle se négocie à 22 sols la quarte à Annonay en 1694, soit un tiers de moins que les châtaignes et trois fois moins que le seigle et les haricots [27]. La situation s'inverse au XIXe siècle. Les années

Photo 64 : *En Galice (ici, à Arzéá), les progrès du maïs ont non seulement arrêté la progression du châtaignier (à l'arrière plan), mais amorcé son déclin.*

Photo 65 : *Il en est de même en Croatie (ici, à Petrinia, au sud de Zagreb). Les conditions naturelles et démographique de la région n'ont jamais exigé le passage à la grande châtaigneraie et le maïs est venu entériner cette situation.*

de bonne récolte de pommes de terre, les châtaignes sont peu consommées, sauf par le bétail, et se vendent mal. J'ai encore entendu, en 1976, un agriculteur de Saint-Julien-Vocance affirmer : « Cette année, les pommes de terre sont rares ; les châtaignes se vendront bien. »

Dans le sud du Vivarais et dans les Cévennes, c'est au profit du mûrier que le châtaignier régresse. Olivier de Serres en a été un propagandiste convaincu. Voici un témoignage de 1774 émanant de Rosset [28], peu favorable au nouveau venu : « On ne retrouve presque plus de châtaigniers dans plusieurs provinces de France, où il était fort commun. Il couvrait encore de nos jours toutes les Cévennes. Aujourd'hui on l'abat, on le proscrit et on lui substitue le mûrier. Entraînés par l'appât du gain, les habitants lui préfèrent un avantage passager à un bien solide et toujours nécessaire à leurs besoins. Le châtaignier qui se contente de leurs terres maigres et pierreuses, qui leur donne un fruit nourrissant et un aliment salutaire, pour suppléer aux grains que la terre leur refuse, qui leur fournit le plus beau et le plus durable de tous les bois, et qui se prête à tant d'usages utiles et variés, est chassé de sa patrie. Il y est remplacé par le mûrier étranger, dont le fruit est sans valeur, le bois de peu de service, et qui n'est utile qu'au luxe par sa feuille destinée à nourrir les vers qui filent la soie. »

L'usage des amendements permet de bonifier sensiblement les sols médiocres des régions où le châtaignier a été multiplié. Il se répand avec le chemin de fer. Ainsi, la chaux pénètre en Limousin à partir de 1856 et, avec elle, le froment [29]. L'événement ne se produit, plus au sud, que dans les dernières années du siècle : 1884 dans la Châtaigneraie cantalienne, 1895-1900 dans le Ségala [30]. Dans ces régions, outre les céréales, les prairies artificielles et la pomme de terre bénéficient également des amendements et chassent le châtaignier. Ainsi, M. Paul Limousin, propriétaire à Neuvic-Entier (Haute-Vienne), remplace 12 ha de châtaigniers sur les 21 qu'il possède en 1856, par des prairies irriguées. « Il ne reste que 9 hectares environ de châtaigneraies qui sont conservées comme production de luxe *(sic)* [31] ». Il faut aussi considérer que le chemin de fer permet à ces régions d'expédier leurs bovins vers les grands marchés de consommation du nord de la France, eux-mêmes en plein essor.

Henri Enjalbert a décrit de manière très vivante la transformation d'une châtaigneraie en labour dans le Rouergue à la veille de la Première Guerre mondiale [32] : « Une pièce de terre inculte ou plantée de châtaigniers attaquée dès novembre par un paysan résolu aidé de quelques journaliers, débarrassée des buissons, des arbres et du chiendent, retournée en tous sens, aménagée pour l'évacuation des eaux et épierrée avec soin pouvait donner l'été suivant une récolte exceptionnelle de pommes de terre qui couvrait tous les frais ; le nouveau champ entrait alors dans le cycle cultural ordinaire avec le premier blé d'automne ; l'année suivante, l'étable s'enrichissait d'une vache grâce au trèfle produit. L'énorme travail fourni à cette occasion était bientôt oublié et mis au compte d'une sorte de sport dans lequel il entrait quelque gratuité. Ne voyait-on pas des voisins s'offrir " pour se réchauffer " à abattre un châtaignier en un temps record ? — Souvent d'ailleurs la mise à nu d'une châtaigneraie s'inscrivait dans une opération plus vaste : construction d'une grange, d'un hangar, d'une porcherie ; le bois récupéré fournissait les planchers et les douelles de la toiture, sans compter le bois recueilli qui constituait une réserve de chauffage pour quatre ou cinq ans. Mais le déclenchement de ces bonifications systématiques était toujours commandé par la pomme de terre. »

La révolution agricole des régions non castanéicoles entraîne également des effets sur les châtaigneraies. Les excédents de subsistances (céréales, en particulier) qu'elle permet et la facilité du transport de ceux-ci jusque dans les régions les plus reculées éloignent les contraintes de l'autosubsistance et le pis-aller de la châtaigne. Naturellement, là encore, certaines régions sont touchées plus tard que d'autres. Défavorisée par son insularité, la Corse garde pratiquement intacte sa Castagniccia jusqu'à la Première Guerre mondiale.

LES BESOINS EN BOIS ; LES EXTRAITS TANNANTS

Depuis l'Antiquité, un certain nombre de taillis de châtaigniers ont été plantés en vue de la production de bois. Au moment des régénérations des châtaigneraies fruitières, le bois des vieux châtaigniers coupés a également toujours été utilisé lorsqu'il n'était pas complètement creux. Après les gelées de 1709, beaucoup d'arbres ont été coupés et leur bois vendu comme combustible. La nouveauté de l'époque moderne est d'avoir coupé des arbres en plein rapport pour tirer profit de leur bois. Mais bien sûr, les coupes n'ont lieu que parce que le châtaignier n'est plus aussi nécessaire que jadis. C'est, par exemple, le cas en Galice, aux XVIIe et XVIIIe siècles et pendant la première moitié du XIXe, où la marine exige de grandes quantités de bois d'œuvre [33], ou en Piémont, pendant la même période : d'énormes cubages de bois de châtaignier servent à fabriquer du charbon de bois destiné aux fours à chaux [34].

L'histoire des extraits tannants est intimement liée à l'abandon du châtaignier en tant que pourvoyeur de subsistances. Sans cela, jamais cette industrie n'aurait pu se développer sur un tel pied ou elle aurait continué à importer ses matières premières et ses implantations auraient donc été portuaires. Jusqu'au début du XIXe siècle, le tan, poudre destinée à rendre les peaux imputrescibles, est fabriqué à partir d'écorces de chêne ou de châtaignier [35]. En Brie, par exemple, ont survécu jusqu'à la révolution industrielle des « haies à écorces » constituées de ces deux essences et destinées à fournir de la matière première aux tanneries. C'est sans doute cet usage qui a permis aux lambeaux de la grande haie forestière séparant la Brie française de la Brie champenoise de se maintenir tardivement dans la région de Nangis [36]. Le problème est que l'écorce de châtaignier ne donne pas aux cuirs une belle couleur et qu'en outre sa légère teneur en sucre les fait gonfler.

Les soyeux de Lyon cherchaient depuis longtemps un procédé leur permettant de teindre la soie en noir sans la plonger dans la décoction de noix gallique puis dans une solution de sulfate ferrique basique, en répétant l'opération autant de fois que nécessaire, ce qui augmentait considérablement le poids de l'étoffe. Vers 1818-1820, le teinturier lyonnais Antoine-François Michel observe que les fils de fer d'une clôture ont noirci les pieux en châtaignier qui les soutiennent [37]. Il en déduit que le bois doit être riche en tannin et invente une méthode pour extraire celui-ci. Le bois est déchiqueté en copeaux et mis à bouillir dans l'eau ; cette décoction est mise à évaporer et l'on obtient l'acide appelé gallique qui sert, dans un premier temps, à teindre la soie. Peu après, Michel montre que cet acide peut également servir à tanner les cuirs beaucoup plus rapidement et efficacement que les écorces. Un brevet d'invention est déposé en 1860.

Aidé par deux tanneurs lyonnais, Jacques Alegatière et Jacques Zimmermann, Michel perfectionne alors son procédé qui est appliqué la même année sur une grande échelle par Aimé Koch, qui fonde à Lyon la première usine d'extraits tannants. Le nouveau produit éprouve quelques difficultés à percer le marché et à vaincre la résistance des tanneurs à l'innovation. Michel rend compte de ces difficultés dans une communication à l'Académie impériale de Lyon, le 17 janvier 1865 [38], mais ses efforts sont couronnés de succès : dans les dernières décennies du XIXe siècle, plusieurs usines exploitant son brevet s'ouvrent en Europe. Une plaque apposée à l'École française de Tannerie de Lyon, lors de l'Exposition universelle tenue dans cette ville en 1914, témoigne de la reconnaissance de la profession : « [...] Tous quatre ont ouvert à l'industrie du cuir la large voie du progrès. » Le procédé est perfectionné en 1878 par Gondolo, qui découvre le moyen d'enlever à l'extrait la matière colorante qu'il contient. Cette fois-ci, la demande s'envole et de nouvelles usines s'ouvrent en France, en Italie, en Espagne, etc.

La teneur en tannin du bois de châtaignier varie beaucoup. D'abord en fonction de l'âge de l'arbre : en moyenne de 4,1 % à six ans, jusqu'à 10,8 % à soixante et onze ans [39]. Les extraits les meilleurs proviennent des arbres coupés entre vingt et trente ans. L'écorce contient plus de tannin que le bois, mais de qualité médiocre ; aussi, les arbres sont-ils écorcés avant livraison à l'industrie. Le climat et, particulièrement, l'ensoleillement, entraîne des différences régionales dans la teneur en tannin : 8,5 % en Savoie, 10,5 % en Vivarais, 12,5 % dans les Cévennes, en Corse, en Italie et en Espagne [40]. Il est préférable de couper en hiver. Après extraction du tannin, le bois peut être aggloméré en briquettes et vendu comme combustible ou transformé en cellulose. 100 kg de bois permettent d'obtenir 18 à 25 kg d'extrait brut à 25° Baumé qui contient 27 % de tannin [41].

En 1914, 37 usines fonctionnent en France : 14 dans les Cévennes, en Ardèche et en Savoie, 10 à l'ouest du Massif central, 6 en Bretagne [42], 4 dans les Pyrénées et 3 en Corse. L'activité est considérable ; la production est de 146 000 tonnes, ce qui permet une exportation de 100 000 tonnes et occupe 3 000 personnes, sans compter les bûcherons et les transporteurs. Après la crise de la Première Guerre mondiale, la prospérité des usines d'extraits tannants revient. C'est ainsi que l'usine de Maurs (Cantal), établie depuis la fin du XIXe siècle, passe de 30 ouvriers dans les années 20 à 90 en 1943 [43]. La plupart des usines s'approvisionnent dans les environs immédiats du lieu où elles sont implantées. C'est ce qui explique qu'aujourd'hui, en Corse, les châtaigneraies les plus denses sont situées dans les régions les plus éloignées des anciennes usines d'extraits [44]. Toute une polémique est d'ailleurs née en Corse à propos de cette activité, en particulier parce que le préfet, sur la foi d'un rapport de l'inspecteur des Forêts, estimait trop faible le prix payé par des industriels lyonnais pour le bois acheté dans l'île et transporté, via Bastia et Marseille, jusqu'à Vaise et Saint-Fons [45] (annexe n° 22).

Dans la Corrèze, la superficie des châtaigneraies passe de 57 000 ha en 1882 à 32 000 en 1902 et à 18 000 en 1921. Cette diminution est étroitement liée à l'industrie des extraits. En 1918, la Société Anonyme des Matières tannantes consomme 120 000 stères de bois de châtaignier, quantité annuelle habituelle, soit 40 000 arbres, soit 1 000 hectares. Fleckinger remarque à juste titre [46] : « Si le défrichement continue à s'opérer, dans cette mesure, dans vingt ans, le châtaignier sera un arbre très rare en Corrèze et la châtaigneraie ne sera plus qu'un souvenir. »

En Italie, les premières usines s'ouvrent en même temps qu'en

Tableau n° 19 : *Les usines d'extraits tannants en Corse.* D'après G. Meria, 1979, pp. 57-59.

Entreprise	Localisation	Date d'ouverture	Date de fermeture
Champlan	Campopiano (vallée du Fium'Alto)	1885	1912
Folelli	Folelli (plaine orientale)	vers 1890	1954
Lovenstein (Allemagne)	Casamozza	vers 1890	1914
" Soc. Corse des Tannins "	Barcetta (vallée du Golo)	vers 1890	1960
Société " cellulose et tanins corses "	Ponte Leccia	1928	1963

France. Il en existe 13 en 1914. Avec la Première Guerre mondiale, leur nombre s'accroît jusqu'à 34 en raison des besoins de l'armée et, en 1949, elles sont 38 qui utilisent chaque année 800 000 tonnes de bois et produisent 55 000 tonnes d'extrait [47]. Le tannin italien est exporté jusqu'au Canada, en Australie, en Afrique du Sud et au Japon. En Allemagne, pays qui importe son extrait de France, la Première Guerre mondiale contraint à ouvrir des usines et à exploiter les taillis du Palatinat, du Pays de Bade et d'Alsace [48]. D'autres usines fonctionnent en Suisse (la plus grosse est située à Fiume, dans le Tessin), en Espagne, en Autriche, en Yougoslavie. Dans un premier temps, les États-Unis importent de l'extrait européen, mais bientôt des usines s'ouvrent et leur production vient alors concurrencer celle des pays européens.

A première vue, comme semble le démontrer l'exemple corrézien, l'industrie des extraits tannants parasite les châtaigneraies et exploite la pauvreté des propriétaires en les incitant à couper leurs arbres. C'est également l'avis de l'inspecteur des Forêts de Bastia en 1891 [49]. Les paysans vendent leurs arbres environ 6 francs le pied, « c'est-à-dire, ajoute-t-il, que pour un capital de 6 francs une fois donné et ensuite dépensé, ils se privent d'un revenu annuel au moins de même valeur. Cette opération est désastreuse au point de vue économique et de plus elle compromet gravement l'avenir de certaines régions de l'île dont les habitants seront exposés à souffrir de la faim quand la châtaigne leur manquera ». Il se lamente également sur le fait que les rejets de souche sont maigres, car les arbres coupés sont très vieux et « les chèvres en ont bientôt fait disparaître la dernière trace ». Il conclut en réclamant une législation prohibitive. L'argumentation opposée par les industriels, comme on peut s'en rendre compte (annexe n° 22), est au moins aussi convaincante...

Il est bien compréhensible que les poètes pleurent la disparition des châtaigniers, comme, par exemple, Jean Nesmy, mélodramatique [50] : « L'industrie paie cher le bois de châtaignier [51]. [...] A l'attrait de l'argent nul paysan ne résiste : il préfère quelques écus dans le bas de laine que quelques beaux arbres vigoureux autour de sa maison ; l'ombre du châtaignier ne peut lutter contre le soleil de la pièce d'or. On déboise ! On déboise à la fureur ! [...] Un peu plus d'impôt cette année, on coupe un châtaignier de lisière. Un renouvellement de cheptel, on abat une corne de futaie [...] ; l'usine n'est pas loin et son voyageur s'offre. L'arbre ne gémit qu'en tombant... » Mais il est plus surprenant de voir des scientifiques adopter la même attitude. Si Aimé Perpillou [52] est assez nuancé, André Meynier porte un jugement sans appel [53] : les usines « ont fait de terribles ravages. Malgré les prix dérisoires auxquels on les achète [...], le paysan coupe ses arbres, même en pleine production ». Suit un tableau des scies mécaniques et des voies Decauville qui permettent le massacre. Guy Meria [54] utilise pour la Corse l'expression d'« assassinat de la forêt ».

Encore une fois, il va de soi que des paysans ayant impérativement besoin du châtaignier pour subvenir à leurs besoins

Photo 66 : *Les usines d'extraits tannants Philippe à La Levade (Ardèche). Photo A.D. Ardèche.*

Répartition des 38 usines d'extraits tannants de châtaignier en Italie en 1949. Source : G.-A. BRAVO, 1949, p. 98.

Fig. 50

n'auraient jamais sacrifié la poule aux œufs d'or. Il est probable que dans un grand nombre de cas le calcul des propriétaires ne fut pas si mauvais. Une châtaigneraie abandonnée n'a pas plus d'intérêt qu'une châtaigneraie ravagée par la maladie de l'encre [55]. En revanche, à cette époque, les seules bonnes châtaigneraies (rentables) sont les châtaigneraies coupées ! En 1938, l'inspecteur des Eaux et Forêts d'Ajaccio reconnaît d'ailleurs lui-même les bienfaits des industries d'extraits, malgré son désir de préserver intactes les plantations de l'île [56] : « Leur actif doit être crédité de l'amélioration incontestable du sort des populations dans les régions où elles opèrent. Ces usines laissent en effet chaque année plusieurs millions de francs sur place et cela n'est certes pas négligeable dans un pays où il n'existe pour ainsi dire aucune industrie et où l'absence d'extraits tanniques [57] aurait pour résultat de laisser perdre chaque année sans aucun profit pour personne des milliers de châtaigniers atteints de la maladie de l'encre et dont on ne saurait tirer parti autrement. »

Une analyse précise des relations entre l'économie des châtaigneraies et l'industrie des extraits tannants en Corse se trouve dans les travaux de Pierre Piobb [58], qui démontre l'opportunité de cette industrie. La vente du bois fait rentrer de l'argent dans les villages, « dans ce pays où, jusqu'ici, les transactions en numéraire étaient rares ». Les quatre usines de l'île existant en 1909 broient 600 m^3 de bois chaque jour, soit 216 000 m^3/an. Elles paient 9 francs le m^3 de bois rendu à l'usine [59], somme qui est répartie ainsi : chemin de fer : 1 franc ; charretier (route) : 3 francs ; muletier (chemin) : 2 francs ; bûcheron [60] : 2 francs ; propriétaire : 1 franc. Tout cela représente des emplois, de l'argent frais et, par conséquent, un changement dans les habitudes de consommation. « Enfin, écrit Piobb, des épiceries ont pu se monter de-ci, de là et prospérer. Le commerce s'organise, l'ère bucolique est passée. L'ardeur au travail naît sous la nécessité de se procurer immédiatement de l'argent, et les préjugés disparaissent. » Pour Piobb, rare voix discordante — avec celle des industriels —, il ne faut donc pas exagérer le danger des coupes de châtaigniers. Au rythme du début du siècle, il calcule que 1 500 ans seraient nécessaires pour couper les 120 millions de châtaigniers de l'île [61] !

Pierre Bozon a également tenté un calcul économique mettant en évidence les mérites respectifs de l'exploitation des vergers et des coupes en Ardèche en 1926 [62]. Il aboutit à la conclusion suivante : 1 hectare de châtaigneraie rapporte 320 francs par an et son bois peut être vendu à l'usine 3 500 francs. Et d'ajouter : « L'encre tuant les arbres, à quoi bon s'entêter à les conserver ? »

LES MALADIES

L'arrivée des épidémies du châtaignier au moment du déclin de son utilité en Europe peut apparaître comme un malheureux concours de circonstances, une étrange coïncidence. Il n'est pourtant pas exclu qu'un rapport existe entre les deux phénomènes, tout comme pour le phylloxera et la viticulture. On pratiquait cette dernière partout en France où l'on parvenait, même irrégulièrement, à faire mûrir le raisin. Le développement des moyens de transports rapides a propagé la maladie et a tué le vignoble en même temps qu'il a permis l'acheminement à moindre coût des vins de consommation courante qu'il n'était donc plus nécessaire de produire partout. De même pour le châtaignier : les maladies se sont répandues par le même canal que les produits alimentaires de substitution de la châtaigne. Leur développement a été favorisé par le regroupement, encore important à l'époque, des châtaigneraies dans certaines régions [63].

Il est d'autre part possible que l'épuisement du sol en certains sels minéraux, à l'issue de plusieurs siècles de récolte annuelle des châtaignes, sans amendements, ait affaibli la résistance des arbres. Roger Ferlet, l'érudit ardéchois, croyait à une carence en magnésium [64], tout comme la carence en bore est cause de la maladie du cœur de la betterave. C'est une hypothèse qu'aucun travail scientifique n'est venu étayer, mais elle ne manque pas de séduction. Le mystère des vignobles de la Romanée-Conti, en Bourgogne, et des deux parcelles appartenant à la maison Bollinger dans la Montagne de Reims, en Champagne, vient la conforter. En effet, ces vignobles sont parmi les très rares à n'avoir pas subi le phylloxera, alors que toutes les parcelles environnantes étaient atteintes. La Romanée-Conti est demeurée en vieilles vignes françaises jusqu'à la Seconde Guerre mondiale et les deux vignes Bollinger le sont encore, renouvelées par marcottage. Interrogés à ce sujet, M. André Noblet, maître de chai du domaine de la Romanée-Conti de 1943 à 1985, et M. Christian Bizot, P.-D.G. du champagne Bollinger [65], s'avouent perplexes face à cette immunité. Voici une explication qui est plausible : la qualité des soins accordés à ces vignobles de haute qualité, la surveillance jalouse dont ils font l'objet depuis le Moyen Age et surtout l'abondance et la qualité du fumier mélangé régulièrement au sol, ont créé des conditions éminemment favorables à la résistance aux maladies. Les plantes, comme les peuples bien nourris et vivant dans des conditions d'hygiène satisfaisantes, résistent bien mieux aux épidémies que les autres.

L'encre

L'encre ou pied-noir est la première maladie qui s'attaque au châtaignier, mais A. Bouhier [66] a l'intuition qu'une maladie plus ancienne aurait affecté les plantations de Galice dès les XVIIe et XVIIIe siècles, ce qui expliquerait la décadence des arbres. Cette maladie se serait propagée du sud vers le nord dans les régions littorales. C'est aussi le sentiment de Francisco F. de Ana Magan [67]. Mais en l'absence de mention explicite et de description de cette maladie dans les textes de l'époque, la progression du maïs

ITINERAIRES POSSIBLES DE DIFFUSION DE LA MALADIE DE L'ENCRE

(*Phytophtora cambivora, Phytophtora cinnamomi*) EN EUROPE OCCIDENTALE

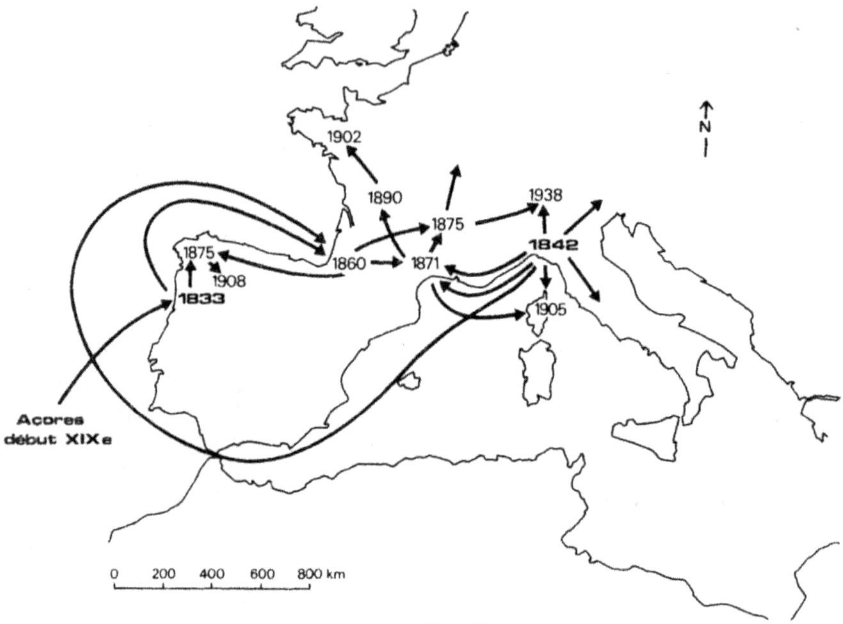

Fig. 51

demeure une cause plus vraisemblable du déclin des châtaigneraies. J. Grente [68] suggère, dans le même ordre d'idées, que l'encre a pu attaquer les châtaigniers italiens dès le XVIe siècle ; mais en l'absence de preuve, la prudence s'impose.

Connue depuis le milieu du XIXe siècle, la maladie de l'encre ne fut expliquée qu'en 1918 par le pathologiste italien Lionello Petri. Celui-ci parvint à isoler l'un des champignons microscopiques responsables du mal : *Phytophtora* (ou *Blepharospora*) *cambivora* (Petri) Buissman, de la famille des Péronosporacées, à laquelle appartient aussi le mildiou. Plus tard, aux États-Unis et en Espagne, le rôle d'un deuxième champignon, plus actif que le premier, a été mis en évidence : *Phytophtora cinnamomi* Rands [69]. Les symptômes les plus évidents en sont le dépérissement de l'arbre par jaunissement des feuilles et par dessèchement des branches de cime, détachement des bogues avant maturité, puis disparition progressive de la fructification. Les racines pourrissent — ce sont elles que les champignons parasitent — et au bas du tronc se produisent des sécrétions très noires de tannin oxydé qui justifient les noms de la maladie [70]. Les champignons se fixent sur les radicelles et remontent par les racines jusqu'au tronc où ils se développent entre l'écorce et le cambium. Trois ou quatre ans peuvent suffire à entraîner la mort des arbres ; en année sèche, celle-ci peut même survenir brutalement : c'est la forme apoplectique de la maladie. A

REPARTITION DES FOYERS D'ENCRE EN FRANCE EN 1953

Fig. 52

propos des Cévennes, Ardouin-Dumazet écrit en 1904 [71] : « Certaines années, les feuilles tombent dès septembre et le fruit avorte, réduisant les populations à une quasi-famine. La châtaigne, en effet, reste encore sur bien des points le fond de la nourriture. »

Si la sécheresse peut foudroyer un arbre atteint, l'humidité associée à la chaleur favorise le développement du champignon et sa propagation dans le sol d'un arbre à l'autre. Les régions de climat atlantique sud, comme la partie littorale de la Galice, ont donc été les plus gravement touchées [72]. La période de repos végétatif de l'arbre est la plus propice à la maladie ; rares sont les arbres qui la contractent lorsque monte la sève. Mais le froid de l'hiver est aussi une garantie contre les attaques ; aussi les moments les plus-dangereux sont-ils ceux des brusques « redoux » [73]. Enfin, les taillis sont plus rarement atteints que les futaies ou les vergers adultes [74].

L'origine géographique des *Phytophtora* n'est pas clairement connue. Il est possible que ces champignons soient autochtones à l'Europe occidentale ou très anciennement introduits et qu'ils se soient maintenus en sommeil ou en virulence très faible jusqu'au XIXe siècle [75]. Plusieurs auteurs pensent cependant qu'ils sont originaires des Açores [76], d'où ils ont été introduits au Portugal au début du XIXe siècle : la maladie y est décrite en 1833. Mais ils n'excluent pas non plus [77] une origine italienne et une diffusion vers la France, directe ou via l'Espagne. La maladie paraît en effet présente en Ligurie en 1842. Le rythme de la diffusion dépend, ensuite, des conditions naturelles. La maladie progresse vite dans les régions tièdes et humides comme le littoral galicien, plus lentement dans les régions fraîches : la Bretagne n'est touchée qu'en 1902, la Suisse en 1938 ; il lui faut quarante ans (de 1880 à 1920) pour gagner Tulle depuis Allasac et Juillac en Corrèze [78] ; en 1931, le bassin de Maurs (Cantal), à 500 m d'altitude, est touché, la région de Montsalvy, à 800 m, pas encore [79]. A ces facteurs naturels de diffusion, il faut ajouter le rôle des hommes. Ainsi, le Vivarais a été contaminé par progression naturelle à partir des Cévennes, mais aussi par l'intermédiaire d'un facteur d'Aubenas, nommé Vernède, originaire des Pyrénées, et qui a planté en 1875, dans le quartier Terrenoire, des arbustes malades originaires de sa région natale.

Le chancre

Le chancre de l'écorce du châtaignier se présente d'abord comme une boursouflure et une desquamation qui commence au niveau d'une ramification ou à l'emplacement d'une blessure artificielle (grêle, coup, cicatrice d'élagage), c'est-à-dire d'un point de faiblesse. Des filaments blanchâtres sont visibles sous l'écorce et des fructifications rouges de 1 à 2 mm de diamètre peuvent apparaître en surface. Le chancre s'étend rapidement en cercles concentriques et dès que le cambium est atteint, les parties de l'arbre situées au-dessus se dessèchent et meurent. Le moment de la pousse des feuilles est le plus favorable à la contagion. La maladie, reconnue pour la première fois aux États-Unis en 1904, est due à un champignon microscopique, *Endothia parasitica* (Murr.) qui peut également s'attaquer au chêne et au hêtre [80].

Les spores de ce champignon sont très vigoureuses et peuvent garder leur pouvoir de reproduction pendant une longue période. Le transport du bois ou des châtaignes peut les diffuser, mais également les oiseaux, les insectes ou le vent. Ainsi, les arbres exposés au vent du nord, à Vesseaux (Ardèche), sont plus atteints que les autres [81]. Sans que l'on sache pourquoi, la maladie n'attaque jamais les racines, si bien que l'arbre réagit à la mort des branches ou du tronc en rejetant vigoureusement, conséquence du blocage de la sève. Mais les jeunes rejets sont à leur tour rapidement atteints et l'épuisement intervient au terme d'une période qui varie en fonction du milieu et des conditions climatiques. Pour certains, l'humidité favorise le développement du chancre. Jacky Reyne a remarqué en Ardèche [82], par exemple, que dans les plantations traversées par un canal d'irrigation, les arbres placés au-dessous de celui-ci sont plus atteints que les autres. Pour d'autres, au contraire [83], la sécheresse est un facteur très propice, mais on comprend mal, alors, pourquoi l'*Endothia* n'avait pas encore atteint la Grèce en 1955, alors que chaque année ce pays importait 4 000 m³ de douelles de tonneaux en bois de châtaignier.

L'*Endothia parasitica* est originaire de Chine et du Japon où il affecte le *Castanea mollissima* comme le *Castanea crenata* mais, semble-t-il, sans que des destructions importantes aient été constatées, car ces deux espèces y sont beaucoup moins sensibles que le *Castanea dentata* ou le *Castanea sativa*. C'est après l'avoir observée dans le parc zoologique de New York que Merkel décrivit pour la première fois la maladie en 1904 [84]. Elle était venu du Japon par de jeunes plants de châtaignier de ce pays [85]. En quelques années, toute la Nouvelle-Angleterre fut atteinte et, en 1940, c'est la totalité des peuplements de *Castanea dentata* qui furent atteints à l'est des États-Unis ; les destructions furent comprises entre 50 et 90 % [86].

Dès la Première Guerre mondiale, la maladie est exportée vers l'Europe avec les poteaux de bois de châtaignier que les troupes américaines débarquent en Belgique et en Angleterre [87]. Mais dans ces régions où le châtaignier est rare, le parasite n'a guère la possiblité de se répandre. Des précautions sont cependant prises en France. Une circulaire est envoyée dans tous les départements par la Commission centrale du Châtaignier signalant les dangers de la nouvelle maladie, jugée plus redoutable que l'encre [88]. En 1936, le jardin botanique de Nantes reçoit de jeunes plants de châtaigniers asiatiques. Reconnus infectés, ils sont immédiatement brûlés [89].

C'est en 1938 que la maladie est introduite en Italie par le port de Gênes. En quelques années, c'est une véritable hécatombe dans toute la Ligurie. En 1940, c'est le Frioul qui est infecté, à la suite d'une introduction par le port de Trieste et, en 1943, c'est au tour de la Campanie à être touchée à partir de Naples. Les progrès sont aussi rapides qu'aux États-Unis malgré les mesures officielles [90]. Dès les années 1920, l'*Endothia* est introduit en Espagne par le même canal qu'aux États-Unis, c'est-à-dire par des plants de châtaignier japonais replantés dans une pépinière située près de Bilbao [91], mais dans les années qui suivent la Seconde Guerre mondiale, il n'a guère dépassé les environs immédiats de Bilbao et, peut-être, de Santander [92]. Aujourd'hui, il ne semble pas avoir encore atteint la Galice [93] et le Portugal. Tous les travaux des pathologistes espagnols sont consacrés à l'encre. En Tessin, le mal, venu d'Italie, apparaît sur le Monte Ceneri en 1947 et en 1960 a atteint les Grisons, mais pas le Valais [94]. C'est à partir de Trieste que les châtaigneraies yougoslaves sont également touchées en 1950,

Photo 67 : *Chancre avancé. Photo Institut des Recherches Forestières de Suisse, Zurich.*

Photo 68 : *Stade ultime de la maladie du chancre. Seules quelques branches portent encore des fruits. Les autres sont mortes. Antraigues (Ardèche), 1976.*

DIFFUSION DU CHANCRE DE L'ECORCE *(Endothia parasitica)* EN ITALIE VERS 1950

Fig. 52

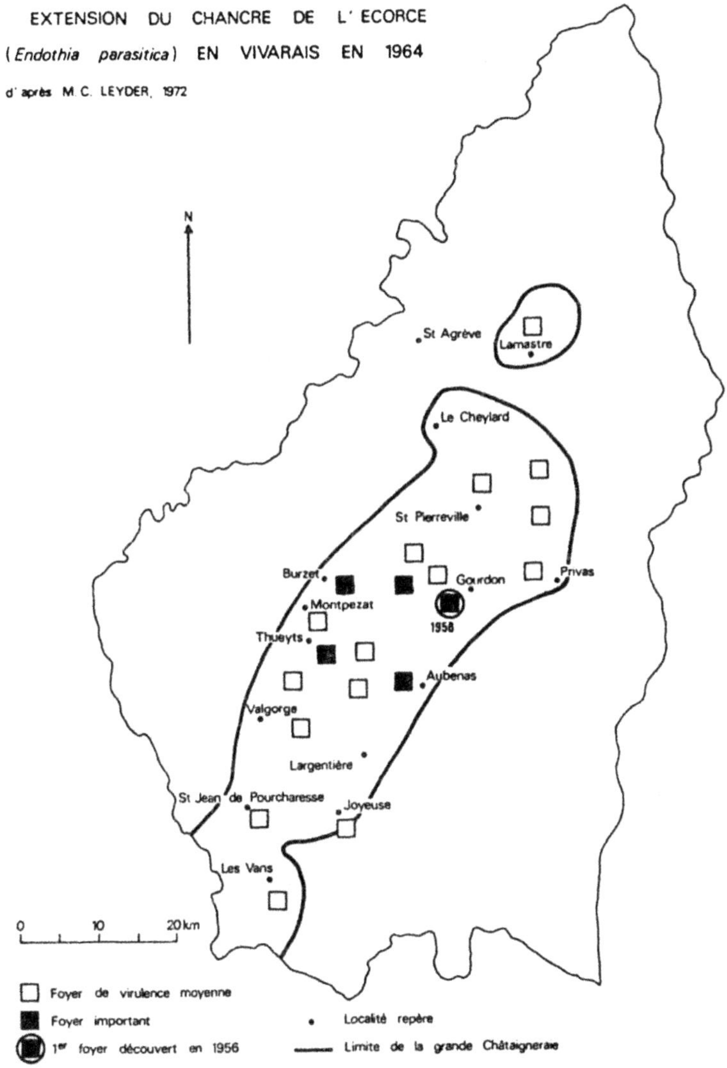
EXTENSION DU CHANCRE DE L'ECORCE
(Endothia parasitica) EN VIVARAIS EN 1964
d'après M.C. LEYDER, 1972
N
St Agrève
Lamastre
Le Cheylard
St Pierreville
Burzet
Gourdon
Privas
Montpezat
1956
Thueyts
Aubenas
Valgorge
Largentière
St Jean de Pourcharesse
Joyeuse
Les Vans
0 10 20 km
Foyer de virulence moyenne
Foyer important
1er foyer découvert en 1956
Localité repère
Limite de la grande Châtaigneraie

Fig. 53

d'abord en Slovénie [95]. La France n'est touchée qu'en 1956, mais la maladie s'y développe rapidement [96]. En Ardèche, par exemple, le premier foyer est reconnu à Gourdon en septembre 1956 sur des châtaigniers bouche-rouge d'une quinzaine d'années et, en 1964, c'est tout le Vivarais qui est touché [97].

VARIATIONS SAISONNIERES DANS LA PROPAGATION DE L' *Endothia parasitica*

d'après les expériences de G. BAZZIGHER (1953, p. 197)

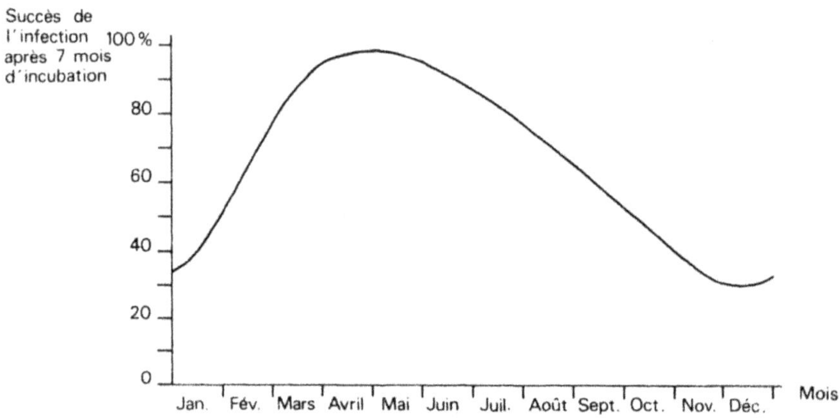

Fig. 54

SCHEMA GENERAL DE DIFFUSION DE LA MALADIE DU CHANCRE DE L' ECORCE (*Endothia parasitica*)

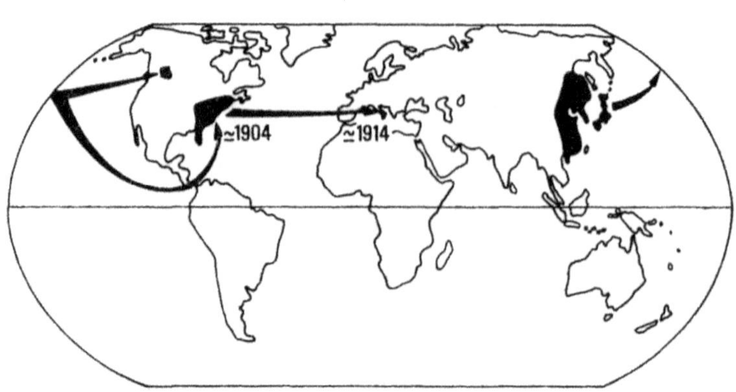

Fig. 55

Face aux deux maladies de l'encre et du chancre, une grande partie des castanéiculteurs, déjà tournés vers d'autres horizons, baissent les bras et tentent de profiter au mieux des conditions offertes par les industriels des extraits tannants. Au fond ces parasites et leurs effets ne sont pas de véritables catastrophes, alors qu'il en serait allé tout différemment au XVIIe ou au XVIIIe siècle. Tout au plus ressent-on un rien de nostalgie pour l'arbre qui a nourri les années de jeunesse et les ancêtres, mais les épanchements s'arrêtent vite. Au contraire, en haut lieu, on se préoccupe grandement de la mort des châtaigneraies et dans tous les pays d'Europe, on déploie une grande activité à la fois scientifique et administrative qui ressemble à bien des égards aux agitations récentes concernant le bocage.

Autres maladies

Un certain nombre d'autres ennemis s'attaquent au châtaignier, en particulier des insectes : la tordeuse des châtaignes (*Pammene fasciana* L.), le carpocapse des châtaignes (*Laspeyresia splendana* Hb.), le bombyx disparate (*Lysmantria dispar* L.), le balanin des châtaignes (*Curculio elephas* Gyll.) [98]. Mais jamais, jusqu'à maintenant, ces divers insectes n'ont entraîné de catastrophe à l'échelle européenne. Tout au plus sont-ils, dans certaines régions et certaines années, plus abondants et perturbateurs [99]. Il faut aussi mentionner les maladies dues à d'autres cryptogames : le pourridié agaric, causé par *Armillaria mellea* (Fr ex Vahl) Quélet ; le javart, provoqué par *Diplodina castanea* Prill. et Dal. et bien d'autres encore [100]. Aucune n'a l'ampleur de l'encre et du chancre.

CHAPITRE VIII

Tentatives de sauvetage

Au XVIIIe siècle, les administrations et les agronomes sont pleins de préjugés défavorables au châtaignier, alors que dans beaucoup de régions les paysans en plantent encore par nécessité vitale. Au XIXe et au XXe siècle, la situation se renverse complètement. Ce sont les administrations, les agronomes, les forestiers, les écrivains régionalistes qui se prennent d'affection pour le châtaignier, puis tentent, si possible, d'enrayer son déclin, alors que les arbres intéressent de moins en moins leurs propriétaires. Dans l'ensemble, la politique du châtaignier est totalement inadaptée aux réalités locales et même aux besoins économiques globaux. Lorsque la châtaigne est indispensable aux Corses, Louis XV leur interdit de planter de nouveaux arbres ; lorsqu'elle l'est moins, mais que le bois intéresse les industriels et que le capital est menacé par les maladies, le préfet voudrait interdire les coupes !

QUELQUES POLITIQUES DU XVIIIe AU XXe SIÈCLE

En Suisse

Première touchée par le déclin, c'est la Suisse qui, la première, prend des mesures de sauvegarde. A la fin du XVIIIe siècle, les arrachages vont bon train et les castanéiculteurs du mont Ceneri (Lugano) font du charbon de bois en grande quantité. Le 19 septembre 1778, Ludwig von Meier, capitaine-gouverneur de Lugano, interdit les abattages, sous prétexte d'importance alimentaire de la châtaigne et sans paraître considérer que l'abandon ne se produit pas sans que d'autres subsistances soient venues suppléer l'arbre à pain [1]. Chaque contrevenant est condamné à 100 écus d'amende dont un tiers va à la *Camera*, un tiers à la ville de Lugano et un tiers au dénonciateur. Toutefois, la porte est ouverte à des transformations, puisque les propriétaires de châtaigneraies sises sur le mont Ceneri et qui souhaitent les travailler en vue d'une « meilleure culture » sont invités à en faire la demande au conseil, qui se prononcera. Ces mesures sont reconduites en 1803, lorsque le Tessin devient un canton libre [2].

Dans ce canton, le châtaignier est considéré, dès 1912, non plus comme une espèce fruitière, mais une espèce forestière et, à ce titre, entre dans les prescriptions — encore peu sévères — de la loi forestière, sauf s'il est isolé ou complanté sur des terres cultivées [3]. Mais la Première Guerre mondiale réveille la politique de protection, car la châtaigne retrouve pour un temps son rôle alimentaire. De 15 centimes le kilo avant-guerre, elle passe à 1 franc [4]. Le 23 février 1917, un décret émanant du Conseil fédéral autorise le canton à interdire la coupe des arbres. Le gouverneur use de cette possibilité au mois de novembre suivant : toute coupe de châtaigniers est soumise à l'autorisation de l'administration des Forêts. La même mesure est prise un peu plus tard par le Petit Conseil du canton des Grisons.

A partir de 1927, des pépinières sont créées par l'administration. 45 000 greffons sont importés d'Italie de 1927 à 1936 par l'intermédiaire de la *Scuola Agricola* de Suse en Piémont [5]. Enfin, en 1937, le Conseil d'État étend la portée des mesures de protection de 1917 à tous les châtaigniers, même isolés, de plaine ou de montagne [6]. Bien que 250 000 jeunes arbres soient greffés entre 1937 et 1956 sous l'égide des autorités du canton du Tessin [7], le déclin s'accentue.

A partir de 1947, l'*Endothia* apparaît sur le mont Ceneri. Sa progression rapide inquiète non pas les propriétaires de châtaigneraies, mais, comme l'écrit F. Roten [8], « les milieux forestiers » et « tous les amis de la nature, tant cette essence donne aux régions qu'elle occupe un cachet particulier ». Des recherches sont entreprises sous l'égide de l'Inspection fédérale des Forêts. En 1950, un jardin d'expérimentation entièrement voué au châtaignier est créé à Bellinzona [9]. On tente d'y sélectionner des individus immunisés et de réaliser des greffes sur *Castanea mollissima* et sur *Castanea crenata*. Tout cela en vain. Le 1er février 1951, un décret du Grand Conseil du Tessin déclare obligatoire la lutte contre l'encre et le chancre. La déclaration d'infection est obligatoire et l'Inspection forestière est autorisée à ordonner de couper tous les arbres jugés dangereux. En cas de refus, elle peut les faire couper, mais les frais sont à la charge du propriétaire. Une indemnité de l'État est prévue pour dédommager les propriétaires qui se verraient privés de trop d'arbres. Des amendes sont prévues à l'encontre des récalcitrants. Rien n'y fait ; ces mesures viennent à contretemps.

En Italie

C'est dans la province piémontaise de Saluces que sont prises, le 17 janvier 1755, les premières mesures de protection. Dans huit communes très castanéicoles, l'intendant R. Patenti soumet les coupes de châtaigniers fruitiers à autorisation, décision entérinée par R. Biglietto, son successeur, le 6 mai 1823 [10].

Les lois forestières promulguées par le nouvel État italien unifié, en 1877, 1888 et 1893, ne font aucune allusion au châtaignier, car celui-ci est encore considéré comme un arbre fruitier [11]. C'est l'article 27 de la loi Luzzatti du 2 juin 1910 qui le mentionne pour la première fois : toute coupe est soumise à autorisation du ministère de l'Agriculture et des Forêts, et, lorsqu'elle est accordée, le propriétaire est tenu à trois obligations : protéger la parcelle du bétail pendant quatre ans afin d'amorcer la régénération, greffer au moins deux rejets sur chaque souche, planter dans les neuf mois deux jeunes châtaigniers d'au moins un mètre en cas d'arrachage ou de souche trop vieille pour se régénérer [12]. En outre, l'ouverture de nouvelles usines d'extrait tannant est également soumise à autorisation, après avis du service forestier régional concerné. Cet arsenal de mesures destinées à maintenir les superficies est complété par des décrets en 1911 et 1912 et par les deux lois du 30 décembre 1923 et du 3 janvier 1926. Le décret du 18 juin 1931 est l'équivalent des mesures suisses de 1937. Toute coupe de plus de 10 arbres isolés ou groupés est conditionnée par une permission et l'administration forestière est souveraine pour fixer des quotas annuels par province, ainsi que la consommation des fabriques. Des amendes sont prévues, calculées par m^3 de bois coupé.

Pourtant, tout cela ne suffit pas et la loi reste pratiquement lettre morte. O. Borelli [13] estime à plus de 5 000 hectares par an la disparition ou la reconversion en taillis des châtaigneraies fruitières, entre 1949 et 1964. Les nombreux congrès italiens consacrés au châtaignier (Coni, 1922 et 1966 ; Florence, 1948 ; Borgo Val di Taro, près de Parme, 1962) [14], à la sylviculture (Rome, 1953 ; Florence, 1954) ou à la montagne (Florence, 1947), etc. évoquent tous le caractère insuffisant de la législation et surtout l'inexistence de l'intervention financière de l'État. En réalité, il faut tout de même mentionner l'action du *Centro di Studio sul Castagno* [15], fondé en janvier 1951 par le *Consiglio Nazionale delle Ricerche* à la suite de vœux exprimés par l'*Accademia dei Georgofili* et les congrès de Florence de 1947 et 1948, et rattaché à la *Stazione Sperimentale di Selvicoltura* de Florence. Sa vocation est de mener des recherches sur la génétique, la biologie, la culture et la pathologie du châtaignier, en vue de la valorisation et de la défense des châtaigneraies, et de former en ce sens du personnel scientifique et technique. Il est placé sous la responsabilité du professeur Aldo Pavari.

Le Centre publie une revue (cinq livraisons entre 1951 et 1959) [16], constitue une collection de 200 variétés de châtaignes et de marrons étudiant, pour chacune, les caractéristiques essentielles, envoie des délégués à de nombreux congrès, assure la coordination de la Commission internationale du Châtaignier créée la même année par la F.A.O. et enfin aménage une châtaigneraie expérimentale à Vallombrosa, dans l'Apennin toscan, où sont cultivées toutes les variétés de l'Italie centrale. Outre Aldo Pavari, ses animateurs ont pour nom Nino Breviglieri, Antonio Biraghi, Oscar

Borelli, Ernesto Allegri, Riccardo Morandini, etc. Ce dernier, actuel directeur de la *Stazione Sperimentale di Selvicoltura* de Florence, a cessé de conduire des recherches sur le châtaignier depuis la disparition du centre en 1961, mais assure, néanmoins, la conservation des archives qui sont les plus importantes d'Europe sur l'histoire contemporaine du châtaignier.

En France

Jusqu'à la fin du XVIIIe siècle, le châtaignier ne suscite à Paris que du dédain. Olivier de Serres n'en dit pas de mal, mais la brièveté du traitement qu'il lui accorde dit assez le peu d'intérêt qu'il lui porte. On a vu le rôle de Turgot dans le revirement de la politique royale vis-à-vis du châtaignier en Corse : c'est une exception dans le concert de dénigrement de l'arbre à pain. L'autre voix isolée, avant-garde du revirement des mentalités, est celle de Parmentier. On connaît les travaux de ce dernier sur la pomme de terre ; on sait aussi qu'il s'est toute sa vie passionné pour les problèmes alimentaires et qu'il a cherché à éliminer définitivement les disettes encore fréquentes de son temps. Il écrit sur des recettes de « soupe populaire » et tente d'améliorer les procédés de fabrication du pain. C'est dans ce dernier cadre qu'il s'intéresse à la châtaigne et qu'il publie un traité à ce sujet en 1780. Mais malgré ses nombreuses expériences, il ne parvient pas à faire du pain de bois autre chose qu'un ersatz de pain de céréales. Néanmoins, il contribue à accréditer en haut lieu l'idée que l'on peut se nourrir très correctement avec des châtaignes.

Le terrain est ainsi préparé pour qu'en 1810-1811 le ministère de l'Intérieur lance une grande enquête sur le châtaignier dans tous les départements où cet arbre a une certaine importance [17]. Le ministre adresse aux sous-préfets une lettre qui commence ainsi : « Monsieur, j'aurai besoin pour des recherches que je fais suivre, d'avoir des renseignements sur la culture du châtaignier dans le pays où vous résidez. » Il s'agit donc seulement d'un désir de mieux connaître cette subsistance et non d'un préambule à une réglementation quelconque. Comme en Italie, celle-ci n'interviendra pas avant la fin du siècle (annexe n° 26).

Dès l'apparition de l'encre, vers 1870, des études sont menées sous l'impulsion du ministère de l'Agriculture pour tenter de déterminer son origine. Les députés eux-mêmes s'en émeuvent. En 1887, en l'absence de résultats, le ministre P. Barbe écrit à tous les préfets (annexe n° 23) pour recommander la création de syndicats de défense calqués sur les syndicats anti-phylloxériques. Le conseil n'est guère suivi, car le feu sacré s'est éteint chez les castanéiculteurs ; de plus, on ne possède aucun remède qui permettrait d'enrayer le mal. Dans le Cantal, le préfet se contente d'envoyer des copies de la lettre à ses sous-préfets. En Ardèche, le préfet demande des échantillons des chenilles *(sic)* qui ont attaqué le châtaignier... et le maire de Saint-Étienne-de-Boulogne lui en envoie quelques-unes dans une boîte [18] ! On notera dans la circulaire ministérielle que le châtaignier est désormais considéré comme un élément de « notre richesse forestière » et non plus comme un arbre fruitier indispensable ou usurpateur.

L'une des premières mesures administratives de protection du châtaignier est la décision prise par le Conseil général de Corse, le 19 septembre 1890, de créer une commission spéciale, décision entérinée le 7 janvier 1891 par le préfet [19]. Le 30 juillet suivant, le préfet envoie à tous les maires du département une circulaire dans laquelle il développe des arguments écologiques et économiques, affirmant que la vente du bois ne rapporte guère plus que le montant de deux à trois récoltes. On sait comment les industriels répondent à ces arguments. Il est plaisant de lire sous la plume du plus haut représentant de l'État un tel éloge du châtaignier, lorsqu'on compare avec les propos du siècle précédent : « Il n'est pas téméraire d'affirmer que, de toutes les cultures pratiquées en Corse, c'est le châtaignier qui peut donner au cultivateur le revenu le plus rémunérateur. » Cependant, le ministre de l'Agriculture, dans une lettre adressée au préfet le 30 avril 1892 [20], souligne la difficulté d'interdire systématiquement les arrachages (annexe n° 24).

Dans les dernières années du siècle, le professeur départemental d'agriculture de Corse demande au Conseil général d'allouer des primes aux propriétaires effectuant des plantations et réclame des mesures empêchant le bétail de pénétrer dans les châtaigneraies au moment des récoltes [21]. Mais rien n'y fait. La tendance est définitivement renversée. Comme l'écrit Hauser [22], « la défensive est bien inférieure à l'attaque ».

Dans le Gard, département très touché par la maladie et par les coupes, le Conseil général, dans sa séance du 17 avril 1896, « émet le vœu que des mesures préventives soient prises pour arrêter l'extension des maladies qui frappent le châtaignier ». Le préfet adresse ce document à tous les départements intéressés et demande l'adhésion des Conseils généraux. Celui du Cantal, par exemple, l'adopte dans sa séance du 17 janvier 1897 [23]. Vœu pieux s'il en est !

En 1902, le ministère de l'Agriculture manifeste une deuxième fois son intérêt pour le châtaignier en menant une « Enquête sur le châtaignier ». La lettre d'accompagnement adressée aux préfets est signée du ministre, Jean Dupuy, mais émane de la Direction des Eaux et Forêts : le châtaignier est désormais considéré comme un arbre forestier. Le préfet est non seulement prié de répondre à un long questionnaire axé sur les problèmes d'actualité (maladies, destruction par les industries d'extraits), mais il est aussi prié d'imaginer une politique d'encouragement au maintien des châtaigneraies (annexe n° 25). Le chemin parcouru est long de la hargne de Louis XV jusqu'à l'intérêt frénétique de la IIIe République, en passant par l'attitude poliment intéressée du Premier Empire.

Partisans du maintien en France de la châtaigneraie sur une superficie suffisante, les industriels d'extraits tannants participent aux efforts d'encouragement aux replantations. L'idée remonte à

1917 [24] et, à partir de 1918, chaque industriel verse une somme proportionnelle à ses ventes d'extraits. Le ministère de l'Agriculture crée pour gérer ces fonds une Commission supérieure du Châtaignier qui répartit ensuite l'argent entre des commissions départementales instituées par une circulaire du 3 juillet 1919. 750 813 francs sont ainsi versés entre 1918 et 1924 [25]. En outre, les usines de Corse versent directement des fonds aux castanéiculteurs, en se plaignant de la passivité des pouvoirs publics [26].

Le Syndicat des Fabricants d'extraits tannants et tinctoriaux de France est co-organisateur, avec l'Office agricole de la Corrèze et la Compagnie des Chemins de fer de Paris à Orléans, du premier Congrès national de la Châtaigne, tenu à Brive les 8 et 9 novembre 1924 [27], sous la présidence de M. Mangin, directeur du Muséum national d'Histoire naturelle. Au cours de ce congrès, M. Poher, ingénieur des services commerciaux de la Compagnie d'Orléans et secrétaire général de la réunion, fait voter la résolution suivante [28] : « Après lecture du rapport de M. Calloud, le Congrès adresse au Syndicat des Fabricants d'extraits tanniques et tinctoriaux ses félicitations pour l'œuvre qu'il a accomplie pour la reconstitution de nos châtaigneraies et le remercie des sacrifices importants qu'il s'est volontairement imposés dans un but d'intérêt général. » Ce vœu est adopté à l'unanimité.

Les fonds répartis par la Commission supérieure sont utilisés à la constitution de pépinières, à des recherches sur les maladies ou à des encouragements matériels sous forme de subventions à des castanéiculteurs méritants. Le concours organisé dans le Cantal en 1921 relève de cette dernière affectation. Ce concours est reconduit en 1922. 1 140 francs sont répartis entre 21 candidats [29]. Ces plantations très limitées en superficie sont évidemment très loin de compenser les arrachages définitifs ou les abandons. Ce sont quelques centaines d'arbres, tout au plus, qui sont plantés et quelques dizaines d'hectares qui sont régénérés au cours de ces années dans le département du Cantal. Le premier prix du concours de 1922, d'un montant de 150 francs, est attribué à Louis Lagarde, de Brayat (Cne de Boisset), qui a planté, entre 1900 et 1918, 330 châtaigniers des variétés Jean Fauve et savoie, sur plusieurs parcelles d'un total de 3,83 ha. Le jury remarque la qualité de l'entretien des plantations : « Les arbres sont convenablement espacés ; le sol est cultivé : seigle, sarrasin, prairies artificielles ; les arbres ont une belle venue. [...] Il [Louis Lagarde] a à sa disposition une pépinière de cinquante ans, créée en 1912. En résumé : travaux de reconstitution bien marqués et poursuivis avec méthode et intelligence. » Mais le 2e prix, de 100 francs, va à M. Dommergues, de Combart (Cne de Maurs), qui possède 20 ha de châtaigneraies et dont le seul mérite est de remplacer les arbres dépérissants par des sujets francs de pied. Même technique chez M. Grimal au Cayros (Cne de Quezac), qui entretient régulièrement ses 9 ha de plantations. Pour les autres récompenses, le jury doit faire preuve d'une extrême mansuétude. Ainsi, M. Castanier, de Fontfreide (Cne de Junhac), « entretient tant bien que mal 3 ha de châtaigneraies. [...] Les arbres sont serrés ; le sol inculte est privé chaque année de sa couverture de feuilles mortes. » Il est classé 20e sur 21 et reçoit néanmoins 30 francs. M. Prat, de La Chourlie (Cne de Senezergues), dernier au classement, « se contente bien souvent de greffer des rejets de souche, pas toujours vigoureux. Le sol n'est pas cultivé ; les feuilles mortes sont ramassées. Les arbres sont trop serrés ; la végétation est médiocre. » La plupart des exploitants ne méritent aucune récompense, mais au royaume des aveugles... Ces concours et l'attribution de ces récompenses ont quelque chose de dérisoire. L'énergie du désespoir est déployée pour sauver une culture moribonde. Chez l'un, « aucun travail de plantation n'a été fait depuis quinze ans ». Un autre pratique « le greffage de rejets de souches à peu près sans avenir ». Chez tel autre enfin, « les arbres ne sont pas toujours émondés à temps ».

Le 4 juillet 1923, une circulaire émanant de la Direction générale des Eaux et Forêts précise les attributions et les méthodes de fonctionnement des commissions départementales du châtaignier [30]. L'officier forestier membre de la commission voit son rôle renforcé (pépinières, plantations, contrôle, etc.). Il est chargé de la partie technique et administrative. Le représentant des industriels se voit, pour sa part, confier la gestion des subventions, ce qui est normal, puisque l'essentiel des ressources provient des contributions de sa profession. Les types d'encouragements sont limités. La commission peut délivrer des plants ou des greffons de châtaignier. Il est précisé que cette cession ne doit jamais être gratuite, mais doit donner lieu au paiement d'une somme au moins égale aux frais de transport. Le dispositif est habile, lorsqu'on sait à quel point ce qui est gratuit est rarement apprécié à sa juste valeur [31]. Il est recommandé de livrer des plants déjà greffés pour obtenir un meilleur résultat. La création de pépinières interdépartementales, moins onéreuses et plus performantes, est encouragée. Les primes en argent ne doivent récompenser que de réels succès et doivent toujours être inférieures aux dépenses du propriétaire, mesure qui laisse imaginer les conditions d'attribution des primes jusqu'alors. Les études et les publications sont désormais strictement réservées à la Commission centrale afin d'enrayer l'inflation de publications plus ou moins originales et sérieuses qui voient le jour dans toute la France. L'introduction des châtaigniers de Chine et du Japon est également réservée à la Commission centrale en raison des risques de contamination par l'*Endothia parasitica*. Enfin, les frais de fonctionnement administratif doivent être ramenés au strict minimum et toutes les dépenses soumises à l'approbation de la Commission centrale [32].

Entre-temps, l'administration centrale a décidé de réagir vigoureusement à la menace de l'*Endothia*. Un décret du président de la République en date du 8 mars 1921 stipule [33] : « Article Ier : Sont interdits l'importation et le transit en France des plants vivants, fruits et grains *(sic)* de châtaigniers provenant directement ou indirectement d'Extrême-Orient, ainsi que des pays qui n'ont pas pris de mesures de défense contre la maladie produite par le champignon *Endothia parasitica*. Article II : Par dérogation à la prohibition portée à l'article Ier, les autorisations d'importations pourront être accordées par le ministre de l'Agriculture, dans des conditions fixées après avis du Comité consultatif des Épiphytes. »

Mais l'*Endothia* est encore hors des frontières de la France, tandis que le remède à l'encre n'est pas encore trouvé, même si L. Petri a pu expliquer la maladie en 1918. Les recherches des pathologistes se multiplient à cette époque, portant sur l'encre et déjà un peu sur le chancre. Aimée Camus, dans sa thèse parue en 1929, ne cite pas moins de 313 titres sur le thème des maladies. Encore précise-t-elle [34] qu'il s'agit seulement de « quelques indications bibliographiques ». Sur l'ensemble, 134 sont des publications américaines, 85 sont françaises, 77 sont italiennes, 16 sont allemandes et une est suisse [35]. Aux États-Unis, c'est bien sûr le chancre qui retient toute l'attention, tandis qu'en France, c'est encore plutôt l'encre.

Enfin, à côté de cet effort des autorités de l'État, un certain nombre d'initiatives locales vont dans le même sens. Ainsi en est-il, par exemple, de l'Association corrézienne pour la Défense du Châtaignier, fondée en 1913 et présidée par le sénateur Labrousse. Elle participe, aux côtés du Conseil général et de l'Office agricole départemental, à la mise sur pied, à Brive, en 1921, d'un laboratoire spécialisé dans l'étude de l'encre, conseillé par E. Foex, directeur du laboratoire de phytopathologie de Paris [36]. Il faut également mentionner le rôle des compagnies ferroviaires qui favorisent l'essor des productions agricoles des régions qu'elles desservent et font, par là même, leur publicité et la preuve de leur réel intérêt pour l'économie de ces régions. La Compagnie d'Orléans crée de nouvelles châtaigneraies sur ses propres terrains, organise des expositions, des concours de châtaignes, distribue des subventions aux castanéiculteurs méritants, co-organise le premier Congrès national de la Châtaigne à Brive en 1924. La Compagnie du Midi reconstitue également des châtaigneraies et organise des conférences sur les maladies et les soins à apporter aux châtaigniers. D'autres congrès ont lieu au XXe siècle, consacrés au châtaignier et organisés sous divers auspices : Limoges en 1910 et 1931 (Congrès annuel de l'Arbre et de l'Eau), Vannes en 1932 (Congrès morbihannais de la Forêt et du Châtaignier), Aubenas en 1935 (Congrès méditerranéen du Châtaignier), Montpellier en 1941 (Journées agricoles de Montpellier), Brive en 1949 (Congrès national du Châtaignier), Hérault-Gard-Ardèche en 1956 (Congrès régional du Châtaignier), etc. Les réunions et les publications se multiplient en proportion inverse des châtaigneraies.

Ce grand regain d'intérêt en haut lieu pour le châtaignier culmine avec la loi Roche du 6 décembre 1928 (annexe n° 26). Elle réglemente sévèrement « l'abatage » *(sic)* des arbres et impose leur remplacement. En fait, comme il en fut des mesures antérieures, elle reste lettre morte et nulle trace ne semble avoir été conservée des déclarations de coupes imposées [37]. La décadence des châtaigneraies est trop générale. Un rapport de l'Inspecteur principal des Eaux et Forêts d'Ajaccio, M. Capifali, adressé le 13 décembre 1938 au préfet de la Corse, en témoigne [38]. Il y est question d'une « situation lamentable [...] en raison de l'abattage de nombreux châtaigniers [...] sans qu'aucune plantation s'ensuive » et aussi « des inquiétudes que provoquent les exploitations de plus en plus intensives d'arbres de cette essence en vue de la fabrication des extraits tanniques ». Dans les premières années du siècle, seules les châtaigneraies situées à proximité du chemin de fer Ajaccio-Bastia étaient exploitées. Désormais, avec l'amélioration des transports automobiles, ce sont toutes les châtaigneraies corses qui sont soumises à cette saignée. Et l'inspecteur de constater, impuissant : « Malgré le cri d'alarme jeté dès 1890 et les avertissements donnés à la population de l'île par l'administration locale et par la presse, les abattages de châtaigniers au lieu de se ralentir prennent un caractère de plus en plus intensif. [...] Cette loi du 6 décembre 1928 ne paraît pas suffisamment connue en Corse. » Il propose d'en faire assurer l'application par les gendarmes et les gardes-champêtres et s'étonne que les propriétaires ne profitent pas des services que la pépinière de Barchetta, qui fonctionne sous le contrôle de la Commission du Châtaignier, est susceptible de leur rendre en leur fournissant des plants de châtaigniers japonais.

DOMAINE D'APPLICATION DU DECRET DU 24 AVRIL 1940

interdisant la coupe des châtaigniers d'un diamètre supérieur à 20 centimètres

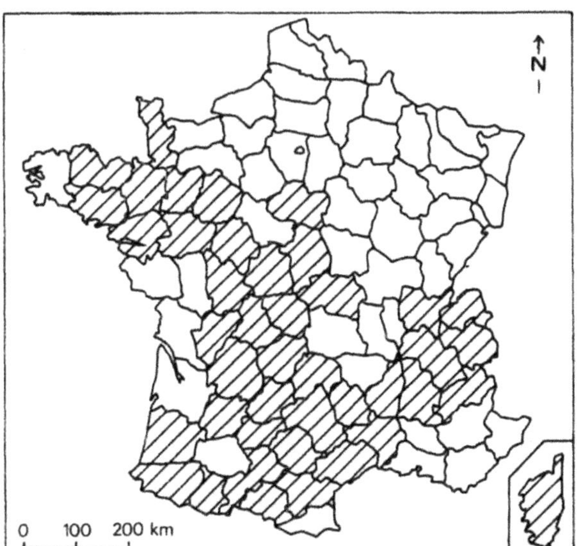

Fig. 56

La loi de 1928 est si peu efficace qu'il faut, en 1940, avoir recours à des mesures spéciales de guerre dictées par la peur de la famine. Un décret présidentiel du 24 avril [39] interdit dans les 42 départements les plus castanéicoles « de façonner et d'utiliser comme bois de chauffage des grumes ou parties de grumes de châtaignier ayant un diamètre sur écorce supérieur à 20 centimètres ». Dans la débâcle de cette période, il n'est pas étonnant que le décret soit passé inaperçu en Corse et que, le 8 juin 1940, la Chambre d'agriculture de ce département, animée des mêmes intentions que le législateur, émette un vœu transmis au préfet [40], affirmant de la châtaigneraie « qu'elle constitue dans les circonstances actuelles une nécessité primordiale pour le ravitaillement de l'île » et demandant « qu'il soit fait obstacle par tous les moyens de droit et de fait, à l'abattage des châtaigniers, pendant la durée des hostilités ». A ce vœu, le préfet répond, le 18 juin 1940, qu'il est sensible à ces arguments, mais qu'il ne voit aucune autre possibilité que d'utiliser la loi du 6 décembre 1928, « seul texte réglementaire susceptible d'être évoqué pour mettre un terme à l'abattage des châtaigniers ». Il faut reconnaître qu'en ces temps troublés, les préfets ont d'autres soucis que celui de lire attentivement le *Journal Officiel*... D'autres mesures seront prises touchant, par exemple, à la limitation des ventes hors des départements de production. C'est, semble-t-il, le cas en Ardèche, où la suggestion du directeur des services agricoles du 19 septembre 1940 est annotée ainsi par le préfet et son secrétariat : « Préparer un arrêté très précis et contrôlant la sortie ». « Téléphoner au Directeur des services agricoles qui adressera projet d'arrêté. 27.9 ».

Mais, quelle qu'ait été l'efficacité propre de ces mesures, partout le châtaignier, greffé ou non, retrouve pendant les années de guerre son rôle nourricier d'antan, et seuls les arbres réellement malades trouvent preneurs auprès des industriels. Jamais, par exemple, les taillis parisiens n'avaient été auparavant autant parcourus par les ramasseurs de châtaignes. Alors que manquent le pain et les pommes de terre, les châtaignes se révèlent infiniment plus séduisantes que les rutabagas et les topinambours [41].

Après guerre, la Commission du châtaignier reprend ses activités. Elle publie, en particulier, un bulletin [42], participe aux travaux de la Commission F.A.O., puis disparaît. L'École nationale des Eaux et Forêts de Nancy en est l'héritière, mais, comme la *Stazione di Selvicoltura* de Florence, elle ne fait que garder quelques publications et archives.

L'aide de l'administration aux reboisements se manifeste par le canal du Fonds forestier national. Le pas est donc définitivement franchi. Il est question, désormais, de reboisement et non plus de reconstitution des vergers. C'est l'administration des Eaux et Forêts qui prend entièrement en main la situation. En France, comme en Suisse, en Italie, en Espagne, le châtaignier est devenu essence forestière à part entière [43]. Les propriétaires peuvent obtenir des subventions d'un montant maximum de 100 000 francs, ne pouvant représenter plus de 50 % du prix de revient de la plantation. Pour des opérations de plus grande ampleur, des prêts peuvent être accordés, remboursables en 50 annuités avec un intérêt de 0,25 % l'an. Une troisième possibilité est offerte aux propriétaires : celle de faire effectuer les travaux de reboisement par l'administration aux frais de celle-ci. La reconstitution des châtaigneraies détruites par fait de guerre donne naturellement droit à une indemnité de 100 %. Un très faible nombre de castanéiculteurs ont utilisé les possibilités de cette réglementation.

En Yougoslavie

L'*Endothia* apparaît en Slovénie en 1950 et entraîne des destructions considérables. Il n'y a plus aujourd'hui un seul châtaignier sur les pentes de la colline du château de Ljubljana, qui en étaient jadis couvertes [44]. Une ordonnance de 1951, émanant du gouvernement de cette région, impose l'abattage des arbres infectés, le décorticage des bois avant expédition éventuelle et la destruction par le feu des écorces [45], mesures draconiennes mais de peu d'efficacité.

En Espagne

Dans les années qui suivent la Première Guerre mondiale, des travaux sont menés par la *Misión Biológica* de Galice en vue d'enrayer l'encre. Gallástegui croit, en 1921, avoir découvert des hybrides résistants [46], voie que poursuit Ernesto Vieitez à partir de 1952 [47] à Santagio et à Lourizan (province de Pontevedra). Les meilleurs hybrides résistent à raison de 71 % des clones obtenus [48]. J. Grente, de l'I.N.R.A., est très dubitatif quant à ces recherches [49] : « Pour combiner à la résistance, lorsqu'on a eu la chance et la patience nécessaires pour l'obtenir, les qualités agronomiques requises, il faudrait une somme de recherches génétiques hors de portée des moyens actuels de l'I.N.R.A. On sait que les réalisations disponibles actuellement ne représentent pas l'idéal, et que le problème du porte-greffe résistant à l'encre est encore sans solution. »

Plus efficaces, tout au moins préventivement, se révèlent les méthodes de lutte chimique mises au point *in vitro*, à la *Estación de Fitopatologia Agricola* de La Corogne, par Pedro Urquijo Landaluce à partir de 1934 [50]. La méthode consiste à déchausser le bas du tronc et les racines sur 50 cm de profondeur et à les brosser pour éliminer toute terre adhérente, puis à mouiller le tout avec de l'eau ou, mieux, une colle et, enfin, à saupoudrer du mélange suivant : 2 parties de carbonate ou oxychlorure de cuivre, 1 partie de cuivre et 2 parties de kaolin ou de plâtre. On doit laisser à l'air quelques jours, mais surtout recouvrir de terre avant que survienne une pluie. Si l'on ajoute que le traitement est purement préventif ou, au mieux, curatif en cas d'attaque très bénigne et qu'il faut le répéter tous les sept ans, on mesurera le travail colossal que représente la lutte contre l'encre et, par conséquent, son coût. Ce problème n'est aucunement abordé dans les nombreux travaux de P. Urquijo parus dans diverses publications espagnoles ou internationales : bel exemple du décalage entre le monde agricole et celui de l'administration épaulée par les hommes de science chargés de l'aider et de la conseiller. Pedro Urquijo constatera l'échec curatif de son procédé sur la fin de sa carrière et se tournera vers les recherches sur les hybrides [51]. Il y a quelques années encore, des recherches allant dans ce sens étaient toujours poursuivies à l'université de Santiago par E. Vieitez [52], car il reste un point important à régler : l'enracinement des nouveaux hybrides qui se fait très mal.

Photo 69 : *La pépinière du* Vivero central del Servicio Forestal *à Figulirido (Pontevedra), 1977.*

Au Portugal

C'est la méthode simplifiée de traitement chimique mise au point par Pedro Urquijo (simple arrosage de sels de cuivre) qui est appliquée au Portugal contre l'encre, après 1945, sous l'impulsion de l'État. Environ 50 000 arbres sont traités entre 1945 et 1952 [53]. Selon C. Taveira Fernandes [54], elle est efficace et son prix (10 escudos par arbre) est compensé par une seule année de production normale. Parallèlement, des plants plus résistants sont distribués aux arboriculteurs du Trás-os-Montes [55].

L'ESPOIR VENU D'ORIENT

Le succès obtenu dans la lutte contre le phylloxera par la greffe des cépages français sur souches américaines incite, au début du siècle, à rechercher des moyens de lutter contre la maladie de l'encre en greffant les variétés européennes sur les autres grandes espèces fruitières du châtaignier. Le *Castanea dentata* est évidemment exclu d'office, puisque c'est par lui que le fléau est survenu. C'est donc aux propriétés du *Castanea mollissima* de Chine et surtout du *Castanea crenata* du Japon que l'on s'adresse.

Les civilisations japonaise et chinoise du châtaignier

Le *Castanea crenata* Sieb. et Zucc., ou châtaignier japonais, est un arbre autochtone dans ce pays [56] et ses fruits font déjà l'objet d'un ramassage intense à la fin de l'époque Jomon (IVe siècle av. J.-C.), qui correspond au paléolithique final [57]. Les fouilles archéologiques réalisées dans le nord du Kanto, aujourd'hui encore principale région de châtaigneraies, ont livré d'importantes quantités de châtaignes carbonisées sur l'emplacement des villages, mêlées d'ailleurs à des glands et à d'autres fruits. Pendant la période néolithique Yayoï (IIIe siècle av. J.-C.-IIIe siècle ap. J.-C.), la châtaigne est toujours utilisée dans l'alimentation, et il est possible que le châtaignier fasse déjà l'objet d'une culture [58], mais celle-ci n'est vraiment certaine qu'au VIIe siècle. L'empereur Jito, qui règne entre 645 et 702, recommande la plantation de l'arbre dans tout le Japon [59].

Il est probable que cette mesure est prise sous l'influence de la Chine vers laquelle commencent à partir des missions japonaises d'information. En effet, les Chinois apprécient les fruits du *Castanea mollissima*, autochtone chez eux, depuis l'époque de la dynastie Chang (1400-1100 av. J.-C.). Des carapaces de tortues et des omoplates de bovins retrouvées au début du XXe siècle sur le site de l'ancienne capitale d'An-Yang (village de Shoton) portent, gravés, des ancêtres des actuels idéogrammes en usage en Chine et au Japon. Ainsi on y trouve le châtaignier représenté par le signe 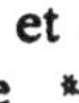 (aujourd'hui 栗), idéogramme qui représente un arbre chargé de bogues [60]. L'arbre est cultivé de manière certaine depuis l'époque Tch'ouen-ts'ieou (VIIIe-Ve siècles av. J.-C.), et les premiers empereurs Ts'in consomment au IIIe siècle av. J.-C. des châtaignes qui viennent de Tien Ts'in [61]. Jusqu'à une date récente, d'ailleurs, les châtaignes ont joué un rôle non négligeable dans l'alimentation des habitants de la région de Pékin-Tien Ts'in [62].

Sans qu'il y ait peut-être de relation de cause à effet aussi lointaine, on vend aujourd'hui dans les rues de Tokyo et des grandes villes japonaises de petits marrons grillés provenant de Tien Ts'in et préparés d'une manière originale : ils sont grillés sur un fourneau classique au charbon de bois, mais mélangés à de petits graviers arrondis noirs, et à du sucre, ce qui permet de les rendre très brillants et donc appétissants. Il s'agit là d'un de ces raffinements surprenants de la cuisine japonaise et, en l'occurrence, d'un moyen d'occulter le côté primitif de la cuisson grillée sans en perdre l'intérêt gustatif. Ainsi en est-il, d'ailleurs, du *sashimi* pour lequel un savant découpage sert de médiateur entre le poisson cru et le consommateur.

En même temps que se développe la culture du *Castanea crenata*, l'espèce est améliorée. Diverses variétés produisant de gros fruits sont individualisées. Le *Kojiki*, le plus ancien livre japonais, qui date de 712, en mentionne une dizaine [63], que l'on retrouve par la suite jusqu'à l'époque d'Edo dans les divers traités d'agronomie dont, par exemple, le *Kadanchinkinsho* de 1694 [64]. Néanmoins, il ne semble pas que de véritables châtaigneraies aient existé au Japon avant la période Meiji au siècle dernier. La raison en est simple : on se nourrit surtout de riz et les montagnes où la châtaigne aurait pu constituer une ressource vivrière demeurent pratiquement vides [65].

Avec la modernisation de l'ère Meiji, apparaissent des châtaigneraies commerciales, en particulier dans la région d'Ibaraki (Kanto). Depuis, le châtaignier n'a cessé de progresser : de 6 730 ha produisant 16 800 tonnes de fruits en 1947, ce verger a atteint, en 1982, 43 500 ha produisant 51 500 tonnes. Il s'agit, en superficie, du troisième verger japonais, après les mandariniers et les pommiers, et du dixième par le tonnage de la production [66].

Tableau n° 20 : *Principaux vergers et productions fruitières au Japon en 1978*. Source : Ministère de l'Agriculture, des Forêts et de la Pêche.

Arbres	Superficie (ha)	Production (t)
Mandariniers	153 200	3 026 000
Pommiers	50 700	844 000
Châtaigniers	43 200	60 600
Vignes	29 900	326 000
Kakis	29 400	286 000
Poiriers japonais	19 400	484 000
Pêchers	16 300	277 000
Summer Daidai (agrumes)	15 700	337 000
Hassaku Iyokan (agrumes)	12 720	252 000
Poiriers	937	10 800

Les progrès récents du châtaignier au Japon sont à mettre en relation avec ceux de tous les vergers de ce pays. C'est une caractéristique de l'alimentation de tous les peuples industrialisés que de consommer davantage de fruits, mais c'est une originalité japonaise d'être très friand de châtaignes et de les considérer réellement comme des fruits, alors que leur statut gustatif demeure ambigu en Europe. Au Japon, la consistance farineuse n'est pas regardée comme un défaut. Un repas gastronomique doit permettre au dégustateur de mettre en œuvre toutes les facultés de son palais, c'est-à-dire de ses papilles, mais aussi de ses dents et de la totalité de la muqueuse de la bouche. Il faut donc du salé, du sucré, de l'amer et de l'acide en judicieuses proportions, mais aussi du glissant, du craquant, du croustillant, du visqueux, du gluant, du granuleux... et du farineux. On mesure la différence avec l'Europe où le farineux est généralement peu prisé et associé à l'idée de matefaim c'est-à-dire de pis-aller. Au Japon, la châtaigne joue, en outre, pleinement son rôle symbolique de fruit de l'automne qui permet de communier avec la saison, élément capital dans un pays qui, malgré (ou grâce à) son urbanisation, vit encore profondément le contact avec la nature et où le caractère contrasté du climat permet à chacun de vivre fortement en symbiose avec chaque saison par divers moyens (vêtement, décor de la maison, alimentation). Il faut ajouter que la popularité de la châtaigne est très ancienne. Des traditions s'y rattachent. Ainsi, à l'époque des batailles, les samouraï en portaient dans leurs poches, non pas pour se préserver des rhumatismes comme dans la tradition européenne, mais comme porte-bonheur, car les petites châtaignes séchées et épluchées se nomment *kachiguri*, et *kachi* veut aussi dire victoire !

Aujourd'hui, le châtaignier est cultivé dans tout le Japon, Okinawa excepté. Les principales régions sont le Kanto, les rives de la mer Intérieure et, d'une manière générale, le voisinage de la mégalopole, ce qui tendrait à prouver, dans la mesure où le facteur physique ne paraît pas intervenir, que la châtaigne est davantage prisée par le marché de consommation urbain. La culture s'effectue en général sur les collines encadrant les plaines, non pas que ces dernières ne constituent pas des milieux favorables à l'arbre, mais parce qu'elles sont entièrement dévolues à la riziculture, aux cultures sous serre ou à l'urbanisation. Quelques plantations sont également situées en montagne, telle celle qui appartient à une grande ferme de la vallée de Mamba, dans l'arrière-pays de Tokyo, associant le châtaignier au taro et à la sériciculture. François Doumenge, en l'évoquant, parle du paysage et de l'économie de la Cévenne japonnaise [67].

Le port des arbres est plus étalé que celui des châtaigniers européens, mais il est difficile à un non-spécialiste de déceler, à première vue, la différence entre le *Castanea crenata* et le *sativa* [68]. Les techniques de culture traditionnelle sont sensiblement comparables à celles dont on use en Europe, mais elles se sont récemment modernisées, en particulier dans le domaine de la fumure, des

EVOLUTION RECENTE DE LA SUPERFICIE DES CHÂTAIGNERAIES
ET DE LA PRODUCTION DE CHÂTAIGNES AU JAPON

Source : Ministère japonais de l'Agriculture, des Forêts et de la Pêche

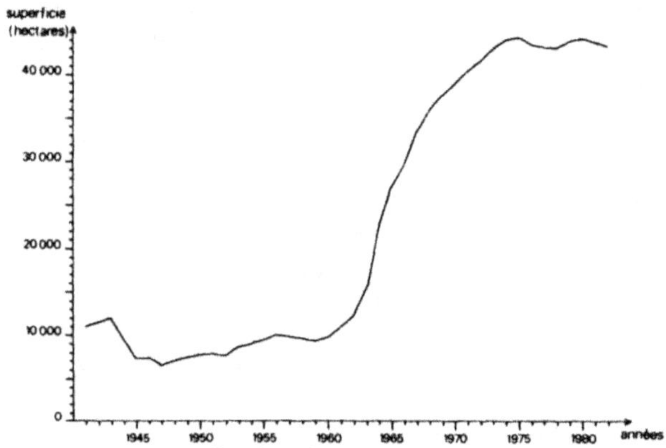

Superficie des châtaigneraies

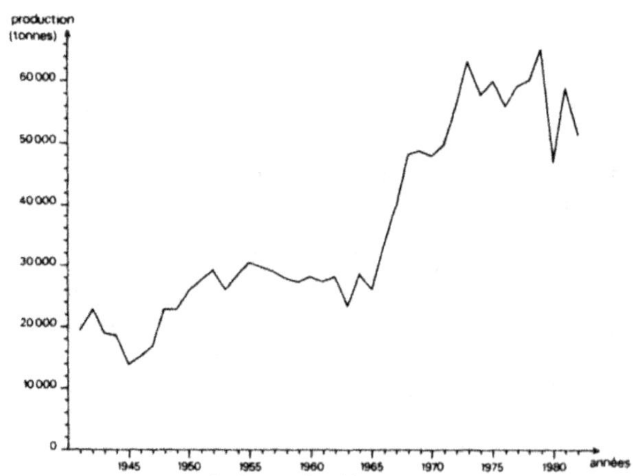

Production de châtaignes

Fig. 57

ÉVOLUTION DE LA CHÂTAIGNERAIE PAR DÉPARTEMENTS.

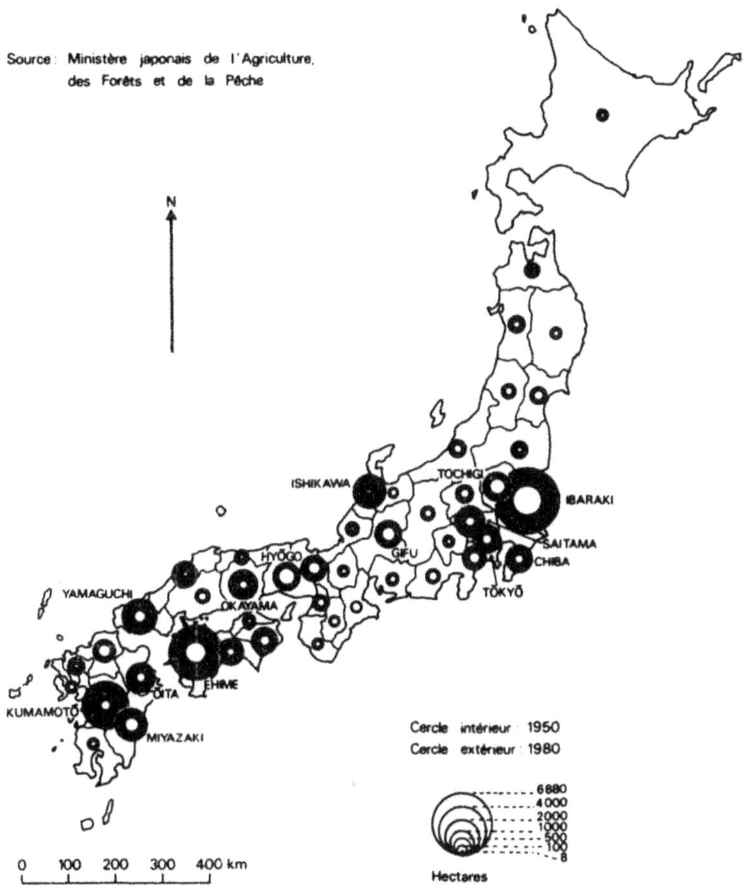

Fig. 58

Photo 70 : *Jeune verger de châtaigniers à Kakegawa (Shizuoka, Japon).*

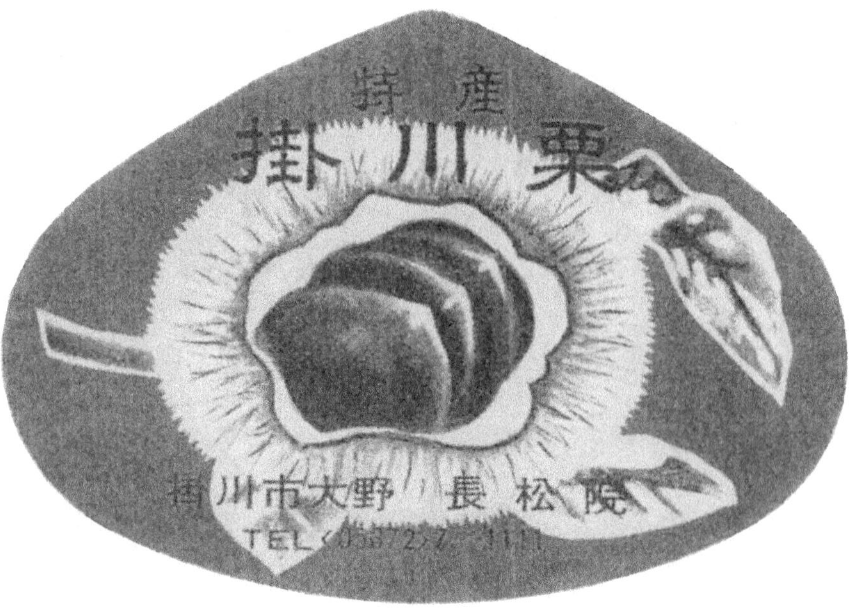

Photo 71 : *Étiquette d'expédition des châtaignes de cette exploitation* (Kakegawa kuri).

Photo 72 : Kuri momaka, *pâtisseries farcies de châtaignes sucrées et de purée de haricots rouges ou de petits pois sucrée. Devanture d'une pâtisserie de Tokyo.*

Photo 73 : *Vigne en* tanazukuri *conduite sur de grands échalas* (kui) *de châtaignier dans la région de Kofou (Yamanashi, Japon). Dessin de 1884. Extrait de Keïchi* KAZAMA, *1969.*

traitements antiparasitaires et de la récolte qui est de plus en plus mécanisée. Les variétés cultivées sont nombreuses. Parmi les plus fameuses, il faut noter les marrons *Tamba kuri*. On trouvera, dans l'ouvrage de J. Motte [69], une revue complète des variétés cultivées avant la Seconde Guerre mondiale. Beaucoup de nouvelles variétés cultivées aujourd'hui résultent d'hybridations de *Castanea crenata* et de *Castanea mollissima*, réalisées surtout après 1935 [70].

A côté de la récolte mécanisée, certains agriculteurs offrent aux touristes la possibilité de venir récolter eux-mêmes, à la main, la quantité de châtaignes qu'ils veulent acheter. Ce tourisme de récolte est extrêmement prisé au Japon, car il permet le contact avec la nature. On le pratique dans les vergers de mandariniers, les vignobles [71], et également dans les exploitations maraîchères.

Aujourd'hui comme jadis, les châtaignes constituent au Japon un petit complément alimentaire et surtout une friandise associée à la poésie de l'automne. On les consomme grillées, à la maison ou dans les rues. On les fait bouillir dans de l'eau, additionnée d'alun *(mioban)* pour qu'elles ne se cassent pas. On les épluche à cru et on les cuit à la vapeur avec du riz *(kuri gohan)*. On peut comparer la valeur symbolique de ce plat très populaire à celle du pain aux noix ou aux raisins en France, à la différence près qu'il associe deux farineux, ce qui n'est guère pensable en France. Les friandises, quant à elles, existent en nombre infini : *kuri zenzaï* (châtaignes cuites avec du sucre et des haricots rouges également sucrés), *kuri yokan* (crème consistante de haricots, farcie de châtaignes), *kuri kanloni* (châtaignes au sirop), *kuri manju* (pâtisserie farcie à la purée de châtaignes sucrée), *kuri monaka* (pâtisserie farcie à la purée de haricots rouges ou de petits pois et aux châtaignes), *kuri kinton* (marrons glacés), etc. Toutes ces préparations sont très prisées en accompagnement du thé vert et contrastent agréablement avec cette boisson légèrement âpre et amère, que l'on boit sans sucre.

Il faut également mentionner les nombreux usages du bois de châtaignier, assez semblables à ceux de l'Europe : bois de construction, pergolas des vignobles, vanneries, mais aussi traverses de chemin de fer.

Il existe donc au Japon, devenu premier producteur mondial de châtaignes, *ex aequo* à peu de choses près avec l'Italie, une civilisation autochtone du châtaignier comportant des aspects matériels mais aussi un puissant symbolisme, ce dernier si vivant qu'il entraîne aujourd'hui un grand essor de la production.

Kuri et châtaignier : une rencontre manquée

Le *Castanea crenata*, résistant à la maladie de l'encre, est introduit aux États-Unis dès 1876 [72], et quelques plantations sont réalisées avec succès. En Europe, les premiers essais sont réalisés en 1900 dans la région de Bilbao [73]. En 1902, le professeur Prunet, de

Photo 74 : *Aquarelle japonaise représentant une bogue et destinée à suggérer la poésie de l'automne. Quelques vers l'accompagnent : « Le riz coupé est en train de sécher, dans la rizière on voit les pins illuminés et la montagne de Minimashi. »*

la faculté des Sciences de Toulouse, sème des *Tamba kuri* dans divers endroits du Sud-Ouest : à Vialer, dans les Pyrénées-Atlantiques, à Villembits, dans les Hautes-Pyrénées, aux Ilhes, dans l'Aude, à Lindois, dans la Charente, à Génolhac, dans le Gard, à Largentière, dans l'Ardèche, etc. [74] Le *Castanea crenata* se révèle résistant à la maladie [75]. D'autres essais sont tentés à partir de 1905, en Ardèche, sous l'impulsion de G. Couderc et de Bournet — qui publient au fur et à mesure les résultats de leurs expérimentations —, mais aussi des administrations agricole et forestière et des usines d'extraits tannants. G. Couderc tente en même temps, sans succès, la solution de l'hybridation châtaignier-chêne. En Corrèze, également, des essais d'acclimatation du *Castanea crenata* sont réalisés dans les premières années du siècle sous l'impulsion de la Société corrézienne de Défense du Châtaignier [76].

L'histoire de l'introduction de l'espèce en Pays Basque français est connue par le menu grâce au récit qu'en a fait G. Lafitte [77]. Deux pères des Missions étrangères, originaires de la région et en poste au Japon, les RR.PP. Chabagno et Lissarague, conseillés par un confrère de Yokohama féru de botanique, le R.P. Faurie, expédient un colis de 180 litres de *Tamba kuri* achetées à Kawagoe, au nord-ouest de Tokyo. Pour éviter leur germination pendant le voyage, les fruits subissent un premier tri, puis sont placés pendant deux mois dans de la boue, sont lavés, essuyés et enfin placés en caisse dans du sable de rivière, de telle manière qu'ils ne se touchent pas. Le R.P. Chabagno les envoie en 1909 à son père, cultivateur aux Aldudes, qui en consomme une partie et sème le reste sur sa propriété selon deux méthodes différentes. Le R.P. Lissarague, pour sa part, envoie en mars 1912 un colis de 4 000 fruits à Joachim Élissague, de Souraï. Ce dernier parvient à constituer un très beau verger. D'autres envois et essais ont lieu à la suite de ces réussites, et, en 1947, le Pays Basque est probablement la région de France où l'on rencontre le plus de *Castanea crenata*, isolés ou en vergers [78]. Ce succès motive en 1934 l'envoi dans la région d'une mission d'information financée par la Chambre d'agriculture de l'Ardèche [79]. En 1925, une pépinière de *Tamba kuri* est établie à Quézac, dans la châtaigneraie cantalienne, sur un terrain prêté par la commune. L'opération est financée par la Commission départementale du Châtaignier, qui espère ainsi donner l'exemple [80]. Un peu plus tard, une deuxième pépinière est constituée à Arpajon, dans la même région. André Meynier note [81] que les plantations effectuées à la fin des années 1920, grâce aux plants provenant de ces pépinières, se distinguent des plantations traditionnelles par un ordre et un alignement plus stricts. En Corse, la plantation de *Tamba kuri* n'est envisagée qu'en 1931 [82] par la Direction générale des Eaux et Forêts, qui demande au conservateur de la Corse de se mettre en rapport avec son collègue de Pau, afin que celui-ci lui fasse parvenir 1 400 kg de châtaignes *Tamba kuri* provenant des plantations des Pyrénées occidentales. Le document conservé aux Archives de Corse-du-Sud ne permet pas de savoir si la plantation a été faite, car le conseil général n'avait pas encore voté le crédit nécessaire de 6 250 francs.

Sur ces entrefaites, le nouveau fléau du chancre a atteint les États-Unis en 1904 et ravagé les plantations de *Castanea dentata*. Il provient de Chine et du Japon ; lorsqu'il prend pied en Europe, dans les années précédant la Seconde Guerre mondiale, il condamne donc toutes les plantations, qu'elles soient de *sativa*, de *crenata* ou de *mollissima*. Lorsque le *Castanea crenata* est introduit en Italie en 1923, des doutes sont immédiatement émis sur l'efficacité du remède, car si sa résistance à l'encre est reconnue, sa sensibilité au chancre l'est aussi. Sans compter qu'il exige d'abondantes précipitations estivales qui font très souvent défaut en Italie et que les expériences de greffe de bonnes variétés de marrons échouent complètement, achevant de ruiner sa réputation [83]. Il en est de même des essais de plantations de *Castanea mollissima* [84] et d'hybridations *sativa* × *mollissima* réalisés à Vallombrosa [85]. C'est pourquoi le *crenata* n'a guère été planté en Italie hors des périmètres expérimentaux de Vallombrosa (Florence), Mologno (Lucques), Trincata (Savone) et Aiello Calabro (Cosence) [86].

En Galice, l'absence de chancre explique que les recherches sur les moyens d'acclimater les châtaigniers exotiques, ou les hybrides obtenus avec eux, se poursuivent encore dans le cadre de la lutte contre l'encre. Par hybridation de *crenata* × *sativa*, on obtient jusqu'à 71 % de résistance à cette maladie, mais on n'atteint 100 % qu'avec le *Castanea crenata* ou le *Castanea mollissima* [87].

UNE POLITIQUE INTERNATIONALE DU CHÂTAIGNIER (1950-1966)

Alors que l'encre n'avait provoqué que des mesures nationales plus ou moins bien connues à l'étranger, le développement du chancre suscite, après la Seconde Guerre mondiale, une concertation scientifique et réglementaire internationale. La F.A.O. prend l'initiative, en 1950, de réunir à Paris [88], à l'invitation du gouvernement français, un groupe d'experts venus d'Allemagne, de Bulgarie, d'Espagne, des États-Unis, de France, d'Italie et de Suisse ; la Belgique, la Grande-Bretagne, la Grèce, les Pays-Bas, le Portugal, la Syrie et la Yougoslavie demandent à être tenus au courant de ces travaux. La réunion se tient du 5 au 16 septembre, car elle comporte un tour de France de dix jours qui permet de visiter beaucoup de régions — un demi-million d'hectares de châtaigneraies sont encore entretenus à cette époque — et d'usines de traitement du bois.

Le groupe des experts se réunit ensuite en Italie et en Suisse en octobre 1951, et un voyage d'études mène ensuite les congressistes de Salerne à Milan et à Lugano. A l'issue de cette deuxième rencontre, la F.A.O. décide de créer un groupe permanent d'experts du châtaignier dont les membres doivent être désignés par le gouvernement de chaque pays. C'est ainsi que naît la Commission internationale du Châtaignier, placée sous la présidence d'A. Oudin, directeur de l'École nationale des Eaux et Forêts de Nancy, et la vice-présidence d'Antonio Biraghi, directeur de l'*Istituto di Patologia forestale* de l'Université de Florence. C'est sous l'impulsion de ces deux universitaires que paraîtront les deux seules revues scientifiques consacrées au châtaignier au cours de son histoire [89]. Des statuts sont votés qui prévoient que la commission a pour but d'étudier « toute question d'ordre scientifique, technique et économique regardant la castanéiculture ». Les membres fondateurs (Espagne, États-Unis, France, Italie, Japon, Portugal, Suisse, Turquie et Yougoslavie) peuvent admettre de nouveaux membres à la majorité des deux-tiers des présents. Le siège est fixé à Rome auprès de la division des Forêts de la F.A.O. [90]

En juin 1953, la commission se réunit en Espagne et au Portugal. Le voyage d'études mène le groupe de Barcelone à la Galice et au nord du Portugal. Rome accueille la troisième session en septembre 1955, et la Ligurie et le Piémont l'excursion. De nouveaux pays sont représentés : l'Autriche, la Corée, la Grande-Bretagne, l'Inde et la Thaïlande. On le voit, les représentants des pays à *Castanea sativa, crenata, mollissima* et *dentata* travaillent à cette époque, mais pour peu de temps, de concert. Les ravages de l'*Endothia* unissent les intérêts.

La session suivante se tient en Yougoslavie et en Grèce, en septembre-octobre 1958. Le rapport publie le seul résultat concret des travaux de la commission : la carte européenne des châtaigneraies réalisée par R. Morandini. L'intérêt retombe à ce moment et la Commission européenne des Forêts de la F.A.O., qui tient une session à Rome et en Calabre du 22 au 30 mai 1961, est informée que seules l'Espagne, la France, la Grèce, l'Italie et la Suisse souhaitent continuer à être membres de la Commission. Devant l'inexistence des résultats pratiques, en particulier concernant la lutte contre les maladies, les pays éloignés de l'Europe quittent la commission. Il est décidé de maintenir un Groupe de travail du Châtaignier dont les activités resteront très discrètes.

Les derniers feux de ce mouvement international d'intérêt pour le châtaignier seront jetés grâce à la Chambre de commerce, d'artisanat et d'agriculture de Coni (Piémont). Celle-ci réunit du 12 au 14 octobre 1966 un vaste aréopage de toutes les sommités européennes de la castanéiculture, ainsi qu'un expert venu du Japon. En réalité, la très grande majorité des participants sont des Italiens et même des Piémontais. Les discours sont nombreux, les communications également, les résolutions fermes (annexe n° 28) et la publication luxueuse [91]. Mais tout cela est vain ; il n'y aura plus désormais que des activités locales. Les informations cessent même de circuler entre scientifiques à tel point qu'en 1977, le professeur Ernesto Vieitez, qui poursuit dans son laboratoire de l'Université de Santiago des travaux sur les maladies du châtaignier, ignorait que Jean Grente, directeur de la Station de Pathologie végétale de l'I.N.R.A. à Clermont-Ferrand, avait découvert plusieurs années auparavant un remède au chancre [92] !

CHAPITRE IX

Les reliques des châtaigneraies

RECUL DES MALADIES

Depuis le début des années 1950, la maladie de l'encre est en recul spontané dans toute l'Europe. Ce phénomène lent mais régulier [1] demeure inexplicable. Quant au chancre, lui aussi a commencé à reculer depuis une quinzaine d'années, en Italie principalement [2]. Certains arbres encore peu atteints guérissent d'eux-mêmes, et il est vraisemblable que la régression spontanée sera plus rapidement généralisée à toute l'Europe que l'application de la méthode mise au point par Jean Grente et qui, pourtant, est beaucoup plus simple que celle de P. Urquijo appliquée aux arbres atteints de l'encre.

En effet, ayant appris, au début des années 1960, par A. Biraghi, que certains arbres touchés par l'*Endothia* étaient en cours de guérison dans la région de Côme, Jean Grente se rend dans cette région en 1964 et effectue un grand nombre de prélèvements. Ses recherches menées au laboratoire de pathologie végétale de Clermont-Ferrand qu'il dirige lui permettent de mettre en évidence l'existence d'une souche hypovirulente d'*Endothia*. Celle-ci n'a qu'un effet superficiel sur l'écorce des arbres et présente la particularité de transmettre son hypovirulence aux champignons virulents. Lorsqu'on inocule, sous forme de boulettes, les souches hypovirulentes à la périphérie d'un chancre, ce dernier est cicatrisé au terme de huit à dix mois. Le grand avantage de cette méthode tient au fait qu'un arbre guéri transmet à ses voisins les moyens de guérir et qu'on estime donc que le traitement de 10 arbres à l'hectare suffit à l'éradication de la maladie [3].

Cette méthode, principalement utilisée en France, a suscité très peu d'enthousiasme chez les propriétaires de châtaigniers. Seuls les quelques producteurs intégrés à un système de commercialisation des châtaignes et adhérents d'un syndicat membre du Comité national interprofessionnel de la Châtaigne et du Marron (à Nîmes) ont eu connaissance de son existence, ont pu recevoir des flacons

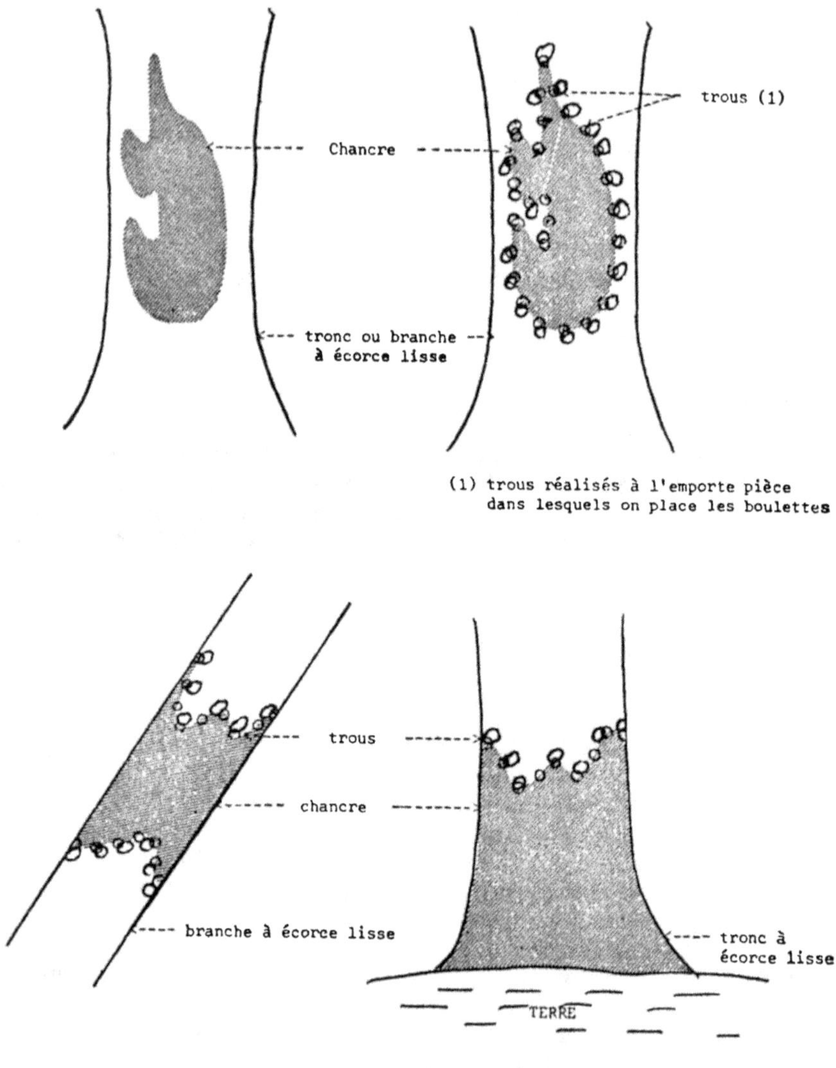

Figure 59 : *Méthode de traitement de l'*Endothia à l'aide des souches hypovirulentes mise au point par Jean Grente (INRA). *Croquis Comité National Interprofessionnel de la Châtaigne et du Marron* (CNICM) *à Nîmes.*

Photo 75 : *Application de la méthode J. Grente à un chancre par Jacky Reyne à Saint-Étienne-de-Boulogne (Ardèche) en 1977.*

contenant des boulettes de souches hypovirulentes, ainsi que les conseils appropriés de techniciens spécialisés. Pour les autres — la majorité —, connue d'eux ou non, la méthode ne présente guère d'intérêt, puisque leurs plantations de châtaigniers sont déjà abandonnées depuis longtemps.

POURSUITE ACCÉLÉRÉE DES ABANDONS

L'échec des tentatives de sauvetage aboutit évidemment à la poursuite des abandons engagés depuis déjà longtemps. Les châtaigneraies les plus basses et les moins en pente sont, aujourd'hui comme jadis, arrachées et transformées en prairies, en labours, en vergers ou en vignes. D'autres laissent place à des reboisements, en résineux principalement. D'autres enfin sont livrées à elles-mêmes et, dans tous les cas, qu'elles soient atteintes par les maladies ou non, sont envahies par diverses essences qui prennent plus ou moins rapidement la place du châtaignier.

Fréquemment, les trois situations coexistent sur un même terroir dont, en outre, certains parcelles sont maintenues en châtaigneraies entretenues. De tels paysages résultant d'une évolution contemporaine complexe peuvent se rencontrer un peu partout en Europe, par exemple en Galice, en Limousin (cas d'Espagnac, dans la Corrèze : fig. n° 60, à comparer avec la fig. n° 26a), dans

LE PAYSAGE DU PLATEAU DU SUD-EST LIMOUSIN EN 1979 :
ESPAGNAC (CORREZE)

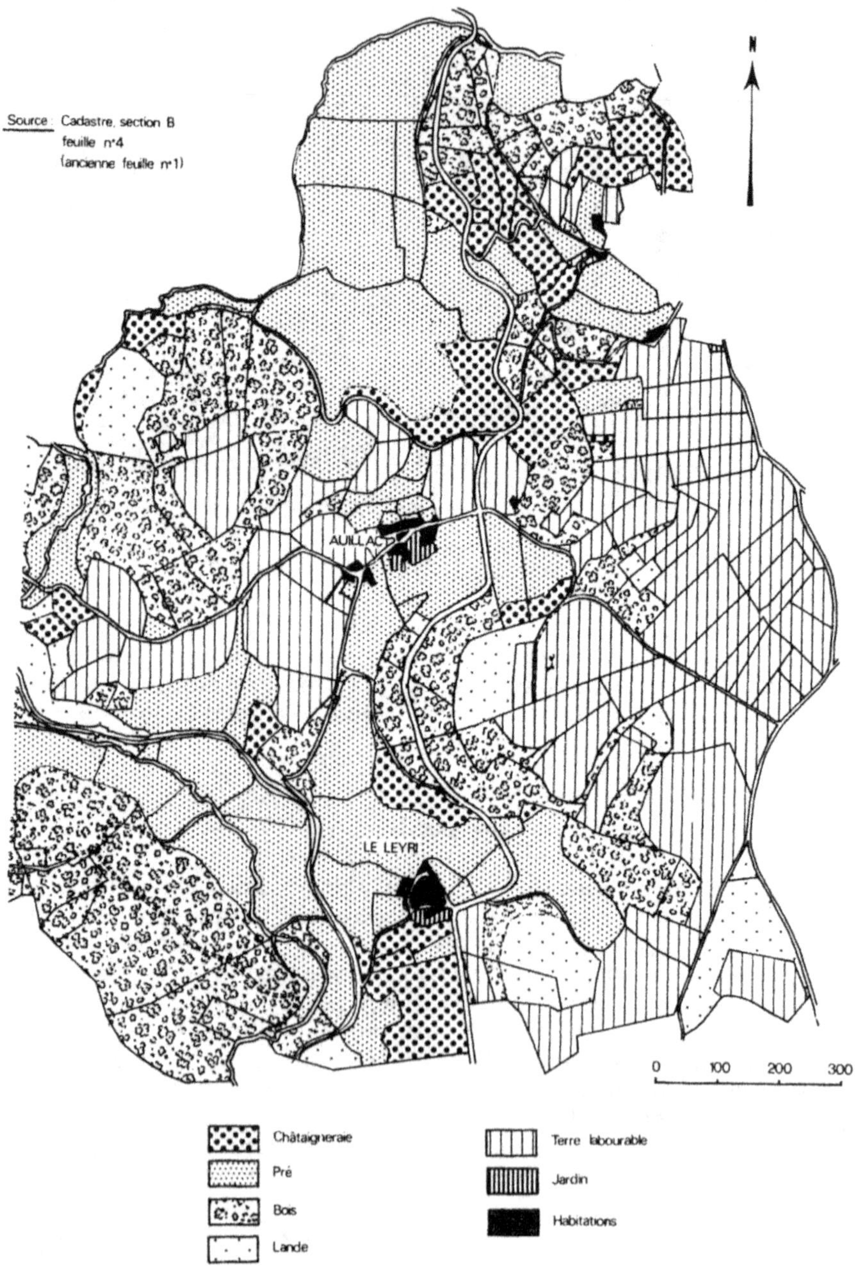

Fig. 60

LE PAYSAGE DE LA "CHÂTAIGNERAIE" CANTALIENNE EN 1971 :

LEYNHAC (CANTAL)

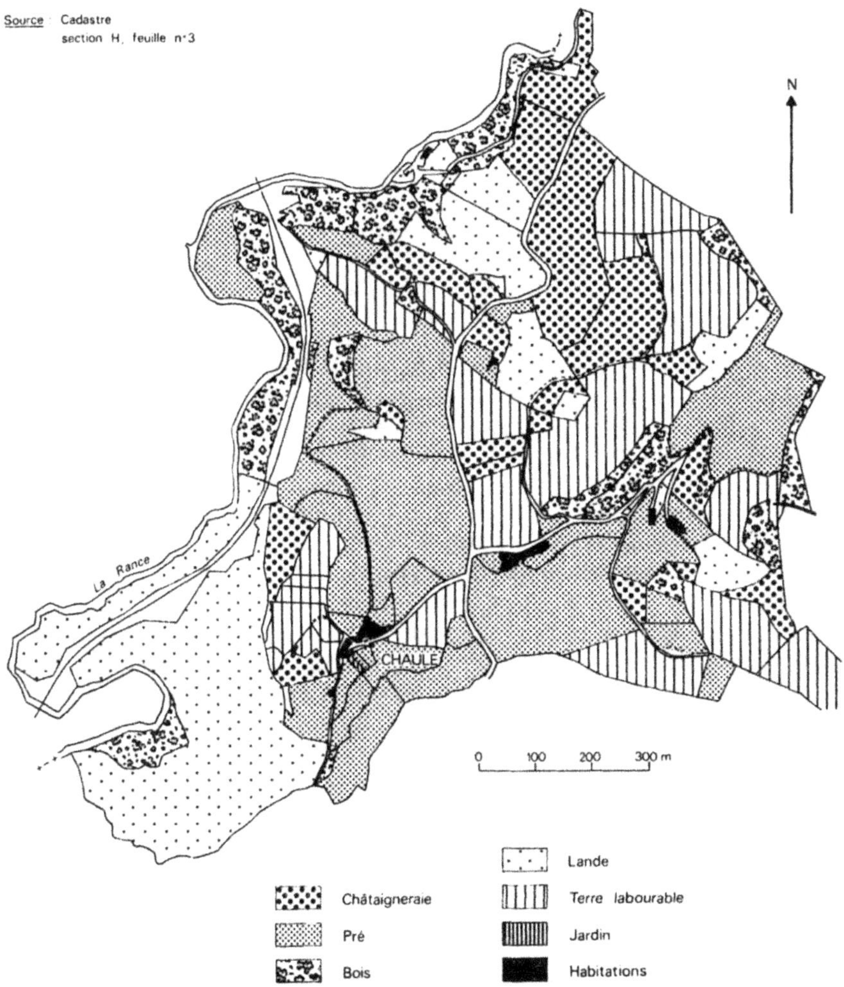

Fig. 61

le Cantal (cas de Leynhac : fig. n° 61, à comparer avec la fig. n° 26b), ou dans le Vivarais. Dans cette dernière région le mouvement date des années qui suivent la Seconde Guerre mondiale. En 1945, une seule parcelle, proche du ruisseau de Chauliac, est une lande ; deux autres, presques voisines, sont des bois ; dix autres, principalement situées à l'ouest du lieu-dit, sont devenues des labours, des vergers ou des vignes. Trois décennies plus tard, les châtaigneraies n'occupent plus que moins du quart des superficies. Vergers (de cerisiers ou de pêchers), vignes et bois occupent les trois autres quarts. M. C. Leyder avait bien observé cette transformation en 1972 [4], en évoquant une « évolution vers la trilogie résineux-fruits à pépins ou noyaux-résidences secondaires » (fig. n° 73, en annexe).

Il n'existe pas de châtaigneraie totalement abandonnée dans laquelle, tôt ou tard, le châtaignier n'est pas supplanté par d'autres essences, ce qui constitue une preuve *a contrario* du caractère artificiel — c'est-à-dire non climacique — de « l'étage du châtaignier ». Dans certains cas, les espèces qui le supplantent sont manifestement celles qui existaient avant le développement des plantations fruitières. Ainsi en est-il en Corse du chêne vert *(Quercus ilex)*, du chêne pubescent *(Quercus pubescens)* et de tout leur cortège floristique constituant le maquis [5]. C'est également le *Quercus pubescens* qui l'emporte à Vesseaux (Ardèche) dans une ancienne châtaigneraie située à 260 m d'altitude [6]. En Campanie, l'aulne *(Alnus glutinosa)* gagne rapidement dans les taillis atteints par l'*Endothia* [7], et ce au plus grand bénéfice des propriétaires, puisque l'accroissement annuel du bois d'aulne est deux fois plus important que celui du bois de châtaignier.

Mais, de loin, ce sont les résineux qui, avec le plus de vigueur, envahissent les anciennes châtaigneraies. En Galice [8], comme dans le Trás-os-Montes et dans l'Alto Douro [9], le conquérant est le pin maritime *(Pinus maritima)*, tout comme dans les *selve* abandonnées de la région de Pistoia, dans l'Apennin toscan, où dès 1935 Augusto Modena notait l'incroyable rapidité de ses progrès. Pour Ervedo Pisani [10], une telle évolution est normale dans cette région, puisque le châtaignier progressait encore aux XVIIe-XVIIIe siècles au détriment du pin maritime. Targioni-Tozzetti écrivait en 1742 : « Ils ont été plantés par les hommes à la place des pins. »

En Ardèche, Jules Carles notait en 1951 [12] les progrès rapides du pin sylvestre *(Pinus sylvestris)* dans la région de Vernoux et surtout du pin maritime vers Largentière, écrivant à propos de ce dernier qu'il « y a été introduit à la fin du siècle dernier et a tellement bien prospéré que pour maintenir les châtaigneraies, il faut sans relâche éliminer les jeunes plants de pin maritime qui envahissent et submergent tout ; cette résistance à l'envahissement ne s'avère efficace qu'auprès des villages. A Notre-Dame-de-Rouvières (Gard), ce sont des cèdres qui furent plantés à la fin du siècle dernier et qui envahissent les châtaigneraies dépérissantes, d'autant plus que la pression des troupeaux ne s'exerce pratiquement plus [13]. »

Photo 76 : *Maïs, vignes (au premier plan) et eucalyptus à l'assaut des châtaigneraies dans la région de Pontevedra (Galice).*

Photo 77 : *Vigne récemment plantée à la place d'une châtaigneraie aux Fargiers (Vesseaux, Ardèche). A droite de la photo, la clède tombe en ruine. A l'arrière-plan, les châtaigneraies plantées sur terrasses sont en voie d'abandon et les murettes s'écroulent.*

Mais dans un certain nombre de cas, les progrès des conifères ne sont pas spontanés. Ils procèdent d'une volonté délibérée des propriétaires ou des administrations forestières. Ainsi, en Ardèche, le Fonds forestier national subventionne les reconversions de châtaigneraies en plantations de douglas *(Pseudotsuga douglasii)* sur les terrains fertiles et de pins noirs laricio *(Pinus laricio)* sur les terrains superficiels [14]. Sur ces opérations de reboisement, il existe pour l'Italie une enquête très complète réalisée en 1965, sur la période 1960-1965, par Oscar Borelli, représentant au congrès de Coni, en 1966, de la *Direzione Generale per l'Economia Montana e per le Foreste*, alors en poste à Rome [15]. Ces actions, très aidées par l'État, principalement dans le sud, grâce au relais de la *Cassa per il Mezzogiorno*, concernent aussi bien les châtaigneraies privées que celles qui appartiennent aux communes, assez nombreuses en Italie centrale et dans le *Mezzogiorno*.

Tableau n° 21 : *Reconversion des châtaigneraies fruitières en plantations de résineux en Italie, entre 1960 et 1965.* (Documents manuscrits établis par Oscar Borelli).

Région	Superficie
Piémont	1 575 ha
Ligurie	968
Lombardie	1 000
Vénétie	392
Émilie	753
Toscane	9 336
Ombrie	—
Abruzzes-Molise	—
Latium	900
Campanie	533
Basilicate	70
Pouilles	—
Calabre	291
Sicile	—
Sardaigne	—
Total	14 918

La consommation des châtaignes aujourd'hui

Si chez certains paysans cévenols, corses, calabrais ou portugais, la châtaigne représente toujours un élément assez important de l'alimentation — leur nombre est très restreint —, d'une manière générale, en Europe, ce fruit n'est plus consommé qu'exceptionnellement. De pis-aller, il est devenu friandise rustique ou luxueuse, comme en témoignent un certain nombre de textes français. Les *Images économiques du Monde* de 1979 le placent en très noble compagnie [16] : « Nous sommes importateurs de foie gras, de truffes, de fruits secs, de châtaignes, d'escargots, d'écrevisses, c'est-à-dire d'un certain nombre de produits de luxe qui font notre réputation gastronomique. » Il est vrai que la châtaigne est presque le plus cher des fruits : 20 à 25 francs le kilo en Région parisienne à l'automne de 1985, contre 10 à 15 francs pour le raisin muscat, par exemple. M. Louis Perrin, président de l'Assemblée permanente des Chambres d'agriculture, s'alarmait en 1980 de la chute rapide de la production de certains produits français [17] : « La France produit 30 % de moins de foie gras qu'en 1968. La production de truffes a quasiment disparu, celle de châtaignes a été divisée par cinq depuis 1950, celle d'amandes par vingt depuis 1965 et la production de noisettes a presque disparu. » Même constat, enfin, dans un dossier de presse sur la châtaigne diffusé en 1984 par la S.O.P.E.X.A. : « Curieux destin que celui du marron et de la châtaigne ; d'aliments de première nécessité, il y a encore un siècle (500 000 tonnes en 1880), les voilà promus au rang des mets de fête avec une production commercialisable moyenne de 13 000 tonnes. »

Une telle transformation de statut alimentaire s'est naturellement accompagnée d'une recherche par les consommateurs de produits sélectionnés — très beaux fruits frais, produits transformés par l'artisanat ou l'industrie — et par une plus grande élaboration des recettes permettant de les accommoder.

Les travaux menés depuis plusieurs décennies par divers organismes européens ont abouti à la recommandation de quelques variétés de bonne qualité aux derniers producteurs. C'est une tendance que l'on retrouve à propos d'autres plantes cultivées ou des animaux d'élevage. La réduction du nombre des variétés disponibles présente bien des avantages pour le producteur et le consommateur, car le marché est ainsi plus transparent, mais certains agronomes et auteurs estiment que l'appauvrissement du patrimoine génétique qui en résulte est un fâcheux événement [18]. En France, les travaux de sélection sont menés par l'I.N.R.A. (stations de Malemort-sur-Corrèze et de La Grande Ferrade, près de Bordeaux, par exemple), en Italie par l'*Istituto di Coltivazioni Arboree* de l'Université de Turin, en Suisse par l'Institut fédéral de Recherche forestière. Les syndicats ou diverses administrations s'attachent à diffuser ces conseils. Le tableau suivant montre les variétés traditionnelles recommandées en France par la section nationale châtaigne de l'Association française des comités économiques agricoles de fruits et légumes (A.F.C.O.F.E.L.) en 1984 :

Tableau n° 22 : *Variétés de châtaignes et de marrons recommandés par l'A.F.C.O.F.E.L. en 1984.*

Variété	Type de fruit	Région adaptée
Marron d'Olargues	marron	Hérault
Rousse de Nay	châtaigne	Pyrénées-Atlantiques
Belle Épine	marron	Dordogne
Laguépie	châtaigne	Tarn-et-Garonne
Marron de Redon	marron	Loire-Atlantique, Morbihan, Ille-et-Vilaine
Sardonne	marron	Ardèche, Lozère
Marron du Var	marron	Var, Corse
Marron Dauphine	marron	Gard, Corrèze
Bouche-Rouge	marron	Ardèche, Lot
Comballe	marron	Ardèche, Lot

En outre, de nombreux essais d'hybridation *Castanea sativa* × *Castanea crenata* ont été tentés, faute de pouvoir acclimater les châtaigniers japonais purs. En Suisse, les variétés sélectionnées portent les appellations n. 5503, n. 5511 et n. 5514 [19]. En France, l'I.N.R.A. a mis au point la bournette, le maraval, le marigoule 15 (M 15), le marsol, le vignols. Le M 15 est de loin celui qui a connu le plus grand succès. Ce clone avait été obtenu avant la Seconde Guerre mondiale par J. Dufrénoy [20]. Il est résistant à l'encre et plus résistant au chancre que les autres variétés. Il s'agit d'un producteur direct propagé par marcottage dont les fruits sont des marrons d'excellente qualité — c'est-à-dire non cloisonnés et donc d'épluchage très facile — mais également de grosse taille. Pour certains, il présente l'inconvénient de manquer de saveur [21], mais dans ce domaine la subjectivité des jugements est très grande... Une autre variété hybride, le A W 74, qui donne également des marrons, est surtout utile comme pollinisatrice. Depuis quelques années la station I.N.R.A. de La Grande-Ferrade (Bordeaux) a mis au point de nouveaux hybrides euro-japonais qui sont en cours d'expérimentation tant en France qu'en Italie [22].

Les avantages de ces nouvelles variétés sont nombreux, mais les

Photo 78 : *Grillage des marrons par un marchand du bazar de Skoplje (Macédoine).*

Photo 79 : *Marchands thessaliens vendant des marrons de Crète à Athènes (quartier Monastiraki).*

Photo 80 : *Sachet fourni par un grossiste parisien (de Chantilly) aux marchands de marrons chauds. La contenance est d'une douzaine de marrons, environ. Acheté en octobre 1978 sur les Champs-Élysées, ce sachet contenait des marrons provenant de Nola, dans la région de Naples.*

RÉPARTITION DES MARCHANDS DE MARRONS CHAUDS DANS LES RUES DE PARIS
L' APRÈS-MIDI DU SAMEDI 16 JANVIER 1982

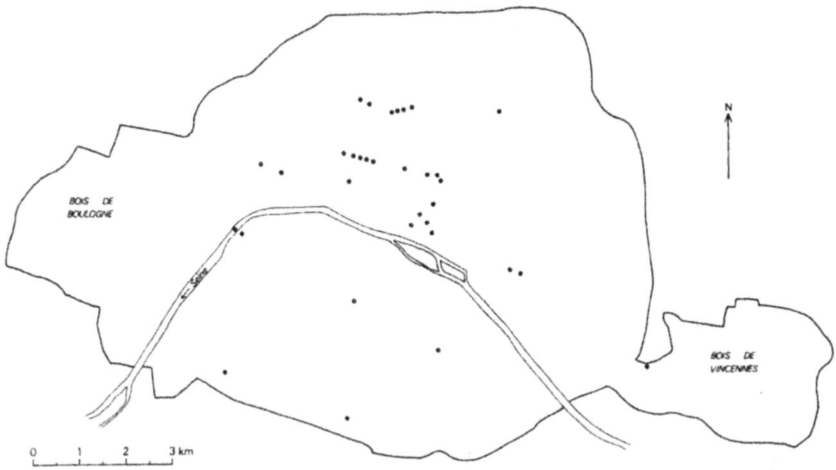

Fig. 62

producteurs intéressés rares. Entre 1958 et 1966, le Fonds forestier national avait distribué gratuitement des plants de M 15 en Ardèche. L'échec fut total, car on conseillait d'employer l'hybride comme porte-greffe, ce qui constitue une technique médiocre. Et surtout, comme le notait M.-C. Leyder [23], « le fait de distribuer gratuitement les plants a amené le désintéressement des producteurs, ce qui est une réaction psychologique courante ». Depuis 1966, la distribution s'effectue à titre onéreux (5 à 7 francs en 1972), mais une aide financière est accordée par le F.O.R.M.A. (Fonds d'orientation et de régularisation des marchés agricoles) aux agriculteurs membres de groupements : Chambre d'agriculture, coopérative Vivacoop ou établissements Boiron à Vesseaux (maison de commerce qui signe avec les producteurs des contrats de culture).

Quelle que soit la variété des fruits proposés, les producteurs ne peuvent espérer de débouché régulier, tant auprès du commerce et des industriels que des consommateurs, que s'ils offrent une production parfaitement saine, c'est-à-dire comportant un nombre de fruits véreux aussi réduit que possible. Les deux parasites les plus répandus sont le carpocapse *(Lespeyria splendana)* et le balanin *(Balaninus elephans)*, dont les œufs sont pondus sur les jeunes fruits et dont les larves se développent lorsque ceux-ci arrivent à maturité en y creusant des galeries et des cavités. Les deux méthodes classiques de désinfection sont le trempage pendant quelques jours dans l'eau [24] suivi d'un séchage à l'air et le traitement par gaz toxiques. Actuellement, en Europe, seule l'Italie pratique la désinfection par trempage de manière généralisée, et c'est l'une des raisons du succès des marrons italiens sur le marché international : l'acheteur ne court aucun risque avec les fruits provenant de la péninsule.

Les seuls fruits recherchés aujourd'hui sont donc les marrons, si possible de gros calibre et de saveur sucrée. Mais la difficulté d'épluchage ne disparaît pas pour autant et la perspective des longues opérations préalables à la dégustation rebutent fréquemment le consommateur. C'est un problème que rencontrent également les producteurs d'artichauts [25] et, dans une moindre mesure, ceux de pommes de terre. Dans le cas de ce dernier tubercule, les producteurs et les industriels ont imaginé une foule de produits semi-préparés ou prêts à consommer : frites surgelées, pommes de terre épluchées et conditionnées sous vide, purée en flocons, croquettes, etc. En ce qui concerne les châtaignes, de très gros efforts restent à faire. Il est très difficile de trouver des marrons frais épluchés au détail. Un seul commerçant en propose à Paris, principalement à l'usage des restaurateurs et des traiteurs [26]. Depuis 1984, une entreprise corrézienne tente de diffuser des marrons grillés et épluchés conditionnés sous vide [27]. Le produit ne paraît pas rencontrer un grand succès pour l'heure. En revanche, les marrons au naturel (à l'eau ou sous vide, en boîte ou en bocal) sont assez appréciés des consommateurs pour la facilité de leur emploi, mais il leur est souvent reproché une saveur trop éloignée des fruits frais et une consistance trop molle.

En Campanie, en revanche, les *castagne del prete* (châtaignes du prêtre) sont toujours très populaires. Ces châtaignes demi-sèches à la saveur légèrement fumée (voir chapitre V) peuvent être épluchées à la main et grignotées sans difficulté, tout comme des pistaches ou des cacahuètes. La technique en usage dans la région napolitaine mériterait d'être imitée en Europe, encore que l'intérêt d'un tel produit auprès des citadins d'aujourd'hui réside en grande partie dans sa puissance d'évocation. La rusticité de sa saveur n'acquiert de charme véritable que lorsqu'on y a goûté jadis, à la campagne.

C'est ce goût d'enfance qui fait renaître, ici ou là, l'intérêt pour la farine de châtaignes et les préparations culinaires qu'elle permet. On peut en trouver en Toscane et en Piémont. Certains meuniers corses se reconstituent une clientèle de producteurs locaux, mais aussi de Corses du continent : ceux de Bocognano, de Valle d'Orezza ou de Nocario, par exemple [28]. De même, en Ardèche, où la production de farine avait pratiquement disparu, quelques producteurs et quelques minoteries se tournent de nouveau vers cette transformation. Ainsi, la minoterie Rieubon de Saint-Maurice-d'Ardèche produit chaque année plusieurs centaines de kilos de farine vendue à une cinquantaine de boulangers, et ceux-ci en font un pain mêlé qui n'est pas sans intérêt [29]. Pour relancer cette production, le Syndicat des Producteurs de châtaignes de l'Ardèche diffuse, par l'intermédiaire de la S.O.P.E.X.A., un dépliant contenant des recettes traditionnelles (cousinat) et modernes (pudding de châtaignes au chocolat).

La facilité d'épluchage et la nostalgie des saveurs d'antan expliquent le maintien général en Europe des marrons chauds grillés dans les rues des villes, de Londres à Istambul. A Paris, la profession de marchand de marrons est actuellement surtout exercée par des étrangers. Lors d'une enquête réalisée le 16 janvier 1982 [30], sur les 22 marchands ayant accepté de répondre à un questionnaire [31], 10 étaient grecs, 5 maghrébins, 3 français, 1 italien, 1 pakistanais, 1 vietnamien. Installés à la devanture d'un café ou en pleine rue avec un fourneau roulant, ils exerçaient principalement leur activité sur la rive droite, dans les quartiers où les Parisiens aiment à se promener en hiver : Grands Boulevards, Pigalle, Les Halles-Beaubourg, Champs-Élysées, Tour Eiffel. La proximité des cinémas est un facteur très favorable. La clientèle est plutôt jeune ou familiale ; les étrangers achètent volontiers un sachet de marrons. La période de vente va du 15 octobre au 15 février, parfois un peu au-delà. A l'automne, les marchands trouvent chez leurs grossistes des marrons français, mais à la fin de la saison, seuls des marrons provenant d'Italie ou d'Espagne sont disponibles du fait de leurs meilleures techniques de conservation. Certains marchands n'utilisent même, par sécurité, que des marrons italiens. La plupart vendent également d'autres fruits secs (cacahuètes, amandes, noisettes), et font aussi parfois des crêpes (il leur faut alors un associé). En été, ils se reconvertissent dans la vente de glaces. Les conditions climatiques et le risque des amendes (pour ceux qui vendent à la sauvette, c'est-à-dire la majorité) rendent le métier difficile. Beaucoup de marchands se déclarent attachés à ce qu'ils estiment être une vraie profession. Si la plupart estiment qu'on devient grilleur de marrons en quelques jours, certains affirment qu'il faut beaucoup plus longtemps ; l'un d'entre eux parle même d'un apprentissage de deux ans pour savoir cuire correctement les fruits et les délivrer chauds, moelleux à cœur et non brûlés à la périphérie... L'enquête sur les rémunérations a donné des résultats trop disparates pour qu'il soit possible de se faire sur le sujet une opinion précise.

Parmi les produits artisanaux ou industriels susceptibles d'intéresser les consommateurs d'aujourd'hui, il faut signaler la purée de marrons au naturel (facile d'utilisation, mais nécessitant un enrichissement en crème ou beurre et en condiments divers pour être réellement agréable), diverses liqueurs de châtaignes (moyennement appréciées, car la mode n'est plus guère aux liqueurs, même en Italie [32]), les marrons au cognac et surtout à l'armagnac, mais aussi à divers alcools (le Cordial Campari italien, par exemple). Le produit le plus populaire est cependant, sans aucun doute, la confiture de châtaignes, plus connue sous le nom de crème de marrons. Cette fabrication demandant beaucoup de sucre n'est pas très ancienne. Elle n'est devenue réellement populaire qu'à la fin du XIXe siècle. Assez difficile à confectionner car elle attache facilement au fond de la bassine, la meilleure vient de chez les fabricants de marrons glacés qui la réalisent avec des brisures de ces derniers. Bien que très nourrissante, elle peut se révéler d'une grande finesse lorsqu'elle est aromatisée à la vanille naturelle. Elle peut être accommodée de plusieurs manières en dessert ou en confiserie (bonbons ou chocolats fourrés).

Le marron glacé est la seule fabrication réellement associée à l'idée de luxe, bien que la mise au point de procédés industriels de fabrication en ait considérablement entraîné vers le bas l'éventail qualitatif. On ne peut comparer le marron glacé fondant et parfumé des grands confiseurs parisiens, avec celui que fournissent les industriels piémontais, trop sucré et farineux, recouvert d'une couche opaque de sucre au lieu d'être brillant.

La plupart des procédés qui viennent d'être évoqués sont assez traditionnels et ne paraissent guère appelés à connaître une grande expansion dans l'avenir, ne serait-ce qu'en raison de la désaffection des Européens de cette fin du XXe siècle pour les farineux. La seule manière de séduire la clientèle est donc de l'inciter à consommer des châtaignes sous des formes originales, l'étonnement étant l'un des ressorts majeurs du plaisir gastronomique. Voici quelques exemples de recettes répondant à ce principe : châtaignes aux feuilles de figuier et aux clous de girofle [33], potage à la perdrix et aux marrons [34], filet mignon sauce aux marrons [35], poule farcie au chou rouge et marrons [36], soufflé de boudins aux marrons [37], brocoli farci aux châtaignes [38], filet de lapereau grillé aux marrons glacés [39], bombe aux marrons du pâtissier parisien Coquelin, glace aux marrons glacés du glacier parisien Berthillon, soufflé aux châtaignes, gratin de marrons à l'armagnac du restaurant parisien Jules Verne, etc., toutes ces nouveautés n'enlevant rien, évidemment, au prestige de la dinde aux marrons qui ne se consomme, au mieux, qu'une seule fois dans l'année.

ORGANISATION ACTUELLE DE LA PRODUCTION

L'accession (ou le retour) de la châtaigne au statut de symbole rustique, de friandise ou de produit de luxe a considérablement restreint le nombre des producteurs. Dans toute la Castagniccia corse, il restait, en 1977, 120 exploitants ramassant leurs châtaignes, et ce sur des surfaces toujours inférieures à 2 hectares [40]. En Ardèche, les propriétaires étaient près de 4 000 au début des années 1970, se partageant environ 9 000 ha [41], mais aujourd'hui réalité quelques centaines d'entre eux seulement poursuivent l'entretien de leurs vergers, commercialisant chacun une moyenne de 2 tonnes par an [42].

La plupart des producteurs européens pratiquent une polyculture au sein de laquelle le châtaignier occupe une place mineure, à côté d'autres arbres fruitiers, de vignes, de pâturages sur lesquels se pratique un élevage laitier ou d'embouche (bovins, ovins, caprins, porcins), de bois, etc. Beaucoup poursuivent l'exploitation selon les méthodes les plus traditionnelles, en accordant même moins de soins à leurs arbres que jadis. Il n'y a guère d'avenir pour les châtaigneraies de ces agriculteurs. En revanche, un petit nombre d'entre eux ont modernisé leur exploitation, ne cultivant plus que sur terrain plat ou sur terrasses assez larges, labourant, engraissant et arrosant leurs vergers, conditionnant correctement leur production et trouvant donc des débouchés rémunérateurs. Certains ont même imaginé des engins de ramassage mécanisé tel celui mis au point par Pierre Micaelli à Quenza en Corse [43]. C'est sur de telles exploitations qu'il est possible de voir quelques plantations nouvelles ou soigneusement régénérées.

Les plus dynamiques des castanéiculteurs européens sont italiens, piémontais et campaniens surtout. Les meilleurs producteurs ardéchois le reconnaissent volontiers depuis 1979. En effet, face à l'invasion des marrons italiens sur le marché français, les producteurs du Vivarais décidèrent en novembre 1979 d'aller comprendre sur place les causes de ce succès. Le compte rendu de ce voyage est un document qui, par son honnêteté, mériterait une large diffusion [44]. « Nous avons bien été tentés une fois ou l'autre, d'aller décharger un de ces camions italiens stationnés devant chez Faugier à Privas. [...] Sûr qu'une fois il s'en est fallu de peu [...] et puis [...] la réflexion l'a emporté. Plutôt que de s'attaquer à un triste camion italien à Privas, nous irons voir d'où sortent ces fameux marrons. » dix-sept producteurs ardéchois se rendirent donc en Campanie. « A la vue des premiers châtaigniers, note le rapport, chacun a vite compris. Je crois que nous n'avons pas laissé au car le temps de faire 200 mètres [...] et les Ardéchois furetaient sous les

Photo 81 : *Jeune châtaigneraie à Saint-Étienne-de-Boulogne (Ardèche).*

châtaigniers italiens. [...] Des vergers à perte de vue, un enherbement parfait, des arbres qui avaient tous été taillés sévèrement, rabattus parfois aux trois quarts et pas la moindre brindille par terre, pas un tas de bois. Les feuilles et les bogues ne sont pas ramassées et brûlées. Du fait du climat, la terre les digère dans l'hiver, et quelle terre ! [...] Aucune châtaigneraie en friche ou abandonnée. [...] Un travail énorme, une châtaigneraie immense conduite en véritable verger de rapport. Nous l'avons admis et nous avons rendu hommage au travail de nos collègues italiens que nous pouvions apprécier en connaisseurs. »

De fait, en Campanie, la castanéiculture est très rentable. Les exploitations visitées par les producteurs ardéchois dans cette région sont extrêmement représentatives. Ainsi, M. Giuseppe Landati possède 6 ha de châtaigneraies à Avellino et 9 ha de noisetiers, ainsi que 20 ha de taillis. Ses châtaigneraies lui rapportaient en 1979 l'équivalent de 9 000 francs/ha contre 7 500 francs pour ses vergers de noisetiers. Il n'y a guère que dans cette région que l'on peut rencontrer des exploitations telles que celle de M. Bartoli à Rocca, près de Caserta, qui sur une superficie totale de 300 ha compore 50 ha de châtaigneraies et qui emploie pour la récolte, au mois de septembre, 150 à 200 personnes !

En France, on ne rencontre guère d'exploitation consacrée exclusivement à la culture du châtaignier. Dans ce qui fut autrefois une région de monocastanéiculture, M. André Martin, de Vesseaux, possède actuellement 9 ha, dont 3 consacrés au châtaignier et le reste cultivé en vignes, en vergers ou classé en lande. En Corse, M. Constantino Pinna, d'Aullène, vit grâce à ses 10 ha de châtaigneraies dont il ne récolte pas les fruits, mais où il nourrit un troupeau de porcs qui lui permet de tuer une cinquantaine de bêtes par an qu'il transforme lui-même en *figatellù*, en *coppa*, en *voletta* et en *presutto*. Si l'on considère qu'une grande partie de la charcuterie corse — très réputée — vient en réalité d'Italie, on peut penser qu'un tel exemple mériterait d'être suivi et qu'il y aurait là un moyen de revaloriser cette châtaigneraie corse proche de l'abandon complet. L'élevage porcin est également en plein essor dans la châtaigneraie cantalienne lié, non seulement à la production non récoltée des châtaignes, mais aussi aux coopératives laitières (Centre-Lait à Aurillac, par exemple) [45]. Dans le Vivarais, dans les Cévennes et en Corse, quelques jeunes producteurs tentent de relancer la consommation de farine de châtaignes. Certains sont des enfants du pays, d'autres des néoruraux, tel cet ex-P.-D. G. d'une entreprise de commerce installé dans les Cévennes gardoises sur 32 ha, dont 13 de châtaigneraies [46], ou bien Gilbert Vieillerobe, installé à Thines (Ardèche), membre actif du Syndicat des Producteurs et habité par le désir de relancer la culture du châtaignier au point qu'il vient de publier un long poème en prose sur cet arbre [47]. Mais, d'une manière générale, la rémunération des castanéiculteurs français est encore faible. Aux difficultés déjà évoquées de modernisation de la production, s'ajoute une connaissance imparfaite des conditions du marché.

Photo 82 : *Jeune châtaigneraie à Rebordelo (Trás-os-Montes).*

La plupart des producteurs français désireux de poursuivre l'exploitation de leurs arbres et d'améliorer leurs ressources sont membres de groupements syndicaux d'une utilité incontestable, tant dans le domaine de la lutte contre les maladies et de la sélection des variétés les meilleures que dans l'adéquation de l'offre des producteurs à la demande des consommateurs, et surtout à celle du marché représenté par les industriels et les grossistes en fruits frais. Depuis 1968, il existe en France un Comité national interprofessionnel de la Châtaigne et du Marron (C.N.I.C.M.) qui regroupe ces syndicats départementaux, régionaux ou intercommunaux, ainsi que des coopératives, des négociants, des pépiniéristes (annexe n° 28) qui a son siège à Nîmes et que préside Elisée. Dumas depuis l'origine. D'autres organismes se préoccupent de l'avenir des châtaigneraies françaises. Parmi eux, il faut citer l'I.N.R.A. qui, sous l'impulsion de J. Grente, conduit des recherches sur les maladies et a mené des enquêtes très approfondies en Castagniccia, sous la direction de Jean-Pierre Deffontaines, l'Association française des Comités économiques Fruits et Légumes (A.F.C.O.F.E.L.), dont la section Châtaignes et Marrons est présidée par le castanéiculteur Jean Redon, la Société pour l'Expansion des Ventes des Produits agricoles et alimentaires (S.O.P.E.X.A.) qui vient en 1984 d'organiser une campagne de promotion des châtaignes et des marrons de France [48], ainsi que divers organismes à vocation régionale telle la Chambre régionale d'agriculture du Limousin [49] ou la

Photo 83 : *Très ancienne châtaigneraie régénérée à Solofra (Campanie).*

Chambre d'agriculture d'Ardèche, l'une des plus actives en ce domaine, grâce à l'action conduite depuis 1968 par un conseiller agricole spécialisé, Jacky Reyne, ou bien encore le service forestier de la Compagnie nationale d'Aménagement de la Région du Bas-Rhône et du Languedoc [50].

LE MARCHÉ DES CHÂTAIGNES ET DES MARRONS

Tout comme les superficies, il est bien difficile de connaître avec précision la production européenne de châtaignes. Selon Guy Bonnerot [51] — qui ne fournit pas ses sources — elle tournait, au début des années 1970, autour de 350 000 tonnes, le Portugal étant le premier producteur avec 95 000 tonnes. Le problème est que ce dernier pays est celui où la part autoconsommée de la production est la plus forte ; 25 000 à 30 000 tonnes seulement sont commercialisées et, pour la plus grande part, dans des circuits très traditionnels difficiles à étudier. D'après les services statistiques de la C.E.E. (Eurostat), la production moyenne de l'Europe (des Dix) est actuellement d'environ 100 000 tonnes répartie, pour l'essentiel, en trois pays : l'Italie (65 000 à 70 000 t), la France (15 000 à 16 000 t), la Grèce (12 000 à 15 000 t) [52]. Les productions commercialisées par l'Espagne, le Portugal et la Turquie sont respectivement estimées à 30 000, 25 000 et 50 000 tonnes [53]. En outre, une partie de la production est autoconsommée, ramassée à la sauvette ou consommée par le bétail. Une partie de la production commercialisée échappe également à la statistique. Il s'agit des fruits vendus directement par les producteurs, voire les ramasseurs, sur les marchés locaux. Le fait est courant dans les Balkans, dans le sud de l'Italie, dans la péninsule Ibérique, mais il n'est pas absent des autres régions. Ainsi, à l'automne 1985, bonne année pour les châtaignes des taillis parisiens, les maraîchers vendaient sur les marchés de la région les plus belles des châtaignes « sauvages » ramassées en forêt [54].

Le marché des châtaignes est resté en grande partie décentralisé et soumis à des règles de fonctionnement très traditionnelles. Si les tonnages mis en vente ont fortement diminué depuis un siècle, les techniques, quant à elles, n'ont guère évolué. C'est ce qu'a bien montré Ariane Bruneton-Governatori pour le Sud-Ouest français [55]. Quatre marchés de gros continuent à fonctionner au pied des Pyrénées occidentales : Pau, Nay, Oloron et Tarbes. Une dizaine de fois, entre le 15 octobre et Noël, les producteurs apportent leur récolte en sacs de 80 kg, à raison de un à dix sacs chacun. Les marchands-acheteurs, au nombre de 5 à 12 selon les marchés et les jours, sont les mêmes partout. Trois sont de gros négociants, les autres des détaillants ou des grilleurs. Le déroulement de ce marché de gré à gré obéit à un rituel très précis et impossible à comprendre pour le néophyte [56] : « Les marchands circulent à travers sacs et groupes, selon un itinéraire qui ne semble pas tant guidé par la " belle " marchandise, que par les visages connus. Il

ÉVOLUTION DE LA PRODUCTION FRANÇAISE DE CHÂTAIGNES ENTRE 1887 ET 1983

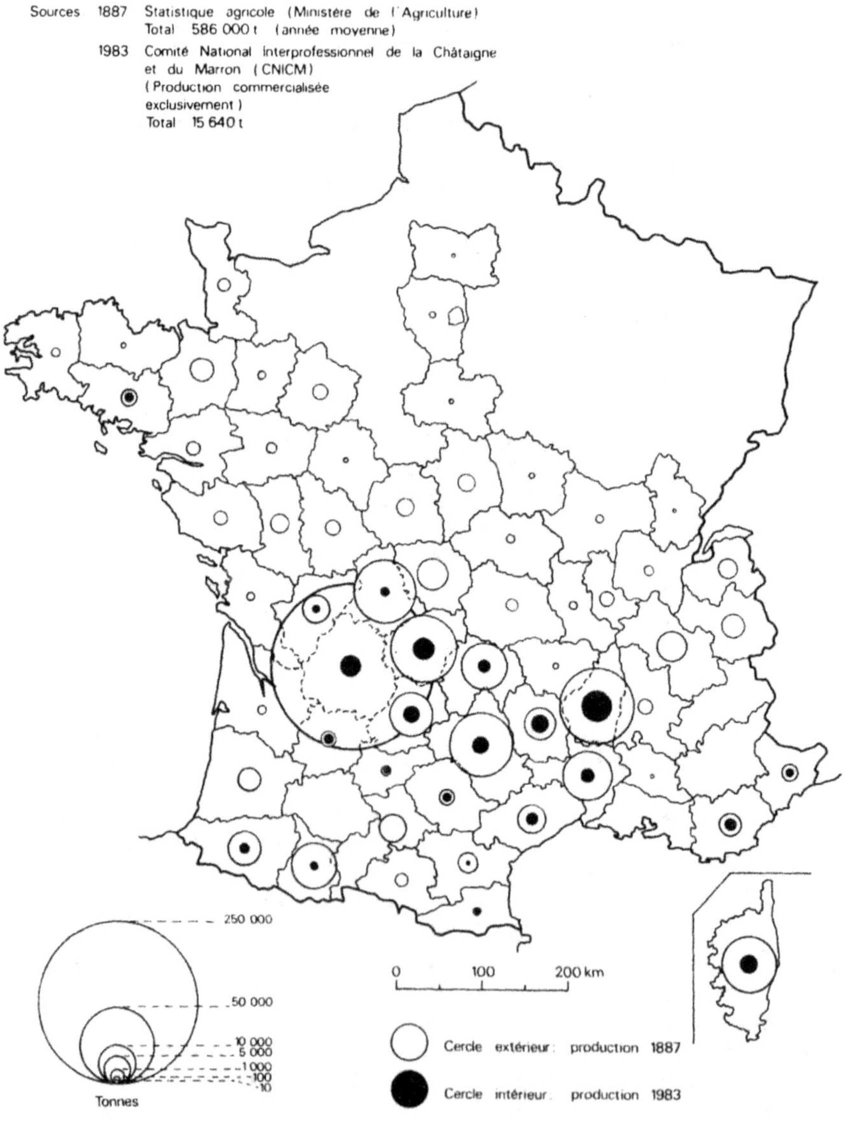

Fig. 63

Photo 84 : *Marchand albanais vendant des marrons de Macédoine sur un marché de Belgrade (Serbie) : une image de la mosaïque yougoslave.*

Photo 85 : *Triage et conditionnement des châtaignes à la coopérative Copeyrieux de St- Sernin (Ardèche). Photo SOPEXA.*

Photo 86 : *L'une des principales usines de fabrication des marrons glacés :* l'Azienda Agrimontana à Borgo San Dalmazzo (province de Coni, Piémont).

LES COURANTS COMMERCIAUX DE CHÂTAIGNES EN ITALIE EN 1966

d'après Emilio CAVARGNA BONTOSI, 1967

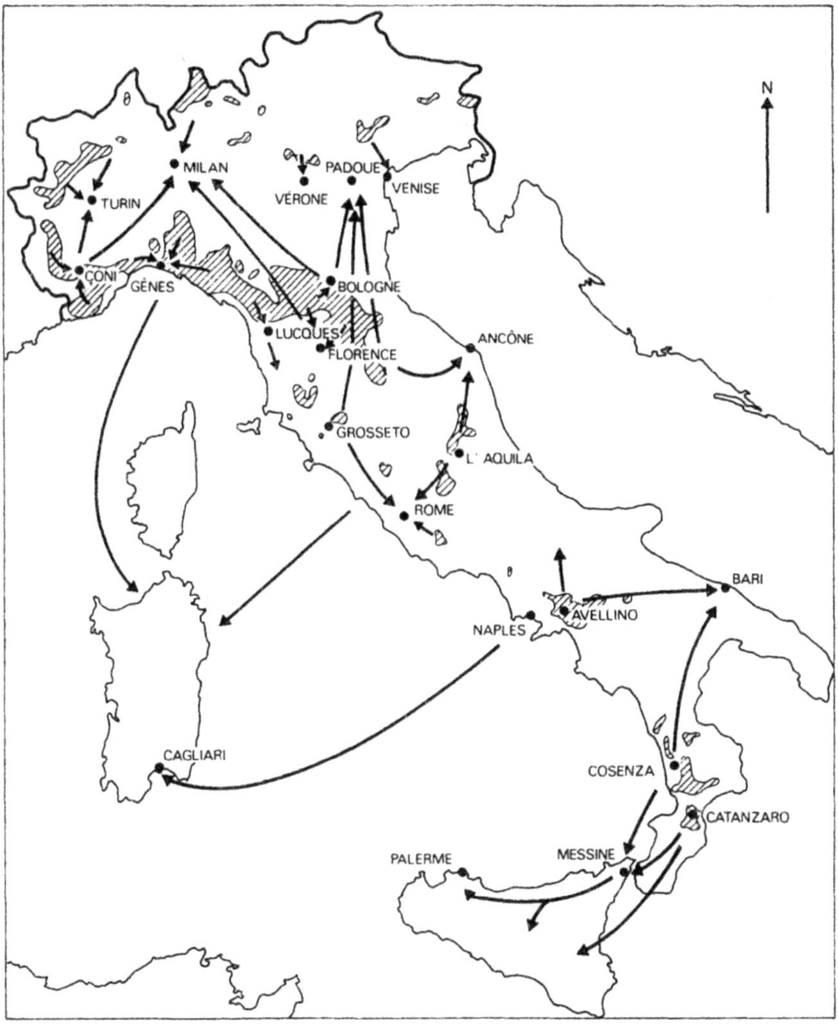

• Marché aux châtaignes important

Principales régions de châtaigneraies fruitières

0 300 km

Fig. 64

DESTINATION DES EXPORTATIONS FRANÇAISES DE CHÂTAIGNES ET DE MARRONS

(MOYENNE 1982-1983)

Source : Douanes françaises

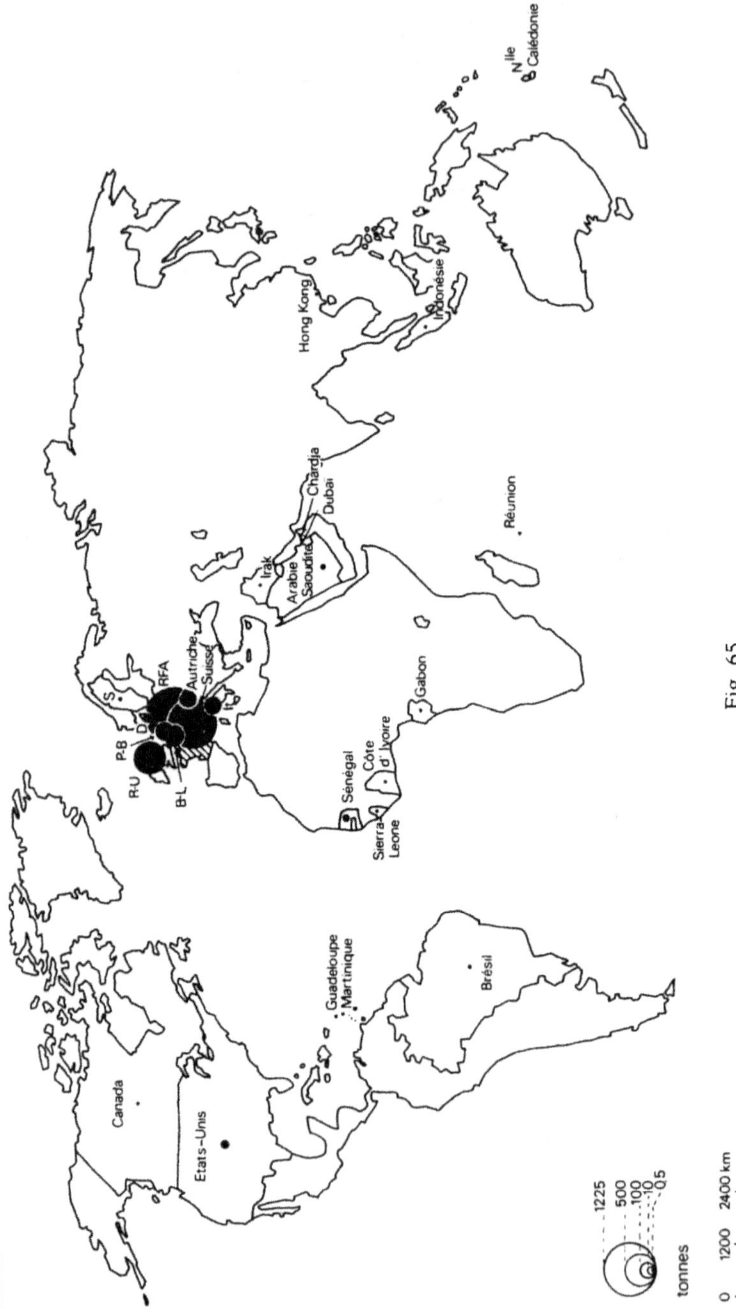

Fig. 65

DESTINATION DES EXPORTATIONS ITALIENNES DE CHÂTAIGNES ET DE MARRONS
(MOYENNE 1982 - 1983)

Source : Douanes italiennes

Fig. 66

IMPORTATIONS MENSUELLES FRANÇAISES DE CHÂTAIGNES ET DE MARRONS DE 1981 A 1983

Source : Douanes françaises

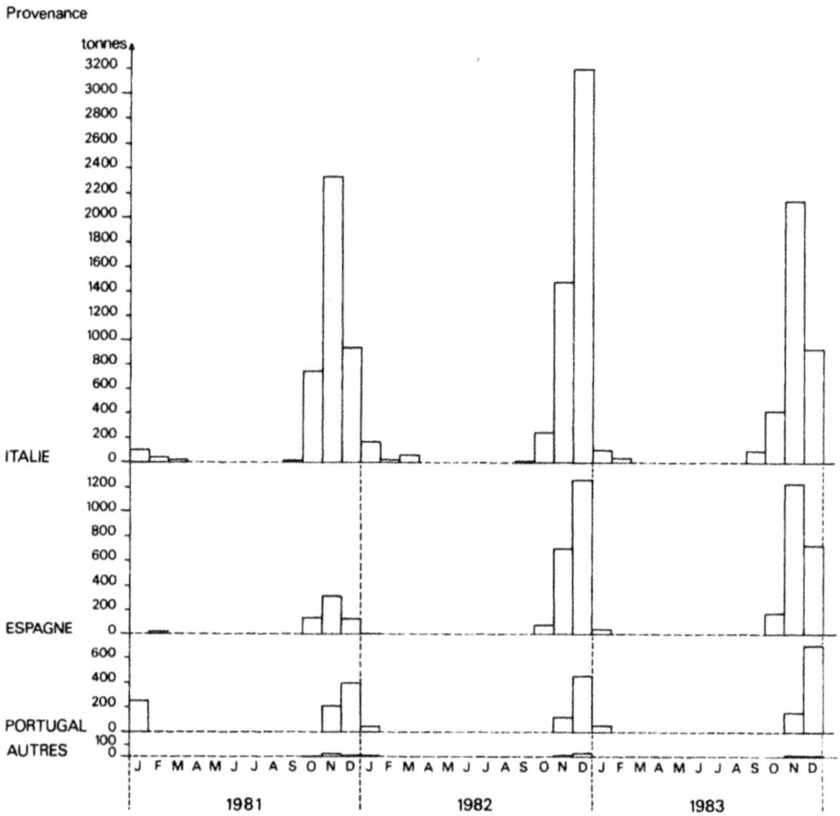

Fig. 67

APPORTS DE CHÂTAIGNES ET DE MARRONS
SUR LE M.I.N. DE RUNGIS

Source : SEMMARIS

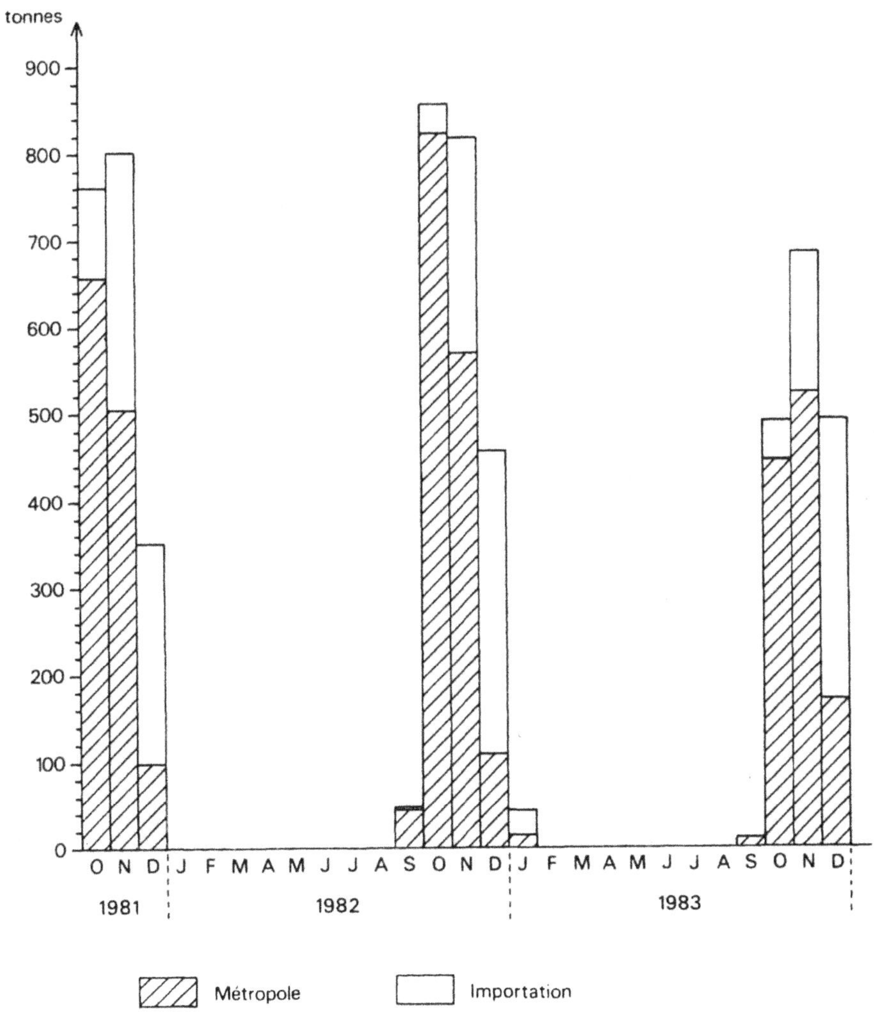

Fig. 68

RÉPARTITION DÉCADAIRE DES EXPORTATIONS DE CHÂTAIGNES ET DE MARRONS FRANÇAIS VERS L'ALLEMAGNE (MOYENNE 1981-1983)

Source : Douanes de la R.F.A.

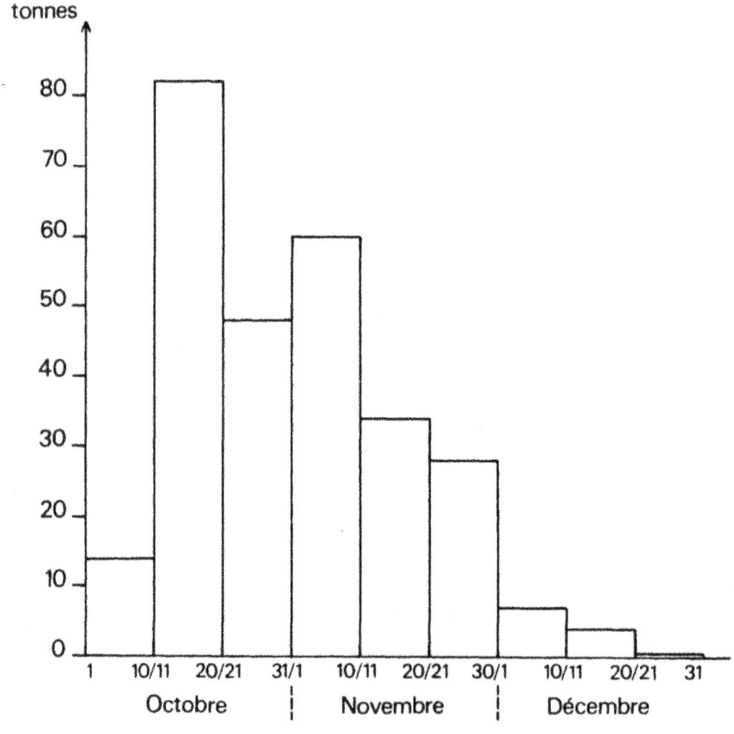

Fig. 69

s'agit là de gros qui vont à la recherche de leurs clients : les producteurs qui fidèlement n'ont jamais vendu leurs châtaignes à d'autres. [...] Parfois le cours, le prix n'est même pas mentionné : le paysan a vendu sans savoir combien, avec juste l'assurance que sa marchandise lui sera payée " au cours " ! [...] En tout, l'opération n'a pas excédé un quart d'heure. » Des marchés obéissant à des règles analogues se déroulent un peu partout en Europe. Les plus importants sont ceux de Coni et d'Avellino en Italie. Il s'agit de pratiques héritées d'un temps où le marché était moins transparent et les moyens de communication plus précaires ; elles n'ont survécu qu'en raison de l'extrême rétrécissement du marché. On imagine mal, en effet, un marché au cadran pour les quantités minimes vendues sur chaque marché, sauf, peut-être, à Naples ou à Coni.

D'autres méthodes de commercialisation coexistent avec celle qui vient d'être évoquée. Certains producteurs livrent directement leur production chez le grossiste. Certains se regroupent en S.I.C.A. ou en coopératives, de manière à mieux conditionner la production et à mieux maîtriser les prix. En France, 22 % de la collecte est effectuée par l'intermédiaire de onze coopératives et d'une S.I.C.A.

La majeure partie de la production européenne est commercialisée et consommée « en frais » ; le reste est transformé. En France, 5 930 tonnes (38 % de la production) ont subi une transformation artisanale ou industrielle en 1983 [57] : 4 214 t en crèmes et purées, 1 040 t en châtaignons et farine, 113 t en marrons blanchis en bocaux, 450 t en marrons blanchis surgelés et les 113 tonnes restantes en divers produits expérimentaux dont, paradoxalement, des marrons glacés. En effet, ce produit est principalement fabriqué en Italie et, secondairement, en France, mais à partir de marrons italiens. L'industrie française a transformé (en 1981) 17 028 t de fruits [58] : 1 025 t en marrons glacés, 1 367 t en purée, 7 269 t en crème et 7 269 t en marrons au naturel. La différence avec les chiffres précédents correspond donc à des importations.

Les principaux industriels européens sont piémontais : Motta, Allemagna, Candi, *Azienda Agrimontana*. En France, les usines sont localisées en Ardèche (55 % de la crème, 33 % de la purée, 30 % des marrons au naturel et 40 % des marrons glacés) où trois entreprises se partagent la production (Faugier-Boiron à Privas et Donzère, Sabaton à Labégude et Imbert à Aubenas), dans la Corrèze et dans le Lot. Les industriels français, regroupés dans le cadre de la Fédération nationale des Syndicats de Confituriers et Conserveurs de Fruits, ont assez fâcheuse réputation auprès des producteurs, aux yeux de qui ils représentent un groupe de pression opposé aux marrons français. Si leurs approvisionnements en petits fruits destinés à être transformés en purée ou en crème sont en partie réalisés sur le marché français, la matière première des marrons glacés vient en effet exclusivement d'Italie et ce, depuis plusieurs décennies, la qualité des marrons français étant trop irrégulière pour un prix trop élevé. Les marrons piémontais ou napolitains arrivent tout épluchés et surgelés ; ils résistent parfaitement bien aux seize stades de fabrication par lesquels on les fait passer [59]. L'attitude des fabricants français est donc parfaitement justifiée. Le voyage des producteurs ardéchois en Campanie en 1979 a marqué le début du retournement de leur attitude. Des résolutions ont été prises pour améliorer la qualité de la production française sans augmenter ses prix. C'est, évidemment, la seule solution possible. Il faut ajouter que les marrons glacés français sont de qualité généralement très supérieure à celle des marrons glacés italiens. Cette situation s'apparente à celle du foie gras : matière première largement importée venant bénéficier du savoir-faire (et du prestige) des fabricants français [60].

Les tensions existant entre producteurs et industriels français sont avivées par le fait qu'une partie de la production corse est exportée vers l'Italie à très bas prix avant d'être réintroduite sur le continent. On peut objecter à cet argument souvent brandi dans les réunions de castanéiculteurs [61] que les tonnages concernés ne peuvent être importants, puisque la France exporte chaque année vers l'Italie seulement 79 tonnes de châtaignes (moyenne 1982-1983) et que personne n'oblige certains producteurs corses à vendre leur récolte en Italie.

Ainsi, comme le soulignent les fig. n° 63 à 69 tout oppose la France et l'Italie en matière de commercialisation des châtaignes. La France qui voit sa production décliner ne parvient pas à satis-

Tableau n° 23 : *Structure du marché français de châtaignes et de marrons en 1983*. Source A.F.C.O.F.E.L.-S.O.P.E.X.A.

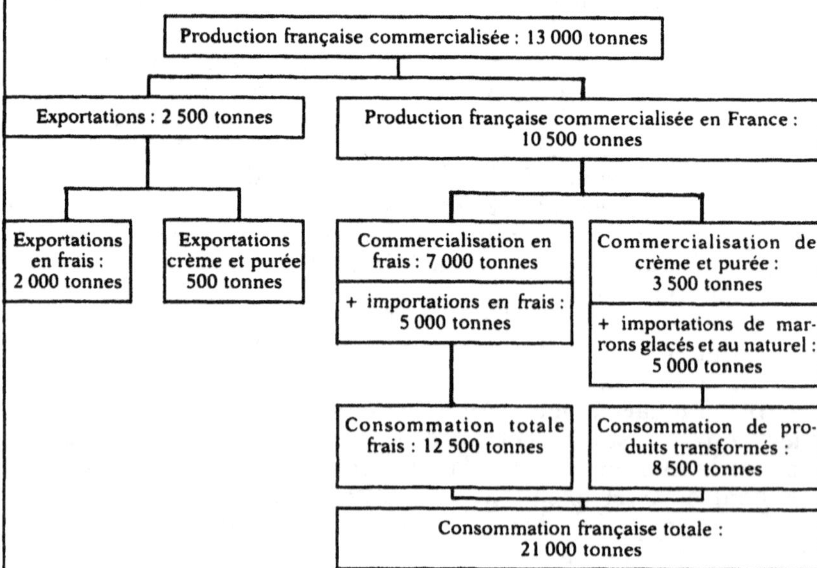

faire son marché de consommation (même en fruits frais, comme le montre la suprématie des marrons importés sur le marché de Rungis au mois de décembre), tandis que l'Italie, grâce à un effort qualitatif suivi, approvisionne correctement sa demande intérieure et exporte dans le monde entier.

En décembre 1974, Christian Bonnet, alors ministre de l'Agriculture, déclarait devant l'Assemblée nationale, en réponse à une question de M. Gaudin [62] : « L'objectif de cet ensemble de mesures est de permettre de reconstituer en une dizaine d'années un potentiel de production suffisant pour fournir les 8 000 tonnes de marrons de confiserie actuellement importées. » Une décennie plus tard, la situation du marché n'a guère évolué...

PRODUCTION ET USAGES ACTUELS DU BOIS DE CHÂTAIGNIER

Depuis la Seconde Guerre mondiale, les usages du bois de châtaignier ont connu un déclin rapide. Les extraits tannants se sont trouvés concurrencés par divers autres tannins végétaux issus, par exemple, du mimosa, de l'eucalyptus, du chêne à vallonée, du quebracho, et surtout par les tannins minéraux et de synthèse [63]. La plupart des usines ont donc fermé leurs portes dans les années 1960. Une seule reste ouverte en France : celle de l'entreprise Rey à Labriguière (Dordogne), qui fabrique encore des extraits et des panneaux de particules constitués des déchets de bois provenant de la première opération. Les conséquences de ces fermetures sur l'emploi ont été durement ressenties dans certaines régions, tout particulièrement en Corse [64].

Le châtaignier a également subi la vigoureuse concurrence du robinier *(Robinia pseudoacacia)* pour la fabrication des échalas. Le fait n'est pas nouveau, mais il s'est accentué avec les atteintes des maladies. Ainsi, en Ligurie, le propriétaire du domaine Doria à Montaldeo a remplacé dès 1875 ses châtaigneraies ruinées sous l'effet de l'encre par 16 000 robiniers [65]. En Bordelais, le châtaignier, autrefois très présent dans les taillis compris entre le vignoble et les Landes, a presque disparu aujourd'hui. Le robinier couvre 90 % des 2 160 ha de taillis que compte le canton de Podensac (Gironde) [66]. Un récent rapport envisage de moderniser ces taillis dont les produits sont très demandés par le vignoble girondin : ils fournissent actuellement 7 000 m^3/an sur les 30 000 m^3 que consomment les domaines viticoles [67].

Dans bien des régions, les taillis sont donc à l'abandon, comme les châtaigneraies fruitières. C'est le cas dans les Pyrénées-Orientales, où un propriétaire de cette région écrivait récemment [68] : « Cette châtaigneraie est, dans l'état actuel, complètement inadaptée aux besoins modernes, la barrique ayant disparu et la confection des piquets et tuteurs ne pouvant être considérée que comme une activité d'appoint ; d'où un marasme complet qui nous oblige, comme tous les autres propriétaires, à laisser pousser nos taillis sans espoir d'utilisation. » Une modernisation serait théoriquement possible, en particulier en transformant les taillis en futaies dont le bois trouverait un débouché dans la menuiserie et la parquetterie, mais le Vallespir, principale région concernée (6 850 ha), est très montagneux et il faudrait aménager tout un réseau très coûteux de larges routes accessibles aux grumiers modernes. La situation des taillis du Tessin est comparable, et la plupart sont laissés à l'abandon ou remplacés par d'autres essences [69]. En Région parisienne, la plupart des nombreux taillis de châtaigniers sont domaniaux. Depuis 1950, l'Office national des Forêts a entrepris une vaste opération de reconversion qui a commencé en forêt de Fontainebleau et qui s'accélère actuellement. De nombreuses parcelles de la forêt de Montmorency ont récemment été coupées à blanc et replantées en chênes.

Mais certains débouchés du bois provenant des taillis demeurent ouverts. C'est principalement le cas du marché des échalas, malgré la concurrence du robinier. C'est ainsi que les taillis alsaciens situés au-dessus des vignobles, sur les collines sous-vosgiennes, et appartenant aux viticulteurs sont encore largement constitués de châtaigniers. M. Kuehn, par exemple, propriétaire de 4,5 ha de vignes à Ingersheim, possède 50 ares de châtaigniers au milieu desquels il observe depuis quelques années une progression naturelle du robinier. Les taillis du Bas-Dauphiné, poussant sur des plateaux facilement accessibles, fournissent des échalas qui sont facilement vendus aux viticulteurs de la vallée du Rhône et aux producteurs de tomates de la Basse-Provence. Dans le Plantaurel, la culture du châtaignier fruitier qu'évoquait M. Chevalier en 1956 [70] et qui recouvrait les versants gréseux a disparu aujourd'hui. Elle a été presque totalement reconvertie en taillis.

Tableau n° 24 : *Reconversion des châtaigneraies fruitières en taillis, en Italie, entre 1960 et 1965.* (Documents manuscrits établis par Oscar Borelli).

Région	Superficie	Région	Superficie
Piémont	7 105 ha	Latium	900
Ligurie	22 390	Campanie	1 772
Lombardie	1 850	Basilicate	145
Vénétie	619	Pouilles	—
Emilie	7 720	Calabre	5 629
Toscane	8 549	Sicile	—
Ombrie	50	Sardaigne	900
Abruzzes-Mol.	150	TOTAL	57 779 ha

LE VIGNOBLE ALSACIEN ET SES TAILLIS DE CHATAIGNIERS EN 1970 : extrait du cadastre de Riquewihr (sections 3 et 5)

Fig. 70

CENTRES DE TRANSFORMATION DU BOIS DE CHÂTAIGNIER DANS LE CENTRE-OUEST DE LA FRANCE EN 1950

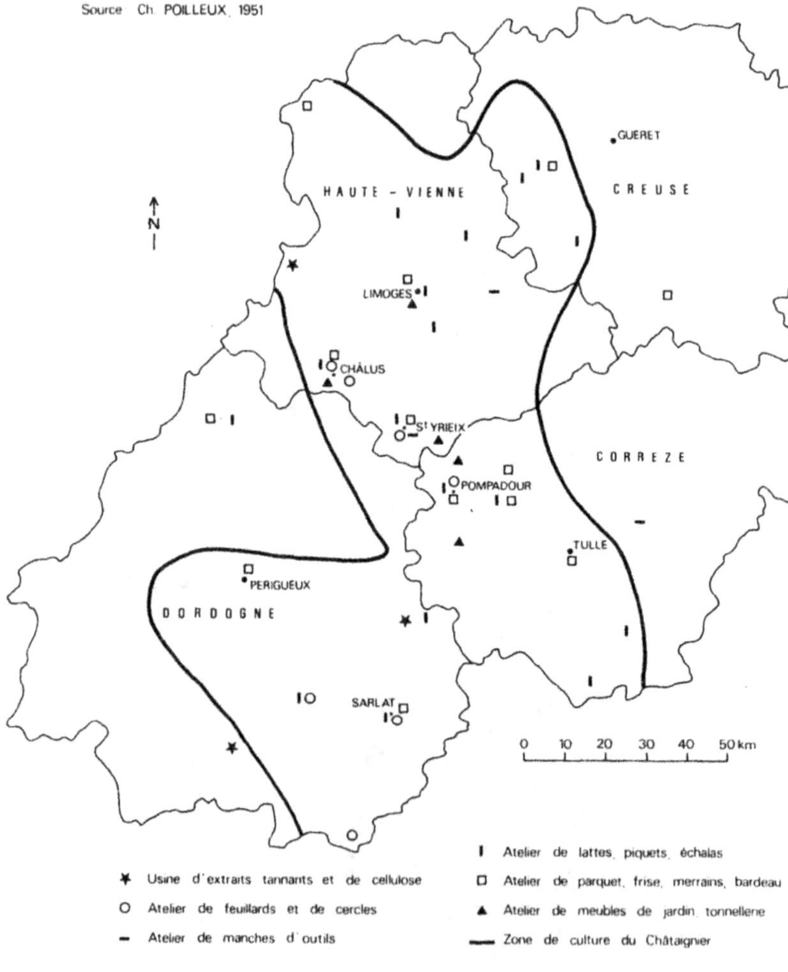

Fig. 71

Outre les produits de l'élevage, les habitants de Gabre et d'Aigues-Juntes (Ariège) vivent essentiellement de la vente des échalas en Languedoc [71]. Des négociants en tuteurs viennent de Béziers et de Narbonne s'approvisionner sur place.

En Italie, la reconversion des châtaigneraies fruitières en taillis est un phénomène de grande ampleur. Près de 60 000 ha ont été touchés entre 1960 et 1965.

Les plus beaux taillis de châtaigniers d'Europe se trouvent probablement en Campanie. Leur entretien y est aussi parfait que celui des vergers, et ils donnent l'impression de véritables jardins. Les produits de ces taillis constituent l'une des ressources importantes des populations montagnardes [72].

Outre les échalas, d'autres utilisations du bois des taillis de châtaigniers subsistent et même — à la différence des premiers — connaissent actuellement une légère poussée de la demande. Il s'agit des clôtures et des treillages fabriqués dans toute l'Europe. En France plusieurs entreprises sont très dynamiques : Lacotte à Coussac-Bonneval (Haute-Vienne), Lemaire à Taverny (Val-d'Oise), par exemple. La mode du mobilier et des objets rustiques permet le maintien du marché des meubles en feuillard tressé ou des paniers à usages variés [73].

Le bois des arbres de futaie ou de verger est toujours assez recherché pour la fabrication des parquets et des lambris, répartie en France en 42 entreprises [74]. Celle des futailles connaît actuel-

Photo 87 : *Faisceaux d'échalas rangés au bord de la route et prêts à la livraison aux entreprises languedociennes de commerce de ces produits. Gabre (Ariège).*

lement, en revanche, une sensible diminution, sauf, semble-t-il, en Catalogne (région de Gérone). Quelques ébénistes, enfin, fabriquent des meubles entièrement en châtaignier, tant en style traditionnel (Moreno à Saint-Laurent-de-Cerdans, dans le Vallespir, par exemple) qu'en style contemporain (Diffusion Senton, Rag-Time, Benoteau, Roche et Bobois, pour la France, par exemple). Pour toutes ces fabrications, de feuillard ou non, le centre-ouest de la France demeure une région très active, même si quelques-unes des petites entreprises existant vers 1950 ont récemment fermé leurs portes.

DU PAYSAGE À LA NOSTALGIE : L'IMAGE MENTALE DU CHÂTAIGNIER AU XXe SIÈCLE

A l'heure où l'utilité économique du châtaignier est devenue très faible, un nombre grandissant d'Européens lui témoignent un fort attachement sentimental. L'attitude culturelle est classique : on s'attache à ce qui agonise ou à ce qui parle de l'enfance, voire d'un passé plus lointain. Certaines fêtes qui avaient disparu renaissent ; d'autres qui n'avaient jamais existé sont créées... De telles manifestations abondent dans toute l'Italie. Elles se multiplient en France depuis quelques années ; en voici quelques-unes qui ont lieu à l'automne et qui s'intitulent « fête des marrons » [75] : Mareuil-sur-Belle (Dordogne), Mezin (Lot-et-Garonne), Saint-Pons-de-Thomières (Hérault), Bourgueil (Indre-et-Loire), Cuiseaux (Saône-et-Loire), Sauveterre-de-Rouergue (Aveyron), Creil (Oise), Chevreaux (Jura), « *castagnada* » à Isola (Alpes-Maritimes), « fête des marrons et du vin nouveau » : Nantes (Loire-Atlantique), Le Champ-sur-Layon (Maine-et-Loire), quartier de la Croix-Rousse à Lyon [76], etc.

Il n'est guère de livraison des revues régionales, en langue française ou en dialectes régionaux, telles que *Lemouzi*, *Annu Corsu*, pour ne pas parler de *La Châtaigne*, qui n'évoque le châtaignier et ses fruits, en vers ou en prose, en termes vibrants d'enthousiasme ou de nostalgie. Depuis un siècle environ, les érudits-poètes locaux ont relayé les auteurs de chansons et de danses populaires qui se contentaient généralement d'images et de thèmes plus simples. Mais l'intérêt de cette littérature souvent alambiquée, qui rebat les mêmes thèmes d'une année sur l'autre, est qu'elle exprime la civilisation du châtaignier à son apogée, c'est-à-dire juste avant sa disparition. L'imagination des auteurs cités dans cette petite anthologie de la poésie castanéiphile représente une exacerbation de sentiments qui étaient sans doute, dans un passé qui n'est pas si lointain, moins exprimés, mais plus profondément vécus par les sociétés rurales vivant du châtaignier. L'autre nouveauté est que les citadins sont désormais aussi sensibles — voire davantage — à ces thèmes que les ruraux.

Dans l'*Annu Corsu* de 1931, Antoine Arrighi trempe sa plume dans la sève du bois de châtaignier de sa table [77] :

Il est dans mon jardin une table rustique
Sur laquelle, aujourd'hui je compose ces vers.
N'allez pas la marquer d'une estampille antique,
Car elle compte à peine un été, deux hivers.
Cependant, par l'effet d'un amusant travers,
Je m'obstine à juger son âge hyperbolique.

D'un tronc de châtaignier, d'un châtaignier géant
Au front majestueux fièrement séculaire,
L'outil du bûcheron coupant, grinçant, sciant,
Fit cette table au tour vaguement circulaire...
Seul, assis à ma table en ce jour d'août, sans trêve,
Je poursuis mon idée et compose ces vers.

L'attitude n'est pas nouvelle. Jean-Jacques lui-même passe pour avoir trouvé l'inspiration de ses *Rêveries du promeneur solitaire* à l'ombre d'un châtaignier du parc de l'Ermitage de Montmorency qu'il affectionnait particulièrement [78].

L'un des thèmes les plus fréquents consiste à louer la beauté, la majesté, la « virilité » du châtaignier. Rien d'innocent ici, puisque ces litanies se rattachent directement aux dons généreusement dispensés par l'arbre à pain. Peut-être faut-il y voir l'héritage confus de rites propitiatoires. Dans une poésie-fleuve intitulée *Le Châtaignier,* Fernand de Malliard, par exemple, attribue un grand nombre de qualités à l'arbre aimé [79] :

Large et haut, dominant tout ce qui l'environne,
Nul n'est plus beau que lui, dans sa virilité.
Des feuilles du laurier son grand front se couronne ;
N'a-t-il pas, des héros, la force et la bonté ?

Les arbres des vergers de leurs fruits sont avares,
Il faut les leur ravir ; toi, tu verses le tien,
Bel arbre généreux, tu le jettes, l'égares ;
On le foule, on l'écrase, on dédaigne ce bien.
...
Sobre, content de peu, tu grandis sur la friche ;
On ne te donne rien et tu donnes beaucoup ;
Ton fruit, le pain du pauvre, est le dessert du riche ;
Ainsi tu plais à tous et tu te plais partout.
...
Tu ne sais pas tromper, tu n'as rien de perfide ;
Ton bel ombrage est sain, lumineux quoiqu'épais ;
Le voyageur lassé, pieds poudreux, front humide,
Y goûte sans danger la fraîcheur et la paix.
...
Mais à d'autres encor tu t'offres secourable ;
Mille êtres dans ton sein ont l'hospitalité ;
J'entends bruire en toi tout un monde innombrable,
Des êtres du bon Dieu, pacifique cité.

Plus précis, certains écrits chantent la rudesse et la rusticité du châtaignier, sa capacité à croître sur des sols médiocres et à supporter l'hiver, le vent, l'orage. Jamais le châtaignier n'est associé à l'image de la facilité et de la mollesse, à la différence de ce qui a pu être écrit à propos de l'oranger et du palmier et surtout de ce que pensait l'intelligentsia des XVIIIe et XIXe siècles. Maurice Pompidou a trouvé pour le dire des accents dramatiques [80] :

Pays au maigre sol que la rocaille opprime,
Décharné par l'orage et le torrent d'hiver,
Rude et pauvre terroir dont l'arbre est le plus fier,
Affronte mal le flanc et redoute la cime.

Mais où les châtaigniers d'un élan unanime,
Racine nue et tronc jusques au cœur ouvert,
Dressant comme un drapeau vainqueur leur dôme vert,
Hérissent leurs fruits d'or par-dessus les abîmes.

Tout comme Arsène Vermenouze [81] :

D'une indomptable et d'une indestructible race,
Cachant l'usure et les crevasses de son tronc,
Sous sa rugueuse écorce, et portant haut le front,
Il semble un preux blessé debout sous sa cuirasse.

Ou bien encore Abel Beaufrère [82] :

Taraudant le rocher de sa dure racine,
Il s'exhausse, et se bat, et se crispe, et se tord,
Puis, vainqueur, il prête à sa vigoureuse échine
La majesté sereine et paisible des forts.

Et, plus récemment, Charles Exbrayat [83] : « Maintenant, il se rappelait ce châtaignier, au bord du torrent, qui résista deux jours aux hommes. Les racines, pareilles à des bêtes, se cramponnaient à la terre. On dut se glisser par en-dessous pour couper chacune d'elles à la scie. De temps en temps, un vaisseau claquait avec un bruit sec. César entendait encore les gémissements de l'arbre que les cordes des treuils écartelaient. Lorsque le châtaignier eut cédé, les Piémontais voulurent organiser une ronde autour de son cadavre, mais ceux de Rustande, sentant confusément que l'arbre avait résisté pour eux, avancèrent un front bas vers les premiers danseurs qui s'abstinrent. »

Ces éloges trouvent, naturellement, leur fondement dans l'intérêt nourricier du châtaignier qui exige peu de soins pour donner beaucoup de fruits. Les qualificatifs exprimant cette idée abondent : père nourricier, arbre à pain, arbre à manne, arbre de vie, viande de grâce, etc. [84] Jean Nesmy écrit : « Ils sont... pour le paysan l'arbre à pain qui toujours fait crédit et jamais ne demande [85]. » Dans *Fior d'Aliza*, sur une musique de Victor Massé

(1822-1884), les paroles de la chanson du châtaignier, composées par Lucas et Carré, vont dans le même sens [86] :

Ô vieux châtaignier,
Arbre centenaire, arbre vénérable.
Père nourricier
De cette famille humble et misérable.
Puisses-tu, respecté de la hache et du temps,
Reverdir encor dans cent ans !

Qu'une sève toujours nouvelle
Circule en tes rameaux bénis.
Que les oiseaux, troupe fidèle,
Sous ton ombre abritent leurs nids.
Que le voyageur hors d'haleine
A tes pieds goûte un doux sommeil.
Que Dieu nous dispense à mains pleines
Tes fruits mûris par le soleil !

Tout comme le poème *L'alegra cugliera* de S. Versini [87] :

Sete voi chi fate la maraviglia,
Castagne, pane santu di li monti,
Spiranza di la grata e di la ziglia,
Manna di li favulosi raconti.

Et jusqu'à Francis Jammes dans ses *Georgiques chrétiennes* [88] :

Un homme était si pauvre et de si mauvaise mine
Que son porte-monnaie était couvert d'épines.
...
Il rejeta la bourse où poussaient les piquants.
Elle germa sitôt qu'elle eut touché terre.
Il en sortit un arbre à l'aspect centenaire.
Sur les branches venait de se multiplier
Cette bourse épineuse et que l'argent fuyait.
Il y en avait cent et mille. Et le pauvre homme
En s'y blessant ouvrit quelqu'une de ces pommes.
Un pain tout parfumé tenait l'intérieur ;
A peine pouvait-il en croire son bonheur.
Il s'en revint chez lui rapportant ces châtaignes...

Dans bien des textes, le châtaignier est assimilé à un homme qui n'aurait, évidemment, que des vertus. Mais ce personnage est, en outre, presque éternel. Il témoigne des événements du passé ; il peut même suggérer leur conduite aux hommes d'aujourd'hui, puisque son expérience lui indique les erreurs à éviter. De ce thème, les auteurs régionalistes semblent particulièrement friands et comme ils chantent une châtaigneraie décadente, l'arbre apparaît souvent dans leurs écrits sous les traits d'un vieillard qui ferait quelques bienveillantes remontrances à ses petits-enfants. D'Arsonval estime [89] que « si les anciens eussent connu notre châtaignier, ils l'eussent certainement préféré au laurier comme symbole de la Gloire et de l'Immortalité ». Et Fernand de Mailliard s'adresse au châtaignier en ces termes [90] :

Quelque chose de toi nous parle des ancêtres
Sur ce sol de granit tous t'ont vu comme nous
Les Celtes, nos aïeux, et les Romains, nos maîtres.
Oh ! Les Celtes devaient t'adorer à genoux.
...
Chante-nous des aïeux l'héroïque épopée.
Que de guerriers sous toi firent sonner leurs pas !
Je vois les boucliers, j'entends les coups d'épée ;
Le glorieux passé, ne l'évoques-tu pas ?

Ou Gaston David, toujours en parlant aux arbres [91] :

Arbres mystérieux sous votre voûte sombre
On sent courir encor les souffles d'autrefois ;
Vos troncs majestueux qui se dressent dans l'ombre
Nous font ressouvenir des antiques Gaulois.

Car plus d'un parmi vous, colosse séculaire,
Semble contemporain des Celtes, nos aïeux ;
Et peut-être a-t-il vu, frémissant de colère,
Passer dans nos vallons César victorieux.

Peut-être est-ce à ses pieds qu'oublieux des idoles,
Le peuple s'assemblait ardent et généreux,
Quand les saints messagers des divines paroles
Annonçaient de Jésus le règne bienheureux.

Ô vieux arbres muets, témoins des anciens âges,
Combien avez-vous vu de révolutions,
De choses et de faits, et de fous et de sages,
Entraînés par le flot des générations ?

Ou encore Antoine Arrighi, chantant un châtaignier de Renno en Corse [92] :

Sous le dôme des cieux il est lui-même un dôme.
Dans les ombres des temps debout comme un fantôme,
Lui seul reste vivant parmi les âges morts.
Des secrets du passé muet dépositaire,
Ce géant du vallon, plusieurs fois séculaire,
Vit d'un peuple en courroux les glorieux efforts.
...
Doyen des châtaigniers que le val a vu naître
J'aime te regarder du coin de ma fenêtre,
Admirer ton beau port, ton énorme grosseur,

Ton front majestueux, signe de ta puissance,
Le glorieux passé de ta longue existence
Et je suis, plein d'orgueil, ton heureux possesseur !

Et aussi P. Costantini, à propos d'un autre vieux châtaignier corse [93] :

Que m'importe la ville avec ses étalages
Puisque j'ai la forêt autour de mon village
Et comme voisin calme, un bon vieux châtaignier
Si vieux que nul ne peut évaluer son âge ;
Mais si vaste est le tronc qu'il ne peut pas le nier
D'avoir, de siècle en siècle, essuyé mille orages !

Qui sait s'il n'a pas vu cheminer Sampiero
Peut-être a-t-il connu ses soldats ?... Ces héros ?
Je vois au cœur du tronc une profonde entaille
Serait-ce un coup de foudre au cours de ses batailles
Ou l'éclat d'un sanglot après Ponte-Novo ?
Sans doute a-t-il gémi sous le règne nouveau ?

Mon bon vieux châtaignier ne comprend que le Corse ;
Dans sa terre et sa langue il a puisé sa force.
Tout ce qui vient d'ailleurs est, pour lui, l'étranger...
Qu'il passe !... L'arbre ne veut pas être dérangé...

Mon bon vieux châtaignier est un fier patriarche...
Il attend le miracle où se mettront en marche
Tous les morts du passé qui donnèrent leur sang
Pour que de notre race, on conserve l'accent.

Ces derniers vers montrent que le châtaignier peut aussi être récupéré à des fins politiques. De là à en faire le symbole du pays, voire à l'assimiler au pays lui-même, il n'y a qu'un pas très fréquemment franchi en ces temps de crise culturelle et d'exacerbation des régionalismes. A. Quantin évoque [94] « la Castagniccia où l'océan des arbres chante l'amour du sol natal ». En Limousin, cette idée est particulièrement répandue. J. Branchat s'exclame dans un discours prononcé à Treignac en 1910 [95] : « Le châtaignier, c'est notre arbre à nous, c'est la personnification de la terre limousine, du Limousin... » M.M. Gorse écrit, dans le même registre [96] : « Je ne trouve jamais nos grands bois de châtaigniers limousins sans voir l'image la plus vivante du paysan. L'homme des champs est dans le monde moral ce que le châtaignier est dans le règne végétal. Châtaignier et paysan vivent partout et s'accommodent de tout. » Et dans un poème anonyme publié en 1950 [97], l'auteur interpelle les châtaigniers :

Les hommes du pays ont votre caractère
Volontaire, âpre au gain, fidèle, courageux,
De la religion le bon sens, le mystère...

Marcel Jouhandeau, enfant de Guéret, partageait ces sentiments [98] : « Quand je pense à ce pays, c'est un châtaignier que j'aperçois, que la foudre avait fendu, ouvert de haut en bas comme exprès pour lui brûler le cœur sans l'empêcher de vivre. » Alain Peyrefitte compare Georges Pompidou à un châtaignier [99] : « Comme il était bien de son Cantal : aussi dur que le basalte, aussi vigoureux que le châtaignier. » Le dernier mot de ce florilège revient à Fernand de Malliard [100] qui s'identifia totalement au châtaignier, de sa naissance à son dernier souffle :

Notre mère est la même et ta forte racine
S'en va puiser la sève où j'ai puisé mon sang.
A ta dure mamelle, ô terre limousine,
Nous avons bu tous deux, et c'est un nœud puissant.

J'ai pour toi, châtaignier, l'amitié fraternelle.
Dès mes plus jeunes ans, je te vois avec moi ;
Le pays bien-aimé, la maison paternelle,
Le meilleur de mon cœur se symbolise en toi...

Quand mon père mourut, on lui fit une bière
De l'un de vous coupé dans le bois des aïeux ;
A mon tour, châtaignier, je veux, au cimetière,
M'en aller dans tes bras, où je dormirai mieux.

CONCLUSION

Quel avenir pour le châtaignier ?

Au moment de clore ce survol de l'histoire d'un arbre avec lequel et grâce auquel tant d'Européens ont si longtemps vécu, une attitude pragmatique s'impose. Les châtaigneraies dont certains regrettent aujourd'hui le déclin ne sont en rien naturelles. Elles n'ont été développées dans les moyennes montagnes siliceuses de l'Europe méridionale que sous l'empire de la nécessité, par des populations ayant atteint une densité trop forte pour continuer à se nourrir de céréales. Entre la fin du Moyen Age et le XVIIIe siècle, s'est épanouie une véritable civilisation du châtaignier qui a duré jusqu'au milieu du XIXe siècle ou, parfois, jusqu'au début du XXe siècle.

Le déclin des usages du châtaignier et l'effondrement démographique des montagnes signent l'arrêt de mort d'un paysage. L'arbre à pain est devenu inutile, voire importun. Les paysages, comme les civilisations, sont mortels. Tandis que certains s'effacent, d'autres sont en gestation. Vouloir maintenir toutes les châtaigneraies d'Europe relève du même fantasme que le maintien du bocage dense ou celui des architectures vernaculaires en l'état d'origine. Il est vrai que les temps sont à la sauvegarde et au patrimoine plus qu'à la nouveauté et à l'imagination et que le paysage n'échappe pas à l'atmosphère culturelle du moment. Mais on ne saurait nier qu'une centaine de milliers de tonnes de châtaignes suffit largement aux besoins des Européens et qu'il y a peu de chances de voir ce chiffre s'accroître considérablement dans les années à venir. Encore faut-il redire que ces fruits doivent être sains et donc provenir d'exploitations modernisées, tant sur le plan du parcellaire que sur celui des techniques de culture et de conditionnement de la production. Si des efforts méritoires sont déployés ici ou là, il reste encore beaucoup à faire.

Les arguments d'ordre sentimental, pour compréhensibles et respectables qu'ils soient, ne peuvent assurer la survie des châtaigneraies. La défense d'un « équilibre social et humain par le maintien au sol d'une race forte aux qualités légendaires de sobriété, de travail, d'honnêteté et de courage [1] » est parfaitement utopique.

La démonstration écologiste est tout aussi fallacieuse. Aucun cataclysme ne survient lors de l'abandon des plantations. Aucun équilibre n'est brutalement rompu. Elles sont progressivement envahies par d'autres essences arbustives ou arborées et se transforment en fourrés épais. En revanche, on peut regretter que ces espaces de « forêt secondaire » soient totalement improductifs et impénétrables pour l'homme. Seule la faune y trouve son compte. Une action d'aménagement s'impose. Les filières bois des régions de l'Europe du Sud sont déficitaires, les citadins expriment toujours plus nombreux leur désir d'évasion dans des paysages de verdure et de faible densité démographique. Il y a là deux possibilités de rentabiliser des espaces en sommeil. Encore faut-il accepter l'idée des reboisements et ne pas opposer un refus systématique aux résineux qui constituent parfois les seules essences susceptibles de procurer un revenu aux propriétaires. Si les centres anciens des villes sont aujourd'hui pimpants et satisfont les besoins culturels des Européens, c'est que le marché immobilier, le commerce et le tourisme en assurent l'exploitation économique. On ne saurait raisonner autrement pour les châtaigneraies en friche, à moins d'accepter un financement collectif sous forme d'un impôt spécial qui aurait peu de chances d'être populaire.

À côté de cette possibilité de transformation volontaire, il y a place pour quelques châtaigneraies rentables et agréables à l'œil, leur seconde qualité découlant nécessairement de la première. Certains paysages du Vivarais, du Portugal, du Piémont ou de la Campanie en sont de parfaites illustrations. Si l'on admet l'idée — et comment pourrait-on raisonnablement la refuser ? — qu'un agriculteur est aussi un « jardinier du paysage », il faut naturellement songer à rémunérer cette fonction à la hauteur du service rendu à la société. L'activité touristique constitue sans doute la meilleure garantie de celle-ci, associée, bien entendu, aux ressources de la vente des fruits et du bois. Depuis des décennies, l'expérience des subventions à l'agriculture de montagne se révèle presque toujours inopérante. L'assistance permanente est la pire des solutions.

Une fois leur financement assuré, les châtaigneraies rempliront pleinement leur fonction esthétique. Car le châtaignier est aussi un arbre ornemental. Depuis le Moyen Age les Britanniques n'ont cessé de le planter à cette fin [2], Louis XIV l'aimait uniquement pour cela [3], les Parisiens ont même poussé cet amour, au début du XXe siècle, jusqu'à se rendre en foule à Robinson, les dimanches de la belle saison, pour se percher dans les châtaigniers... comme le héros de Daniel Defoë [4]. Peut-être ne remontera-t-on jamais dans les arbres, mais pour rares qu'elles soient, les néochâtaigneraies n'en resteront pas moins de merveilleuses oasis.

SYNOPSIS DE L'HISTOIRE DU CHÂTAIGNIER EN EUROPE.

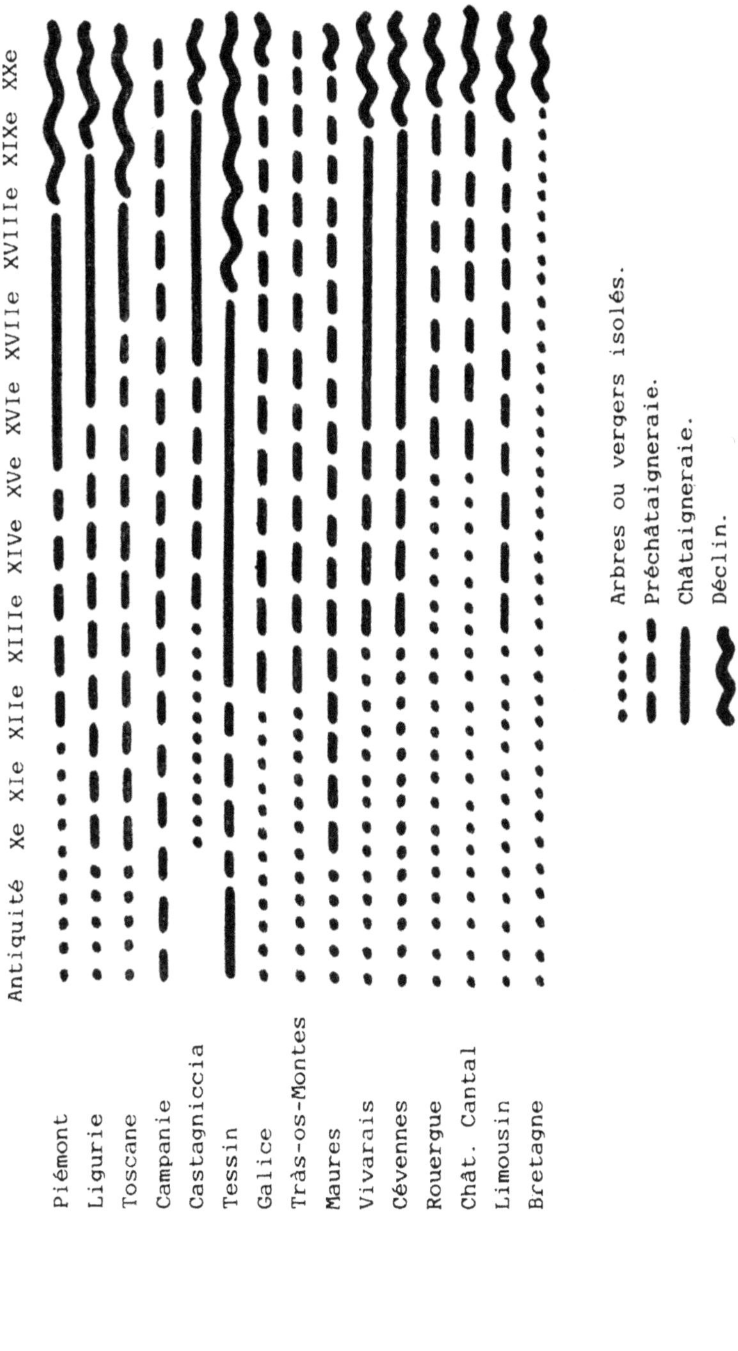

Fig. 72

Photo 88 : *Les guinguettes installées dans les châtaigniers du Plessis-Robinson, près de Paris, vers 1900.*

Photo 89 : *La guinguette perchée dans un châtaignier à Brévannes, près de Paris, vers 1900.*

ANNEXES

I

RECETTE DU LENTICULAM DE CASTANEIS PAR APICIUS (*De Re Coquinaria*, traduction par Jacques ANDRÉ. Paris, Les Belles Lettres, 1974, p. 52).

Lentilles aux châtaignes : Prenez une casserole neuve et mettez-y les châtaignes soigneusement épluchées. Ajoutez de l'eau et un peu de carbonate de soude et faites cuire. Durant la cuisson, mettez dans un mortier du poivre, du cumin, de la graine de coriandre, de la menthe, de la rue, de la racine de laser et du pouliot, triturez, mouillez de vinaigre, de miel, de garum, travaillez avec du vinaigre et versez sur les châtaignes cuites. Ajoutez de l'huile et faites bouillir. Quand cela aura bien bouilli, écrasez au pilon. Goûtez et, s'il manque quelque chose, ajoutez-le. Quand vous aurez versé dans le légumier, ajoutez de l'huile verte.

II

LE CADASTRE DES CHAUSSADENCHES À VESSEAUX *(A.D. Ardèche 3 E 210 bis).*

Il s'agit d'un plan cadastral daté de 1772, sans doute réalisé par le notaire de Vesseaux et titré : *Plan de divers terroirs avec application des titres et compoix : Le Reynardens, Villefans, Chauchadenches, Vidalets, Pradau, Lamardou, Bravou, Vaysse, Maye, Plantade, les Blachères.* A l'exception d'un seul, Chauchadenches devenu Chaussadenches au XIXe siècle, tous ces lieux-dits ont disparu de la toponymie locale. Aucune mention de la commune de Vesseaux n'est faite dans le titre mais, grâce aux limites indiquées sur le plan lui-même, il est possible de repérer la localisation exacte du parcellaire dessiné. Le ruisseau de Chauliac et le chemin de Vesseaux à Boulogne ou chemin du Bos à Vesseaux correspondent aux limites actuelle du lieu-dit des Chaussadenches, ou tout au moins à la partie de celui-ci qui est représentée sur la feuille n° 2 de la section B du cadastre de 1945 de la commune de Vesseaux (canton d'Aubenas). Actuellement, l'angle sud-est de cet ensemble correspond au virage de Chauliac de la R.N. 104 qui va du col de l'Escrinet à Aubenas.

Le plan, dessiné à main levée et à la plume sur un assemblage collé de papier ordinaire, mesure environ 1,40 m × 1 m. Il ne comporte ni orientation, ni échelle. D'après le cadastre actuel, l'est est en haut et le nord à gauche par rapport au sens de la lecture. L'échelle est approximativement d'1/400e, grandeur insolite pour un ensemble de 60 parcelles totalisant une quinzaine d'hectares. Le plan est à peu près carré et les angles des parcelles droits, représentation fausse, puisque le lieu-dit

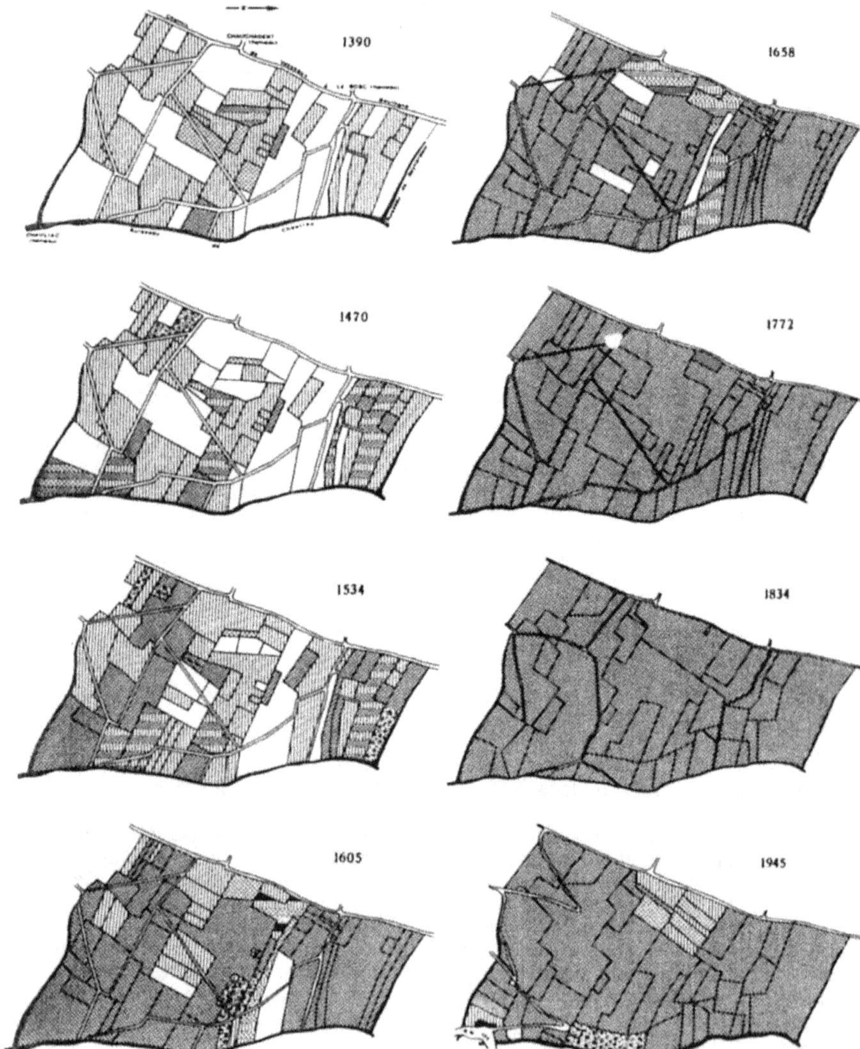
1390
1658
1470
1772
1534
1834
1605
1945

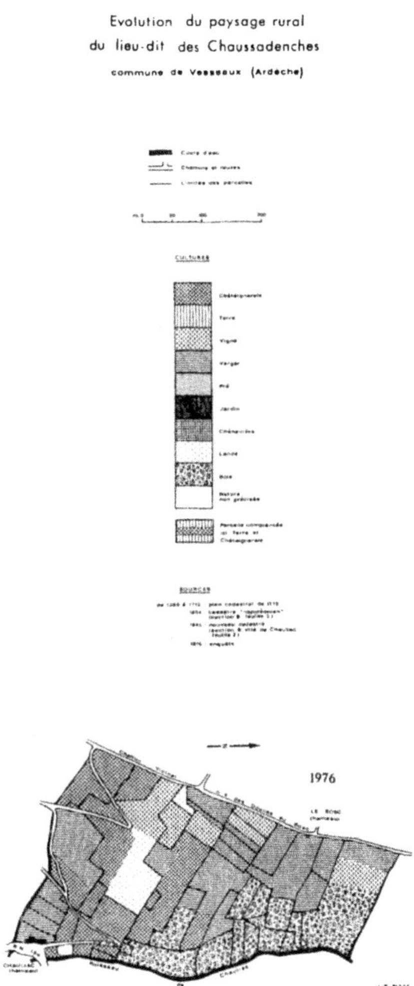
Evolution du paysage rural
du lieu-dit des Chaussadenches
commune de Vesseaux (Ardèche)
1976

Fig. 73

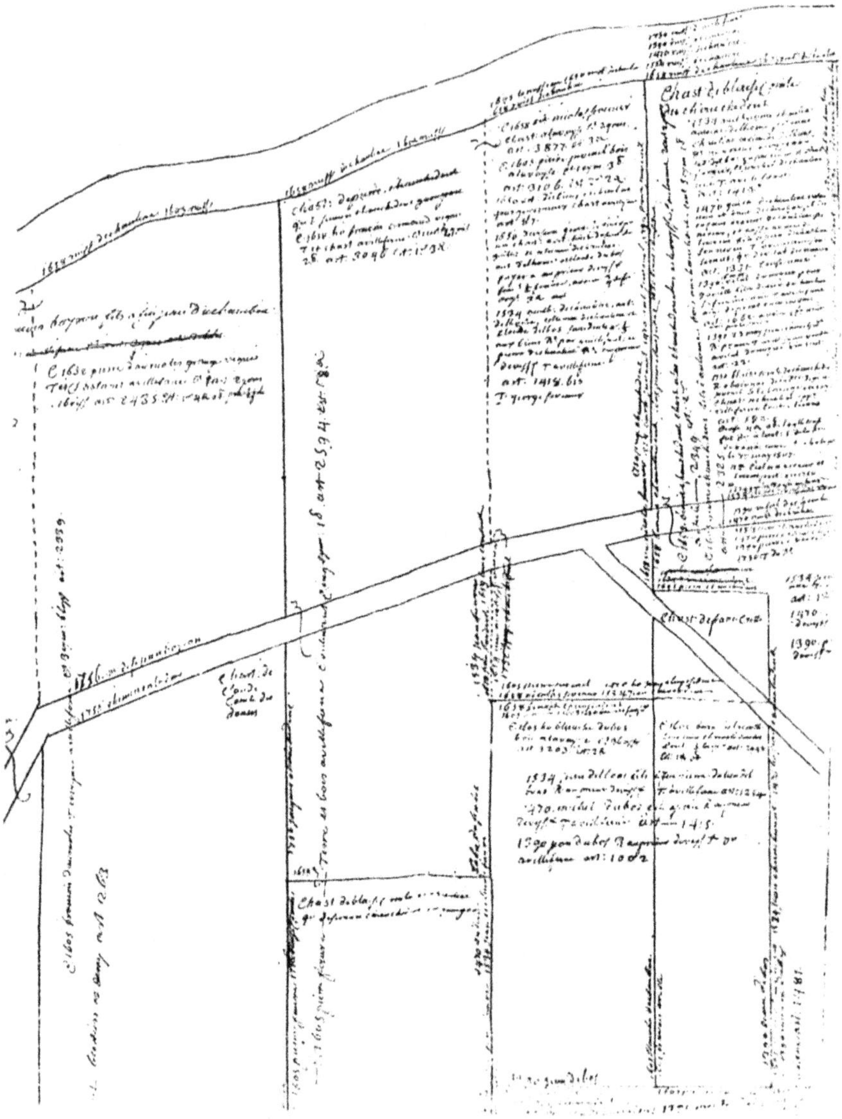

Photo 90 : *Extrait du cadastre des Chaussadenches (A.D. Ardèche, 3 E 210 bis).*

mesure 200 m au nord et 375 m au sud, 530 m à l'ouest et 560 m à l'est. Seuls les chemins de desserte intérieure recoupent les parcelles en oblique. De toute évidence, ce document a été réalisé sans l'aide d'un arpenteur. Après avoir repéré les limites du lieu-dit sur le cadastre « napoléonien » de 1834 (section B, feuille n° 2), le plan de 1772 a donc été interprété ; parcelles et chemins ont été adaptés à ce qu'ils étaient de manière sûre soixante-deux ans plus tard. Quelques lignes n'ayant visiblement pas bougé ont servi de guide ; par exemple, le chemin N.O.-S.E. situé à l'est du plan de 1772 existe en 1834, transformé en limite de parcelles ; ces dernières ont servi à établir son tracé.

Le choix d'une échelle au 1/400e est justifié par le report sur chaque parcelle des mutations de propriété et de culture depuis le XIVe siècle, mutations dont le notaire possédait la trace par les actes enregistrés à l'étude et les compoix de la commune : « avec application des titres et compoix », annonce l'intitulé du document. Il est bien difficile de comprendre le but d'un tel travail de bénédictin qui a dû demander le dépouillement d'un nombre d'actes considérable. Aucun autre plan de ce type ne semble exister, ni en Ardèche, ni dans le reste de la France. Sa réalisation a-t-elle été motivée par des difficultés successorales particulièrement ardues, ou bien s'agit-il plus simplement — si l'on ose dire ! — du chef-d'œuvre d'un jeune notaire ? Il est en tout cas du plus haut intérêt, puisqu'il permet de reconstituer les changements du paysage rural depuis près de six siècles.

Malheureusement, aucune des sources ayant servi à la compilation notariale n'est conservée, ce qui prive de tout moyen de vérification. Les archives de la mairie de Vesseaux possèdent deux compoix, mais l'un est daté de 1663 et cette date n'est mentionnée sur aucune des parcelles, et l'autre, par sa graphie, pourrait dater du XVIe siècle ou du début du XVIIe, sans qu'il soit possible d'apporter d'autres précisions. Sur la grande majorité des parcelles, les dates de référence sont les mêmes ; sur quelques autres, elles sont légèrement différentes. Pour plus de clarté, seules les principales ont été choisies pour l'intitulé des cartes paysagères ; les autres sont indiquées entre parenthèses dans l'énumération qui suit : 1772 (1751), 1658, 1605, 1534 (1507, 1535, 1544), 1470 (1468), 1390 (1334, 1361, 1391, 1395). Le document est parfaitement lisible, mais il présente malgré tout une difficulté d'interprétation. Certaines parcelles de 1772 avaient été dans le passé divisées ou regroupées avec d'autres. L'auteur a représenté les limites disparues par des tiretés dont la lecture ne pose aucun problème, mais les regroupements sont figurés par l'inscription du texte à cheval sur plusieurs parcelles. Par prudence, seuls les cas incontestables ont été retenus et les parcelles ou groupes de parcelles douteux laissés en blanc.

Au total, en l'absence de toute source, il faut donc se fier à la transcription. Elle est probablement d'une exceptionnelle rigueur, car on ne prend pas tant de temps à réaliser un tel plan pour y écrire des approximations ! Que l'on juge de la précision de l'information. Pour 1772, il est fait mention, sans date, mais en caractères plus gros, de la nature de la culture, du nom du propriétaire et de sa résidence habituelle ; exemple : « Chast. (châtaigneraie) de Blaise Comte du Chauchadent ». Pour toutes les autres dates, outre ces mêmes renseignements, est mentionné le numéro de l'article du document d'origine ; exemple : « 1534 Guilhaume Chauliac, Antoine Delhome, Estienne Chauliac et Claude Delbos Rt. (reconnaissent) au prieur de Vx. (Vesseaux) ledit Delbos en son nom et d'Antoine Fargier et de Michel de Chauliac une T. (terre) à Villefans. art : 1419 », ou « 1470 Guilhaume de Chauliac en son nom et d'Antoine de Chauliac et des enfants de Pierre de Chauliac son neveu T. (terre) à Villefans pour le mas, granges de Vital du Nogier. art : 1331. cense unie ».

On sait qu'aucun plan parcellaire n'accompagne en général les compoix. Dans les registres, les parcelles sont regroupées sous le nom des propriétaires. Leur localisation est possible — ou plus exactement était possible à l'époque de leur établissement — grâce au signalement de leur position par rapport aux parcelles voisines. Dans le compoix de Vesseaux, les quatre formules suivantes sont utilisées : « confront du levant », pour l'est, « du couchant », pour l'ouest, « du marin », nom d'un vent, pour le sud, « de burle », d'un autre vent, pour le nord. Le long des limites de la plupart des parcelles, l'auteur du plan a reporté, les unes au-dessous des autres, quelques-unes des dates et le nom des propriétaires voisins ; exemple : « 1390 Pierre Chauchedent » ou « 1470 ruisseau de Chauliac ». Cette minutie rend plus que vraisemblable l'authenticité des transcriptions. Dans l'hypothèse inverse, l'auteur ne pourrait avoir été qu'un falsificateur de haut vol.

Sauf dans la cartographie des parcellaires, les mutations de propriété n'ont pas été étudiées avec précision, car l'exiguïté du lieu-dit ne permet pas de connaître, même de manière approximative, l'étendue des exploitations. Il a été possible, en revanche, de représenter la nature des cultures. Aucun problème ne se pose pour les châtaigneraies, les vignes, les vergers, les jardins, les chènevières et les bois. Mais, du XIVe siècle jusqu'en 1658, la mention « Terre » revient fréquemment. Elle désigne, ce que confirment d'autres textes de la région ou d'ailleurs, les labours, essentiellement destinés à la culture du blé et du seigle. Plusieurs parcelles portent l'intitulé « T. et Chast. » ou « T. et Ve. », c'est-à-dire terre et châtaigneraie ou terre et vigne, expressions qui font allusion à des complantages.

On trouvera, à la suite de ces précisions, un extrait du cadastre des Chaussadenches et l'ensemble, de format réduit, des cartes que ce document a permis d'établir. Les cartes de 1834 et 1945 reflètent les deux cadastres disponibles ; celle de 1976 est le fruit d'une enquête menée parcelle par parcelle sur le terrain.

III

DÉCISIONS CONCERNANT LE CHÂTAIGNIER PRISES PAR LA COMMUNAUTÉ D'OLETTA LE 12 DÉCEMBRE 1715 *(A.D. Corse du Sud, Fonds Camerali, 1715, Cne d'Oletta)*. Extraits traduits de l'italien.

[...] Conformément aux ordres qui ont été édictée jadis par les Sérénissimes sur les soins à apporter à la culture du châtaignier... et étant décidés à planter davantage encore de châtaigniers sur leur territoire, qu'avec l'expérience ils ont reconnu apte à cette culture qui leur procure un grand profit... les habitants d'Oletta... ont résolu ce qui suit :

1°) Que chaque chef de famille, majeur et payant la totalité de sa taille au Prince Sérénissime, doit et est obligé de planter chaque année au moins dix châtaigniers ou *polloni* de châtaigniers [jeunes plants] dans les parties du pays qui restent encore inoccupées, non loin des confins des territoires de Barbaggio, Turiani, Biguglia et Olmetaz, et ceci sous peine de vingt livres d'amende à chaque infraction..., la moitié allant à la Chambre Excellentissime et l'autre moitié à l'église d'Oletta.

2°) Que tous ceux qui possèdent des terres dans ces parties aptes à la culture de ces arbres doivent planter sur ces terres ; les autres pourront le faire sur les terres communes.

3°) Que ceux qui auront planté sur des terres communes devront les enclore de murs de manière à réaliser la meilleure protection possible.

4°) Que si les châtaigniers qui auront été ainsi plantés sur les terres communes sont et demeureront pleine et entière propriété de celui qui les aura plantés et de ses descendants, ils ne pourront être vendus ou affermés à autrui.

5°) Que si quelqu'un veut ensemencer un terrain communal sur lequel des arbres auront été plantés, il préférera toujours l'intérêt des arbres...

[...]

7°) Que pendant les trois années à venir, la peine ne sera pas appliquée à ceux qui n'auront pas planté, car ceux-ci peuvent utiliser ce temps pour préparer le terrain ou pratiquer un semis [en pépinière], mais ce laps de temps écoulé, les contrevenants seront soumis à l'amende.

8°) Que la présente obligation restera en vigueur pendant dix ans, à dater de la fin des trois années à venir, c'est à dire du 16 janvier 1719 jusqu'au 16 janvier 1729.

[...]

10°) Que les pères du commun qui administreront à ce moment la commune d'Oletta devront chaque année, au mois d'avril, vérifier les plantations effectuées au cours de l'année écoulée ; l'opération se déroulera sur la foi de leur serment... et si l'un d'entre eux venait à y manquer, il devrait s'acquitter de la somme de deux cents livres, la moitié allant à la Chambre Excellentissime et l'autre moitié à l'église du village.

11°) Que quiconque serait empêché par maladie ou emprisonnement, ou par tout autre événement imprévisible, sera dispensé d'effectuer ses plantations cette année-là sans avoir à verser l'amende prévue...

12°) Que quiconque aura coupé ou brûlé ou nui d'une manière ou d'une autre aux arbres, devra payer une amende de dix livres pour chaque arbre touché.

13°) Que seront élus chaque année quatre gardiens des plantations, lesquels ne pourront exercer cette charge sans déclaration auprès de l'excellentissime gouverneur, à moins d'une excuse légitime...

Don Tomaso Salice, notaire.

IV

ÉDIT DES PÉPINIÈRES SIGNÉ PAR AUBERT DE TOURNY, INTENDANT DU LIMOUSIN, À ANGOULÊME LE 3 NOVEMBRE 1733 *(A.D. Corrèze 6 F 33).*

Généralité de Limoges. Pépinières. De par le roy. Louis-Urbain Aubert de Tourny, chevalier marquis de Tourny, baron de Nully, Seigneur de Pressaigny, Laqueudaix, Thil & autres lieux, Conseiller du Roy en ses Conseils, Maître des Requêtes ordinaire de Son Hôtel, Intendant de Justice, Police & Finances en la Généralité de Limoges.

La plantation des Arbres de toutes les espèces, étant un des plus utiles moyens pour tirer du sein de la Terre une partie des productions dont la providence l'a rendue capable, nous voyons avec grande peine que la négligence sur cet objet est portée dans tout nôtre Departement au point qu'il n'y a pas de replanté le vingtiéme des Chataigners, Noyers, & autres Arbres fruitiers détruis par l'hiver de 1709, non plus que des Chesnes qui depuis quinze années ont été coupés dans les hayes des Domaines pour faire du Merrain, ou du Bois de construction. Cependant c'est de ces Chataigners que le Peuple attend le principal de sa nourriture, dans prés des trois quarts de cette Generalité, & non seulement il se trouve en avoir moins qu'il ne luy en faut pour ses besoins, lorsque ces Arbres rendent peu, mais même il est à craindre que cet aliment ne luy manque bien-tôt, en considerant le mauvais état de ceux qui produisent actuellement. La plus-part sont de vieux troncs qui ayant été frapés de l'hiver de 1709, sans être totalement gelez, ont été coupés à la naissance des branches, & en ont poussé de nouvelles, lesquelles se sentant de l'alteration de la tige, & y tenant beaucoup moins que si elles étoient de la premiere pousse, éclatent & se brisent pour peu qu'un vent violent les agite ; de là les degats dans les Chataigneraies, dont depuis quelques tems on se plaint si souvent, & qui se renouvellant bien des fois les detruiront à la fin. A l'egard des Noyers, chaque Domaine dans la plus grande partie de la Generalité en avoit une certaine quantité avant l'hiver de 1709. C'étoit un objet de revenu, même considerable pour plusieurs Cantons. Il n'en est presque plus question presentement, tant parce-qu'on n'a point eu soin de faire de nouveaux Plants de ces Arbres, qu'à cause que les vieux troncs qu'on y a pû conserver éprouvent trés souvent les même accidens dont il vient d'être parlé au sujet des Chataigners. Quant aux Chesnes, le prix excessif auquel le Merrain est monté depuis un certain nombre d'années, en a occasionné la plus grande destruction ; Chacun en coupant ces arbres, tantôt d'un côté tantôt d'un autre, n'a été frappé que de la valeur qu'il en recevroit, sans songer qu'il se privoit insensiblement d'une glandée d'autant plus necessaire aux Cochons qu'il restoit peu de Chataigners pour y suppléer ; Au moyen de quoy le Commerce considérable qui se faisoit dans la Province sur ce Bétail est beaucoup tombé ; Enfin les Pommiers, Poiriers & autres Arbres Fruitiers quoyque d'un produit moins avantageux apportoient aussi beaucoup d'utilité aux Domaines où il y en avoit, soit pour en vendre la depouille dans les Villes, soit pour la faire servir pendant quelques mois de l'année à une partie de la nourriture des Gens de la Campagne, & à l'engrais de leurs Bestiaux. Sa Majesté informée il y a quelques années de la triste situation de cette Generalité sur ces differens objets, & voulant y remedier, auroit alors donné ses Ordres pour former au centre de châque Election une Pepiniere Royale qui contint un grand nombre de toute sorte d'Arbres, ou ceux qui en manqueroient pussent se fournir ; mais cet établissement, dont l'utilité devroit être tres grande, n'ayant point été suivi, les degradations auroient depuis augmenté châque année, & se trouvent aujourd'huy avoir absolument besoin de precautions qui y pourvoient ; Nous avons pensé que les circonstances des tems ne permettant plus de revenir aux Pepinieres Royales, couteuses d'ailleurs à la Province par l'imposition à laquelle elles devoient donner lieu pour la depense de les planter, & entretenir, il ny avoit pas actuellement de moyen plus simple, & plus naturel, que d'obliger tous Propriétaires de corps de Domaines, d'y semer au plutôt une certaine quantité de Noix, Chataignes, Glands, Pepins de Pommes, & de Poires, &c. Afin de former par la suite dans ces mêmes Domaines des Pepinieres en état de fournir aux plantes qui y seront necessaires. Ces differentes semences étant presque toutes dans la main de chacun des Propietaires desdits Domaines, ou ne leur pouvant couter que peu de chose, & ce qui sera ordonné à ce sujet ne demandant qu'un très petit espace de terre, Personne ne pourra, sans mauvaise volonté, & sans aller contre ses propres interets, se donner un pretexte d'impuissance pour y contrevenir. A CES CAUSES.

ARTICLE PREMIER

NOUS ORDONNONS aux Propriétaires de Domaines de deux paires de Bœufs & au dessus, situez en nôtre Generalité, de semer, aussi-tôt aprés la publication de la presente Ordonnance, ou faire semer dans une terre bonne de sa nature, & bien labourée à la bêche, 300 Noix, 400 Chataignes, 500 Glands, 200 noyaux de Prunes, six à 700 pepins de Pommes & de Poires. Le tout étant espacé d'environ 3 à 4 pouces dans des rayons tirés au cordeau à un pied l'un de l'autre, ne tiendra pas 4 toises en quarré faisant 16 toises de superficie, que lesdits Propriétaires seront tenus de faire clore d'un fossé, avec une haye seiche sur la crête pour empécher le Betail d'y entrer.

ART. II.

Afin que ces Semences profitent de façon à former des Plans enracinez, qui aprés deux années puissent être mis en Pepinieres, les Proprietaires desd. Domaines auront soin de leur faire donner châque année deux sarclages (*Le Sarclage consiste à déraciner avec une serfoüette les herbes qui peuvent surmonter le Plant & l'étoufer) & labours legers à la petite pioche, l'un au Printems, l'autre à l'entrée de l'Automne, & au bout dudit tems ces Plants enracinés seront transplantés dans une autre bonne Terre bien amandée, & seront rangez au cordeau à un pied l'un de l'autre, les rangs à la distance de deux pieds, avec cette attention qu'un des bouts des rangs donne au midy & l'autre au septentrion.

ART. III.

Y ayant lieu de penser qu'il ne viendra à bien qu'environ les trois cinquiémes desdites Semences, ce qui ne fera que 12 à 1300 Plants enracinez, il ne faudra pour les contenir, compassez comme il vient d'être dit, qu'une petite piece de Terre d'environ dix toises en quarré, faisant cent toises de superficie, laquelle piece de Terre Nous ordonnons ausd. Proprietaires de faire entourer pendant le courant de l'année 1734 d'un grand fossé planté de haye vive, pour mettre en sureté lesdits Plants contre le Betail, dés l'instant qu'ils y auront été transplantez. Et sera ladite piece de Terre choisie de façon qu'elle ait, s'il se peut, ainsi que celle pour lesdites Semences portée au premier Article, deux pieds de fond, qu'elle ne soit ny trop seche, ny trop humide, ny entourée de grands arbres, dont les racines & l'ombrage puissent nuire aux jeunes Plants.

ART. IV.

Pendant les 7 à 8 années que lesdits Plants auront besoin de rester dans les Pepinieres pour s'élever de grosseur & grandeur à être plantez dans les lieux de leur destination, les Propriétaires leur donneront ou feront donner les trois premieres années deux sarclages & labours legers à la pioche, comme cy-dessus au Printems & à l'entrée de l'Automne, Et chacune des autres années, deux labours à la beche dans les mêmes saisons, en prenant garde que par ces sarclages ou labours, les racines de ces jeunes Plants ne soient endommagées. Aussi-tôt aprés les sarclages & labours prescrits pendant les trois premières années, il sera répandu sur les pepinieres de la fougere ou de la paille, non encore convertie en fumier, pour empêcher que l'ardeur du soleil ne brule les racines des jeunes Plants.

ART. V.

Les proprietaires des Domaines à une paire de Bœufs ne seront tenus de semer que les deux tiers de ce qui est ordonné cy-dessus ; Et ceux des Domaines à deux ou quatre Vaches que la moitié, toute proportion gardée ; Au moyen dequoy le Terrain que les premiers devront preparer & entourer de fossez pendant le courant de l'année 1734 sera d'un peu plus de huit toises en quarré, faisant environ 67 toises de superficie ; Et celuy que devront de même preparer les seconds sera de sept toises en quarré, faisant prés de 50 toises de superficie.

ART. VI.

Si quelques Proprietaires desdits Domaines n'ont pû par differentes circonstances faire avant le 15 Decembre prochain les Semences cy-dessus ordonnées, ils s'y prepareront pendant les mois de Janvier & Fevrier 1734 de façon que lesdites Semences soient faites dans le mois de Mars suivant, & en cas qu'on s'apperçoive aprés la pousse du mois de Septembre 1734 qu'il y ait une grande quantité de Semences manquées, chaque Propriétaire au mois de Novembre suivant regarnira les Plants vuides par de nouvelles Semences, de façon que lors qu'il sera tems de lever les Plants enracinés, & de les mettres en Pepinieres, il s'en trouve au moins les trois cinquiémes de ce qui a été ordonné cy-dessus être Semé.

ART. VII.

Afin d'engager toutes les Paroisses à executer plus soigneusement le contenu de la presente Ordonnance, ainsi que châque Proprietaire de Domaine en particulier, Nous declarons que lors de la repartition des Impositions pour les années prochaines Nous aurons attention à soulager, autant qu'il nous sera possible, celles que nous apprendrons s'être le mieux comportées dans lesdites Semences & Plantations de Pepinieres ; Et s'il se trouve des Proprietaires de Domaines qui ayent negligé lesdites Semences, Nous ferons défenses aux Collecteurs, au bas des Commissions des Tailles, de leur donner aucune part des diminutions qui seront accordées ausdites Paroisses ; Même nous les condamnerons à des amendes telles que de droit, applicables au profit des Pauvres desdites Paroisses. Enjoignons à cet effet aux Syndics & Collecteurs de chacune, de nous avertir dans le mois de May prochain des contraventions commises à la presente Ordonnance, à peine contr'eux d'amende arbitraire.

ART. VIII.

Comme il y plusieurs Cantons de cette Generalité dans lesquels on ne voit point de Chataigners, parceque le terrain n'y est pas propre, ou a paru devoir être employé à des productions plus avantageuses, N'Entendons que les dispositions de la presente Ordonnance quant aux Chataigners, ayent lieu dans lesdits Cantons, Enjoignant aux Propriétaires des Domaines qui y sont situés de remplacer la semence des Chataignes par un plus grand nombre de Noix, de Glands, de Pepins, de Noyaux, ou autres semences d'Arbres utiles & convenables au terrain.

ART. IX.

En l'absence des Proprietaires desdits Domaines, ou en cas de negligence de leur part, les Receveurs, Fermiers, Metayers, ou Colons seront tenus sous les mêmes peines de l'Article VII de faire les Semences & Pepinieres cy-dessus ordonnées, sauf à se faire tenir compte par lesdits Proprietaires de ce qui aura été dépensé pour ce sujet. Et afin que personne ne pretende cause d'ignorance de la presente Ordonnance, elle sera affichée dans toutes les Paroisses de nôtre Generalité, lûe & publiée en icelles à la sortie de la Messe Paroissiale un jour de Dimanche par les Syndics & Collecteurs, auxquels trois Exemplaires seront envoyés à cet effet. Fait à Angoulême le trois Novembre mil sept cent trente-trois.

Signé AUBERT DE TOURNY
Par Monseigneur DUPIN.

V

Arrêt du Conseil d'État du roi Louis XV, signé le 22 juin 1771, interdisant de planter des châtaigniers en Corse *(A.D. Corse du Sud, Code Corse A 16).*

Le Roi étant informé du préjudice que porte en Corse à l'Agriculture, le nombre trop multiplié de châtaigniers, et ne pouvant voir qu'avec peine, que les terreins très étendus et les plus propres à toute autre espèce de productions beaucoup plus profitables, sont uniquement employés à des plantations de cet arbre, ce qui prive l'isle d'avantages considérables qu'elle retireroit de la culture des blés et des grains de toute espèce, de celle des prairies, de la vigne, des oliviers et des mûriers : Et Sa Majesté ayant fait connoître à ses nouveaux sujets, dans l'assemblée de la Nation en consulte, qui s'est tenue au mois de septembre dernier, les inconvéniens et les abus de la préférence qu'ils ont donnée jusqu'ici à ce genre de plantations, Elle auroit reçu de la part de la Nation des assurances positives du désir qu'elle a elle-même qu'il y soit incessamment apporté remède par une loi qui assujettisse à des formalités capables de renfermer dans de justes bornes la culture de cet arbre ; à quoi voulant pourvoir : Ouï le rapport, et tout considéré ;

Le Roi étant en son Conseil, fait très expresses inhibitions et défenses à toutes personnes, de planter des châtaigniers dans aucun terrein de l'Ile de Corse, susceptible d'être ensemencé de blés et autres grains, ou d'être converti en prairies naturelles ou artificielles, ou planté de vignes, d'oliviers et de mûriers ; en conséquence, Sa Majesté a ordonné qu'à l'avenir tout propriétaire, fermier, locataire ou autre détenteur, à quelque titre que ce soit, d'un fonds de terre en Corse, qui voudra y planter des châtaigniers, sera tenu d'en faire préalablement la déclaration, et d'en obtenir la permission du sieur Intendant et Commissaire départi dans l'ile de Corse, par requête qui sera envoyée aux Podestats particuliers et Pères du Commun de la communauté dans le territoire de laquelle se trouvera ledit fonds : Veut Sa Majesté que lesdits Podestats et Pères du Commun en reconnoissent par eux-mêmes ou par Experts à ce connoissans, la nature et l'exposition, et qu'ils en dressent procès-verbal dans lequel ils déclareront si ledit terrain n'est susceptible d'aucune autre culture plus avantageuse, circonstance dans laquelle seule ladite permission pourra être accordée ; et enverront lesdits Podestats, ledit procès-verbal audit Sieur Commissaire départi qui pourra refuser ou restreindre la permission à lui demandée ;...

A Versailles le 22 juin. Signé Louis.

VI

Le réquisitoire du comte de Gasparin contre le châtaignier *(1863, vol. 4, pp. 741-743).*

Quand toute la surface d'un pays est plantée de châtaigniers, comme le district de la Corse qui a pris le nom de Castagniccia, il possède un aliment tout préparé par les soins des générations qui ont précédé, qui n'exige à la rigueur aucune culture, mais dont les produits dépendent entièrement du cours des saisons que nous ne pouvons diriger. La récolte tombant du ciel comme la manne, ramassée à mesure que le fruit se détache de l'arbre, promettant à chacun une provision limitée seulement par la diligence qu'il apportera à la disputer à ses voisins et aux animaux sauvages, n'est-ce pas le rêve, l'Eldorado des socialistes ? Le bonheur et la paix ne doivent-ils pas habiter ces cantons où l'homme semble n'avoir plus qu'à cultiver son esprit et son âme, et à chanter ses loisirs comme les bergers de Virgile ? La réalité est moins satisfaisante. Une alimentation que l'on croit assurée dégoûte l'homme des travaux pénibles ; c'est la chasse qui devient son occupation favorite ; avec elle, avec les rixes qu'amène sans cesse la jouissance inégale d'un bien commun, le caractère s'aigrit, devient farouche ; les passions violentes remplissent le cœur, et il s'établit entre les familles jalouses des avantages que procure plus d'adresse ou plus de diligence, des haines qui les isolent d'autant plus que les droits de chacun sont plus indéterminés. Mais cette vie oisive et presque sauvage exerce un charme profond sur ces hommes débarrassés des soins les plus importuns qui absorbent les moments et les forces des peuples cultivateurs. Le travail est pour eux le synonyme de la servitude, et ils méprisent le laborieux étranger qui vient chaque année, au moyen de ses sueurs, leur enlever la part la plus grande de leurs produits. Une population alimentée presque uniquement par les fruits d'un arbre est nécessairement dans un état stationnaire ; avec des soins et des avances, les cultures annuelles peuvent doubler et tripler leurs produits ; ici les années de disette succèdent aux années d'abondance avec une irrégularité qui entretient l'espoir, mais qui le déçoit trop souvent et qui fixe des limites assez étroites à l'accroissement de la population. Si ces limites viennent à être dépassées, c'est par l'émigration seule que les habitants de ce pays peuvent pourvoir à leurs nouveaux besoins. C'est ainsi que le Limousin, la partie montagneuse de l'Auvergne déversent chaque année sur les contrées voisines une partie de leurs ouvriers qui viennent y gagner pendant l'été la nourriture de l'hiver ; c'est ainsi que la Corse cherche au dehors, surtout dans les services publics et dans l'état militaire qui ne choquent pas ses préventions contre le travail manuel, un écoulement pour sa jeune population, dont la consommation excéderait la production moyenne des subsistances. Tel est le résultat de l'existence du châtaignier quand il constitue la partie principale de l'alimentation d'un pays.

Il n'en est pas de même si, placé dans d'autres circonstances, associé à d'autres cultures, il n'est qu'une partie accessoire de l'industrie agricole d'un pays. Le châtaignier est alors un excellent auxiliaire, propre à mettre en valeur certains terrains venant en aide à l'approvisionnement du pays ; il est même plus tard un objet d'exploitation ; sous ces conditions, sa culture devient aussi recommandable et aussi précieuse qu'elle me paraît préjudiciable quand elle est la culture et l'industrie unique ou principale. C'est ainsi que dans les montagnes des Cévennes les plantations de mûriers, les arts de la soie, s'allient merveilleusement à la culture du châtaignier, qui cède tous les jours à son rival les meilleures places qu'il avait usurpées en son absence. Nous concevons aussi l'importance de cet arbre dans un pays dont le sol composé de débris granitiques ou schisteux, mais possédant un sous-sol frais, parvient à tirer ses aliments de ces surfaces pierreuses ; et il peut seul donner la possibilité d'habiter des contrées déshéritées par la nature de leur terrain.

VII

RECOMMANDATIONS DE L'ABBÉ ROZIER QUANT À LA CONDUITE DE LA PÉPINIÈRE *(1783, p. 159 et p. 163).*

Plusieurs auteurs agronomes ont avancé que les petites châtaignes étoient aussi bonnes à semer que les grosses, pour produire de grands arbres. C'est une erreur qui tire à conséquence. Je ne crains pas d'avancer, au contraire, qu'on doit choisir les meilleures châtaignes & les plus grosses, & même que, dans la vallée de Baigorri, si les châtaignes ont été bien choisies, il est inutile, dans la suite de greffer l'arbre. On ne manquera pas d'objecter la coutume ; mais il suffira de répondre : Faites deux semis dans le même terrein, de grosses & de petites châtaignes, & l'expérience démontrera l'abus de la coutume. On préfère le beau blé au blé de médiocre qualité, lorsqu'on veut ensemencer ses terres. Les pépiniéristes en arbres fruitiers conservent les noyaux de pêches les plus grosses, les pépins des plus belles poires, des plus belles pommes ; le jardinier, les semences des melons, des choux, &c. les plus parfaites. Le châtaignier seul formeroit-il une classe à part ! Il est absurde de le penser. Les habitans des Pyrénées, & sur-tout de la vallée de Baigorri, choisissent les châtaignes une à une, & confient à la terre ce qu'ils ont de plus précieux en ce genre.

[...]

Il faut bien se garder d'amender la terre de la pépinière ; je conviens que la végétation du jeune arbre seroit plus forte, plus vigoureuse ; mais comme il est destiné à être un jour planté dans un terrein maigre, & ne trouvant plus alors cette première nourriture, sa reprise seroit difficile, & sa végétation languissante. Il faut laisser la ressource perfide des amendemens aux marchands d'arbres, à qui il importe fort peu que, dans la suite, l'arbre réussisse ou non, pourvu qu'ils le vendent & en retirent de l'argent.

VIII

DIFFÉRENTES DENSITÉS D'ARBRES ENVISAGÉES PAR UN DOCUMENT (ANONYME ET SANS TITRE) SUR LA TAILLE (EN FAVEUR DE SON TARIFEMENT ET NON PLUS DE SON ESTIMATION ARBITRAIRE), *publié à Limoges le 10 mai 1742, 18 p., pp. 6-7. (A.D. Corrèze, 6 F 33).*

Deux choses doivent décider des Classes, entre lesquelles les Châtaigneres peuvent être divisées ; la quantité d'Arbres dont elles sont garnies, & l'état de ces Arbres : quoique l'extrême différence qu'il y a d'Arbres à Arbres, soit par leur âge, soit par l'accroissement qu'ils ont pris, ne permette pas de donner des règles fixes sur la division et formation de ces Classes, je vais vous expliquer mes idées, que vous appliquerez au local suivant les circonstances où vous le trouverez. Si une Sétérée de Terre de 20 000 pieds de superficie étoit plantée régulièrement d'Arbres à distance les uns des autres de 24 pieds sur 30 elle en contiendroit environ 27 : cela suposé, j'estime qu'y en ayant plus de 20 dans leur force & d'un rapport ordinaire, cette sétérée, comme suffisamment garnie, doit être de la première Classe. Que les mêmes proportions gardées, le nombre de 14 Arbres & au-dessus jusqu'à 20 formant une Sétérée garnie aux deux tiers, lui assigne sa place dans la 2e Classe. Qu'avec 7 arbres et au-dessus jusqu'à 14, elle n'est garnie qu'au tiers & tombe dans la 3e Classe : Et que si, au lieu d'Arbres simplement dans leur force, & d'un rapport ordinaire, il s'agit d'Arbres d'une grandeur, & d'un raport au-delà du commun, 15 suffiront pour la première Classe, 10 jusqu'à 15 pour la seconde, 5 jusqu'à 10 pour la troisième, de façon que, dans les deux espèces que je viens de vous présenter, les premières, secondes et troisièmes Classes se répondront les unes aux autres : ne tirez pas au surplus de ce raisonnement la conséquence qu'il faille toujours établir ces trois Classes dans une Paroisse, où il y a des Châtaigneres ; pouvant très bien arriver que, par l'état à peu près semblable où elles se trouveront toutes, elles n'ayent besoin que d'une seule estimation commune, ou au plus de deux Classes ; auquel cas vous vous y arrêterez absolument.

Mais me direz-vous sans doute, les Classes cy-dessus ne pourvoyent point à tout ; il reste à régler sur quel pied l'on doit considérer un Terrain, dont le nombre d'Arbres étant au-dessous de 5 ou de 7 par Sétérée, ne luy donne point entrée dans la 3e Classe, l'Expédient que j'imagine pour sortir de cette difficulté, est de diviser ce Terrain en deux parties égales, de suposer dans l'une tous les Châtaigners, de la porter en conséquence dans la Classe relative au nombre d'Arbres, qu'elle se trouvera contenir par cette supposition, & à l'égard de l'autre moitié de l'employer parmy les Terres labourables, ou parmy les Landes, suivant qu'elle tiendra nature des unes ou des autres. Si cette division en deux parties égales ne donne pas par Sétérée un nombre d'Arbres suffisant pour la troisième Classe, on pourra la faire en trois parties égales, mais jamais au-delà, attendu que, s'il falloit une division en plus de parties pour trouver 5, ou 7 Arbres par Sétérée, ce seroit une marque qu'il y en auroit si peu sur le Terrain, qu'ils ne devroient pas luy donner le nom de Châtaigneres ; au surplus l'opération de cette division devra être présentée dans la Cotte où elle aura [*illisible*] de façon qu'on ne la puisse ignorer.

IX

DEUX DESCRIPTIONS LYRIQUES DE LA CASTAGNICCIA

JEAN LORRAIN *(1903, p. 82)*

Les châtaigneraies de la Corse ! Il faut voir leur moutonnement de verdure monter du fond des vallées à l'avant de la montagne ! Elles en ascensionnent les pentes, en escaladent les hauteurs, cernent la crête, descendent le torrent et ne s'arrêtent à la zone déjà froide où commencent les hêtres, que pour dévaler précipitamment dans le creux des gorges et des ravins, où leur rondeur feuillue ondoie comme une mer. [...] Dans leur ombre fraîche sourdent et jasent les sources ; l'eau froide et bleue, fille des neiges éternelles, court entre leurs troncs crevassés et chenus. Elles se rencontrent à mi-flanc de la montagne, attirées l'une vers l'autre, la source descend des hauteurs, la châtaigneraie monte de la vallée, et de leur rencontre naît le village corse. [...] Le village corse et ses vieilles maisons grises tout en hauteur et pareilles de loin à quelque chantier de pierres à l'abandon. Percées d'étroites fenêtres, presque des meurtrières...

RAOUL BLANCHARD *(1914, p. 221)*

Dès que l'on pénètre dans la châtaigneraie, par exemple lorsqu'on l'aborde de l'ouest par le col de Prato, la première impression est celle d'une mer de verdure. Peu à peu on distingue un labyrinthe de vallées profondes séparées par des « serres » étroits et convergents ; mais le voile des arbres épais se tend d'une crête à l'autre, noyant les creux sous ses ombrages. Seules apparaissent les lignes de maisons des villages, souvent accrochées à un serre et formant le long de l'échine une longue file, seul emplacement possible d'une voie de communication : d'autres se blotissent, lorsque la déclivité n'est pas trop forte, sous les pentes supérieures. Du nord ou de l'ouest, on a ainsi l'impression que les arbres couvrent toute la surface, et que ce pays peuplé n'est qu'un immense bois de châtaigniers ; cependant du sud ou de l'est, quelques taches plus claires apparaissent, des « solanes » bien exposées, organisées en merveilleux escaliers de murettes soutenant des champs exigus, souvent larges de 2 à 3 mètres. Mais ces étendues cultivées sont bien peu de chose par rapport au nombre des villages, faisant deviner une densité vraiment importante de population. D'autre part, nul bétail, ni chèvres, ni porcs, ne surgit errant sous les arbres, comme partout ailleurs en Corse. Et enfin les habitants eux-mêmes, en été, ne se montrent pas, ni dans les champs, ni réunis au village pour les longues flâneries de la place. On se persuade ainsi qu'on a affaire à un genre de vie très spécial, et qu'il est fondé sur l'exploitation du châtaignier.

X

LE CHÂTAIGNIER INSPIRATEUR DE JEAN GIONO

Vers le milieu du jour, ils traversèrent le large verger de châtaigniers qui barrait le fleuve. Ils l'abordèrent doucement, sans bruit. Ils courbèrent le dos, le radeau glissa sous les arbres. Une grande chose était en train de s'accomplir ici. Les feuillages touchaient presque le fleuve. Ils étaient pleins de soleil mais la grande illumination venait des fleurs. Des étoiles. Comme celles du ciel, plus larges que la main avec une odeur de pâte en train de lever ! Une odeur de farine pétrie, l'odeur salée des hommes et des femmes qui font l'amour ! L'eau calme était couverte de poussière jaune. Le radeau écartait des brouillards de pollen.

Le Chant du monde, Paris, Gallimard, 1934,
p. 314 de l'édition de 1943.

Quiconque a senti un jour de printemps sur les plateaux sauvages l'odeur amoureuse des fleurs de châtaigniers comprendra combien ça compte de fleurir souvent.

Que ma joie demeure, Paris, 1935.
Cité par Pierre Lieutaghi, 1969, p. 370.

Apporte, Babeau, les châtaignes bouillies et ferme dehors le vent de novembre. Il fait déjà froid, mes amis. Apporte aussi, Babeau, ma belle, ces bouteilles translucides de vin cuit et de semontas...

[...] il y a aussi les fleurs de châtaignier qui, suivant l'heure ou le vent, pendent comme de petits gants d'enfant en laine jaune ou éclatent comme des étoiles drues.

L'Eau vive, Paris, Gallimard, 1943,
p. 48 et p. 141.

XI

GÉOGRAPHIE DES MARRONS FRANÇAIS PAR L'ABBÉ ROZIER *(1783, pp. 158-159).*

Le châtaignier est un arbre forestier, tel que le chêne, le hêtre, & nous avons en France des forêts où il en existoit sûrement du temps des Druides. Si nous parcourons le pays des montagnes du troisième ordre, nous trouverons dans les Vosges des marrons excellens ; à Aubonne, sur la chaîne des Mont-Jura en Franche-Comté, des marrons estimés, & dont il se fait un gros commerce ; les montagnes du Bugey offrent les mêmes productions. Dans le Dauphiné, les marrons y acquièrent une grosseur surprenante ; ils descendent par bateau sur l'Isère, remontent le Rhône & arrivent à Lyon, qui en devient l'entrepôt pour Paris, &c. En continuant à suivre la chaîne orientale des montagnes de France, on trouve dans la Provence, les Maures qui font un embranchement des Alpes, lequel va se précipiter dans la mer entre Toulon et Fréjus... Le lieu particulier, nommé la Garde de Frainet, sur les Maures, fournit les fameux marrons du Luc, si renommés en Provence ; le Luc leur sert d'entrepôt. Actuellement en remontant du midi au nord du royaume, par une semblable parallèle, les montagnes de la partie du sud de Languedoc, & celles qui bordent le cours du Rhône, donneront les marrons renommés de Saint-Pons, du Vivarais & du Lyonnois. Lyon est l'entrepôt des marrons du Vivarais & du Dauphiné, & plusieurs auteurs ont par-là été induits en erreur, & ont avancé que le Lyonnois ne fournissoit pas des marrons. Au contraire, c'est ceux du territoire du Brésil, paroisse de Loire, à quatre lieues de Lyon, qui ont donné la célébrité aux autres que l'on vend sous le nom de marrons de Lyon. Ils sont plus petits, plus ronds que ceux du Vivarais & du Dauphiné, mais il n'y a aucune comparaison à faire entr'eux pour la finesse du goût. Quoique plus petits, ils sont toujours beaucoup plus chers que les gros. Dans ce lieu d'entrepôt, on fait trois classes des marrons qu'on y apporte. La première est pour les plus gros ; la seconde pour les marrons d'une moindre grosseur ; la troisième se consomme dans la ville, mais les marrons de Loire sont toujours classés à part. La chaîne des montagnes qui partage la Bourgogne du nord au sud, fournit encore de très-bons marrons, & ici se terminent les bonnes productions, en ce genre, de cette seconde parallèle.

Commençant une troisième parallèle, on trouvera ceux des Pyrénées, ceux de Rodez, d'Auvergne, du Périgord, du Limousin, du Poitou, &c. & il faudra reprendre une quatrième parallèle pour avoir ceux de la Navarre, & en particulier les excellens marrons de la vallée de Baigorri.

D'après l'inspection des lieux cités, on voit que les pays élevés jusqu'à un certain point, fournissent seuls des marrons & des châtaignes de bonne qualité, & que cet arbre, qui brave les hivers, exige de temps à autre d'avoir des coups de soleil actifs, afin de passer alternativement pendant l'été, de la fraîcheur du matin & du soir, à la chaleur du jour, & ainsi tour à tour. C'est, je crois, la raison pour laquelle les châtaignes des environs de Paris & des plaines n'ont jamais un goût relevé.

XII

PRIVILÈGES ACCORDÉS PAR LA VILLE DE CONI AUX HABITANTS DE LIMONE ET VERNANTE. *Extrait de la « Dechiaratione de conventione tra la communitá di Cuneo e la communitá di Limone, et Alvernante sopra il particular delle castagne. 8 ottobre 1444 » publiée dans « Privilegii, Prerogative, Immunitá, Concessioni, Transattioni, et Patti di diverse sorti concessi dalli Serenissimi Duchi di Savoia alla Cittá di Cuneo e suo mandamento. Et* *insieme altre Conventioni tra detta Cittá et Terre circonvicine ». Turin, 1590, pp. 82-83 *.*

[...] Il a été décidé, conclu et convenu entre lesdites parties que les susdits gens et habitants de Limone et Alvernante, à présent et à l'avenir, pourront librement et impunément, sans versement d'aucune gabelle ou sans certificat ou dépôt, tirer du territoire et du district, et passer par le territoire et le district de Coni, pour les transporter à leur domicile, dans les dits lieux, la quantité de châtaignes fraîches qu'il leur arrivera de recueillir et de ramasser chaque année sur leurs propres possessions (celles qu'ils ont actuellement et celles qu'ils auront à l'avenir) sur le territoire de Coni et son district, et ailleurs, et ceci à l'époque du ramassage desdites châtaignes, et durant la récolte elle-même, soit que cette récolte se fasse à son époque habituelle, soit qu'elle soit tardive, nonobstant quelque serment que ce soit, éventuellement fait ou à faire, de façon incorrecte par la commune de Coni.

Également, il a été décidé, conclu et convenu par lesdites parties, que toute personne desdits lieux de Limone et Alvernante, ayant domicile en ces lieux, avec sa famille, au cas où elle n'a pas ou n'a pas eu alors une provision suffisante de châtaignes récoltées sur ses propres terres ou ailleurs, pour son usage et ses besoins propres, pourra et aura le droit de tirer de Coni et de son district la quantité de châtaignes blanches nécessaires aux besoins de quiconque veut en tirer, à condition cependant de les employer à l'usage personnel de ceux qui veulent en tirer, c'est-à-dire pour les consommer et les exposer dans leurs maisons, pour eux et leurs familles, et ceci sans versement de quelque gabelle que ce soit, en déposant cependant les châtaignes à tirer entre les mains du receveur des gabelles désigné à cet effet par la commune de Coni, et obtenant de celui-ci un certificat, et à condition que toute personne voulant tirer des châtaignes fasse serment audit receveur des gabelles, sur les saints Évangiles, qu'il est dépourvu, pour ses besoins, de la quantité de châtaignes qu'il veut tirer pour son seul usage personnel et celui de sa famille et maisonnée, en sus de toute autre quantité ramassée par lui alors, cette année-là, ou obtenue par ailleurs, et fasse serment également qu'il n'a fait ou ne fera à l'avenir aucun contrat d'aliénation des châtaignes recueillies et emportées librement, sans gabelle, d'où qu'elles proviennent, ou qu'il ne sortira ni ne fera sortir les châtaignes dudit lieu de son domicile, et qu'il ne commet, ni ne commettra de fraude dans le transport, par quelque ruse que ce soit.

Étant cependant excepté et expressément entendu que le total de la quantité de châtaignes blanches à tirer de la manière indiquée ci-dessus, en plus des autres provisions et sans paiement de gabelle, n'excedera, pour chaque année, 70 setiers, à moins de payer la gabelle pour le surplus, comme la paient tous les autres récoltants.

XIII

Règlement du partage des terrains communaux plantés de châtaigniers appropriés à Bastelica (arrondissement d'Ajaccio, Corse) A.D. Corse du Sud, 2 O.

1° Extrait du registre des délibérations du conseil municipal du 9 août 1862.

L'an mil huit cent soixante deux, et le six du mois d'août, le conseil municipal de la commune de Bastelica se trouvant réuni en session ordinaire dans la salle ordinaire de ses séances sous la Présidence de Monsieur le Maire Folacci Valère, les membres appelés à délibérer étant en majorité, Monsieur le Maire expose que beaucoup de propriétaires et habitants de Bastelica ont planté des châtaigniers sur les terrains communaux, que la commune a toléré ces plantations parce que chacun des propriétaires s'est implicitement ou explicitement soumis à l'usage ancien et toujours en vigueur qui veut que le propriétaire du terrain ait en toute propriété la moitié des arbres plantés sur son propre fonds, que beaucoup de propriétaires ont agi de même sur les biens immeubles appartenant à l'Église que les uns et les autres

* Je remercie mon collègue latiniste Philippe Moreau de m'avoir assisté dans cette traduction.

doivent, ou être dépossédés de la portion de châtaigners qui revient soit à la fabrique soit à la commune, ou qu'ils doivent payer à la commune ou à la fabrique une somme proportionnelle au nombre de châtaigners qu'ils ont plantés et dont ils jouissent, sauf à eux, après avoir payé cette somme, laquelle sera arbitrée par les hommes à ce choisis par le Maire d'accord avec le Conseil Municipal à être propriétaires définitifs et immutables des dits arbres, la commune et la fabrique restant l'une et l'autre propriétaires du terrain.

Le conseil municipal à l'unanimité délibère : Monsieur le Maire est autorisé à faire dans le plus bref délai le recensement de tous les arbres châtaigners et autres essences qui ont été plantés sur les terrains communaux, à en faire le partage avec ceux qui les ont plantés, à entrer en jouissance et propriété de la part revenant soit à la commune soit à la fabrique, Monsieur le Maire s'entendra à cet effet avec les membres de la fabrique, il réclamera des propriétaires une indemnité proportionnée au nombre de châtaigners dont ils ont joui au détriment de la commune et de la fabrique ; l'indemnité à réclamer pour chaque arbre joui indûment sera fixé *(sic)* par des experts choisis d'accord par le Maire et le conseil municipal. Monsieur le Maire est autorisé à vendre les arbres essence châtaigner qui lui seront désignés comme formant la part de la commune, après estimation faite d'accord entre les parties, à cet effet pour tous actes et faire ce que de droit. A cet effet Monsieur le Maire est autorisé à faire par devant les tribunaux tous actes conservatoires ou tendant à la revendication de la propriété. Monsieur le Maire, sous aucun prétexte, ne pourra aliéner le fonds sur lequel sont plantés les dits châtaigners. Monsieur le Maire s'entendra avec la Fabrique afin qu'il en soit de même en ce qui concerne ces châtaigners plantés sur les terrains appartenant à l'Église. Les sommes d'argent provenant des dites opérations seront déposées dans la caisse du receveur municipal et destinées à la construction de la nouvelle église pour laquelle délibérations ont été prises et soumises à l'approbation de Monsieur le Préfet.

Copie de la présente délibération sera soumise à l'approbation de Monsieur le Préfet.

Fait et délibéré à Bastelica les jours, mois et an que dessus. Ont signé au registre Messieurs Bigot, Folacci I., C. Rossi, Marietti, A. Bolelli, F. Martinenghi Orazi, B. Bonielli, D. Giovacchini et le Maire V. Folacci. Le sieur Scapulo Paul Baptiste present à la seance s'est refusé de signer.

2° Lettre du préfet, du 22 août 1862

Au Maire de Bastelica,

Le conseil municipal de votre commune s'est occupé dans sa séance du 6 août courant, des moyens de régulariser les plantations de châtaigniers faites par les particuliers sur les biens communaux et sur ceux appartenant à la fabrique.

L'intention du conseil est que la commune comme la fabrique ne soient plus à l'avenir privés de la part des produits auxquels ils ont des droits légitimes comme propriétaires du fond ; le conseil vous a chargé en conséquence, M. le Maire, d'adopter les mesures nécessaires pour la sauvegarde de ces droits. Je ne puis qu'applaudir à cette résolution.

Je vous engage donc à convoquer tous les planteurs à la mairie pour concerter une solution amiable de l'affaire. Si ce résultat ne pouvait pas être obtenu et qu'un procès devenait nécessaire, vous feriez intervenir une nouvelle délibération du conseil municipal demandant l'autorisation de plaider.

Un autre moyen pourrait être employé pour désintéresser la commune. Il est constant que les terres couvertes par les châtaigniers sont improductives pour la commune ; je suppose que celle-ci en paie pourtant la contribution foncière et la taxe de main-morte ; or on peut obliger les propriétaires des châtaigniers à acquitter cet impôt, on n'aurait pour cela qu'à faire le comptage des arbres possédés par chacun, et à en dresser un état numérique certifié par le conseil des répartiteurs, état qui servirait de ban pour la répartition de la dite contribution entre les possesseurs de châtaigniers.

XIV

L'IRRIGATION DES CHÂTAIGNERAIES DU SUD DU VIVARAIS : *description du docteur Francus, 1884, pp. 272-276.*

Le fait le plus remarquable de la région de Borne est le système de canalisation employé par les propriétaires des communes de Planchamp, Balmelles, Prévenchères, St-Jean-Chazorne (Lozère) et Sainte-Marguerite-la-Figère (Ardèche). Ces braves gens ont eu l'idée d'arroser leurs châtaigniers comme on arrose ailleurs les prairies. Un premier essai de canal ou béalière eut lieu en 1830 sur une étendue de deux ou trois kilomètres. Mais la grande impulsion date de 1857. Le principal initiateur fut Pierre Coulomb, de Planchamp, le père du maire actuel. Coulomb s'était dit qu'en prenant l'eau du Chassezac aux abîmes de Balémont, sous la Garde-Guérin, la moitié des maigres châtaigneraies de la commune qui bordent cette rivière seraient largement arrosées. Cette entreprise fut pour lui une vraie toquade. Il y allait travailler seul pendant des semaines entières, se nourrissant seulement du pain et du lard qu'il avait apportés, travaillant même la nuit. On se moqua d'abord de lui. Puis sa conviction gagna les autres propriétaires, et un syndicat fut organisé. Chacun souscrivit pour une somme proportionnelle à l'étendue du terrain à arroser. Le canal coûta onze mille francs. Le seul opposant — le croirait-on ? — fut M. Odilon Barrot, l'ancien, qui, cependant, étant le plus fort propriétaire, avait le plus à gagner à son exécution. Non seulement M. Barrot refusa de payer sa quote-part pour les travaux, mais encore il ne consentit à laisser le canal traverser son domaine que sous la condition de profiter de l'eau comme les propriétaires paysants. Un de ceux-ci, nous racontant le fait, nous disait avec amertume : Nous fîmes l'aumône à M. Barrot de cinq heures d'eau *nobles* (c'est-à-dire sans aucune charge).

L'impartialité nous fait un devoir d'ajouter que, si M. Odilon Barrot ne se montra guère généreux de son vivant, il revint en mourant à des sentiments meilleurs, puisqu'il a légué à la commune de Planchamp cinquante mille francs pour ses chemins et son école.

L'initiative de Coulomb trouva d'ardents imitateurs. Les propriétaires des communes voisines s'organisèrent chacun chez soi en syndicats, tracèrent eux-mêmes le plan de leurs canaux sans recourir aux ingénieurs, et donnèrent les travaux à prix fait dans les trois vallées.

Dans celle de l'Altier, il y en a quatre sur la rive droite (commune des Balmelles) et deux sur la rive gauche (commune de Prévenchères).

Dans le Chassezac, il y en a deux sur la rive gauche, dont un est celui de Coulomb qui a environ douze kilomètres de longueur. On en construit au-dessus un troisième qui aura dix-huit ou vingt kilomètres, dont l'eau sera prise à quatre kilomètres environ en amont du château du Roure, et qui arrosera tous les terrains supérieurs de l'abrupte montagne de Planchamp. Les conditions du terrain n'ont permis d'en établir aucun sur la rive droite du Chassezac.

Dans la vallée de la Borne, il y en a deux sur la rive droite, qui arrosent St-Jean-Chazorne et Planchamp, et quatre sur la rive gauche arrosant Sainte-Marguerite-la-Figère. L'un de ces derniers, qui vient de la Val-d'Aurelle, a environ dix-huit kilomètres de longueur.

Ces canaux ne fonctionnent que du 1er avril au 1er octobre. A cette dernière date, on rend l'eau à la rivière autant parce que le châtaignier n'en a plus besoin que pour faciliter la levée des châtaignes. Chaque canal a son cantonnier spécial payé par le syndicat à raison de deux cents ou deux cent cinquante francs par an. C'est merveille de voir ces canaux, suspendus pour ainsi dire aux pentes abruptes du granit, allant porter la fraîcheur et la fertilité jusqu'aux sommets des montagnes et sur les versants les plus inclinés. Bien que les murs soient faits en pierre sèche, ils tiennent parfaitement l'eau, grâce aux mottes de gazon et au lit de feuilles qui en forment le fond.

Cette canalisation a été un rude travail, mais ses résultats ont dépassé toutes les espérances. Les propriétaires de la contrée, fort pauvres il y a quarante ans, à tel point qu'on les appelait les *saquets*, c'est-à-dire les besaciers, parce que bon nombre demandaient l'aumône, sont tous aujourd'hui plus ou moins capitalistes. Les châtaigniers du pays sont, pour un tiers au moins, des *sardones* ou marronniers ; cette espèce exige plus d'eau et de chaleur que les autres, mais elle rend le double. Les propriétaires ont, de plus, grâce à l'arrosage, de gras pâturages pour leurs troupeaux. Leurs épaisses châtaigneraies font un frappant contraste avec celles des pays non arrosés. Elles dérobent entièrement aux regards la terre ou le rocher et leur verdure intense luit au soleil comme un océan d'un nouveau genre.

Les gens de Borne, dit Pélican, sont les sujets les plus industrieux de mon royaume. Leur exemple est une leçon qui devrait porter des fruits dans toute l'étendue de l'Ardèche et de la Lozère. Si les comices agricoles avaient un peu d'esprit, il y a longtemps que le père Coulomb aurait reçu la médaille d'honneur !

XV

CHAPITRE « CHÂTAIGNES » DU MÉMOIRE SUR LES DROITS D'EXPORTATION ÉTABLIS EN CORSE *par le directeur des Domaines au-delà des monts à Ajaccio, le 27 juillet 1787. A.D. Corse du Sud, 1 C 45.*

Les raisons qui doivent porter à réserver à l'administration la faculté de deffendre ou de permettre l'exportation des châtaignes sont connues et prépondérantes. Les sécheresses fréquentes, l'excessive ardeur du soleil, les intempéries des mois de mars, d'avril et de mai, les brouillards funestes de cette même saison qui s'arrêtent surtout dans les plaines de l'Isle, démontrent par expériences faites depuis longtemps, que de sept récoltes il y en a eu au moins trois de mauvaises, deux de médiocres et deux seulement de bonnes. Aux époques des mauvaises récoltes la consommation n'est point assurée, souvent même nous sommes exposés à la disette et dans la nécessité de pourvoir les habitants à des conditions gênantes pour l'administration, onéreuses et destructives au Païs. Il est alors inévitable de conserver tous les moïens de subsister que le sol présente.

Les châtaignes, dans ces temps de calamité, ne peuvent être à charge à personne : le prix qui s'établit dans le Païs est nécessairement analogue à la disette, à la cherté des grains et le débit à l'Étranger dut-il procurer quelqu'avantage aux vendeurs, cette considération ne serait pas assez puissante pour priver les habitans de cette ressource précieuse ; mais aussitôt que les allarmes sur la subsistance peuvent se dissiper, il convient de laisser la liberté au commerce des châtaignes, en favorisant cependant en quelque chose les habitans des Pièves où elles abondent le plus et qui assez communément ont peu de ressources en grains : à cet effet les droits de sortie deviennent inévitables ; on ne saurait differamment établir la concurrence dans la vente en faveur des Corses.

Le droit à l'exportation pour la France qui est de 2 pour cent ne signifie rien ; il est purement de forme : on porte peu ou point de châtaignes en france : en supposant que ce commerce eût lieu, ce droit dans la perception se réduirait tout au plus à 1 1/2 pour cent par rapport à la douceur des estimations ; assurément, il ne peut faire sensation dans la vente ou dans l'achat : il équivaut presque à une exemption parfaite et il a un avantage que n'a point celle-ci. La perception exige des précautions qui constatent l'objet du commerce et ses progrès. L'administration en tire des lumières qu'elle ne peut négliger et se procurer : elles viennent des déclarations et des enregistrements aux Bureaux des Doüanes sur lesquels on ne pourrait jamais compter en cas d'une exemption totale des Droits : Cette réflexion est applicable à tous les objets d'exportation dont les droits sont fixés à 2 pour cent ; j'y renverrai pour ne pas me repetter.

Le droit à l'exportation pour l'Étranger est de 7 1/2 pour cent lorsqu'elle a lieu sous pavillon français et du double de ce droit, c'est à dire 15 pour cent lorsque l'exportation se fait pour l'étranger et sous pavillon étranger. Il est constant qu'en réduisant le droit sous pavillon étranger, les bâtimens des ports d'italie viendraient établir une concurrence dans l'achat et le transport des châtaignes qui dispenserait le propriétaire à se donner aucun mouvement mais si, dans cette facilité, elle se vendent cependant à un prix convenable ; que dans le cas contraire le cultivateur puisse, quand il le veut, se procurer les moïens du transport et du débit à l'Étranger, qu'à cet effet, il ait à sa portée une Marine nationale assez étendue, interessée à profiter de ce débouché qu'a t-il à désirer de plus ? Or, le commerce et le transport des châtaignes me parait absolument dans ce cas. L'exportation n'a lieu communément que dans les Provinces de Bastia et d'Aleria. La Capitale fourmille de bâtimens d'une contenance convenable qui n'ont rien de mieux à faire que de se livrer à ce transport et à ce commerce ; aussi ne le laissent-ils pas échapper. Ils vont dans la saison approvisionner les parties de l'Est et de l'Occident de l'Isle, indépendamment des transports qu'ils font en Italie : ils profitent enfin de cette branche d'industrie que la concurrence des bâtiments étrangers réduirait. L'intérêt des cultivateurs peut-il ballancer cet avantage ? Pour le connaître, il n'y a qu'à se procurer des renseignements certains sur le prix commun des châtaignes avant l'execution de l'arrêt du 12 mai 1784 et après, il sera aisé par là de se convaincre de l'effet que peuvent avoir opéré dans la vente les nouveaux droits de sortie. Je n'affirmerai point, mais je suis persuadé qu'ils ne présenteront aucune difference sensible.

En supposant qu'il fut reconnu de cette verification que la reduction des droits de sortie soit absolument avantageuse au cultivateur, je suivrai à l'égard des châtaignes la methode qu'il convient de mettre en usage à l'égard des grains. C'est de laisser à l'administration la faculté de modérer les droits d'exportation à l'Étranger sous pavillon français et de les rétablir suivant que les besoins de cette exportation se feront plus ou moins sentir avec les precautions énoncées relativement à la consommation locale.

Il peut même survenir des années où il y ait une telle abondance de châtaignes et de grains qu'il soit interessant d'en exciter l'exportation, alors et dans ce cas seulement l'administration pourrait être autorisée à se relâcher sur les droits d'exportation sous pavillon étranger. Les châtaignes ne peuvent se conserver d'une année à l'autre et les habitans n'ont pas encore assez de facultés pour se priver longtemps du produit de leurs récoltes.

XVI

RÉACTION DE CHARLES LEONARDI CONTRE LE CONTINGENTEMENT DE L'EXPORTATION DES CHÂTAIGNES CORSES : « Un point de droit », *Paris-Corse*, 585, 23 décembre 1919.

J'ai toujours éprouvé un respect quasi religieux chaque fois que je me suis trouvé en face de l'*Administration*. Jamais néophyte, j'ose le dire, n'a témoigné d'une plus ardente ferveur.

Placide et ironique, comme un Bouddha, l'Administration corse, à l'exemple aussi de l'Idole encensée de l'Inde jusqu'en Chine, n'a cessé de proclamer cette doctrine, d'un enseignement aisé : regardez-vous le nombril. Quant à elle, elle agit. Parfois à l'aventure.

C'est ainsi qu'à l'usage de nos populations, un peu arriérées, comme chacun sait, M. le Préfet a bien voulu inaugurer un *acte réglementaire*, qui ne tient ni de la circulaire ni de l'arrêté. Il « *décide* ». Ce serait donc une décision d'en haut ! à forme judiciaire.

Vous en connaissez le schéma ? « Le préfet de la Corse, considérant... considérant... DÉCIDE... de limiter l'exportation des châtaignes, de restreindre le trafic des porcs, etc. »

Parfait... Mais en vertu de quel texte, ou article de loi, peut-il ainsi statuer ?

Autrement dit, la Corse est-elle placée, en matière économique, sous un régime de « *décisions* » préfectorales ou sous l'empire des lois ?

Qu'on s'imagine le succès d'estime qu'obtiendrait le préfet de l'Ardèche, s'il s'avisait de régler *ex-cathedra* le commerce des châtaignes qui proviennent de son département ? Croyez-vous même que les préfets de l'Aude et de l'Hérault ne devraient pas faire leurs malles avant de « *décider* » que leurs administrés n'exporteront que telle partie de leurs récoltes de vin ?

Oui, je sais, on pratique ainsi en Tunisie ; mais la Corse n'est ni une colonie ni un pays de protectorat — pour protéger les producteurs français. Est-ce le but qu'on se propose d'atteindre avec les « *décisions* » dont il s'agit ?

Le résultat obtenu par la *décision* sur les châtaignes a eu pour effet de *n'en permettre l'exportation qu'au moment où le marché de Marseille s'est trouvé inondé de châtaignes importées d'Italie. Les cours se sont effondrés et nos paysans — une fois de plus — auront passé à côté d'une bonne affaire.*

Je me résume. Pas plus que ses collègues de l'Ardèche, de l'Aude ou de l'Hérault, dans leurs départements, M. le Préfet n'a le droit de *restreindre* l'exportation des produits de notre sol. Depuis 1789, *les douanes intérieures sont supprimées et le commerce est libre.* M. Barnier ne peut avoir pour ambition de maintenir la Corse dans l'état de détresse constaté par un rapport de son ex-patron Clémenceau. Il est pourtant la conséquence de ses « *décisions* » inconsidérées.

XVII

L'ORGANISATION DES MARCHANDS DE MARRONS CHAUDS À PARIS, vue par un article du *Journal des Débats* du 23 janvier 1892, découpé par Albin MAZON et collé dans son « Encyclopédie », article « Châtaignes ». A.D. Ardèche.

LE KRACH DES MARCHANDS DE MARRONS. — Le monde des marchands de marrons est en émoi. Aux coins des rues, dans les niches louées par les marchands de vin, ce ne sont que pleurs et gémissements à peine couverts par le grésillement des poêles. Baggi, le principal fournisseur des détaillants, Baggi, l'honneur de la corporation, Baggi, qu'on citait en modèle aux petits « marronniers » de l'avenir, vient de jeter l'opprobe sur tous ses frères. Il s'est enfui, le scélérat ; laissant un passif de plus de cent mille francs ; le tribunal de commerce à dû hier le déclarer d'office en faillite, et le parquet va le poursuivre comme banqueroutier frauduleux.

Ce que déplorent les marchands de marrons, ce sont moins les pertes matérielles, qui ne les atteignent que très indirectement, qu'une déconsidération morale dont ils se croient, bien à tort d'ailleurs, solidaires.

Pour expliquer cette susceptibilité, il faut savoir que la tribu des marchands de marrons, presque tous originaires du même pays, est étroitement unie, et que jusque-là on ne pouvait signaler aucun acte malhonnête imputable à un de ses membres.

Jadis c'étaient des Savoyards et des Auvergnats qui exploitaient l'industrie. Mais depuis longtemps les Auvergnats se sont faits brocanteurs, les Savoyards fumistes, et aujourd'hui, dans la proportion de 90 pour 100, les *marronniers* sont des Suisses originaires du Tessin.

On sait comment ils procèdent. Ils arrivent à Paris avec un tout petit capital, vers la fin septembre, et achètent ou louent le matériel nécessaire à leur installation. Puis ils se préoccupent de trouver un *coin* que les marchands de vin leur louent de 40 à 80 fr. par mois (éclairage compris), suivant les quartiers. Il y a même certains coins qui se louent jusqu'à 100 fr. Dans ceux-là, la vente n'arrête point de six heures du matin à deux heures de la nuit, et l'heureux titulaire est obligé, pour suffire aux besoins de la clientèle, d'avoir un commis qui le relaye.

Une fois installé, le marronnier achète un sac de marrons. C'est la plus grande dépense. Au début de la saison, les marrons primeurs, qui viennent de Cunéo (Italie), coûtent de 50 à 60 fr. le sac de 100 kilog. On les revend à raison de 50 centimes le litre, ce qui laisse encore un bénéfice de 50 %. Mais au fur et à mesure que la saison avance, les arrivages se multiplient, le sac tombe à 30 ou 35 francs. Actuellement il ne vaut que 32 fr. Comme le prix de vente au détail reste fixe, les bénéfices augmentent rapidement, et le détaillant voit de jour en jour s'arrondir un petit magot qu'on rapportera au pays, et avec lequel on achètera un lopin de terre à cultiver pendant la belle saison. Devenir propriétaire dans le Tessin, c'est le but des convoitises de tous les marronniers.

Pour l'atteindre, il n'est pas d'économie qu'ils ne réalisent, de privations qu'ils ne s'imposent. Pour cela, ils vivent à Paris en chambrée, font la popote en commun, et c'est dans ce contact perpétuel qu'ils font preuve de la meilleure solidarité, soignant les camarades malades, rapatriant ceux que des revers inattendus laisseraient sur le pavé.

Baggi avait commencé comme les autres, sans un sou, et une fortune rapide avait accueilli ses débuts. Au bout de trois ou quatre campagnes, il avait amassé un joli petit capital, seulement, au lieu de l'employer, ainsi que ses compatriotes, à acheter, au fur et à mesure, des arpents de terre, il s'était mis à faire le commerce en gros, à servir d'intermédiaire pour les réceptions de marchandises. Comme on le savait actif et intelligent, ses compatriotes de Cunéo ne faisaient aucune difficulté pour lui envoyer à crédit le produit de leurs récoltes qu'il réglait régulièrement en fin décembre.

Il avait loué, 7, rue Marie-Stuart, un magasin considérable de 2,500 fr. de loyer, où il centralisait les marrons de plusieurs cantons. Il en recevait chaque jour des wagons entiers, les triait, les mettait en sacs et les revendait ou les faisait revendre aux Halles par des commissionnaires à lui.

Le 24 décembre, il déclara à son concierge qu'une maladie inopinée de son fils l'obligeait à partir pour quelques jours. Le 31, les garçons de banque arrivèrent avec des traites de 10,000 fr. à 25,000 fr. et trouvèrent porte close. Les effets revinrent protestés en Italie. Ce fut un désastre dans la petite ville de Cunéo dont Baggi était originaire. Les plaintes affluèrent, mais les poursuites ne pouvaient commencer qu'après la déclaration de faillite. Nous avons dit qu'elle venait d'être prononcée hier.

On sait que Baggi, qui est âgé de trente-cinq ans, s'est réfugié en Belgique. De l'aveu de tous ceux qui le connaissaient, ses affaires étaient très prospères ; il n'y a donc, semble-t-il, aucun doute sur sa culpabilité.

Ajoutons que le krack des marchands de marrons n'atteint que les cultivateurs de la Suisse-italienne, car, détail qu'on ignore peut-être, il ne se vend pas de marrons français grillés au coin des rues.

Les marrons français, surtout ceux de l'Ardèche, d'une qualité supérieure, et partant plus chers, sont presque tous absorbés par la confiserie qui les transforme en marrons glacés.

XVIII

LE MARCHAND DE MARRONS par J.-K. HUYSMANS (*Croquis parisiens*, Paris, Plon, 6e éd., 1922, pp. 71-74).

Les pavés tressaillent déchaussés par le roulis des fardiers et des haquets ; les chiens détalent à toutes pattes, les hommes hâtent le pas, assourdis et aveuglés par une furieuse bourrasque de pluie et de grêle. Les girouettes des maisons tournent et grincent affolées, les fenêtres mal closes gémissent à fendre l'âme, les gonds oxydés des portes crient affreusement tandis que seul au coin de la rue, dans une niche contiguë au comptoir d'un marchand de vins, le débitant de marrons demeure impassible, hurlant aux passants transis : eh ! chauds, chauds, les marrons !

Que d'événements frivoles ou graves, cet homme est à même de voir, alors que le ventre au feu et la face au vent, il fait grêler dans sa poêle à jour, les marrons aux coques d'or ou qu'il remue les châtaignes qui mijotent sous le torchon de toile bise ! que de comédies, que de drames, que de prologues de romans, que d'épilogues de nouvelles il entend les matins d'hiver, alors que, frileuse ou glacée, l'aube se lève !

Il est là dans son échoppe, allumant la braise, attisant avec son soufflet les charbons du fourneau, écoutant de toutes ses oreilles les papotages, les parlotes, les cancans des laitières et des concierges.

Devant lui passent toutes les infirmités corporelles du quartier, tous les vices des maisons voisines. Aux ragots des offices et de la loge, révélant le cocuage du Monsieur qui demeure au premier, précisant l'heure et le jour où sa femme le trompe, par semaine, une fois, s'ajoutent les doléances des bonnes se plaignant de leur ration de vin, racontant les besoins de leurs maîtresses, les tentatives de leurs patrons, les goûts épuisants et précoces de leurs enfants.

Quelle chronique d'ordures il eût pu amasser depuis le jour où il a revêtu le tablier à deux poches et consenti à éventrer les grands sacs de toile ! que de mots câlins ou aigres il a entendus, murmurés ou glapis par les couples qui le frôlaient ; que d'ivrognesses, que de fausses amoureuses, que de pochards, que d'aimables grinches il a vu happés au collet par les sergents de ville ! que de chutes, que d'accidents de voitures, que de côtes défoncées, que de jambes déboîtées, d'épaules luxées, que de rassemblements de foule devant les pharmacies il a regardés, tout en fendant d'un coup de tranchet la robe brune des châtaignes, tout en remuant avec son couteau de bois les marrons qui se craquèlent et pètent !

Et cependant la vie n'est pas couleur de rose dans ce chien de métier ; vent, bruine, pluie, neige s'en donnent à cœur joie ; le fourneau tressaille et geint sous les rafales qui le bousculent, épandant à flots la fumée qui pique les yeux et éteint la voix ; le charbon brasille et s'use vite, les chalands passent rapides, engoncés dans le collet de leur paletot, aucun ne s'arrête devant l'échoppe et derrière le malheureux, au travers des vitres qui le séparent de la piscine aux vins, s'alignent, vives et engageantes, scintillant sur une planchette posée devant une glace, des régiments de bouteilles, hautes en couleur et larges en ventre. Quelle attirance, quelle fascination ! oh ! qui dira le charme des canons et du tafia ? Ne les regarde point, pauvre hère, oublie froid, faim, bouteilles et chante, nasillard, ta complainte obstinée : eh ! chauds, chauds, les marrons !

Va, éreinte-toi, gèle, crève, souffle sur les fumerons qui puent, aspire à pleine bouche la vapeur des cuissons, emplis-toi la gorge de cendre, trempe dans l'eau tes mains bouillies et tes doigts grillés, égoutte les châtaignes, écale les marrons, gonfle les sacs, vends ta marchandise aux enfants goulus, aux femmes attardées ; hue ! philosophe, hue ! entonne à tue-tête, jusqu'à la pleine nuit, au clair du gaz, sous le froid, ton refrain de misère : eh ! chauds, chauds, les marrons !

Photo 91 : *Marchand de marrons grillés installé à la devanture d'un café, à Paris, vers 1900. Photo Yvon.*

« J'ai aimé [...] le Nantes reclus, encapuchonné, des pesantes brumes d'hiver, le dé perforé, rougeoyant à tous ses trous, au coin des rues, du brasero des marchands de marrons grillés et des marchands de galettes de blé noir. »

Julien GRACQ, 1985, p. 27

XIX

Le Débouéradour, poème de Jean REBIER, *Lemouzi*, XV, nº 134, juin 1907, p. 133.

Dès l'aube, devant notre porte,
Sans souci des bises d'hiver,
Chaque jour la servante apporte,
Plein d'eau chaude, un toupi de fer ;

Et les châtaignes dépouillées
Par les bonnes gens du logis,
Durant les joyeuses veillées,
Garnissent ses flancs arrondis.

Puis, avec un bruit qui rappelle
Les longs roulements d'un tambour,
Parmi les pulpes qu'il repèle
S'agite le débouéradour.

Sous la main vaillante il se presse,
J'entends son rythme familier,
Et, dans mon lit où je paresse,
Je rêve au lieu de m'éveiller ;

Et je vois déjà sur la table
Dans la corbeille d'osier blanc
— Fruits d'or au parfum délectable —
Le bon déjeuner qui m'attend.

XX

LE SÉCHAGE DES CHÂTAIGNES AU CHARBON DANS LES CÉVENNES. Extrait de F. FABRE : *Les Courbezon*, 1862, pp. 107-109.

Le lendemain, dès la messe dite, l'abbé Courbezon, qu'Antoine Fumat avait jusqu'ici tenu au secret, libre enfin de ses actions, partit pour aller voir ses paroissiens de Sanégra. Comme il tombait une pluie assez épaisse, il espérait les rencontrer tous inoccupés et passer une bonne journée au milieu d'eux. Mais, à sa grande surprise, il trouva les portes des maisons fermées. Le temps étant trop mauvais pour qu'on travaillât aux champs, le curé ne sut d'abord à quoi attribuer la complète désertion du village ; il se disposait donc à redescendre vers Saint-Xist, quand le souvenir lui vint qu'on était en novembre, époque où, dans les monts d'Orb, on commence à sécher les châtaignes. Alors il s'arrêta, regarda de tous côtés, et se dirigea sans hésitation vers les châtaigneraies situées immédiatement au-dessus du hameau. De grosses colonnes de fumée s'élevant de cet endroit à travers les branches dénudées des arbres lui annonçaient que là étaient bâtis les *séchoirs* de Sanégra.

Le *séchoir* est une maisonnette carrée, percée d'une porte et d'une fenêtre sur l'une de ses faces, sur les trois autres de plusieurs ouvertures très-longues et très-étroites, appelées *caréyeïros* dans le pays. Un grand feu de charbon de terre brûle constamment au milieu du séchoir, et c'est par les *caréyeïros*, toujours ouvertes, que la fumée, après avoir pénétré les couches profondes de châtaignes, sort enfin en nuage opaque et noir. Celui qui, n'en ayant pas l'habitude, resterait un quart d'heure dans ces trous tapissés de suie et de toiles d'araignée, peuplés de mulots et de campagnols, courrait risque d'y mourir asphyxié. Cependant les paysans y passent deux mois de l'année sans en être incommodés. Leurs poumons, mis de bonne heure à l'épreuve de cette fumée à la fois âcre et humide, — les châtaignes, en se desséchant, suent de larges gouttes d'eau verdâtre qui tombent en pluie du plafond fendillé, — respirent aussi aisément dans un séchoir qu'en plein air à la cime des montagnes. Bien plus, si quelqu'un dans le village se meurt de la poitrine, vers la fin de l'automne, ses parents dressent au malade un lit dans un coin du séchoir, le condamnent à n'en point sortir, et, phénomène singulier dont la science médicale devrait bien se préoccuper, il n'est pas rare de voir, sous l'influence de cette chaleur et de cette fumée de houille, le ramollissement des tubercules s'arrêter insensiblement, et le pulmonique vivre encore de longues années.

Du reste, ce n'est pas le désir de soigner une santé excellente qui, dès le jour des Morts, pousse le campagnard cévenol à passer sa vie dans les séchoirs, c'est l'avarice. Obligé d'allumer du feu pour préparer ses *châtaignons* , il éteint, comme inutile, celui de sa cheminée, et envoie sa femme avec ses enfants faire bouillir la soupe au brasier du séchoir. Lui-même, chassé par le froid, rejoint bientôt sa famille, apportant près du foyer commun une hache et de longues lattes de châtaignier sauvage, dont il fait à son gré des cerceaux de barrique ou des corbeilles pour la cueillette des olives. Dès cet instant, le séchoir devient le centre de toutes les réunions. Là se réfugie désormais toute la vie du village. Les paysans pauvres, qui ne possèdent pas de séchoir, ne récoltant pas de châtaignes, s'installent dès l'aube dans celui de leur voisin avec leur marmite et leur ouvrage. Oh ! alors, quel mouvement ! quels rires ! quelles chansons ! quelles histoires ! Tandis que les hommes tressent des paniers, que les femmes tricotent des filets pour les pêcheurs de la rivière d'Orb, ou broient le chanvre à grand renfort de batteuses, quelque vieillard, figure vénérable perdue dans la fumée, raconte des histoires merveilleuses aux assistants ébahis. Quelquefois la sainte Vierge ou l'Empereur sont les sujets de ces contes naïfs ; mais, le plus souvent, les revenants, les loups-garous, le *Drac*, défrayent ces récits pleins de poésie, de caractère, d'originalité. La vie se continue ainsi jusque vers la Noël. A cette époque, on éteint le feu ; la fenêtre du séchoir, au-dessus de la porte, s'ouvre, et les châtaignes, desséchées, mais encore enveloppées d'une gousse roussâtre très-âpre au goût, sont battues dans des sacs, par quatre bras robustes, sur de hautes pierres plates ou sur des billots de chêne. Quand les châtaignes sortent du sac des batteurs, dépouillées de toute pellicule, jaunes comme l'or et dures comme le roc, elles sont vendues, sous le nom de *châtaignons*, à des charretiers voyageurs qui, tous les ans, font exprès leur tournée dans les Cévennes méridionales.

L'abbé Courbezon était d'un pays où abondent les châtaignes ; aussi, sans crainte d'être suffoqué, entra-t-il dans le premier séchoir qu'il rencontra. C'était précisément celui de Fumat, et l'Avocat s'y trouvait avec beaucoup d'autres Sanégrols. On salua l'arrivée du prêtre par des cris de joie. En un instant, tout le monde fut hors des séchoirs, et chacun, jaloux d'attirer M. le curé chez soi...

XXI

QUELQUES CHANSONS POPULAIRES SUR LE THÈME DU CHÂTAIGNIER :

1. *La chatanha*, extrait de *Chants et danses du Périgord*, par les Mainteneurs du Félibrige. Périgueux, 1968, 120 p.

Vivo la lusento chatagno
A la chair blancho coumo lat.
Sou-vent elle a, per lou pàugagno,
Servi de po, servi de blad,
Souvent elle a, per lou pàugagno.
Servi de po, ser-vi de blad.

2. *Les châtaignes du Limousin*, Lemouzi, 15, n° 134, juin 1907, pp. 136-137.

Cette chanson, très populaire dans le pays, fut composée par le célèbre improvisateur Étienne de Pradel, vers la fin de la Restauration. De passage à Limoges, disent les uns, à Uzerche assurent les autres, — mais plus vraisemblablement à Limoges, —

1. *Châtaignons*, châtaignes sèches.

le poète, suivant son habitude, demandait à l'auditoire qui l'entourait, un sujet. Quelqu'un lui dit : « Les Châtaignes du Limousin ». Et il improvisa les couplets que nous donnons ci-après. Plus tard, sous le second Empire, un curé de Vignols, Gérard Lapart, ajouta quelques couplets à cette chanson. De ce nombre sont certainement ceux qui commencent ainsi : O Brive, ta brillante plaine... ; Tout est triste dans nos chaumières... ; Et lorsque dans nos montagnes...

Quant à la musique, elle semble appartenir à une chanson de l'époque, très répandue. On dit cependant qu'Étienne de Pradel en pourrait être l'auteur. Notons que le final (refrain) *rappelle le timbre de la farandole provençale, dite de la Tarasque, fort populaire à Tarascon et au pays de Mireille. Étienne de Pradel s'en serait-il souvenu ? — J. D.*

Aux amateurs Marseille indique
La figue avec un juste orgueil ;
Niort vante son angélique,
La pêche est célèbre à Montreuil !
Au bon Normand la pomme est chère,
Comme au Bourguignon le raisin.

Mais à tous ces fruits je préfère
Les châtaignes du Limousin.

On en voit sur toutes les tables,
Au Président même on en sert ;
Du pauvre, c'est le confortable,
Comme du riche le dessert.
Sœur de notre pomme de terre,
On te doit bien ce beau refrain :

Oui, de tous les fruits, je préfère
Les châtaignes du Limousin.

Aux honneurs, jamais je n'aspire,
La politique me fait peur ;
Ma gaîté perdrait son empire
Si je devenais électeur :
Et j'irais, moi qui me régale,
D'un fruit que je trouve divin,

Mettre dans l'urne électorale
La châtaigne du Limousin.

Elles vont bien à chaque table,
Aux Ministres même on en sert ;
Du pauvre c'est le confortable,
Et de l'opulent le dessert.
A Paris, à Londres, à Marseille,
A Tulle, à Brive, à Saint-Sornin,

On mange, en vidant la bouteille,
Les châtaignes du Limousin.

Mon voisin, d'humeur différente
Aux emplois brûlant d'être admis,
Nourrit de cuisine excellente
Des flatteurs et des faux amis.
Mais on verrait moins de Tartufes,
A la table de mon voisin,

S'il leur servait, au lieu de truffes,
Des châtaignes du Limousin.

O Brive, ta brillante plaine
A dû faire plus d'un jaloux ;
Doucement notre œil s'y promène,
Comme sur le Maine et l'Anjou.
Ta place est marquée dans l'histoire,
Si tu plantes sur ton terrain,

Le châtaignier qui fait la gloire
Du Haut et du Bas-Limousin.
Lorsque le temps impitoyable
Aura vu mes jours se ternir,
O Vienne, de ta rive aimable,
Je garderai le souvenir.
Et si jamais une couronne
Devait orner mon front serein,

Qu'elle soit de l'arbre qui donne
Les châtaignes du Limousin.

Tout est triste dans nos chaumières
Et dans la plaine, et sur les monts,
Lorsque, sous les brumes sévères,
Nos châtaigniers sont inféconds,
C'est que des dons de la nature,
De l'épinard jusqu'au raisin,

Rien ne peut valoir, je le jure,
Les châtaignes du Limousin.

Chez l'Allemand la bière est bonne,
Mayence exalte son jambon ;
Le miel est célèbre à Narbonne,
Comme à Lyon le saucisson.
A Périgueux la truffe est chère ;
On aime les pruneaux d'Agen.

Mais à tout cela je préfère
Les châtaignes du Limousin.

Et lorsque dans nos montagnes
La disette se fait sentir,
Dans la ville, dans la campagne,
On n'entend que cris et soupirs.
Mais la Providence divine
Bientôt a banni le chagrin,

Donnant, pour chasser la famine,
Des châtaignes au Limousin.

Guillot, triste, dit à sa femme :
« Comment payer l'impôt foncier !
De joie notre voisin se pâme
S'il voit, chez nous, entrer l'huissier.
— Quoi, tu ne sais comment t'y prendre ?
Répond Jeanne, en battant des mains,

Remplis ces sacs et t'en vas vendre
Nos châtaignes du Limousin ».

Bisser le Refrain.

3. *La ronde des châtaignes*, par Théodore Botrel.

1

Ohé ! la paludiere,
Par où donc courez-vous ?
Je vas à la clairière,
Où l'on danse aux binious.
Mon bon ami Jean-Pierre
M'a donné rendez-vous
Pour manger des châtaignes
Avec du cidre doux ! Mon doux.

2

Mon bon-ami Jean-Pierre
M'a donné rendez-vous.
Ma Doué ! je suis ben fière
Qu'il fréquente chez nous,
Le soir, quand la grand'mère
Parle des loups-garous
En mangeant des châtaignes
Avec du cidre doux !

3

Le soir, quand la grand'mère
Parle des loups-garous
Et que le vieux grand père
Recompte ses gros sous,
Au loin, dans la nuit claire,
J'écoute les hiboux
En mangeant des châtaignes
Avec du cidre doux !

4

Au loin dans la nuit claire,
J'entends les vieux hiboux
Me dire : « Quand Jean-Pierre
« Deviendra ton époux,
« Sur ton mari, ma chère,
« Tire ben tes verrous
« *Pour manger des châtaignes*
« *Avec du cidre doux !*

5

« Pour le garder, ma chère,
« Tire ben tes verrous... »
Sur son bateau de guerre
S'il mourait loin de nous
Je rejoindrais Jean-Pierre
Au dernier rendez-vous
Pour manger des châtaignes
Avec du cidre doux !

6

Si je rejoins Jean-Pierre
Au dernier rendez-vous,
En me mettant en bière,
N'enfoncez pas de clous ;
Car ma pauvre âme en peine
Reviendra parmi vous...
Pour manger des châtaignes
Avec du cidre doux !

XXII

LETTRE ADRESSÉE AU PRÉFET DE CORSE À AJACCIO PAR LES DIRIGEANTS DE LA MANUFACTURE D'EXTRAITS TANNANTS GILLIARD, MONNET ET CARTIER, DE LYON. *A.D. Corse du Sud, 7 M 401.*

Lyon, le 2 septembre 1891

Monsieur le Préfet,

La circulaire en date du 30 juillet dernier, que vous avez adressée à tous les Maires du département de la Corse, concernant l'exploitation des bois de châtaigniers dans l'île nous est communiquée.

Nous sommes au nombre des industriels étrangers que vous signalez, et comme nous achetons de fortes quantités de ces bois, nous nous trouvons être plus particulièrement visés, et venons en conséquence protester, Monsieur le Préfet, contre la tendance de votre circulaire.

Sans vouloir rechercher, si involontairement vous ne subissez pas quelques influences locales, désireuses de nous voir quitter le pays, nous nous permettons de contester l'exactitude des faits que vous avancez.

En premier lieu, au point de vue général, vous dites que l'exploitation des châtaigniers peut nuire à la salubrité du climat, être dangereuse pour le maintien des terres sur les flancs des vallées, etc.

Le fait serait exact si nous arrachions les châtaigniers que nous achetons sur pied, mais nous vous ferons observer, Monsieur le Préfet, que nous les coupons simplement *à la base* ; les racines demeurent dans la terre qu'elles continuent à fixer, la saison suivante elles poussent des rejets puissants, qui en peu d'années reconstituent le boisage des hautes vallées.

Comme par le passé donc les eaux sont retenues, les terres fixées, etc. bref les châtaigneraies sont reformées et continuent à remplir le rôle de sauvegarde que vous leur attribuez à juste titre.

De ce côté donc le péril signalé est bien plus imaginaire que réel et l'argument nous paraît bien réfutable.

Secondement au point de vue particulier, vous faites ressortir un rendement de F. 240 par an pour un hectare planté de châtaigniers en plein rapport ; que le fait puisse se présenter, nous l'admettons volontiers, mais que ce soit régulier, nous ne le pensons pas ; comme dans toute estimation, il y a donc là un fort escompte à faire, car si ce revenu était bien exact, l'hectare de châtaigniers vaudrait au minimum de 5 à 6 000 francs, en comptant sur un revenu de 4 à 5 % ! or les propriétés foncières se capitalisent à un bien moindre taux.

Nous doutons fort qu'un propriétaire voulant se défaire de ses châtaigneraies, trouve facilement preneur sur la base de 5 à 6 000 francs l'hectare.

De ce côté il y a donc exagération sensible, et le contraste que vous établissez, devient bien moins frappant entre le revenu de quelques châtaigniers et le capital retiré de leur vente sur pied.

Vous dites en effet, Monsieur le Préfet, que le prix payé pour les châtaigniers sur pied est *dérisoire* !

Cette expression nous vaut d'assez désagréables compliments, et cette appréciation dénote que vous n'êtes pas bien au fait de la valeur de ces bois.

Une marchandise, une matière première quelconque, ne vaut que suivant les résultats qu'on en tire.

Or le bois de châtaignier, en général bien peu employé en dehors de notre industrie, au delà d'un certain prix n'est plus utilisable pour nous, et si vous vous étiez informé de ce qu'il est payé dans d'autres régions, vous auriez pu vous convaincre que les prix que nous payons pour les bois sur pied, auxquels il faut ajouter les frais d'abattage, de refendage, transport à la voie ferrée, menus frais, etc. correspondent, s'ils ne dépassent même pas les prix qui sont pratiqués dans le Dauphiné, la Savoie, l'Ardèche, l'Allier, le Cantal, la Bretagne, la Vendée, etc. et ceci pour des bois exploités dans les mêmes conditions que ceux de Corse.

En effet, pour les bois de pays, sains, écorcés, refendus en buches de longueur déterminée, sans souches ni racines, nous payons rendu franco à notre usine de Lyon, de Fr 2 à Fr 2.25 les 100 kilos ; le transport par fer variant de Fr 0.60 à Fr 0.90 par 100 kilos en gare d'expédition et de cette somme il faut déduire tous les frais énumérés plus haut.

Les bois de Corse dans les mêmes conditions nous rentrent à Fr 4 pour 100 kilos et même plus franco notre usine de Lyon. (C'est en raison de leur plus grande siccité obtenue par un séjour prolongé dans l'île que nous pouvons payer les bois corses plus cher ; les bois de pays nous sont livrés verts).

De ce prix, il faut déduire environ Fr 2.30 par 100 kilos pour frais de port depuis la mise en gare en Corse jusque chez nous, soit donc pour le bois rendu en gare expéditeur un coût de fr 1.70 pour 100 kilos, dont à déduire tous les frais d'exploitation.

Or comme ces frais ne sont pas plus coûteux en Corse que sur le continent, le prix d'achat du bois sur pied est plus élevé dans l'île qu'en France même, et cependant il n'est venu à l'idée d'aucun préfet des départements déjà nommés, de s'opposer à l'exploitation bien plus importante des châtaigniers, sous prétexte de prix dérisoires et de nuire, alors que les arbres sont non pas coupés, mais arrachés bien que pour notre industrie les racines ne puissent être utilisées.

Contrairement à vos conclusions, Monsieur le Préfet, nous ne croyons donc pas que l'exploitation de l'une des richesses du pays soit une ruine et pour le département et pour les particuliers, parce que d'une part les châtaigniers ne sont point détruits, mais renouvelés et tous leurs bons effets conservés, et d'autre part que les capitaux laissés dans le pays (environ Fr 300 000 pour notre compte depuis 2 ans 1/2 que nous y sommes) tant pour l'achat des bois, leur exploitation, etc., qu'en transports et frais divers, ne sont cependant pas perdus.

Il est vrai qu'il dépend beaucoup des propriétaires de tirer bon parti des châtaigneraies une fois exploitées, en choisissant parmi les rejets surgissant des racines, le futur arbre porte-fruits et utilisant les autres soit comme poteaux télégraphiques, ou autres emplois exigeant des bois droits et sans nœuds, autrement payés que quelques récoltes de châtaignes.

C'est en faisant faire, et non pas en empêchant de faire, que l'administration pourrait témoigner toute sa sollicitude au pays et mettre en valeur les richesses jusqu'à ce jour peu productives, car ce n'est pas par la tutelle que l'on développe l'initiative et l'esprit d'entreprise !

Nous adressons copie de cette lettre à Monsieur le Président du Conseil Général de Corse, auquel vous nous proposez de soumettre la question de la mise sous régime forestier des châtaigneraies de l'île, et nous vous prions d'agréer, Monsieur le Préfet, l'assurance de notre considération la plus distinguée.

Gilliard, P. Monnet et Cartier

P.S. Nous avons souligné dans cette lettre le mot dérisoire, sur lequel quelques journaux du Continent et de notre région, parlant de cette circulaire, se sont basés pour nous traiter comme des exploiteurs ; nous ne vous parlons pas des allusions verbales qui nous sont faites ; le mot est malheureux et injuste. Il nous serait agréable que vous puissiez en réparer l'effet.

XXIII

LETTRE DU MINISTRE DE L'AGRICULTURE, EN DATE DU 20 JUILLET 1887, ADRESSÉE A TOUS LES PRÉFETS DES DÉPARTEMENTS OÙ POUSSE LE CHÂTAIGNIER. *Exemplaire du Cantal. A.D. 127 M 1.*

Paris, le 20 juillet 1887

Monsieur le Préfet, l'attention de mon Administration vient d'être appelée d'une manière toute particulière sur une maladie des châtaigniers qui sévit depuis plusieurs années sur certains points de la France, mais qui a pris depuis quelque temps des proportions inquiétantes dans la région des Cévennes, où elle menace de détruire une essence d'arbre dont les produits rendent de si grands services à l'alimentation publique et constituent un des principaux revenus du pays où elle est cultivée.

Mes prédécesseurs, émus de cette situation, qui leur avait été révélée à plusieurs reprises, ont prescrit des études et des recherches sur l'origine de cette maladie ; malheureusement les investigations auxquelles plusieurs de nos savants se sont livrés n'ont pas permis jusqu'à présent de déterminer exactement le caractère du fléau. Or, en présence des ravages dont M. Jourdan signalait tout récemment la gravité à la Chambre des Députés, il importe d'agir sans retard et avec la plus grande énergie, aussi ai-je pensé, Monsieur le Préfet, que le moyen le plus sûr pour aboutir promptement serait de faire appel à l'initiative des populations intéressées en leur faisant comprendre qu'il dépend surtout d'elles-mêmes de conjurer le péril dont elles sont menacées. Je ne saurais donc trop vous engager, Monsieur le Préfet, à user de tous les moyens d'influence et de propagande dont vous pouvez disposer pour relever la confiance de vos administrés et provoquer au milieu d'eux la formation de comités de syndicats qui appliqueront à la défense des châtaigniers et des arbres fruitiers toutes les ressources de l'effort collectif, ce merveilleux moyen d'action de la société moderne qui permet à l'individu de surmonter tous les obstacles et toutes les difficultés que lui créent sa faiblesse et son isolement. Ces associations syndicales pourront d'ailleurs s'inspirer de l'organisation et de la méthode des syndicats anti-phylloxériques dont l'initiative et l'énergie ont contribué, vous le savez dans une si large mesure, à la Défense du vignoble français.

Vous pouvez être assuré, Monsieur le Préfet, que le Concours de mon administration ne saurait faire défaut aux syndicats qui pourront se former ainsi dans notre département. En ce qui me concerne, je m'efforcerai de seconder vos administrés dans la lutte qu'ils vont engager contre un fléau dont les ravages, s'ils n'étaient promptement arrêtés, pourraient entraîner une sérieuse diminution de notre richesse forestière.

Recevez, Monsieur le Préfet, l'assurance de ma considération la plus distinguée.

Le Ministre de l'Agriculture,
P. Barbe.

XXIV

LETTRE DU PRÉFET DE CORSE BONNEFOY-SIBOUR À TOUS LES MAIRES DU DÉPARTEMENT EN VUE DE LA DÉFENSE DES CHÂTAIGNERAIES. *A.D. Corse du Sud, 7 M 401.*

Ajaccio, le 30 juillet 1891

Monsieur le Maire,

L'exploitation des châtaigniers s'est multipliée depuis quelques mois d'une façon si inquiétante, qu'au cours de sa dernière session, le Conseil général s'est demandé s'il ne convenait pas de soumettre les châtaigneraies au régime forestier.

C'est là une mesure grave qui porterait atteinte au droit de propriété ; aussi, avant d'en demander la réalisation aux pouvoirs publics, j'ai préféré, d'accord avec le Conseil général, faire appel à votre concours, convaincu que, grâce à l'influence légitime que vous exercez sur vos administrés, vous les amènerez à renoncer à une exploitation aussi dangeureuse pour le département, que ruineuse pour leurs intérêts particuliers.

Au point de vue général, les châtaigneraies qui s'étayent sur les flancs de nos hautes vallées jouent le rôle de forêts véritables, c'est-à-dire qu'elles fixent les terres, retiennent les eaux et assurent à notre climat une salubrité bienfaisante.

Au point de vue particulier, il n'est pas téméraire d'affirmer que, de toutes les cultures pratiquées en Corse, c'est le châtaignier qui peut donner au cultivateur le revenu le plus rémunérateur.

Et, en effet, un hectare de terrain, renfermant quarante châtaigniers en plein rapport produit chaque année environ quatre-vingts hectolitres de châtaignes, qui vendues au prix moyen de trois francs l'hectolitre, assurent un revenu annuel de 240 francs par hectare. Or, il résulte des renseignements que j'ai recueillis dans l'Ile entière et que j'ai minutieusement contrôlés, que les châtaigniers sont achetés par des industriels étrangers à notre département, à des prix dérisoires, c'est-à-dire à raison de 1 franc ou 1 fr. 50 le stère ou mieux de 6 à 15 francs l'arbre. De la comparaison entre le revenu du châtaignier et le prix d'achat de l'arbre, il ressort clairement, qu'en vendant ses châtaigniers, le propriétaire mal inspiré aliène son capital pour le revenu de deux ou trois années.

Je vous demande, Monsieur le Maire, de vouloir bien éclairer vos administrés sur les conséquences ruineuses d'un pareil marché, et je me plais à espérer que, grâce à notre commune intervention, nous sauverons nos belles et productives châtaigneraies de la destruction qui les menace. — Je vous saurai le plus grand gré d'employer toute votre activité à donner des conseils aux habitants de votre commune dans le sens des renseignements que je vous adresse, et, en m'accusant réception de cette circulaire, je vous prie de me faire connaître les mesures que vous aurez prises pour mener à bien l'œuvre de préservation départementale, à laquelle je vous convie de vous associer.

Agréez, Monsieur le Maire, l'expression de mes meilleurs sentiments.

Le Préfet de la Corse,
BONNEFOY-SIBOUR.

XXV

LETTRE DU MINISTRE DE L'AGRICULTURE JEAN DUPUY ADRESSÉE AUX PRÉFETS EN 1902 AU SUJET DES MALADIES DU CHÂTAIGNIER

Paris, le 26 mars 1902

Monsieur le Préfet, l'attention des pouvoirs publics a été appelée sur les inquiétudes causées dans certaines régions de la France par la crise qui sévit depuis quelque temps sur les châtaigniers et qui semble s'accentuer.

La culture du châtaignier offre une ressource des plus importantes pour un grand nombre de départements ; dans quelques-uns, elle constitue le principal mode d'utilisation du sol, et la prospérité de la contrée est étroitement liée à son développement. Le châtaignier est cultivé tantôt pour ses fruits, tantôt pour ses produits ligneux. Élément important de l'alimentation des populations rurales dans les montagnes, la châtaigne trouve, en outre, un abondant débouché en dehors des pays de production. Le bois de châtaignier sert à la confection des cercles de tonneaux, des échalas, des merrains de petite dimension ; par la trituration, il fournit des extraits tanniques dont l'usage se généralise de plus en plus dans l'industrie du tannage et de la teinture.

Précieux par son fruit et par son bois, le châtaignier s'accommode des terrains les plus ingrats, impropres le plus souvent à toute autre culture forestière ou agricole. Sa disparition constituerait donc un véritable désastre.

Le rôle si important de cet arbre justifie les alarmes que font naître depuis quelque temps les causes de destruction qui l'assaillent. Diverses maladies cryptogamiques attaquent le châtaignier ; l'une, notamment, dite *« la maladie du châtaignier »* dont l'apparition en France ne remonte qu'à une vingtaine d'années, exerce sur cette essence des ravages considérables. Mais le plus redoutable danger qui menace le châtaignier, c'est l'imprévoyance même des propriétaires. Trop souvent, pour réaliser par la vente du bois un gain immédiat, les cultivateurs n'hésitent pas à arracher leurs châtaigniers âgés, sans prendre même la précaution de replanter ensuite le sol ainsi dénudé. Cette dévastation s'accentue de jour en jour par suite de la généralisation de l'emploi de l'extrait tannique tiré du bois de châtaignier. En de nombreux point se sont établies des usines destinées à sa fabrication qui consomment des quantités énormes de bois et qui, pour satisfaire à leurs besoins toujours grandissants, sollicitent les propriétaires à détruire leurs châtaigneraies.

Il est urgent de chercher des remèdes à cet état de choses, qui menace de ruiner des régions entières. Le devoir de l'Administration est tout d'abord d'éclairer les populations rurales sur la gravité de la situation et de leur montrer les funestes résultats que doit avoir pour elles la destruction des châtaigniers sacrifiés, sans souci de l'avenir, en vue d'un profit immédiat ; il importe de leur faire comprendre combien est préjudiciable, et à l'intérêt général et à l'intérêt particulier de chaque propriétaire, l'exploitation inconsidérée de châtaigneraies en rapport, qu'il a fallu tant d'années pour constituer et dont la disparition laisse, pour une longue période de temps, le sol improductif. Je compte sur tout votre zèle, Monsieur le Préfet, pour faire pénétrer ces idées de sage prévoyance dans votre département par tous les moyens dont vous pouvez disposer, notamment en faisant appel au concours, qui vous est assuré d'avance, des agents des Eaux et Forêts et des professeurs départementaux et spéciaux d'agriculture.

Les populations éclairées de votre département sauront, à votre appel, comprendre leur véritable intérêt, et j'attends de vos efforts les plus heureux effets ; mais à vos conseils devront sans doute s'ajouter des dispositions spéciales. Afin d'être à même d'apprécier celles qu'il conviendrait d'adopter, je tiendrais à être renseigné aussi exactement que possible sur la situation actuelle de la culture du châtaignier. Je vous prierai, en conséquence, Monsieur le Préfet, de faire procéder à une enquête, en vue de faire connaître, en ce qui concerne votre département, les modes de culture et l'étendue des châtaigneraies produisant des fruits ou des menus bois, la valeur de la production, l'étendue des terrains plantés en châtaigniers, qui ont été dévastés, soit par les maladies, soit par l'abatage ou l'arrachage des arbres destinés à la fabrication de l'extrait.

Afin de préciser la nature des renseignements à collationner, je vous adresse, ci-joint, un Questionnaire, auquel je vous prierai de répondre, en y ajoutant toutes les observations qui vous paraîtraient de nature à le compléter. En ce qui concerne les ravages causés par les cryptogames, je crois utile, en vue de faciliter l'enquête, de vous donner une courte description des symptômes qui caractérisent les trois plus redoutables des maladies du châtaignier.

Je vous demanderai de me faire parvenir les données de cette enquête pour le 15 juin prochain et de me rendre compte en même temps des mesures que vous aurez prises pour seconder les vues de mon Département ainsi que des résultats qu'on est en droit d'en attendre.

Agréez, Monsieur le Préfet, l'assurance de ma considération très distinguée.

Le Ministre de l'Agriculture,
JEAN DUPUY.

XXVI

LOI DU 6 DÉCEMBRE 1928 RELATIVE A LA RÉGLEMENTATION DE L'ABATAGE DU CHÂTAIGNIER, DITE LOI ROCHE. *Journal officiel* du 27 décembre 1928, p. 13 430.

Le Sénat et la Chambre des députés ont adopté,

Le Président de la République promulgue la loi dont la teneur suit :

Art. 1er. — Tout propriétaire ou exploitant désirant abattre plus de 20 châtaigniers dans l'année sera tenu d'en faire une déclaration par écrit au préfet du département au moins un mois avant l'époque fixée pour l'abatage.

Cette déclaration devra indiquer :

1°) Le lieu de la coupe ;

2°) Le nombre d'arbres à abattre ;

3°) Si la maladie de l'encre existe dans la châtaigneraie.

L'exploitation des bois taillis est exempte de toute déclaration.

Art. 2. — Dans les cas prévus à l'alinéa 1er de l'article 1er, l'abatage reste libre sous réserve des conditions suivantes :

1°) Chaque châtaignier abattu sera remplacé soit par un rejet de la souche, soit par un sujet nouveau qui devra être planté avant l'expiration de la deuxième année qui suivra celle de l'abatage ;

2°) Le pâturage des chèvres est interdit pendant trois ans, dans les plantations nouvelles et dans les châtaigneraies en voie de reconstitution.

Art. 3. — Les châtaigneraies où la maladie de l'encre aura été constatée sont exemptes des dispositions de l'article 2, mais le propriétaire ou l'exploitant sera tenu de se conformer aux prescriptions du service chargé de la défense contre la maladie.

Art. 4. — Toute personne ayant contrevenu aux dispositions de la présente loi relative au remplacement des châtaigniers sera passible d'une amende de cinquante à cinq cents francs (50 à 500 fr.).

Les contraventions relatives à l'exercice du parcours pourront entraîner une amende de cinq à dix francs (5 à 10 fr.).

L'article 463 du code pénal est applicable aux pénalités prévues.

Art. 5. — Les dispositions de l'article 5 de la loi du 16 août 1913 accordant des subventions en argent et en nature aux départements, communes, associations et particuliers, en raison de l'importance des travaux ou études exécutés par eux pour le reboisement, sont applicables aux châtaigneraies.

Art. 6. — Les offices agricoles départementaux seront autorisés à accorder sur les subventions dont ils disposent des encouragements à la constitution de pépinières, de châtaigniers, à la distribution gratuite de plants et aux plantations nouvelles.

Art. 7. — Un décret contresigné par le ministre de l'agriculture déterminera les conditions d'application de la présente loi dans les départements où la culture du châtaignier lui semblera devoir être encouragée.

La présente loi, délibérée et adoptée par le Sénat et par la Chambre des députés, sera exécutée comme loi de l'État.

Fait à Paris, le 6 décembre 1928.
GASTON DOUMERGUE.

Par le Président de la République :
Le Ministre de l'agriculture,
JEAN HENNESSY.

XXVII

RÉSOLUTION FINALE DU CONGRÈS DE CONI, VOTÉE LE 14 OCTOBRE 1966. *Atti Convegno Internazionale sul Castagno, Cuneo 12-14 ottobre 1966. Coni, Camera di Commercio, Industria, Artigianato e Agricoltura,* 1967, p. 423.

Ayant pris acte des relations, des motions et des mémoires présentés, éclairant les divers aspects forestiers, biologiques, économiques et sociaux de l'aire des châtaigneraies

LE CONGRÈS INTERNATIONAL DU CHÂTAIGNIER

et pour lui son bureau de la présidence propose les conclusions suivantes :

A) Réexamen de la législation concernant les châtaigneraies, législation qu'il faudra adapter aux réalités actuelles et assembler à toute les mesures en faveur de la montagne sous toutes ses formes économiques et sociales, depuis l'agriculture jusqu'au tourisme, aux activités tertiaires et à la défense du paysage.

B) Aiguillon, accroissement et adéquate remise de fonds pour les études à réaliser par les Instituts de recherche : défense contre les maladies, détermination des meilleures techniques culturales, choix des variétés et *cultivars* les plus aptes, meilleure gestion des complexes à conserver.

C) L'étude concrète des modalités de conversion et transformation des châtaigneraies avec la détermination de l'intérêt comparatif de toute culture possible dans l'aire citée ci-dessus, et d'une juste utilisation des produits qu'on en tire.

D) Création de Consortiums de propriétaires pour une meilleure gestion sous une forme communautaire des propriétés châtaignières fragmentaires, ainsi que d'une Association Nationale des cultivateurs du châtaignier qui exprime et interprète les instances des catégories intéressées dans un cadre de réorganisation de l'agriculture de la montagne.

E) Large assistance technique gratuite et propagande parmi les propriétaires de châtaigneraies, opérateurs économiques et cultivateurs pour les tenir au courant des techniques et des orientations en matière *(sic)* pour parvenir à une répartition rationnelle des châtaigneraies et à une utilisation meilleure des divers produits : fruit, bois, produits secondaires.

F) Interventions du Gouvernement dans les communautés ou les Pays tiers afin d'éviter les phénomènes de dumping dans le secteur de l'industrie des extraits tanniques et pour surmonter les obstacles et les difficultés dans l'exportation de ce fruit et des produits ligneux manufacturés.

G) Procéder aux interventions nécessaires auprès du Gouvernement et des parlementaires, en faveur de la Loi pour les territoires montagneux en vue de résoudre le problème du châtaignier en opérant de la sorte qu'on trouve les fonds indispensables à la conversion des châtaigneraies et ceci dans la mesure la plus ample possible.

H) Reconstruction de la part du Conseil National des Recherches du Centre d'Études du châtaignier dans lequel devraient confluer, outre les directeurs des Instituts de Recherches, des fonctionnaires de la direction Générale de l'économie de la Montagne et des Forêts, du Ministère de l'Industrie et du Commerce, des experts et techniciens de tous les secteurs intéressés.

Cette Commission devrait fonctionner comme organe consultatif et coordonnateur, pour assister la Direction Générale de l'Économie de Montagne et des Forêts dans l'examen des propositions pour les mesures législatives et remises de fonds, pour préparer un programme complet de recherches de caractère exécutif, apte à porter rapidement à des résultats concrets ; rédiger enfin un plan général, indicatif pour les territoires où probablement la châtaigneraie à fruit a des raisons d'être conservée et améliorée, afin de guider les propriétaires et les administrations dans la voie du succès. Le sort de l'économie de la montagne leur appartient.

XXVIII

Adhérents présents ou représentés a l'Assemblée générale du 14 septembre 1984 du Comité national interprofessionnel de la châtaigne et du marron (France).

Fédération Castanéicole Aveyronnaise (Estaing).
Syndicat des Producteurs de Marrons des Charentes (Montlieu-la-Garde).
Comité d'Études Professionnel de la Noix, du Noyer et du Châtaignier du Bas-Limousin (Tulle).
Syndicat Intercommunal d'Ampugnani, Orezza et Alesani (Piedicroce).
Chambre d'Agriculture de la Haute-Corse (Bastia).
Section Châtaignes. Chambre d'Agriculture de la Corse du Sud (Ajaccio).
Le Marron Villefranchois (Villefranche-du-Périgord).
Syndicat Départemental des Producteurs de Châtaignes et Marrons du Périgord (Périgueux).
Fédération Cévenole de la Châtaigne et du Châtaignier (Nîmes), dont le président, M. Elisée Dumas est aussi président du C.N.I.C.M.
Coopérative Agricole et Castanéicole des Cévennes (Lasalle)
Groupement de Vulgarisation de la Châtaigne du Département du Gard (Nîmes).
Coopérative Fruitière « Valcodor » (Port-Ste-Foy).
C.E.T.A. Castanéicole de l'Hérault (St-Pons).
Comité Interprofessionnel du Marron de Redon (Redon).
C.A.P.E.L. « La Quercynoise » (Cahors).
C.E.T.A. Castanéicole de Sauveterre (La Lemance)
Association Spécialisée Châtaignes et Marrons (Perpignan).
Syndicat Interprofessionnel de Défense du Marron des Maures (Vidauban).
Association du Marron et du Châtaignier Limousins (Dournazac).
Coopérative Fruits et Légumes du Limousin (Limoges).
Union Corporative des Expéditeurs et des Exportateurs de Marrons de l'Ardèche.
Monsieur Paviot, négociant (Prats-du-Périgord).
Fédération Nationale des Confituriers et Conserveurs de Fruits (Paris).
Pépinières Coulie (Chasteaux).
Fédération Nationale des Producteurs de l'Horticulture et des Pépinières (Paris).

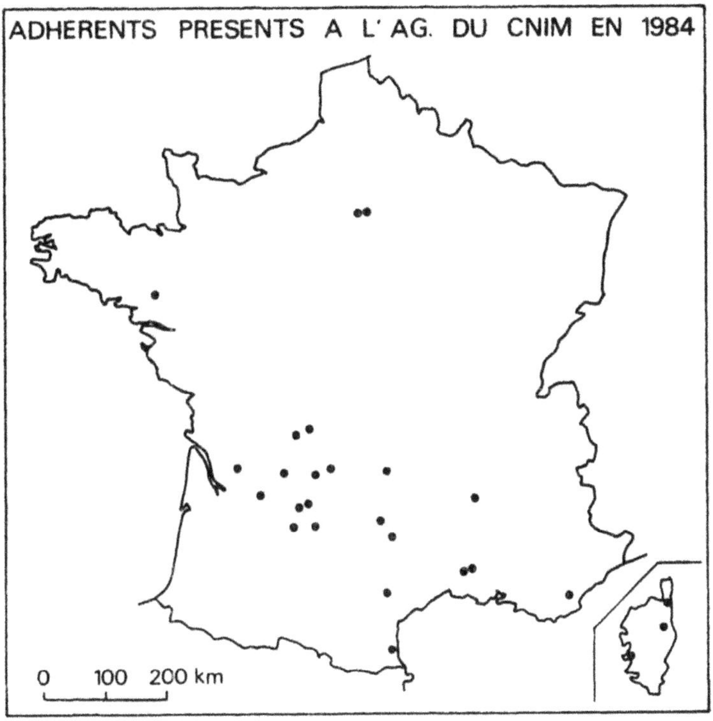

Fig. 74

NOTES

AVERTISSEMENT

1. *La géographie humaine*. Paris, 1934. Édition abrégée : Paris, P.U.F., 1942, p. 151.
2. *I paesaggi rurali europei*. Pérouse, Deputazione di Storia Patria per l'Umbria, appendici al Bolletino n° 12, 1975. Articles de D. MORENO, M. QUAINI, L.-V. PATELLA, B. FREUND, A. FEL.
3. *Ibid.*, p. 468.
4. *Ibid.*
5. 1984, p. 11.

INTRODUCTION

1. Cette chronologie est donnée par Adriano FIORI, 1931. Voir aussi Abbé ROZIER, 1783, p. 154.
2. *Sativa* signifie cultivé et *vesca*, nourricier.
3. *In litteris*, 16.4.1976.
4. *In litteris*, 7.3.1979.
5. A. CAMUS, 1929, p. 40.
6. *Ibid.*, pp. 209-242.
7. DIDEROT et d'ALEMBERT, 1765, vol. 8, p. 144.
8. V. HEHN, 1982, pp. 358-359.
9. 1929, p. 41.
10. 1929.
11. Ana Maria VIEITEZ (1973), de l'université de Santiago, par exemple.
12. L'étude la plus récente et la plus accessible en langue française est celle de F. BERGOUGNOUX et *al.*, 1978.
13. *Ibid.*, p.39.
14. Il tient son nom d'une tradition qui veut que Jeanne d'Aragon, se rendant d'Espagne à Naples, ait pu s'abriter d'un orage sous son ombrage avec cent cavaliers de sa suite. A. CAMUS, 1929, p. 72.
15. Pierre LIEUTAGHI, 1969, pp. 371-372. On trouvera dans A. CAMUS, 1929, pp. 72-77, une longue liste de châtaigniers géants à travers toute l'Europe et dans John LOUDON, 1838, pp. 1999-2001 et dans Henry John ELWES et Augustine HENRY, 1908, pp. 847-852, ceux de Grande-Bretagne. Je remercie pour cette référence P. JARVIS de l'université de Birmingham.
16. *Cf. infra.*
17. Écrit en 1304-1306. Édition de Bâle, 1548, p. 138. Je remercie Jean-Claude BÉNIZEAU de m'avoir assisté dans la traduction de P. de CRESCENS.
18. 1582, p. 469.
19. DIDEROT et d'ALEMBERT (article « châtaignier » rédigé par DAUBENTON), 1753, vol. 3, p. 237.
20. 1783, p. 157.
21. 1984, p. 89.
22. Tome 3, p. 302.
23. Pp. 743-744.
24. 1908, p. 845.
25. 1927, p. 222.
26. 1975, p. 469.

27. 1975.
28. 1966.
29. L. TRABUT, 1925, p. 1.
30. Jean RADVANYI, 1977, p. 41.
31. Enquête sur le terrain, à l'aide de la carte géologique.
32. D. BOIS, 1928, vol. 2, pp. 540-541.
33. 1582, p. 757.
34. Cité par l'Abbé Jean CHARAY, 1957.
35. Cité par Jean ESTEOULE, 1968, p. 117.
36. 1898, p. 205.
37. 1903, pp. 81-82.
38. Laurent RIGOTARD, 1936. E. MARTIN, 1958, pp. 89-90. Cette importance du sol est également bien mise en évidence par M. FONDARD et M. GINET, 1936, p. 16.
39. Rapporté par Jacky REYNE, 1984, p. 17.
40. Arbre qui produit la variété de châtaigne comballe.
41. A.D. Ardèche, B 142. Cité par D. DUPRAZ et Y. MOREL, 1984, p. 51.
42. Sur ces adaptations en Vivarais, voir Jacky REYNE, 1984, qui les traite en détail pour chaque variété.
43. 1929, p. 71.
44. Ce chiffre est obtenu en additionnant les températures moyennes de toutes les journées de la période considérée. Ainsi, par exemple, 120 jours × 20° = 2 400°.
45. Henri ENJALBERT, 1955, p. 70.
46. Michel SIVIGNON, 1975, pp. 76, 77 et 81.
47. 1548, p. 138.
48. 1582, p. 468.
49. A.D. Corse du Sud, série 2 *O*.
50. A.D. Cantal, 127 M.
51. Cité par Paul PARETI, 1982, p. 48. Je remercie Mme J. MARCHAL de m'avoir communiqué cette référence.
52. 1733 (affiche).
53. Emmanuel LE ROY LADURIE, 1966, p. 612.
54. Arthur CADORET, 1901, p. 95.
55. A.D. Corrèze, 6 F 80.
56. L. GUYOT, 1963, p. 85.
57. 1891, p. 63.
58. A.D. Cantal, C 240 (3).
59. François RAYNAL, 1949, pp. 12-13.
60. L. LAVERGNE, 1939-43, p. 28.
61. René LAFARGE, 1902, p. 251.
62. A.D. Corrèze, 6 F 80.
63. A.D. Ardèche, 12 M 176. Des constatations identiques sont faites par le sous-préfet de Tournon (de LA ROQUE) qui parle d'« espérance d'une assez bonne récolte » le 1er septembre et de « récolte... très médiocre » le 1er octobre.
64. Giovanni TODDE, 1968. Ces chiffres sont toutefois étonnants pour une province où le châtaignier est si peu abondant. On peut se demander si les importations de Corse n'ont pas été comptées aussi.
65. A.D. Ardèche, 12 M 176.
66. Reproduite dans Numa BROC, 1969, pp. 185-186.
67. Tome 4, p. 740.
68. 1916 et 1959.
69. 1937.
70. 1959, p. 8.
71. Aldo PAVARI, 1959, p. 9.
72. Riccardo MORANDINI, 1958.
73. 1973, p. 17. 1975, p. 469.
74. 1966, p. 200.
75. P. 157.
76. 1864, p. 371.
77. 1852-56, p. 145.
78. Édition de 1974.
79. 1970, p. 152.
80. Il y a quelques années, le C.R.D.P de Grenoble m'a demandé quelques pages sur le châtaignier en Ardèche (J.-R. PITTE, 1980 a). Je les avais intitulées : *Une forêt-verger : la châtaigneraie du Vivarais.* J'ai découvert, depuis, que Janine RENUCCI (1974, p. 174) avait déjà utilisé cette expression à propos de la Corse, expression qui traduit bien l'ambiguïté de définition du paysage occupé par la châtaigneraie.
81. Voir aussi ce que dit Janine RENUCCI (1974, p. 195) de la fiabilité cadastrale en Corse.
82. C'est-à-dire au moment de son enquête menée dans le cadre de la F.A.O. Ses désillusions ressortent de la lecture de ses divers rapports et des souvenirs qu'il a bien voulu évoquer devant moi en 1975 à Florence.
83. A. KURTH, 1961.

84. Risques que ne mentionne pas le manuel de J. TRICART, S. RIMBERT et G. LUTZ, 1970, p. 68.
85. Jean-Paul GILG, spécialiste de ces problèmes à l'E.H.E.S.S., m'a affirmé (déc. 1984) que des résultats encourageants venaient d'être obtenus dans les Cévennes.
86. M. Gabriel ROUGERIE affirmait récemment (hiver 1983), au contraire, qu'il était beaucoup trop tôt pour pouvoir reconnaître les végétaux les uns des autres.
87. Voir, par exemple, en Corse, la commune de Porri sur la carte de Cervione.
88. Publiée par le Service de la Carte de la Végétation du C.N.R.S. à Toulouse.
89. G. DUPIAS, 1963, p. 1.
90. P. 12.
91. Par le *Touring Club Italiano*, sous l'égide du *Centro studi di geografia economica* et de la *Direzione generale del catasto.*
92. Par exemple celui de Luigi FENAROLI, 1945, p. 22 ou la *Fiche châtaignier* du C.T.B., 1972, p. 3 ou bien encore l'ouvrage d'Ariane BRUNETON-GOVERNATORI, 1984, p. 46.
93. Publiée en 1959 en annexe du *Rapport de la 4e session de la Commission Internationale du Châtaignier*, Rome, F.A.O., 59/9/6966.
94. Riccardo MORANDINI, 1959 a.
95. *Ibid.*, p. 55.
96. *Ibid.*
97. Conservé dans les archives de la *Stazione Sperimentale di Selvicoltura* de Florence.
98. *Carta della distribuzione del castagno elaborata dall' Istituto federale di ricerche forestali*, Birmenstorf, 1959. Feuilles de Como, Lugano, Mendrisio, Porlezza, Tesserete. Je remercie M. l'ambassadeur de Suisse Ernest BAUERMEISTER et M. Oscar SCHMITT de m'avoir mis en relation avec M. l'Inspecteur Général des Forêts A. ANTONIETTI et ce dernier de m'avoir fait parvenir ces cinq magnifiques cartes accompagnées de quelques notices explicatives.
99. Semaine Internationale du Châtaignier. *Bulletin Technique Châtaignier*, 3, Nancy, École Nationale des Eaux et Forêts, pp. 70-71.
100. Henry John ELWES et Augustine HENRY, 1908, p. 844.
101. 1929, p. 61.
102. Aimée CAMUS, 1929, pp. 62-63.
103. P.A. ISSINSKIJ, 1968. Je remercie la Bibliothèque Centrale des Sciences Agronomiques de l'Académie des Sciences Agricoles V.I. Lenine à Moscou de m'avoir fait parvenir le microfilm de cet ouvrage et Mlle M.-M. BIROT pour la traduction des passages essentiels qu'elle a effectuée pour moi. Le microfilm de cet ouvrage est actuellement conservé au centre Intergéo du C.N.R.S.
104. V. HEHN, 1892, p. 358.
105. Abbé D. SESTINI, 1800, p. 156. Père G. CAMPANILE, 1818, p. 208. Je remercie M. M. CHEVALIER de m'avoir communiqué ces références.
106. Je remercie M. Pierre-Yves PÉCHOUX de m'avoir communiqué ces informations (1985) qu'il tient, en particulier, de M. Nabih KANAAN.
107. 1961.
108. Je remercie Daniel BALLAND pour cette transcription et cette traduction.
109. A. CAMUS, 1929, p. 206.
110. L. TRABUT, 1925, p. 1.
111. L. EMBERGER, 1938, p. 107.
112. M. FONDARD et M. GINET, 1936, p. 14.
113. Flippo GRAVATT, 1955.

PREMIÈRE PARTIE

CHAPITRE PREMIER

1. 1981, p. 26. En réalité, aucune preuve n'a jamais été trouvée quant au rôle des Grecs vis-à-vis du châtaignier en Gaule.
2. 1976, p. 307. SIMMONDS est, selon Jacques BARRAU à qui je dois cette référence, l'auteur du meilleur ouvrage récent sur ces questions de domestication.
3. 1853, p. 179.
4. 1859-63, p. 303. Cet auteur est plus nuancé, puisqu'il estime l'arbre absent des espèces connues par les premiers habitants de la Grèce et de l'Italie, ou au mieux rare.
5. 1926, p. 28.
6. 1935, p. 13.
7. 1909, pp. 415-416.
8. 1929, p. 36. Cette idée est complétée par Philippe GUINIER (1951, p. 168) : « Il y a toujours quelque chose d'artificiel dans l'existence d'un peuplement de châtaigniers. »
9. 1929, p. 55.
10. 1940, p. 199.
11. J.-B. LAVIALLE, 1906, p. 9.

12. 1976, p. 245.
13. *In litteris*, 20.I.1980. M. BOUTIN m'écrit : « J'ai découvert dans la région de Juillac de très nombreux fragments de fossiles de différentes essences et probablement un qui, à l'évidence, est de châtaignier. Je ne saurais personnellement l'affirmer. [...] C'est du moins l'avis de nombreux spécialistes du bois qui l'ont examiné et entre autres de Mlle Antoinette COUGNOUX qui est venue le voir et a pu à loisir travailler sur cet important échantillon qui confirmait sa thèse de l'existence très ancienne du châtaignier dans notre région. » Il y a toujours un risque à être persuadé d'une chose et à se précipiter sur le moindre fait, ou semblant de fait, paraissant la conforter. C'est le risque de tout travail intellectuel.
14. Aimée CAMUS, 1929, p. 34.
15. *Ibid.*
16. *Ibid.*, pp. 34.35. Pierre GRANGEON, 1958, pp. 100-101.
17. Outre Aimée CAMUS, 1929, voir Pierre MAURY, 1903 ; G. DEPAPE, 1922 ; Ph. GUINIER, 1951, p. 169.
18. Pierre GRANGEON, 1957, 1958.
19. F. BOURDIER et *al.*, 1956.
20. 1928, p. 72.
21. 1975, p. 11 et p. 63.
22. 1975, p. 126.
23. Ariane BRUNETON-GOVERNATORI (1984, p. 62) a dressé un tableau de quelques découvertes palynologiques françaises.
24. F. MERZ (1919) avait déjà suggéré cette idée.
25. Pierre LIEUTAGHI, 1961, p. 373. Le spectre est daté 5000-2500 BP. Pour la même période, P.-Y. PÉCHOUX me signale la présence du châtaignier en Italie centrale, au lac de Vico (A. FRANCK, 1969). A. MAURIZIO (1932, p. 134) était dubitatif quant à la présence du châtaignier à cette période.
26. Henri ELHAÏH, 1964.
27. Diego MORENO, 1975, p. 469. On peut, toutefois, difficilement prouver que ce récipient a servi à cuire des châtaignes, même s'il ressemble à des objets récents manifestement destinés à cet usage.
28. Que m'a fourni M. Pierre FLATRÈS.
29. J.-R. PITTE, 1983 b, tome 1, p. 30.
30. 1896, p. 6.
31. *Ibid.*, p. 283. Pourtant, cette méthode n'est pas abandonnée totalement. Elle survit, par exemple, dans les travaux d'André LAVAGNE et Lamri ZERAIA sur les Maures (1976, p. 80) lorsqu'ils tentent de distinguer dans le vallon de Maraval des « châtaigneraies... anciennes cultures abandonnées » de « châtaigneraies naturelles » et de « châtaigneraies sauvages » dans ce qu'ils nomment une « description physionomique ». Comme quoi les sciences dites « exactes », telle la botanique, peuvent parfois se révéler plus floues dans leurs méthodes que les sciences dites « humaines ».
32. N. VAVILOV traduit par A. HAUDRICOURT, 1936.
33. *Ibid.*, p. 219.
34. Parmi les travaux récents : L. GUYOT, 1963, p. 75 ; G. RICHARD, 1974 ; Norman-Willison SIMMONDS, 1976, p. 307 ; Claude-Charles MATHON, 1981 ; Erich ISAAC, 1970, p. 70. P.A. ISSINSKIJ, 1968, ne dit malheureusement rien à ce sujet.
35. *Cf infra.* Je remercie Maro et Georges PREVELAKIS pour leur aide dans la rédaction de ce chapitre.
36. 1892, p. 354.
37. F. MERZ, 1919, p. 10. Max VASMER, 1950-1958. Je remercie Mlle M.-M. BIROT de m'avoir communiqué cette dernière référence.
38. Aimée CAMUS, 1929, p. 11.
39. *Ibid.*, citant PICTET, 1859, vol. 1, p. 249. C'est peut-être ce terme qui a donné en japonais le mot *kashi* désignant d'anciens gâteaux faits de fruits secs et *higashi*, fruit sec.
40. J.-R. PITTE, 1984.
41. J.-R. PITTE, 1983 a.
42. *Du régime*, LV, 5. Traduction Robert JOLY. Paris, Les Belles Lettres, 1967.
43. 1963, p. 295.
44. Édition Loeb, 1967.
45. Par exemple Paul MASQUERAY. Paris, Les Belles Lettres, 1931 ou Carleton L. BROWNSON. Londres, éditions Loeb, 1968.
46. 1963.
47. *Ibid.*, pp. 293-294.
48. 1870 et 1892.
49. V, 4, 29. Traduction Paul MASQUERAY.
50. V, 4, 32.
51. *Du régime*, LV, 5.
52. DIOCLES *in* ATHENAEUS, *Deipnosophistae*, II, 53. Traduction Charles Burton GULICK. Londres, éd. Loeb, 1969.
53. 1963, pp. 295-296.
54. STRABON, *Géogr.*, XII, 549.
55. P. 296.

56. XXIII, 78. Traduction de Jacques André. Paris, Les Belles Lettres.
57. C'était même la manière favorite de les consommer à Rome. Jacques André, 1981, p. 86, citant Pline, XV, 89 ; Apicius, VI, 5, 2 et VII, 13, 4.
58. 1818, p. 323. Cité par Xavier de Planhol, 1963.
59. Riccardo Morandini, 1959 a.
60. Stabon, *Géogr.*, XII, 546.
61. XXII, 7. Traduction de J. Barthélemy-Saint-Hilaire. Paris, 1891.
62. Londres, Loeb, 1965.
63. IV, 8, 11.
64. 1892, p. 352.
65. *Ibid.*, p. 358.
66. *H.P.*, I, 11, 3 ; IV, 5, 4 ; V, 4, 2 ; V, 4, 4.
67. Les Gascons continuent à l'appeler *truho.*
68. *Sat.*, II, 14, 130. Je donne ici une traduction personnelle.
69. 1892, p. 355.
70. *Bucolica*, I, 82.
71. Cette traduction est celle de H. Descamps. Paris, N.A. Dubois, 1845. Tous les auteurs s'accordent à reconnaître la pêche dans la *nux persicam.*
72. *Alex.*, 271. Voir le commentaire de V. Hehn, 1892, p. 353.
73. Citée par V. Hehn, 1892, p. 353. Je n'ai pu découvrir à quelle époque cette scolie a été écrite.
74. VII, 183 et VII, 188. Voir aussi sur ce sujet ce qu'écrivent John C. Loudon, 1838, III, p. 1937 et A. Targioni-Tozzetti, 1853, p. 179.
75. *H.P.*, IV, 5, 4.
76. Riccardo Morandini, 1959 a.
77. V. Hehn, 1892, p. 353.
78. Dans le commentaire de Pline, XV, 92.
79. W. M. Ramsey, 1890-1962, pp. 65-66 et 321-323.
80. C'est ce que suggèrent L. Bourdeau, 1893, p. 34 et L. Piccioli, 1922, p. 42.
81. V. Hehn, 1892, p. 351.
82. De Sardes, en Lydie.
83. C'est-à-dire difficile à éplucher, selon V. Hehn.
84. C'est-à-dire tendre, selon V. Hehn.
85. C'est-à-dire chauve ou à la peau nue, toujours selon V. Hehn.
86. *De agricultura,* VIII, 2. Traduction Nisard, 1844.
87. V. Hehn, 1892, p. 351. Félix Gaffiot, *Dictionnaire illustré français-latin.* Paris, Hachette, 1934, pp. 198 et 1222.
88. Voir Pline, XV, 90 ; Macrobe, *Sat.*, III, 18, 8.
89. *Res rusticae,* III, 15, 1-2. Traduction Nisard, Paris, 1844.
90. *Cf. supra.*
91. *Res rusticae,* II, 4.
92. *Bucolica,* I, 82.
93. 1932, p. 93.
94. Jacques André, 1981, p. 234.
95. II, 51-52.
96. Une églogue proche (II, 21) précise : « *Mile meae Siculis errant in montibus agnae.* » « J'ai mille brebis qui paissent en liberté sur les monts de Sicile. »
97. *Artis amatoriae,* II, 265-268. Traduction H. Bornecque, Paris, Les Belles Lettres, 1929.
98. *De agricultura,* VIII, 2.
99. I, 121. La traduction de Martin Mathee, Lyon, 1580, p. 90, ignore μότα.
100. *Cf. supra.*
101. IV, 5, 4.
102. Félix Gaffiot, 1934, p. 871.
103. Qui n'a évidemment rien à voir avec la Sardaigne, ce qu'a précisé A. Targioni-Tozzetti, 1853, p. 178. Cette confusion sera commise par bien des auteurs cherchant à expliquer l'origine du nom de la variété de châtaigne sardonne, mentionnée par Olivier de Serres.
104. Aujourd'hui, le Gediz, fleuve turc.
105. Cité par A. Laronde, 1972.
106. *Ibid.*
107. Cité par Pierre Grimal, 1984, p. 69.
108. Pierre Grimal, 1975, p. 396.
109. Pierre Grimal, 1984, p. 69.
110. VI, 37. Édition avec des commentaires donnés en anglais par Charles Blount sur les deux premiers livres de cet ouvrage, le tout traduit en français avec des notes de Hébert. Berlin, G.J. Decker, 1774, 4 vol. Tome IV, xxxvii, pp. 382-383.
111. Riccardo Morandini, 1959 a.
112. A. Laronde, 1972.
113. *Cf.* la carte des grands États hellénistiques vers 240 av. J.-C. *in* P. Petit, 1974, p. 294.
114. Édition Kühn, p. 738, citée par V. Hehn, 1892, p. 351. Traduction adaptée de V. Hehn. Cité aussi par A. Targioni-Tozzetti, 1853, p. 179.
115. IV, 5, 4.

116. 1959 a.
117. XV, 92. Traduction Jacques ANDRÉ. Paris, Les Belles Lettres.
118. XV, 93-94.
119. Riccardo MORANDINI, 1959 a.
120. Pour ma part, je traduirais plutôt par la glandeuse ou la glandière.
121. P. 110.
122. XVII, 122.
123. *Ibid.*
124. Variété serait plus juste.
125. Le tan.
126. *Epigr.*, V, 78. Traduction VERGER, DUBOIS et MANGEART, nouvelle édition revue par LEMAITRE et DUBOIS. Paris, Garnier, 1864, p. 260. Si Naples est ici qualifiée de savante, c'est en raison de ses célèbres écoles de rhétorique grecque et de médecine.
127. 1957. Voir aussi M. PELLEGRINI, 1973.
128. Giovanni NEGRI, 1905, pp. 146-147. Dino GRIBAUDI, 1928, pp. 249-250. Mario ABRATE, 1960, p. 573.
129. 1960, p. 573. Je livre ici une traduction de ce passage.
130. 1960, p. 574.
131. Dont R. BATTAGLIA, cité par M. PELLEGRINI, 1973.
132. 1960.
133. O. BLOCH et W. von WARTBURG, 1975, p. 76.
134. Pierre FLATRÈS, 1975, p. 468 et M.-Th. MORZADEC-KERFOURN, 1976.
135. J.-P. DAUGAS et L. TIXIER, 1978, p. 434
136. 1953.
137. *Epistula*, XI, 13. Je remercie M. Xavier DE PLANHOL de m'avoir signalé cette référence.
138. *In litteris.*
139. *Cf. infra.*
140. Xavier de PLANHOL, 1965.
141. P.-A. FÉVRIER, 1980, p. 488.
142. 1890, p. 434.
143. SCHOEPFLIN, 1851, vol. 3, p. 464.
144. 1943. On reviendra plus loin sur ce problème de la toponymie.
145. 1828, pp. 23-24.
146. 1970, p. 197.
147. 1984, pp. 424-428.
148. Voir, par exemple, John LOUDON, 1838, p. 1988 ; P.J. JARVIS, 1973, p. 478 ; John HADFIELD (éd.), 1981, p. 26. Henry Jonh ELWES et Augustine HENRY (1908, vol. 3, p. 844) contestent le témoignage d'un charbon trouvé dans le Kent.
149. 1838, pp. 1988-1989.
150. Dans une conversation à Santiago, en 1977.
151. Marguerite YOURCENAR (1974, p. 222) place dans la bouche d'Hadrien enfant ces mots : « Une fantaisie me vint que je n'avais pas eue depuis l'époque où, enfant, j'inscrivais mon nom sur l'écorce des châtaigniers dans un domaine d'Espagne. »
152. V, 13. Voir aussi P. EMMANUELLI, 1957, p. 24.
153. Josette BAUDOIN-ALBERGNIE, 1967.
154. *Sat.*, II, 14. Traduction de H. DESCAMPS et N.A. DUBOIS, Paris, 1845.
155. Ce traité est perdu, mais OPPIUS est un auteur assez ancien, déjà cité au début du IIe siècle par Suétone. *Cf. supra*, note 127 de l'édition de MACROBE de 1845.
156. Xavier de PLANHOL, 1963, p. 306, note 21.
157. *Cf. supra.*
158. XV, 93-94.
159. Cité par V. HEHN, 1892, p. 351 qui fait référence à BOEKH : *Die Staatshausahaltung der Athener*, Berlin, 1886, II, 356.
160. X, 63. Ce passage est inspiré de DAMAGER. Traduction d'Antoine PIERRE, Poitiers, 1545.
161. André CASTELOT, 1972, vol. 1, p. 259.
162. Francesco MARCIANI, 1952, p. 82 et Alessandro DE PHILIPPIS, dans une conversation à Florence en 1975.
163. 1828.
164. 1859-63, p. 691.
165. D. BOIS, 1928, p. 527.
166. Louis BOURDEAU, 1893, p. 34.
167. 1853, p. 178.
168. XLI, 19.
169. Paris, Desclée-De-Brouwer, 1955.
170. Cité par V. HEHN, 1892, p. 356.
171. Jacques ANDRÉ, 1949, p. 123.
172. Ces développements sur les usages du châtaignier et de la châtaigne dans l'Antiquité auraient tout aussi bien trouvé place dans la deuxième partie de ce travail. Si le choix a été fait de les placer ici, c'est en raison du fossé documentaire de plusieurs siècles qui sépare ces données de celles qui suivent. L'ensemble des informations concernant l'Antiquité m'a paru former un tout indissociable.

173. XVI, 30.
174. XVI, 38.
175. XVII, 34.
176. *De agricultura*, LIV, 12, 7. Traduction NISARD, Paris, 1844.
177. XVII, 34.
178. *De re rustica*, IV, 33, 1.
179. XII, 7, 19.
180. X, 63, 1.
181. XVI, 31.
182. *Georgica*, II, 14-15. Ce thème est aussi développé par COLUMELLE : *De re rustica*, IV, 33, 2-4 ; *De arboribus*, 22, 3, par PLINE, XVII, 10 et XVII, 34, enfin par PALLADIUS, XII, 7, 21.
183. COLUMELLE : *De re rustica*, IV, 33, 2 ; PLINE, XVII, 34.
184. COLUMELLE (*De re rustica*, V, 10, 14 ; *De arboribus*, 22, 3) déclare : avant les calendes ou entre les nones et les ides de mars, c'est-à-dire avant le 1er mars, ou entre le 7 et le 15 ; PLINE (XVII, 30), entre les calendes et les ides de mars, c'est-à-dire entre le 1er et le 15.
185. XII, 7.
186. III, 15 et X, 63.
187. *De re rustica*, IV, 33, 3.
188. XVII, 34.
189. XII, 7, 21.
190. PALLADIUS, *ibid.*
191. COLUMELLE : *De re rustica*, IV, 33, 2 et PLINE, 34, 148.
192. XVII, 34, 148.
193. XII, 7.
194. Pour COLUMELLE, c'est un roseau.
195. X, 63.
196. PALLADIUS, XII, 7.
197. PLINE, XVII, 34, 149.
198. PALLADIUS, XII, 7 et PLINE, XVII, 34, 149.
199. *Georgica*, II, 71-72.
200. 1928, pp. 154-155.
201. *De arboribus*, XXVII.
202. XIV, 67-68.
203. Paul FÉNELON (1970, p. 336) signale qu'on ne peut greffer les arbres à fruits à noyaux sur ceux à fruits à pépins et réciproquement.
204. PLINE, XV, 25, 95 et XVII, 122.
205. XV, 94.
206. XV, 92.
207. *Ep.*, V 78.
208. Jacques ANDRÉ, 1981, p. 224.
209. *De re coquinaria*, V, 184.
210. *Ibid.*, V, 183 et 185.
211. C'est une suggestion faite par Jacques ANDRÉ : note 184, pp. 176-177 de l'édition de Paris, Les Belles Lettres, 1974.
212. Et pour cause, puisque le nom de ce ragoût vient du vieux français halicoter, qui veut dire couper en petits morceaux.
213. XII, 7, 22.
214. *Cf. supra.*
215. XXIII, 78.
216. I, 106, 3.
217. *De arboribus pomiferis*, IV ; *De pomis, seu medicina ex pomis*, 19.
218. Il est vrai que les agronomes et les médecins appartiennent à l'élite de la société.
219. XV, 25, 92.
220. 1958, pp. 405-406.
221. PLINE, XV, 25, 94.
222. XV, 7, 28.
223. XII, 3, 12. *Cf. supra.*
224. *H.P.*, V, 4, 2.
225. PLINE, XVII, 34, 151.
226. XVII, 34, 147.
227. *De re rustica*, IV, 30.
228. IV, 33.
229. XVII, 34, 150.
230. *Geogr.*, V, 1, 12. Voir à ce sujet R. BILLIARD, 1913, pp. 479-481.
231. Jacques ANDRÉ : note à PLINE, XIV, 27, édition Paris, Les Belles Lettres, 1958.
232. Rudolf WEINHOLD, 1976, pp. 174-175.
233. R. BILLIARD, 1913, p. 481.
234. Roger DION, 1959, p. 147.
235. II, 9.

CHAPITRE II

1. Vers 800. Cité par Ariane BRUNETON-GOVERNATORI, 1984, p. 420.
2. Dr ROCHE, 1936, p. 72. PORTAL et POUPART (1936) affirment que le châtaignier était cultivé sous Charlemagne dans le massif des Maures.
3. Georges KOSSENAKIS, 1958.
4. Maurice LOMBARD, 1958, p. 79.
5. H. ZOLLER, 1960.
6. La dernière démonstration en date est celle d'Ariane BRUNETON-GOVERNATORI (1984, pp. 419-429). Elle est tout à fait contestable, et les arguments que j'avais développés dans diverses publications (1978, 1979, 1980 b) ne me paraissent pas avoir été sérieusement réfutés.
7. OTTON, évêque de Freising, *Gesta Frederici seu rectius Cronica*, livre II, § 13 à 16. Ed. F.J. SCHMALE, Berlin, 1965, pp. 304-313. Traduction probablement effectuée par un membre du jury de l'agrégation d'histoire, en 1982, ce texte ayant été proposé aux candidats afin qu'ils le commentent. Je le dois à M. Jean DELVERT.
8. Édition de Paris, 1486, p. 53.
9. Roger GRAND et Raymond DELATOUCHE, 1950, p. 391.
10. Édition de Paris, 1486, p. 53.
11. *Ibid.*
12. 1901-1902.
13. *Ibid.*, t. 1, p. 103.
14. *Ibid.*, t. 1, note 125.
15. *Ibid.*, t. 1, note 246.
16. S. PROVANA DI COLEGNO, 1984, p. 271. Ce peut aussi en être un. Dans beaucoup de documents français de l'époque moderne, le verger est désigné comme « bois castanet ».
17. Le cartulaire a été publié par Bagio CARANTI, 1900, vol. I.
18. Rinaldo COMBA, 1970 a, p. 423. *De agrege et alevamine castanearum* (De la plantation et de la culture des jeunes châtaigneraies). *De ovibus et capris in alevaminibus novis castanearum inventis* (Des moutons et des chèvres trouvés dans les jeunes châtaigneraies). Roger GRAND et Raymond DELATOUCHE (1950, p. 391) traduisent *alevanum* par pépinière. Dans ces textes, il s'agit plus vraisemblablement de jeunes châtaigneraies, car les pépinières sont de petite taille et faciles à défendre contre le bétail, ce qui n'est pas le cas des vergers eux-mêmes.
19. Rinaldo COMBA, *ibid.* Tous ces statuts médiévaux ont un air de famille, pour la bonne raison qu'ils sont copiés les uns sur les autres (Rinaldo COMBA, 1970 b, p. 22).
20. Giuseppe BARELLI, 1965.
21. Les châtaigniers âgés sont, en effet, particulièrement sensibles au feu qui s'engouffre dans leur tronc creux comme dans une cheminée.
22. Rinaldo COMBA, 1970 b.
23. Giuseppe BARELLI et Guido Gay DI QUARTI, 1966.
24. Ferdinando GABOTTO, 1901-1902, t. 2, p. 86.
25. Giambattista BOTTERI, 1892, p. 362. Il est à noter que ce chapitre concerne aussi les noyers. Si le châtaignier était dominant, il bénéficierait d'articles en exclusivité.
26 Anna TAMAGNONE, 1969, p. 69.
27. E. PATRIA et W. ODIARDI, 1978, pp. 238-239.
28. 1 setier = 2 émines ; 1 émine = 23,035 l.
29. E. PATRIA et W. ODIARDI, 1978, p. 239.
30. Dans une conversation à Turin, en 1978.
31. On remarque encore ici cette volonté de reculer loin dans le temps ce que l'on ne comprend pas très bien, en l'occurrence le déclin de la châtaigneraie et donc, implicitement, son origine.
32. Massimo QUAINI, 1975, p. 469.
33. Massimo QUAINI, 1971, pp. 70-71.
34. On en a la trace, par exemple, dans une fonderie de cloches de Sarzana et une verrerie du Monte Lecco. Lanfredo CASTELLETTI, 1975 a et b.
35. Massimo QUAINI, 1975, p. 469.
36. Diego MORENO (1971, p. 337) le pense pour le XIIIe siècle.
37. 1961, pp. 323-324.
38. Ildebrando IMBERCIADORI, 1951, p. 85.
39. *Ibid.*
40. C'est ce qui ressort de l'examen de plusieurs dizaines de motifs visibles sur les murs ou dans les musées de Florence et de la région.
41. Winfried SCHRECK, 1974.
42. 1971, p. 264.
43. Cité par Antoine ALBITRECCIA, 1942 b.
44. *Ibid.*
45. A.D. Corse du Sud, 1 H 32. M. Pierre LAMOTTE a attiré mon attention sur ce document.
46. Antoine CASANOVA, 1978, pp. 62-63.
47. 1967, vol. I, p. 170.
48. 1975, pp. 138-139.

49. A l'occasion de ces analyses, Maurice REILLE (1975, p. 11) esquisse une judicieuse remarque sur la répartition du châtaignier dans l'île. Les plantations, écrit-il, « ne se rencontrent de nos jours qu'à proximité des points d'habitation ». Ce constat, on l'a vu, n'est pas effectué par les auteurs de la carte de la végétation au 1/200 000e.
50. Paul ARRIGHI et Francis POMPONI, 1978, pp. 29-30.
51. Jean GUILAINE, 1980, p. 180.
52. Paul ARRIGHI et Francis POMPONI, 1978, pp. 22-27.
53. 1941, p. 240.
54. *Ibid.*, p. 63.
55. Maurice LE LANNOU, *in litteris*, 8 IX 1979. M. LE LANNOU signale également l'existence d'une autre petite châtaigneraie « à sous-bois pâturé », en Gallura, sur la dorsale des Limbara.
56. 1975, p. 77.
57. Francesco MARCIANI, 1952, p. 79.
58. *Ibid.*, p. 80.
59. Maurice LOMBARD, 1958, p. 79.
60. Francesco MARCIANI, 1952, p. 79.
61. 1966.
62. 1963, p. 82 et 1974, p. 64. Pierre BOZON reprend à son compte l'hypothèse d'Albin MAZON (A.D. Ardèche, Fonds MAZON, f° 727).
63. Quoi qu'en pense Ariane BRUNETON-GOVERNATORI, 1984, p. 427.
64. A.D. Ardèche, Fonds MAZON chronologie.
65. *In litteris*, 3. I. 1979.
66. A.D. Ardèche, 3E210bis.
67. Pierre MINARD, 1975.
68. A. LASCOMBES, 1898, p. 133.
69. A.B., 1899.
70. A.D. Ardèche, C 557-628 et Jean RÉGNÉ, 1925 et 1926.
71. Abbé MERCIER et C. FABRE, 1917.
72. J'ai publié ces arguments en 1978. Pierre BOZON y a répondu, *in litteris*, le 30.I.1979.
73. Georges CHABOT, 1966, p. 111.
74. Jean-Noël PELEN, sd, p. 40.
75. 1970, p. 238.
76. Emmanuel LE ROY LADURIE, 1966, p. 215.
77. Jean-Claude HÉLAS, 1980, p. 235.
78. Armand PONS, 1977, p. 41.
79. 1917, p. 142.
80. René FAGE, 1917, p. 143.
81. 1936, pp. 7-8.
82. 1917, pp. 142-143.
83. René FAGE, 1917, p. 144 ; Joseph BOULAUD, 1936, p. 7 ; Aimé PERPILLOU, 1940 a, p. 194.
84. 1940 a, p. 195.
85. *Ibid.*, p. 198.
86. Émile AMÉ, 1897, p. 631. DERIBIER-DU-CHÂTELET, 1852-1857, vol. III, p. 145.
87. Philippe ARBOS, 1932.
88. Élie JALENQUES à l'article Maurs, *in* DERIBIER-DU-CHÂTELET, 1852-57, vol. V, p. 329.
89. 1969, p. 49.
90. André MEYNIER, 1931, p. 111.
91. Cité par M.-T GRANET, 1954-55, p. 331.
92. *Ibid.*
93. Léonce BOUYSSOU, 1939-44, p. 231.
94. Gustave SAIGE et le comte de DIENNE, 1900, vol. I, pp. 17-18, 165-166 et vol. II, pp. 58-59.
95. 1954-55, p. 331.
96. Cette dernière étymologie ne fait aucun doute pour Albert DAUZAT et Charles ROSTAING, 1963, p. 152.
97. Émile AMÉ, 1897, p. 99.
98. C'est ce qui ressort de l'analyse de la liste d'Émile AMÉ, 1897.
99. Et ici, très directement, à la différence du travail effectué par Charles HIGOUNET (1975) avec les toponymes artigue en Bordelais, qui n'indiquent la répartition de la forêt du Haut Moyen Age qu'au deuxième degré puisque artigue veut dire défrichement.
100. Émile AMÉ, 1897, p. 100.
101. Mario CHIAUDANO (1933, vol. 3, p. 14) mentionne des vergers à Sainte-Hélène-des- Millières et à Bonvillard en 1273, ainsi qu'à Novalaise en 1280 (*ibid.*, pp. 280 et 298).
102. Ariane BRUNETON-GOVERNATORI, 1984, pp. 419-424. A côté de quelques preuves de l'existence de châtaigneraies, A. B.G. énumère beaucoup de toponymes.
103. PORTAL et POUPART, 1936.
104. Aurélien de COURSON, 1863.
105. 1963, pp. 84-85.
106. Leur présence ne doit évidemment rien au pullulement des lapins de garenne, comme le suggère Georges PLAISANCE, 1961, p. 52.
107. 1963, p. 87.

108. *Ibid.*
109. F. MERZ, 1919, p. 11 et Gian Carlo BRENNI, 1937, p. 23.
110. F. MERZ, 1919, p. 11.
111. 1919, p. 10.
112. Roger GRAND et Raymond DELATOUCHE, 1950, p. 390.
113. Maurice LOMBARD, 1958, p. 76.
114. Charles HIGOUNET, 1966, p. 372.
115. 1975, t. 1, pp. 96-97.
116. Maria-Xosé RODRIGUEZ-GALDO, 1976, pp. 90-91 et 115-116.
117. 1967, p. 206.
118. V. HEHN, 1892, p. 352.
119. 1970, p. 87.

CHAPITRE III

1. Michel DEVÈZE, 1973, p. 64.
2. Piero CAMILLA, 1970, p. 164.
3. Réédition. Turin, 1846, p. 79. Traduction.
4. P. 159. Traduction.
5. Archivio di Stato (Turin), Allegato I, Catasto antico.
6. Archivio di Stato (Turin), Statistica Generale, 1752, Provincia di Cuneo, Masso I.
7. Le village est situé à 686 m.
8. Massimo QUAINI, 1975, p. 469.
9. 1970, 1971, 1973, 1978.
10. 1975.
11. Massimo QUAINI, 1979, p. 148.
12. Diego MORENO, 1978, p. 362.
13. *Ibid.*, p. 363.
14. Massimo QUAINI, 1973, p. 168.
15. A.D. Corse du Sud, Fonds Civile Governatore, I, 47. Je dois la découverte de ce document à M. Pierre LAMOTTE.
16. Il est curieux de retrouver aujourd'hui dans un contexte géographique très différent une obligation similaire : les nouveaux habitants de Nouakchott (Mauritanie) sont tenus de planter et entretenir quatre arbres sur le terrain à bâtir qui leur est attribué par l'État. On notera que les mesures génoises sont très différentes du *pactum ad pastinandum* évoqué plus haut à propos de la Campanie du Haut Moyen Age, car ici le colon est demandeur d'une terre et d'un bail, tandis qu'en Corse, le paysan ne demande rien et l'éleveur encore moins.
17. 1964, p. 109.
18. Francis POMPONI, au cours d'une conversation à Ajaccio en 1979.
19. Dans une conversation, à Ajaccio, en 1979. L'abbé GIROLAMI (1893, p. 267) avait déjà noté que les premiers Corses à greffer des châtaigniers furent les habitants d'Orezza, dans le courant du XVIe siècle.
20. 1962, pp. 60-62.
21. Paul ARRIGHI et Francis POMPONI, 1978, p. 37.
22. André FEL, 1975, p. 185.
23. Pierre LAMOTTE, 1956. *Cf. infra* une analyse de ce système.
24. A.D. Corse du Sud, Fonds Civile Governatore, 244.
25. A.D. Corse du Sud, Fonds Camerali, 1619-1620.
26. A.D. Corse du Sud, Fonds Camerali, 93.
27. A.D. Corse du Sud, Fonds Camerali, 1646.
28. Encore qu'en Corse la libre circulation du bétail, sans berger, soit une antique tradition encore observée aujourd'hui.
29. A.D. Corse du Sud, Fonds Camerali, 1683.
30. *Libro del magistrato delle piante intitolato San Giuseppe*, 1649-1755. Archives municipales d'Ajaccio, série HH, Carte 2, Liasse I, p. 14.
31. A.D. Corse du Sud, Fonds Civile Governatore, 630.
32. Je dois cette information à M. Pierre LAMOTTE.
33. A.D. Corse du Sud, Fonds Camerali, 1715, commune d'Oletta. Il est à noter qu'Oletta n'est même pas au cœur de la Castagniccia. La commune est située dans la vallée du Nebbio. Elle s'étage du niveau de la mer jusqu'à 940 m d'altitude et le châtaignier n'y a jamais constitué une monoculture.
34. A.D. Corse du Sud, Fonds Camerali, 1699, Arboriculture, 3.
35. Oscar BORELLI, 1967, p. 242.
36. C'est, à peu de chose près, le discours amusé que m'a tenu M. PANSINI, conservateur de l'*Archivio di Stato* de Florence, en 1975, me laissant entendre qu'autant valait chercher une aiguille dans une botte de foin.
37. J.-C.-L. SISMONDI, 1801, p. 255. Grand connaisseur de la Toscane, Sismondi était membre de la célèbre académie agronomique des *Georgofili*, de Florence.
38. Il s'agit de Léopold de Habsbourg-Lorraine, qui régna de 1765 à 1790.

39. Édition de 1932, p. 237. L'ordre de ces citations a été inversé.
40. Riccardo MORANDINI, 1958.
41. Édition de 1805, tome II, pp. 387-388.
42. Docteur ROCHE, 1936, p. 75.
43. Voir, par exemple, pour le sud-est du Bassin parisien, Xavier de PLANHOL, 1965, p. 477. Il faut noter que le complantage n'est possible que pendant les premiers temps de la vie d'une châtaigneraie. Lorsqu'elle devient adulte, le feuillage est généralement trop dense pour permettre une culture dérobée, à moins d'avoir prévu cette pratique en espaçant suffisamment les arbres, ce qui est rare en France. Ce type de paysage se rencontre encore aujourd'hui au nord-est du Portugal.
44. A.D. Ardèche, C. 1981. Cité par D. DUPRAZ et Y. MOREL, 1984, p. 49.
45. A.D. Corrèze, 1 E Dép. 75/4.
46. A.D. Cantal, C. 257. Généralité de Riom, élection d'Aurillac.
47. 1936, p. 7. Les châtaigneraies paient des redevances en blé ou en châtaignes.
48. Lucien FEBVRE, réédition 1970, p. 28. Je dois cette référence à M. Michel TABUTEAU.
49. Extrait de *Les moyens de devenir riche*, cité par Ariane BRUNETON-GOVERNATORI, 1984, p. 424.
50. Chiffre communiqué par Roger FERLET en 1976, pour le début du XXe siècle. Emmanuel LE ROY LADURIE (1966, p. 224) estime la moyenne des rendements en blé de tout le Languedoc, plaine comprise, à 5,1 q/ha aux XVIe-XVIIe siècles.
51. 1974, p. 116.
52. M. Pierre FLATRÈS (dans une conversation) pense même que les guerres de Religion ont pu accélérer la progression du châtaignier, les labours céréaliers étant très faciles à saccager. Dans d'autres régions, c'est la pomme de terre qui a bénéficié des troubles de cette période.
53. Édition de 1805, tome II, pp. 387-388.
54. *Cf.* la carte I.G.N. au 1/50 000e de Burzet qui est très parlante.
55. Jacky REYNE, 1984, pp. 117-121.
56. Abel DESROYS, 1952, p. 26.
57. A.D. Ardèche, B. 33.
58. A.D. Ardèche, B. 69. Le registre n° 40 du notaire GARNIER (f° IIIIC, LIIIV), conservé aux Archives départementales de l'Ardèche, conserve la trace de l'achat, par Pierre Palix, marchand de Privas, de 26 setiers (une tonne et demie, environ) de châtaignes blanches à Thomas Reyon, de Foulhes, et Matthieu Ribauliac, de Peizes, à 3 livres et 6 deniers le setier.
59. Archives de Largentière, BB. 8, p. 9.
60. A. LASCOMBES, 1898.
61. J. SCHNETZLER, 1963.
62. J. SCHNETZLER, 1962.
63. Abbé V. ÉTIENNE, 1939.
64. J. SCHNETZLER, 1966.
65. Emmanuel LE ROY LADURIE, 1966, p. 216.
66. *Ibid.*, p. 212.
67. *Ibid.*, p. 220.
68. 1936.
69. *Ibid.*, p. 8.
70. C'est une prescription qui ressemble au *pactum ad pastinandum* de Campanie. *Cf. supra.*
71. Joseph BOULAUD, 1936, p. 9.
72. *Ibid.*, p. 11.
73. *Ibid.*
74. A.D. Corrèze, 6 F 33.
75. A.D. Corrèze, 1 E Dép. 75/4.
76. Ariane BRUNETON-GOVERNATORI (1984, p. 438) a critiqué l'interprétation que j'avais publiée (1980 b) de ces textes. « A propos, on jugera bon de signaler que lorsqu'il est fait mention dans les textes de plantations de " jeunes châtaigniers ", cela ne signifie pas automatiquement une extension " récente " de l'arbre.[...] En effet le maintien en plein rapport d'une châtaigneraie exige la plantation régulière d'un certain nombre d'arbres jeunes. » Cet argument serait valable s'il n'était pas question d'une « pièce de chaume » ou d'une « pièce de terre », c'est-à-dire de parcelles n'ayant pas eu précédemment de vocation castanéicole. Par ailleurs, le renouvellement d'une châtaigneraie ne s'effectue pas d'un coup, le plus souvent. On coupe au fur et à mesure du dépérissement des arbres.
77. Jean LOUTCHISKY, 1912, p. 161.
78. Cité par J.A. BARRAL, 1884, pp. 142-143.
79. A.D. Corrèze, 1 E Dép. 75/4.
80. A.D. Corrèze, 6 F 33.
81. André MEYNIER, 1931, pp. 111-112.
82. A.D. Cantal, 17 B 56.
83. A.D. Cantal, C 257.
84. *Enquête sur les Commodités du Rouergue faite par Nicolas COMPAING, Conseiller du Roi en son Grand Conseil, Commissaire chargé d'instruire pour l'Agenais, le Périgord et le Quercy en déchargement de taille contre le pays de Rouergue*, 1552, document conservé aux Archives municipales d'Agen (CC 56) et analysé par Henri ENJALBERT (1955) et Jacques BOUSQUET (1969).

85. Henri ENJALBERT, 1955, p. 264.
86. *Ibid.*, p. 265.
87. *Ibid.*, p. 271.
88. *Ibid.*, p. 265. De 18 hab./km² en 1341, la région passe à 30 en 1680-1690.
89. Jacques BOUSQUET, 1969, pp. 48-49.
90. André MEYNIER, 1931, p. 111.
91. Jacques BOUSQUET, 1969, pp. 48-49.
92. Henri ENJALBERT, 1955, p. 273.
93. A.D. Corse du Sud, Série 2 *O* Azzana.
94. Les rouleaux en sont conservés aux Archives départementales de Corse du Sud, à Ajaccio.
95. Francis POMPONI, 1970, p. 281.
96. D'après la matrice du plan-terrier.
97. Jean DEFRANCESCHI, 1978, pp. 83-84.
98. Jacques-Nicolas BELLIN, 1769, p. 108.
99. R.F. de POMMEREUL, 1779, t. 1, p. 65.
100. A.D. Corse du Sud, Code Corse, A 16.
101. A.D. Corse du Sud, C 547.
102. A.D. Corse du Sud, C 208.
103. A.D. Corse du Sud, C 215.
104. Napoléon enfant ne mangeait habituellement pas chez lui du pain de châtaignes, mais comme il l'appréciait, il l'échangeait avec les bergers de sa famille, contre le pain sec (blanc) dont il était parfois puni. Jean DUTRECH, 1907, p. 135.
105. Louis VILLAT, 1925, t. 2, pp. 176-177.
106. A.D. Corse du Sud, Code Corse, A 17.
107. A.D. Corse du Sud, C 30.
108. Louis VILLAT, 1925, t. 2, p. 103.
109. A.D. Corse du Sud, Code Corse, IV 37.
110. A.D. Corse du Sud, Code Corse, A 20.
111. *Cf.* aussi sur ce sujet V. HEHN, 1892, p. 356 ; Janine RENUCCI, 1974, pp. 75-77. La paresse était très souvent tenue pour responsable de la pauvreté sous l'Ancien Régime. *Cf.* Marc BLOCH (1952-1956, t. I, p. 234), qui évoque cette question pour les régions de culture du blé.
112. Peter J. PERRY, 1967, p. 211.
113. P. 50.
114. P. 87.
115. Cité par Louis VILLAT, 1925, t. 2, p. 143.
116. T. 2, pp. 238-239.
117. On verra que cette consommation peut même être permanente.
118. Pp. 64-65.
119. P. 129.
120. Pp. 51-52.
121. Pp. 13-14.
122. P. 44.
123. Pp. 51-52.
124. On sait qu'en réalité l'administration y a songé mais qu'aucune mesure encourageant les arrachages n'a été prise.
125. *Sic !*
126. On appelait Lucquois tous les travailleurs saisonniers italiens.
127. FEYDEL fait ici allusion à l'arrêt de 1785.
128. Édition de 1939, p. 30.
129. P. 39.
130. Pierrette JEOFFROY-FAGGIANELLI, 1979, pp. 70-71.
131. Vol. 4, pp. 741-742.
132. 1903, p. 81.
133. *Ibid.*, pp. 93-94.
134. On sait que la richesse de la Corse pendant l'époque romaine est un mythe. Seule la plaine d'Aléria était alors cultivée. *Cf.*, par exemple, J. CARLOTTI, 1936, pp. 25-26.
135. Pp. 495-496.
136. 1822, p. 136.
137. A.D. Corse du Sud, 7 M 131.
138. Francis POMPONI, 1978, pp. 281-282.
139. A.D Corse du Sud, série 2 *O*, Corte.
140. Francis POMPONI, 1978, pp. 281-282.
141. Jacqueline BEAUJEU-GARNIER, 1969, pp. 106-107.
142. A.D. Corrèze, M 1212.
143. Jean-Robert PITTE, 1983 b, t. 2, pp. 84-86.
144. Jacqueline BEAUJEU-GARNIER, 1969, pp. 106-107.
145. A.D. Cantal, 127 M.
146. Jacqueline BEAUJEU-GARNIER, 1969, pp. 106-107 ; M. MAGNE, 1958, p. 20.
147. Y. MAURIN, 1972-73, p. 332.
148. Jacqueline BEAUJEU-GARNIER, 1969, pp. 106-107.

149. M. Bourgne, cité par J.A. Barral (1884, p. 147) qui généralise cette conclusion à l'ensemble du département.
150. J.A. Barral, 1884.
151. *Enquête sur les incendies de forêts...*, 1869, pp. 6, 8, 52, 63.
152. Je remercie M. Banal de Perpignan, descendant de M. Delcros, d'avoir mis ses archives familiales à ma disposition.
153. Alphonse de Candolle, 1896, p. 283 ; L. Trabut, 1925, p. 1.
154. L. Trabut, 1925, p. 1.
155. *Ibid.*, p. 1.
156. *Ibid.*, p. 3.
157. *Ibid.*, pp. 3-4.
158. M. Rémond, 1932, p. 288.
159. *Ibid.*
160. 1980.
161. M. Rémond, 1932, p. 289.
162. *Ibid.*, p. 292.
163. 1979, p. 93.
164. Abel Bouhier, 1979, annexes cartographiques.
165. Abel Bouhier, 1979, p. 781 ; fig. 104.
166. Cité par Abel Bouhier, 1979, p. 628.
167. 1967.
168. Alain Huetz de Lemps, 1967, p. 226.
169. *Ibid.*
170. *Ibid.*, p. 228.
171. *Ibid.*, p. 240.
172. *Ibid.*, p. 460.
173. *Ibid.*, p. 474.
174. Th. Lefebvre, 1933, p. 234 ; cité par Ariane Bruneton-Governatori, 1984, p. 424.
175. B. Roux, 1974. Je dois cette référence à Francis Fourneau.
176. Bodo Freund, 1975, p. 217.
177. 1921, p. 139.
178. Par exemple, F. Lullin de Chateauvieux en 1812-13 (cité par Massimo Quaini, 1973, p. 152) à propos de la Ligurie ; Emmanuel Le Roy Ladurie (1966, p. 212) pour les Cévennes ; André Rondeau (1964, p. 80), Francis Pomponi (1978, pp. 281-282) et Peter J. Perry (1967, p. 209) pour la Corse, etc.
179. 1979, p. 93.
180. 1980. *Cf.* en particulier p. 108 à propos de la France des XVIe et XVIIe siècles.
181. 1975, p. 340.
182. Jean-Robert Pitte, 1983 b, t. I : pp. 110-113 ; t. II : pp. 48-50, pp. 84-86.
183. Certaines régions de châtaigneraies ont également adopté ces solutions : métallurgie et moulins en Rouergue, soie dans les Cévennes et en Vivarais, etc.

DEUXIÈME PARTIE

CHAPITRE IV

1. Déjà codifiées dans l'Antiquité, pour certaines d'entre elles, les techniques de constitution d'une châtaigneraie sont bien connues et ont été étudiées, du point de vue de l'ethnologie, par Ariane Bruneton-Governatori (1984, pp. 79-119) qui, à juste titre, les envisage globalement, considérant comme de simples nuances les évolutions intervenues au cours des vingt siècles couverts par les textes. De même, elle s'avoue impuissante à apprécier les nuances locales dans la conduite des châtaigneraies. Il est vrai que les informations sont peu nombreuses à ce sujet et que les techniques de plantation varient moins que la place des arbres dans le paysage rural et surtout les techniques de récolte, de conservation et de préparation des fruits.
2. C'est l'avis de Jacky Reyne (dans une conversation en 1976) et l'on peut observer de telles châtaigneraies désordonnées, sur une pente forte, sans terrasses, à Ajoux, près de Privas.
3. Estienne et Liebault, par exemple (1582, p. 469), ne le négligent pas : « Toutesfois peut estre provigné, plongeant dans terre de ses nouveaux iettons », et c'est une technique vivement recommandée aujourd'hui (F. Bergougnoux *et al.*, 1978, pp. 77-81).
4. Daubenton (1753, p. 238) cite Miller.
5. 1783, p. 162.
6. Abbé Rozier, 1783, pp. 160-161.
7. Édition de Bâle, 1548, pp. 138-139. P. de Crescens constitue un maillon essentiel entre l'Antiquité et la Renaissance. *Cf.* Martine Gorrichon, 1976, pp. 11-12.
8. Enquête réalisée en 1810 et 1811. Archives Nationales F10 429. *Cf.* Ariane Bruneton-Governatori, 1984, pp. 79-88.
9. Voir divers choix possibles *in* Ariane Bruneton-Governatori, *ibid.*
10. Annexe IV.
11. Albert Fron, 1909, p. 416.
12. Ariane Bruneton-Governatori, 1984 ; tableau de la p. 87.
13. *Cf.*, par exemple, à ce sujet, l'abbé Rozier, 1783, pp. 164-165.

14. 1863, pp. 748-749.
15. Dominique SOLTNER, 1976, p. 44.
16. 1976, p. 34.
17. John LOUDON, 1838, pp. 1996-1997.
18. Aux Chaussadenches de Vesseaux (Ardèche), par exemple *(cf. supra)*.
19. Dans le Cantal, en 1922, par exemple : A.D. Cantal, 150 M 1.
20. Le chiffre supérieur est sans doute trop élevé, comme en témoignent les reproches faits en 1922 à M. NUGOU, de Senezergues (Cantal), lors de la visite effectuée par la Commission du châtaignier. A.D. Cantal 150 M 1.
21. Pierre LAMOTTE, 1956.
22. 1801, p. 235.
23. 1979, pp. 491-492.
24. L'ouvrage récent de J.-F. BLANC (1984), portant sur les terrasses d'Ardèche, est très illustré. Il contient autant de dessins de terrasses avec châtaigniers (pp. 82, 132, 133, 221, 286) que sans. Sur les dessins des pages 33 et 46, les plantations ne commencent qu'au-dessus des escaliers de terrasses. Je dois cette référence à M. CHEVALIER.
25. Emmanuel LE ROY LADURIE, 1966, p. 213.
26. Luigi PICCIDI, 1902, p. 189. Voir croquis.
27. SISMONDI, 1801, pp. 233-234.
28. 1903, p. 285.
29. 1903, p. 82.
30. 1914, p. 221.
31. Cité par Georges-Emmanuel CLANCIER : Le Limousin de Giraudoux, *Le Figaro*, 17. VIII. 1981.
32. Cité par Jean DUTRECH, 1907, p. 133.
33. 1944, p. 58.
34. 1980, p. 2.
35. Aimée CAMUS, 1929, p. 132.
36. *Op. cit.* A.D. Corrèze 6 F 33.
37. 1783, p. 167.
38. A.D. Cantal 127 M.
39. A.D. Cantal 150 M 1. Ce complantage de la châtaigneraie cantalienne est également évoqué par L. LAVERGNE (1939-44, p. 24) et par M.-T. GRANET (1951, p. 145).
40. A.D. Corse du Sud C 208.
41. Cité par Massimo QUAINI, 1973, pp. 159-161. Voir la très belle représentation peinte. Le complantage vigne-châtaignier est également attesté dans le Latium dès le Moyen Age. Pierre TOUBERT, 1973, p. 259.
42. Cité par Aimé PERPILLOU, 1940, p. 55.
43. Gérard DEBUIGNE, 1969, p. 250.
44. 1924, tome I, pp. 61-62. Je dois cette référence à M. X. de PLANHOL.
45. 1863, p. 746.
46. F. FISHER, 1952, p. 45. Voir aussi F. ROTEN, 1961, p. 225.
47. 1984, p. 107.
48. Sur la technique de la greffe, voir F. BERGOUGNOUX *et al.*, 1978, pp. 81-90.
49. A. PELLICOT, 1846, p. 418.
50. Information communiquée par M. Oscar BORELLI en 1975.
51. *Cf. supra*, dans l'introduction.
52. A. PELLICOT (1846, p. 419) l'évoque en ces termes : « Quelques amateurs pratiquent la greffe du châtaignier sur le chêne blanc ; j'ai vu plusieurs de ces greffes, et jusqu'ici leur durée n'a été qu'éphémère. Le châtaignier se mettant plutôt en sève que le chêne, il se forme toujours au-dessous du scion des nodosités qui, par la suite, finissent par intercepter la sève et occasionnent le dessèchement et la mort de la greffe. J'ai lu quelque part qu'on obviait à cet inconvénient en faisant des incisions pendant quelques années sur ces nodosités. » Voir aussi sur ce thème Massimo QUAINI, 1979, p. 148 ; Henry ELWES et Augustine HENRY, 1908, p. 845.
53. 1984, p. 26.
54. Jacky REYNE, 1984, pp. 77-78.
55. P. 624.
56. Bernard CATUS, 1980.
57. L'ouvrage de Jacky REYNE (1984) constitue sans doute l'approche la plus approfondie de ce problème. Il résulte d'une expérience de longues années vécues sur le terrain au service des castanéiculteurs de l'Ardèche.
58. 1783, p. 154 et p. 156.
59. 1984, pp. 25-100.
60. 1984, p. 49.
61. 1928, t. II, p. 536.
62. Enquête personnelle en 1975.
63. 1963, p. 85.
64. 1984, p. 141.
65. 1940, pp. 198-199.
66. Le nom de bouche que l'on trouve également dans d'autres régions (bouchasse de Lyon, bouchat de Thonon, bouscas des Cévennes, etc.) désigne le châtaignier non greffé et le fruit de

cet arbre (Albin MAZON, 1873, p. 17). Ce mot est également utilisé en Piémont *(bocchiasse)*, par exemple à Méana (M. PATRIA, dans une conversation). Selon M. PATRIA, il serait à rapprocher de *bôcias* qui, en piémontais, veut dire jeune garçon. Faut-il en conclure que les bouches sont issues de la sélection de jeunes arbres donnant de beaux fruits et utilisés ensuite pour fournir des greffons ?

67. E. VIEITEZ, 1966, p. 68.

68. N. BREVIGLIERI, 1955 et J. CARLOTTI : *Monographie châtaignier*. Ajaccio, Archives de la Chambre d'agriculture, 1939, 7 p. dactylogr.

69. Emmanuel LE ROY LADURIE (1966, p. 60) et Massimo QUAINI (1973, p. 19) s'en déclarent persuadés.

70. D. BOIS, 1928, vol. II, p. 536 ; Aimée CAMUS, 1929, p. 98.

71. Pierre BOZON, 1963, p. 210, reprenant l'hypothèse d'Albin MAZON (A.D. Ardèche, fond MAZON, p. 14).

72. Albert DAUZAT et Charles ROSTAING, 1963, p. 643.

73. Pierre BONNAUD, 1980, p. 46.

74. Jacky REYNE, 1984, p. 33.

75. *Ibid.*, p. 37.

76. G. SOLIGNAT *et al.*, 1975, pp. 38-39. Jacky REYNE (dans une conversation) affirme pourtant que, certaines années, en Ardèche, 30 à 40 % des fruits considérés comme marrons sont cloisonnés.

77. Citée par Antonio TARGIONI-TOZZETTI, 1853, p. 180.

78. Ariane BRUNETON-GOVERNATORI, 1984, p. 141.

79. Édition de 1486, p. 53.

80. Cité par Ariane BRUNETON-GOVERNATORI, 1984, p. 141.

81. Roger GRAND et Raymond DELATOUCHE, 1950, p. 391.

82. Ariane BRUNETON-GOVERNATORI, 1984, p. 142.

83. P. 624. Traduction du latin.

84. Édition de 1582, pp. 468-469.

85. 1945, pp. 17-20.

86. MACROBE, III, 20, 7 ; PLINE, XIV, 53.

87. Michel DEVÈZE, 1961, I, p. 85.

88. Oscar BLOCH et Walther von WARTBURG, 1975, p. 394.

89. *Ibid.*

90. *Ibid.*

91. 1984, p. 141.

92. *Ibid.*

93. Albert DAUZAT et Charles ROSTAING, 1963, pp. 434-438.

94. Édition de 1805, p. 691.

95. P. 159.

96. 1755, p. 136.

97. 1783, p. 156.

98. 1952, p. 418. Il s'agit là d'une illustration du modèle de von THUNEN. *Cf.* Paul CLAVAL, 1976, pp. 84-85.

99. Cité par P. BOULANGER, 1969, p. 82.

100. Cité par Ariane BRUNETON-GOVERNATORI, 1982, p. 204.

101. A.D. Corse du Sud, 6 M 793.

102. 1863, pp. 744-745.

103. Cité par Albin MAZON, 1873, p. 17. Un autre GUILLAUMIN (A.) a également tenu des propos peu convaincants sur le marron (1946, p. 98) : « On connaît près d'une centaine de variétés qui se répartissent en deux groupes : l'un donnant des châtaignes proprement dites au nombre de 2 à 4 par cupule et par suite comprimées, l'autre, les marrons à involucre ne renfermant qu'1 ou 2 fruits arrondis. » Ce qui revient à dire que les fruits issus des bogues à deux fruits peuvent s'appeler indifféremment châtaigne ou marron !

104. Pp. 36-37 et pp. 50-51.

105. Comité Interprofessionnel des Fruits et Légumes : dossier *La châtaigne*. Paris, 1984, diffusion S.O.P.E.X.A.

106. P. 745.

107. 1984, pp. 145-146.

108. 1892, p. 159. Traduction de l'italien.

109. J.-B. LAVIALLE, 1926, p. 52.

110. P. 21.

111. Sondage effectué à partir de la matière du *Catasto Antico*. Archivio di Stato, Turin. Allegato D 141.

112. Conte di BRANDIZZO, 1750-1752, p. 414.

113. Jean LOUTCHISKY, 1918, p. 161 et p. 168.

114. *Enquête sur les incendies de forêts dans la région des Maures et de l'Estérel*. Paris, Imprimerie Nationale, 1869, 218 p., p. 78. Henri ROUSSET, 1903, p. 290.

115. J. BOULAUD, 1936, p. 9.

116. 1820, p. 68. Cité par Massimo QUAINI, 1973, p. 152.

117. 1852-57, p. 196.

118. Je dois la découverte de ce texte à Paola SERENO.

119. P. GRAND, 1917, pp. 10-11.
120. A.D. Corse du Sud, 7 M 131. Lettre du juge de paix.
121. Pierre LAMOTTE, 1956, p. 61.
122. André HUMBERT, dans une conversation.
123. Il s'agit d'un héritage du code Justinien qui date du VIe siècle ap. J.-C. André GUILLOU, dans une conversation.
124. Pierre LAMOTTE, 1956.
125. *Ibid.*, p. 67.
126. Monte Consejil. Abel BOUHIER, 1979, p. 492.
127. Pierre LAMOTTE, 1956, p. 63.
128. Francis POMPONI (1962, pp. 166-167) l'atteste pour le XVIIe siècle. Il en est encore beaucoup question dans le dossier de l'affaire de Pastricciola (A.D. Corse du Sud, 2 *O*). *Cf. infra.*
129. *Cf. supra* à propos de Sainte-Marie-Siché.
130. Francis POMPONI, 1962, pp. 174-176.
131. A.D. Corse du Sud, 2 *O*. Cette série concerne le règlement de cette affaire. Voir aussi Francis POMPONI, 1975, pp. 25-26.
132. *Cf. supra*. Chapitre sur les plantations.
133. Et, beaucoup plus volumineux, le dossier de la série 2 *O* concernant cette commune.
134. 1962, pp. 174-176.
135. A raison d'une distance de 40 mètres entre les arbres, soit une densité de 12 à l'hectare, on atteint 4 560 arbres : un chiffre intermédiaire entre les 206 de 1826 et les 20 000 de 1858 !
136. A.D. Cantal, C 253.
137. A.D. Cantal, C 257.
138. A.D. Cantal, C 263.
139. A.D. Cantal, 127 M 1.
140. Il pourrait s'agir des premiers symptômes de la maladie de l'encre.
141. 1927, p. 264.
142. 1873, pp. 11-12. Un petit-fils d'Albin MAZON, tout en admirant l'œuvre de son aïeul, m'a récemment confié que celui-ci travaillait parfois un peu rapidement et que ses propos ne sont pas tous à prendre pour argent comptant.
143. 1901, p. 95.
144. 1918, pp. 5-6.
145. 1801, pp. 233-235.
146. 1783, p. 167.
147. Henri de FARCY, 1950, p. 93.
148. 1873, p. 10.
149. 1936, p. 36.
150. 1970, pp. 49-50.
151. Un fort élagage avec rajeunissement par greffe permet de faire repartir la production des arbres âgés d'un ou deux siècles. John LOUDON, 1838, p. 1998 ; André MEYNIER, 1931, p. 113.
152. A.D. Ardèche.
153. Le docteur ROCHE (1936, p. 81) confirme quarante ans plus tard l'excellence des méthodes en usage à Vesseaux.
154. Alessandro DE PHILIPPIS, 1952.
155. Information communiquée par M. Oscar BORELLI.
156. A.D. Corse du Sud, 7 M 131.
157. *Alias* Docteur FRANCUS, 1884, pp. 272-276.

CHAPITRE V

1. Ariane BRUNETON-GOVERNATORI, 1984, p. 208.
2. *Ibid.*, p. 206.
3. G. PRATO, 1908, pp. 102-103.
4. 1 hl = 0,8 q, d'après le comte de GASPARIN (1863, p. 745) et J.-A. BARRAL (1884, p. 145).
5. 1863, pp. 746-749.
6. 1884, p. 144.
7. 1957.
8. M. APFELBAUM *et al.*, 1981.
9. Janine RENUCCI, 1974, p. 194.
10. Ariane BRUNETON-GOVERNATORI (1984) parvient à des chiffres voisins (voir en particulier son tableau n° 14, p. 218), et l'on comprend mal sa réticence vis-à-vis des conclusions qui viennent d'être exposées et que j'avais succinctement publiées en 1978. Son développement des pp. 319-320 laisse perplexe. Le fait que l'enquête de 1810-1811 et les textes du XIXe siècle ne mentionnent pas les rendements comme justification de la présence du châtaignier ne suffit évidemment pas à prouver qu'ils n'ont aucune espèce d'importance, pour la simple raison que l'argument s'est surtout imposé au moment du remplacement de la céréaliculture par le châtaignier. Elle écrit (p. 321) : « Nous ne saurions tenir la supériorité calorique comparée *in*

abstracto comme facteur principal auquel imputer le développement du châtaignier. » Il m'apparaît, au contraire, que c'est le principal, voire l'unique facteur. Aucun paysan européen n'abandonne, en effet, de gaieté de cœur la sacro-sainte culture des céréales panifiables. Il faut qu'il y soit contraint par une impérieuse nécessité.

11. G. MERIA, 1970, p. 52.
12. A. MAURIZIO, 1932, p. 207.
13. 1582, p. 469.
14. 1784, p. 170.
15. 1828, pp. 29-31.
16. PETIT-ROSSU, 1929 ; Francis POMPONI, 1962, pp. 91-93.
17. Henri ENJALBERT, 1955, p. 273.
18. Roger BETEILLE, 1973, p. 38.
19. A.D. Ardèche. Fonds MAZON, f° 727.
20. L. LAVERGNE, 1939-1943, p. 29.
21. *Des femmes en mouvement*, 7, juillet 1978, p. 47.
22. 1973, p. 38.
23. Pierre BOZON, 1963, p. 448.
24. P. DEGRULLY, 1912, p. XCIII.
25. Sur le glanage des animaux en Corse, *Cf.* G. MERIA, 1970, p. 52. On peut également signaler une charmante aquarelle conservée aux Archives départementales de l'Ardèche (encadrée, mais non cotée) et qui évoque les problèmes juridiques que peut poser le glanage. Elle date de 1855, provient du Tarn et montre une magnifique châtaigneraie ou peut-être une majestueuse allée de châtaigniers centenaires dans laquelle des femmes et des enfants ramassent des châtaignes, des paniers à la main. Son titre est : *Les voleuses de châtaignes !*
26. 1862, pp. 110-111. Je dois cette référence à Odile ROBERT.
27. E. PATRIA et W. ODIARD, 1978, pp. 80-81.
28 *Les Confidences*, 1849, p. 57. Je dois cette référence à Jean-Claude BÉNIZEAU.
29. Hugh CLOUT, 1980, p. 146.
30. Il s'agit sans doute d'un vin moelleux, de type *vino santo*.
31. EANDI, 1834, vol. II, p. 353. Fernand BRAUDEL, 1985, t. 1, p. 118 (1) signale également qu'ils en acheminent vers Alexandrie en 1514.
32. Jacques HEERS, 1961, p. 419.
33. Ariane BRUNETON-GOVERNATORI, 1984, p. 364.
34. 1982, p. 290.
35. Pp. 158-159.
36. Je remercie M. GUILLAUME, conservateur au musée des Beaux-Arts de Dijon, pour ses recherches concernant ce tableau qui, malheureusement, garde une partie de son mystère. Il n'est pas daté et l'on ignore le lieu où il a été peint.
37. A.-M. COCULA-VALLIÈRES, 1981, p. 226.
38. John LOUDON, 1838, pp. 1983 et 1989.
39. Auguste LE SOURD, 1920, p. 21.
40. Charles-Amboise de CAFFARELLI, an IX, p. 15.
41. Jacky REYNE, dans une conversation en 1976.
42. A.D. Ardèche, 11 M 3. Lettre adressée au préfet par l'adjoint au maire de La Voulte.
43. A. MAZON, 1873, p. 14.
44. Du HALGOUET, 1926.
45. M.C. DAVISO DI CHARVENSOD et M.A. BENEDETTO, 1965, p. 53.
46. G.C. BRENNI, 1937, p. 23.
47. MEYER, 1916.
48. Piero CAMILLA, 1970, pp. 158-164.
49. J. SCHNETZLER, 1962 ; M.-C. LEYDER, 1972, p. 49.
50. A.D. Cantal, C 141. Dixième de la paroisse de Boisset : « Valons couverts de bois chataniers qui produisent beaucoup de châtaignes que l'on porte à Aurillac, où l'on en fait une considérable consommation. »
51. A.D. Cantal, L 435, f° 5.
52. A. D. Corse du Sud. Fonds *Civile Governatore*, liasse 561.
53. A. D. Corse du Sud. Fonds Paoli, 76.
54. A. D. Corse du Sud, C 45.
55. A. D. Corse du Sud, C 219.
56. A. D. Corse du Sud, C 45.
57. A. D. Corse du Sud, A 17, Code Corse.
58. A. D. Corse du Sud, A 18, Code Corse. Également en 1779 (A 19), etc.
59. A. D. Corse du Sud, 1 C 45.
60. A. D. Corse du Sud, A 18.
61. A. D. Corse du Sud, C 35 (mercuriales).
62. A. D. Corse du Sud, C 219.
63. A. D. Corse du Sud, 1 C 45.
64. A. D. Corse du Sud, 6 M 630.
65. *Ibid.*
66. G. MERIA, 1970, p. 51.
67. Francis POMPONI, 1978, p. 282.

68. On trouvera chez Ariane BRUNETON-GOVERNATORI (1984) de très longs développements sur les techniques de conservation et de préparation des châtaignes qu'il n'est donc pas utile de reprendre en détail. On se contente ici de les rappeler brièvement et d'en dresser la géographie historique.
69. Abbé GAUDIN, 1787, p. 177.
70. Claude LÉVI-STRAUSS, 1968, p. 397 et 1981, p. 256.
71. Cité par Hilaire ENJOUBERT, 1948, p. 82. Je dois cette référence à Mlle Monique DACHARRY. Comme dans le texte de FORTUNAT, la phrase de PÉTRARQUE est directement empruntée à VIRGILE.
72. A.D., 1948, p. 10.
73. 1982, p. 20.
74. C'est une pratique courante dans le Sahel tunisien. Information communiquée par Kacem GAALICHE.
75. *Aujourd'hui le Moyen Age. Archéologie et vie quotidienne en France méridionale*. Sénanque, etc., 1981, 125 p., voir p. 98.
76. J. VAYLET, 1951, pp. 14-15.
77. A.D. Corrèze, 6 F 669.
78. E. BRIFFAULT, 1846, pp. 52 et 137.
79. J. BRUYERIN-CHAMPIER, 1560, p. 625.
80. 1965, p. 76. Voir aussi Henri POURRAT, 1971, p. 68, et Raymond DUMAY, 1967, pp. 349-350.
81. *Lemouzi*, 43, février 1899, p. 27.
82. 1560, p. 623.
83. Cité par Emmanuel LE ROY LADURIE et Bernard QUILLET, 1981, p. 292.
84. Pratique qui conviendrait mieux, si l'on peut dire, à la confection des marrons bouillis.
85. Claudette JOANNIS, 1977.
86. P. 22.
87. *Cf. Le krach des marchands de marrons*, « Journal des Débats », 23 janvier 1892 (annexe n° 17). Société Gay-Lussac, 1911, p. 23.
88. On sait, néanmoins, que les Tessinois s'exilaient volontiers pour exercer la profession de ramoneur ou de marchand de châtaignes. B. JANIN, E. DALMASSO et J. BILLET, 1975, p. 91.
89. Du HALGOUET, 1926, p. 66.
90. 1985, p. 96.
91. *Cf.* la description qu'en donne, par exemple, L. CLERC, 1828, pp. 56-66. TURGOT écrit à propos des habitants du Limousin (A.D. Corrèze, 6 F 80) qu'ils se nourrissent de blé noir et de raves et qu'« ils y joignent la châtaigne qu'ils font sécher à l'ombre et qu'ils conservent ainsi pendant l'hiver pour être mangée sans autre préparation que de les bouillir ».
92. Je remercie Claire FONS, conservateur adjoint de la Bibliothèque municipale de Rouen, pour ses recherches concernant ce manuscrit.
93. A l'exception des Mossynèques, s'ils se révèlent avoir été des castanéiculteurs.
94. D. MORENO et S. DE MAESTRI, 1975, p. 393.
95. E. RAZE, 1975-1976.
96. D. DUPRAZ et Y. MOREL (1984, p. 29) citant et traduisant un document tiré du Fonds de BLOU (A.D. Ardèche, cote provisoire n° 191).
97. J. RÉGNÉ, 1925, p. 9.
98. R. FAGE, 1917, pp. 143-144 et 1925, pp. 71-86.
99. D. MORENO et S. DE MAESTRI, 1975, p. 394.
100. An VII, p. 42.
101. J. NANOT et L. TRITSCHLER, 1893, p. 265.
102. D. DUPRAZ et Y. MOREL, 1984, p. 101.
103. Selon BLOCH et WARTBURG, 1975.
104. D'après l'État général des fonds. A.D. Corrèze, 1 E dép. 75/4.
105. A.D. Cantal.
106. BREUILLÉ *et al.*, 1980, p. 394.
107. 1783, p. 174.
108. Cité par J. BOULAUD, 1936, p. 4.
109. D. DUPRAZ et Y. MOREL, 1984, p. 97.
110. G. MERIA, 1970, p. 50.
111. Patricia FRIGERO et Antonio PICCIONE, 1976, pp. 456-457.
112. SISMONDI, 1801, p. 238.
113. D. DUPRAZ et Y. MOREL (1984, p. 101) l'évoquent pour la vallée du Chassezac.
114. *Cf.* les descriptions du séchage données par PARMENTIER, 1780, p. 47 et par l'abbé ROZIER, 1783, pp. 172-174.
115. 1980, p. 394.
116. A Valgorge et Labeaume, par exemple. *Cf.* D. DUPRAZ et Y. MOREL, 1984, pp. 99-100.
117. John LOUDON, 1838, pp. 1987-1988.
118. *Cf.* à ce sujet A. DE PHILIPPIS, 1951-1952 et « Quelques bonnes techniques (italiennes) pour la conservation des châtaignes et des marrons », *Nice-Matin*, 23 novembre 1972.
119. F.-G. ROBIQUET, 1835, p. 497.
120. A.D. Ardèche, note manuscrite du Fonds REYNIER Agriculture. Sur ce thème, *cf.* aussi Massimo QUAINI, 1973, p. 155.
121. *Alias* Docteur FRANCUS, 1882, rééd. 1965, p. 400.

122. Comte de GASPARIN, 1863, p. 753.
123. Augusto MODENA, 1935, pour l'Italie ; Jean-Noël PELEN, s.d., pour les Cévennes.
124. F.A.O., 1955.
125. SISMONDI, 1801, p. 240 ; G. HEUZÉ, 1864, p. 371.
126. G. MERIA, 1970, p. 51.
127. La valeur accordée à cette nourriture qu'elle qualifie d'« indicateur social » est l'un des thèmes principaux de la thèse d'Ariane BRUNETON-GOVERNATORI (1984). Il faut néanmoins tempérer le propos sur la subjectivité par le fait que la châtaigne est objectivement bourrative, ce qui n'est pas le cas du pain bien fait. Ce n'est pas par hasard que les Gascons utilisent l'expression : *Hart coum û castagnè* (bourré comme un mangeur de châtaignes) (Simin PALAY, 1961, p. 213).
128. *Cf.*, par exemple, à ce sujet : MONTAIGNE, rééd. 1932.
129. M.-N. FILIPPINI, 1978, p. 59.
130. *Ibid.*
131. L. FENAROLI, 1945, p. 160. Ce nom paraît germanique.
132. M.-N. FILIPPINI, 1978, pp. 49-50 ; SISMONDI, 1801, p. 242. Une telle technique se pratique avec diverses bouillies, ailleurs en Europe, par exemple avec le *millat* dans les Pyrénées ariégeoises.
133. M.-N. FILIPPINI, 1978, pp. 112-113.
134. 1911, p. 340.
135. 1801, pp. 242-244.
136. C'est le fond de la pensée d'Ariane BRUNETON-GOVERNATORI (1984), mais aussi de Jean-Paul ARON (1973) et de Rolande BONNAIN-MOERDYK (1975).
137. SISMONDI, 1801, p. 243.
138. PARMENTIER, 1780, pp. 87-88 ; M.-N. FILIPPINI, 1978, p. 89.
139. P. ARRIGHI, 1970, p. 56.
140. Cité par Massimo QUAINI, 1973, pp. 151-152.
141. P. 89.
142. Édition PILON, p. 237.
143. SISMONDI, 1801, p. 243.
144. 1932, p. 353.
145. P. 94.
146. L. FENAROLI, 1945, p. 101.
147. *Ibid.*, p. 160.
148. M.-N. FILIPPINI, 1978, pp. 90-91.
149. *Ibid.*, pp. 50, 62, 73, 83.
150. F.G. ROBIQUET, 1835, p. 497 ; ARDOUIN-DUMAZET, 1898, p. 208.
151. S. ZACCHINI, 1967, pp. 414-416.
152. Charles FORROT, 1975, p. 50.
153. 1981, pp. 928-929.
154. On ne citera que le haricot de mouton, ragoût dans lequel n'entre pas un seul haricot.
155. Emmanuel LE ROY LADURIE, 1966, p. 213.
156. Charles EXBRAYAT, 1977, p. 40.
157. Aimée CAMUS, 1929, p. 156.
158. ARBOR, 1921, p. 134.
159. Cité par P. BOULANGER, 1969, pp. 84-85.
160. H. COUFFIGNAL, 1970, pp. 98 et 130.
161. Claude THOUVENOT, 1977, p. 19.
162. Réédition 1973, p. 215.
163. *L'Avare*, III, 1.
164. Xavier de PLANHOL, 1963, pp. 306-307.
165. J.-C. BÉNIZEAU, *in litteris*.
166. A. CASTELOT, 1972, p. 174.
167. Je dois cette recette à Paola SERENO.
168. P. 625.
169. De Lyon ?
170. Donc, des marrons.
171. Cité par A. BRUNETON- GOVERNATORI, 1984, p. 274.
172. Cité par A. CASTELOT, 1972, t. 2, p. 174.
173. Docteur FRANCUS, 1882-1965, p. 400.
174. *Ibid.*,, p. 401.
175. Jacky REYNE, 1984, p. 30.
176. Sur la photographie n° 52, on distingue bien l'inscription « usine à vapeur ».
177. 1780.
178. DAUBENTON, 1753, p. 240.
179. L. FENAROLI, 1945, p. 161.
180. Léonce CARLIER, 1957, p. 14 ; L. FENAROLI, 1945, p. 161. C'est un nommé RAVIER qui se livre à ces recherches.
181. M. LIMPERANI, 1865, p. 64 ; C. REMONDINO, 1926, pp. 91-92.
182. *Cf.*, par exemple, A.D. Ardèche, 12 M 34.
183. A.D. Corrèze, M 1962.

184. *Cf.* l'analyse d'Ariane BRUNETON-GOVERNATORI, 1984, pp. 321-324.
185. 1882-1965, p. 433.
186. 1946, p. 557.
187. Dans une conversation en 1975.
188. Il y a une quarantaine d'années, au nord de la Mayenne, les boulangers vendaient moins de pain à la saison des châtaignes. Information communiquée par M. P. FLATRÈS.
189. Bernard VINCENT, 1975.
190. Sur cette période de soudure, *Cf.* André MEYNIER, 1931, p. 114.
191. 1582, p. 468.
192. Cité par R. FAGE, 1917, p. 141.
193. A.D. Corrèze, 6 F 80.
194. A.D. Cantal, 17 B 45.
195. P. 159.
196. Pp. 25-26.
197. A. MERCIANI, 1972, p. 80.
198. A.D. Corse du Sud, Q 111, 112, 113.
199. Brive, 1926, p. 212.
200. Henri ENJALBERT, 1955, pp. 275-276 ; G. MERIA, 1970, p. 51, par exemple.
201. Jean-Marc SALVADORI, 1929, pp. 153-154.
202. P. TARILLON, 1714, in *Lettres édifiantes et curieuses*.... Je dois cette référence à M. Michel CHEVALIER.
203. Éd. Livre de Poche, p. 237.
204. P. 262.
205. A. MAURIZIO, 1932, pp. 146-147.
206. 1966, p. 422.
207. Information communiquée en 1975 par M. CARLES, secrétaire de la mairie de Vesseaux.
208. 1966, p. 213. Il parle aussi de carences et de goîtres qui symbolisent la misère (pp. 213 et 216). C'est une question délicate. La consommation de châtaignes en grande quantité provoque-t-elle des goîtres ? C'est l'avis de Lucien TENDRET pour certaines vallées des Alpes (1892, p. 12) : « Les crétins goîtreux, qu'on rencontrait autrefois dans les montagnes de la Maurienne et du Valais, vivaient presque uniquement de châtaignes, de laitage et de pain fait de la farine noire de blé sarrasin. » Ayant remarqué des goîtres dans son Béarn natal, ainsi qu'en Ardèche et en Castagniccia, ma collègue Mme VALLAS le pense également. Pour ma part, je ne me prononcerai pas, car les goîtres sont également répandus dans des régions où l'on ne consomme pas de châtaignes (les Vosges, par exemple). Selon l'*Encyclopaedia Universalis* (t. 16, p. 87b), cette hypertrophie de la thyroïde est d'abord due à une carence d'iode (en particulier dans l'eau), mais peut survenir à la suite de l'ingestion trop fréquente de substances goîtreuses parmi lesquelles sont nommés les choux, les navets et le colza, mais non la châtaigne.
209. 1979, p. 148.
210. A.D. Ardèche, B 142.
211. 1801, pp. 244-246.
212. P. 88.
213. Cité par Jean DUTRECH, 1907, p. 135.
214. M.M. FONTAINE, 1982, p. 59.
215. Jacques HEERS, 1961, pp. 323-324.
216. Luigi BULFERETTI, 1963.
217. A propos des lapins, *cf.* F. FABRE, 1862, p. 183.
218. J. NESMY, 1909.
219. Xavier de PLANHOL, intervention après la communication de Massimo QUAINI, 1975, p. 468.
220. Ariane BRUNETON-GOVERNATORI, 1984, p. 332.
221. Marchés de Rodez et Najac. Henri ENJALBERT, 1955, p. 274.
222. DERIBIER DU CHÂTELET, 1852-1857, t. IV, p. 326 : « L'élève des cochons fournit une branche importante des revenus. On exporte en grand d'excellents jambons qui n'ont rien à redouter de la comparaison avec ceux de Bayonne et de Mayence. On attribue la supériorité de ce produit aux châtaignes données en nourriture, et aux soins particuliers prodigués à l'espèce porcine. »
223. Abbé ROZIER, 1783, p. 179.
224. Édition de 1804, t. I, p. 577.
225. A.D. Corrèze, 6 F 33.
226. 1966, p. 242.
227. Giuseppe BARELLI, 1965, p. 78.
228. A.D. Ardèche, C 353, f° 324 *bis*.
229. E. NICOD, 1902.
230. C. RAICHON *et al.*, 1976, p. 70.
231. Jean-Robert PITTE, 1970, p. 119.
232. 1968, p. 182.
233. 1952, pp. 47-48.
234. 1984, p. 10.

235. Diego MORENO et Massimo QUAINI, 1975, p. 469 : réponse à une intervention de R. LIVET. Ils s'y déclarent opposés.
236. C'est ce que suggère Ariane BRUNETON-GOVERNATORI, 1984, p. 11.
237. Je dois cette information au Dottore Ernesto ALLEGRI (Florence, 1975).
238. A.-M. BRISEBARRE, 1976, p. 178.
239. *Vie des saints et bienheureux selon l'ordre du calendrier*, par les RR. PP. Bénédictins de Paris, 1954, t. XI, pp. 177-178.
240. Antoinette COUGNOUX, 1976, p. 248.
241. *Ibid.*
242. Henry LAFAYOLLE, 1894.
243. Ariane BRUNETON-GOVERNATORI, 1984, p. 240, citant W. EBELING et Fr. KRUGER, 1952.
244. Paul SÉBILLOT, 1905-1968, t. III, p. 405.
245. Information communiquée par E. PATRIA (Turin, 1978).
246. 1947, p. 7. Le fait d'utiliser des châtaignes grillées est peut-être à rapprocher de ce qu'écrit Claude LÉVI-STRAUSS (1981, p. 256) : « Le bouilli, c'est la vie, le rôti, la mort. »
247. Arnold VAN GENNEP, 1947, t. I, vol. III, pp. 1174-1177.
248. B. CARANTI, 1900, t. I, p. XI.
249. 1905-1968, t. III, p. 425.
250. 1953, t. I, vol. VI, pp. 2735-2737.
251. Dans les Cévennes, par exemple. Jean-Noël PELEN, s.d., p. 41.
252. 1862, pp. 123-124.
253. Pierre FABIANI, 1983, p. 69.
254. Daniel LIGOU, 1967, p. 149.
255. 1893, p. 103.
256. 1898, p. 200.
257. 1926, pp. 34-35.
258. Gilberte A. POMMIER, 1980, p. 2.
259. Cité par Pandélis PRÉVÉLAKIS, 1976, p. 128. Je dois la découverte de cet ouvrage à Georges PRÉVÉLAKIS.
260. Jacques ANDRÉ, 1949.
261. « *Poslati koga po kostanj u zerjavico* ». Je remercie Metka ZUPANČIČ de m'avoir fourni le texte de ce proverbe.
262. En particulier dans *Le singe et le chat* (IX, 17).
263. 1879, p. 114.
264. 1928, p. 73.
265. Maryse AUCANTE, 1981.
266. Dans une conversation, le 18 août 1976.
267. 1949, p. 37.
268. *La châtaigne*, II, 6, 1948, p. 14.
269. Une danse traditionnelle ariégoise qui porte le nom de *La Castagne* évoque également le même bruit, obtenu par le martèlement des sabots. Disque *Le Hautbois du Couserans*, éd. Junqué à Jurançon.
270. « Tous les Corses de Paris défilèrent pour voir le fils de Carbone. Ils ne manquaient pas de trouver qu'il ressemblait à son père. Certains, pour avoir une preuve supplémentaire de son origine, tâtaient son occiput et déclaraient, d'un air satisfait, qu'il avait la " châtaigne corse ". [...] Soudain, comme s'il avait eu un doute sur cette paternité, il saisit la tête de l'enfant et lui tâta le crâne. — Tu as la châtaigne, dit-il avec satisfaction. Tu seras digne de ton père. » Roger PEYREFITTE, 1978, p. 113 et p. 211.
271. *Grande Enciclopedia Portuguesa e Brasiliera*, Lisbonne-Rio, 1940, t. VI, p. 160.
272. DIDEROT et d'ALEMBERT : *Encyclopédie...*, t. VIII, 1765, p. 144. L'ouvrage signale aussi les mines en marrons, c'est-à-dire en poches plutôt qu'en filons, et du marron, désignant, en pyrotechnie, un pétard, deux expressions clairement explicables. Des marrons chargés de poudre servaient jadis à briser les glaces. Ils furent utilisés à Mulhouse en 1778 et à Paris en 1830. *Cf.* Emile BOUANT : *les grands froids*. Paris, 1880, pp. 185-186. Je dois cette référence à X. de PLANHOL. L'abbé ROZIER (1783, p. 179) désigne par châtaigne une corne molle et spongieuse qui se développe au-dessus du genou des chevaux.
273. O. BLOCH et W. von WARTBURG, 1975, p. 394.
274. 1980, pp. 41-42.
275. Charles HIGOUNET, 1975.
276. Georges CHABOT, 1943.
277. Je remercie M. Raymond CHEVALLIER de m'avoir signalé l'importance de ce fichier informatisé. L'exemple ici livré a été réalisé à partir d'une édition imprimée du fichier du département de la Corrèze. Pour une exploitation plus poussée, il serait évidemment nécessaire de travailler à l'aide d'un ordinateur.
278. R. FAGE (1917, p. 149), signale qu'en Limousin la plantade est une « parcelle plantée d'arbres joignant l'habitation du maître ». Pour Paul FENELON (1970), le terme s'applique à un jeune verger. D'autres auteurs, tel E. LE ROY LADURIE (1966, p. 212), l'utilisent dans le sens d'action de planter un verger.

CHAPITRE VI

1. Le guide officiel du château de Sully-sur-Loire, situé dans une région à peu près dépourvue de châtaigniers, l'affirme avec grande conviction.
2. Cité par J. Boulaud, 1936, pp. 3-4.
3. P. 41.
4. Pp. 118-119.
5. 1783, p. 158.
6. P. 168.
7. 1784, pp. 295-296.
8. Aimée Camus, 1929, p. 158, note 1 ; P. Guinier, 1951, pp. 171-172 ; Ariane Bruneton-Governatori, 1984, p. 344 ; C.T.B., 1972 et 1973.
9. 1928, t. II, p. 529.
10. 1828, p. 84.
11. 1863, p. 749.
12. 1910, pp. 116-119.
13. 1963 et 1976. On trouvera également les principaux éléments de la discussion dans *L'Intermédiaire des Chercheurs et des Curieux*, 1927, XC, pp. 577, 654, 700, 750, 787, 840, 985 et 1928, XCI, p. 320.
14. Henry Elwes et Augustine Henry, 1908, pp. 842 et 852.
15. John Loudon, 1838, p. 1989. Dans cet ouvrage (pp. 1991-1994), on trouvera un développement sur les usages du bois de châtaignier en Grande-Bretagne.
16. Il existe, par exemple, quelques grands châtaigniers au tronc plein dans les forêts de l'Ile-de-France. Il s'agit toujours d'arbres non greffés.
17. 1582, p. 757.
18. 1753, p. 237.
19. 1881, p. 108.
20. 1907, p. 21. C'est avec le chemin de fer que l'activité des feuillardiers du Limousin atteint son apogée. En 1896, le ministère du Commerce extérieur en recense 911 en France, dont 600 en Limousin, mais Pol de Corbier (1907, p. 36) les estime à 2 500, car, dit-il, beaucoup sont également agriculteurs, maçons, charpentiers ou bien ouvriers (à Saint-Yrieix, par exemple).
21. E. Rispoli, 1958.
22. S. Brogi, 1955.
23. Éd. de 1548, p. 39.
24. Par exemple, Duhamel du Monceau, 1764, t. 1, pp. 296-297.
25. 1783, p. 168.
26. 40 000 à 70 000 par an à partir de 1329 à l'abbaye de Saint-Denis (G. Fourquin, 1963, p. 201).
27. G. Fourquin, 1963, pp. 84-85.
28. *Ibid.*, p. 375.
29. *Ibid.*, p. 87.
30. Pol de Corbier, 1907, p. 4.
31. J.-E. Delaunay, 1948, p. 18.
32. *Ibid.*
33. Albert Dauzat et Charles Rostaing, 1963.
34. 1948, p. 18.
35. G. Stoffel, 1876, p. 94 et pp. 285-286 ; Médard Barth, 1958, p. 80.
36. Ch. Wolff, 1967, p. 66.
37. L. Sittler, 1956, pp. 38-39.
38. A.D. Haut-Rhin, C 1156-1178. *Cf.*, par exemple, C 1172.4 : Ribeauvillé et C 1172.12 : Riquewihr.
39. Ch. Hoffmann, 1906, p. 302.
40. Rodolphe Reuss, 1897, p. 555. Ces échalas géants sont parfois datés et ornés des armoiries ou des chiffres du propriétaire du vignoble.
41. G. Lafforgue, 1947, pp. 103-104.
42. R. Boutruche, 1947, p. 32.
43. G Lafforgue, 1947.
44. Voisinant, d'ailleurs, avec « Les Garennes », « La Pinada », « Le Chêne Vert ». Plan de 1898 exposé au Château-Latour.
45. Alain Huetz de Lemps, 1967, p. 206.
46. *Ibid.*
47. Éd. de 1548, pp. 139-140.
48. Henry Elwes et Augustine Henry, 1908, p. 845.
49. Rolande Gadille, 1967, pp. 410-411.
50. V. de Vila Maior, 1876, p. 56.
51. 1753, p. 239.
52. Emmanuel Le Roy Ladurie, 1966, p. 215.
53. Pierre Deffontaines, 1933, pp. 126-127. Sur cette activité, voir aussi Ardouin-Dumazet, 1904, p. 289.

54. A. DUPRAZ et Y. MOREL, 1984, p. 31.
55. *Ibid.*, pp. 155-156.
56. Giovanni CHERUBINI, 1981, p. 250.
57. J. BEAUVERIE, 1910, p. 119.
58. A.D. Corse du Sud, 4 L 15.
59. H. MILLISCHER et J. ELORIETTA, 1954 et Antonio GONZALEZ-RODRIGUEZ, 1975, p. 7.
60. Dès le Xe siècle, dans la région de Gênes. Massimo QUAINI, 1975, p. 469. D. MORENO et S. DE MAESTRI, 1975, pp. 389-407. Par ailleurs, le toit du temple bouddhique du bois de Vincennes, datant de 1931 (Exposition coloniale), est recouvert de 180 000 tuiles en bois de châtaignier.
61. Exemples précis dans Henry ELWES et Augustine HENRY, 1908, p. 853.
62. C. LAMBERT et J. RIOUFREYT, 1982, p. 21.
63. M. LOMBARD, 1958, p. 79.
64. Giovanni CHERUBINI, 1981, p. 250.
65. 1774, vol. 1, p. 37.
66. Eusèbe BOMBAL, 1903 ; A.-M. COCULA-VALLIÈRES, 1981, pp. 241-242 ; M. Jules BOURDEAUX, propriétaire du restaurant « Le Gourmet en l'Isle » à Paris, l'a encore vu pratiquer avant la Première Guerre mondiale, à Argentat, ville dont il est originaire (conversation en 1980).
67. On trouvera une étude ethnographique poussée des vanniers et de la vannerie du Limousin *in* Maurice ROBERT, 1964. Pour la Corse, *cf.* L. VIRGITTI, 1974.
68. DUHAMEL DU MONCEAU, 1755, p. 135.
69. Maurice LE LANNOU, *in litteris* ; A. GIACOBBE, 1931.
70. On trouvera la description d'un seau génois du XVIe siècle *in* A. CALDERARA, 1976.
71. D. FRANZINI, 1975.
72. F. FABRE, 1862, p. 220.
73. Pierre LIEUTAGHI, 1969, p. 387.
74. Antoinette COUGNOUX, 1978, p. 253.
75. *Ibid.*
76. L. CLERC, 1828, pp. 84-85.
77. Henry ELWES et Augustine HENRY, 1908, p. 853.
78. 5 numéros parus à Nancy de 1949 à 1958.
79. J. ROUX, 1971, pp. 108-109.
80. 1976, p. 251.
81. L. CASTELLETTI, 1975, p. 149.
82. *Ibid.*, p. 100 et pp. 107-108.
83. Giovanni CHERUBINI, 1981, p. 252.
84. Pol de CORBIER, 1907, p. 28.
85. Abbé VAYSSIER, 1879, p. 114.
86. Goffredo CASALIS, 1839, vol. 5, p. 29.
87. J. BOULAUD, 1936, p. 3, pour le Limousin ; André MEYNIER, 1931, p. 113, pour le Cantal ; Lucien et Marcelle SAGE, 1974, pour le Dauphiné, etc.
88. Cité par HARMAND, 1849-1850, p. 165. Je dois cette référence à Mme Yvonne BELLENGER.
89. 1582, pp. 469-470. Cette phrase a été presque intégralement reprise par Robert du DORAT, 1644 (cité par P. BOULANGER, 1969, p. 83). L'intérêt du texte de Robert du DORAT réside dans le fait qu'il localise la pratique en Périgord et en Limousin. *Cf.* aussi J. PEUCHET et P.-G. CHANLAIRE, 1808, p. 13.
90. 1764, t. I, p. 297.

TROISIÈME PARTIE

CHAPITRE VII

1. F. MERZ, 1919, p. 11.
2. H. ZOLLER, 1960, p. 109.
3. Giovanni EANDI, 1834, vol. II, p. 169.
4. *Ibid.*, p. 353.
5. Massimo QUAINI, 1973, p. 168 ; L. PICCIOLI, 1922, p. 94.
6. Augusto MODENA, 1935, p. 9.
7. L. PICCIOLI, 1922, pp. 89-93 ; C. REMONDINO, 1926, p. 2 ; L. FENAROLI, 1945, pp. 26-29.
8. *Cf. supra*, chap. III ; Lucas LABRADA, 1808, p. 101 ; Abel BOUHIER, 1979, pp. 629-631.
9. Abel BOUHIER, 1979, p. 492 et p. 632.
10. Hugh CLOUT, 1983, p. 26 ; Ariane BRUNETON-GOVERNATORI, 1984, p. 9 ; L. BOURDEAUX, 1893, p. 35 ; E. POHER, 1926, pp. 9-10 ; Aimée CAMUS, 1929, p. 58.
11. 1939-43, p. 25.
12. G. CALLON, 1931.
13. André MEYNIER, 1931, pp. 323-324.
14. P. SIMI, 1971, p. 263 ; G. MERIA, 1970, p. 24.
15. Ariane BRUNETON-GOVERNATORI, 1984, p. 438.
16. Cité par J.A. BARRAL, 1884, pp. 142-143.

17. Enquête ministérielle de 1811. A.D. Drôme, 53 M 1.
18. F. MERZ, 1919, pp. 11-12.
19. A.D. Corrèze, 6 F 33, 1733.
20. *In* DIDEROT et d'ALEMBERT, vol. 3, 1753, p. 237 a.
21. 1960, p. 109.
22. Abel BOUHIER, 1979, fig. 79, 104 et 105.
23. *Ibid.*, p. 790.
24. Alain HUETZ de LEMPS, 1967, p. 474.
25. Augusto MODENA, 1935, p. 9. Une telle substitution est également attestée en Ariège, à Varilhes, à la fin du XVIIe siècle. La vigne progresse sur des terres auparavant dévolues au châtaignier (J. BOULHAUT, 1977, p. 71). De même, certaines châtaigneraies sont laissées en friche et redeviennent des bois. C'est le cas du terroir de la terrasse qui « possède la majorité des bois dont 6 ha de castagnarède, dernier vestige d'une châtaigneraie ».
26. Pierre BOZON, 1963, pp. 81-82.
27. Emmanuel LE ROY LADURIE, 1966, p. 73.
28. P. 119.
29. J.A. BARRAL, 1884, p. 6.
30. André MEYNIER, 1931, pp. 275-277.
31. J.A. BARRAL, 1884, p. 403.
32. 1955, p. 345.
33. Abel BOUHIER, 1979, p. 634.
34. Giovanni EANDI, 1834, t. II, p. 169.
35. Pour le XVIe siècle, Michel DEVÈZE (1961, t. I, pp. 148-150) ne mentionne que le chêne.
36. M.-D. JALMAIN, 1981, p. 224.
37. G.A. BRAVO, 1949.
38. M. CALLOUD, 1926, p. 181.
39. Aimée CAMUS, 1929, p. 161.
40. MICHEL-DURAND, 1925.
41. M. BRUAND, 1878, p. 11 ; Aimée CAMUS, 1929, p. 162.
42. Une usine située près de Saint-Malo exporte ses produits vers la Belgique et le Royaume-Uni (Glasgow) : Henry John ELWES et Augustine HENRY, 1908, p. 854.
43. André MEYNIER, 1931, pp. 224-228.
44. Pierre SIMI, 1966, p. 200.
45. A.D. Corse du Sud, 7 M 401. Rapport de M. MATHIEU, inspecteur des Forêts de Bastia ; réponse des industriels visés.
46. 1921, p. 2.
47. G.A. BRAVO, 1949 ; E. MANCA, 1955.
48. Aimée CAMUS, 1929, p. 163.
49. A.D. Corse du Sud, 7 M 401. Lettre au préfet en date du 30 juillet 1891.
50. 1907, p. 127.
51. L'argument des forestiers corses n'est donc pas irréfutable.
52. 1940, p. 56.
53. 1931, p. 224.
54. 1970, p. 57.
55. G. MERIA, 1970, p. 60.
56. A.D. Corse du Sud, 14 M 577 *2*.
57. On dit aussi bien tannique que tannant, tanin que tannin.
58. 1909, pp. 122-123.
59. En Ardèche, en 1902, le prix payé est de 13 francs/m^3. *La Croix d'Annonay*, 26 novembre 1902.
60. Selon G. MERIA (1970, p. 58), beaucoup de bûcherons viennent d'Italie centrale ou de Campanie. Ils travaillent en équipe sous l'autorité d'un *capurale.* « Ce sont, écrit cet auteur, de véritables mercenaires. [...] Le maître de la forêt les accompagne sur les lieux de leur travail et là, ils se livrent à un terrible abattage. »
61. Il faut, bien sûr, accueillir ces chiffres avec circonspection. Francis POMPONI (1978, p. 282) estime à 900 ha les déboisements, ce qui, sur les 33 000 ha de châtaigneraie de l'île, implique un effacement total en moins de quatre décennies. A en croire L.P. d'ALBIGNY (1904), ce sont 35 000 ha qui disparaissent chaque année en France au début du XXe siècle, soit un délai d'à peu près 15 ans si l'on admet le chiffre global de 500 000 ha de châtaigneraies.
62. 1963, p. 380.
63. C'est une idée développée par Paul CLAVAL, 1974, pp. 96-97.
64. Dans une conversation en 1976.
65. Dans une conversation.
66. 1979, p. 633.
67. 1982, p. 112.
68. 1975, p. 127.
69. Pedro URQUIJO LANDALUCE, 1951, p. 117 ; J. GRENTE, 1975, p. 126.
70. On trouvera une histoire des tâtonnements dans la recherche des causes de la maladie entre 1856 et 1918 *in* Aimée CAMUS, 1929, pp. 173-174. Voici un exemple des angoisses suscitées par cette maladie incurable et de cause inconnue encore dans les premières années du siècle

(J. NESMY, 1907, pp. 126-127) : « Mais voici que le châtaignier ne meurt pas seulement, hélas ! de sa mort passagère. Un mal mystérieux, comme un phylloxéra encore indéterminé, le menace partout, souvent l'atteint et trop souvent déjà ruine ses bois. Maladie de l'encre, disent les vieux savants. En vérité de l'encre, c'est surtout la bouteille. Car nul ne sait que l'arbre de quoi il est frappé ; et rien n'a jusqu'alors livré un mal que tout révèle. »

71. Pp. 108-109.

72. Maria Luisa ARESES TRAPOTE, 1966, p. 1.

73. E. GONZALEZ-VAZQUEZ, 1951, pp. 114-116.

74. J. GRENTE, 1975, p. 127.

75. *Ibid.*

76. FOUQUÉ, 1873 ; Pedro URQUIJO LANDALUCE, 1953 et 1967 ; Antonio GONZALEZ-RODRIGUEZ, 1975, pp. 14-15.

77. Hypothèse des deux derniers.

78. J.-B. FLECKINGER, 1921, p. 3.

79. André MEYNIER, 1931, p. 226.

80. Les mises au point les plus complètes sur le chancre sont celles de H. DARPOUX, 1948, 1950 et 1951, de G. BAZZIGHER, 1953 et J. GRENTE, 1975.

81. Information communiquée par M. MARTIN, castanéiculteur à Vesseaux, le 6 août 1976.

82. Dans une conversation en 1979.

83. Par exemple, G. BAZZIGHER, 1953 ou Ljubomir MARKOVIC, 1955.

84. H. DARPOUX, 1951.

85. A. BIRAGHI et A. PAVARI, 1948, p. 5.

86. A. PAVARI, 1947, p. 99.

87. H. DARPOUX, 1951, p. 103.

88. Voir, par exemple, A.D. Corrèze M 2646.

89. H. DARPOUX, 1951, p. 103.

90. A. BIRAGHI, 1952 a.

91. H. DARPOUX, 1951, p. 105.

92. H. DARPOUX, 1950, p. 57 ; E. GONZALEZ-VAZQUEZ, 1951, p. 116.

93. Abel BOUHIER, 1979, p. 635.

94. F. ROTEN, 1961, p. 223.

95. Ljubomir MARKOVIC, 1955.

96. J. GRENTE, 1975, p. 132.

97. M.-C. LEYDER, 1972, pp. 90-91.

98. R. BOVERY *et al.*, 1972, pp. 496-499.

99. Si les châtaignes sont peut-être plus véreuses aujourd'hui qu'hier, c'est qu'elles attendent au sol avant d'être ramassées et ne sont plus gaulées ou ramassées sitôt tombées.

100. F. BERGOUGNOUX *et al.*, 1978, pp. 156-160.

CHAPITRE VIII

1. F. MERZ, 1919, p. 12.

2. Hugo EISELIN, 1952.

3. F. MERZ, 1919, p. 13 et Hugo EISELIN, 1952.

4. Cino GRANDI, 1958, p. 3.

5. *Ibid.*

6. Hugo EISELIN, 1952.

7. Cino GRANDI, 1958.

8. 1961, p. 223.

9. F. ROTEN, 1961, p. 224.

10. Giovanni EANDI, 1834, p. 169. Il s'agit des communes de Venasca, Rossana, Piasco, Paesana, Sanfront, Martiniana, Gambasca et Riffreddo.

11. Oscar BORELLI, 1967, pp. 242-243.

12. Lodovico PICCIOLI, 1922, p. 111 ; Aimée CAMUS, 1929, p. 164 ; Oscar BORELLI, 1967, p. 243.

13. 1967, p. 248.

14. 24-29 octobre 1922. *Settimana del castagno. Cuneo.* Coni, Camera di Commercio ed Industria, 1923, 486 p. — 14-16 novembre 1948. *Il problema del castagno. Atti del convegno regionale. Firenze.* Florence, Camera di Commercio, Industria e Agricoltura della Toscana, Florence, 1949, 119 p. — 23-24 juin 1962. *Problemi del castagneto appenninico. Borgo Val di Taro (Parma).* Bologne, 1962, 118 p.

15. Aldo PAVARI, 1951a.

16. *Centro di Studio sul Castagno,* supplemento a *La Ricerca Scientifica,* 1951 (1), 1955 (2), 1956 (3), 1958 (4), 1959 (5).

17. Archives Nationales F *10* 429. Ariane BRUNETON-GOVERNATORI (1984) a analysé en détail les réponses à ce questionnaire et en a fait la principale source d'information de sa thèse.

18. A.D. Ardèche, 12 M 34.

19. A.D. Core du Sud, 14 M 5772.

20. A.D. Corse du Sud, 7 M 401.

21. ARDOUIN-DUMAZET, 1898, p. 203.
22. 1909, p. 12. *Cf.* aussi Francis POMPONI, 1978, p. 282.
23. A.D. Cantal, 127 M.
24. Henri QUEUILLE, 1926, p. 214.
25. M. CALLOUD, 1926, p. 184.
26. *Ibid.*, pp. 184-185.
27. Publié à Paris en 1926 par les Publications agricoles de la Compagnie d'Orléans, 226 p.
28. M. CALLOUD, 1926, p. 185.
29. A.D. Cantal, 150 M 1. Procès-verbal de la visite des châtaigneraies des concurrents, les 27, 28 et 29 juin 1922.
30. L'exemplaire envoyé au préfet de la Corrèze est conservé : A.D. Corrèze, M 2646.
31. *Cf. supra*, chap. III, à propos des tentatives d'implantation du châtaignier en Algérie.
32. On trouvera un exemple de l'activité de la Commission départementale de Corse entre 1927 et 1930 dans la liasse 7 M 360 des A.D. de Corse du Sud, et de celle du Cantal qui a fonctionné de 1919 à 1939 dans deux grosses liasses : A.D. Cantal 127 M et 150 M 1.
33. Cité par E. FOEX, 1926, p. 116.
34. P. 514.
35. Pp. 514-526.
36. J.B. FLECKINGER, 1921, p. 5.
37. Les lois forestières actuelles ne sont guère mieux respectées selon M. Maurice VALLERY-RADOT, Conseiller d'État et auteur du Code des forêts (dans une conversation en 1984).
38. A.D. Corse du Sud, 14 M 577 *2*.
39. *Journal Officiel* du 2 juin 1940.
40. A.D. Corse du Sud, 7 M 363.
41. C'est ce qui ressort d'un grand nombre de témoignages oraux. La Libération marque, en revanche, des jours sombres pour les taillis parisiens. Pendant les quelques jours de flottement suivant le 25 août 1945, des hectares entiers furent dévastés par les habitants.
42. Cinq numéros du *Bulletin Technique Châtaignier* parus à Nancy de 1949 à 1958.
43. *Bulletin Technique Châtaignier*, 1, 1949, pp. 34-38 et pp. 68-76.
44. Information communiquée par Metka ZUPANČIČ.
45. Ljubomir MARKOVIC, 1955.
46. Antonio GONZALEZ-RODRIGUEZ, 1975, p. 15.
47. Voir, par exemple, ses travaux de 1960, 1966 et 1976.
48. E. VIEITEZ, 1966.
49. 1975, p. 130.
50. Voir, par exemple, Pedro URQUIJO-LANDALUCE, 1951, pp. 117-126.
51. 1966.
52. Lors d'une visite à son laboratoire en 1977.
53. Columbano TAVEIRA-FERNANDES, 1953 a.
54. 1954, pp. 60-61.
55. Columbano TAVEIRA-FERNANDES et Antonio BIRAGHI, 1954, p. 50.
56. I. EYNARD, N. HONDA et S. KOMA, 1967, p. 90.
57. Mitsusada INOWE, 1965, p. 147.
58. *Ibid.*
59. I. EYNARD, N. HONDA et S. KOMA, 1967, p. 90.
60. Shigeki KAÏZUKA, 1976, vol. 1, p. 73. Cette évolution est classique. En voici deux exemples :  est devenu 齒 : dent ; 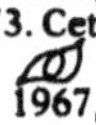 est devenu 目 : œil.
61. I. EYNARD, N. HONDA et S. KOMA, 1967, p. 90.
62. Aimée CAMUS, 1929, p. 206.
63. Minoru KAJIURA, 1955.
64. *Ibid.*
65. Sur ce problème, voir Augustin BERQUE, 1982.
66. Je remercie vivement M. Keizo ISOBE (Université de Seikei) d'avoir bien voulu rechercher et me faire parvenir des statistiques récentes sur la châtaigneraie japonaise.
67. François DOUMENGE, 1970, pp. 48-49.
68. Voir les différences botaniques *in* Aimée CAMUS, 1929, pp. 191-193.
69. 1935.
70. Italo EYNARD et Sadao IWANO, 1972.
71. J.-R. PITTE, 1983a.
72. G. LAFITTE, 1946, p. 6.
73. Aimée CAMUS, 1929, p. 193.
74. M. FONDARD et M. GINET, 1936.
75. A. PRUNET, 1926, p. 62.
76. J.-B. FLECKINGER, 1921, p. 6.
77. 1947, pp. 6-9.
78. H. GAUSSEN, 1932 ; G. LAFITTE, 1947.
79. M. FONDARD et M. GINET, 1936.
80. A.D. Cantal, 127 M.
81. 1931, p. 226.
82. A.D. Corse du Sud, 7 M 363.
83. E. ALLEGRI, 1967, p. 306.

84. E. ALLEGRI, 1967.
85. G. GAMBI, 1966.
86. U. BAGNARESI, 1956. E. ALLEGRI (dans une conversation en 1975) affirme que 400 à 500 millions de lires ont cependant été dépensés dans ces expériences par la *Stazione Sperimentale di Selvicoltura* de Florence depuis la dernière guerre.
87. E. VIEITEZ, 1966 ; R. NIMO et E. VIEITEZ, 1976.
88. *Bulletin Technique Châtaignier* et *Centro di Studio sul Castagno*. On trouvera un bilan des activités de la commission, de 1950 à 1956, *in* A. PAVARI, A. BIRAGHI et N. BREVEGLIERI, 1956, pp. 49-73.
90. Voici les actes des travaux de cette commission : — Session de septembre 1950 : Semaine Internationale du Châtaignier. *Bulletin Technique Châtaignier*, n° 3, 1951, 174 p. — Session d'octobre 1951 du Groupe des Experts du Châtaignier. Suisse, Italie. Rome, F.A.O., déc. 1952, 50 p. ronéot. — Session de juin 1953 de la Commission Internationale du Châtaignier. Espagne-Portugal. Rome, F.A.O., juillet 1954, 62 p. ronéot. — Session de septembre 1955 de la Commission Internationale. Italie. Rome, F.A.O., déc. 1955, 53 p. ronéot. — Session de sept.-oct. 1958. Yougoslavie-Grèce. Rome, F.A.O., déc. 1958, 57 p. ronéot. — Session de septembre 1962 du Groupe de Travail du Châtaignier de la Commission Européenne des Forêts de la F.A.O. Rome, F.A.O., 1962, 10 p. + XXV p. ronéot.
91. *Atti Convegno Internazionale sul Castagno. Cuneo 12-14 ottobre 1966*. Coni, Camera di Commercio, Industria, Artigianato e Agricoltura di Cuneo, 1967, 432 p.
92. Constatation effectuée lors d'une visite au professeur E. VIEITEZ à Santiago en septembre 1977.

CHAPITRE IX

1. J. GRENTE, 1975, p. 123.
2. Jacky REYNE, 1984, pp. 149-150.
3. *Ibid.*; Fiche du C.N.I.C.M. : *Lutte biologique contre le chancre du châtaignier*. Nîmes, C.N.I.C.M., vers 1975, 4 p.
4. Pp. 90-95.
5. Juliette CONTRANDOPOULOS, 1962, p. 71.
6. Enquête en 1976.
7. Ersilio RISPOLI, 1960.
8. Alain HUETZ de LEMPS, 1967, p. 566.
9. Columbano FERNANDES, 1955.
10. 1953.
11. Cité par Ervedo GIORDANO, 1953, p. 124.
12. Jules CARLES, 1951.
13. J. GALZIN, 1958.
14. M.-C. LEYDER, 1972, p. 91.
15. Je remercie M. Oscar BORELLI de m'avoir communiqué en 1975 les résultats restés inédits de cette enquête.
16. J. BEAUJEU-GARNIER, A. GAMBLIN et A. DELOBEZ : *Images Économiques du Monde*, Paris, S.E.D.E.S., 1979, p. 177.
17. *Le Figaro*, 21 mars 1980.
18. C'est ce qui ressort, par exemple, de l'ouvrage de Jacky REYNE, 1984.
19. Giancarlo BOUNOUS *et al.*, 1982, p. 281.
20. G. SOLIGNAT, 1973, p. 21.
21. *Ibid.*, p. 23.
22. Roberto PAGLIETTA, 1972, p. 255.
23. 1972, p. 114.
24. A cette occasion, les fruits défectueux remontent à la surface et peuvent ainsi être éliminés. Les jeunes parasites des autres sont détruits.
25. Propos entendus en 1977 à la S.I.C.A. de Saint-Pol-de-Léon.
26. Il s'agit de la maison Mimilla, 30, rue de Texel, 75014 Paris, « la plus ancienne et glorieuse dynastie de marchands de marrons frais et épluchés » selon *Le Nouveau Guide Gault et Millau*, n° 101, sept. 1977, p. 67. Cette famille, d'origine italienne, commercialise exclusivement des marrons du Piémont. Il est possible, pour les confiseurs, de trouver facilement des marrons épluchés surgelés, principalement d'origine italienne.
27. Il s'agit de la Société Civile de Novert à Malemort-sur-Corrèze. Les sachets de 200 g doivent être plongés 10 minutes dans l'eau bouillante et les marrons peuvent ensuite être consommés tels quels.
28. La Corse a produit plus de 250 tonnes de farine de châtaignes en 1978.
29. Noël AYGON et Jacky REYNE, 1977.
30. Par les étudiants du diplôme de « Conservation et Aménagement du Patrimoine et de l'Environnement » de l'Université de Paris IV-Sorbonne.
31. Sur 30 recensés dans Paris ce jour-là. La capitale avait été quadrillée et parcourue une après-midi entière par une dizaine d'enquêteurs. Il est possible que leur nombre soit un peu supérieur à l'automne.
32. La société Germain, installée dans le Gard, est cependant parvenue à exporter au Japon (1 000 litres en 1985). Ce produit y est utilisé pour préparer des marrons à l'alcool.
33. Recette de Raymond OLIVER, ex-chef du Grand-Véfour.

34. Recette de James de COQUET, *Le Figaro*, 30 oct. 1975.
35. Recette lyonnaise citée par André et Christian MURE : *Lyon gourmand*. Lyon, S.M.E., 1983.
36. Recette de Salvador DALI, *les Dîners de Gala*. Paris, Draeger, 1973, 321 p., p. 194.
37. *Ibid.*, p. 85.
38. Recette citée par Pierre LIEUTAGHI, 1969, p. 384.
39. Recette du restaurant français de Londres des frères ROUX : *La nouvelle cuisine classique*. Paris, Nathan, 1985, p. 187.
40. F. de CASABIANCA, avril 1977, p. 5.
41. D. DUPRAZ et Y. MOREL, 1984, p. 177.
42. *Ibid.*, p. 179. Chiffre de 1980.
43. Cet appareil permet de ramasser 100 kg de châtaignes à l'heure. *Le Monde*, 17 novembre 1979.
44. Syndicat des Producteurs de Châtaignes d'Ardèche-Chambre d'agriculture de l'Ardèche : *Voyage en Italie du Sud*. 16 au 22 novembre 1979. Privas, 16 p. ronéot.
45. Jean-Paul DIRY, 1979, p. 7.
46. D. LÉGER et B. HERVIEU, 1979, p. 204. Je dois cette référence à M. Michel CHEVALIER.
47. 1985.
48. La S.O.P.E.X.A. a également tenté, sans succès, de labelliser les fruits frais à l'aide d'un macaron. En l'absence de règles précises et de contrôles, ce label ne représente aucune garantie, ce qui révèle bien l'état de désorganisation du marché français des châtaignes.
49. Voir à ce sujet : « Un nouvel avenir pour le châtaignier », *La Lettre du Limousin* (publ. du Conseil Régional), 13 juillet 1978, p. 4.
50. Voir à ce sujet la réponse faite devant l'Assemblée Nationale par M. Christian BONNET, ministre de l'Agriculture, à une question du député MILLET. *J.O., A.N.*, n° 8, 22.2.1975.
51. 1975.
52. Statistiques collectées par l'A.F.C.O.F.E.L. (4 bis rue de Cléry, 75002 Paris).
53. Statistiques collectées par le Centre français de Commerce Extérieur (C.F.C.E.). Je n'ai pu obtenir les statistiques actuelles de la Suisse et de la Yougoslavie. Pour la Suisse, la production est désormais insignifiante selon Ivo CESCHI, 1967, p. 132.
54. A 9 ou 10 francs le kilo, contre 20 francs ou plus pour les marrons issus d'arbres greffés.
55. 1980. On trouvera une photo de l'un de ces marchés du Sud-Ouest *in* Ariane BRUNETON-GOVERNATORI, 1985, p. 116.
56. Ariane BRUNETON-GOVERNATORI, 1980, p. 272.
57. Céline MILLIAN et Jean-Luc GAUTHIER, 1983-1984, p. 15.
58. Jacques CHAPA, 1982, p. 268.
59. Cependant, 50 % des marrons sont brisés en cours de fabrication. Les morceaux sont vendus tels quels si le marron casse en fin de processus ; sinon, ils sont transformés en crème. D. DUPRAZ et Y. MOREL, 1984, p. 90.
60. Clément FAUGIER exporte dans 87 pays.
61. Et repris par F. de CASABIANCA, janvier 1977, p. 1.
62. *J.O., A.N.*, n° 8, 22.2.1975. Question n° 15699 du 19.XII.1974.
63. L. VILLA, 1974, p. 210.
64. Guy MERIA, 1970, p. 59.
65. Diego MORENO, 1971, pp. 341-342.
66. Centre Régional de la Propriété Forestière d'Aquitaine : *Propositions d'actions forestières. Contrat de pays. Canton de Podensac*. 1984, 10 p. dactylogr., p. 5. Je remercie M. René REDON, maire de Landiras, de m'avoir communiqué ce document.
67. *Ibid.*, p. 8.
68. M. BANAL, de Perpignan. *In litteris*.
69. A. KURTH, 1961, pp. 3-4.
70. P. 806.
71. En outre, quelques milliers de francs proviennent de la vente des cèpes ramassés sous les châtaigniers.
72. Francesco MARCIANI, 1952 ; Domenico RUOCCO, 1970.
73. Certains usages professionnels se sont bien maintenus, par exemple celui des nasses à crustacés utilisées en Irlande et qui viennent du Périgord.
74. Statistiques 1983 du Syndicat des Fabricants de Parquets et Lambris en Chêne et en Châtaignier, 1, place André-Malraux, 75001 Paris.
75. Certaines d'entre elles sont mentionnées dans Pierre BARRET *et al.*, 1979.
76. Je dois cette précision à M. Paul VALENTIN.
77. Pp. 75-76.
78. Louis BARRON, vers 1886, p. 84.
79. 1899, p. 110.
80. 1939-44, p. 22.
81. 1950, p. 14.
82. 1968, p. 3.
83. 1977, pp. 64-65.
84. Voir, par exemple, ARBOR et TRICAUD, 1921, p. 133.
85. 1968, p. 10.

86. Reproduites, entre autres, dans *La Châtaigne*, II, 5, n° 17, oct. 1950.
87. 1932.
88. 1912. Cité par Paul Imbs, 1977, vol. V, pp. 597-598.
89. Cité par J. Dutrech, 1907.
90. 1899, p. 110.
91. 1921, p. 192.
92. 1927, pp. 88-89.
93. 1967, p. 112.
94. 1914. Cité par G. Meria, 1970, p. 33.
95. Cité par Antoinette Cougnoux, 1976, p. 256.
96. Cité dans *Lemouzi*, 15, n° 134, juin 1907, p. 131.
97. A des châtaigniers. *La Châtaigne*, IV, 15, avril 1950, p. 10.
98. *Le langage de la tribu*, 1955. Cité dans *La Châtaigne*, X, 37, oct. 1955, p. 2.
99. 1978, p. 95.
100. 1899, p. 110.

CONCLUSION

1. E. Dumas, *Préface* à F. Bergougnoux *et al.*, 1978, p. 5. Cet argument est également développé par G. Meria, 1970, p. 60 et, plus discrètement, par O. Borelli, 1967, pp. 248-249.
2. John Loudon, 1838, pp. 1997 et 1999 ; Henry John Elwes et Augustine Henry, 1908, p. 847.
3. Jean Autin, 1981, p. 242.
4. Les premières guinguettes dans les châtaigniers ont été édifiées vers 1850 par M. Guesquin, cabaretier au Plessis-Piquet, qui s'était entiché du roman de Daniel Defoë. Il imite Robinson qui se réfugiait la nuit dans les arbres pour échapper aux bêtes sauvages et installe des planchers dans de gros châtaigniers, les entoure de barrières rustiques et les recouvre de toitures de chaume. Les plats sont hissés vers les clients au moyen de paniers suspendus à des cordes. Il y eut jusqu'à 200 restaurants de ce type vers 1900. Utrillo en a peint, de même que les frères Veber (fresque de la buvette de l'Hôtel-de-Ville, 1908). C'est en 1908 que le président Fallières immortalise ce merveilleux rêve en rebaptisant la commune : Le Plessis-Robinson. Je dois ces informations à Isabelle Delhom.

BIBLIOGRAPHIE

A.B. : « Revenus de la seigneurie de Privas en 1394 », *Revue du Vivarais*, 1899, 6, pp. 284-288.
ABRATE (Mario) : « Lineamenti di storia economica piemontese », *in Storia del Piemonte*, Turin, F. Casanova, 1960, vol. I, pp. 565-637.
A.D. : « La flore de la châtaigneraie », *La Châtaigne*, II, 1948, 6, pp. 4-5 et 7, pp. 10-11.
AGOSTINI (F.-P.) : *De la Corse et des mœurs de ses habitans*, Paris, Dufart, 1819, 78 p.
ALBIGNY (L.-P. d') : « La crise du châtaignier dans l'Ardèche ». *Le Messager Ardéchois*, 13 août et 3 septembre 1904.
ALBISETTI (C.) : *Inventario delle selve castanili della Svizzera*. Bellinzona, Tipografia commerciale Leins e Vescovi, s.d., 23 p.
ALBITRECCIA (Antoine) [1942a] : *Le plan terrier de la Corse au XVIIIe siècle ; la Corse, son évolution au XIXe siècle et au début du XXe siècle*. Paris, PUF, 1942, 262 p.
ALBITRECCIA (Antoine) [1942b] : *La Corse, son évolution au XIXe siècle et au début du XXe siècle, Étude de géographie humaine et économique*. Paris, PUF, 1942, 296 p.
ALLEGRI (D.) : « Sistemi di amministrazzione e conti di un ettaro di castagneto da frutto nel circondario di cittaducale », *Agricoltura italiana*, 1905, XX, pp. 609-618.
ALLEGRI (Ernesto) : *Dalla « Castanea sativa » Mill. ai... marroni canditi*. Florence, 1940, 6 p.
ALLEGRI (Ernesto) : « La culture du châtaignier dans la région de Bagni di Lucca », F.A.O., Groupe des Experts du Châtaignier, *Rapport de la Première Session, Italie-Suisse, oct. 1951*, Rome, déc. 1952, p. 29.
ALLEGRI (Ernesto) : « Risultati sulla sperimentazione del castagno giapponese e del castagno cinese e loro possibilità d'impiego in Italia », *Atti del Convegno Internazionale sul Castagno. Cuneo 1966*. Coni, Camera di commercio, industria, artigianato e agricoltura, 1967, pp. 299-306.
AMÉ (Émile) : *Dictionnaire topographique du département du Cantal*. Paris, Imprimerie Nationale, 1897, 631 p.
ANA MAGAN (Francisco F. de) : « Fruticultura de montaña en España ». *2e Congrès International d'arboriculture fruitière de montagne. Saint-Vincent. 16-17 nov. 1982*. Turin, Institut d'Arboriculture, Université de Turin, 1982, pp. 111-116.
ANDRÉ (Jacques) : *Étude sur les termes de couleur dans la langue latine*. Paris, Klincksieck, 1949, 427 p.
ANDRÉ (Jacques) : *Lexique des termes de botanique en latin*. Paris, Klincksieck, Études et Commentaires, XXIII, 1956, 343 p.
ANDRÉ (Jacques) : *L'alimentation et la cuisine à Rome*. Paris, Klincksieck, Études et Commentaires, XXXIX, 1961, 259 p. 2e édition : Paris, Les Belles Lettres, 1981, 252 p.
ANTONIETTI (A.) : Il castagno nel cantone Ticino. *Bolletino della Societa Ticinese di Scienze Naturali*, 1966, pp. 25-35.
ANTONIETTI (A.) : « Conoscenza attuali della ricostituzione delle foreste castanili ticinesi », *Mittelungen. Eidgenössiche Anstalt für das forstliche Versuchwesen*, Bd. 51, 1975, 1, pp. 17-24.
APFELBAUM (M.) *et al.* : *Dictionnaire pratique de diététique et de nutrition*. Paris, Masson, 1981, 726 p.
ARBOR et TRICAUD : « Les géorgiques limousines. Simples entretiens sur la flore et la faune du Limousin. Les châtaigniers s'en vont », *Lemouzi*, 29, n° 219, juillet-août 1921, pp. 133-136.
ARBOS (Philippe) : *L'Auvergne*, Paris, 1932.
ARDOUIN-DUMAZET : *Voyage en France*, Paris-Nancy, Berger-Levrault. 14, 1898, *La Corse* ; 36, 1904, *Cévennes*.
ARESES TRAPOTE (Maria Luisa) : *Estudio del contenido hormonal e inhibidores de crecimiento de*

Castanea sativa Mill. Tesis, Faculdad de Farmacia, Departamento de Fisiologia Vegetal, Santiago, 1966, 231 p. dactyl.
ARON (Jean-Paul) : *Le mangeur du XIXe siècle.* Paris, Robert Laffont. 1973. — Lausanne, Ex Libris, 1974, 368 p.
ARRETINI (Cesare) : « Esperienze di lotta contro il cancro corticale del castagno in provincia di Avellino », *Monti e Boschi*, 12, 1959, pp. 628-633.
ARRIGHI (Antoine) : « Capu di Corso ou le vieux châtaignier », *L'Annu Corsu*, 1927, pp. 88-89.
ARRIGHI (Antoine) : « La table du jardin », *L'Annu Corsu*, 1931, pp. 75-76.
ARRIGHI (Paul) : « Virgile relu par un Corse », *L'Annu Corsu*, 1932, pp. 84-98.
ARRIGHI (Paul) : *La vie quotidienne en Corse au XVIIIe siècle*, Paris, Hachette, 1970, 288 p.
ARRIGHI (Paul) : *Le livre des dictons corses.* Toulouse, Privat, 1976, 123 p.
ARRIGHI (Paul) et POMPONI (Francis) : *Histoire de la Corse.* Paris, PUF, coll. « Que sais-je ? », 3e éd., 1978, 128 p.
AUBERT de TOURNY (Louis-Urbain) : *Ordonnance sur les pépinières.* Angoulême, 3 nov. 1733 (affiche).
AUCANTE (Maryse) : « La récolte des châtaignes », *Le Chasseur Français*, oct. 1981, pp. 144-146.
AUTIN (Jean) : *Louis XVI architecte.* Paris, Fernand Lanore, 1981, 255 p.
AYGON (Noël) et REYNE (Jacky) : « Châtaignes d'Ardèche », *La Tribune Drôme-Ardèche*, nov. 1977.
BAGNARESI (Umberto) : « Osservazioni morfo-biologiche sulle provenienze di castagno giapponese coltivate in Italia », *Centro di Studio sul Castagno*, 3, 1956, pp. 7-48.
BAILLON (H.) : *Dictionnaire de botanique.* Paris, Hachette, 1876, 4 vol.
BANCHEREAU (Jules) : *Les prétendues charpentes en châtaignier.* Caen, H. Delesques, 1910, 9 p.
BARELLI (Giuseppe) : *Statuti di Pamparato.* Turin, Deputazione Subalpina di Storia Patria, Biblioteca Storica Subalpina, CLXXXIII, Parte II, 1956, 96 p.
BARELLI (Giuseppe) et DI QUARTI (Guido Gay) : *Statuti di Lesegno.* Turin, Deputazione Subalpina di Storia Patria, Biblioteca Storica Subalpina, CLXXXIV, Parte III, 1966, 116 p.
BARRAL (J.-A.) : *L'agriculture, les prairies et les irrigations de la Haute-Vienne.* Paris, Imprimerie Nationale, 1884, 771 p.
BARRAU (Jacques) : « Plantes vivrières et patrimoine culinaire : une réflexion sur le cas provençal », *Information sur les sciences sociales* (SAGE, Londres et Berverly Hills) 20, 6 (1981), pp. 925-946.
BARRET (Pierre), GURGAND (Jean-Noël) et TIÉVAND (Claire) : *Almanach de la mémoire et des coutumes. 1980.* Paris, Hachette, 1979.
BARRON (Louis) : *Les environs de Paris.* Paris, Quantin, s.d. (probablement vers 1886), 604 p.
BARTH (Médard) : *Der rebbau des Elsass und die absatzgebiete seiner weine.* Strasbourg-Paris, F.-X. Le Roux, 1958, 2 vol., 509 et 225 p.
BAUDOIN-ALBERGNIE (Josette) : *La Corse dans les textes latins.* Aix-en-Provence, Publications des Annales de la Faculté des Lettres, Série Travaux et Mémoires, XLVIII, La Pensée Universitaire, 1967, 286 p.
BAUDOT (A.) : « Le châtaignier-chêne du jardin botanique de Dijon », *Bulletin des Sciences Pharmacologiques*, janv. 1907, XIV, 11 p.
BAZIN (Hervé) : *La mort du petit cheval*, Paris, 1949.
BAZZIGHER (Giovanni) : « Beitrag zur Keuntnis der *Endothia parasitica* (Murr.) », And. *Mitteilungen der Schweizerischen Anstalt für das forstliche versuchswesen*, XXIX, 2, 1953, pp. 189-211.
BEAUFRÈRE (Abel) : « La Châtaigneraie », *La Châtaigne*, VI, 21, n° 66, janv. 1968, p. 3.
BEAUJEU-GARNIER (Jacqueline) : *La population française.* Paris, A. Colin, coll. U2, 1969, 252 p.
BEAUMONT (baron de) : *Observations sur la Corse.* Paris, Pelicier, 1822, 216 p.
BEAUVERIE (J.) : *Les bois industriels.* Paris, Doin, 1910, 420 p.
BEILLE (Lucien) : « La limite altitudinale du châtaignier sur les pentes ouest et sud-ouest du Massif central », *Association française pour l'avancement des sciences.* Toulouse, 1887, 2e partie, pp. 577-586.
BELBEZET (M.) : « La Châtaigneraie », *Revue de la Haute-Auvergne*, 1970, pp. 103-113.
BELLIN (Jacques-Nicolas) : *Description géographique et historique de l'isle de Corse.* Paris, Didot, 1769, 232 p.
BENSI (Gianfranco) : « La coltivazione del castagno e la sua produzione », *Cellulosa e carta*, 1958, IX, 6, pp. 3-19.
BENZO SENESE (Ugo) : *Regole della sanità e della natura de' cibi di Ugo Benzo Senese, arricchite d'annotazioni ecc. dal sig. Lodovico Bertaldo, medico delle serenissime Altezze di Savoia ecc.* Turin, 1620, 461 p.
BERGOUGNOUX (F.) *et al.* : *Le châtaignier : production et culture.* Malemort, I.N.V.U.F.L.E.C. et Nîmes, C.I.N.I.C.M., 1978, 192 p.
BERNARDINI (Ferrucio) : « I cedui di castagno nell'economia forestale italiana », *Monti e Boschi*, 1, 1952, pp. 8-18.
BERNARDINI (Ferrucio) : « Castagneti da frutto », *Monti e Boschi*, 9, 1952, pp. 398-404.
BERQUE (Augustin) : *Vivre l'espace au Japon.* Paris, PUF, 1982, 222 p.
BERTOLINI-GUERROT (G.P. Maria) : *Saggi d'agricoltura pratica sulla coltivazione del castagno e della vite.* Turin, Tipografia Paravia e compagnia, 1856, 142 p.
BÉTEILLE (Roger) : *La vie quotidienne en Rouergue avant 1914.* Paris, Hachette, 1973, 254 p.

BIANCHI (Antonio) : « Come vivono i montanari nelle Alpi, nell'Appennino », *Giornale di Agricoltura Della Domenica*, 16, 19 avril 1914, pp. 131-134.
BIÉLER-CHATELAN : « Châtaigniers, fougères et genêts calcicoles », *C.R. de l'Académie des Sciences*, CLXXXV, 1927, p. 222.
BILLIARD (Raymond) : *La vigne dans l'Antiquité*. Lyon, Lardanchet, 1913, 560 p.
BILLIARD (Raymond) : *L'agriculture dans l'Antiquité d'après les Géorgiques de Virgile*, Paris, E. de Boccard, 1928, 539 p.
BIRAGHI (Antonio) [1950a] : « La distribuzione del cancro castagno in Italia », *L'Italia Forestale e Montana*, V, 1, 1950, pp. 18-21.
BIRAGHI (Antonio) [1950b] : « Nuovi ospiti di *Endothia parasitica* », *Ann. Sper. Agr. N.S.*, IV, 1, 1950, pp. 109-118.
BIRAGHI (Antonio) [1952a] : « La lutte contre l'*Endothia parasitica* en Italie. Observations concernant l'apparition de caractères de résistance chez *Castanea sativa* à l'égard de ce parasite », *Rapport de la Première Session du Groupe des Experts du Châtaignier, Italie-Suisse, oct. 1951*. Rome, F.A.O., 1952, pp. 31-36.
BIRAGHI (Antonio) [1952b] : « Probabili nuove possibilità per la lotta contro il cancro della corteccia del castagno », *Monti e Boschi*, 4, 1952, pp. 157-159. (1952b).
BIRAGHI (Antonio) : « Notizie sul mal dell'inchiostro del castagno », *Monti e Boschi*, 3, 1953, pp. 106-108.
BIRAGHI (Antonio) [1955a] : « Il " cancro della corteccia " ed i suoi rifflessi sulla crisi del castagno », *L'Italia Forestale e Montana*, 2, 1955, pp. 49-57.
BIRAGHI (Antonio) [1954b] : « Nuovi contributi alla conoscenza dell'agente del " cancro della corteccia del castagno " », *Monti e Boschi*, 1, 1955, pp. 36-39.
BIRAGHI (Antonio) et PAVARI (Aldo) : « La difesa contro le malattie del castagno », *Atti del Convegno Regionale del Castagno*. Florence, 14-15-16 nov. 1948, 23 p.
BIRAGHI (Antonio) et PAVARI (Aldo) : « Sulla lotta contro le mallatie del castagno », *L'Italia Forestale e Montana*, 1949, 2, pp. 64-77.
BIRAGHI (Antonio) et PAVARI (Aldo) : « I problemi posta dalla *Endothia parasitica* del castagno nel bacino del Mediterraneo », *Monti e Boschi*, 7, 1950, pp. 291-300.
BLANC (Jean-François) : *Paysages et paysans des terrasses de l'Ardèche*. Annonay, Imprimerie du Vivarais, 1984, 321 p.
BLANCHARD (Raoul) : « Les genres de vie en Corse et leur évolution », *Recueil des Travaux de l'Institut de Géographie Alpine*, II, 2, 1914, pp. 187-238.
BLANCHARD (Raoul) : *La Corse*. Grenoble, J. Rey, 1926, 150 p.
BLANQUI (M.) : *La Corse. Rapport sur son état économique et moral en 1838*. Paris, W. Coquebert, 1841, 84 p.
BLIN (Henri) : *Manuel pratique de la culture, de l'exploitation et des utilisations du châtaignier, contenant : étude botanique, culture, exploitation, insectes et maladies, utilisations de la châtaigne et du bois de châtaignier, industrie forestière et chimique*. Paris, L. Mulo, 1904, VI-100 p.
BLOCH (Marc) : « Les plans parcellaires », *Annales d'Histoire Économique et Sociale*, 1929, 1, pp. 60-70.
BLOCH (Marc) : *Les caractères originaux de l'histoire rurale française*. 2e éd., Paris, Armand-Colin, 1952-1956, 2 vol., 263 et 230 p.
BLOCH (Oscar) et WARTBURG (Walter von) : *Dictionnaire étymologique de la langue française*. Paris, PUF, 1975, 682 p.
BLONDEL (Josette) : *Géographie des bois et taillis dans un département limousin*. 1960, 72 p. ronéot. (A.D. Corrèze, 1/12).
BOCCHIALINI (Fabio) : *Il castagno*. Parme, 1912, 15 p.
BOIS (D.) : *Les plantes alimentaires chez tous les peuples et à travers les âges. Histoire, utilisation, culture*. Paris, P. Lechevalier, 1927-1937, 4 vol. Vol. II, *Phanérogames fruitières*, 1928, 638 p.
BOMBAL (Eusèbe) : *La haute Dordogne et ses gabarriers*. Tulle, Crauffon, 1903, 253 p.
BONASSIE (Pierre) : *La Catalogne du milieu du Xe à la fin du XIe siècle. Croissance et mutations d'une société*, Toulouse, Publications de l'Université de Toulouse-Le-Mirail, 1975, 2 vol.
BONIFACIO (A.) et TURCHETTI (T.) : « Diferenze morfologiche et fisiologiche in isolati di *Endothia parasitica* (Murr.) », And. *Annali dell'Accademia Italiana di Scienze Forestali*, XXII, 1973, pp. 111-131.
BONNAIN-MOERDYK (Rolande) : « L'espace gastronomique », *L'Espace Géographique*, 2, 1975, pp. 113-126.
BONNAUD (Pierre) : « Complantage et toponymie en Auvergne, d'après le " Fichier Onomastique de l'Auvergne " », *in* Pierre FLATRÈS et Xavier de PLANHOL (sous la direction de) : *Paysages arborés et complantés*, Paris, Publications du Département de Géographie de l'Université de Paris-Sorbonne, 1980, pp. 31-52.
BONNEROT (Guy) : *Réalités des États. Chiffres et faits économiques*. Paris, Hachette, 1975, 402 p.
BORELLI (Oscar) : « La legislazione sui castagneti e gli interventi finanziari dello Stato. *Atti Convegno Internazionale sul Castagno. Cuneo 12-14 ottobre 1966*. Coni, Camera di Commercio, Industria, Artigianato e Agricoltura, 1967, pp. 241-257.
BOTTERI (Giambattista) : *Memorie storiche e statuti antichi di Chiusa di Pesio*, Turin, 1892, 392 p. Rééd., Coni, 1976.
BOUDRIE (Henri) : « Le pays de Chamboulive », *Lemouzi*, 50, n° 31 *bis*, août 1969, pp. 89-129.

BOUHIER (Abel) : *La Galice. Essai géographique d'analyse et d'interprétation d'un vieux complexe agraire.* Poitiers, chez l'auteur, 1979, 2 vol., 1516 p. + cartes h.t.
BOULANGER (Pierre) : « Quelques aspects de la vie quotidienne durant la première moitié du XVIIe siècle dans la Marche et le Limousin, d'après les manuscrits laissés par P. Robert, lieutenant-général du Dorat », *Lemouzi*, 50, n° 31 *bis*, août 1969, pp. 63-87.
BOULAUD (Joseph) : *Le châtaignier et les redevances en châtaignes avant la Révolution* (extrait du Congrès l'Arbre et l'Eau). Limoges, impr. des Journaux et Publications duCentre, 1936, 16 p.
BOUNOUS (Giancarlo), OTTINO (Michele) et PAGLIETTA (Roberto) : « Comportamento vegetativo, produttivo e caratteristiche dei frutti di cultivar di castagno orientale e di ibridi eurogiapponesi introdotti in provincia di Torino », *2e Congrès International d'Arboriculture Fruitière de Montagne.* Saint-Vincent (Val d'Aoste), 16-17 nov. 1982, pp. 281-286.
BOURDEAU (Louis) : *Conquête du monde végétal*, Paris, Félix-Alcan, 1983, 374 p.
BOURDIER (F.), SITTLER (Cl), SITTLER-BECKER (Y.) : « Observations nouvelles relatives aux flores polliniques pliocènes et quaternaires du bassin du Rhône. » *Bulletin du Service de la Carte Géologique d'Alsace et de Lorraine*, t. 9, fasc. 1, 1956, pp. 6-12.
BOUSQUET (Jacques) : *Enquête sur les commodités du Rouergue en 1552.* Toulouse, E. Privat, 1969, 265 p.
BOUTRUCHE (Robert) : *La crise d'une société. Seigneurs et paysans du Bordelais pendant la Guerre de Cent Ans.* Paris, Les Belles Lettres, 1947, 596 p.
BOUYSSOU (Léonce) : « Étude sur la vie rurale en haute Auvergne. La région d'Aurillac au XVe siècle », *Revue de la haute Auvergne.* XXX, 1939-1944, pp. 101-154 et pp. 223-233 ; XXXI, 1945, pp. 47-63 et pp. 74-86.
BOVEY (R.) *et al.* : *La défense des plantes cultivées.* Lausanne, Payot, 1972, 863 p.
BOZON (Pierre) : *La vie rurale en Vivarais.* Valence, Impr. Réunies, 2e édition, 1963, 641 p.
BOZON (Pierre) : *Histoire du peuple vivarois.* Valence, Impr. Réunies, 2e éd., 1974, 278 p.
BRANDIZZO (conte di) : *Relazione che il conte di Brandizzo fa di ogni città e terra posta nella provincia di Cuneo da lui amministrata in qualità d'Intendente negli anni 1750, 1751 e 1752.* Biblioteca Reale et Archivo di Stato (79-12 *bis*) de Turin.
BRAUDEL (Fernand) : *La Méditerranée et le monde méditerranéen à l'époque de Philippe II.* Paris, Armand Colin, 6e éd., 1985, 2 vol.
BRAVO (G.A.) : *Il castagno ed il suo estratto tannico.* Turin, Italtannico, 1949, 110 p.
BRÉBISSON (R. de) : *La légende du châtaignier.* Bellême, E. Levayer, 1914, 18 p.
BRENNI (Gian Carlo) : *L'importanza economica del castagno nel cantone Ticino e nell'Italia settentrionale.* Dissertazione presentata alla Facoltà di Diritto ed Economia Politica dell'Università di Zurigo per il conferimento del titolo di Dottore in Economia Politica. Mendrisio, 1937, 151 p.
BREUILLÉ (Luc), DUMAS (Richard), ONDET (Roland) et TRAPON (Patrice) : *Maisons paysannes et vie traditionnelle en Auvergne.* Nonette, CREER, 1980, 485 p.
BREVIGLIERI (Nino) : « Indagi ed ossevazioni sulle migliori varietà italiane di castagno (*Castanea sativa* Mill.) », *Centro di Studio sul Castagno*, pubb. 2, 1955, pp. 27-166.
BRIFFAULT (Eugène) : *Paris à table.* Paris, Hetzel, 1846, 184 p.
BRILLAT-SAVARIN (Anthelme) : *Physiologie du goût* (1825), rééd., Paris, Julliard, 1965, 423 p.
BRISEBARRE (Anne-Marie) : *Bergers des Cévennes.* Nancy, Berger-Levrault, 1976.
BROGI (Sante) : « Aspetti dei cedui castanili nell'Aspromonte », *L'Italia Forestale e Montana*, 1955, 1, pp. 36-38.
BROC (Numa) : *Les montagnes vues par les géographes et les naturalistes de langue française au XVIIIe siècle.* Paris, Bibliothèque Nationale, C.T.H.S., Section de Géographie, 1969, 298 p.
BROILLIARD (Ch.) : *Le traitement des bois en France à l'usage des particuliers.* Paris, Berger-Levrault, 1881, 470 p.
BRUAND (M.) : *Notice sur le débit et les emplois du châtaignier, des érables, du frêne, des ormes...* Exposition Universelle de 1878, Administration des forêts, Paris, Imprimerie Nationale, 1878, pp. 5-11.
BRUCHET (Max) : *Notice sur l'ancien cadastre de Savoie. Nouvelle édition mise à jour par J.-Y. MARIOTTE et R. GABION, précédée d'une étude de Paul GUICHONNET.* Annecy, Archives Départementales, 1977, 105 p.
BRUNETON-GOVERNATORI (Ariane) : « Le marché imaginaire. Marchés aux châtaignes du Sud-Ouest », *Édudes Rurales*, avril-décembre 1980, 78-79-80, pp. 269-275.
BRUNETON-GOVERNATORI (Ariane) : *Le pain de bois. Ethnohistoire de la châtaigne et du châtaignier.* Toulouse, Eché, 1984, 548 p.
BRUNETON-GOVERNATORI (Ariane) : « Alimentation et idéologie : la châtaigne en France », *Annales ESC*, 1984, 6, pp. 1161-1189.
BRUNETON-GOVERNATORI (Ariane) : « La civilisation de la châtaigne », *L'Histoire*, 1985, n° 85, pp. 116-120.
BRUYERIN-CHAMPIER (Jean) : *De re cibaria. Libri XXII...* Lyon, S. Honorat, 1560, prélim. + 1 130 p.
BUFFON : *Histoire naturelle.* Paris, 1775, t. III.
BULFERETTI (Luigi) : *Agricoltura, industria e commercio in Piemonte nel secolo XVIII*, Turin, Istituto per la Storia del Risorgimento Italiano, 1963, 449 p.
CADORET (Arthur) : *Agriculture ardéchoise.* Annonay, J. Royer, 1901, 202 p.
CAFFARELLI (Charles-Amboise) : *Observations sur l'agriculture du département de l'Ardèche.* Privas, Guiremend, an IX, 32 p.

CALDART (Francesco) : « I cedui di castagno », *L'Alpe*, 1931, 12, pp. 615-619.
CALDART (Francesco) : « Castegneti, produzione legnosa e industria del tannini, nella valle del medio Piave », *Monti e Boschi*, 1952, 3, pp. 108-113.
CALLON (G.) : « Le mouvement de la population dans le département de l'Ardèche au cours de la période 1821-1920 et depuis la fin de cette période », *Revue du Vivarais*, 1931, 5-6, pp. 113-147.
CALLOUD (M.) : « Le bois de châtaignier et ses usages industriels », *Premier Congrès National de la Châtaigne tenu les 8 et 9 nov. 1924 à Brive*. Paris, Pub. agricoles de la Cie d'Orléans, 1926, pp. 181-185.
CAMILLA (Piero) : *Archivio storico dell'ospedale civile di S. Croce in Cuneo*, Coni, Biblioteca della Società per gli studi storici, archeologici e artistici della provincia di Cuneo, 14, 1970, 345 p.
CAMPANILE (Giuseppe) : *Storia della regione del Kurdistan e delle sette di religione ivi existensi*. Naples, Stamperia de Frat. Fernandez, 1818, XX-215 p.
CAMUS (Aimée) : *Les châtaigniers. Monographie des genres Castenea et Castanopsis*. Paris, Paul Lechevalier, 1929, 609 p. + atlas.
CALDERARA (Augusto) : « Restauro di un secchio in legno del XVI secolo proveniente dagli scavi di Genova », *Archeologia Medievale*, III, 1976, pp. 375-378.
CANDOLLE (Alphonse de) : *Origine des plantes cultivées*. Paris, Félix-Alcan, 1896, 387 p.
CARANTI (Bagio) : *La certosa di Pesio*. Turin, 1900, 2 vol., 495 p.
CARLES (Jules) : *Notice sommaire de la carte de la végétation de la France au 1/200 000e. Feuille Le Puy*. 1951.
CARLIER (Léonce) : « Les fruits qui guérissent », *La Châtaigne*, XI, 42, janv. 1957, pp. 13-14.
CARLOTTI (J.) : « Sur l'agriculture corse », *La Corse Agricole*, 26, 8, août 1936, 40 p.
CARRIÈRE (Jean) : *L'épervier de Maheux*, Paris, J.-J. Pauvert 1972.
CASABIANCA (F. de) : *Note succincte sur les possibilités de valorisation de la châtaigne en Corse*. San Ghiulianu, I.N.R.A.-S.E.I., janvier 1977, 4 p. dactyl.
CASABIANCA (F. de) : *Châtaigneraie et développement de la Corse*. s.l., rapport I.N.R.A., avril 1977, 18 p. dactyl.
CASALIS (Goffredo) : *Dizionario geografico storico-statistico-commerciale*. Turin, 1833-1856, 28 vol.
CASANOVA (Antoine) : « Techniques et sociétés. Forces productives et rapports de production dans les communautés rurales corses. (fin du XVIIIe — début du XIXe siècle) », *Pieve e paesi. Communautés rurales corses*. Marseille-Paris, C.N.R.S., 1978, pp. 33-76.
CASTELLETTI (Lanfredo) [1975a] : « Materiali botanici dalla fornace per campane (sec. XII) e resti di un sarcofago ligneo (sec. XIV) da Sarzana », *Archeologia Medievale*, 1975, II, pp. 149-160.
CASTELLETTI (Lanfredo) [1975b] : « I carboni delle vetreria di Monte Lecco », *Archeologia Medievale*, 1975, II, pp. 99-122.
CASTELLETTI (Lanfredo) : « Resti vegetali macroscopici da Refondou presso Savignone », *Archeologia Medievale*, 1976, III, pp. 326-328.
CASTELOT (André) : *L'histoire à table*. Paris, Plon-Perrin-Tallandier, 1972, 2 vol., 719 p.
CATUS (Bernard) : « Le greffage des châtaigniers : opération délicate, résultats encourageants », *La Gazette de Tulle-Ussel*, 1.IV.1980.
CAVALLO (G.) et DI CONCILIO (A.) : « Il castagno : un patrimonio da salvaguardare e potenziare », *L'Informatore Agrario*, 1971, 37, pp. 6571-6581.
CAVARGNA BONTOSI (Emilio) : « Mercato nazionale ed internazionale delle castagne », *Atti Convegno Internazionale sul Castagno*. Coni, Camera di commercio, industria, artigianato e agricultura di Cuneo, 1967, pp. 183-206.
CECCHINI (Renato) : « Origine della diffusione del castagno in Italia », *Monti e Boschi*, 1950, 9, pp. 412-414.
CESCHI (Ivo) : « La coltura del castagno nelle Svizzera meridionale e il risanamento nella zona castanile ticinese », *Atti Convegno Internazionale sul Castagno*. Coni, Camera di commercio, industria artigianato e agricoltura di Cuneo, 1967, pp. 129-132.
CHABOT (Georges) : « Toponymie et géographie : les toponymes dérivés de la vigne en Bourgogne », *Annales de Géographie*, 1943, LII, 289, pp. 53-56.
CHAIX (Léon) : « La châtaigneraie française se meurt, mais on doit pouvoir la sauver », *Agri-sept*, 462, 29 nov. 1973.
CHAMPS (J. de) : « La production des taillis de châtaignier ». Paris, A.F.O.C.E.L. (Association Forêt-Cellulose), Rapport annuel 1972, pp. 219-277.
CHAPA (Jacques) : « La situation de la castanéiculture française », *2e Congrès international d'arboriculture fruitière de montagne*. Saint-Vincent (Val d'Aoste), 16-17 nov. 1982, pp. 265-269.
CHARAY (abbé Jean) : *Le passage d'Arthur Young en Vivarais*. Largentière, Humbert, s.d. (vers 1957), 21 p.
CHARRIÉ (Pierre) : *Le folklore du haut Vivarais*. Paris, éd. F.E.R.N., 1968, 261 p.
Châtaigne gourmande (la), Limoges, René Dessagne, 1984, 127 p.
CHAUNU (Pierre) : *La France*, R. Laffont, 1982, 388 p.
CHERUBINI (Giovanni) : « La " civilta " del castagno in Italia alla fine del Medioevo », *Archeologia Medievale*, 1981, VIII, pp. 247-280.
CHEVALIER (Michel) : *La vie humaine dans les Pyrénées ariégeoises*. Paris, M.-Th. Génin, 1956, 1061 p.

CHEVALIER (chanoine Ulysse) : *Cartulaire de l'abbaye Saint-Chaffre du Monastier*, Paris, A. Picard, 1884, 224 p.

CLANCIER (Georges-Emmanuel) : *La vie quotidienne en Limousin au XIXe siècle*, Paris, Hachette, 1976, 319 p.

CLAVAL (Paul) : *Éléments de géographie humaine*, Paris, M.-Th. Génin-Librairies Techniques, 1974, 412 p.

CLAVAL (Paul) : *Éléments de géographie économique*. Paris, M.-Th. Génin-Librairies Techniques, 1976, 361 p.

CLERC (L.) : *Manuel de l'amateur de marrons et de châtaignes*. Paris, 1828, 90 p.

CLOUT (Hugh) : *Agriculture in France in the eve of the railway age*. Londres, Croom Helm, 1980, 239 p.

CLOUT (Hugh) : *The land of France. 1815-1914*. Londres, Georges Allen and Unwin, 1983, 171 p. Traduction française : *L'évolution de la France rurale. 1815-1914. Essai de géographie historique*. Metz, Presses Universitaires de Metz, Mosella, XII (n° spécial annuel), 1982, 162 p.

COCULA-VAILLIÈRES (A.-M.) : *Un fleuve et des hommes. Les gens de la Dordogne au XVIIIe siècle*. Paris, Tallandier, 1981, 524 p.

COMBA (Rinaldo) [1970a] : « Testimonianze sull'uso delle'incolto sul dissodamento e sul popolamento nel Piemonte meridionale (XIII-XIV secolo) », *Bolletino Storico-Bibliografico Subalpino*, LXVIII, 1970, pp. 415-453.

COMBA (Rinaldo) [1970b] : *Il libro degli statuti delle franchigie e delle immunità del commune di Villafalletto*, Turin, Biblioteca Storica Subalpina, 197/II, 1970.

CONTRANDOPOULOS (Juliette) : *Recherches sur la flore endémique de la Corse et sur ses origines*, Gap, 1962, 354 p.

CORBIER (Pol de) : *Les feuillardiers du Limousin et leurs syndicats*, Paris, A. Rousseau, 1907, 183 p.

CORBIN (Alain) : *Archaïsme et modernité en Limousin au XIXe siècle, 1845-1880*, Paris, M. Rivière, 1975, 2 vol., XII-1167 p.

COSTANTINI (P.) : *Aimons, chantons, sauvons la Corse*, Bastia, éd. U Muntese, 1967, 464 p.

COUFFIGNAL (Huguette) : *La cuisine rustique. Auvergne, Rouergue, Limousin*, Forcalquier, Robert Morel, 1970, 193 p.

COUGNOUX (Antoinette) : « Le châtaignier dans la tradition limousine », *Lemouzi*, juillet 1976, 59, pp. 245-256.

CRÉGUT (Louis) : *L'industrie de l'extrait de châtaignier en France. Ses rapports avec l'industrie de la tannerie et l'économie rurale*, Largentière, E. Mazel, 1927, 197 p.

CRÉGUT (Louis) : « L'industrie de l'extrait de châtaignier en Ardèche », *Revue du Vivarais*, XXXV, 1928, 5-6, pp. 102-110.

CRESCENS (Pierre de) : *Civis cononieii in commodii ruralium cum figuris libri duodecim*. Paris, 1486, 161 p. Autre édition : Bâle, 1548.

CRISTOFINI (B.), DEFFONTAINES (J.-P.), RAICHON (C.) et VERNEUIL (B. de) : « Pratiques d'élevage en Castagniccia. Exploration d'un milieu naturel et social en Corse », *Études rurales*, juillet-décembre 1978, pp. 89-109.

COUDERC (G.) : *Rapport sur la maladie du châtaignier dans le département de l'Ardèche*. Aubenas, Impr. Robert, 1918, 40 p.

C.T.B. (Centre Technique du Bois) : Fiche *Châtaignier*. Saint-Mandé, 1972, 15 p.

C.T.B. (Centre Technique du Bois) : Fiche *Chêne*. Saint-Mandé, 1973, 15 p.

DAINVILLE (François de) : « Un dénombrement inédit au XVIIIe siècle : l'enquête du Contrôleur Général Orry, 1745 », *Population*, janv.-mars 1952, 7, 1, pp. 49-68.

DARPOUX (H.) : *Le chancre du châtaignier causé par l'Endothia parasitica », Bulletin Technique Châtaignier*, 1950, 2, pp. 52-69.

DARPOUX (H.) : « La maladie du châtaignier causée par l'*Endothia parasitica* », *Bulletin Technique Châtaignier*, 1951, 3, pp. 102-111.

DAUBENTON (Louis) : article Châtaignier *in La Grande Encyclopédie* de DIDEROT et d'ALEMBERT, t. III, 1753, pp. 237-240.

DAUBENTON (Louis) : « Observations sur les bois de chêne et de châtaignier », *Mémoires de l'Académie Royale des Sciences*, 1784, pp. 295-296.

DAUGAS (Jean-Pierre) et TIXIER (Luc) : « Les variations du paysage de la plaine de la Limagne d'Auvergne durant l'Holocène, du Tardiglaciaire à l'époque actuelle. », Actes du colloque Archéologie du Paysage, Paris, E.N.S., mai 1977, *Caesarodunum*, n° 13, 1978, pp. 429-444.

DAUZAT (Albert) et ROSTAING (Charles) : *Dictionnaire étymologique des noms de lieux en France*. Paris, Larousse, 1963, 738 p.

DAVID (Gaston) : « Les châtaigniers », *Lemouzi*, 29, 211, sept.-déc. 1921, p. 192.

DAVISO DI CHARVENSOD (Maria Clotilde) et BENEDETTO (Maria Ada) : *Gli statuti del consortile di Cocconato*. Biblioteca Storica Subalpina. Turin, 1965, 204 p.

DEBOIS (Jean) : « La châtaigne dans la tradition culinaire limousine », *La châtaigne gourmande*. Limoges, René Dessagne, 1984, pp. 9-16.

DEBUIGNE (Gérard) : *Dictionnaire des vins*. Paris, Larousse, 1969, 256 p.

DEFFONTAINES (Jean-Pierre) : *Carte schématique des pentes en France*. S.E.I. (I.N.R.A.), étude n° 34, janv. 1968, 11 p. + 1 carte.

DEFFONTAINES (Pierre) : *L'homme et la forêt*. Paris, Gallimard, 1933, 188 p.

DEFRANCESCHI (Jean) : « La communauté rurale corse à la fin de l'Ancien Régime : recherches sur l'occupation des sols », *Pieve e paesi. Communautés rurales corses*. Marseille-Paris, C.N.R.S., 1978, p. 79 *et seq.*

DEGRULLY (Paul) : *Le droit de glanage, grappillage, ratelage, chaumage et sarclage, patrimoine des pauvres*. Paris-Montpellier, V. Giard et E. Brière-Coulet et fils, 1912, 297 + CXV + XXXI p.

DELAUNAY (J.-E.) : « En forêt de Montmorency (S. et O.), cercliers et treillageurs », *Bulletin folklorique d'Ile-de-France*, 10, 4, oct.-déc. 1948, pp. 18-19.

DEL GUERRA (Lionello) : « Le malattie parassitatie ed i castagneti del Piemonte e della Liguria », *L'Italia Forestale e Montana*, 1948, 5, pp. 266-287.

DELLA CHIESA (Mgr Francesco Agostino) : *Relazione dello stato presente del Piemonte*. Turin, per Gio. Zavatta e Gio. Domenico Gaiardo, 1635.

DELLA CHIESA (Gioffredo) : *Cronaca di Saluzzo di — con illustrazioni di Carlo* MULETTI. Turin, 1846.

DELMAS (Claude) : « Vieux rites de mariages au pays des " Castaignières " », *Auvergne*, 1946, 115, pp. 56-57.

DELVERT (Jean) : « Note sur le " complantage Kabyle " » *in* FLATRÈS Pierre et PLANHOL (Xavier de) (sous la dir. de) : *Paysages arborés et complantés*. Paris, Publications du département de Géographie de l'Université de Paris-Sorbonne, 9, 1980, pp. 53-64.

DE MARTINI (Marco) : *La Campania. Economia montana e foreste*. Naples, Ispettorato regionale delle foreste per la Campania, 1960, 382 p.

DEPAPE (G.) : « Recherches sur la flore pliocène de la vallée du Rhône. Flores de Saint-Marcel-d'Ardèche et des environs de Théziers (Gard), *Annales Sc. Nat. Bot.*, 1922, 10, 4, pp. 73-266.

DE PHILIPPIS (Alessandro) : *Classificazioni ed indici del clima in rapporto alla vegetazione forestale italiana*. Florence, M. Ricci, 1937, 169 p.

DE PHILIPPIS (Alessandro) : « La culture du châtaignier dans les régions d'Avellino, de Salerno et de Monte Amiata ». Groupe des Experts du Châtaignier, *Rapport de la Première Session, Italie-Suisse, octobre 1951*. Rome, F.A.O., déc. 1952, pp. 23-29.

DE PHILIPPIS (Alessandro) : « La culture des conifères dans l'étage du châtaignier en Italie », *Journal Forestier Suisse*. 1961, 1, pp. 27-42.

DERIBIER DU CHÂTELET : *Dictionnaire statistique ou Histoire, description et statistique du département du Cantal*. Aurillac, V. Picut, 5 vol., 1852-1857. Reprint : Mayenne, Joseph Floch, 1964, 2 vol.

DESJARDINS (Gustave) : *Cartulaire de l'abbaye de Conques en Rouergue*. Paris, A. Picard, 1879, CXX + 518 p.

DESPLANQUES (H.) : « L'agritourisme en Italie », *Annales de Géographie*, 1973, 450, pp. 151-164.

DESPRÈS (Jules) : *Considérations sur le domaine forestier dans le département des Pyrénées-Orientales*. Perpignan, Impr. de Charles Latrobe, 1869, Le châtaignier : pp. 55-64.

DESROYS (Abel) : « Exploitation rurale dans les Boutières à la fin du XVIe siècle », *Revue du Vivarais*, 1952, 1, pp. 14-38.

DESTEL (Louis-Henry) : *Saint-Girons, Saint-Lizier, le Couserans*. Toulouse, Imprimerie régionale, 1945, 429 p.

DEVÈZE (Michel) : *La vie de la forêt française au XVIe siècle*. Paris, Imprimerie Nationale, 1961, 2 vol., 325 et 475 p.

DEVÈZE (Michel) : Histoire des forêts. Paris, PUF, coll. « Que sais-je ? », 2e édition, 1973, 128 p.

DI BERENGER (Adolfo) : *Studii di archeologia forestale*. Trévise, 1859-63. 2e éd. : Florence, 1965, 806 + LXXXVI p.

DION (Roger) : « Querelle des anciens et des modernes sur les facteurs de la qualité du vin », *Annales de Géographie*, LXI, 328, nov.-déc. 1952, pp. 417-431.

DION (Roger) : *Histoire de la vigne et du vin en France des origines au XIXe siècle*. Paris, chez l'auteur, 1959, 768 p.

DIRY (Jean-Paul) : « L'élevage du porc en Auvergne », *Revue d'Auvergne*, 1979, 93, 1, pp. 1-50.

DJAZIREI (M.H.) : *Châtaignier commun, l'essence forestière spontanée de l'Iran*. Téhéran, services forestiers, août 1961, 12 p.

DJAZIREI (M.H.) : « Contribution à l'étude des forêts primaires de la Caspienne », *Bulletin de l'Institut Agronomique et des Stations de Recherche de Gembloux*, XXXIII, 1965, 1, pp. 35-75.

DORNIER (J.-B.) : *Voyage pittoresque en Corse — 1832*. Réimpr. Ajaccio, A. Muvra, 1939, 60 p.

DOUGUEDROIT (Annick) : *Les forêts de Haute-Provence et des Alpes-Maritimes. Géographie, écologie, histoire*. Aix, Edisud, 1975, 400 p.

DOUMENGE (François) : « Aspects géographiques de la croissance économique japonaise », *Bulletin de la Société Languedocienne de Géographie*, IV, 1, janv.-mars 1970, 61 p.

DUFRENOY (J) : « La lutte contre les maladies des châtaigniers », *Annales des Epiphyties*, 16, 1, janv.-fév. 1930, pp. 25-49.

DUHAMEL du MONCEAU : *Traité général des forêts, 1. Traité des arbres et arbustes qui se cultivent en France en pleine terre*, Paris, Guérin et Delatour, 1755, tome 1, 369 p.

DUHAMEL du MONCEAU : *De l'exploitation des bois*, Paris, H.L. Guérin, 1764, 2 vol.

DUHAMEL du MONCEAU : *Des semis et plantations des arbres et de leur culture*, Paris, H.L. Guérin, 1765.

DUMAS (Alexandre) : *Grand dictionnaire de cuisine.* Réédition : s.l.n.d., Henri Veyrier, 566 p.
DUMAY, (Raymond) : *Guide du vin,* Paris, Stock, 1967, Édition « Livre de Poche », 1971, 475 p.
DUPIAS (G.) : *Carte de la végétation de la France. N° 80 et n° 81. Corse. Notice sommaire,* Toulouse, C.N.R.S., 1963, 21 p.
DUPRAZ (Dominique) et MOREL, (Y) : *La châtaigneraie ardéchoise. De la tradition à la rénovation,* Privas, Archives de l'Ardèche — Service éducatif, 1984, 179 p.
DUTRECH (Jean) : « Esthétique du châtaignier », *Lemouzi,* 15, 134, juin 1907, pp. 133-135.
DUVAL (Paul-Marie) : « Spécialités gauloises » *in* « *A table les Français* ». *Historia,* hors-série n° 42, pp. 33-36.
DUVERNOY (Jean) : « La nourriture en Languedoc à l'époque cathare », *Carcassonne et sa région. Actes des XLIe et XXIVe congrès d'études régionales tenus par la Fédération des Sociétés académiques et savantes de Languedoc-Pyrénées-Gascogne. Carcassonne, 17-19 mai 1968,* Carcassonne, 1970, pp. 235-241.
EANDI (Giovanni) : *Statistica della provincia di Saluzzo,* Saluces, 1833, 2 vol. en 4 fascicules.
EISELIN (Hugo) : « Le châtaignier dans le Tessin, son importance, son rôle, *Rapport de la première session du Groupe des Experts du Châtaignier, Italie-Suisse, oct. 1951.* Rome, F.A.O., pp. 37-39.
ELHAÏ (Henri) : « Analyse pollinique des sédiments post-glaciaires de l'embouchure du Leça, près de Porto », *Boletim do Museo e Laboratorio Mineralógico e Geológico da Faculdade de Ciéncias* (Lisbonne), 1964, 10, 1, pp. 45-52.
ELHAÏ (Henri) : *Biogéographie,* Paris, A. Colin, coll. U, 1968, 406 p.
ELWES (Henry John) et HENRY (Augustine) : *The trees of Great Britain and Ireland.* Édimbourg, 1908, vol. III.
EMBERGER (Louis) : *Les arbres du Maroc,* Paris, Larose, 1938, 317 p.
EMMANUELLI (P.) : *Aperçu sur la « terre du commun ». Quatre siècles de collectivisme agraire en Corse, 1358-1768,* Aix-en-Provence, La Pensée Universitaire, 1957, 109 p.
ENJALBERT (Henri) : *Le Causse de Rodez et le Ségala central. Etude comparée du peuplement et de la mise en valeur agricole,* Thèse complémentaire, Paris, 1955, 523 p. dactyl.
ENJOUBERT (Hilaire) : *Les amours de François Pétrarque et de Laure de Sabran,* Paris, Boivin, 1948.
Enquête sur les incendies de forêts dans la région des Maures et de l'Estérel. Rapport à son exc. M. le Ministre des Finances, Paris, Imprimerie Impériale, 1869, 218 p.
ESTÉOULE (Jean) : « Les Boutières dans le Vivarais et Ajoux dans les Boutières, *Revue du Vivarais,* 1968, 3, pp. 110-118.
ESTIENNE (Charles) : *Praedium rusticum,* 1554. Traduction par Jean LIÉBAULT : *De la maison rustique,* Paris, 1582 (éd. consultée).
ÉTIENNE » (abbé V.) : « Notice sur la paroisse de Ribes », *Revue du Vivarais,* juil.-sept. 1939, pp. 129-146.
EXBRAYAT (Charles) : *Ceux de la forêt,* Paris, A. Michel, 1977, 235 p.
EYNARD (I.), HONDA (N.) et KOMA (S.) : « La coltura del castagno da frutto in Giappone », *Atti Convegno Internazionale sul Castagno. Cuneo 12-14 ottobre 1966,* Coni, Camera di Commercio, Industria, Artigianato e Agricoltura di Cuneo, 1967, pp. 90-106.
EYNARD (Italo) et IWANO, (Sadao) : Osservazioni sulla coltura del castagno da frutto in Italia e in Giappone, *Informatore Agrario,* 1972, 21, pp. 9076-9080.
FABIANI (Pierre) : Quand la Corse avait un roi, *Les Dossiers de l'Histoire,* 44, juil.-août 1983, pp. 64-77.
FABRE (Ferdinand) : *Les Courbezon. Scènes de la vie cléricale,* Paris, Hachette, 1862, 436 p.
FAGE (René) : *La propriété rurale en bas Limousin pendant le Moyen Age,* Paris, A. Picard et fils, 1917, 274 p.
FAGE (René) : « De quelques termes relatifs à l'agriculture d'après les cartulaires et documents du Limousin », *Bulletin philologique et historique (jusqu'à 1715),* 1925, pp. 71-86.
FARCY (Henri de) : *Paysans du Lyonnais. La vie agricole dans la vallée de l'Yzerdon.* Lyon, Institut des Études Rhodaniennes de l'Université de Lyon. Mémoires et Documents, 5, 1950, 169 p.
FEBVRE (Lucien) : *Philippe II et la Franche-Comté.* Paris, Flammarion, 1970.
FEDERICO (Salvatore) : « Studi sulla produzione legnosa dei castagnetti da frutto », *L'Italia Forestale e Montana,* 1949, 5, pp. 267-298.
FEL (André) : « Paysages agraires et civilisation rurale de la vieille Corse », *I paesaggi rurali europei.* Pérouse, Deputazione di Storia Patria per l'Umbria, Appendici al Bollettino n° 12, 1975, pp. 183-196.
FENAROLI (Luigi) : *Il castagno,* Rome, R.E.D.A., 1945, 222 p.
FÉNELON (Paul) : *Vocabulaire de géographie agraire,* Tours, Publications de la Faculté des Lettres et Sciences Humaines, 2, 1970, 691 p.
FÉVRIER (Paul-Albert) : « Vetera et nova : le poids du passé, les germes de l'avenir, IIIe-VIe siècles » *in* G. DUBY (sous la dir. de) : *Histoire de la France Urbaine,* vol. I, 1980, pp. 393-493.
FEYDEL (Gabriel) : *Mœurs et coutumes des Corses,* Paris, Garnery, an VII, 112 p.
FILIPPINI (Maria Nunzia) : *La Cuisine corse,* Ajaccio, Serena, 1978, 119 p.
FLATRÈS (Pierre) : remarque à la suite de la communication de M. QUAINI *in I paesaggi rurali europei.* Pérouse, Deputazione di Storia Patria per l'Umbria, Appendici al bolletino n° 12, 1975, p. 468.
FLECKINGER (J.-B). : *Lutte contre les maladies du châtaignier et du noyer en Corrèze. Rapport au*

Conseil Général. Session d'avril 1921, Tulle, Direction des services agricoles de la Corrèze, 1921, 20 p.

FLICHE (P.) : « Note sur un charbon quaternaire de châtaignier, *Bulletin de la Société Botanique de France*, 54, 1907, pp. 132-136.

FOEX (Et.) : « Les maladies du châtaignier ». *Premier Congrès National de la Châtaigne tenu les 8 et nov. 1924 à Brive*. Paris, Publications agricoles de la Compagnie d'Orléans, 1926, pp. 89-117.

FONDARD (M.) et GINET, (M.) : « Histoire naturelle du châtaignier », *Congrès méditerranéen du châtaignier. Aubenas, 10-27 octobre 1935*. Privas, impr. L. Volle, 1936, pp. 10-27.

FONTAINE (Marie-Madeleine) : « L'alimentation du jeune enfant au XVIe siècle » *in* J.-C. MARGOLIN et R. SAUZET (sous la dir. de) : *Pratiques et discours alimentaires à la Renaissance*. Paris, Maisonneuve et Larose, 1982, pp. 57-68.

FOROT (Charles) : *Odeurs de forêt et fumets de table*, Privas, impr. L. Volle, 1964, 391 p. 3e éd., 1975, 342 p.

FOUQUÉ : « La maladie des châtaigniers dans les îles Açores », *Revue des Deux-Mondes*, 15 avril 1873, p. 837.

FOURQUIN (Guy) : *Les campagnes de la Région Parisienne à la fin du Moyen Age*. Paris, PUF, 1963, 591 p.

FOURQUIN (Guy) : « Le premier Moyen Age. Le temps de la croissance. Au seuil du XIVe siècle » *in* G. DUBY et A. WALLON (sous la dir. de) : *Histoire de la France rurale*, Paris, Seuil, 1975, pp. 291-601.

FRANCK (A.) : « Pollen stratigraphy of the lake of Vico, Central Italy », *Paleogeography, Paleoclimatology, Paleoecology*, 1969, 6.

FRANCUS (Docteur Mazon A.) : *Voyage autour de Privas*, 1882. Réédition : Aubenas, Lienhart, 1965, 463 p.

FRANCUS (Docteur) : *Voyage dans le Midi de l'Ardèche*, 1884. Réédition : Aubenas, Lienhart, 1965, 522 p.

FRANZINI (D.) : « L'araire de la Castagniccia. » *Bulletin de la Société des Sciences Historiques et Naturelles de la Corse*. LXXXXV, 1975, 617, pp. 35-38.

FREUND (Bodo) : « La genèse des formes de l'habitat dans la terra de Barroso », *Finisterra*, V, 9, 1970, pp. 84-102.

FREUND (Bodo) : « Les mémoires paroissiaux comme source d'information sur les paysages agraires du nord-est portugais du XVIIIe siècle, *I paesaggi rurali europei*, Pérouse, Deputazione di Storia Patria per l'Umbria, appendici al Bollettino no 12, 1975, pp. 215-223.

FRIGERO (Patrizia) et PICCIONE, (Antonino) : « Schedi sull'architectura rurale dell'Appennino genovese nel XVII-XIX secolo ». *Archeologia medievale*, III, 1976, pp. 447-472.

FRON (Albert) : *Sylviculture*, Paris, J.-B. Baillière, 1909, 496 p.

GABOTTO (Ferdinando) : *L'agricoltura nella regione saluzzese dal secolo XI al secolo XV*, Biblioteca della Società Storica Subalpina, XV, 1-2. Pignerol, Chiantore e Mascarelli, 1901-1902, pp. I-CLIV.

GABRIELLI (Antonio) : « Principi di vincolo forestale in alcune disposizioni medicee del XVIe et XVIIe secolo », *Annali dell'Accademia Italiana di Scienze Forestali*, XVI, 1967, pp. 179-199.

GADILLE (Rolande) : *Le vignoble de la côte bourguignonne*, Paris, Les Belles Lettres, 1967, 686 p.

GALZIN (J.) : « Note sur une châtaigneraie en voie d'enrésinement près de Notre-Dame-de-La-Rouvière (Gard) », *Bulletin Technique Châtaignier*, 5, 1958, p. 80.

GARCIN, (Eugène) : *Les châtaignes des morts*, Paris, 1896. Cité *in La Châtaigne*, I, 4, juillet 1947, p. 7.

GASPARIN (comte de) : *Cours d'agriculture*, Paris, Librairie agricole de la Maison Rustique, 6 vol. 3e éd., 1863.

GAUDIN (abbé Jacques-Maurice) : *Voyage en Corse et vues politiques sur l'amélioration de cette isle*, Paris, Lefèvre, 1787, 264 p.

GAUSSEN (H.) : *Végétation de la moitié orientale des Pyrénées. Sol, climat, végétation*, Toulouse, impr. Bonnet, 1926, 559 p.

GAUSSEN (Henri) : *La répartition du châtaignier aux Pyrénées*, Toulouse, 1927.

GAUSSEN (Henri), *Les châtaigniers japonais au sud-ouest pyrénéen*, Toulouse, 1932, 33 p.

GENNAI (Piero) : « Boschi e castagneti nell'Aretino nel primo '800 », *Revista di Storia dell'Agricoltura*, II, 2, juin 1963, pp. 59-65.

GERMANES (abbé de) : *Histoire de la Corse et de ses révolutions*, Paris, Costard, 3 vol., 1774.

GIORDANO (Ervedo) : « La diffusione del pino marittimo nei castagneti dei Monti Pisani », *L'Italia Forestale e Montana*, 1953, VIII, 3, pp. 123-125.

GIORGI (Enzo) : *Il castagneto da frutto in Toscana*, Florence, B. Coppini, 1960, 87 p.

GIROLAMI-CORTONA (abbé F.) : *Géographie générale de la Corse*, Ajaccio, 1893, 351 p.

GONZALEZ RODRIGUEZ (Antonio) : *Contribucion al estudio de la nutricion del castaño (tesis)*, Santiago, Departamento de botanica y fisiologia vegetal de la facultad de ciencias, 1975, 327 p. dactylogr.

GONZALEZ VAZQUEZ (E.) : « Comment influent les conditions des milieux stationnels du châtaignier sur la propagation de ses maladies cryptogamiques », *Bulletin Technique Châtaignier*, 3, 1951, pp. 114-116.

GORIN (Joël) : *Châtaignes et marrons en Pays de Vilaine*, Bordeaux, École Nationale d'Ingénieurs des Travaux Agricoles, sept. 1972, 84 p. ronéot.

GORRICHON (Martine) : *Les travaux et les jours à Rome et dans l'ancienne France. Les agronomes latins inspirateurs d'Olivier de Serres*, Tours, Centre de Recherche A. Piganiol, 1976, 577 p.
GRACQ (Julien) : *La forme d'une ville*, Paris, José Corti, 1985, 213 p.
GRAND (Roger) : *Le contrat de complant depuis les origines jusqu'à nos jours*, Paris, Sirey, 1917, 147 p.
GRAND (Roger) et DELATOUCHE (Raymond) : *L'agriculture au Moyen Age*, Paris, E. de Boccard, 1950, 740 p.
GRANET (M.-T.) : *La Châtaigneraie cantalienne, étude de géographie humaine*, D.E.S. de géographie. Bordeaux, 1951, 209 p. dactylogr. Ouvrage partiellement publié *in Revue de la haute Auvergne*, XXXIV, 1954-55, pp. 305-394.
GRANGEON (Pierre) : « La flore pontienne de Gourgouras (Ardèche) », *Bulletin de la Société Géologique de France*, 1953, 16, 3, pp. 303-320.
GRANGEON (Pierre) : « La flore miocène des environs de Privas », *Annales de la Société Géologique du Nord*, 1957, LXVII, pp. 184-194.
GRANGEON (Pierre) : *Contribution à l'étude de la paléontologie végétale du massif du Coiron*, Clermont-Ferrand, G. de Bussac, 1958, 302 p.
GRAVES (A.H.) : « Relative blight resistance in species and hybrids of *Castanea* », *Phytopathology*, 1950, 40, 12, pp. 1125-1131.
GRENTE (J.) : « Deux maladies redoutables : l'encre et le chancre », *Châtaignes et marrons*, Paris, I.N.V.U.F.L.E.C., 1975, pp. 125-135.
GRIBAUDI (Dino) : *Il Piemonte nell'antichità classica. Saggio di corografia storica*, Turin, Biblioteca della Società Storica Subalpina, CXIV, nuova serie XXIII, 1928, 317 p.
GRIBAUDI (Dino) : *Piemonte e Val d'Aosta*, Turin, Unione Tipografico — Editrice Torinese, 2e édition, 1966, 604 p.
GRIBAUDI (Piero) : « Sulla produzione agraria in Piemonte nella prima metà del secolo XVII, *Annali dell'Accademia di Agricoltura di Torino*, 1939, XVI, pp. 73-128.
GRIGG (David) : *Population growth an agrarian change. An historical perspective*, Cambridge, Cambridge University Press, 1980. Chapitres sur la France pp. 102-114 et pp. 190-206.
GRIMAL (Pierre) : « Art des jardins », *Encyclopaedia Universalis*, t. 9, 1975,. pp. 395-401.
GRIMAL (Pierre) : *Les jardins romains*, Paris, Fayard, 3e éd. 1984, 516 p.
GROSDIDIER de MATONS (Marcel) : La Châtaigneraie cantalienne. *Revue de Géographie Alpine*, XV, 1927, II, pp. 249-277.
GUILAINE (Jean) : *La France d'avant la France, du Néolithique à l'Age du Fer*, Paris, Hachette, 1980, 296 p.
GUILLAUME (A.) et TRICAUD (P.) : *La culture rationnelle du châtaignier et du noyer*, Limoges, éd. de l'UFAL, 1943, 200 p.
GUILLAUMIN (A.) : *Les plantes cultivées. Histoire, économie*, Paris, Payot, 1946, 352 p.
GUINIER (Ph.) : « L'origine de la répartition actuelle du châtaignier ». *Bulletin Technique Châtaignier*, 3, 1951, pp. 168-174.
GUYOT (L.) : *Histoire des plantes cultivées*, Paris, A. Colin, 1963, 214 p.
GYSS (Jean-Louis) : *Le vin et l'Alsace*, Paris, Berger-Levrault, 1978, 124 p.
HADFIELD (John) (ed) : *The new Shell Guide to England*. Londres, The Rainbird Publishing Group and Michael Joseph, 2e édition, 1981, 864 p.
HALGOUËT (M. du) : « Le marché de la châtaigne en Angleterre », *Premier Congrès National de la Châtaigne tenu les 8 et 9 nov. 1924 à Brive*, Paris, Pub. agricoles de la Cie d'Orléans, 1926, pp. 164-168.
HARMAND : « Relation d'un voyage à Rome, commencé le 23 du mois d'août 1520 et terminé le 14 du mois d'avril 1521 », *Mémoires de la Société d'Agriculture, Sciences et Arts de l'Aube*, Troyes, XV, 2, 1849-1850, pp. 143-235.
HAUDRICOURT (G.) et HEDIN (L.) : *L'homme et les plantes cultivées*, Paris, Gallimard, 1943, 233 p.
HAUSER (H.) : « En Corse. Une terre qui meurt », *La revue du Mois*, 1909, 47, pp. 539-569.
HEERS (Jacques) : *Gênes au XVe siècle*, Paris, S.E.V.P.E.N., 1961, 741 p.
HEHN (V) : *Piante coltivate ed animali domestici nelle loro emigrazioni dall'Asia per la Grecia e l'Italia nel resto d'Europa*, (traduction de la 5e édition allemande), Florence, Le Monnier, 1892, 572 p.
HEITZ (R.) et JACQUIOT, (C.) : Étude anatomique de la greffe d'un châtaignier sur chêne, *Annales des Sciences Forestières*, 1972, 29, 3, pp. 391-395.
HÉLAS (Jean-Claude) : les paysages gévaudanais du XVe siècle : l'apport des terriers *in* Le paysage rural : réalités et représentations, *Revue du Nord*, LXII, 244, janv.-mars 1980, pp. 233-246.
HEUZÉ (Gustave) : *L'agriculture de l'Italie septentrionale*, Paris, Hachette, 1864, 414 p.
HIGOUNET (Charles) : « Les forêts de l'Europe occidentale du Ve au XIe siècle (1966) », *Paysages et villages neufs du Moyen Age*. Bordeaux, Fédération Historique du Sud-Ouest, 1975, pp. 37-63.
HIGOUNET (Charles) : Contribution à l'étude de la toponymie du défrichement : les « artigues » du Bordelais et du Bazadais, *Paysages et villages neufs du Moyen Age*, Bordeaux, Fédération Historique du Sud-Ouest, 1975, pp. 105-110.
HOFFMANN (Charles) : *L'Alsace au XVIIIe siècle*, Colmar, 1906, 4 vol.
HUETZ DE LEMPS (Alain) : *Les vignobles du nord-ouest de l'Espagne*, Bordeaux, 1967, 2 vol., 1004 p.
HUGUES (Adolphe) : *Cahiers des plaintes et doléances des paroisses du bas Limousin publiés d'après les originaux et annotés*, Tulle, impr. Crauffon, 1892, 234 p.

HURPIN (Jean) : *La flore mellifère de France*, Uzès, édition de la Capitelle, 1952, 110 p.
HUYSMANS (J.-K.) : *Croquis parisiens*, Paris, Plon, 6e éd., 1922, 332 p.
IMBERCIADORI (Ildebrando) : *Mezzadria classica toscana con documentazione inedita dal IX al XIV sec.*, Florence, Accademia economico-agraria dei Georgofili, Valecchi, 1951, 182 p.
IMBERCIADORI (Ildebrando) : *Campagna toscana nell' 700 della Reggenza alla Restaurazione 1737-1815*, Florence, 1953.
IMBS (Paul) : *Trésor de la langue française*, Paris, éd. du C.N.R.S., 1977, vol. 5.
INOWÉ (Mitsusada) : *Nihon no lekishi (Histoire du Japon)*, Tokyo, Chuokoron sha, 1965, tome 1.
ISAAC (Erich) : *Geography of domestication*, Englewood Cliffs Prentice Hall, 1970, 132 p.
ISSINSKIJ (P.A.) : *Kastanovye lesa Kavkaza i osnovy vedenija hozjajastva v nih. (Les forêts de châtaigniers du Caucase et les principes de leur économie)*. Sbornik trudov SočNILOS vyp. 4. (Recueil de travaux de la station forestière expérimentale de Soči, vol. 4. Moskva, izdatel'stvo Lesnaja promyslennost, 1968, 240 p.
ISSLER, LOYSON, WALTER (d'après) : *Flore d'Alsace*, Strasbourg, Société d'Étude de la Flore d'Alsace — Institut de Botanique, 1965, 637 p.
JACQUART (Jean) : « Immobilisme et catastrophes. 1560-1660 » *in* DUBY (Georges) et WALLON (Armand) (sous la dir. de) : *Histoire de la France Rurale*, Paris, Seuil, t. II, 1975, pp. 185-358.
JACQUIOT (C.) : « Une légende absurde : les charpentes en châtaignier », *Les Monuments Historiques de la France*, 1963, 2, pp. 98-100.
JACQUIOT (C.) : Lettre publiée dans *Nature et Protection*, 12, déc. 1976, p. 7.
JALMAIN (M.-D) : « La haie de Nangis », *Caesarodunum*, 1981, XVI, pp. 223-225.
JANIN (Bernard), DALMASSO (Étienne) et BILLET, (Jean) : « La 56e excursion interuniversitaire. Val d'Aoste, Milan, Tessin (oct. 1973) », *Annales de Géographie*, 461, janv.-fév. 1975, pp. 78-95.
JARVIS (P.J.) : « North american plants and horticultural innovation in England, 1550-1700 », *Geographical Review*, oct. 1973, pp. 477-499.
JEOFFROY-FAGGIANELLI (Pierrette) : *L'image de la Corse dans la littérature romantique française*, Paris, PUF, 1979, 448 p.
JOANNIS (Claudette) : *Les petits métiers des jardins de Paris*, Paris, Christine Bonneton, 1977, 125 p.
KAÏZUKA (Shigeki) : *Sekaï no lekishi (Histoire du monde)*, Tokyo, Chuokoron sha, 1976, vol. 1.
KAJIURA (Minoru) : *Importance and role of chestnut in Japan*, Rome, F.A.O., Commision Internationale du Châtaignier, 3e session, 1955, F.A.O./C.H./17.B., 13 p. ronéot.
KAZAMA (Keïchi) : « Nihon no wine » (Le vin japonais) *in* GUICHARD (Ami) : *Le grand livre du vin*, édition japonaise. Lausanne, Edita, 1969.
KINNEIR (John Macdonald) : *Journey through Asia Minor... in the years 1813 and 1814*, Londres, 1818, p. 323.
KOSSENAKIS (Georges) : *Le châtaignier en Grèce*, Rome, F.A.O., vers 1955, 6 p. ronéot.
KURTH (A.) : *L'importance du châtaignier, les conséquences de la maladie du chancre et les travaux de recherche s'y rapportant. Exposé des conditions suisses et propositions pour une collaboration internationale*, Rome, F.A.O., Communication à la réunion des Experts du Châtaignier, du 20 au 23 juin 1961 en Suisse, 8 p. ronéot.
KURTH (A.), FISCHER (F.), BAZZIGHER (G.), RITTER (F.) : « Il cancro corticale del castagno nel cantone Ticino », *Mémoires de l'Institut Suisse de Recherches Forestières*, vol. 33, fasc. 2, 1957, pp. 33-69.
LABRADA (Lucas) : *Descripción económica del Reino de Galicia*, El Ferrol, 1804. Réédition : Vigo, Galaxia, 1971, 291 p.
LAFARGE (René) : *L'agriculture en Limousin au XVIIIe siècle et l'intendance de Turgot*, Paris, A. Chevalier-Maresq, 1902, VIII-281 p.
LAFAYOLLE (Henry) : « Nouveaux noms de quelques communes de l'Ardèche pendant la Terreur », *Revue du Vivarais*, 1894, 3, pp. 129-132.
LAFFORGUE (Germain) : *Le vignoble girondin*, Paris, Louis Larmat, 1947, 319 p.
LAFITTE (G.) : *Le châtaignier japonais en Pays Basque*, Mendionde, 1946, 72 p.
LAMBERT (Claude) et RIOUFREYT, (Jean) : « Une architecture rurale de caractère traditionnel : les " loges " du Maine et de l'Anjou », *Métiers d'Art*, 21, déc. 1982, pp. 21-24.
LAMORISSE (R.) : « La régression démographique en Cévenne lozérienne du milieu du XIXe siècle à la Grande Guerre » *in* Cévennes et Gévaudan, *Bulletin de la Société des Lettres, Sciences et Arts de la Lozère*, Nelle Série, no 18-19, 1972-73, pp. 397-413.
LAMOTTE (Pierre) : « Note sur la propriété arboraire en Corse », *Études corses*, LXXVI, 1956, no 12, pp. 60-68.
LARONDE (A.) : « Lydie », *Encyclopaedia Universalis*, tome 10, 1972, pp. 200-201.
LA SALLE DE ROCHEMAURE (duc de) : *Discours du duc... Inauguration du monument élevé à Boisset à J.-B. BRAYAT, 1779-1838, le poète de la Châtaigneraie*, Aurillac, Impr. moderne, 1907, 47 p.
LASCOMBES (A.) : « Notice sur le château et la baronnie de Boulogne en Vivarais et leurs dépendances, *Revue du Vivarais*, 1898, 3, pp. 127-140 et 4, pp. 178-186.
LA SERRE (G. de) : « Le châtaignier et le reboisement », *Revue des Eaux et Forêts*, 84, août-septembre 1946, pp. 557-565.
LA TOUR DU PIN (marquise de) : *Journal d'une femme de cinquante ans. 1778-1815*, Nancy-Paris, 1924, 2 vol., nouv. éd., Mercure de France, Paris, 1984.

LAVAGNE (André) et ZERAIA (Lamri) : « Étude phytosociologique et cartographique du Vallon du Maraval (Maures occidentales). Proposition d'aménagement intégré, en vue de la protection du massif contre les incendies », *Revue de biologie et d'écologie méditerranéenne*, III, 4, 1976, pp. 75-93.

LAVERGNE (L.) : « La Châtaigneraie, région de production fruitière », *Revue de la haute Auvergne*, 1939-44, XXX, pp. 23-47.

LAVIALLE (J.-B.) : *Le châtaignier : étude scientifique du châtaignier, sa culture, utilisation de ses produits, ses maladies et leurs remèdes, conclusions pratiques*, Paris, Vigot frères, 1906, III, 286 p.

LAVIALLE (J.-B.) : *Essai de classification du genre Castanea précédé du Rapport sur la 1re Exposition Internationale de la Châtaigne*, Limoges, extrait des C.R. des Congrès de l'Arbre et de l'Eau, 1er Congrès du Châtaignier, 1911, 72 p.

LAVIALLE (J.-B.) : « Le fruit du châtaignier », *Premier Congrès National de la Châtaigne tenu les 8 et 9 nov. 1924 à Brive*, Paris, Pub. agricoles de la Cie d'Orléans, 1926, pp. 24-52.

LE BONNIEC (Henri) : *Le culte de Cérès à Rome des origines à la fin de la République*, Paris, Klincksieck, 1958, 507 p.

LEFEBVRE (Th.) : *Les modes de vie dans les Pyrénées atlantiques orientales*, Paris, A. Colin, 1933, 777 p.

LEFEVRE D'ORMESSON : *Mémoire sur l'état de la généralité de Riom en 1697 dressé pour l'instruction du duc de Bourgogne par l'intendant*, texte établi et annoté par Abel POITRINEAU, Clermont-Ferrand, faculté des Lettres et Sc. Humaines de l'université. Publications de l'Institut d'Études du Massif Central, VII, s.d., 207 p.

LÉGER (D.) et HERVIEU (B.) : *Le retour de la nature*, Paris, Seuil, 1979, 238 p.

LE LANNOU (Maurice) : *Pâtres et paysans de la Sardaigne*, Tours, Arrault, 1941, 364 p.

LEMÉE (G.) : « La végétation post-glaciaire du Lévezou d'après l'analyse pollinique », *Bulletin de la Société Botanique de France*, n° 100, 1953.

LE ROY LADURIE (Emmanuel) : *Les paysans de Languedoc*. Paris-La Haye, Mouton, 1966, 2 vol., 1034 p.

LE ROY LADURIE (Emmanuel) et QUILLET (Bernard) : « Baroque et Lumières » *in* DUBY (Georges) (sous la dir. de) : *Histoire de la France urbaine*, Paris, Le Seuil, t. III, 1981, pp. 287-535.

LE SOURD (Auguste) : « Le mémorial de François Barthélemy, avocat d'Aubenas (1706-1770), suite III et fin », *Revue du Vivarais*, janv. 1920, pp. 6-21.

LEUILLOT (Paul) : *L'Alsace au début du XIXe siècle*, Paris, S.E.V.P.E.N., 1959, 3 vol.

LÉVI-STRAUSS (Claude) : *L'origine des manières de table*, Paris, 1968, 478 p.

LÉVI-STRAUSS (Claude) : « Le rôti et le bouilli » *in* KUPER Jessica (sous la dir. de) : *La cuisine des ethnologues*, Paris, Berger-Levrault, 1981, pp. 248-259.

LEYDER (Marie-Claude) : *Le châtaignier ou « l'arbre à pain » des Cévennes vivaroises du nord*, Mémoire de maîtrise, Grenoble, Institut de Géographie Alpine, 1972, 175 p. dactylogr.

LIEUTAGHI (Pierre) : *Livre des arbres, arbustes et arbrisseaux*, Paris, Robert Morel, 1969.

LIGOU (Daniel) : « Forêts, garrigues et maquis dans la guerre des Camisards. Actes du Colloque sur la forêt. Besançon, 21-22 oct. 1966 », *Annales littéraires de l'Université de Besançon*, vol. 88, 1967, pp. 149-160.

LITARDIÈRE (R. de) : *Contributions à l'étude phytosociologique de la Corse. Les montagnes de la Corse orientale entre le Golo et le Tavignano*, Extr. des Archives de Botanique, II, 4, 1928, 184 p.

LOMBARD (Maurice) : « Arsenaux et bois de marine dans la Méditerranée musulmane (VIIe-XIe siècles) » *in Le navire et l'économie maritime du Moyen Age au XVIIIe siècle, principalement en Méditerranée*, Paris, 1958, pp. 53-99.

LOMBARD (Maurice) : « Le bois dans la Méditerranée musulmane, *Annales E.S.C.*, 1959, pp. 234-254.

LORRAIN (Jean) : *Heures de Corse*, Paris, E. Sansot, 1905, 123 p.

LOUDON (John Claudius) : *Arboretum et fruticetum*, Londres, 1838, t. III.

LOUTCHISKY (Jean) : *La propriété paysanne en France à la veille de la Révolution (principalement en Limousin)*, Paris, Honoré Champion, 1912, 295 p.

LOUVEAUX (Jacques) : « Les perspectives de l'apiculture française », *Annales de l'Abeille*, 11, 1968, 3, pp. 151-227.

LULLIN DE CHATEAUVIEUX (F.) : *Lettres écrites d'Italie en 1812 et 1813 à M. C. PICTET*, Genève, 1820.

MAGNE (M.) : « Le châtaignier dans le Gard. Historique, état actuel, avenir », *Bulletin Technique Châtaignier*, 5, 1958, pp. 19-42.

MALLIARD (Fernand de) : « Le châtaignier », *Lemouzi*, 7, 49, août-septembre 1899, p. 110.

MANCA (E.) : *La crise de l'industrie des matières tannantes en Italie*, Rome, F.A.O., 3e session de la Commission Internationale du Châtaignier, 19-25 sept. 1955, F.A.O./C.H./16-F, 3 p. ronéot.

MARCELLIN (P.) : Essai sur le dépérissement de la châtaigneraie, *Bulletin de la Société Languedocienne de géographie*, 1951, XXIII, pp. 125-156.

MARCHESONI (V.) : « Storia climatico-forestale dell'Appennino Umbro-Marchigiano », *Annali di Botanica*, XXV, 2, 1957.

MARCIANI (Francesco) : « Alcuni aspetti storici e folcroristici della castanicoltura irpino-salernitana », *Monti e Boschi*, 2, 1952, pp. 79-84.

MARKOVIC (Ljubomir) : *Le châtaignier en Yougoslavie*, Rome, F.A.O., 1955, 2 p. ronéot.

MARTIN (E.) : « Note sur les châtaigniers de Vesseaux et de Saint-Étienne-de-Boulogne (Ardèche) », *Bulletin Technique Châtaignier*, 5, 1958, pp. 88-91.

MARTY (R.) et HÉVIN (R.) : « Enquête sur les châtaignes et marrons en France », *Revue de l'I.B.A.N.A.* (Institut de Biologie Appliquée à la Nutrition et à l'Alimentation), Dijon, 1973, n° 20, pp. 18-25.

MASSY (J. Robert de.) : *Des halles et marchés et du commerce des objets de consommation à Londres et à Paris*, Paris, Imprimerie Impériale, 1862, 2 vol., 263 et 596 p.

MATHON (Claude-Charles) : *L'origine des plantes cultivées. Phytogéographie appliquée*, Paris, Masson, 1981, 182 p.

MAUREILLE (Paul) : « Entre Dordogne et Luzège. Cadastre, toponymie et végétation », *Lemouzi*, 34, avril 1970, pp. 191-198.

MAURIN (Y.) : « La répartition de la propriété foncière en Lozère au début du XIXe siècle » *in* « Cévennes et Gévaudan », *Bulletin de la Société des Lettres, Science et Arts de la Lozère*, 18-19, 1972-73, pp. 309-335.

MAURIZIO (A.) : *Histoire de l'alimentation végétale depuis la Préhistoire jusqu'à nos jours*, Paris, Payot, 1932, 663 p.

MAURY (Pierre) : « Sur une station du châtaignier fossile et vivant du Cantal », *Feuille des Jeunes Naturalistes*, 398, 1er déc. 1903, pp. 30-32.

MAZON (A.) : « Le châtaignier et les châtaignes dans l'Ardèche », *Petites Notes Ardéchoises*, 2e série, Privas, Impr. du Journal de l'Ardèche, 1873, pp. 5-23.

MERCIANI (Antonietta) : « Lineamenti antropogeografici della sottoprefettura di Volterra in epoca napoleonica (1808-1814) » *in Contributi alla geografia della Toscana e del Lazio*, Pise, Pubblicazioni dell'Istituto di Scienze Geografiche dell'Università di Pisa, 19, 1972, pp. 51-98.

MERCIER (abbé) et FABRE (C.) : « Enquête concernant le testament de Raymond de Châteauneuf de Saint Remèze (1459), *Revue du Vivarais*, 1917, 12, 369-376.

MERIA (Guy) : « La Castagniccia, terre d'exode ? Terre d'avenir ? » *Bulletin de la Société des Sciences Historiques et Naturelles de la Corse*, LXXXX, 594, 1970, pp. 23-85.

MERZ (F.) : *Il castagno, sua importanza economica, coltivazione e trattamento*, Berne, Segretariado dell'Ispettorato Federale delle Foreste, della Caccia e della Pesca, 1919, 72 p.

MEYER : *Die Kapitanei von Locarno*, Zürich, 1916.

MEYNIER (André) : *Ségalas, Lévezou, Châtaigneraie (étude géographique)*, Aurillac, U.S.H.A., 1931, XIX + 491 p.

MICHEL-DURAND : « L'influence de la lumière sur la formation des tannins, *Compte rendu de l'Académie des Sciences*, 1925, p. 1171.

MICHELET (Claude) : *Des grives aux loups*, Paris, Robert Laffont, 1979. Édition Presses Pocket, 1982, 379 p.

MILLAN (Céline) et GAUTHIER (Jean-Luc) : *Production et commercialisation des châtaignes et marrons en France*, Nîmes, C.N.I.C.M., 1983-84, 109 p. ronéot.

MILLISCHER (H.) et ELORIETA (J.) : « Notes sur le voyage d'étude en Espagne » Rome, F.A.O., *Rapport de la 2e session de la Commission Internationale du Châtaignier, Espagne-Portugal, juin 1953*, publié en 1954, pp. 41-47.

MINARD (P.) : « Charte des Vans », *Revue du Vivarais*, LXXIX, 4, oct-déc. 1975, pp. 208-226.

MIRAMON-FARGUES (vicomte de) : *La châtaigneraie, les bruyères roses et les ravins gris*, *in* « *Œuvres auvergnates* ». Aurillac, Imprimerie Moderne, 1904, pp. 3-48.

MODENA (Augusto) : *Il castagneto da frutto nell'Appennino pistoiese*, Pistoia, 1935, 59 p.

MONTAIGNE : *Journal de voyage en Italie*, Édition E. Pilon, Paris, 1932.

MORACCHINI-MAZEL (Geneviève) : *Les églises romanes de Corse*, Paris, 1967, 2 vol.

MORANDINI (Riccardo) : « L'ambiente geografico e climatico » *in* « Studio monografico sul castagno nella provincia di Lucca », *Centro di Studio sul Castagno*, pub. 4, 1958, pp. 9-15.

MORANDINI (Riccardo) [1959a] : « Note sur la carte d'ensemble du châtaignier dans les pays de la région méditerranéenne, avec carte », *Rapport de la 4e session de la Commission Internationale du Châtaignier*, Rome, F.A.O., 1959, F.A.O./59/9/6966, pp. 55-57.

MORANDINI (Riccardo) [1959b] : « Problemi del Castagno in Europa », *Monti e Boschi*, 1959, 1, pp. 30-38.

MORENO (Diego) : « Per una storia della montagna ligure. Note sul paesaggio della montagna di Fascia », *Miscellanea Storica Ligure*, II, 2, 1970, pp. 71-134.

MORENO (Diego) : « La selva d'Orba (Appennino Ligure). Note sulle variazioni antropiche della sua vegetazione », *Rivista Geografica Italiana*, LXXVIII, 3, sept. 1971, pp. 311-345.

MORENO (Diego) : « La colonizzazione dei " Boschi d'Ovada " nei secoli XVI-XVII. Archeologia e geografia del popolamento », *Quaderni Storici*, VIII, 3, 1973, pp. 977-1016.

MORENO (Diego) : « Scavo stratigrafico e storia del sito. Contributo ad una archeologia del paesaggio boschivo della montagna ligure (XIV-XVII secolo) » *in* « Archéologie du Paysage », *Caesarodunum*, 1978, 13, pp. 356-370.

MORENO (Diego) et DE MAESTRI (Sara) : « Casa rurale e cultura materiale nella colonizzazione dell'Appennino genovese tra XVI e XVII secolo », *I paesaggi rurali europei*, Pérouse, Deputazione di Storia Patria per l'Umbria, Appendici al Bolletino n° 12, 1975, pp. 389-408 + intervention de Diego MORENO sur le châtaignier, p. 469.

MORZADEC-KERFOUN (M.-Th.) : « L'évolution de la végétation en Armorique à partir du Néolithique » *in* GUILAINE (Jean) et de LUMLEY (Henri) : *La Préhistoire française*, vol. 2, Paris, C.N.R.S., 1976, pp. 88-94.

MOTTE (Dr Jean) : *Castanea crenata, Sieb. et Zucc., esquisse d'un répertoire des variétés japonaises*, Tokyo, Bulletin de la Maison Franco-Japonaise, 7, 1, 1935, 117 p.

NANOT (J.) et TRITSCHLER (L.) : *Traité pratique du séchage des fruits et des légumes*, Paris, Librairie agricole de la Maison Rustique, 1893, 291 p.

NEGRI (Giovanni) : « La vegetazione della collina di Torino », *Memorie della R. Accademia delle Scienze di Torino*, s. 2, LV, 1905, pp. 113-188.

NEGRI (Giovanni) : « La vegetazione di M. Bracco (Saluzzo) », *Memorie della Società Italiana delle Scienze*, s. 3, XXI, 1920, 1, voir p. 112.

NEGRI (Giovanni) : « Distribuzione geografica del Castagno e del Faggio in Italia », *L'Alpe*, 1931, 12, pp. 589-594.

NESMY (Jean) : « La douceur limousine », *Lemouzi*, 15, 134, juin 1907, pp. 126-127.

NESMY (Jean) : « Toute la vie limousine autour du châtaignier », *Lemouzi*, 147, janv.-fév. 1909, pp. 1-4.

NESMY (Jean) : « Les châtaigniers », *La Châtaigne*, VI, 21, n° 66, janv. 1968, p. 10.

NICOD (E.) : « Pour et contre les chèvres », *Revue du Vivarais*, 1902, 1, pp. 45-54.

NIMO (M.R.) et VIEITEZ (E.) : « Estudios sobre la resistencia del castaño a la enfermedad de la " tinta " », *Anales de edafologia y agrobiologia*, Madrid, XXXV, 5-6, 1976, pp. 523-534.

ORZI (D.) : Osservazioni sulla raccolta delle castagne, *La nuova antologia del Lazio*, IV, 92, 1916, pp. 164-165.

PAGLIETTA (Roberto) : « La moderna castanicoltura da frutto come alternativa a quella tradizionale di montagna », *2e Congrès International d'arboriculture fruitière de montagne*, Saint-Vincent (Val d'Aoste), 16-17 nov. 1982, pp. 253-256.

PALAY (Simin) : *Dictionnaire du béarnais et du gascon moderne*, Paris, C.N.R.S., 1961, 1009 p.

PARENTE (Ettore) : « Il problema dei castagneti da frutto in provincia di Imperia », *Monti e Boschi*, 1955, 2, pp. 76-80.

PARETI (Paul) : « Se nourrir en Dauphiné », *Actualité Dauphiné*, 40, avril 1982, pp. 47-53.

PARMENTIER : « *Traité de la châtaigne* », Paris-Bastia, 1780.

PATRIA (E.) et ODIARDI (W.) : *Mediana, storia breve dit Meana, dei Meanesi*, Comune di Meana, 1978, 302 p.

PAVARI (Aldo) : « La montagna toscana », *Giornale di Agricoltura della Domenica*, 16, 19 avril 1914, pp. 134-135.

PAVARI (Aldo) : *Studio preliminare sulla coltura di specie forestali esotiche in Italia. I. Parte generale*. Florence, Annali del R. Istituto Sup. Forestale Nazionale, 1, Tip. M. Ricci, 1916, 221 p.

PAVARI (Aldo) : « La lotta contro un nuovo flagello dei nostri castagneti » *(Endothia parasitica). Atti Accademia dei Georgofili*, Florence, 1947, pp. 97-113.

PAVARI (Aldo) : « Chestnut blight in Europe », *Unasylva* (F.A.O.), III, 1, janv.-fév. 1949, pp. 8-13.

PAVARI (Aldo) [1951a] : « Il Centro di Studio sul Castagno », *Centro di Studio sul Castagno*, 1, 1951, pp. 3-5.

PAVARI (Aldo) [1951b] : « La lotta contro il cancro corticale del castagno », *Humus*, 3, 1951, pp. 9-13.

PAVARI (Aldo) [1951c] : « La lotta contro il cancro corticale del castagno ». *Journal Forestier Suisse*, 11, nov. 1951, pp. 572-579.

PAVARI (Aldo) : « Centro di Studio sul Castagno. Attività svolta durante l'anno 1953 », *La Ricerca Scientifica*, 24, 7, 1954, pp. 1429-1432.

PAVARI (Aldo) : « Il problema del castagno nei suoi attuali aspetti », *Monti e Boschi*, 1956, pp. 195-211.

PAVARI (Aldo) : « La zone du *castanetum* et la distribution de la *Castanea sativa* en Italie », Rome, F.A.O. *Rapport de la 3e session de la Commission Internationale du châtaignier (Italie, sept. 1955)*, déc. 1956, 53 p.

PAVARI (Aldo) [1959a] : « La zone du *Castanetum* et la distribution de la *Castanea sativa* en Italie », *Centro di Studio sul Castagno*, 5, 1959, pp. 7-12.

PAVARI (Aldo) [1959b] : « Note sur l'écologie du châtaignier », *Centro di Studio sul Castagno*, 5, 1959, pp. 13-16.

PAVARI (Aldo), BIRAGHI (Antonio), BREVIGLIERI (Nino) : « L'attività della Commissione Internazionale del Castagno », *Centro di Studio sul Castagno*, 3, 1956, pp. 49-73.

PELEN (Jean-Noël) : « La Vallée Longue en Cévennes. Vie, traditions et proverbes du temps passé », Numéro spécial de *Causses et Cévennes*, s.l.n.d., vers 1974, 184 p.

PELLEGRINI (Marco) : « Materiali per una storia del clima nelle Alpi lombarde durante gli ultimi cinque secoli », *Archivio Storico Ticinese*, Bellinzona, 55-56, 1973, pp. 135-278.

PELLET (Marcellin) : « Rapport sur la récolte des châtaignes en Italie en 1890, *Bulletin du Ministère de l'Agriculture*, Paris, 1891, pp. 62-63.

PELLICOT (A.) : *Le calendrier du cultivateur provençal*. Toulon, F. Monge, 1846, 486 p.

PERPILLOU (Aimé) [1940a] : *Le Limousin, étude de géographie physique régionale*, Chartres, Durand et Paris, Hachette, 1940, 257 p.

PERPILLOU (Aimé) [1940b] : *Cartographie du paysage rural limousin. Essai d'utilisation rationnelle des documents cadastraux*, Chartres, Durand et Paris, Hachette, 1940, 105 p. + atlas de XXI pl.

PERRY (Peter J.) : « Economy, landscape and society in *La Castagniccia* (Corsica) since the late eighteenth century », *Transactions of the Institute of British Geographers*, 41, juin 1967, pp. 209-222.

PERRY (Peter J.) : « Le déclin démographique des cantons de La Porta d'Ampugnani et Piedicroce d'Orezza au cours du XIXe siècle », *Corse Historique*, 33 (1), 1969, pp. 37-47.

PERRY (Peter J.) : « Changing patterns of settlement in the Castagniccia (Corsica) since the early sixteenth century », *New Zealand Geographer*, 1984, pp. 54-55.

PERRY (Peter J.) : « L'arbre à pain : le châtaignier en Corse », *Annales du Midi*, t. 96, no 165, janv.-mars 1984, pp. 71-84.

PETIT (P.) : « Civilisation hellénistique », *Encyclopaedia Universalis*, vol. 8, 1974, pp. 293-298.

PETIT-ROSSU : « A raccolta di e castagne », *Annu Corsu*, 1929, pp. 115-118.

PEUCHET (J.) et CHANLAIRE (P.-G.) : *Description topographique et statistique de la France. Département de l'Aveyron*, Paris, 1808, 27 p.

PEUREUX (Pierre) : « Les extraits de châtaignier et de chêne », *Revue Technique des Industries du Cuir*, 1953, 20 p.

PEYREFITTE (Alain) : *Le mal français*, Paris, Plon, 1976. Édition du Club France Loisirs, 1978, 526 p.

PEYREFITTE (Roger) : *Manouche*, Paris, Flammarion, 1972. Édition « J'ai Lu », 1978, 252 p.

PICCIOLI (Lodovico) : *Monographie del castagno, suoi caratteri morfologici, varietà, coltivazione, prodotti e nemici*, Florence, 1902. 2e édition, G. Spinelli, 1922, 400 p.

PICTET (A.) : *Les origines indo-européennes ou les aryas primitifs*, Vol. 1, Paris, 1859.

PIOBB (Pierre) : *La Corse d'aujourd'hui. Ses mœurs, ses ressources, sa détresse*, Paris, Société Générale d'Éditions, 1909, 170 p.

PITTE (Jean-Robert) : Géographie de l'apiculture française, *L'Information Géographique*, 1970, 3, pp. 118-127.

PITTE (Jean-Robert) : « Les origines et l'évolution de la châtaigneraie vivaraise à travers un document cadastral du XVIIIe siècle » *in* « Études de Géographie historique », *Bulletin de la Section de Géographie. Comité des Travaux Historiques et Scientifiques*, LXXXII, années 1975-77, Paris, 1978, pp. 165-178.

PITTE (Jean-Robert) : « L'homme et le châtaignier en Europe » *in* FLATRES (Pierre) (sous la dir. de) : *Paysages ruraux européens. Travaux de la Conférence Européenne Permanente pour l'Étude du Paysage Rural. Rennes-Quimper, 26-30 sept. 1977*, Rennes, Université de Haute-Bretagne, 1979, pp. 513-521.

PITTE (Jean-Robert) : « Une forêt-verger : la châtaigneraie du Vivarais », *Information Régionale*, Grenoble, C.R.D.P., 1980, 33, pp. 53-59.

PITTE (Jean-Robert) : « Note sur la préchâtaigneraie limousine » *in* FLATRÈS (Pierre) et de PLANHOL (Xavier) (sous la dir. de) : *Paysages arborés et complantés*, Paris, Publications du Département de Géographie de l'Université de Paris-Sorbonne, 9, 1980, pp. 99-110.

PITTE (Jean-Robert) : « La guerre des châtaignes du Bien-Aimé », *Historia*, 432, nov. 1982, pp. 140-143.

PITTE (Jean-Robert) : « Vignobles et vins du Japon », *Annales de Géographie*, 1983, 510, pp. 172-199.

PITTE (Jean-Robert) : *Histoire du paysage français*, Paris, Tallandier, 1983, 2 vol., 238 + 207p.

PITTE (Jean-Robert) : Évolution des rapports agriculture-forêt en France, *L'aménagement foncier, agricole et rural. Bulletin de l'A.N.D.A.F.A.R.*, 42, 1984, pp. 3-10.

PITTE (Jean-Robert) : « La " civilisation " japonaise du châtaignier », *Bulletin de l'Association de Géographes Français*, 1984, 505, pp. 342-346.

PLAISANCE (Georges) : *Guide des forêts de France*, Paris, La Nef de Paris, 1961, 411 p.

PLANHOL (Xavier de) : « Geographica Pontica », I, les noix des Mossynèques », *Journal Asiatique*, CCLI, 3-4, 1963, pp. 293-298.

PLANHOL (Xavier de) : « L'openfield à noyers dans le sud-est du Bassin Parisien », *Revue Géographique de l'Est*, 1965, 4, pp. 473-482.

PLANHOL (Xavier de) et ROGNON (Pierre) : *Les zones tropicales arides et subtropicales*, Paris, A. Colin, coll. U, 1970, 487 p.

PLANHOL (Xavier de) : « Introduction : l'homme, l'arbre, le paysage » *in* FLATRÈS (Pierre) et PLANHOL (Xavier de) : *Paysages arborés et complantés*, Paris, Publications du Département de Géographie de l'Université de Paris-Sorbonne, 9, 1980, pp. 1-12.

POHER (E.) : « Géographie commerciale du châtaignier », *Premier Congrès National de la Châtaigne tenu les 8 et 9 nov. 1924 à Brive.*, Paris, Pub. agricoles de la Cie d'Orléans, 1926, pp. 7-23.

POILLEUX (Ch.) : Utilisation du bois de châtaignier, *Bulletin Technique Châtaignier*, 3, 1951, pp. 145-149.

POMMEREUL (R.F. de) : *Histoire de l'isle de Corse, précédée d'une Description abrégée de l'isle de Corse*, Berne, La Société Typographique, 1779, 2 vol., 102 + 279 p et 347 p.

POMMIER (Gilberte A.) : « Un peu d'écologie dans l'île de Beauté, la Corse », *Supplément au Bulletin Trimestriel du Muséum National d'Histoire Naturelle*, déc. 1980, pp. 1-2.

POMPIDOU (Maurice) : « Châtaigneraie », *Revue de haute Auvergne*, 1939-44, p. 22.

POMPONI (Francis) : *Essai sur les notables ruraux en Corse au XVIIe siècle*. Aix-en-Provence, La Pensée Universitaire, Travaux et Mémoires no 20, 1962, 259 p.

POMPONI (Francis) : « Un siècle d'histoire des biens communaux en Corse (1770-1870) », *Études Corses*, 1974, 3, pp. 5-41 et 1975, 5, pp. 15-54.

POMPONI (Francis) : « Population, structures agraires et production en Corse (1770-1914). Contribution à un atlas historique de la Corse, *Pieve e paesi. Communautés rurales corses*, Marseille-Paris, C.N.R.S., pp. 271-364.

PONCEAU (Monique et Guy) : « L'habitat dans les forêts périgourdines », *Casteljaloux et la forêt aquitaine*, Fédération Historique du Sud-Ouest, actes du XXIIIe Congrès d'Études Régionales. Nérac, 1973, pp. 184-207.

PONS (Armand) : « La paléoécologie : actualité et perspectives », *Le Courrier du C.N.R.S.*, 26, oct. 1977, pp. 37-43.

PORTAL et POUPART : « Le châtaignier dans le Var », *Congrès Méditerranéen du Châtaignier, Aubenas, 25-27 oct. 1935*. Privas, impr. L. Volle, 1936, 256 p.

POURRAT (Henri) : *Les vaillances, farces et aventures de Gaspard des montagnes*, Édition définitive, Paris, Albin Michel, 1969, 741 p.

PRATO (Giuseppe) : *La vita economica in Piemonte a mezzo il secolo XVIII*, Turin, S.T.E.N., 1908.

PRETO (Dott. Giovanni) : « Diffusione del cancro corticale nei castagneti dei colli euganei », *Monti e Boschi*, 1966, 4, pp. 35-42.

PRÉVÉLAKIS (Pandélis) : *Crète infortunée*, Paris, Les Belles Lettres, 1976, 261 p.

Privilegii, prerogative, immunità, concessioni, transattioni et patti di diversi sorti concessi dalli serenissimi Duchi di Savoia alla città di Cuneo e suo mandamento et insieme altre conventioni tra detta città et terre circonvicine, Turin, 1590. Voir pp. 80-85.

PROVANA di COLEGNO (S.) : *Notizie e documenti di alcune certose del Piemonte*, Turin, 1894.

PRUNET (A.) : « Les châtaigniers exotiques et leur résistance à la maladie de l'encre. La greffe du châtaignier », *Premier Congrès National de la Châtaigne tenu les 8 et 9 nov. 1924 à Brive*. Paris, Pub. agricoles de la Cie d'Orléans, 1926, pp. 53-74.

PUIG (Ferdinand) : « La châtaigne et sa cuisine », *Connaissance du pays d'oc*, 11, janv.-fév. 1975, pp. 53-55.

QUAINI (Massimo) : *Per la storia del paesaggio agrario in Liguria*, Savone, Camera di Commercio, Industria, Artigianato e Agricoltura, 1973, 217 p., Réimpression, 1979.

QUAINI (Massimo) : « Per lo studio dei caratteri originali del paesaggio agrario della Liguria pre-industriale », *I paesaggi rurali europei*, Pérouse, Deputazione di Storia Patria per l'Umbria, Appendici al Bolletino n° 12, 1975, pp. 451-170 + intervention sur le châtaignier, p. 469.

QUATTROCCHI (Giovanni) : *Il miglioramento dei castagneti dell'Appennino Bolognese*, Faenza, F. Lega, 1938, 71 p.

QUEUILLE (Henri) : « Discours de clôture », *Premier Congrès National de la Châtaigne tenu les 8 et 9 novembre 1924 à Brive*, Paris, Pub. agricoles de la Cie d'Orléans, 1926, pp. 214-215.

RADVANYI (Jean) : *L'influence de l'homme sur la végétation du Caucase*, Thèse de IIIe cycle, Paris, Université Paris VII, 1977, 168 p. dactyl.

RAICHON (C.) : « Activités agricoles et problèmes de développement régional : un village de la Castagniccia », *Bulletin de la Société des Sciences Historiques et Naturelles de la Corse*, LXXXXVI, 619-620, 1976, pp. 43-59.

RAICHON (C.), VERNEUIL (B. de) et MOLENAT (M.) : « L'élevage du porc en Castagniccia » *in* « Le porc domestique », *Ethnozootechnique*, 16, 1976, pp. 68-74.

RAMSEY (W.M.) : *The historical geography of Asia Minor*, 1890, Réimpression, Amsterdam, Adolf M. Hakkert, 1962, 495 p.

RAULIN (Henri) et RAVIS-GIORDANI (Georges) : *L'architecture rurale française. Corpus des genres, des types et des variantes. Corse*, Paris, Berger-Levrault, 1978, 253 p.

RAVEL (L.) : *La Corse. Ressources de son sol et de son climat*, Paris, Ch. Amat, 1911, 442 p.

RAVIS-GIORDANI (Georges) : Espaces et groupes sociaux : organisation objective et appréhension symbolique, *Pieve e paesi. Communautés rurales corses*, Marseille-Paris, C.N.R.S., 1978, pp. 135-157.

RAYNAL (François) : « Au jardin des Acages », *La Châtaigne*, III, 9-10, janv. 1949, pp. 12-13.

RAZE (Emiliana) : *La proprietà fondiaria dei Savoia e il loro controllo delle attività commerciali a Cuneo attorno al 1430, sulle base di due resoconti inediti della castellania omonima*, Turin, Università degli Studi, facoltà di Lettere e Filosofia, 1975-76, 3 vol. dactyl.

RÉGNÉ (J.) : *La vie économique et sociale dans 150 localités du Vivarais, d'après les Estimes de 1464*, Aubenas, Impr. Clovis Habauzit, 1925, 110 p.

RÉGNÉ (J.) : *La vie économique et les classes sociales en Vivarais au lendemain de la guerre de Cent ans*, Aubenas, Impr. Clovis Habauzit, 1926, 29 p.

REGNIER (P.) : *Le peuplier, le noyer, le châtaignier, le chêne, les pins et les principaux bois d'industrie*, Tours, E. Arrault, 1914, 62 p.

REILLE (Maurice) : *Contribution pollenanalytique à l'histoire tardiglaciaire et holocène de la végétation de la montagne corse*. Thèse présentée à l'Université d'Aix-Marseille III, 1975, IV + 189 p. + 44 pl. h. t.

REMOND (M.) : « L'arboriculture fruitière en Kabylie et les possibilités de production de la noix et de la châtaigne », *Comptes rendus des journées de l'arbre fruitier*, Alger, Service commercial et agricole des chemins de fer algériens de l'État, 1932, pp. 280-293.

REMONDINO (Carlo) : *Il castagno*, Turin, Biblioteca agricola G.B. Paravia, 1926, 178 p.

RENUCCI (Janine) : *Corse traditionnelle et Corse nouvelle*, Lyon, Audin, 1974, 454 p.

REUSS (Rodolphe) : *L'Alsace au dix-septième siècle*, Paris, E. Bouillon, 2 vol., 1897.

REYNE (Jacky) : *Marrons et châtaignes d'Ardèche*, Aubenas, Syndicat des Producteurs de Châtaignes et Marrons de l'Ardèche, 1984, 190 p.

RICHARD (G.) : « Domestication », *Encyclopaedia Universalis*, vol. 5, 1974, pp. 748-752.

RIDOLFI (C.) : « Innesto del castagno sulla querce », *Giornale Agrario Toscano*, 1844, p. 110.

RIGOTARD (Laurent) : « Les terres à châtaignier de l'Ardèche », *Congrès Méditerranéen du Châtaignier, Aubenas, 25-27 octobre 1935*, Privas, Impr. L. Volle, 1936, pp. 84-95.

RISPOLI (Ersilio) : « I castagneti cedui della Montagna della Stella (Salerno) », *Monti e Boschi*, 1958, 6, pp. 263-272.

RISPOLI (Ersilio) : « L'ontano sostituisce il castagno nelle penisola sorrentina », *L'Italia Forestale e Montana*, 1960, 2, pp. 73-80.

ROBAGLIA (Suzanne) : *Margaridou. Journal et recettes d'une cuisinière au pays d'Auvergne*, Nonette, C.R.E.E.R., 4e édition, 1977, 240 p.

ROBERT (Maurice) : *Vanniers et vannerie du Limousin et de la Marche*, Limoges, Société d'Ethnographie du Limousin, de la Marche et des régions voisines — Hôtel de Ville, 1964, 197 p.

ROBIQUET (François-Guillaume) : *Recherches historiques et statistiques sur la Corse*, Paris, Robiquet et Rennes, Duchesne, 1835, 598 p. + atlas.

ROCHE (Dr) : « Le châtaignier dans l'Ardèche », *Congrès méditerranéen du Châtaignier, Aubenas, 25-27 octobre 1935*, Privas, Imprimerie L. Volle, 1936, pp. 72-81.

RODRIGUEZ GALDO (Maria Xosé) : *Señores y campesinos en galicia, siglos XIV-XVI*, Santagio, Pico Sacro, 1976, 319 p.

ROLAND (Danielle) : *Le grand châtaignier*, Paris, Casterman, 1962, 187 p.

RONDEAU (André) : « Le trafic maritime des ports corses au début du XVIIe siècle », *XXXIe congrès de la Fédération Historique du Languedoc Méditerranéen et du Roussillon, Beaucaire, 1957*, Montpellier, 1958, pp. 167-188.

RONDEAU (André) : *La Corse*, Paris, Armand Colin, 1964, 195 p.

ROSSET : *L'agriculture. Poëme*, Paris, Imprimerie Royale, 1774, LVI + 278 p.

ROTELLI (Claudio) : *Una campagna medievale. Storia agraria del Piemonte fra il 1250 e il 1450*, Turin, Giulio Einaudi, 1973, 378 p.

ROTEN (F.) : « La maladie des châtaigneraies du sud des Alpes et le problème de leur reconstitution », *La Forêt. Revue de Sylviculture et d'Économie Forestière*, Neuchâtel, mai 1961, n° 8, pp. 223-228.

ROTHSCHILD (Guy de) : *Contre bonne fortune*, Paris, Belfond, 1983. Édition « J'ai Lu », 1985, 475 p.

ROUSSET (Henri) : *Nos usages locaux à Grenoble et dans tous les cantons de l'Isère*, Grenoble, 1903, 293 p.

ROUX (Joseph) : « Les proverbes limousins », *Lemouzi*, 37, janv. 1971, 120 p.

ROZIER (abbé) : *Cours complet d'agriculture théorique, pratique, économique et de médecine rurale et vétérinaire, suivi d'une méthode pour étudier l'agriculture par principes ou Dictionnaire universel d'agriculture*, Paris, 1783, 10 vol.

SAGE (Lucien et Marcelle) : « Un village du Bas-Dauphiné : Saint-Jean-d'Avelanne », *Le Monde Alpin et Rhodanien*, 1974 n° 3-4 et 1976, n° 1-2.

SAIGE (Gustave) et DIENNE (comte de) : *Documents historiques relatifs à la vicomté de Carlat recueillis et publiés par ordre de S.A.S. le Prince Albert Ier*, Monaco, imprimerie de Monaco, 1900, 2 vol.

SALVADORI (Jean-Marc) : « Vieux dictons de Venaco », *Annu Corsu*, 1929, pp. 153-154.

SANFAÇON (Roland) : *Défrichements, peuplement et institutions s igneu iales en Haut-Poitou du Xe au XIIe siècle*. Québec, Cahiers de l'Institut d'Histoire, 9, Presses de l'Université Laval, 1967, XXII — 146 p.

SCHNETZLER (J.) : « Évocation d'un paysage rural au milieu du XVIIe siècle : Montselgues », *Revue du Vivarais*, LXVI, 1962, 2, pp. 54-66.

SCHNETZLER (J.) : « Commerce et transports dans le pays des Vans », *Revue du Vivarais*, LXVII, 1963, 3, pp. 94-114.

SCHNETZLER (J.) : « Évocation d'un paysage rural au milieu du XVIIe siècle, Chandolas, d'après le compoix-terrier de 1655 », *Revue du Vivarais*, 1966, LXX, 2, pp. 71-79.

SCHOEPFLIN (J.-D.) : *L'Alsace illustrée ou recherches sur l'Alsace pendant la domination des Celtes, des Romains, des Francs, des Allemands et des Français*, Mulhouse, F. Perrin, 1851, 5 vol.

SCHRECK (Winfried) : « Notizie storiche sulla foresta di Vallombrosa », *L'Italia Forestale e Montana*, 1974, 1, pp. 31-34.

SEBILLOT (Paul) : *Le folklore de France*, Paris, 1905, 4 vol. Réimpression, Maisonneuve et Larose, 1968.

SECRÉTARIAT D'ÉTAT AU RAVITAILLEMENT, Service central des ramassages : *Les fruits sauvages : châtaignes, glands, faînes, marrons d'Inde. Ramassage, conservation, utilisation*, Paris-Clermont-Ferrand, 1941, 32 p.

SERRES (Olivier de) : *Le théâtre d'agriculture et mesnage des champs* (1600), Paris, 1804-1805, 2 vol. 668 et 948 p.

SESTINI (abbé Domenico) : *Nouveau voyage de Constantinople à Bassora par le désert et Alexandrie*, Paris, Vve Devaux, 1800, VI-332 p.

SIGAUT (François) : « Ethnoscience et technologie : les tâches de la technologie. Un exemple, l'identification des formes de consommation des céréales », *Techniques et Culture*, 1985, 5, pp. 1-18.

SIMI (Pierre) : *L'adaptation humaine dans la dépression centrale de la Corse*, Paris-Gap, Ophrys, 1966, 263 p.

SIMI (Pierre) : « Démographie et mise en valeur de la Corse », *Mélanges d'Études Corses offerts à Paul ARRIGHI*, Centre d'Études Corses d'Aix, 2. Gap, Ophrys, 1971, pp. 245-283.

SIMMONDS (Norman-Willison) (ed.) : *Evolution of crop plants*, Londres-New York, Longman, 1976, XII-339 p.

SISMONDI (J.C.L. SIMONDE de) : *Tableau de l'agriculture toscane*, Genève ; J.J. Paschoud, 1801, 327 p.

SITTLER (Lucien) : *La viticulture et le vin de Colmar à travers les siècles*, Colmar, Alsatia, 1956, 168 p.

SITTLER (Lucien) : *L'agriculture et la viticulture en Alsace à travers les siècles*, Colmar, S.A.E.P., 1974, 207 p.

SIVIGNON (Michel) : *La Thessalie*, Lyon, Institut d'Études Rhodaniennes, Mémoires et Documents, 17, 1975, 572 p.

SOCIÉTÉ GAY-LUSSAC : *L'arbre et l'eau. Châtaigne et Châtaignier. Exposition, Congrès. Limoges, 29-30-31 oct., 1er, 2 nov. 1910*, Limoges, Ducourtieux, 1911, 158 p.

SOLIGNAT (G.) : « Écologie, biologie et techniques culturales du châtaignier », *Journée du Marron. Barbezieux, 7 fév. 1969*, Lagarde-Montlieu, Syndicat des Producteurs du Marron des Charentes, 1969, pp. 8-55.

SOLIGNAT (G.) : « Un renouveau de la châtaigneraie fruitière », *Bulletin Technique d'Information*, 280, juin 1973, 26 p.

SOLIGNAT (G.), CHAPA (J.) et VERLHAC (A.) : « Principales variétés fruitières de châtaigniers cultivées en France », *Châtaignes et marrons*, Paris, I.N.V.U.F.L.E.C., 1975, pp. 37-80.

SOLTNER (Dominique) : *L'arbre et la haie*, Saint-Gemmes-sur-Loire, Sciences et Techniques Agricoles, 3e éd., 1976, 100 p.

SOULAVIE (J.L. Giraud) : *Histoire naturelle de la France méridionale. IIe partie : Les végétaux*, Paris-Nîmes, 1784.

STEPHANE (M.) : *Ceux du trimard*, Paris, 1928.

STOFFEL (Georges) : *Dictionnaire topographique du département du Haut-Rhin*, 2e édition, Mulhouse, Vve Bader, 1876, 692 p.

TAMAGNONE (Anna) : *Gli statuti di Rifreddo e Gambasca*, Turin, Deputazione Subalpina di Storia Patria, Biblioteca Storica Subalpina, CLXXXIV, Parte IV, 1969, 115 p.

TARGIONI-TOZZETTI (Antonio) : *Cenni storici sulla introduzione di varie piante nell'agricoltura ed orticoltura toscana*, Florence, Tipografia Galileiana, 1853, 325 p.

TAVEIRA FERNANDES (Columbano) : Oito anos ao serviço do castanheiro, *Estudos e Informaçoes* (Direcçao General dos serviços florestais e aquicolas), 1953, 2.

TAVEIRA FERNANDES (Columbano) : « La lutte contre la maladie de l'encre des châtaigniers au nord du Portugal », Rome, F.A.O., Rapport de la 2e Session de la Commission Internationale du Châtaignier. Espagne-Portugal, juin 1953, 1954, pp. 59-62.

TAVEIRA FERNANDES (Columbano) : « La lutte contre la maladie de l'encre des châtaigniers au nord du Portugal », Rome, F.A.O., Rapport de la 2e Session de la Commission Internationale du Châtaignier. Espagne-Portugal, juin 1953, 1954, pp. 59-62

TAVEIRA FERNANDES (Columbano) : « Le rôle du châtaignier dans les régions nommées " Terra Fria " dans le nord-est du Portugal », Rome, F.A.O., *Rapport de la 3e Session de la Commission Internationale du Châtaignier (Italie, sept. 1955)*, 1956, F.A.O./C.H./17 E.

TAVEIRA FERNANDES (Columbano) et BIRAGHI, (Antonio) : « Le châtaignier dans la province de Trás-os-Montes », Rome, F.A.O., *Rapport de la 2e Session de la Commission Internationale du Châtaignier. Espagne-Portugal, juin 1953*, 1954, pp. 49-53.

TENDRET (Lucien) : *La table au pays de Brillat-Savarin*, Belley, Louis Bailly, 1892, voir p. 12.

THOMAS (Eugène) : *Dictionnaire topographique du département de l'Hérault*, Paris, Imprimerie Impériale, 1865.

THOUVENOT (Claude) : *Le pain d'autrefois*, Paris, André Leson, 1977, 191 p.

TORNAR (Giancarlo) : Indagine storico-economica sulla consistenza delle superfici boschive in Toscana sul finire del 1800, *Monti e Boschi*, 1957, 6, pp. 255-264.

TORNAR (Giancarlo) : « Lo spopolamento dei territori montani della provincia di Lucca in rapporto alla loro economia silvo-pastorale », *Monti e Boschi*, 1958, 3, pp. 120-127.

TOUBERT (Pierre) : *Les structures du Latium médiéval. Le Latium méridional et la Sabine du IXe siècle à la fin du XIIe siècle*, Rome, École Française de Rome, 1973, 2 vol., 1500 p.

TOUMIEUX (Z.) : « Étude sur la topographie d'un diplôme de l'an 626 », *Bulletin de la Société Archéologique du Limousin*, XXXIX, 1890, pp. 431-441.

TRABUT (L.) : *Le châtaignier en Algérie*, Gouvernement Général de l'Algérie, Direction de l'Agriculture, Service Botanique, *Informations agricoles*, n° 62, 1925, 16 p.

TRICART (J.), RIMBERT (S.) et LUTZ (G.) : *Introduction à l'utilisation des photographies aériennes*, Tome 1. Paris, S.E.D.E.S., 1970, 247 p.

TRICAUD (P.) : *Le châtaignier, culture et utilisation*, Paris, Librairie agricole de la Maison Rustique, 1913, 140 p.

URQUIJO LANDALUCE (P.) : « Note sur le voyage d'étude dans l'ouest de l'Espagne », Rome, F.A.O., Rapport de la 2e Session de la Commission Internationale du Châtaignier. Espagne-Portugal, juin 1953, 1954, pp. 55-57.

URQUIJO LANDALUCE (Pedro) : « Ultimos aspectos de la lucha contra las enfermedades del casta-

ños », *Atti Convegno Internazionale sul Castagno. Cuneo, 12-14 ottobre 1966*, Coni, Camera du Commercio, Industria, Artigianato e Agricoltura, 1967, pp. 133-137.
VAN GENNEP (Arnold) : *Manuel de folklore français contemporain*, Paris, A. et J. Picard et Cie, t. 1, vol. VI, les cérémonies agricoles et pastorales de l'automne, 1953, voir pp. 2735-2737.
VASMER (Max) : *Dictionnaire étymologique de la langue russe* (en russe), Heidelberg, 1950-58, 4 vol.
VAVILOV (N.) : « Les bases botaniques et géographiques de la sélection (trad. par A. HAUDRICOURT) », *Revue de Botanique Appliquée*, 1936, nos 174-175-176, pp. 124-129, 214-223, 285-293.
VAYSSIER (abbé) : *Dictionnaire patois-français du département de l'Aveyron*, Rodez, Impr. E. Carrière, 1879, 656 p.
VAZQUEZ (A.) et VIEITEZ (E.) : « Influencia del pH y de la temperatura sobre el crecimiento de los embriones de *Castanea sativa*, cultivados " in vitro " », *Anales de Edafologia y Agrobiologia*, XXV, 7-8, 1966, pp. 357-366.
VERLAGUET (P.-A.) et RIGAL (J.-L.) : *Cartulaire de l'abbaye de Bonneval en Rouergue*, Rodez, impr. P. Carrère, 1938, 756 p.
VERMENOUZE (Arsène) : « Le châtaignier », *La Châtaigne*, IV, 16, t. II, juillet 1950, p. 14.
VERNEILH DE PUYRASSEAU (Joseph de) : *Statistique. Mémoire sur le département de la Corrèze, envoyé aux Ministres de l'Intérieur et des Finances*, Tulle, impr. R. Chirac, 25 pluviôse an IX (14 février 1801), 40 p.
VERSINI (S.) : « L'alegra cugliera », *L'Annu Corsu*, 1932, pp. 63-64.
VIDAL DE LA BLACHE (Paul) : *Tableau de la géographie de la France*, Paris, Hachette, 1903. Réédition, Paris, Tallandier, 1979, 403 p.
VIDAL DE LA BLACHE (Paul) : *Principes de géographie humaine*, publiés par Emmanuel de Martonne, Paris, Armand Colin, 5e édition, 1955, 327 p.
VIEILLEROBE (Gilbert) : *Les géants des Cévennes*, Lyon, La Manufacture, 1985, 142 p.
VIEITEZ (Ernesto) : *Obtencion de castaños resistentes a la enfermedad de la « tinta »*, Madrid, Centro Regional de Enseñanzas, Investigaciones y Experiences Forestales de Lourizan-Pontevedra, 1960, 29 p.
VIEITEZ (Ernesto) : « Resistencia a la " Phytophtora cambivora " y " Ph. Cinnanomi " de algunos variedades de castañios », Anales del Instituto Forestal de Investigaciones y Experiencas, I, 1966, pp. 61-74.
VIEITEZ (Ernesto) : « Vegetative propagation of chestnut », *New Zealand Journal of Forestry Science*, 1974, 2, pp. 242-252.
VIEITEZ MARTIN (Ana Maria) : *Factores que afectan la formacion del tejido de esclerenquima en Castanea sativa Mill relaciones con su rizogeneris*, Tesis, Santiago, Facultad de Ciencias, juin 1973, 194 p. dactylogr.
VIGIANI (Dante) : *La coltivazione del castagno*, Rome, Albrighi, 1943, 132 p.
VILLA (L.) : « Cuir », *Encyclopaedia Universalis*, vol. 5, 1974, pp. 210-217.
VILLA MAIOR (visconde de) : *O Douro illustrado*, Porto, Livraria Universal, 1876, 228 p.
VILLAT (Louis) : *La Corse de 1768 à 1789*, Thèse, Besançon, 1925, 2 vol., 350 p. + 495 p.
VINCENT (Bernard) : Consommation alimentaire en Andalousie orientale (les achats de l'hôpital royal de Guadix, 1581-1582), *Annales E.S.C.*, mars-juin 1975, 30, 2-3, pp. 445-453.
VIRGITTI (L.) : « Sporta et spurtellu », *A voce di a Castagniccia*, 1, août 1974, pp. 25-30.
VIVIANI (D.) : *Voyage dans les Appennins de la ci-devant Ligurie pour servir d'introduction à l'histoire naturelle de ce pays*, Gênes, 1807. Voir pp. 25-26.
WEINHOLD (Rudolf) : *Vivat Bacchus, une histoire du vin et de la viticulture*, Zurich, Stauffacher, 1976, 227 p.
WOLFF (Christian) : *Riquewihr, son vignoble et ses vins à travers les âges*, Ingersheim, S.A.E.P., 1967, 265 p.
WOLFF (Christian) : « Quelques aspects de l'art populaire dans le vignoble alsacien », *Art Populaire de la France de l'Est*, 1969, pp. 107-121.
YOURCENAR (Marguerite) : *Mémoires d'Hadrien*, Paris, Gallimard, 1958. Éditions Folio, 1974.
ZACCHINI (Sergio) : « Le castagne nell'alimentazione. Il successo della castanicoltura nel marradese », *Atti Convegno Internazionale sul Castagno, Cuneo 12-14 ottobre 1966*, Coni, Camera di Commercio, Industria, Artigianato e Agricoltura, 1967, pp. 414-416.
ZOLLER (Heinrich) : « Pollenanalytische Untersuchungen zur Vegetationsgeschichte der insubrichen Schweiz », *Mémoires de la société Helvétique des Sciences Naturelles*, LXXXIII, 2, 1960, pp. 45-156.

TABLE DES TABLEAUX

TABLE DES FIGURES

TABLE DES PHOTOGRAPHIES

(Sauf mention particulière, les photographies sont de l'auteur)

TABLE DES MATIÈRES

DEUXIÈME PARTIE
LES USAGES TRADITIONNELS

TROISIÈME PARTIE
LE REFLUX

www.ingramcontent.com/pod-product-compliance
Lightning Source LLC
LaVergne TN
LVHW021139061026
849535LV00002B/300
* 9 7 8 2 2 1 3 0 1 7 2 3 5 *